“十三五”国家重点图书
当代化工学术精品译库

氢甲酰化反应的原理、过程和工业应用（下）

Hydroformylation: Fundamentals, Processes, and Applications in Organic Synthesis (Volume 2)

［德］Armin Börner，Robert Franke 著
祁昕欣，张宝昕，郑兴 译

華東理工大學出版社
EAST CHINA UNIVERSITY OF SCIENCE AND TECHNOLOGY PRESS
·上海·

图书在版编目(CIP)数据

氢甲酰化反应的原理、过程和工业应用. 下 / (德)
阿明·波尔纳(Armin Börner),(德) 罗伯特·弗兰克
(Robert Franke)著;祁昕欣,张宝昕,郑兴译. —上海:
华东理工大学出版社,2018. 11
(当代化工学术精品译库)
ISBN 978 - 7 - 5628 - 5588 - 0

Ⅰ. ①氢… Ⅱ. ①阿… ②罗… ③祁… ④张…
⑤郑… Ⅲ. ①醛化-研究 Ⅳ. ①O621. 25

中国版本图书馆 CIP 数据核字(2018)第 213703 号

策划编辑 / 周　颖
责任编辑 / 赵子艳
出版发行 / 华东理工大学出版社有限公司
地址:上海市梅陇路 130 号,200237
电话:021 - 64250306
网址:www. ecustpress. cn
邮箱:zongbianban@ecustpress. cn
印　　刷 / 上海中华商务联合印刷有限公司
开　　本 / 710 mm × 1000 mm　1/16
印　　张 / 24
字　　数 / 520 千字
版　　次 / 2018 年 11 月第 1 版
印　　次 / 2018 年 11 月第 1 次
定　　价 / 126.00 元

Klassifikation ist Bedingung von Erkenntnis, nicht sie selbst, und Erkenntnis löst die Klassifikation wieder auf.

T. W. Adorno, M. Horkheimer,

归类服务于认知，又消解于认知。

西奥多·阿多诺，马克思·霍克海默

"I take it that a monograph of this sort belongs to the ephemera literature of science. ... Rather with the pen of a journalist we must attempt to record a momentary phase of current thought, which may at any instant change with kaleidoscopic abruptness."

Gilbert Newton Lewis

"这本专著在我看来只是科学世界里的一只蜉蝣……比起用笔书写过去，我们更应该尝试去记录眼前时时刻刻的思想，虽然它们或许如万花筒般变化莫测。"

吉尔伯特·牛顿·路易斯

译 者 序

2014年底，我来到了莱布尼茨催化研究所工作，跟随Börner教授，在赢创(Evonik)高级催化实验室进行铑催化氢甲酰化的研究。这一实验室由研究所和赢创集团合作创建，专注与应用相关的配体和催化研究。每年来自这两个机构的化学家和工程师们都会会面三次，探讨实验室内研发的新技术，并将工业应用中的问题反馈给研究人员。在多次这样的研讨会议中，我逐渐与赢创氢甲酰化部门的研发主管Franke教授相熟。而当时，他和Börner教授正在共同撰写本专著。

Börner教授的研究生涯一直与应用息息相关。除了赢创集团，他的研究组还和许多其他的企业在不同领域的催化研究上开展着合作。在我们的一次讨论中，他曾对我说："我更喜欢对人类的经济生活有直接作用的、实在的化学，使用公众的资源满足自己好奇心的行为是可耻的。"

2016年，本专著由Wiley出版社第一次出版。当时两位作者向我询问了将它翻译成中文的可能性。我觉得虽然从题目上看，这是一本专业性极强的书籍，但其内容以氢甲酰化反应为中心，辐射到整个应用有机化学领域。书中既有基本的概念讲解，也有复杂的合成应用，几乎涵盖这一技术发现以来所有方面的重要成果，如同一部应用有机化学的断代史。把这样一本书带给中国读者，也是我个人的心愿。但这本书走进我国市场的路也并非一路平坦，中间几经波折，多亏方显杰博士、吴晓峰博士的联络，以及华东理工大学出版社周颖女士、Wiley出版社宋志慧女士的倾力协助，才让它在今天得以和读者见面。

本书从绪论到第8章由Börner教授撰写，第9章由Franke教授撰写。两位作者文字风格的不同在书中体现得淋漓尽致。品味其中，也算另一种阅读乐趣。

特别要感谢我的夫人，也是本书译者之一的郑兴的辛苦付出。在翻译的过程中，我们力求通俗简易，以便更多非专业读者也能够体会到化学的生动和有趣。当然，翻译中难免存在疏漏之处，我们也期待着读者的及时指正。

张宝昕

2018年4月于罗斯托克

序

能被邀请为这本出色的著作《氢甲酰化反应的原理、过程和工业应用》作序我感到无比荣幸。

过去35年来，这是第一本清晰、系统的，且涵盖这一重要反应所有方面的书籍，其内容远不仅仅局限在某一类中心原子或配体的情形。

当我在1967年于鲁尔化学第一次进入氢甲酰化领域时，我对氧合反应，以及它的发现者Otto Roelen——2年前刚刚从这个公司退休——一无所知。我的学术背景是氟化学以及流动操作式小型实验装置化工，重点研究极端反应条件。在奥伯豪森我听到的当时关于氢甲酰化的一条大新闻是配体修饰的钴催化剂被首次成功运行——就是我们现在熟知的Shell过程。当时我还听说了有关氧合反应机理的一场激烈的讨论(还有在产物中出现的除了一般所期待的直链醛之外的支链异构产物的来源)。这场争论，尽管表面上属于学术范畴，但当时世界上很多大公司的董事会成员都参与其中——这在现今的情境下完全不可想象！争论终止于1972年在匈牙利威斯普雷姆举行的氢甲酰化和相关反应年会，大会的组织者是我们极其尊敬和永远缅怀的Lazlo Márko。

接下来的十年为我们带来了很多激动人心和具有决定性的成果：比如威尔金森(Wilkinson)铑催化剂在氧合反应中的启用；Union Carbide/Johnson Matthey对铑催化的低压氧合过程(尽管这一用法多年前就被BP引入)的商用化。在清楚了全部反应机理，以及添加剂的启用，特别是能让整个氧合化工运行更有效的磷配体研究的开创性进展后，技术研发的成功接踵而至。首次商用水相氢甲酰化装置投入运行为这一个十年的结束写下了浓重的一笔，其为氢甲酰化工艺向不间断式过程改进打下了基础。

过去的30年见证了氧合知识的爆炸式发展，其中包括：未官能化烯烃的转化；不对称、串联作用，或分步反应；还有通过非常复杂的工艺设计使反应在其他和非传统介质中进行。这份成就单现在仍在扩充。我很幸运地参与了其中的一些发展，并且直到20世纪90年代，一直与Otto Roelen先生保持联系，向他汇报这一学科的发展近况。我至今以此为荣。

后续的发展以不断加速的步伐进行。能够写这样一本最新、最全面的关于氢甲酰化及其基础、过程和应用的专著，我们要向两位作者Börner和Franke表示祝贺。作者用吸引人的叙述笔法,成功地对这一课题的各个方面进行了讲述。科技前进的步伐不会放缓,将来对这一反应的新发现也肯定不会减少,因此留给他们修订第二版的时间要远远少于过去的35年。作为一名在科技书籍撰写和出版领域积累了一些经验的同行,我祝福他们,也希望将来的再版能如这一版一样成功!

Boy Cornils
Hofheim/Taunus

目　　录

4　氢甲酰化反应 ………………………… 001

4.1　未被官能化的单烯烃、多烯烃和炔烃的氢甲酰化 ………… 001

4.1.1　概述 ………… 001

4.1.2　单烯烃 ………… 001

4.1.3　双烯和多烯 ………… 008

4.1.4　乙炔和同系炔类 ………… 012

参考文献 ………… 013

4.2　官能化烯烃的氢甲酰化 ………… 018

4.2.1　概述 ………… 018

4.2.2　α-官能化烯烃 ………… 018

4.2.3　β-官能化的烯烃 ………… 026

参考文献 ………… 034

4.3　立体选择氢甲酰化 ………… 037

4.3.1　概述 ………… 037

4.3.2　对映纯底物的非对映异构选择氢甲酰化 ………… 039

4.3.3　不对称氢甲酰化 ………… 045

4.3.4　结论 ………… 067

参考文献 ………… 067

4.4　结构导向的氢甲酰化 ………… 070

4.4.1　概述 ………… 070

4.4.2　共价结合的指向磷基团 ………… 071

4.4.3　可逆连接的导向膦基团 ………… 076

4.4.4　不建立共价相互作用的区域导向效应 ………… 081

4.4.5　结论 ………… 083

参考文献 ………… 083

5　含有氢甲酰化步骤的连锁反应和其他连续反应 ………… 085

参考文献 ………… 085

5.1　异构化-氢甲酰化串联反应 ………… 086

5.1.1　概述 ………… 086

5.1.2　金属 ………… 090

5.1.3　连续步骤的异构化-氢甲酰化串联反应 ………… 109

5.1.4 结论 …… 110
参考文献 …… 111
5.2 氢甲酰化-氢化连续反应 …… 117
5.2.1 概述 …… 117
5.2.2 氢甲酰化-氢化结合方法中醇的产生 …… 118
5.2.3 结论 …… 137
参考文献 …… 137
5.3 氢甲酰化-缩醛化串联反应 …… 141
5.3.1 综述 …… 141
5.3.2 金属催化剂和添加物 …… 143
5.3.3 氢甲酰化-缩醛化串联反应的实际应用 …… 147
5.3.4 结论 …… 156
参考文献 …… 156
5.4 氢氨甲基化 …… 159
5.4.1 反应 …… 159
5.4.2 历史 …… 160
5.4.3 铑催化的氢氨甲基化的机理 …… 161
5.4.4 催化系统 …… 163
5.4.5 氢氨甲基化的流程和产物 …… 170
5.4.6 结论 …… 181
参考文献 …… 181
5.5 与其他后续 C—C 键形成步骤结合的氢甲酰化 …… 185
5.5.1 概述 …… 185
5.5.2 紧随氢甲酰化的碳亲核试剂对中间形成的甲酰基或者亚氨基的攻击 …… 186
5.5.3 碳亲核试剂对新生成的甲酰或者亚氨基团中 β-位的亲电子攻击 …… 203
5.5.4 氢甲酰化-(杂 Diels - Alder)反应 …… 204
5.5.5 之后跟随消去反应的氢甲酰化 …… 205
5.5.6 结论 …… 208
参考文献 …… 208

6 通过氢甲酰化合成特殊产物 …… 211
6.1 通过氢甲酰化生成芳香化合物和香水 …… 211
6.1.1 概述 …… 211
6.1.2 催化系统和底物 …… 213
6.1.3 生产香料和香味剂的氢甲酰化 …… 215
6.1.4 结论和展望 …… 257

参考文献 …… 258
6.2 脂的氢甲酰化 …… 266
6.2.1 概述 …… 266
6.2.2 实际使用的和潜在的底物 …… 267
6.2.3 氢甲酰化 …… 269
6.2.4 氢甲酰化产物的进一步转化 …… 281
6.2.5 结论与展望 …… 282
参考文献 …… 282
6.3 环氧化物的氢甲酰化 …… 285
6.3.1 概述 …… 285
6.3.2 应用 …… 288
6.3.3 结论 …… 290
参考文献 …… 290
6.4 得到乙二醇醛和乙二醇的基于合成气的方法 …… 292
6.4.1 概述 …… 292
6.4.2 从合成气中直接制造乙二醇 …… 293
6.4.3 甲醛的氢甲酰化 …… 294
6.4.4 结论 …… 298
参考文献 …… 299

7 非传统媒介中的氢甲酰化 …… 300
7.1 概述 …… 300
7.2 方法 …… 301
7.2.1 与非溶性有机载体连接的均相催化剂 …… 301
7.2.2 可溶有机载体上的均相催化剂 …… 302
7.2.3 水作为溶剂 …… 303
7.2.4 氟双相系统(FBS) …… 310
7.2.5 以二氧化碳($scCO_2$)为例的超临界流体中的反应 …… 312
7.2.6 离子液(ILs) …… 317
7.2.7 取决于温度或者温控溶剂的系统 …… 323
7.3 一些方法的比较 …… 324
参考文献 …… 325

8 醛的脱羰化和脱氢羰化 …… 332
8.1 概述 …… 332
8.1.1 脱羰化 …… 332
8.2 脱氢羰化 …… 337
8.3 结论 …… 340

参考文献 ········ 340

9 生产过程选讲 ········ 342
9.1 概述 ········ 342
9.2 庄信万丰(Johnson Matthey)氧合醇过程™ ········ 342
9.2.1 氢甲酰化 ········ 343
9.2.2 铑的分离 ········ 343
9.2.3 转化为 INA 和其操作 ········ 344
9.2.4 结论 ········ 344
9.3 生产高度支链化的长链醇的埃克森美孚过程 ········ 344
9.3.1 氢甲酰化 ········ 344
9.3.2 催化剂回收 ········ 346
9.3.3 结论和展望 ········ 346
9.4 堪萨斯大学为氢甲酰化辛烯设计的过程 ········ 347
9.4.1 CXL 过程 ········ 347
9.4.2 结论 ········ 349
9.5 有关异相氢甲酰化的评论 ········ 349
9.5.1 大连化学物理研究所的异相氢甲酰化方法 ········ 350
9.6 展望 ········ 352
参考文献 ········ 352

索引 ········ 354

上册目录

绪论
1 氢甲酰化中的金属
2 有机配体
3 合成气和其替代来源

4　氢甲酰化反应

285[①]

4.1　未被官能化的单烯烃、多烯烃和炔烃的氢甲酰化

4.1.1　概述

在批量化学过程中，氢甲酰化的底物主要为不同链长的未官能化的烯烃。理论上来说，端位 C═C 键比内烯烃的反应要快。氢甲酰化的速率随着底物空间位阻的增加而减小[1]。无论使用何种金属，可以发现图 4.1 中所示的顺序[2]。

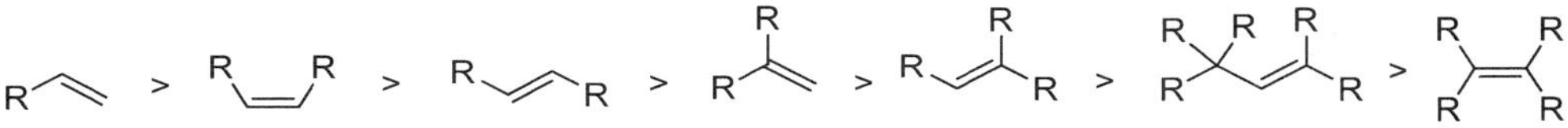

图 4.1　烯烃的氢甲酰化速率与空间位阻的关系

支链烯烃的反应需要更为严苛的反应条件或者更具反应活性的催化剂。理论上来说，三取代的 sp^2 构型的 C 原子不倾向于氢甲酰化（"科尔曼斯"原则）[3]。双键的迁移可能会改变原始底物的结构。

由于过高的价格，对大多数工业批量过程来说，使用纯烯烃并不经济，因此原料大多是异构体的混合物。例如"二正丁烯"（二聚化的丁烯）[4]、"三丁烯"（三聚化的 2-丁烯）[5]或者二环戊二烯和三环戊二烯[6]的氢甲酰化。只有最近，随着烷烃除氢研究热度的上升，其也可以成为随后氢甲酰化步骤的烯烃的来源[7]。

在非环状烯烃的混合物中，除了直链端烯烃，还存在内烯烃和支链烯烃。因为在许多情况下希望得到的是端醛产物，所以可实现底物烯烃异构化的氢甲酰化过程便成为了研究目标（见第 5.1 节）。这一连锁反应可以通过选择合适的金属、配体和反应条件来实现[8]。高的支链选择性主要是通过使用内烯烃和具有低异构化以及高氢甲酰化活性的催化剂来实现的。

4.1.2　单烯烃

286

工业中使用的重要的未官能化的非环状烯烃是乙烯（C_2）和丙烯（C_3），以及异构的丁烯（C_4）、辛烯（C_8）和链长长达 C_{18} 的烯烃。一般来说，我们将其区分为短链（C_3、C_4）、中链（C_5～C_{12}）和长链（C_{13}～C_{19}）氧化产物。一些直链 α-烯烃（LAOs），例如 1-丁烯、1-己烯、1-辛烯或者 1-癸烯可以通过从费托（Fischer - Tropsch）过程中选择性提取。如 Sasol 的 SYNTHOL® 过程，可以得到一系列广泛分布的奇数和偶数碳的烯烃[9,10]。对价格低廉的乙烯而言，二聚化可以产生 1-丁烯。三聚

---

① 边栏方框内页码对应原版图书页码，与索引中的页码对应。

化或者四聚化产生1-己烯和(或)1-辛烯[11]。

4.1.2.1 乙烯

乙烯氢甲酰化生成丙醛通常与使用负载于有机或无机表面的金属配合物的气相反应的研究相关联[12]。迄今为止人们倾向使用铑催化剂。主要的副反应是CO的氢化,其产生醇和含氧 C_2 化合物。另一个问题来自炔烃杂质,其可以通过使用均相铑催化剂来部分克服[13]。作为替代,可以使用铑纳米颗粒[14]或离子液[[BMIM][BF_4](BMIM=1-丁基-3-甲基咪唑)][15],或者超临界二氧化碳[16]中的均相铑催化剂。有趣的是,在固体 $RhCl(PPh_3)_3$ 或 $RhCl(CO)(PPh_3)_3$ 上的氢甲酰化也可以在3 bar① 和185℃下成功进行[17]。2014年,van Leeuwen 小组发现,双齿的亚磷酰胺与三苯基膦或者三(2,4-二-叔丁基苯)亚磷酸酯(Alkanox® 240)相比,可以为铑催化的乙烯的氢甲酰化形成更具活性的催化剂(图解4.1)[18a,b,19]。

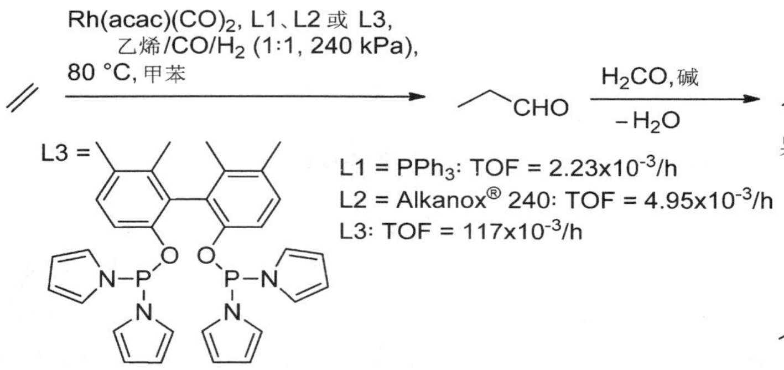

图解4.1 通过乙烯的氢甲酰化产生异丁烯醛

BASF提出[20],生成的丙醛可以用于与甲醛的羟醛缩合反应生成异丁烯醛。在双水相系统中,氢甲酰化和羟醛缩合反应可以作为连锁反应一起进行[21]。与异丁烯在异相催化剂上的部分氧化相比,这两种生成异丁烯醛的过程都是不错的替代方法。

4.1.2.2 丙烯

287 从数量的角度来看,最重要的氧合化学品是占世界醛类质量总消耗超过50%的正丁醛。仅一处氧合化工生产线,比如奥伯豪森(德国),每年生成的 C_4 产品就多于 5×10^5 t。主要的生产商包括巴斯夫、陶氏化学、欧季亚和伊士曼。生成过程根据不同的反应参数有所不同(表4.1)[23]。除了少数较早的基于钴的过程(这些过程的目的是基于 $HCo(CO)_4$ 作为催化剂在高合成气压和120~160℃下,或者基于 $HCo(CO)_3PR_3$ 在低合成气压但是高温下直接生成丁醇)外,如今世界范围在此领域主要使用两种基于铑的方法。鲁尔化学/罗纳普朗克(后来的赫斯特塞拉尼斯,现在为欧季亚)使用的第一个过程是在中等合成气压和110~130℃下的双水

① 1 bar=10^5 Pa。

相反应中使用磺化单膦 TPPTS(3,3′,3″-次膦基三(苯磺酸)的三钠盐)[24]。另一种方法,LP Oxo^{SM} 过程[25],由联合碳化物公司建立,在低压下使用基于 PPh_3 的铑催化剂。同时研发的 BASF 过程是后者的略微修饰的版本。

表 4.1 不同条件下的丙烯的大规模氢甲酰化过程

金 属	配 体	反 应 条 件	C_4 选择性	l/b
Co	—	200～300 bar/140～180℃	82%～85%	4∶1
Co	PBu_3	50～100 bar/180～200℃	>85%	9∶1
Rh	TPPTS	40～60 bar/110～130℃	>91%	94∶6
Rh	PPh_3	7～25 bar/90～125℃	>90%	84∶16

正丁醛可用于生产正丁醇和正丁酸(图解 4.2)。大部分是用于羟醛缩合反应生成对应的不饱和 C_8-醛[26]。后者在异相催化剂上氢化生成 2-乙基己醇(2-EH),其可以用于生产邻苯二甲酸二(2-乙基己基)酯(DEHP),这是现在聚氯乙烯(PVC)工业中的标准增塑剂。或者,与己二酸酯化生成另一种增塑剂己二酸二(2-乙基己基)酯(DEHA),其可以用作液压机液体和飞机润滑剂的组成部分。另外,这种材料可以特别用作食品包装、水管、电缆和薄膜的抗寒增塑剂(Plastomoll ® DOA)[27]。 288

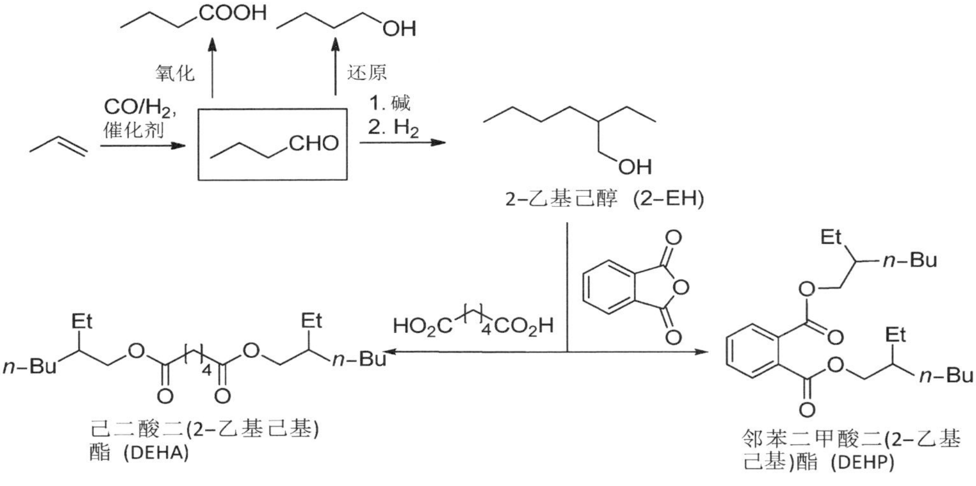

图解 4.2 丙烯的 *n*-区域选择氢甲酰化和重要的后续转化

与正丁醛相比,在这些条件下只有约 15%的异丁醛生成。它可以与甲醛反应生成 2,2-二甲基-1,3-丙二醇(新戊二醇)[28]。Eastman 最近与 Reek 小组合作发表了丙烯的异构选择氢甲酰化,使用了吡啶膦和以镁为中心的卟啉配合组成的超分子配体的铑催化剂(图解 4.3)[29]。

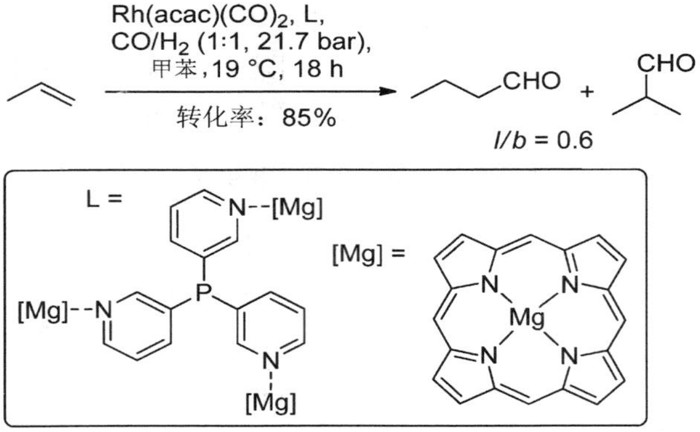

图解 4.3 丙烯的异构区域选择氢甲酰化

丙烯的回收也同样可以通过异构的丁醛在 250～350℃高温分解得到，此反应产生 CO 和 H_2[30]。

4.1.2.3 丁烯

丁烯通常是从挥发油蒸气裂解来的 C_4 碎片中得到的(图解 4.4)[31]。从粗产物液中移除丁二烯和异丁烯后，被称为 Raffinate II 的提取液包含 1-丁烯、顺/反-
289 2-丁烯和丁烷异构体。此外通过负载于氧化铝上的铬催化剂催化正丁烷除氢也可得到丁烯，产物用于后续的氢甲酰化[7]。直链丁烯的无选择性氢甲酰化会产生正戊醛和异戊醛；用于进一步转化的主要是前者。

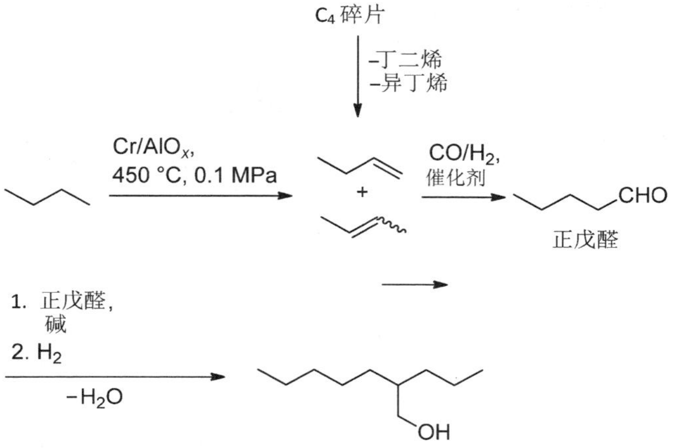

2-丙基庚醇 (2-PH)

图解 4.4 丁烯异构体的来源、后续的 *n*-区域选择氢甲酰化和最终向 2-丙基庚醇的转化

在工艺层面上，Celanese 建议区域选择性的问题可以通过一个连续操作的两步过程来解决，分别使用两种不同的铑催化剂(图解 4.5)[32]。在第一步中，Raffinate II 混合物中的 1-丁烯由价格不高的单膦铑(L1)催化剂转化，l/b 选择性为 66∶34。在移除了正戊醛后，主要含有 2-丁烯的被称为 Raffinate III 的剩余物被导入高 n-区域选择氢甲酰化反应流程，使用更贵的基于双齿膦配体(L2)的铑催化剂。 290

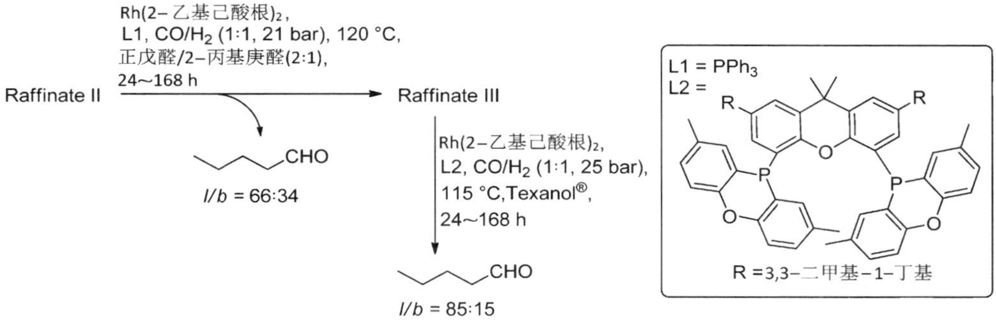

图解 4.5　Raffinate II 的 n-区域选择氢甲酰化的两步过程

正戊醛的主要应用是其通过羟醛缩合和后续的产物氢化转化为 2-丙基庚醇(2-PH)(图解 4.4)[33]。德固塞(现在的赢创)能将 Raffinate II 的 n-区域选择氢甲酰化与羟醛缩合结合在一个两相系统中进行[34]。与 2-EH 类似，2-PH 也是重要的增塑剂醇。正戊醛也能用于增味食物添加剂。对于经济价值较低的 1-丁烯的支链区域选择氢甲酰化，Dow 建议对铑使用基于杯芳烃的双亚磷酸酯作为配体[35]。

在非异构化条件下，2-丁烯的氢甲酰化会选择性地生成 2-甲基正丁醛[36]，其可以在酸存在的条件下，比如磷酸硼，转化为异戊二烯(图解 4.6)[36a,37]。也能通过氧化及随后与乙醇的酯化被转化为 2-甲基丁酸烷酯，这是香水和利口酒的重要芳香成分。例如，Givaudan SA 已将甲基-2-丁酸乙酯商用化作为花香调的调节剂或者与果香酯结合使用。

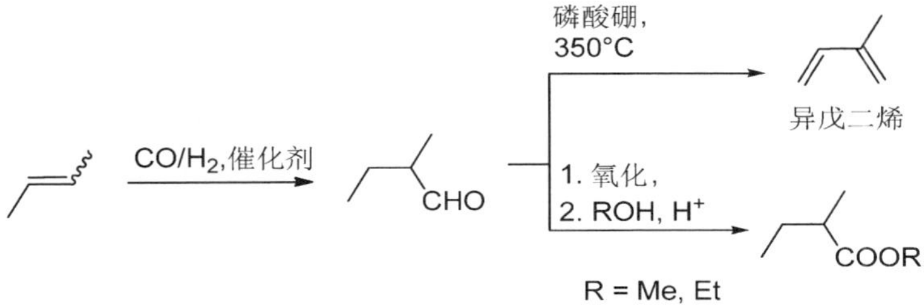

图解 4.6　通过异构选择性氢甲酰化生成异戊二烯或 2-烷基丁酸酯，以及后续的修饰

4.1.2.4　较高的烯烃 291

学术界常使用异构的戊烯、己烯和辛烯为底物来进行新型催化系统性质的研究[38,39]。Kragl 和其同事[40]使用基于 BIPHEPHOS 的铑催化剂筛查了一系列的端烯烃(从 1-戊烯到 1-十二烯)，达到了出色的 n-区域选择性和从 1 895/h 到

8 200/h 的 TOF(图解 4.7)。

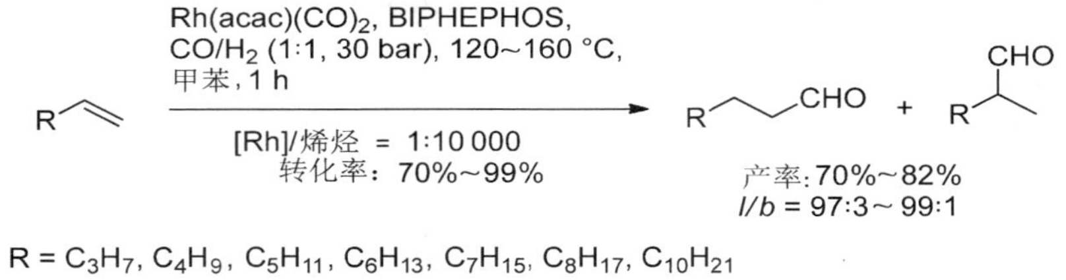

图解 4.7　不同端烯烃与 Rh(BIPHEPHOS)的 *n* -区域选择氢甲酰化

1-戊烯可以通过乙烯和丙烯的共二聚反应得到[41]。1-己烯是由 SHOP(壳牌高烯烃过程)[42]或者通过乙烯的三聚反应[11,43]生产。当规模较小时，通过对应的醇的脱水得到[44]。

己烯的 *n* -区域选择氢甲酰化生成 1-庚醛，其可以通过氧化转化为短链脂肪酸庚酸。后者用于生产多元醇酯和增塑剂醇。己烯在氢甲酰化后，在对甲苯磺酸(PTSA)存在的情况下与来源于生物的甘油反应，生成对应的五元和六元环状缩醛，其作为绿色燃料添加剂由可再生资源部分生成(图解 4.8)[45]。

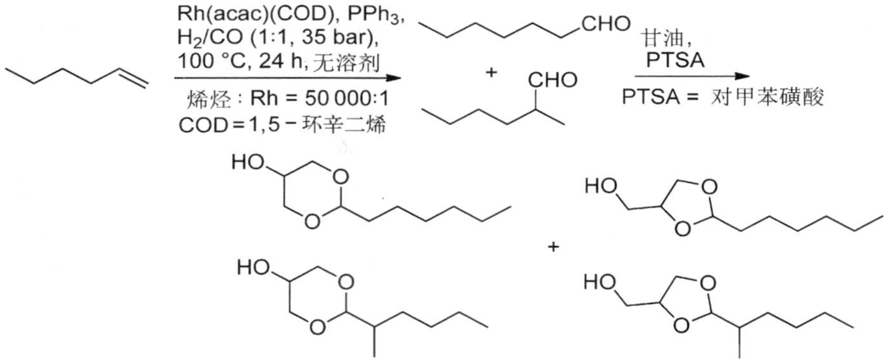

图解 4.8　通过可再生资源由氢甲酰化/缩醛化制造燃料添加剂

292 在通过 Sasol 过程(使用与陶化/联合碳化物公司相似的技术)生产 1-辛烯的反应中，1-庚烯被用作第一步的底物[46]。氢甲酰化可能用基于 PPh_3 或双亚磷酸酯的铑催化剂进行，其最终可以达到 85%～92%的 *n* -区域选择性。1-辛烯通过醛的氢化和随后由加热引发的水消去反应最终形成。

C_8 -烯烃混合物的氢甲酰化具有重要的经济价值。典型的例子是含有异构的正辛烯、甲基庚烯和二甲基己烯的“二正丁烯”。这一混合物由 Raffinate II 中异构的丁烯二聚化(例如，通过 IFP Dimersol ®[47]或者 Octol ®过程[48])来生成。二正丁烯的氢甲酰化生成直链和带有支链烷基的 C_9 -醛，其可转化为邻苯二甲酸二异壬酯(DINP)，这是工业上广泛使用的软质聚氯乙烯的另一种添加剂。这一应用中常用的是端醛。

通常由 Fischer-Tropsch 合成制备的壬烯可以以低 n-区域选择性与铑的单齿配体配合物转化为异构的癸醛[49]。人们研究了在超低温二氧化碳（$scCO_2$）中，使用芳香环上带有长烷基链的单齿芳基亚磷酸酯的壬烯的氢甲酰化[50]。由此流程生成的 1-癸醛纯度足以直接从产物混合物中结晶。或者，壬烯的混合物可以与水溶的基于含巯或羧基基团的膦的铑催化剂一起在双水相反应中转化[51]，其中包含铵或磷阳离子①。当使用基于杯芳烃的双亚磷酸酯作为配体时，几乎只生成端醛[35]。

为了生成 1-十一醛的 1-癸烯的氢甲酰化是香水制造中的重要过程（图解 4.9）。鲁尔化学开发的第一个生产过程是基于钴催化剂的[52]。研究机构在近期的文章中主张使用基于铑的双相系统[53]。为了克服质量传递的问题，人们提出了可以用微胞系统中的反应[54]、使用离子液[55]或者用 $scCO_2$[56] 作为溶剂来作为替代。1-十一醛氢化后，紧接着发生水的消去，就可以得到纯 1-癸烯[57]。 293

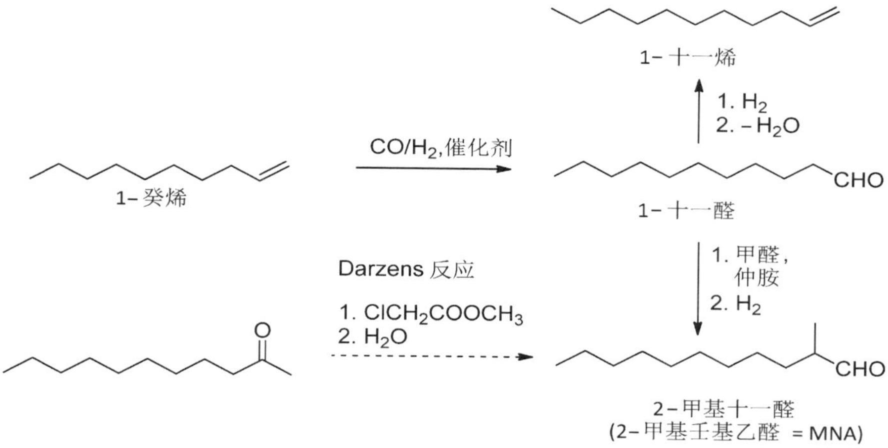

图解 4.9　得到 1-十一烯和 2-甲基十一醛的方法

或者，1-十一醛可以通过与甲醛的羟醛缩合和随后的氢化转化为 2-甲基十一醛（MNA=2-甲基壬基乙醛）来转化[58]。这在工艺上是 2-十一酮与氯代醋酸甲酯的达森（Darzens）反应的一个可行的替代。MNA 是香水工业中很受欢迎的主要成分（也见第 6.1.3.1.2 节）。

因为在分离高沸点产物时铑催化剂会存在分解的问题，多数的制造商都使用钴催化剂来生产长链的醛（$>C_{10}$）。这些方法是基于十分严苛的条件下（30 MPa，200℃）的未修饰的催化剂的[59]。除了醇，还生成了链烷。通过用膦修饰钴催化剂，反应压力可以减小（小于 10 MPa）且因此可以增加倾向直链醇生成的选择性[60]。合适的高烯烃（长达 C_{20}）的原料可以从 Fischer-Tropsch 原料（萨索尔）中

① 原文为阴离子，此处为译者勘误。

获得，或者通过 SHOP 生产。产物通常用于表面活化剂醇的生产。

例如，1-十二烯的氢甲酰化是由磷杂双环壬烷修饰的钴催化剂在 8.5 MPa 合成气压($CO/H_2=1:2$)、120℃下，以钴/磷为 1∶2 进行的，生成约 55%异构的 C_{13} 醇[61]。为了十四碳烯的转化，人们研发了与异辛烷和水在多液相系统中作用的固定在氯化三辛基甲基氨上的 $RhCl_3$[62]。在更为精密的方法中，需要在双相系统中筛选磷修饰的铑催化剂，有时会包含表面活性物质[63]。甚至连内烯烃，例如(*Z*)-2-十三烯，也被用作底物。在这里，通过在氢甲酰化-氢化流程中使用混合的均相铑/钌催化剂，可以以 83%的产率、*l*/*b* 选择性为 12 得到 1-十四碳醇(见第 5.2 节)[64]。

4.1.3 双烯和多烯

4.1.3.1 1,3-丁二烯

共轭双烯的氢甲酰化比单烯烃要慢得多[65,66]，且反应并不一定生成预期的二醛[67,68]。例如，铑参与的 1,3-丁二烯的反应倾向于以高区域选择性生成正戊醛(图解 4.10)[65,69]。

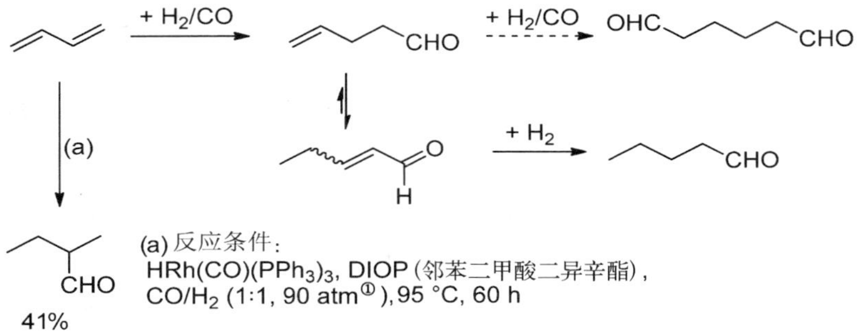

图解 4.10 1,3-丁二烯的氢甲酰化的产物分布

294 这一倾向性的原因是生成了中间产物 3-戊烯醛，其因为与羰基共轭所以在热力学上比 4-戊烯醛更稳定[65c]。两种不饱和的醛都可以分离[70]。通常在氢甲酰化条件下，α,β-不饱和醛会发生快速氢化。这一问题可以通过在双水相系统中进行反应来部分避免[71]。与从丁烯通过氢甲酰化生成戊醛类似，由 1,3-丁二烯起始的路径可能被用于生产对应的作为增塑剂成分的醇[69]。

令人感兴趣的是 1,3-丁二烯的异构选择氢甲酰化，因其生成了手性产物。在这里，使用基于 DIOP 作为配体的铑催化剂，以 41%的产率生成了 2-甲基丁醛，遗憾的是只有几乎可以忽略的光学纯度(其他例子参见第 4.3.3.5 节)[72]。

295 为了达到双氢甲酰化，必须要设定合适的反应条件。BASF 发表了为了生产己二醛和其对应的二醇的两步过程，第一步中使用膦修饰的铑配合物，第二步中使用钴催化剂(图解 4.11)，可以达到约 60%的选择性[73]。三菱化工使用带有天然咬

---

① 1 atm=101.325 kPa。

入角为102～113°的双膦的铑配合物时，以37%的选择性生成1,6-己二醛[74a,b]。壳牌提出了膦基团被两个碳原子分隔的多齿膦配体[65c,75]。或者，建议使用双亚磷酸酯作为配体[67,76]。选择不同的溶剂影响了产物的差异。在甲醇中可以以71%的产率生成二甲酰产物，而在己烷中这一产率仅为21%[77]。

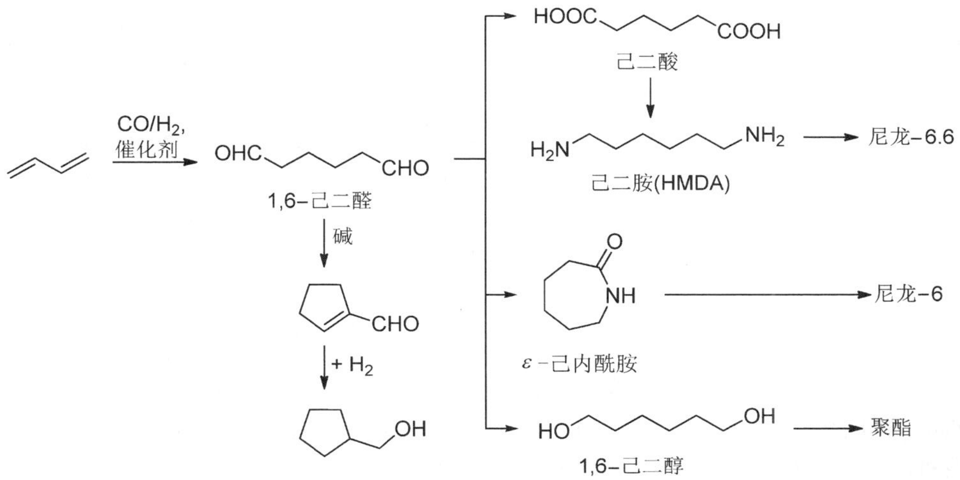

图解 4.11 1,3-丁二烯的氢甲酰化和后续的转化

1,6-己二醛可以通过甲酰环戊烯转化为羟甲基环戊烷[71]。另外，这也是生产ε-己内酰胺和己二酸/己二胺(HMDA)的高价值中间产物。两者都是尼龙-6.6和尼龙-6生产的关键单体。或者，聚酯合成的重要单体1,6-己二醇可以通过氢化合成。

4.1.3.2 取代的1,3-丁二烯和非共轭的多烯

与1,3-丁二烯一样，其他共轭二烯例如1,3-戊二烯、异戊二烯或者1,3-环己二烯在铑催化的条件下也主要生成单醛[78]。

2015年，Behr的小组研究了1,3-戊二烯(戊间二烯)的氢甲酰化(图解4.12)[79]。使用基于Xantphos的铑催化剂，主要得到E/Z-2-甲基-2-戊烯醛。当以碳酸亚丙基酯作为溶剂进行此反应时，催化剂可以循环使用6次。

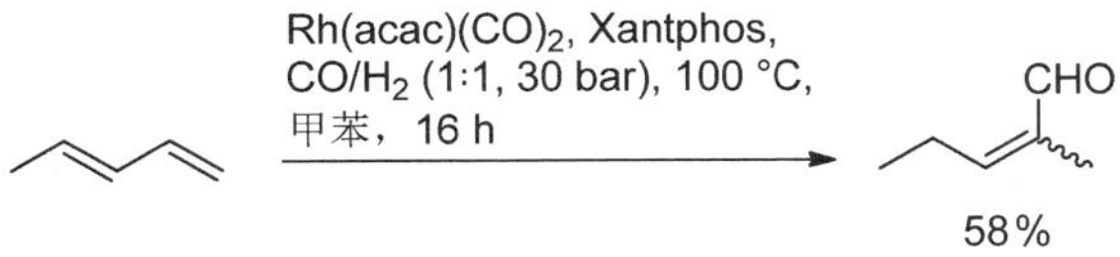

图解 4.12 戊间二烯的氢甲酰化

Nozaki小组指出，通过使用基于二齿膦-亚磷酸酯配体的手性铑催化剂，1,3-戊二烯可以选择转化为手性的支链不饱和醛(图解4.13)[80]。反应通过对称铑烯丙基配合物进行，且倾向于生成异构产物。这与使用未取代的1,3-丁二

烯的反应形成了强烈的对比。这里可以通过立体选择的方式来进行反应(见第 4.3.3.5 节)[80]。这一类似的转向效果在使用其他 4-取代的 1,3-丁二烯(例如乙烯基环己烯、3-甲基-1,3-丁二烯或者 1-苯基-1,3-丁二烯)时也可以观察到[80,81]。

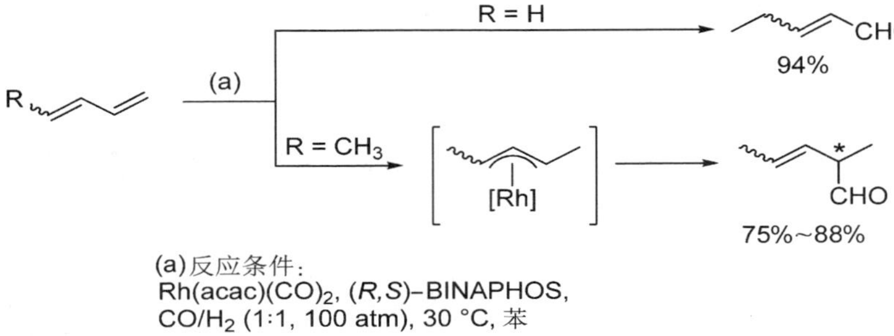

图解 4.13　1,3-丁二烯和 1,3-戊二烯的氢甲酰化的不同

使用铑催化剂的异戊二烯的氢甲酰化可能生成三种异构的单醛(图解 4.14)。
296 通常倾向于生成化合物 **2**,其在对应的 η^3-烯丙基/σ^1-铑中间产物和产物的 π-共轭系统中显示出高的热力学稳定性[82]。迄今为止此化合物的产率可以达到 50%。膦作为配体可以加速此反应。

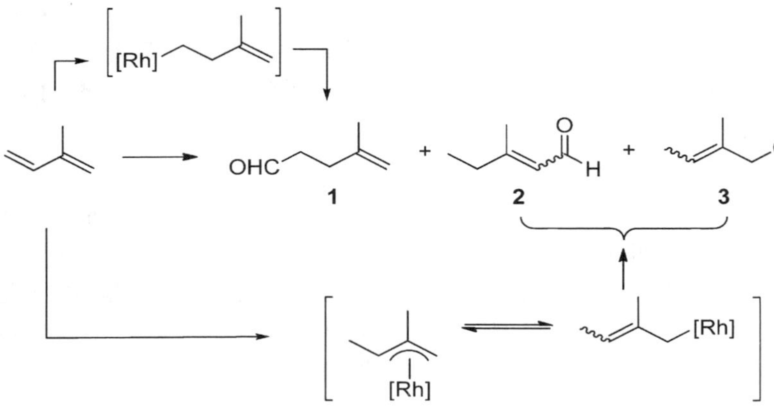

图解 4.14　异戊二烯的氢甲酰化

在 2015 年的一篇文献中,Behr 和其同事[83,84]宣布了第一个铑催化的环戊二烯的氢甲酰化(图解 4.15)。起始的二烯是蒸气裂化的 C_5 碎片的重要成分,占其质量分数的 25%[85]。环戊二烯通过二聚反应(Diels-Alder 反应)从 C_5 碎片中分离出来生成异构的双环戊二烯。后者可以通过铜或者铁催化剂分裂成环戊二烯。在许多二齿膦测试中(dppm、dppe、dppp、DPEphos、Xantphos)[dppe=1,2-双(二苯基膦)乙烷、dppp=1,3-双(二苯基膦)丙烷],只有 BISBI 在氢甲酰化中可以达到足够高的反应速率。得到环戊烷醛的产率为56%。主要的副产物是对应的二醛。当在相同的条件下使用BINAP时，几乎只能观测到双环戊二烯的单甲酰化产物。显然，在这里Diels－Alder产物先于氢甲酰化产物生成，随后才与合成气反应。

297

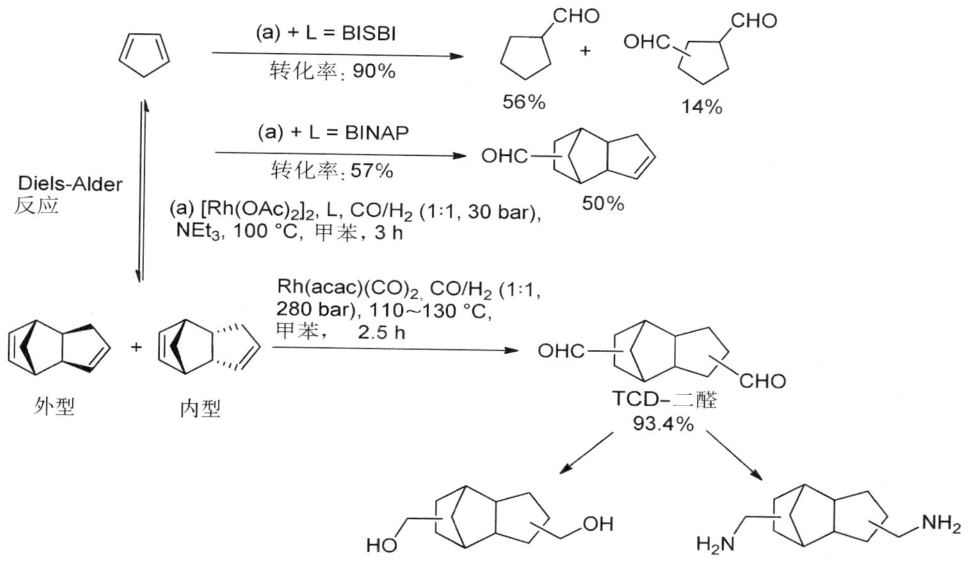

图解 4.15 环戊二烯和双环戊二烯的氢甲酰化

BASF的Papp和Paciello提出了一种内型/外型双环戊二烯混合物的氢甲酰化(图解4.15)[86]。在几个小时内，产率大于90%的三环癸二醛(TCD－二醛)通过未修饰的铑催化剂在非常高的合成气压下生成。产物可以用作生产TCD－二醇和TCD－二胺的起始原料。前者作为生产玻璃纤维加强塑料和不含溶剂的快干漆的二醇成分拥有巨大的市场[87]。

如图解4.15中的双环戊二烯所示，非共轭双键可以像分离的烯烃一样进行氢甲酰化，但是先于氢甲酰化的快速结合可能会阻止预期产物聚合醛的生成。在1,5－环辛二烯的使用未修饰的钴或铑催化剂的氢甲酰化中，主要产物是甲酰环辛烷[88]。与之相比，环庚三烯会甲酰化两次。三甲酰环庚烷的量没有达到10%。

Zhang和其同事研究了1,5－己二烯使用带有四膦配体的铑配合物的反应，并以98%的选择性得到庚二醛(图解4.16)[89,90]。

丙二烯衍生物(1,2－丁二烯)的氢甲酰化只在文献中被提及了一次。Fell和Beutler[91]将丙二烯衍生物与合成气在$HRh(CO)(PPh_3)_3$存在的情况下反应，但只得到了单醛和二醛的混合物。2008年，Guo和Ma[92]使用氧化1,2－丙二烯基膦和磷酸酯作为底物，在相同催化剂的控制下，实现了完全生成端醛。

298
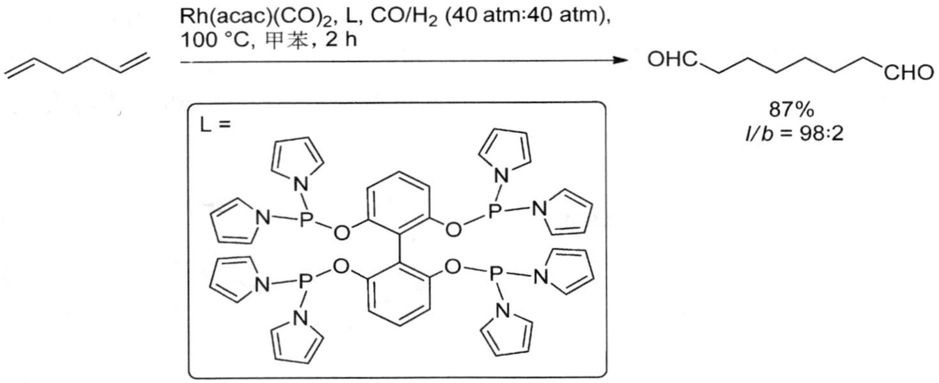

图解 4.16　1,5-己二烯向庚二醛的氢甲酰化

4.1.4　乙炔和同系炔类

只有非常少的研究是关于未官能化的炔烃的氢甲酰化的，其中也包括了用于稳定铑氢甲酰化催化剂前体的 η^2-配位的炔烃的转化[93]。生成的不饱和醛是非常珍贵的精细化工产品，它可以使用在医药化学中以及作为香水和调味品的混合物的成分。

一般来说，铑催化的炔烃的氢甲酰化比烯烃的反应要慢得多。我们需要记住，在使用未修饰的铑催化剂的烯烃的均相催化氢甲酰化反应中，仅仅是极其微量的炔烃的存在也会造成不可逆的中毒。Liu 和 Garland[94,95]通过原位红外光谱发现，这种现象的原因有可能是生成了双核铑-羰基配合物 I，其甚至在氢气存在的情况下仍然稳定(图解 4.17)。因此，人们提出了生产 α,β-不饱和醛的替代方法，包含镍催化氢氰化和随后的化学选择氢化[96]。

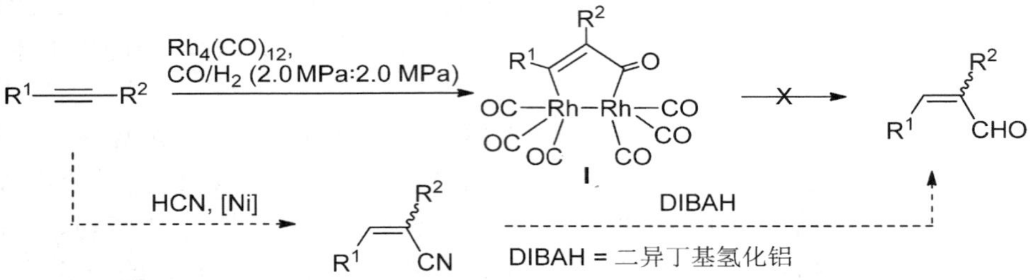

图解 4.17　炔烃的氢甲酰化的问题和替代方法

299 但是，预期的炔烃的氢甲酰化可以通过加入过量的膦配体来加速[97,98]。生成的 α,β-不饱和羰基产物很容易发生氢化形成对应的饱和醛[99]。最近的一大突破是 Breit 等发现基于自组装配体的铑催化剂可以使得高化学和立体选择性的炔烃氢甲酰化在很温和的条件下进行(图解 4.18)[100]。

作为替代可以使用未修饰的钴催化剂[98]。Jiao 和其同事[101]在理论研究中证明了使用钴时炔烃的氢甲酰化速度比烯烃的氢化速度要快。

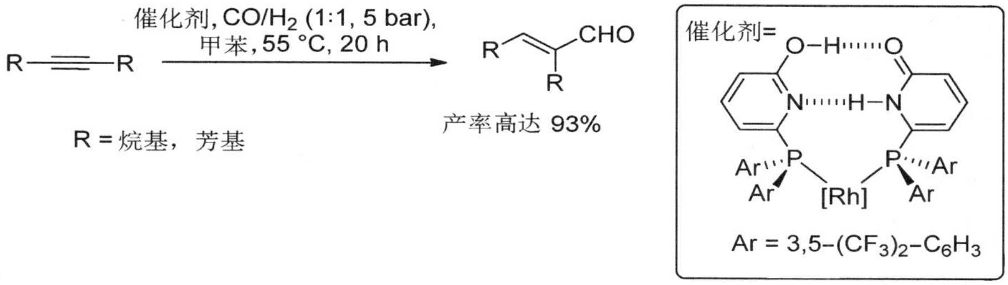

图解 4.18 使用自组装铑催化剂的炔烃的氢甲酰化

将 PPh_3 修饰的乙酸镍加入乙炔的氢甲酰化中,会以高产率和高选择性生成丙烯酸(图解 4.19)[102]。

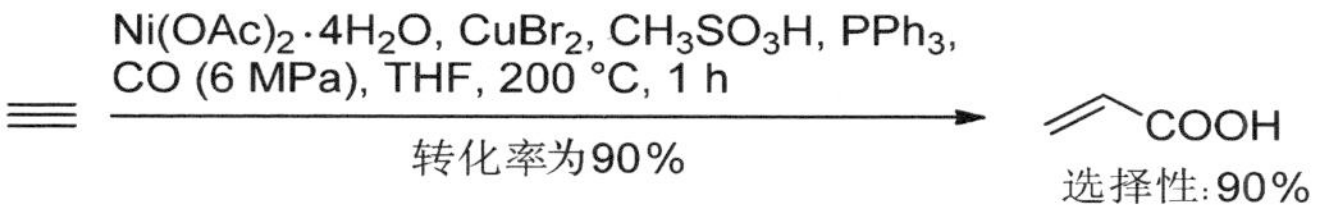

图解 4.19 使用镍催化剂的乙炔的氢甲酰化

同样,钯催化的炔烃的氢甲酰化也是已知的[98]。特别是 Beller 小组展示的一系列对称和不对称取代的炔烃可以通过用双齿 2-吡咯膦修饰的钯配合物的催化转化为不饱和醛(图解 4.20)[103]。

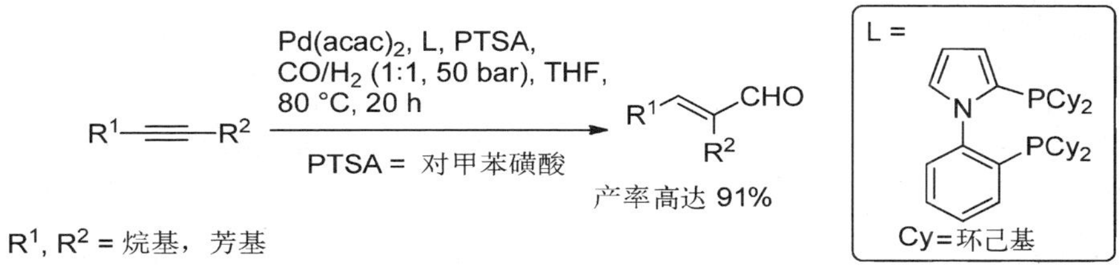

图解 4.20 使用均相钯催化剂的炔烃的氢甲酰化

参考文献① 300

1. van Rooy, A., De Bruijn, J.N.H., Roobeek, K.F., Kamer, P.C.J., and van Leeuwen, P.W.N.M. (1996) *J. Organomet. Chem.*, **507**, 69-73.
2. (a) Brown, C.K. and Wilkinson, G. (1969) *Tetrahedron Lett.*, **10**, 1725-1726; (b) Brown, C.K. and Wilkinson, G. (1970) *J. Chem. Soc. A*, 2753-2764; (c) Van Leeuwen, P.W.N.M. and Roobeek, C.F. (1983) *J. Organomet. Chem.*, **258**, 343-350; (d) Lenarda, M., Botteghi, C., Ganzerla, R., and Moretti, G. (1987) *J. Mol. Catal.*, **40**, 129-134.
3. Keulemans, A.I.M., Kwantes, A., and van Bavel, T. (1948) *Recl. Trav. Chim. Pays-Bas*, **67**, 298-308.
4. Möller, O., Hess, D., Wiese, K.-D., Fridag, D., and Borgmann, C. (to Oxeno Olefinchemie GmbH) (2004) Patent WO 2004/024661.
5. Kaizik, A., Tötsch, W., Droste, W.,

① 为方便读者查阅,本书按原版复制参考文献。

Büschken, W., Röttger, D., and Wiese, K.-D. (to Oxeno Olefinchemie GmbH) (2003) Patent WO 03095402.

6. Fujimori, T. and Kenichi, N. (to Mitsubishi Gas Chemicals) (2003) Patent JP 2003146931; *Chem. Abstr.*, **138** (2003) 401424.
7. (a) Walter, S., Haumann, M., Wasserscheid, P., Hahn, H., and Franke, R. (2015) *AIChE J.*, **61**, 893-897; (b) Fritschi, S., Korth, W., Julis, J., Kruse, D., Hahn, H., Franke, R., Fleischer, I., Dutta Chowdhury, A., Weding, N., Jackstell, R., Beller, M., and Jess, A. (2015) *Chem. Ing. Tech.* **87**, 1313-1326.
8. Vilches-Herrera, M., Domke, L., and Börner, A. (2014) *ASC Catal.*, **4**, 1707-1724.
9. Morgan, M. (2004) PERP Report 02/03-4, January 2004, Nexant Chem Systems.
10. Dwyer, C.L. (2012) 18th International Symposium on Homogeneous Catalysis (ISHC 18), Toulouse (France), 2012, Book of abstracts OC22.
11. Bollmann, A., Blann, K., Dixon, J.T., Hess, F.M., Killian, E., Maumela, H., McGuinness, D.S., Morgan, D.H., Neveling, A., Otto, S., Overett, M., Slawin, A.M.Z., Wasserscheid, P., and Kuhlmann, S. (2004) *J. Am. Chem. Soc.*, **126**, 14712-14713.
301 12. For some references, see: (a) Kainulainen, T.A., Niemela, M.K., and Krause, A.O.I. (1999) *J. Mol. Catal. A: Chem.*, **140**, 173-184; (b) Hanaoka, T., Arakawa, H., Matsuzaki, T., Sugi, Y., Kanno, K., and Abe, Y. (2000) *Catal. Today*, **58**, 271-280; (c) Araña, J., Homs, N., Sales, J., Fierro, J.L.G., and Ramirez de la Piscina, P. (2001) *Catal. Lett.*, **72**, 183-189; (d) Gao, R., Tan, C.D., and Baker, R.T.K. (2001) *Catal. Today*, **65**, 19-29; (e) Zhu, H., Ding, Y., Lu, Y., Xi, C., Bao, X., and Lin, L. (2004) *Chem. Lett.*, **33**, 630-631; (f) Yamagishi, T., Ito, S.-i., Tomishige, K., and Kunimori, K. (2005) *Catal. Commun.*, **6**, 421-425; (g) Li, X., Ding, Y., Jiao, G., Li, J., Lin, R., Gong, L., Yan, L., and Zhu, H. (2009) *Appl. Catal. A: Chem.*, **353**, 266-270.
13. Puckette, T.A. (to Eastman Chemical Company) (2010) Patent WO 2010030339.
14. Sun, Z., Wang, Y., Niu, M., Yi, H., Jiang, J., and Jin, Z. (2012) *Catal. Commun.*, **27**, 78-82.
15. (a) Ha, H.N.T., Duc, D.T., Dao, T.V., Le, M.T., Riisager, A., and Fehrmann, R. (2012) *Catal. Commun.*, **25**, 136-141; (b) Diao, Y., Li, J., Wang, L., Yang, P., Yan, R., Jiang, L., Zhang, H., and Zhang, S. (2013) *Catal. Today*, **200**, 54-62.
16. (a) Erkey, C., Lozano Diz, E., Süss-Fink, G., and Dong, X. (2002) *Catal. Commun.*, **3**, 213-219; (b) Yonker, C. and Linehan, J.C. (2002) *J. Organomet. Chem.*, **650**, 249-257.
17. Zapirtan, V.I., Mojet, B.L., van Ommen, J.G., Spitzer, J., and Lefferts, L. (2005) *Catal. Lett.*, **101**, 43-47.
18. (a) Diebolt, O., Tricas, H., van Leeuwen, P.W.N.M., Spinney, H.A., Froese, R.D.J., and Brammer, M. (to Dow Technology Investments LLC) (2014) Patent WO 2014/088800; (b) Tricas, H., Diebolt, O., and van Leeuwen, P.W.N.M. (2013) *J. Catal.* **298**, 198-205.
19. For other investigations with Rh phosphine catalysts, see: Cui, K., Wang, A., Li, R., Zhou, L., Dong, J., Lin, R., Sun, G., and Song, X. (to Zibo Nalcohol Chemical Co., Ltd.) (2011) Patent CN 102030622; *Chem. Abstr.*, **154** (2011) 488704.
20. Merger, F. and Foerster, H.-J. (to BASF Aktiengesellschaft) (1982) Patent EP 0058927.
21. Deshpande, R.M., Diwakar, M.M., Mahajan, A.N., and Chaudhari, R.V. (2004) *J. Mol. Catal. A: Chem.*, **211**, 49-53.
22. See e.g.: (a) Engelbach, H., Krabetz, R., Dümbgen, G., Willersinn, C.-H., and Beitelschmidt, W. (To BASF AG) (1980) Patent DE 2909597; (b) Breiter, S. and Linz, H.-G. (1995) *Chem. Eng.*

Sci., **50**, 785-791; (c) Guan, J., Song, K., Xu, H., Wang, Z., Ma, Y., Shang, F., and Kan, Q. (2009) *Catal. Commun.*, **10**, 528-532.

23. Frohning, C.D. and Kohlpaintner, C.W. (1996) in *Applied Homogeneous Catalysis with Organometallic Compounds*, vol. **1** (eds B. Cornils and W.A. Herrmann), VCH Publishers, Weinheim, pp. 29-104.
24. (a) Kohlpaintner, C.W., Fischer, R. W., and Cornils, B. (2001) *Appl. Catal., A: Gen.*, **221**, 219-225; (b) Bohnen, H.-W. and Cornils, B. (2002) *Adv. Synth. Catal.*, **47**, 1-64.
25. Tudor, R. and Ashley, M. (2007) *Platinum Met. Rev.*, **51**, 116-126.
26. Hydrocarbon Processing, October 1980, Section 2, pp. 93-102.
27. Technisches Merkblatt M 2178 d, Petrochemikalien, BASF, January 2005.
28. Reinius, H.K., Suomalainen, P., Riihimaki, H., Karvinen, E., Pursiainen, J., and Krause, A.O.I. (2001) *J. Catal.*, **199**, 302-308.
29. (a) Norman, D.W., Reek, J.N.H., and Besset, T.R.M.-L. (to Eastman Chemical Company) (2013) Patent WO 2013/181186; see also: (b) Dydio, P. and Reek, J.N.H. (2014) *Chem. Sci.*, **5**, 2135-2145.
30. Falbe, J., Tummes, H., and Hahn, H.-D. (1970) *Angew. Chem. Int. Ed. Engl.*, **9**, 169.
31. Weissermel, K. and Arpe, H.-J. (1988) *Industrielle Organische Chemie*, VCH Publishers, Weinheim, p. 69.
32. (a) Herwig, J., Bohnen, H., Skutta, P., Sturm, S., van Leeuwen, P.W.N.M., and Bronger, R. (to Celanese Chemicals Europe GmbH, Germany) (2002) Patent WO 0268434; (b) Bohnen, H. and Herwig, J. (to Celanese Chemicals Europe GmbH) (2002) Patent DE 10108475; DE 10108474; DE 10108476.
33. Sigl, M., Poplow, F., Papp, R., Mackewitz, T., Wiebelhaus, D., Paciello, R., Heidemann, T., Heimann, F., Bitterlich, S., Volland, M., Crone, S., and Übler, C. (to BASF SE) (2008) Patent WO 2008065171.
34. Wiese, K.-D., Protzmann, G., Koch, J., and Büschken, W. (to Oxeno Olefinchemie GmbH) (2001) Patent DE 19957522.
35. Brammer, M.A. (to Dow Technology Investment LLC) (2010) Patent WO 2010021863.
36. (a) Forster, D., Sluka, J.P., and Vavere, A. (1986) *Chem. Tech.*, **16**, 746-751; (b) Tau, K.D. (to Celanese Corporation) (1986) Patent US 4,605,781.
37. Fischer, H. and Schnuchel, G. (to Erdölchemie GmbH) (1973) DE 2163396.
38. Pittman, C.U. Jr., and Wilemon, G. (1981) *J. Am. Chem. Soc.*, **46**, 1901-1905.
39. Suárez, T., Fontal, B., León, G., Reyes, M., Bellandi, F., Contreras, R., and Cancines, P. (2006) *Transition Met. Chem.*, **7**, 974-976.
40. Vogl, C., Paetzold, E., Fischer, C., and Kragl, U. (2005) *J. Mol. Catal. A: Chem.*, **232**, 41-44.
41. Nakagawa, K. and Matsuo, M. (to Ube Ind. Ltd.) (1996) Patent JP 08133992; *Chem. Abstr.*, **125** (1996) 142092.
42. Vogt, D. (2005) in *Multiphase Homogeneous Catalysis*, vol. **1** (ed B. Cornils), Wiley-VCH Verlag GmbH, Weinheim, pp. 330-334.
43. Suzuki, Y., Kinoshita, S., Shibahara, A., Ishii, S., Kawamura, K., Inoue, Y., and Fujita, T. (2010) *Organometallics*, **29**, 2394-2396 and references cited therein.
44. Ziehe, H., Schimanski, J., Brasch, A., 302
and Toensen, E.-O. (to Sasol Germany GmbH) (2004) Patent WO 2004078336.
45. Neubert, L., Paetzold, E., Fischer, C., Kempers, P., Schörken, U., Schümann, U., Sadlowski, T., Beller, M., and Kragl, U. (2011) *Chem. Ing. Tech.*, **83**, 322-330.
46. van Leeuwen, P.W.N.M., Clément, N. D., and Tschan, M.J.-L. (2011) *Coord. Chem. Rev.*, **255**, 1499-1517.

47. (a) Chauvin, Y., Gaillard, J.F., Quang, D.V., and Andrews, J.W. (1974) *Chem. Ind.*, 375 - 378; (b) Commereuc, D., Chauvin, Y., Gaillard, J., Léonard, J., and Andrews, J.W. (1984) *Hydrocarbon Process.*, **63**, 118 - 120.
48. Jones, D.S.J. and Pujadó, P.R. (2008) *Handbook of Petroleum Processing*, Springer, Dordrecht, pp. 389 - 392.
49. Slegeir, W.A. (to Eastman Chemical Company) (2001) Patent WO 0151441.
50. Sellin, M.F. and Cole-Hamilton, D.J. (2000) *Dalton Trans.*, 1681 - 1683.
51. Bahrmann, H., Deckers, G., Greb, W., Heymanns, P., Lappe, P., Müller, T., Szameitat, J., and Wiebus, E. (to Hoechst Aktiengesellschaft) (1993) Patent EP 0602442.
52. Weber, J. and Springer, H. (to Ruhrchemie Aktiengesellschaft) (1981) Patent US 4,263,460.
53. (a) Tilloy, S., Genin, E., Hapiot, F., Landy, D., Fourmentin, S., Genêt, J.-P., Michelet, V., and Monflier, E. (2006) *Adv. Synth. Catal.*, **348**, 1547 - 1552; (b) Tilloy, S., Crowyn, G., Monflier, E., van Leeuwen, P.W.N.M., and Reek, J.N.H. (2006) *New J. Chem.*, **30**, 377 - 387; (c) Legrand, F.-X., Hapiot, F., Tilloy, S., Guerriero, A., Peruzzini, M., Gonsalvi, L., and Monflier, E. (2009) *Appl. Catal., A: Gen.*, **362**, 62 - 66.
54. van Vyve, F. and Renken, A. (1999) *Catal. Today*, **48**, 237 - 243.
55. (a) Leclercq, L., Suisse, I., and Agbossou-Niedercorn, F. (2008) *Chem. Commun.*, 311 - 313; (b) Lin, Q., Jiang, W., Fu, H., Chen, H., and Li, X. (2007) *Appl. Catal.*, **328**, 83 - 87.
56. (a) Pedros, M.G., Masdeu-Bultó, A.M., Bayardon, J., and Sinou, D. (2006) *Catal. Lett.*, **107**, 205 - 208; (b) Hu, Y., Chen, W., Xu, L., and Xiao, J. (2001) *Organometallics*, **20**, 3206 - 3208.
303 57. van de Weerd, J. (to Shell Oil Company) (2006) Patent US 20060173223.
58. Surburg, H. and Panten, J. (2006) *Common Fragrance and Flavor Materials: Preparation, Properties and Uses*, Wiley - VCH Verlag GmbH, Weinheim, p. 14.
59. See e.g.: (a) Massie, S.N. (to Universal Oil Products Company) (1975) Patent US 3880938; (b) Kaufhold, M. and Gaube, J. (to Chemische Werke Hüls AG) (1982) Patent DE 2538037.
60. See e.g.: Massie, S.N. (to Universal Oil Products Company) (1976) Patent US 3992453.
61. Steynberg, J.P., van Rensburg, H., Cronjé, C.J., Otto, S., and Crause, C. (to Sasol Technology Ltd.) (2003) Patent WO 2003068719.
62. Paganelli, S., Perosa, A., and Selva, M. (2007) *Adv. Synth. Catal.*, **349**, 1858 - 1862.
63. Li, M., Li, Y., Chen, H., He, Y.-E., and Li, X. (2003) *J. Mol. Catal. A: Chem.*, **194**, 13 - 17 and references cited therein.
64. Yuki, Y., Takahashi, K., Tanaka, Y., and Nozaki, K. (2013) *J. Am. Chem. Soc.*, **135**, 17393 - 17400.
65. (a) Fell, B. and Bahrmann, H. (1980) *J. Mol. Catal.*, **8**, 329 - 337; (b) Fell, B. and Rupilius, W. (1969) *Tetrahedron Lett.*, **32**, 2721 - 2723; (c) van Leeuwen, P.W.N.M. and Roobeek, C.F. (1985) *J. Mol. Catal.*, **31**, 345 - 353.
66. (a) Fyhr, C. and Garland, M. (1993) *Organometallics*, **12**, 1753 - 1764; (b) Liu, G. and Garland, M. (2000) *J. Organomet. Chem.*, **608**, 76 - 85.
67. For a detailed study dealing with the distribution of products in dependence on the reaction conditions including different bidentate diphosphine and diphosphite ligands as well as a corresponding iridium catalyst, compare: (a) Smith, S.E., Rosendahl, T., and Hofmann, P. (2011) *Organometallics*, **30**, 3643 - 3651; (b) Abkai, G., Schmidt, S., Rosendahl, T., Rominger, F., and Hofmann, P. (2014) *Organometallics*, **33**, 3212 - 3214.
68. Alternatively, methoxycarbonylation of butadiene can be carried out which gives in a two-step process with more than 75% selectivity the linear C_6 diester: Kummer,

R., Schneider, W., and Weiss, F.-J. (to BASF AG) (1979) Patent DE 2741511.
69. Bahrmann, H., Greb, W., Heymanns, P., Lappe, P., Müller, T., Szameitat, J., and Wiebus, E. (to Celanese GmbH) (1993) Patent EP 562450.
70. (a) Bunel, E.E. (to E. I. DuPont de Nemours and Company) (2002) Patent US 6437192; (b) Bunel, E.E. and Schwiebert, K.E. (to E. I. DuPont de Nemours and Company) (2002) Patent US 6362354.
71. Fell, B., Hermanns, P., and Bahrmann, H. (1998) *J. Prakt. Chem./Chem. Ztg.*, **340**, 459-467.
72. Botteghi, C., Branca, M., and Saba, A. (1980) *J. Organomet. Chem.*, **184**, C17-c04.
73. Kummer, R. (to BASF AG) (1976) Patent DE 2414253.
74. (a) Ohgomori, Y., Suzuki, N., and Sumitani, N. (1998) *J. Mol. Catal.*, **133**, 289-291; (b) Schmidt, S., Baráth, E., Larcher, C., Rosendahl, T., and Hofmann, P. (2015) *Organometallics*, **34**, 841-847.
75. Roobeek, C.F. (to Shell Internationale Research Maatschappij B. V.) (1981) Patent EP 0033554.
76. Packett, D.L. (to Union Carbide Coatings Service Technology Corp.) (1993) Patent EP 577042; US 5312996 (1994).
77. Kummer, R. and Weiss, F.J. (1978) Proceedings Symposium on Rhodium in Homogeneous Catalysis, pp. 87-93.
78. Trzeciak, A.M. and Ziółkowski, J.J. (1994) *J. Organomet. Chem.*, **479**, 213-216.
79. Neubert, P., Fuchs, S., and Behr, A. (2015) *Green Chem.*, **17**, 4045-4052.
80. (a) Horiuchi, T., Ohta, T., Nozaki, K., and Takaya, T. (1996) *Chem. Commun.*, 155-156; (b) Horiuchi, T., Ohta, T., Shirakawa, E., Nozaki, K., and Takaya, T. (1997) *Tetrahedron*, **53**, 7795-7804.
81. Adint, T.T., Wong, G.W., and Landis, C.R. (2013) *J. Org. Chem.*, **78**, 4231-4238.
82. (a) Barros, H.J.V., Guimãraes, C.C., dos Santos, E.N., and Gusevskaya, E.V. (2007) *Catal. Commun.*, **8**, 747-750; (b) Barros, H.J.V., Guimãraes, C.C., dos Santos, E.N., and Gusevskaya, E.V. (2007) *Organometallics*, **26**, 2211-2218; (c) Behr, A., Reyer, S., and Tenhumberg, N. (2011) *Dalton Trans.*, **40**, 11742-11747.
83. Behr, A., Levikov, D., and Vogelsang, D. (2015) *J. Mol. Catal. A: Chem.*, **406**, 114-117.
84. Co catalyzed hydroformylation at severe conditions gave only poor yields of cyclopentane carbaldehyde: Adkins, H. and Williams, J.L.R. (1952) *J. Org. Chem.*, **17**, 980-987.
85. (a) Meyer, W. (1976) *Hydrocarbon Process., Int. Ed.*, **194**, 235-238; (b) Morgan, M. (1999) *Chem. Ind. (London)*, 645-648; (c) Cheung, T.T. P. (2004) Cyclopentadiene and dicyclopentadiene, in *Kirk-Othmer Encyclopedia of Chemical Technology*, Wiley-VCH Verlag GmbH, Weinheim; (d) Hönicke, D., Födisch, R., Claus, P., and Olson, M. (2005) *Ullmann's Encyclopedia of Industrial Chemistry, 7th edn, electronic release* edn, Wiley-VCH, Weinheim, pp. 1-14.
86. Papp, R., Paciello, R., and Benisch, C. (to BASF Aktiengesellschaft) (2005) Patent WO 2005058786.
87. Cornils, B. and Payer, B. (1974) *Chem. Ztg.*, **98**, 70-76.
88. Falk, B. and Fell, B. (1983) *J. Mol. Catal.*, **18**, 127-134.
89. Yu, S., Chie, Y.-m., Zhang, X., Dai, L., and Zhang, X. (2009) *Tetrahedron Lett.*, **50**, 5575-5577.
90. For earlier investigations, compare: Morikawa, M. (1964) *Bull. Chem. Soc. Jpn.*, **37**, 379-380.
91. Fell, B. and Beutler, M. (1976) *Erdöl, Kohle, Erdgas, Petrochemie*, **29**, 149-153.
92. Guo, H. and Ma, S. (2008) *Adv. Synth. Catal.*, **350**, 1213-1217.

93. Bianchini, C., Meli, A., Peruzzini, M., and Vizza, F. (1990) *Organometallics*, **9**, 226-240.
94. Liu, G. and Garland, M. (1999) *Organometallics*, **18**, 3457-3467.
304 95. By addition of $HRe(CO)_5$ the facile revitalization of a $Rh_4(CO)_{12}$ hydroformylation catalyst blocked by alkynes is possible: Li, C., Jacob, C., Kanichi, S.-E., and Garland, M. (to Agency for Science, Technology and Research, Singapore) (2011) Patent WO 2011028180.
96. Campi, E., Fitzmaurice, M.J., Jackson, W.R., Perlmutter, P., and Smallridge, A.J. (1987) *Synthesis*, 1032.
97. Fell, B. and Beutler, M. (1972) *Tetrahedron Lett.*, **33**, 3455-3456.
98. Hidai, M. (to Mitsubishi Chemical Industries Ltd.) (1998) Patent JP 10218828; *Chem. Abstr.*, **129** (1998) 230451.
99. Botteghi, C. and Salomon, C. (1974) *Tetrahedron Lett.*, **49-50**, 4285-4288.
100. Agabekov, V., Seiche, W., and Breit, B. (2013) *Chem. Sci.*, **4**, 2418-2422.
101. Huo, C.-F., Li, Y.-W., Beller, M., and Jiao, H. (2004) *Organometallics*, **23**, 765-773.
102. Tang, C., Zeng, Y., Cao, P., Yang, X., and Wang, G. (2009) *Catal. Lett.*, **129**, 189-193.
103. Fang, X., Zhang, M., Jackstell, R., and Beller, M. (2013) *Angew. Chem. Int. Ed.*, **52**, 4645-4649.

4.2 官能化烯烃的氢甲酰化

4.2.1 概述

官能化烯烃的氢甲酰化可以得到带有一个或者多个附加官能团的醛。这样的官能化的醛可以作为最终产物或者大规模化工制药和香料化学中受欢迎的中间物进入市场。氢甲酰化可能会受到官能基团/杂原子的明显影响("底物导向氢甲酰化")[1],并且显示出与未官能化的烯烃反应的明显不同(见第 4.1 节)[2]。这些不同来自金属环的形成(图 4.2)和电子效应所带来的烷基-铑中间物的不同的稳定性(图 4.3)。为了使金属环裂开常常需要特别的反应条件(例如高合成气压)[3]。在这些严苛的反应条件下,与羰基共轭的乙烯基团会发生氢化[4]。

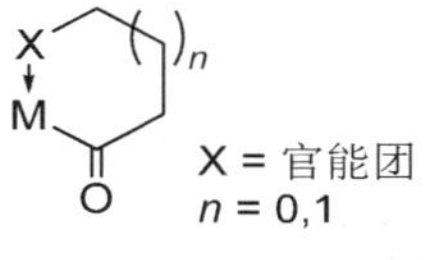

图 4.2 形成金属-酰基配合物过程中官能化烯烃的螯合

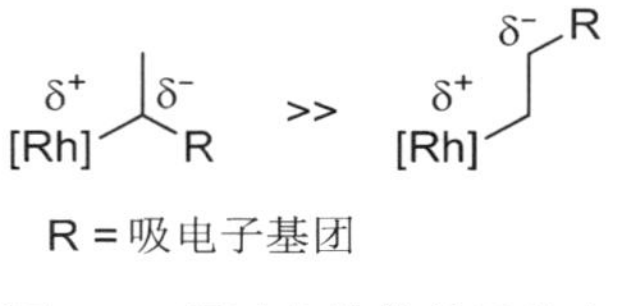

图 4.3 通过官能化基团稳定支链烷基铑中间产物

特别是乙烯基和烯丙基底物的氢甲酰化会伴随这样的现象。因此,我们将在一个单独的章节中另行讨论。乙烯基芳香环的 *n* -区域选择或者不对称异构区域选择氢甲酰化将在第 4.3 节中讨论。

4.2.2 *α* -官能化烯烃

在 *α* -官能化烯烃中,杂原子,例如卤素、氧、氮,或者硫与 C═C 双键相连。使用未修饰的铑催化剂，杂原子倾向于甲酰基基团在 α 位置作用。这可以解释为支链烷基-铑中间产物与直链异构体相比有更好的稳定性（图 4.3）[5]。通过大体积辅助有机配体与具有催化活性的金属配位可以推翻这一倾向性。在许多例子中，未修饰的钴催化剂也可以生成 β-官能化的醛。 305

使用基于手性双膦配体的铑催化剂，可以发现苯基基团（苯乙烯）的 α-指向效应与醋酸基（乙酸乙烯酯）相比较不明显（图 4.4）[6]。这一效应在官能团与烯烃双键之间的距离更远和带有释电子基团的情况下会更弱，例如在烯丙氧基叔丁基二甲基硅烷中的发现。

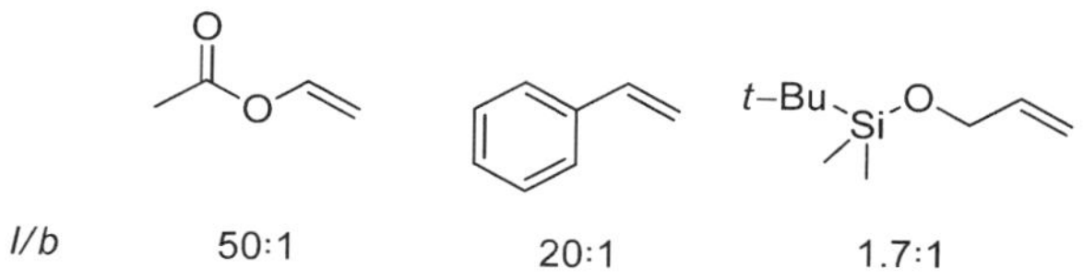

图 4.4 使用双膦铑催化剂观测到的最大的区域选择性

4.2.2.1 乙烯基卤化物

迄今为止，人们在氢甲酰化中只研究了乙烯基卤化物中的氟和氯的衍生物。通过在乙烯基氟化物的转化中使用 $Rh_4(CO)_{12}$ 几乎可以得到完美的 α-区域选择性（图解 4.21）[7]。使用 $HRh(CO)(PPh_3)_3$、$Ru_3(CO)_{12}$ 和 $Co_2(CO)_8$ 时也可以观测到同样的区域选择性，但是产率较低。产物可以使用 2-氟丙酸通过自由基氯化转化为异构的氯-氟-丙酸[8]。通过 Stark 催化剂进行的碱辅助 HCl 的消去以 2-氟丙酸计算可以以 60% 的产率生成氟丙烯酸。最终产物可以通过在真空中升华提纯。这是用于生产例如高性能光学纤维、薄膜和涂层等聚合材料的潜在单体。

有关乙烯基氯化物氢甲酰化的首次尝试使用了未修饰的钴催化剂[9]。在

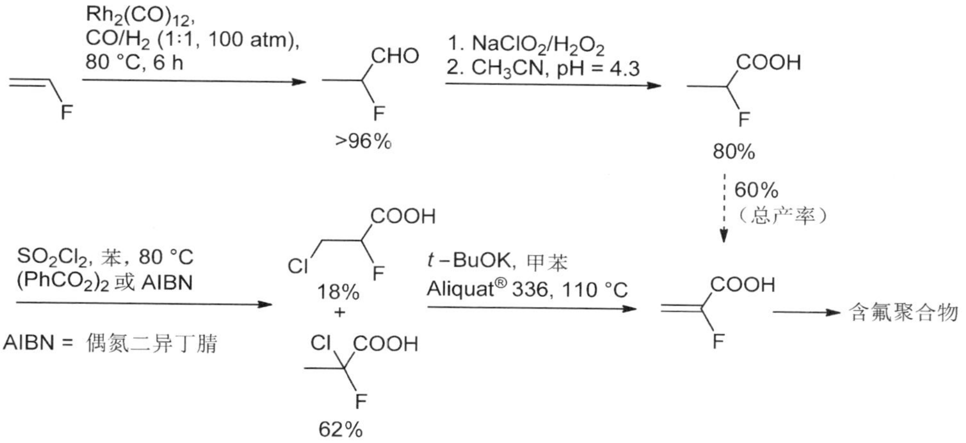

图解 4.21 乙烯基氟化物的氢甲酰化和随后的转化

90～110℃、200 bar 合成气压下，通过使用略微过量的 CO(H_2/CO=1.35)可以在
306 90 min 内得到高达 90%的 2-氯丙醛。温度更高时，形成丙烯醛。1,2-二氯乙烯在此条件下不反应，1,1-二氯乙烯转化为混合物。

Mitsui 和 Toatsu 研究了这一反应在使用铑催化剂时的情形，使其可以在更低的合成气压下进行(图解 4.22)[10]。为了避免 HCl 使催化剂退化，加入了缓冲溶液或者胺。倾向得到的 2-氯丙醛通过醛基的氧化和用羟基在碱性介质中取代氯可以转化为外消旋乳酸[11]。或者，用氨水处理 2-氯丙酸生成外消旋丙氨酸。

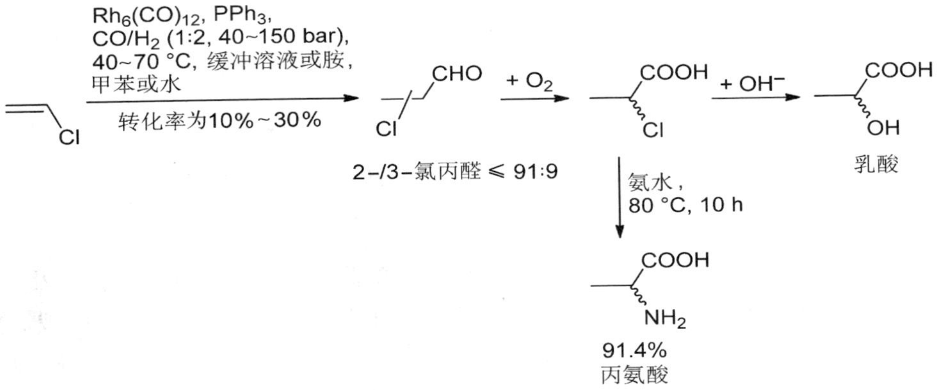

图解 4.22　通过氢甲酰化步骤由乙烯基氯化物合成乳酸或者丙氨酸

4.2.2.2　非环状和环状的乙烯醚、乙酸乙烯酯和碳酸乙烯酯

乙烯醚的氢甲酰化的区域选择性与反应条件有密切的关系(图解 4.23)。在
307 早先的尝试中，杜邦提出了使用未修饰的钴催化剂[$Co(CO)_4$=$Co_2(CO)_8$]的甲基

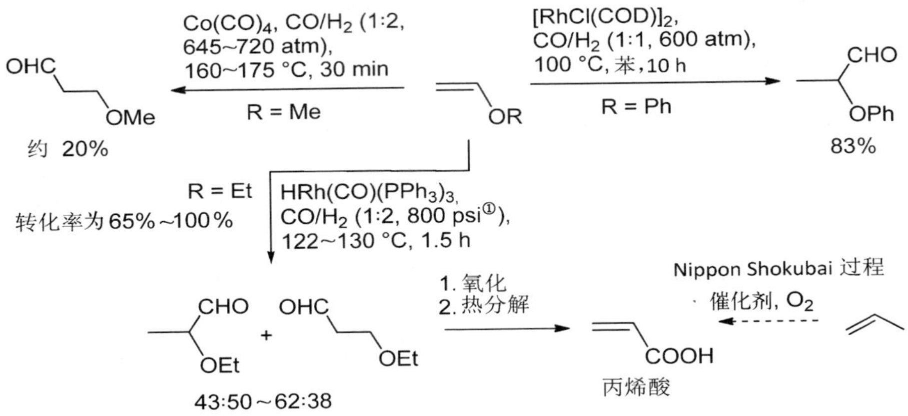

图解 4.23　与反应条件有关的乙烯醚的氢甲酰化

① 1 psi=6.894 757 kPa。

乙烯醚的 β-区域选择氢甲酰化，其以约 20%的产率生成 3-甲氧基丙醛[12]。用铑替换钴使得区域选择性指向生成 α-醛。有了这一发现，BASF 提出了一系列的 O-芳基取代的乙烯醚的氢甲酰化（Ar = 苯基、取代苯基、萘基、部分氢化的萘基等）[13]。在典型的方法中，约 1.5 kg 的苯基乙烯醚与合成气在未修饰的铑催化剂存在的情况下以 83%的产率生成 2-苯氧基丙-1-醛。只检测到 3%的异构的 β-醛。用 PPh_3 修饰催化剂且减少合成气压至 800 psi（约 54.4 atm）生成大约等量的 α-醛和 β-醛[14]。随后异构醛的混合物氧化并高温分解得到丙烯酸。这是通过氧化丙烯制造丙烯酸的日本触媒过程的一种替代方法[15]。

在铑催化氢甲酰化中生成 α-异构体的倾向性可以通过降低温度来增加[16]。同样地，芳香醚基团（芳基=苯基、萘基）支持了这一区域选择性，但是可能也会减缓转化。

2,3-二氢呋喃和 3,4-二氢-2H-吡喃的氢甲酰化可能伴随着异构环烯丙基醚的部分异构化。一般来说，二氢呋喃作为底物需要的条件比二氢吡喃的条件要温和，这可以解释为结构更平的五元环倾向于生成底物-金属配合物[17]。

$Rh_4(CO)_{12}$ 在 2,3-二氢呋喃的氢甲酰化中主要生成四氢呋喃-2-甲醛（图解 4.24）[18]。同样地，通过单齿亚磷酸酯或者亚磷酰胺和双齿亚磷酸酯修饰金属在更高温度、低合成气压和低 P/Ph 比例情况下也可以倾向于 α-区域选择氢甲酰化[17,19,20]。PPh_3 或者混合双齿膦亚磷酸酯和膦亚磷酸酯能引起异构化，从而生成 β-异构醛[19,21,22]。在用 $HRh(CO)(PPh_3)_3$ 作为催化剂的反应中，溶剂的极性和区域选择性之间没有清晰的联系[23]。在使用正己烷（$\beta/\alpha = 0.6$）的情况下可以观测到最佳的倾向于 α-异构醛的选择性。2,3-二氢呋喃中的 C_1-基团立体选择作用可以用于在碳水化合物（“C-配糖”）中建立异头碳中心[24]。2-甲基-4,5-二氢呋喃完全转化为对应的 3-甲醛[25]。 308

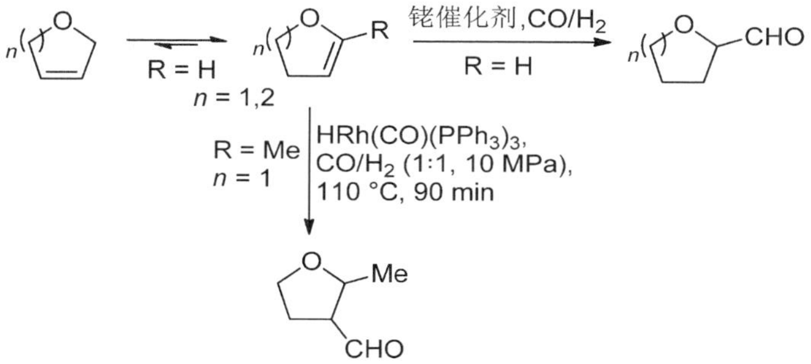

图解 4.24 环乙烯醚的 α-区域选择氢甲酰化

第一个乙酸乙烯酯的催化氢甲酰化的例子由 Adkins 和 Krsek 发表于 1949 年[26][$Co_2(CO)_4$, CO/H_2 = 100～150 atm, 120～125℃]（图解 4.25）。铑作为具有催化活性的金属首先被 Brown 和 Wilkinson 在 1969 年进行测试[27]。一般来说，

铑催化的乙酸乙烯酯的氢甲酰化与简单单齿膦[28]、次磷酸二酯[20]、卑磷酸酯[29]和亚磷酸三酯[30]产生非常高的异构区域选择性。同样地,使用双齿的二膦或者二亚
309 磷酸酯配体主要生成 α-产物[31]。因此,不对称氢甲酰化中常用烯烃作为底物筛查(见章节"乙烯基芳香化合物")。在反应条件下直链产物会分解生成乙酸和丙烯醛。后者会发生氢化生成丙烷[32]。除了磷配体,二胺[33]和 NHC-卡宾[34]作为铑的配体也对转化有利。甚至是 SiO_2 上的无修饰的铑也被成功使用,但是比起修饰的铑配合物转化速率要慢得多[28]。在弱碱存在的情况下,醋酸甲酰酯可以转化为 β-乙酰氧基丙酮[35]。

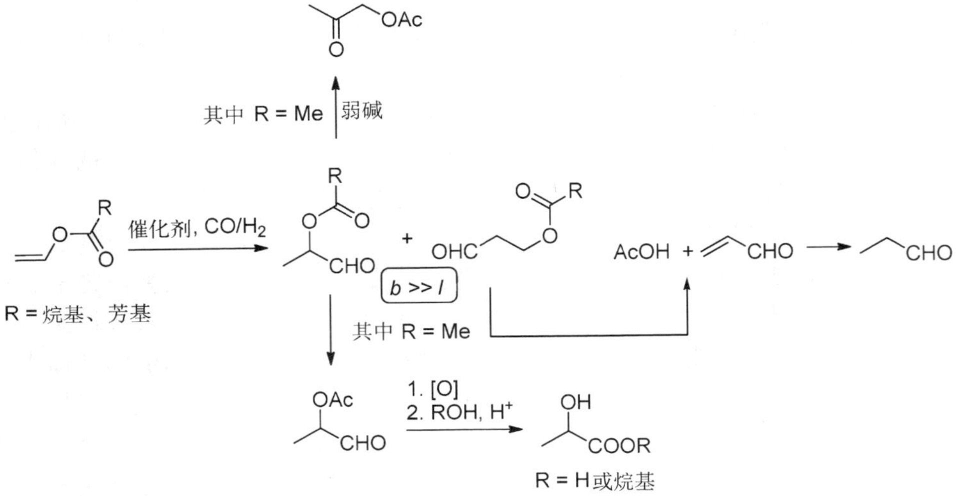

图解 4.25　乙酸乙烯酯的 α-或 β-区域选择氢甲酰化、副产物和得到 β-乙酰氧基丙酮或乳酸酯的路径

通过乙酸乙烯酯的氢甲酰化来生产乳酸和烷基乳酸酯的想法在 1975 年由 Monsanto 首次申请专利,他使用了铑的膦配合物作为催化剂[36]。Kuraray 对此方法也很感兴趣[37],提出了包含三个步骤的方法,即氢甲酰化、随后的氧化和最终的水解或者醇解。

在较高温度和使用未修饰的钴催化剂时,单酰化的二醇作为氢甲酰化-氢化连锁反应的产物生成[28]。值得注意的是,通过用乙基烷基膦作为配体在相对较低的温度下对金属进行配位修饰,原始的区域化学性质会发生逆转,乙酸-3-氧代丙基酯以大于 99.9%的纯度生成(图解 4.26)[38]。类似地,Zhang 等[39]也通过使用铑的基于吡咯的四亚磷酰胺配体,以极高的直链选择性生成乙酸-3-氧代丙基酯。通过还原,得到单保护的二醇。

后者可以水解生成 1,3-丙二醇(PDO)。2008 年,PDO 的市场预计在每年
310 1×10^8 磅(约 45 300 t)[40]。作为替代,其可以直接通过与对苯二甲酸(TPA)缩合来制备聚对苯二甲酸丙二醇酯(PTT)纤维,而不需要进行皂化。

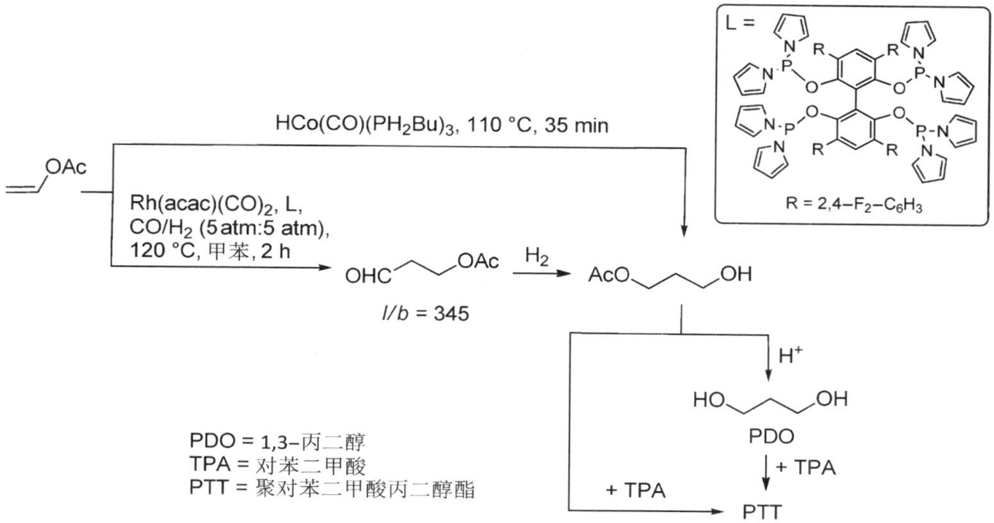

图解 4.26　与所使用的催化剂相关的乙酸乙烯酯的高 *n* -区域选择氢甲酰化和后续的转化

同样在使用双齿膦-亚磷酸酯配合物的铑催化的乙酸乙烯酯的氢甲酰化中，倾向于生成 α -醛($\alpha/\beta=92:8$)，这也使得以立体选择的方法进行反应成为可能[41]。

4.2.2.3　乙烯胺、烯胺和烯酰胺

高 α -选择性的烯胺和它们的 N -取代衍生物的氢甲酰化对于构建 α -氨基酸来说很有意义(图解 4.27)。通过使用基于单齿亚磷酸酯的铑催化剂可以达到特别高的 α -选择性[42]。值得注意的是，不光是烯酰胺，带有叔胺基团的烯胺也可以被转化。

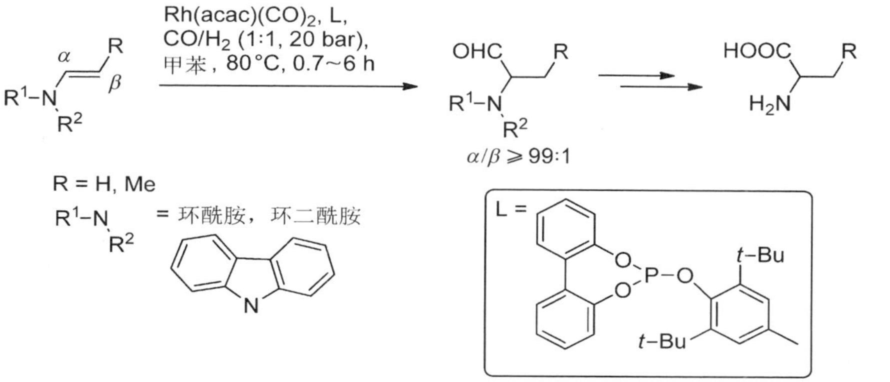

图解 4.27　通过氢甲酰化合成 *α* -氨基酸

此反应的立体选择的版本可以得到富对映体的产物[43]。

与 2,3 -二氢呋喃作为底物的反应类似，相关的 2,3 -吡咯啉似乎也可以在氢

甲酰化条件下异构为对应的 2,5 -异构体(图解 4.28)。后者依次转化为吡咯烷-3 -糠醛[44]。Nozaki 小组给出了不对称氢甲酰化框架下的 α -区域选择反应的例子[21a]。N - Boc 保护的底物与合成气在手性 Rh(BINAPHOS)催化剂存在的条件下反应以中等 α/β 比例生成预期的糠醛。

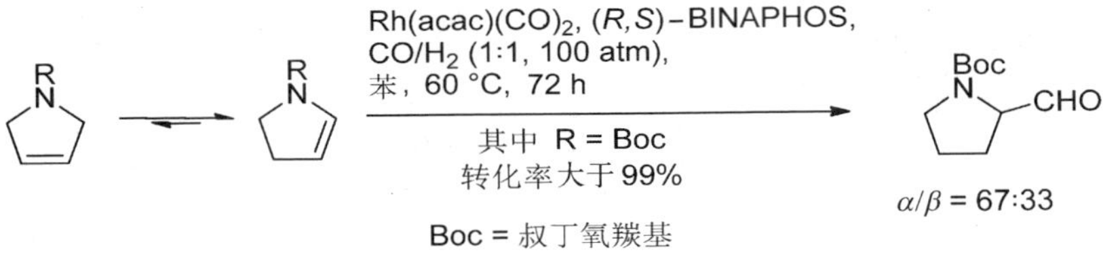

图解 4.28 吡咯啉的氢甲酰化

311 4.2.2.4 乙烯亚砜和乙烯砜

Alper 的研究小组证明了乙烯砜和乙烯亚砜的氢甲酰化在约 41 bar,两性离子铑催化剂和例如 dppb 的二齿膦配体存在的情况下,甲酰基主要加入 S(O)部分的直接邻位。它可以使反应的手性版本成为可能(图解 4.29)[45]。产物作为碱参与的 C—C 偶联反应的试剂很有价值。

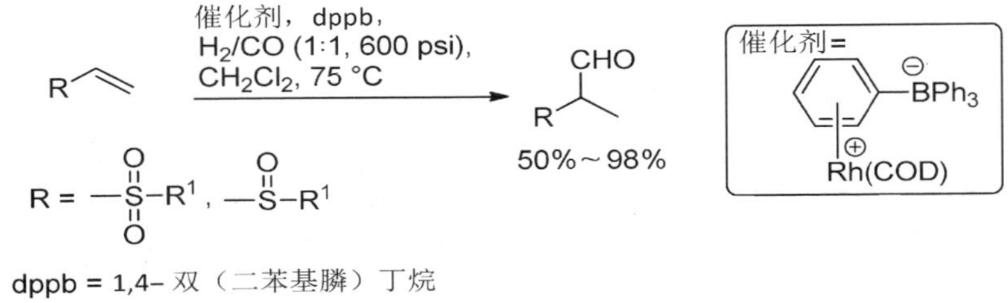

图解 4.29 乙烯砜和乙烯亚砜的氢甲酰化

4.2.2.5 丙烯酸酯、丙烯酰胺和丙烯腈

人们已经对丙烯酸酯的氢甲酰化在不同的催化系统中进行了透彻的研究。钴催化剂倾向于生成 3 -甲酰丙酸酯[46],第一个测试的铑系统主要生成 2 -异构体(图解 4.30)。使用修饰的铑催化剂时,得益于超临界 CO_2 中[48]或者双水相系统的反应[3,49,50],甚至较长的 α,β -不饱和酯都可以被转化[47]。在典型的方法中,使用了基于双齿膦配体的铑催化剂[51]。带有大咬入角的二膦,例如 Xantphos 或者 dppb,
312 可以达到最高的转化率[TOF(turnover frequency)高达 3 052/h][52]。当使用 1,2 -双(二苯基膦)乙烷(dppe)和 1,3 -双(二苯基膦)丙烷(dppp)作为配体时,可以达到较高的 α -区域选择性。形成强烈对比的是,使用四膦使得反应终止[53]。一般来说,区域选择性可以被反应条件影响。在 80℃和 1 bar 合成气压下使用铑的亚磷酸酯催化剂,产物中的 l/b 比例为 100 : 0;当温度为 40℃和 30 bar 合成气压时这一值几乎完全相反(1 : 99)[50a]。这些条件下的主要副反应是底物的氢化。2 -甲酰丙酸酯在甲酰基团被还原后只用于药物合成,且它也具有生产甲基丙烯酸

酯的潜力。有趣的是，使用均相钌催化剂时，生成取代的内酯或者其他偶联产物，而并非预期的 2-甲酰丙酸酯[54]。

甚至是 α-支链丙烯酸衍生物也可以在 α-碳上反应，即一个叔碳原子。在这里单齿 P 配体与铑配位且反应在 35 bar 合成气压和 45℃ 条件下进行（图解 4.31）[55,56]。显然，这一结果与 Keulemans 经验法则相矛盾[57]。得到的醛可以转化为 α,α-支链的 β-氨基酸。提高温度和降低合成气压得到的主要是对应的 1,4-二羰基化合物[58]。使用大体积的酯基团（t-Bu）和使用双齿配体时也可以看到同样的趋势。烯烃发生氢化是不想发生的副反应。同样地，α-亚甲基-γ-丁内酯可以通过使用基于 dppp 或者 BINAP 的铑催化剂倾向于在叔碳原子上氢甲酰化[59]。

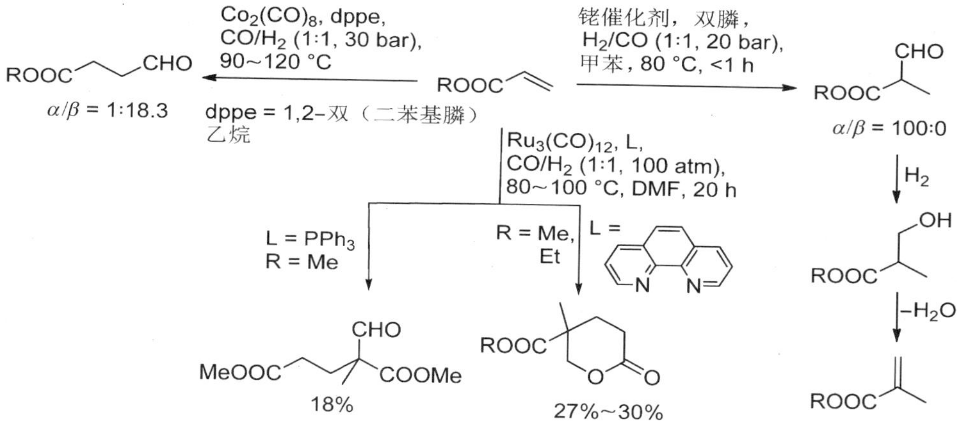

图解 4.30 丙烯酸酯的氢甲酰化和后续的转化

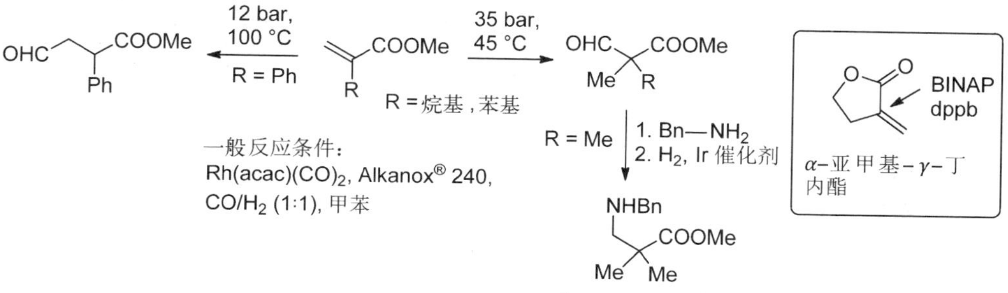

图解 4.31 不同条件下的 α-取代的丙烯酸酯的氢甲酰化和 α,α-支链的 β-氨基酸的全合成的第一步

通常，丙烯酰胺氢甲酰化主要生成对应的 α-醛[60]。有趣的是，简单的亚磷酸酯例如 $P(OPh)_3$ 或者单齿膦，可以比双齿配位的膦配体更有效[61,62]。

与 α-烷基丙烯酸酯类似，α-甲基丙烯酰胺在 α-碳原子或者 β-碳原子上的反应也与反应条件相关[63]。使用 $Rh(PPh_3)$ 催化剂的甲基丙烯酰胺的氢甲酰化除了生成一些氢化产物和聚合物以外，主要生成不饱和的内酰胺（图解 4.32）[60]。

313

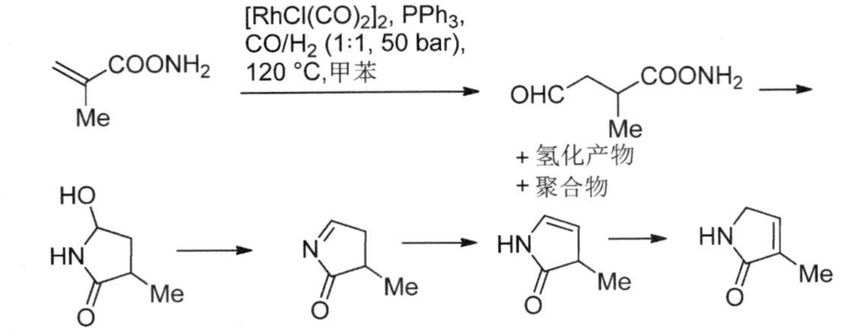

图解 4.32　α -支链的丙烯酰胺的氢甲酰化

丙烯腈在使用未修饰的钴催化剂时反应生成 β -甲酰丙腈，其随后选择还原为 γ -羟基丁腈[64]。与之形成对比的是，使用 $P(OPh)_3$ 修饰的铑催化剂得到的主要是 α -甲酰丁腈，它是合成 PMMA 单体甲基丙烯酸甲酯的起始原料[65]。偶尔，将生成的氰基丙醛转化为缩醛也被证明是有利的[66]。

4.2.3　β -官能化的烯烃

4.2.3.1　概述

与我们在乙烯基底物中所见的类似，官能团的性质也影响了官能化的烯丙基化合物的氢甲酰化。通过测试含有手性双齿膦-亚磷酰胺配体的铑催化剂得到了以下 n -区域选择性的顺序，它显示出吸电子基团有较强的 n -区域选择效应（图 4.5）[67]。

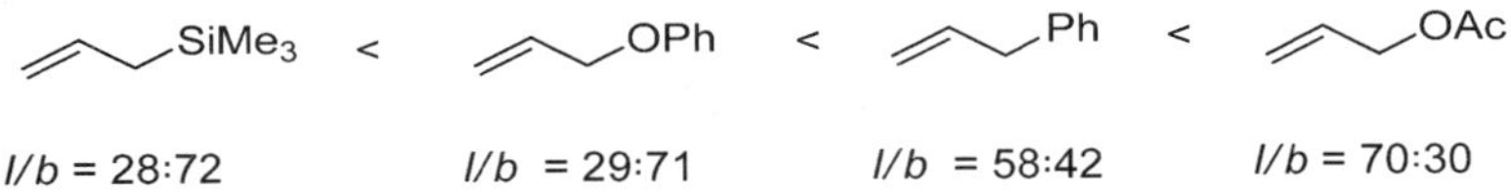

图 4.5　在铑催化的烯丙基化合物氢甲酰化中观测到的官能团与区域选择性的关系（使用手性双齿配体）

另外，与乙烯基化合物的产物形成对比，β -官能化的烯烃氢甲酰化生成的醛常常可以进一步和第一个官能团反应，从而实现闭环。

4.2.3.1.1　烯丙基和高烯丙基醇

文献中有关于烯丙醇的 n -区域选择氢甲酰化的一些尝试的描述（图解 4.33）[68,69]。主要的目标是 4 -羟基丁醛（HBA）。产物可以用作 1,4 -丁二醇
314 （BDO）的前体[70]。支链醛的生成偶尔伴随着 C_3 副产物的出现，例如正丙醇和丙醛[71]。从 3 -羟基- 2 -甲基丙醛中消去水生成异丁烯醛[70]。

在初期尝试中，氢甲酰化使用的是未修饰的铑催化剂[72]。后来，基于单齿[73]或者双齿膦配体[74]的铑开始被使用，目的是生产在化学平衡中与环半缩醛相对应的 4 -羟基醛。这一转化可以用于通过在最终步骤中消去水来合成取代的二氢呋喃[75]。

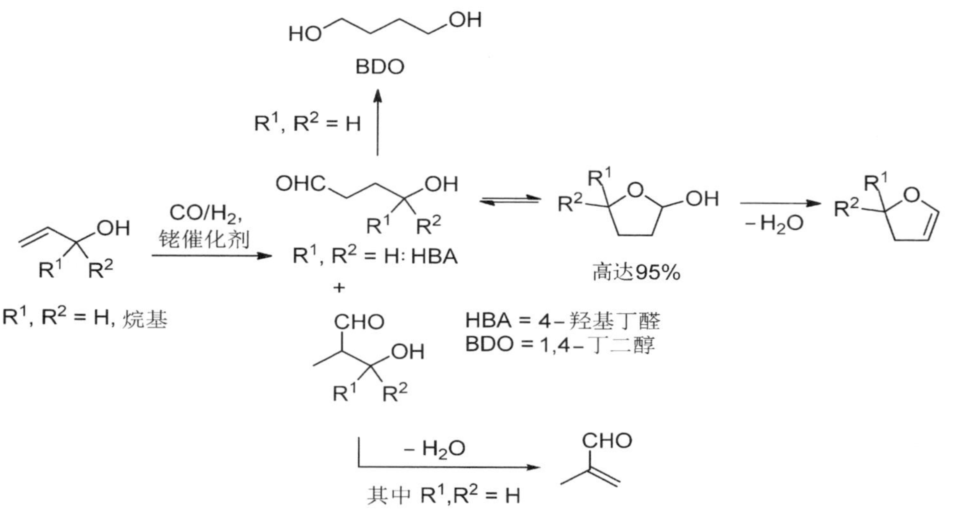

图解 4.33 烯丙醇的氢甲酰化及二氢呋喃和副产物的形成

高烯丙基醇，例如 3-甲基-3-丁烯-1-醇，在 n-区域选择氢甲酰化、约 3 bar 的条件下，经过半缩醛化，最终脱水生成 3,4-二氢-4-甲基-$2H$-吡喃(图解 4.34)[76]。

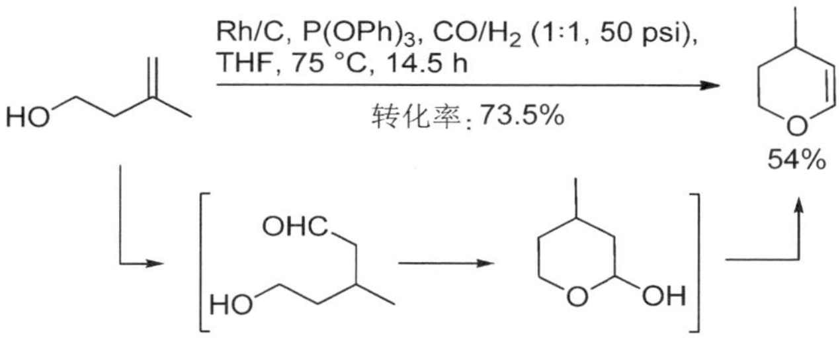

图解 4.34 支链高烯丙基醇的氢甲酰化

4.2.3.1.2 烯丙基醚

当与合成气反应时，未取代的烯丙基醚主要产生三种异构的醛。Castillón 和 Claver[77,78]研究了产物分布与双键位置和底物取代部分之间的关系。在烯丙基苯醚的情况下，氢甲酰化主要发生在位置 1 和位置 2(图解 4.35)。过量的 PPh_3 能完全阻止 1-甲酰化异构体的生成。含支链的双键几乎使得反应完全生成端醛。 315

如前文所述，与二氢呋喃相比，二氢吡喃比五元同类物需要更严苛的反应条件[17]。另外，环状的烯丙基醚很容易发生异构化生成对应的热力学更稳定的乙烯基醚(图解 4.36)。尽管如此，2,5-二氢呋喃使用 PPh_3 配体可以几乎等量转化为 3-甲酰四氢呋喃(**a**,n=1)。以 3,4-二氢-$2H$-吡喃为底物，在温度和合成气压升高时主要生成四氢吡喃-2-甲醛(**b**,n=2)。使用异构底物 3,6-二氢-$2H$-吡喃时得到几乎相同的区域化学性质结果。这一效果的最佳解释为，后者先异构化成为更稳定的 3,4-二氢-$2H$-吡喃。在这一情况下，对应的 β-甲醛(**a**,n=2)只少

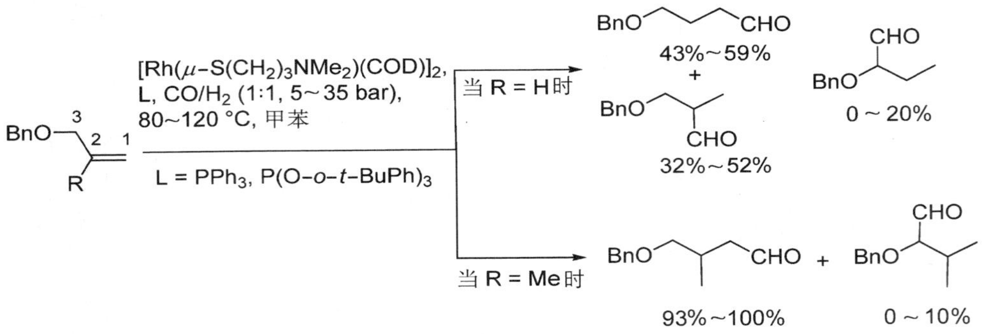

图解 4.35 烯丙基醚的氢甲酰化

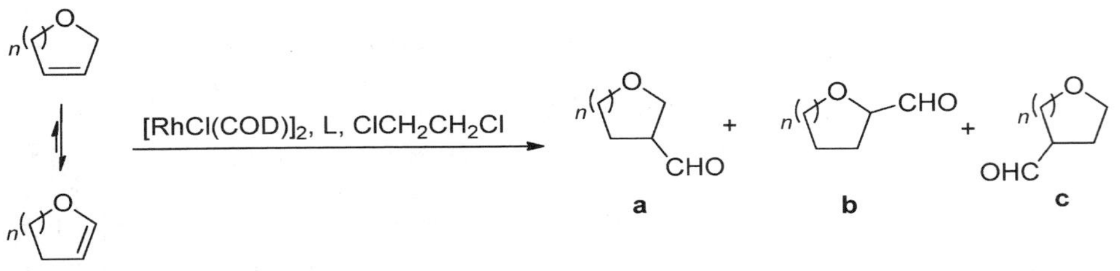

图解 4.36 环烯丙基醚的异构化和氢甲酰化

量生成，而 4-甲酰异构体 **c** 几乎观测不到。

4.2.3.1.3 烯丙基醇的酯

316 根据使用的配体，烯丙基醋酸酯生成支链或者直链的产物[79]。使用未修饰的铑催化剂的异丁烯基二乙酸酯的氢甲酰化是大规模生产维生素 A(视黄醇)的主要步骤，这一步骤由 BASF 研发(图解 4.37)[80]。Hoffmann La Roche[81]提出了一种类似的过程但是是基于异构的 1,4-二乙酰氧基丁-2-烯的氢甲酰化的。每年要生产数千吨的维生素 A。

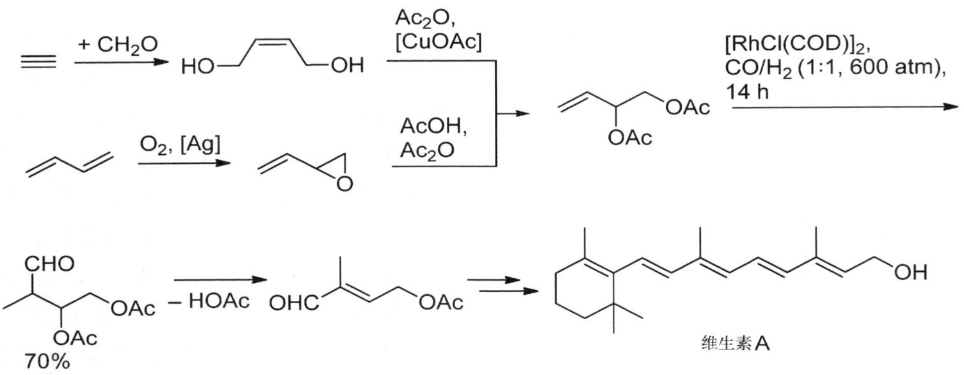

图解 4.37 BASF 制备生产维生素 A 的方法

4.2.3.1.4 烯丙基酰胺

N-烯丙基乙酰胺作为底物使氢甲酰化发生在酰胺基团的β-位置，其可以通过酰胺基团与铑的配位来解释(图解 4.38)[32]。倾向生成的中间产物六元金属环(**A**)使得支链醛生成。值得注意的是，通过七元环**B**生成的端醛在形成半缩醛胺并脱水后会发生第二次氢甲酰化，最终生成1-乙酰基吡咯烷-2-甲醛[82]。

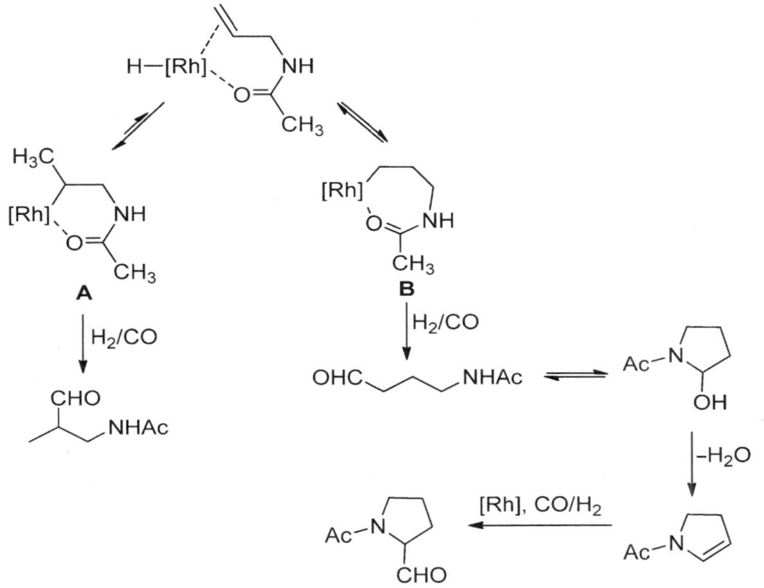

图解 4.38 烯丙基酰胺的氢甲酰化中的区域指向效应和可能的副反应

合适的反应条件有可能会改变主要的异构区域化学性质。Sheldon 和其同事[32]研究了水溶性底物在双水相系统中的反应(图解 4.39)。使用基于 PPh_3 或者 TPPTS(3,3′,3″-次膦基三(苯磺酸)的三钠盐)的铑催化剂只能观测到普通的区域选择性，却有高活性。与之形成对比的是，使用 Xantphos 作为双齿配体产生高 *l*/*b* 比例但是反应速率要慢得多。4-乙酰氨基丁醛，依次通过费舍尔(Fischer)吲哚合

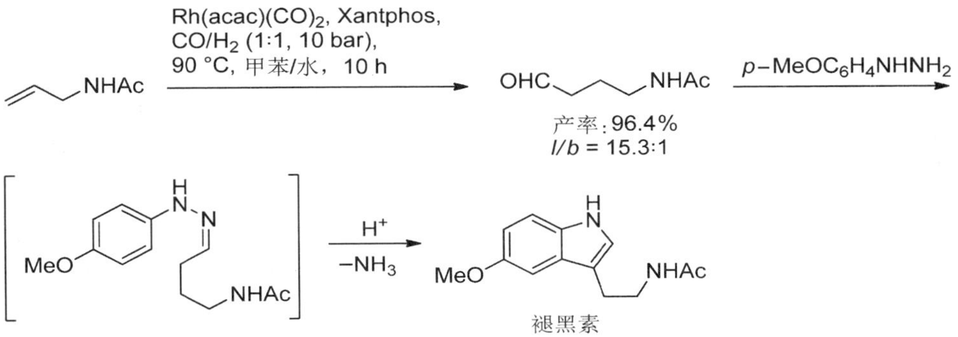

图解 4.39 通过氢甲酰化合成褪黑素

成转化为 N -乙酰基- 5 -甲氧基色胺(褪黑素)，一种调节睡眠周期的天然化合物。

以类似的方法，如图解 4.40 所示，官能化的烯丙基酰胺使用 Rh - Alkanox ® 240 配合物进行氢甲酰化[83,84]。醛最终被用于施陶丁格(Staudinger)反应来生成带有潜在抗癌活性的 β -内酰胺。

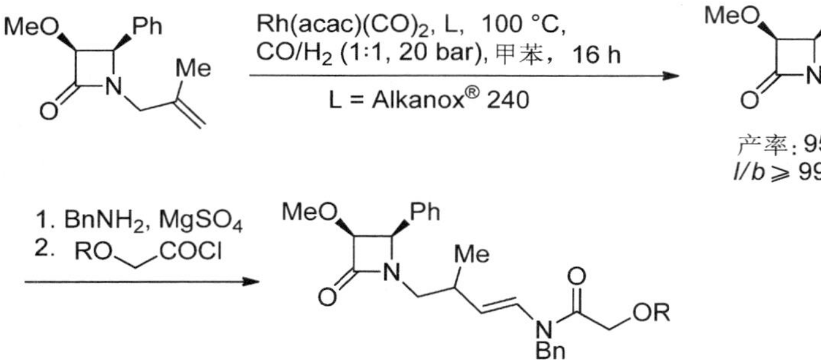

图解 4.40 一种得到官能化的内酰胺的氢甲酰化方法

使用 Rh(BIPHEPHOS)催化剂可以成功地将 95%的 N -烯丙基-苯邻二甲酰亚胺以 18∶1 的 l/b 比例转化为预期的醛[85]。

317 通过(R)- N -苯二甲酰亚氨基乙烯基甘氨醇的氢甲酰化可以得到带有三个官能团的手性 C5 合成子(图解 4.41)[86]。在基于特别设计的联苯亚磷酸酯的铑配合物的协助下可以生成直链醛。BIPHEPHOS 作为配体能产生更高的转化率，但是只带来很差的区域选择性。醛发生环化生成对应的六元环半缩醛。后者转化为一些有用的手性基础原料。

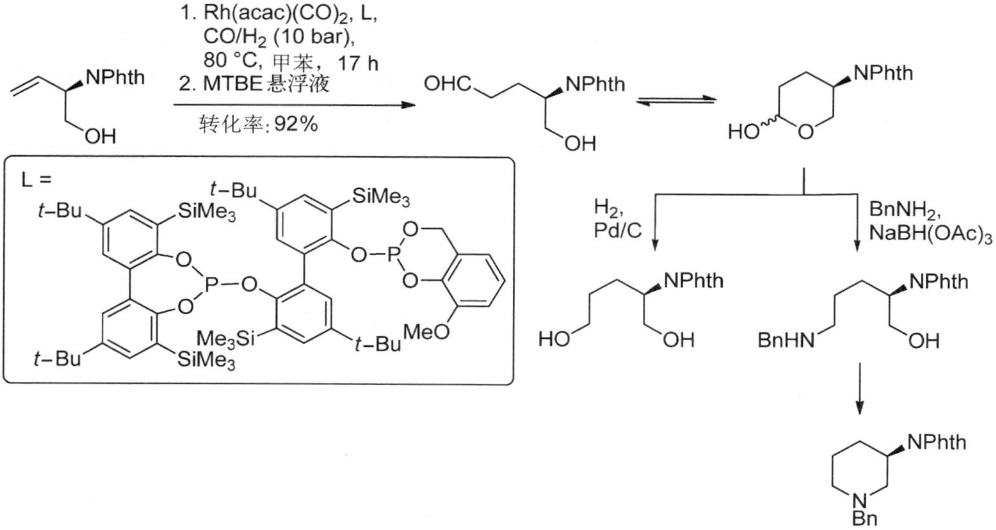

图解 4.41 手性 C5 合成子的合成

Lazzaroni 和 Settambolo[87] 展示了起始产物为光学纯 α -氨基酸的手性吲哚里西啶的高对映选择合成(图解 4.42)。在起始步骤中,手性 N -烯丙基吡咯作为底 319 物首先被制备。甲酰基团被优先引入空间位阻较小的碳原子。醛立即脱水生成融合的杂环。

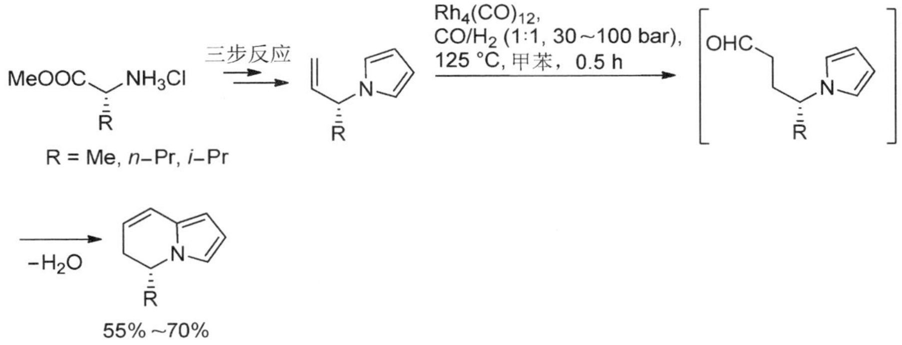

图解 4.42 手性吲哚里西啶的合成

由 Rh(BIPHEPHOS)在乙酸中(在甲苯中的反应失败了)催化的烯丙基酰胺的氢甲酰化可以作为环化反应的起始步骤(图解 4.43)[88]。在反应条件下,中间产物醛与参与反应的芳香环发生闭环反应。最终酰胺部分被 $LiAlH_4$ 还原生成皱叶尼润碱 A(crispine A),一种潜在的抗肿瘤剂。Harmicine 和其类似物也以相似的方法合成。前者是一种具有强抗利什曼病活性的化合物。

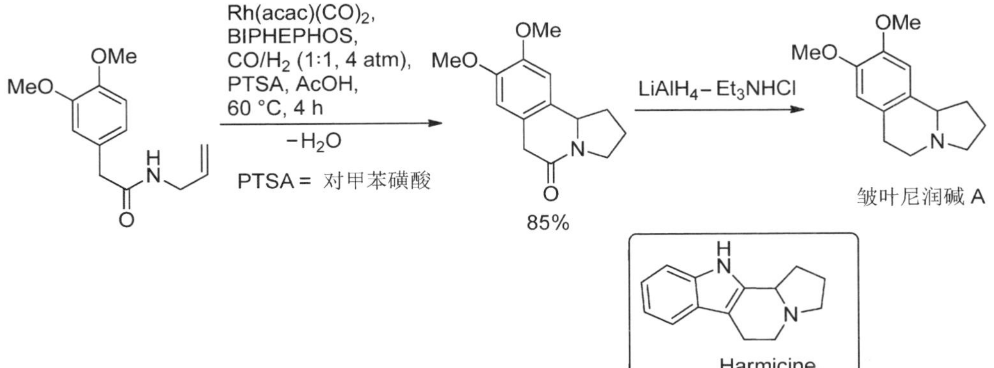

图解 4.43 在酸性介质中铑催化的环烃化反应合成融合苯环的氮杂环

在同样酸性溶剂中的类似流程被用于合成从亚洲落叶灌木台湾马鞍树(maackia tashiroi)中提取出的吲哚里西啶生物碱 tashiromine(图解 4.44)[89]。

双环合反应起始于合适的 N -取代的烯丙基酰胺的氢甲酰化,生成直链醛作 320 为主要产物。化合物发生自发分子内成环反应。这一连锁反应的最终产物通过与溶剂(AcOH)反应生成。随后酰酮基团的氧化生成对应的酯,再被 $LiAlH_4$ 还原,

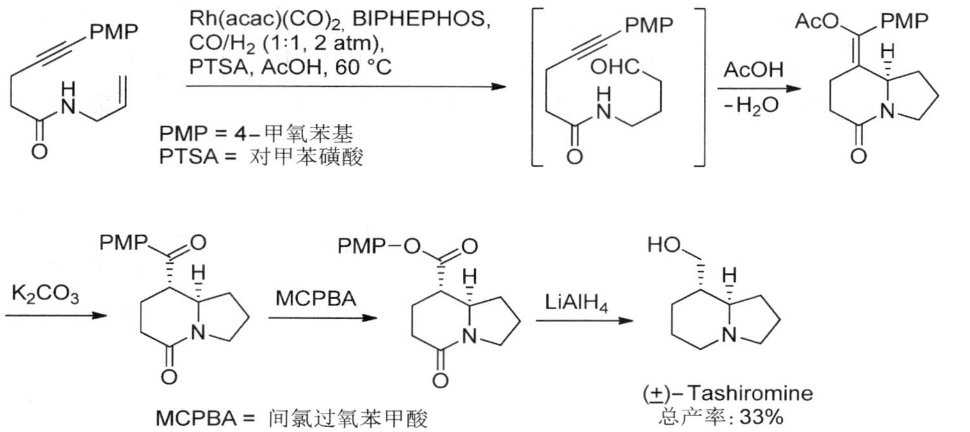

图解 4.44 通过氢甲酰化-双环化连锁反应合成外消旋的 tashiromine

最后以总共四步、33%的总产率生成外消旋的目标天然产物。

4.2.3.1.5 丙烯基腈

将合成气在铑膦催化剂存在的条件下与丁烯腈作用的初期尝试失败了，只生成饱和的产物（图解 4.45）[90]。与之相反，当烯丙基氰化物（丁-3-烯腈）用作底物时，可以以完美的产率生成异构的醛，其中端醛略占优势[91]。有趣的是，使用未修饰的铑催化剂倾向生成支链醛，但产率很低。

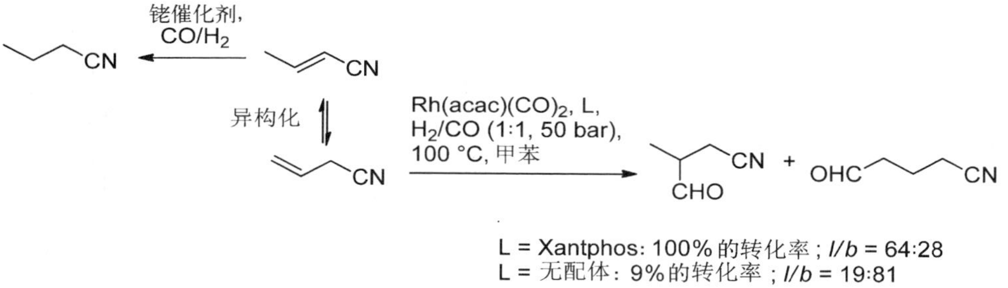

图解 4.45 丁烯腈和烯丙基氰化物的氢甲酰化

4.2.3.1.6 β,γ-不饱和缩醛

丙烯醛的缩醛根据氢甲酰化的条件反应生成甲基丙二醛或者丁二醛的单缩醛（图解 4.46）[92,93]。反应以 100 g 至几千克不等的量级进行。缩醛的裂解和最终与

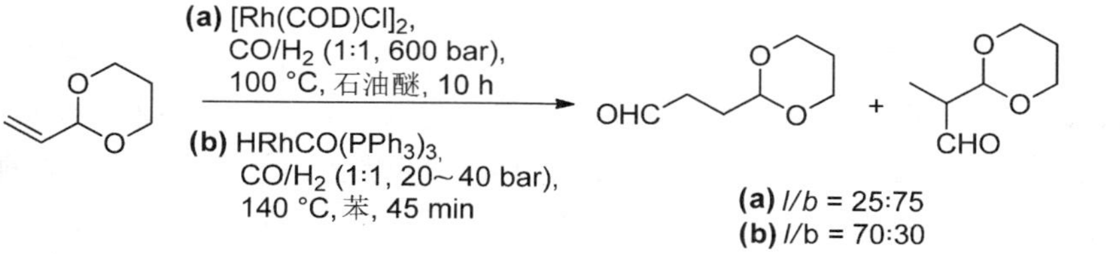

图解 4.46 使用不同反应条件的丙烯醛缩醛的氢甲酰化

兰尼钴的还原生成异构的丁二醇。

Chirotech 的一个小组指出，巴豆醛的环状乙缩醛可以通过事先异构化底物来进行高 n -区域选择的氢甲酰化(图解 4.47)[94]。这一反应用于醛赖氨酸乙烯乙缩醛的大规模合成，这一化合物是制造血管紧张素转化酶(ACE)和例如 ilepratil 和奥玛曲拉(Omapatrilat)的中性肽链内切酶(NEP)抑制剂的重要中间物。 321

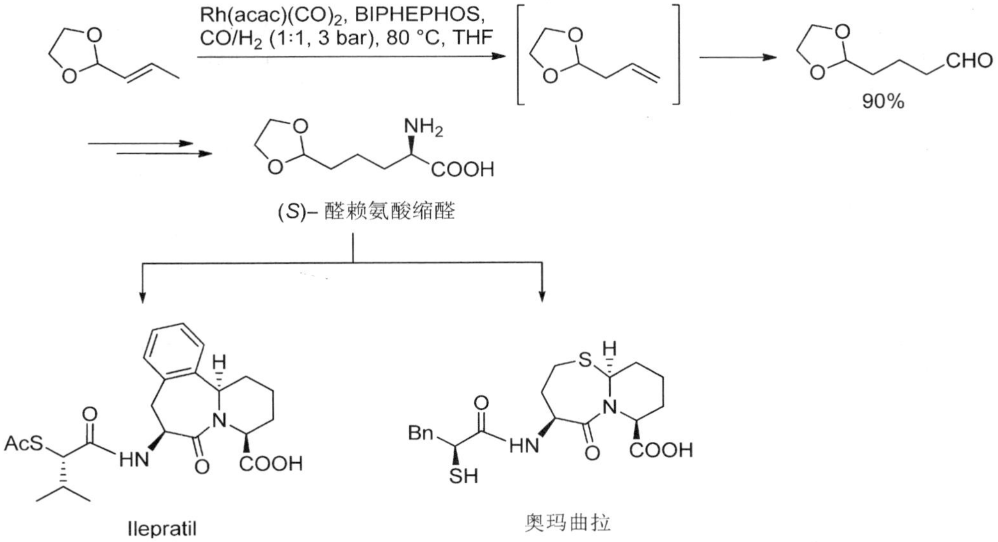

图解 4.47　Chirotech technology 的得到肽药品的氢甲酰化方法

当 2,5 -二甲氧基- 2,5 -二氢呋喃与合成气在异相铑催化剂下反应时，能以出色的产率生成 3 -甲酰- 2,5 -二甲氧基四氢呋喃(图解 4.48)[95]。产物与氨基甲酸乙酯作用生成 N -(乙氧羰基)- 3 -甲酰吡咯，其在皂化和脱羧反应后转化为 3 -甲酰吡咯。

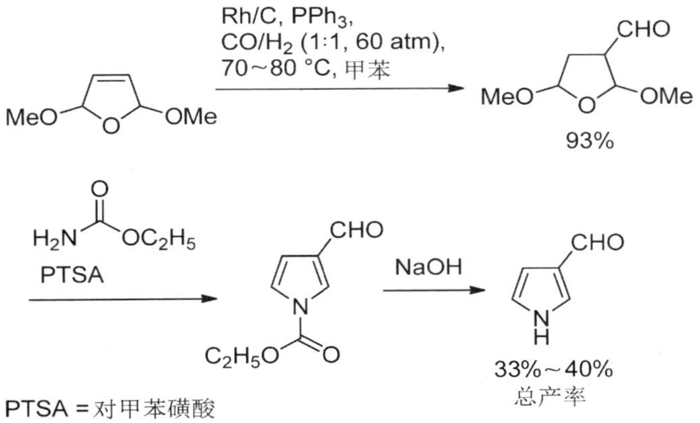

图解 4.48　通过氢甲酰化合成 3 -甲酰吡咯

322

参考文献

1. Reinius, H.K. and Krause, A.O.I. (2000) *Catal. Lett.*, **70**, 149 - 154.
2. Botteghi, C., Ganzerla, R., Lenarda, M., and Moretti, G. (1987) *J. Mol. Catal.*, **40**, 129 - 182.
3. Fremy, G., Castanet, Y., Carpentier, J.-F., Monflier, E., and Mortreux, A. (1995) *Angew. Chem. Int. Ed. Engl.*, **34**, 1474 - 1476.
4. Pruett, R.L. (1979) *Adv. Organomet. Chem.*, **17**, 1 - 60.
5. Lazzaroni, R., Settambolo, R., and Caiazzo, A. (2000) in *Rhodium Catalyzed Hydroformylation* (eds P.W.N.M. van Leeuwen and C. Claver), Kluwer Academic Publishers, Dordrecht, pp. 15 - 33.
6. Adint, T.T. and Landis, C.R. (2014) *J. Am. Chem. Soc.*, **136**, 7943 - 7953.
7. (a) Ojima, I., Kato, K., Okabe, M., and Fuchikami, T. (1987) *J. Am. Chem. Soc.*, **109**, 7714 - 7720; (b) Ojima, I. (1988) *Chem. Rev.*, **88**, 1011 - 1030.
8. Botteghi, C., Paganelli, S., Vicentini, B., and Zarantonello, C. (2001) *J. Fluorine Chem.*, **107**, 113 - 116.
9. Gut, G., El-Makhzangi, M.H., and Guyer, A. (1965) *Helv. Chim. Acta*, **48**, 1151 - 1157.
10. (a) Ono, H., Kasuga, T., Kiyono, S., and Fujita, Y. (to Mitsui Toatsu Chemicals) (1987) Patent EP 0260944; (b) Ono, H. and Kasuga, T. (to Mitsui Toatsu Chemicals) (1987) Patent WO 8707262; (c) Ono, H., Kasuga, T., and Fujita, Y. (to Mitsui Toatsu Chemicals) (1989) Patent JP 01016737; *Chem. Abstr.*, **111** (1989) 77502; (d) Ono, H., Kasuga, T., and Kiyono, S. (to Mitsui Toatsu Chemicals) (1989) Patent JP 01121233; *Chem. Abstr.*, **111** (1989) 173612; (e) Hen, P., Fujita, Y., and Ono, H. (to Mitsui Toatsu Chemicals) (1989) Patent JP 01203346; *Chem. Abstr.*, **112** (1990) 98023; (f) Hen, P., Kiyono, S., and Arashiba, N. (to Mitsui Toatsu Chemicals) (1991) Patent JP 03190836; *Chem. Abstr.*, **115** (1991) 231699.
11. Hiroshi, O. and Takaharu, K. (to Mitsui Toatsu Chemicals) (1987) Patent JP 62273935; *Chem. Abstr.*, **108** (1988) 186169.
12. Gresham, W.F. and Brooks, R.E. (to E. I. du Pont de Nemours & Company) (1950) Patent US 2,497,303.
13. Himmele, W., Aquila, W., and Fröhlich, H. (to BASF AG) (1974) Patent DE 2301940.
14. Lin, J.-J. and Brader, H. Jr., (to Texaco Inc) (1985) Patent US 4533756.
15. Kawajiri, T., Hironaka, H., Uchida, S., and Aoki, Y. (to Nippon Shokubai Co., Ltd.) (1993) Patent US 5,198,581.
16. (a) Lazzaroni, R., Bertozzi, S., Pocai, P., Troiani, F., and Salvadori, P. (1985) *J. Organomet. Chem.*, **295**, 371 -376; (b) Amer, I. and Alper, H. (1990) *J. Am. Chem. Soc.*, **112**, 3674 - 3676.
17. Polo, A., Claver, C., Castillón, S., Ruiz, A., Bayón, J.C., Real, J., Mealli, C., and Masi, D. (1992) *Organometallics*, **11**, 3525 - 3533.
18. Vietti, D.E. (to The Quaker Oats Company) (1983) Patent US 4376208.
19. Polo, A., Real, J., Claver, C., Castillón, S., and Bayón, J.C. (1990) *J. Chem. Soc., Chem. Commun.*, 600 - 601.
20. (a) Diéguez, M., Pàmies, O., and Claver, C. (2005) *Chem. Commun.*, 1221 - 1223; (b) Mazuela, J., Pàmies, O., Diéguez, M., Palais, L., Rosset, S., and Alexakis, A. (2010) *Tetrahedron: Asymmetry*, **21**, 2153 - 2157.
21. (a) Horiuchi, T., Ohta, T., Shirakawa, E., Nozaki, K., and Takaya, H. (1997) *J. Org. Chem.*, **62**, 4285 - 4292; (b) Chikkali, S.H., Bellini, R., Berthon-Gelloz, G., van der Vlugt, J.I., de Bruin, B., and Reek, J.N.H. (2010) *Chem. Commun.*, **46**, 1244 - 1246.
22. Also chiral bisdiazaphospholanes as ligands force the formation of α-formyltetrahydrofuran: Adint, T.T., Wong, G.W., and Landis, C.R. (2013) *J. Org. Chem.*, **78**, 4231 - 4238.

23. Wol'f, E. Y., Vartanyan, M. M., and Lapidus, A. L. (2013) *Pet. Chem.*, **53**, 194 - 196.
24. Fernández, E., Ruiz, A., Claver, C., Castillón, S., Polo, A., Piniella, J. F., and Alvarez-Larena, A. (1998) *Organometallics*, **17**, 2857 - 2864.
25. Wol'f, E. Y., Vartanyan, M. M., and Lapidus, A. L. (2012) *Russ. Chem. Bull., Int. Ed.*, **61**, 1255 - 1256.
26. Adkins, H. and Krsek, G. (1949) *J. Am. Chem. Soc.*, **71**, 3051 - 3055.
27. Brown, K. B. and Wilkinson, G. (1969) *Tetrahedron Lett.*, **22**, 1725 - 1726.
28. Fell, B. and Barl, M. (1977) *J. Mol. Catal.*, **2**, 301 - 306.
29. Shuklov, I. A., Dubrovina, N. V., Jiao, H., Spannenberg, A., and Börner, A. (2010) *Eur. J. Org. Chem.*, **2010**, 1669 - 1680.
30. (a) Drent, E. (to Shell Internationale Research Maatschappij B. V.) (1989) Patent GB 2217318; (b) Kwaskowska-Chec, E. and Trzeciak, A. M. (1991) *Transition Met. Chem.*, **16**, 212 - 214.
31. (a) Fernández, E. and Castillón, S. (1994) *Tetrahedron Lett.*, **35**, 2361 - 2364; (b) Köckritz, A., Bischoff, S., Kant, M., and Siefken, R. (2001) *J. Mol. Catal.*, **174**, 119 - 126; (c) Fernández-Pérez, H., Benet-Buchholz, J., and Vidal-Ferran, A. (2013) *Org. Lett.*, **15**, 3634 - 3637; (d) Gual, A., Godard, C., Castillón, S., and Claver, C. (2010) *Adv. Synth. Catal.*, **352**, 463 - 477.
32. Verspui, G., Elbertse, G., Sheldon, F. A., Hacking, M. A. P. J., and Sheldon, R. A. (2000) *Chem. Commun.*, 1363 - 1364.
33. Kim, J. J. and Alper, H. (2005) *Chem. Commun.*, 3059 - 3061.
34. Jan, M. T., Ali, S., Ahmad, S., Abdel-Reheem, M. A. T., Hussain, I., and Ullah, R. (2014) *Asian J. Chem.*, **26**, 6911 - 6914.
35. Siegel, H. and Himmele, W. (1980) *Angew. Chem. Int. Ed. Engl.*, **19**, 178 - 183, reference 21.
36. Tinker, H. B. (to Monsanto Co.) (1975) Patent US 4,072,709.
37. Kitamura, T., Matsumoto, M., and Tamuro, M. (to Kuraray Co.) (1985) Patent US 4,500,727.
38. Chen, X. (to Peop. Rep. China) (2011) Patent WO 2011075905; *Chem. Abstr.*, **155** (2011) 122844.
39. Cai, C., Yu, S., Cao, B., and Zhang, X. (2012) *Chem. Eur. J.*, **18**, 9992 - 323
9998.
40. Kraus, G. A. (2008) *Clean*, **36**, 648 - 651.
41. Nozaki, K., Sakai, S., Nanno, T., Higashijima, T., Mano, S., Horiuchi, T., and Takaya, H. (1997) *J. Am. Chem. Soc.*, **119**, 4413 - 4423.
42. Saidi, O., Ruan, J., Vinci, D., Wu, X., and Xiao, J. (2008) *Tetrahedron Lett.*, **49**, 3516 - 3519.
43. Becker, Y., Eisenstadt, A., and Stille, J. K. (1980) *J. Org. Chem.*, **45**, 2145 - 2151.
44. Breit, B. and Fuchs, E. (2004) *Chem. Commun.*, 694 - 695.
45. Totland, K. and Alper, H. (1993) *J. Org. Chem.*, **58**, 3326 - 3329.
46. Murata, K. and Matusda, A. (1980) *Bull. Chem. Soc. Jpn.*, **53**, 214 - 218.
47. Fremy, G., Monflier, E., Carpentier, J.-F., Castanet, Y., and Mortreux, A. (1996) *J. Catal.*, **162**, 339 - 348.
48. (a) Hu, Y., Chen, W., Osuna, A. M. B., Stuart, A. M., Hope, E. G., and Xiao, J. (2001) *Chem. Commun.*, 725 - 726; (b) Hu, Y., Chen, W., Osuna, A. M. B., Iggo, J. A., and Xiao, J. (2002) *Chem. Commun.*, 788 - 789.
49. (a) Fremy, G., Monflier, E., Carpentier, J.-F., Castanet, Y., and Mortreux, A. (1998) *J. Mol. Catal. A: Chem.*, **129**, 35 - 40; (b) Fremy, G., Castanet, Y., Grzybek, R., Monflier, E., Mortreux, A., Trzeciak, A. M., and Ziolkowski, J. J. (1995) *J. Organomet. Chem.*, **505**, 11 - 16.
50. (a) Yamashita, H., Roan, B. L., Sakakura, T., and Tanaka, M. (1993) *J. Mol. Catal.*, **81**, 255 - 265; (b) Trzeciak, A. M. and Ziółkowski, J. J. (1987) *J. Mol. Catal.*, **43**, 15 - 20.
51. Tanaka, M., Hayashi, T., and Ogata, I. (1977) *Bull. Chem. Soc. Jpn.*, **50**,

2351 - 2357.
52. Saidi, O., Liu, S., and Xiao, J. (2009) *J. Mol. Catal. A: Chem.*, **305**, 130 - 134.
53. Yu, S., Chie, Y.-M., and Zhang, X. (2009) *Adv. Synth. Catal.*, **351**, 537 - 540.
54. Mitsudo, T.-A., Suzuki, N., Kobayashi, T.-A., and Kondo, T. (1999) *J. Mol. Catal. A: Chem.*, **137**, 253 - 262.
55. (a) Clarke, M.L. and Roff, G.J. (2007) *Green Chem.*, **9**, 792 - 796; (b) Clarke, M.L. and Roff, G.J. (2006) *Chem. Eur. J.*, **12**, 7978 - 7986.
56. (a) Reinius, H.K., Laitinen, R.H., Krause, A.O.I., and Pursiainen, J.T. (1999) *Catal. Lett.*, **60**, 65 - 70; (b) Reetz, M.T. and Li, X. (2005) *Angew. Chem. Int. Ed.*, **44**, 2962 - 2964.
324 57. Keulemans, A.I.M., Kwantes, A., and van Bavel, T. (1948) *Recl. Trav. Chim. Pays-Bas*, **67**, 298 - 308.
58. Clarke, M.L. (2004) *Tetrahedron Lett.*, **45**, 4043 - 4045.
59. Lee, C.W. and Alper, H. (1995) *J. Org. Chem.*, **60**, 499 - 503.
60. Consiglio, G., Kollár, L., and Kölliker, R. (1990) *J. Organomet. Chem.*, **396**, 375 - 383.
61. Garcia, L., Claver, C., Diéguez, M., and Masdeu-Bulto, A.M. (2006) *Chem. Commun.*, 191 - 193.
62. Noonan, G.M., Newton, D., Cobley, C.C., Suárez, A., Pizzano, A., and Clarke, M.L. (2010) *Adv. Synth. Catal.*, **352**, 1047 - 1054.
63. Kollár, L., Consiglio, G., and Pino, P. (1990) *J. Organomet. Chem.*, **386**, 389 - 394.
64. Seichi, S., Ono, Y., Susumu, S., and Wakamatsu, H. (1971) *Nippon Kagaku Zasshi*, **92**, 178 - 181; *Chem. Abstr.*, **76** (1972) 33755.
65. Kurkov, V.P. (to Chevron Research Company) (1982) Patent US 4344896.
66. Lassila, K.R. (to Air Products and Chemicals) (1998) Patent US 5760275.
67. Zhang, X., Cao, B., Yu, S., and Zhang, X. (2010) *Angew. Chem. Int. Ed.*, **49**, 4047 - 4050.
68. Mieczyńska, E., Trzeciak, A.M., and Ziółkowski, J.J. (1999) *J. Mol. Catal. A: Chem.*, **148**, 59 - 68.
69. (a) Deshpande, R.M., Divekar, S.S., Gholap, R.V., and Chaudhari, R.V. (1991) *Ind. Eng. Chem. Res.*, **30**, 1389 - 1390 and ref. cited therein; (b) Deshpande, R.M., Divekar, S.S., Bhanage, B.M., and Chaudhari, R.V. (1992) *J. Mol. Catal.*, **75**, L19 - L22.
70. Pittman, C.U. and Honnick, W.D. (1980) *J. Org. Chem.*, **45**, 2132 - 2139.
71. White, D.F., Boogaerts, I., and Cole-Hamilton, D.J. (to Lyondell Chemical Technology, L. P.) (2012) Patent WO 2011084268.
72. Taylor, P.D. (to Celanese Corparation) (1977) Patent US 4,064,145.
73. Dureanleau, R.G. and Knifton, J.F. (to Texaco Inc.) (1987) Patent US 4678857.
74. (a) Matsumoto, M. and Tamura, M. (to Kuraray Co., Ltd.) (1980) Patent US 4215077; (b) White, D.F. (to Lyondell-Basell Industries) (2010) Patent WO 2010132087; (c) White, D.F., Boogaerts, I., and Cole-Hamilton, J. (to Lyondell Chemical Technology L. P.) (2010) Patent US 7790932.
75. Kilroy, T.G., O'Sullivan, T.P., and Guiry, P.J. (2005) *Eur. J. Org. Chem.*, **2005**, 4929 - 4949 and references cited therein.
76. Wu, Y. and Zech, E.A. (to Phillips Petroleum Company) (1981) Patent US 4,246,177.
77. Ruiz, N., Polo, A., Castillón, S., and Claver, C. (1999) *J. Mol. Catal. A: Chem.*, **137**, 93 - 100.
78. (a) For earlier work compare: Wol'f, E. Y., Solov'eva, T.Y., Vartanyan, M. M., Brezhnev, L.Y., and Lapidus, A. L. (1989) *Izv. Akad. Nauk SSSR, Ser. Khim.*, 2569 - 2571; (b) Vartanyan, M. M., Eliseev, O.L., Solov'eva, T.Y., Ugrak, B.I., and Skov, H.R. (1994) *Russ. Chem. Bull.*, **43**, 1884 - 1888.
79. (a) Panda, A.G., Tambade, P.J., Patil, Y.P., and Bhanage, B.M. (2010) *React. Kinet. Mech. Catal.*, **99**, 143 - 148; (b) White, D.F. (to Lyondell Chemical Technology, L.P.) (2011)

Patent US 20110124904.
80. (a) Himmele, W. and Aquila, W. (to Badische Anilin- & Soda-Fabrik AG) (1969) Patent DE 1945479; (b) Rheude, U., Vicari, M., Aquila, W., Wegner, G., and Niekerken, J. (to BASF Aktiengesellschaft) (2002) Patent EP 1247794.
81. (a) Fitton, P.P. and Moffet, H.F. (to F. Hoffmann-La Roche) (1976) Patent DE 2621224; (b) Schäfer, B. (2007) *Naturstoffe der chemischen Industrie*, Elsevier Spektrum Akademischer Verlag, München, p. 413.
82. (a) Ojima, I. and Zhang, Z. (1988) *J. Org. Chem.*, **53**, 4425–4426; (b) Ojima, I., Korda, A., and Shay, W.R. (1991) *J. Org. Chem.*, **56**, 2024–2030.
83. Dekeukeleire, S., D'hooghe, M., Müller, C., and De Kimpe, N. (2010) *New J. Chem.*, **34**, 1079–1083.
84. (a) For other hydroformylation attempts with allyl amides, compare: Nozaki, K., Li, W., Horiuchi, T., Takaya, H., Saito, T., Yoshida, A., Matsumura, K., Kato, Y., Imai, T., Miura, T., and Kumobayashi, H. (1996) *J. Org. Chem.*, **61**, 7658–7659; (b) Park, H. S., Alberico, E., and Alper, H. (1999) *J. Am. Chem. Soc.*, **121**, 11697–11703; (c) Cesarotti, E. and Rimoldi, I. (2004) *Tetrahedron: Asymmetry*, **15**, 3841–3845.
85. Cuny, G.D. and Buchwald, S.L. (1993) *J. Am. Chem. Soc.*, **115**, 2066–2068.
86. Cobley, C., Meek, G., and Rand, C. (2011) *Tetrahedron Lett.*, **52**, 3271–3274.
87. Lazzaroni, R. and Settambolo, R. (2011) *Chirality*, **23**, 730–735.
88. Chiou, W.-H., Lin, G.-H., Hsu, C.-C., Chaterpaul, S.J., and Ojima, I. (2009) *Org. Lett.*, **11**, 2659–2662.
89. Chiou, W.-H., Lin, Y.-H., Chen, G.-T., Gao, Y.-K., Tseng, Y.-C., Kao, C.-L., and Tsai, J.-C. (2011) *Chem. Commun.*, **47**, 3562–3564.
90. Lambers-Verstappen, M.M.H. and de Vries, J.G. (2003) *Adv. Synth. Catal.*, **345**, 478–482.
91. Mieczyńska, E., Trzeciak, A.M., Ziółkowski, J.J., Kownacki, I., and Marciniec, B. (2005) *J. Mol. Catal. A: Chem.*, **237**, 246–253.
92. Himmele, W. and Aquila, W. (to Badische Anilin- & Soda-Fabrik AG) (1972) Patent DE 2111116.
93. Kummer, R. (to BASF Aktiengesellschaft) (1977) Patent US 4017550.
94. Cobley, C.J., Hanson, C.H., Lloyd, M.C., and Simmonds, S. (2011) *Org. Proc. Res. Dev.*, **15**, 284–290. 325
95. Plieninger, H., El-Berins, R., and Hirsch, R. (1973) *Synthesis*, 422–423.

4.3 立体选择氢甲酰化

4.3.1 概述

除了丙烯以外的端烯烃的异构-区域选择氢甲酰化会生成手性醛。① 当反应在完美的立体选择下进行时，可以得到对映纯的醛。通过使用手性的烯烃底物和非手性的催化剂（图解 4.49，**A**）或者使用手性催化剂（**B**）和前手性底物均可以达到立体结构的区分。为了加强立体选择性，有时人们会在手性烯烃（**C**）上使用带有手性

① 严格意义上讲，名称前加“异”（*i*）字只表示具有甲基支链的醛。但是含有其他支链的醛也会拥有手性。因此文献中越来越多地使用 *l*/*b*（直/支）来替代 *n*/*i*（正/异）对醛的结构进行描述。而如果涉及两个手性中心，这两种描述方法都无法被使用。这时候人们就需要其他命名法，例如 *α*/*β*，顺/反（*syn*/*anti*），或者 Cahn-Ingold-Prelog（CIP）方法。

配体的催化剂，这样在最好的情况下可以引起配对效果，这意味着底物和催化剂的立体诱导效果支持相同结构的生成[1]。

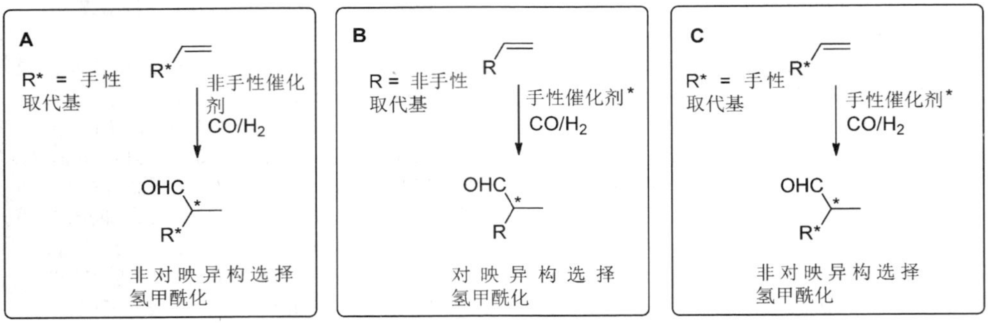

图解 4.49 单取代端烯烃的立体选择氢甲酰化的一般方法

不对称氢甲酰化(AHF)中的一个特别的挑战是同时达到高区域选择性和高对映选择性。在新催化剂的研究中，为了避免出现 *l*/*b* 比例的问题，人们大多选用具有高内在异构倾向性的烯烃作底物，例如苯乙烯或者乙酸乙烯酯(图解 4.50，**D**)。

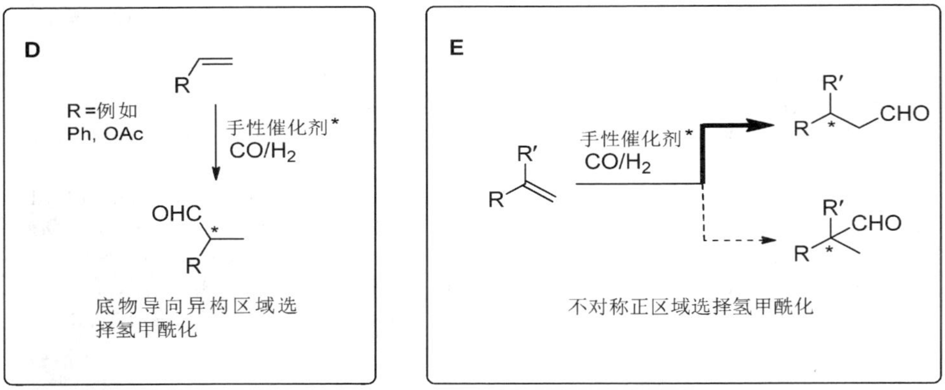

图解 4.50 使用具有区域导向的底物进行不对称氢甲酰化来生成手性产物

对端烯烃来说，AHF 所需的高支链区域选择性的问题也可以利用科尔曼斯(Keulemans)规则(**E**)来克服[2]。根据这一规则，1，1 -二取代的烯烃的 C—C 键
326 主要在两端形成。在端烯烃有两个不同取代基存在时，产物醛会变成手性且因此可以避开上面所讨论的高区域选择性和(或)高对映选择性的棘手的问题。手性催化剂面临的唯一挑战是为前手性底物的两个对映异位面提供足够的立体区分。

在近十年所筛查的众多金属催化剂中，只有手性的铑配合物在合成中有所应用。早在 1982 年，Consiglio 和 Pino[3] 认为“钴催化的 AHF 领域没有实质性进展”。甚至至今，这一说法仍然成立，只有手性铑催化剂偶尔被应用在手性烯烃中。无数的催化实验和理论研究都聚焦在使用手性二膦配体修饰的双铂/锡金属催化剂上[4]。这些辅助配体主要来自金属催化的不对称转化反应(主要是氢化)。这些研究的水平都很高,但遗憾的是,大多数的例子都局限在以苯乙烯为底物,因此不具有普遍性。我们几乎不知道基于例如钯、铱,或者钌的其他典型氢甲酰化活性金属的有效的手性催化剂。 327

与其他金属催化的立体选择转化反应相比,似乎立体选择的氢甲酰化需要特别设计的配体和反应条件。只有很少的手性配体{例如(*R*,*S*)- BINAPHOS或者BDP[(*S*,*S*)- 2,4 -双(二苯基膦)戊烷]配体}能给铑催化的一系列前手性底物的氢甲酰化带来足够高的区域选择性和对映选择性。有很多根据经验得到的结论,如一个好的配体应该具有的形态以及相应的光谱研究和化学计算,但迄今为止当一个新的底物需要被转化时通常仍然需要反复试验,不断摸索。值得注意的是,大部分底物只有在使用特别的催化剂时才能得到预期的成功,所以研究底物的模型意义并不大。另外,对于反应条件的优化没有固定的方法,无法轻易地从模型研究中直接采用例如温度控制、合成气压和合成气组成等数据。

Marchetti小组在1991年发表了最早的有关使用AHF的药物合成的综述之一,为这一方法的艰辛的起始提供了一些见解[5]。Agbossou、Carpentier和Mortreux在1995年发表了相关进展的文章[6]。在2007年和2014年,Klosin和Landis[7]总结了应用AHF的趋势,主要聚焦点是磷杂配体。

4.3.2 对映纯底物的非对映异构选择氢甲酰化

底物的手性有利于立体选择的氢甲酰化。源底物可以部分具有手性,也可以与立体导向的基团短暂作用("脚手架")[8]。这些可能对区域选择性有附加影响的基团(例如酰基、缩醛或者含有三价磷作为配体原子的原酸酯基团)在反应前或反应中连接在底物上。这一方法将在第4.4节中说明。在这里,我们将只讨论在氢甲酰化反应前没有附加修饰底物的非对映选择的转化。

早在1983年,Lazzaroni等就研究了α-苯基乙基在相邻烯烃上的氢甲酰化中的非对映面区分能力(图解4.51)。这一手性感应物质通过氧原子或者一个CH_2基团连接在双键上[9]。结果显示乙烯醚不仅能提供高很多的支链醛产率,还能提供比在戊-4-烯-2-基苯上高出几个量级的出色的非对映选择性。 328

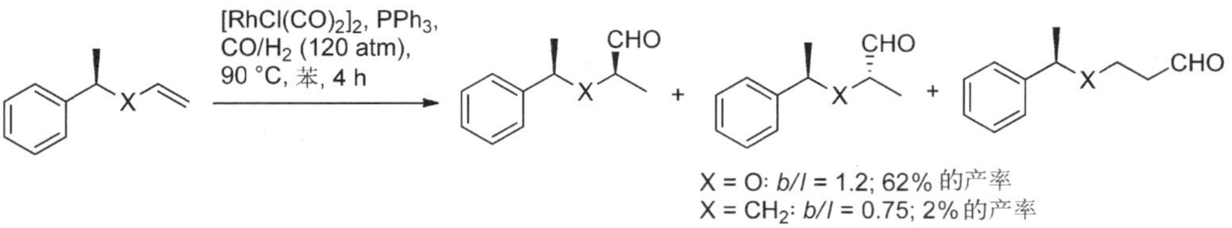

图解 4.51 在手性转移中氧桥和亚甲基桥的对比

Leighton和其同事[10]研究了4-亚甲基-1,3-二噁烷在约55 bar的非对映选择氢甲酰化(图解4.52)。在产物醛中叔丁基的指向决定了相对的立体化学性质。因此两种非对映异构的底物都倾向生成顺式构型的产物。在较高温度(120℃)时,双键主要异构化到杂环内部。带有 3,5-二羟基戊醛结构的物质是很有价值的合成基础原料，通过进一步的 C—C 偶联可以用于抑制素[例如阿托伐他汀(Atorvastatin)]的合成。

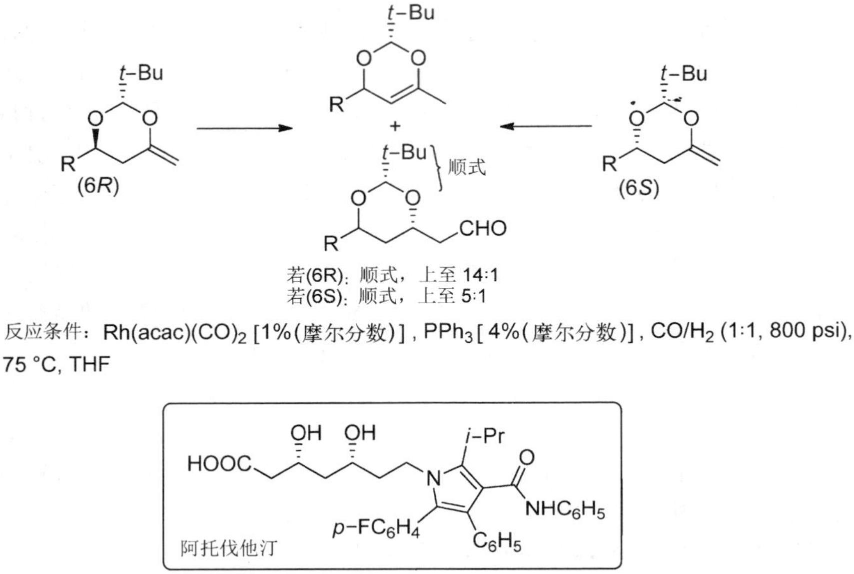

图解 4.52　对映异构纯的 4-亚甲基-1,3-二噁烷的非对映选择氢甲酰化

某 BASF 小组展示了从(—)-α-蒎烯的铑催化反应得到(+)-3-甲酰蒎烷(图解 4.53)[11]。与之形成对比，使用 $Co_2(CO)_8$ 会形成(—)-2-甲酰莰烷。通过酸性的中间产物 $HCo(CO)_4$ 发生了瓦格纳-梅尔魏因(Wagner-Meerwein)重排。可以通过使用高 CO 分压和低温来避免 α-蒎烯先行异构化为 β-蒎烯。基于这一

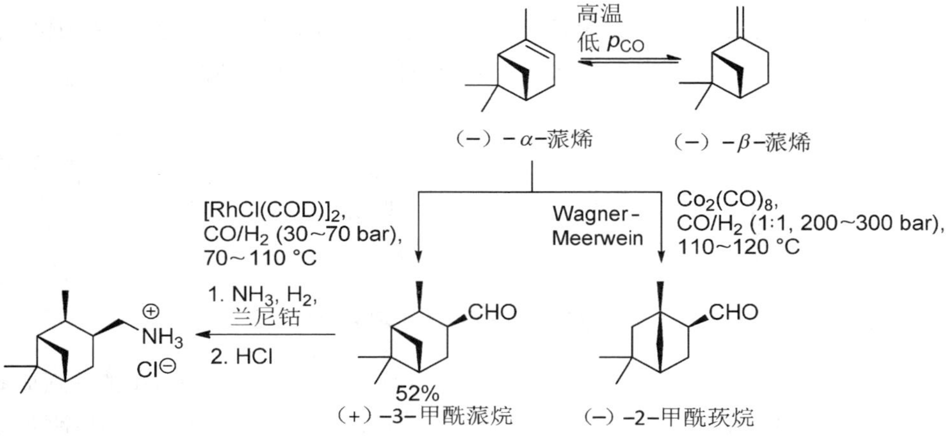

图解 4.53　使用金属催化剂作用的(—)-α-蒎烯的非对映选择氢甲酰化

流程和随后的还原胺化作用，手性的氨甲基蒎烷可以以 100 g 量级制备。

通过使用 $Co_2Rh_2(CO)_{12}$ 或者 $Rh_4(CO)_{12}$/膦可以调整非对映异构的醛在 α-蒎烯氢甲酰化中的比例(图解 4.54)[12]。在使用双金属催化剂的(−)-β-蒎烯的反应中，(1*S*,2*R*,5*S*)-10-甲酰蒎烷以 95% ee 生成。由于伴随着 β-蒎烯向反应性较低的 α-蒎烯的异构化，醛的产率没有超过 30%。使用单金属铑催化剂在膦[PPh_3, PCy_3 或者 dppe(1,2-双(二苯基膦)乙烷)]高度过量的条件下(P/Rh=100∶1)可以得到高产率和类似的高非对映选择性。值得注意的是，使用这些催化剂会形成来自从位阻最大的顶面的反应的全-(*S*)-非对映异构体。 329

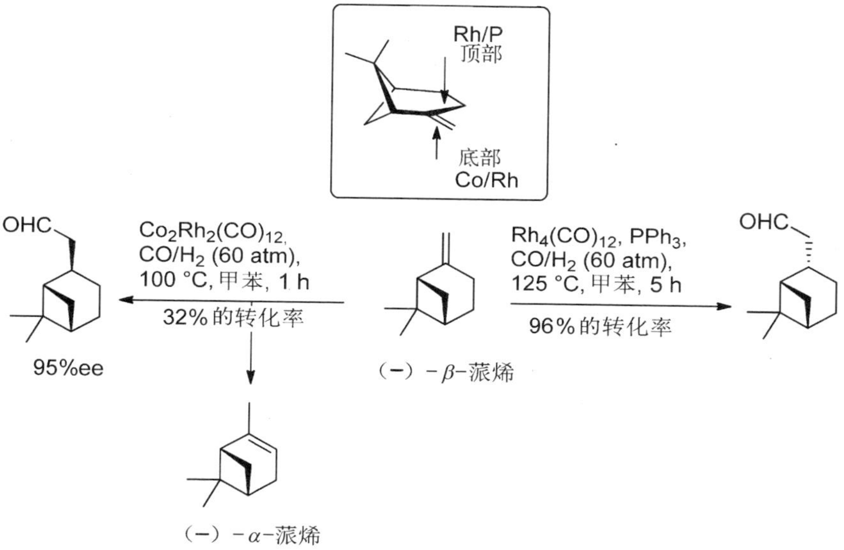

图解 4.54 由所使用的金属催化剂决定的(−)-β-蒎烯的非对映选择氢甲酰化

Pereira 和 Bayón[13]研究了 Δ^4-类固醇的非对映选择氢甲酰化(图解 4.55)。不管第 3 位的取代基(H, OAc)的性质如何，都主要生成 4β-甲酰-17β-乙酰氧基-5β-雄烷。3-AcO 底物上的 AcO-基团的失去可以解释为乙酸在氢甲酰化步骤和最终的双键的非对映选择氢化后的反式消去作用。值得注意的是，在两个反应序列中双键的反应(氢甲酰化和氢化)主要发生在类固醇核的 β-面，产生带有顺式融合环 A 和 B 的甾烷骨架。 330

对映纯羟基官能化的环戊烯通过氢甲酰化增加一个碳可以得到“伪糖”，其可以用作抗病原体的碳环核苷的组成部分和糖基转移酶的底物。Al-Abed 和其同事[14]在一典型例子中展示了不饱和 *O*-苄基保护的呋喃与合成气在 Wilkinson 催化剂下全部转化生成三种醛的混合物(图解 4.56)。随后甲醛基团的氢化生成非对映异构的醇。由于其立体结构，只有一种异构体能抵抗酸催化苄基消去

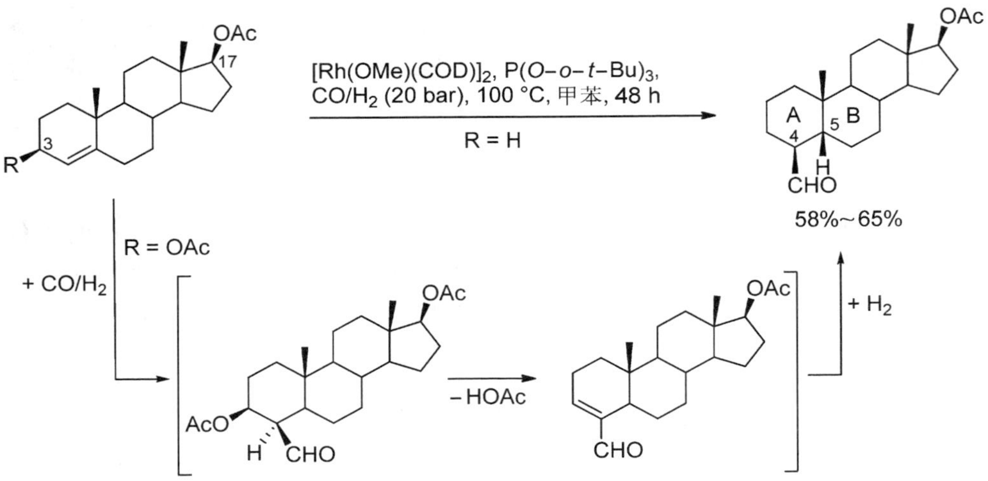

图解 4.55 Δ^4-类固醇的非对映选择氢甲酰化

的反应条件。产物通过色谱法分离。最终移除保护基团得到碳基-D-呋喃果糖。经过选择性磷酸化作用,化合物在极性和形态上可以模仿D-果糖-2,6-二磷酸酯。

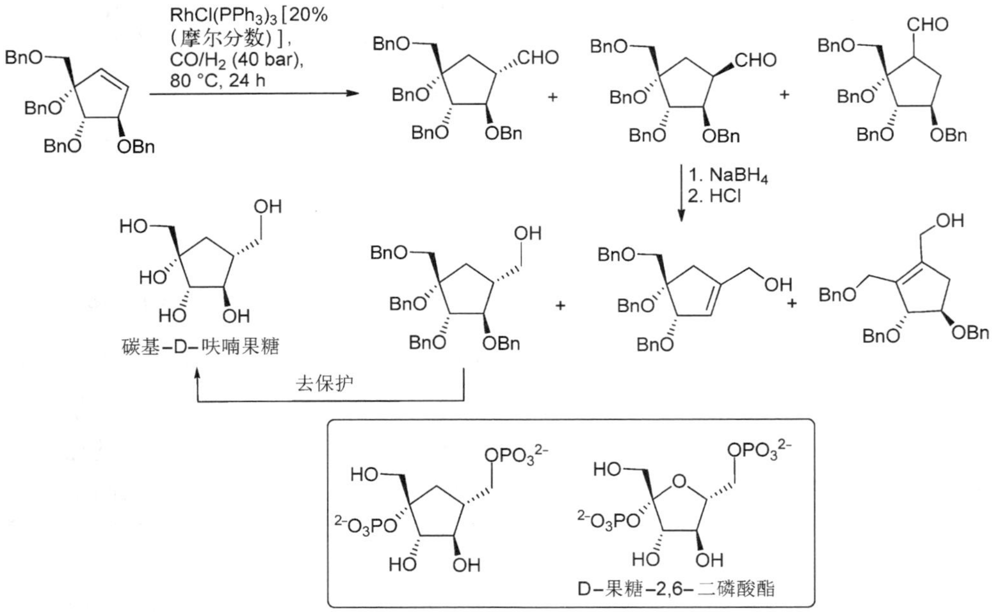

图解 4.56 用于伪-果糖 2,6-二磷酸酯全合成的官能化手性环戊烯呋喃衍生物的非对映选择氢甲酰化

Liu和Jacobsen用环外1,3-丁二烯部分的非对映选择氢甲酰化作为抗真菌试剂(+)-安布鲁星的全合成的关键步骤(图解4.57)[15]。

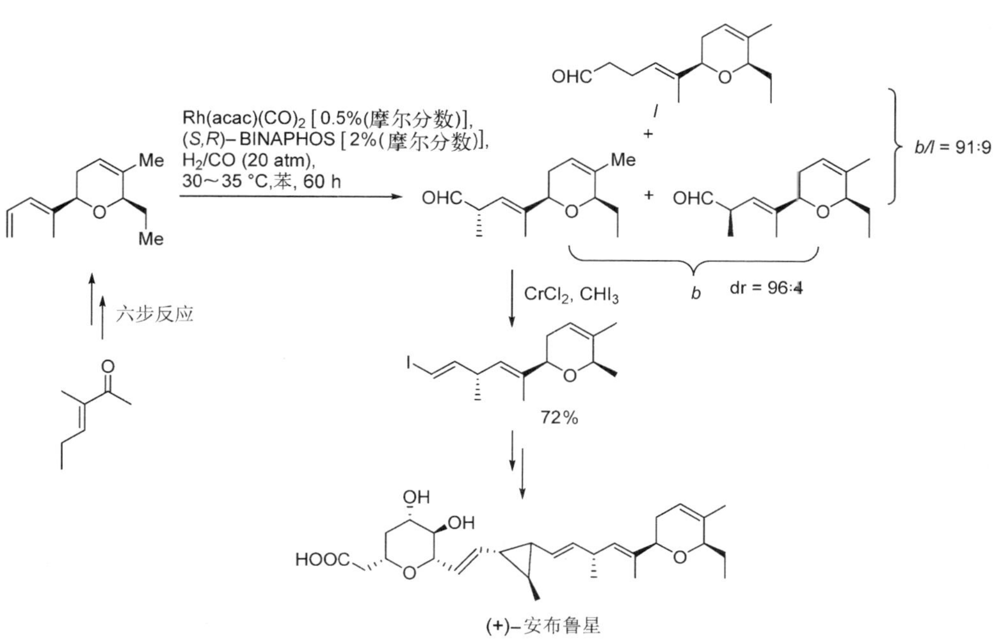

图解 4.57 通过非对映选择氢甲酰化合成(+)-安布鲁星

所需要的二烯底物由起始于 E-3-甲基己-3-烯-2-酮的多步骤过程合成。在使用 Rh[(S,R)-BINAPHOS]的氢甲酰化中，支链的双键不反应。另外，希望得到的异醛主要以 96∶4 的非对映异构比例生成。因为这一物质在硅胶色谱法过程中构型不稳定，它被直接用于碘化流程。这个两步过程的产物以 72% 的产率得到。 332

4-乙烯基-β-内酰胺的非对映选择氢甲酰化为内酰胺抗生素制造提供重要原料，它可以通过使用手性 Rh[(R)-BIPNITE]催化剂实现(图解 4.58)[16]。专门为了这一转化而开发的(R)-BIPNITE 因为其高结晶性质特别适合于工业应用。值得注意的是，带有类 PPh_2 取代的配体的催化剂显示出很低的活性。只有用两个萘基取代苯基才能克服这一问题。卑磷酸酯部分的氟取代基可以进一步增加反应活性。通过类似的方法，β-内酰胺(烯丙基酰胺)的吸电子特性在倾向支链的区域选择性上起重要作用(见第 5.4.5.4 节)。几乎可以以全产率得到目标醛。Alberico 和 Alper[17]发现倾向生成支链醛的区域选择性可以通过用 Boc 保护第二个酰胺和应用非手性两性离子铑催化剂来进一步改进。最终甲酰基团与 $NaClO_2$ 和 H_2O_2 在 10℃氧化，没有在手性中心的差向异构作用，得到对应的羧酸[16]。

Reddy 博士的实验室发表了对映纯的双环内酰胺使用 Rh[(R,R)-Kelliphite]催化剂的非对映选择氢甲酰化(图解 4.59)[18]。Chirotech 以数吨量级生产的烯烃底物在氢甲酰化和单结晶步骤后生成几乎纯的醛。值得注意的是，(S,S)-Kelliphite 或者诸如(R,R,S)-Bisdiazaphos 及(非手性)BIPHEPHOS 的

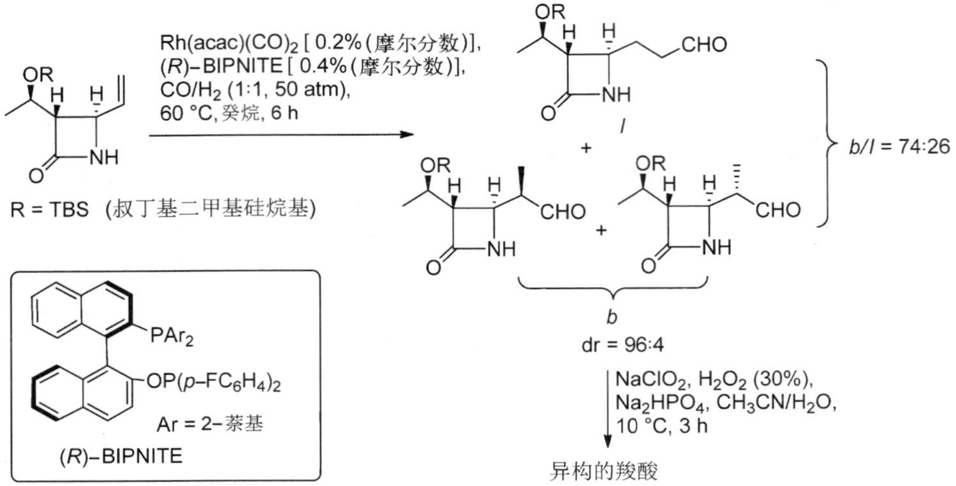

图解 4.58 乙烯基-β-内酰胺前体的非对映选择氢甲酰化

其他配体主要生成不期望得到的区域异构的醛。反应将底物规模拓展至了 15 g 且
333 最终通过氢化和酰胺水解用于生产多官能化的环戊烷衍生物。环戊烷甲醛中的甲酰基团可以进一步通过使用立体选择的拜耳-维立格(Bayer - Villiger)氧化在保持结构的同时被羟基基团取代。

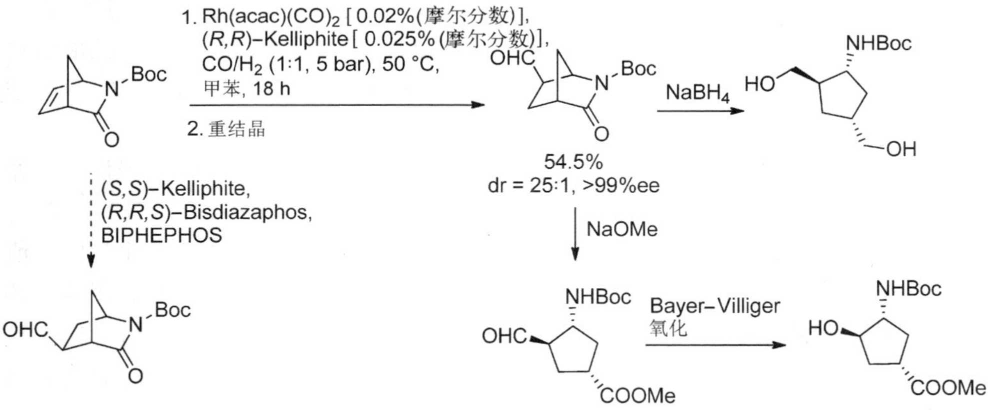

图解 4.59 双环内酰胺的非对映选择氢甲酰化和后续的转化

带有这种典型的官能化环戊烷基团的物质有 AstraZeneca 的血小板凝结抑制剂化合物(**1**),Tibotec 为了治疗 C 型肝炎的 HCV NS3 NS4A 蛋白酶抑制剂(**2**)和 Biocryst 为治疗流感而发现的神经氨酸苷酶(唾液酸苷酶)抑制剂(**3**)(图 4.6)。同样地,GlaxoSmithKline 制造的广泛用于治疗 HIV 的核苷类似物逆转录酶抑制剂 Abacavir(**4**)和 Medivir 的为了治疗阿尔兹海默综合征的 β-分泌酶(BACE 1)抑制剂(**5**)都可以通过这样的氢甲酰化流程得到。

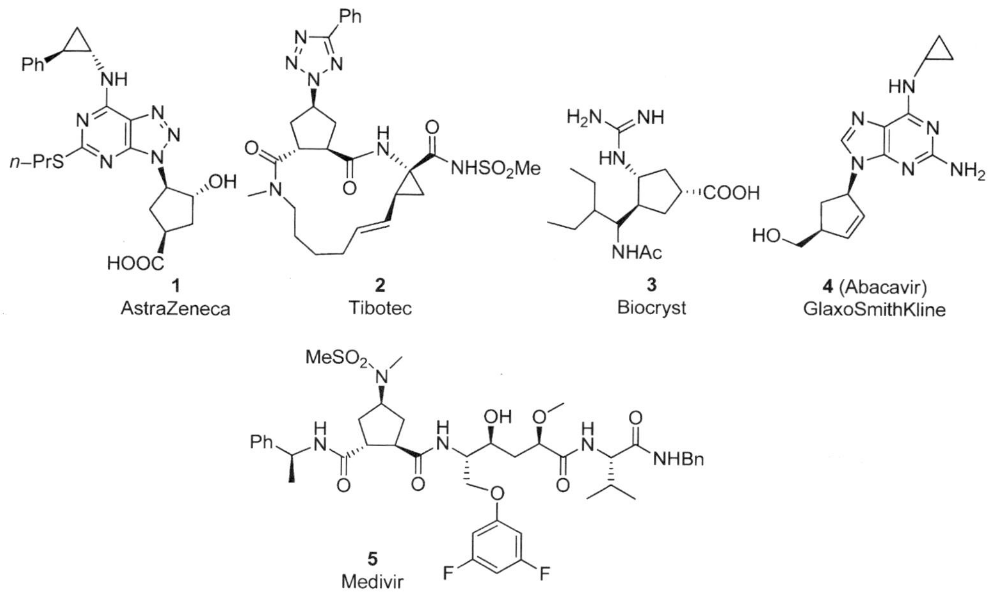

图 4.6　从双环内酰胺的高度立体选择氢甲酰化中可以得到的制药用途的产物

4.3.3　不对称氢甲酰化

4.3.3.1　端单烯烃

如前文所述，通常对映选择的 AHF 会伴随着烯烃的异构区域选择反应。除了乙烯和丙烯之外，此反应生成手性醛。人们预期这个类型的区域选择性由空间位阻较小的配体来支持。但是，为了达到高对映选择性，底物和催化剂之间有效的空间相互作用是必需的，而这也可以由大体积配体实现。高异构区域选择性似乎与高对映选择性在某种程度上相互矛盾，反之亦然。尽管如此，人们还是研发了一些可以得到高产率支链醛同时对映选择性较好甚至优异的手性二齿双膦配体。

4.3.3.1.1　α-官能化的烯烃　334

1. 乙烯基芳香化合物

至今，大多数学术研究都致力于乙烯基芳烃的 AHF 来得到对映纯的 2-芳基丙酸(图 4.7)。这些化合物大多都能构成一系列的非类固醇的炎症药物，例如(S)-萘普生，(S)-布洛芬，(R)-氟联苯丙酸和(S)-苯酮苯丙酸等普鲁芬类化合物[19]。

迄今为止，人们仍然怀疑以 AHF 步骤来生产这样的普鲁芬是否能与已经完善的工业方法相媲美[20]，特别是当需要达到非常高的对映异构过量值时。在氢甲酰化前面临的第一个问题是生产烯烃底物所需的昂贵费用。通过芳基—X 偶联反应的通常方法或许只在实验室规模或者合成复杂的乙烯基芳香化合物时可用(图解 4.60)[21]。同样，目前诸如乙炔的炔烃的氢芳基化作用还不能达到应用的水平[22]。　335

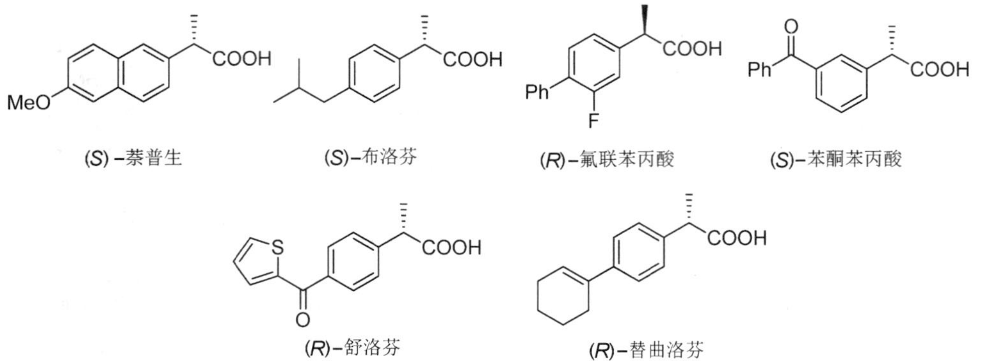

图 4.7 一些具有重要制药作用的手性 2-芳基丙酸(普鲁芬)

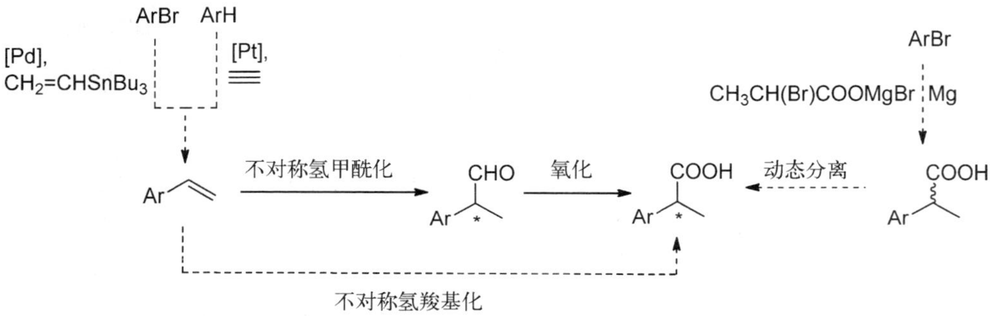

图解 4.60 得到手性普鲁芬的一般路径

另外,AHF 反应本身就要与不同的分离对应的外消旋酸的方法进行竞争,后者可以以大于 99.9%ee 生成对映异构纯的酸[23]。外消旋酸可以通过芳香卤化物和格氏丙酸盐偶联产生。与许多通过非对映异构羧化物或者雾沫分离外消旋羧酸的方法相比[24],分离富对映体的醛要更加困难。不可能形成广泛使用的非对映异构体的盐。Union Carbide 提出了一种方法来分离从 AHF 中得到的醛的混合物,其基于沉降薄膜结晶器中的选择性温控结晶过程[25]。这一过程在混合物的共熔点温度(−22～−7℃)之上进行,选择合适的条件使得期望得到的对映异构体在所选溶剂(丙酮、乙酸乙酯)中的溶解度超出极限值。生成的晶体通过膜滤法分离。它们在最佳情况下比起始原料能表现出更高的对映异构过量值。这一流程,以上至 500 g 规模为例,是为了生产普鲁芬而特别研发的,且可以以大于 90%ee 制备醛。另外,这一过程还可以改进 l/b 比例且可以移除残余的微量催化剂(例如氢甲酰化后 300 mg/kg 的铑在结晶和膜滤之后为 2 mg/kg)。

同样,最后甲酰基团的氧化为氢甲酰化路径额外增加了经济和技术上的难度。
336 因此在这里更具吸引力的是能直接产生酸的使用同样烯烃底物的钯催化不对称氢羧基化反应[26]。氢甲酰化路径的潜力或许在于,在许多情况下,普鲁芬药物不一定必须以对映异构纯的化合物形式给药,因为药物活性低的对映异构体可以在人体中部分转化为更具活性的成分(例如布洛芬,thiaprofen)[27]。

苯乙烯作为底物可以产生更高的异构选择性,因此它特别适用于测试新研发的手性配体的立体面区分能力[28a,b]。Zhang 和 Yan[29]发表的苯乙烯的氢甲酰化达到了最佳的对映异构过量值,他们通过使用(*R*,*S*)- YANPHOS 催化剂作为辅助实现了低转化(图解 4.61)。略微增加温度可以达到全转化且对对映选择性只有微小影响。

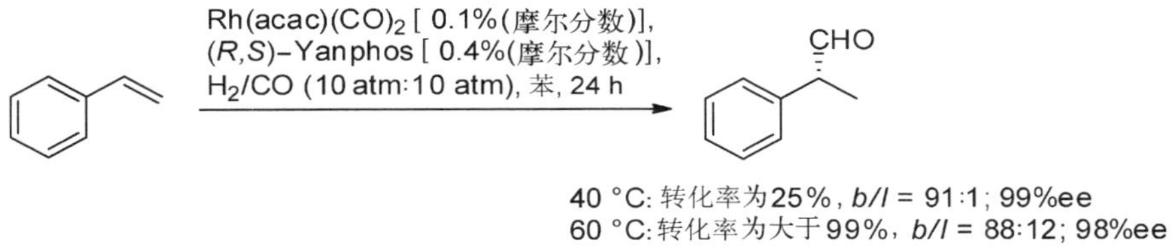

图解 4.61 苯乙烯的不对称氢甲酰化

Landis 小组使用(*S*,*S*,*S*)- Bisdiazaphos 作为配体也得到了类似的结果,同时还增加了底物的范围[30]。一般来说,芳环对位的吸电子基团(F、Cl、CF$_3$)可以增强 α -选择性。与之形成对比的是,OMe 或者 Me 对这一参数有着反效果。图 4.8 中展示了这一关系,log α : β 异构体与 σ_p 的哈米特图是斜率为正值的直线。遗憾的是,在对映选择性中没有类似的联系。其最佳值(90%ee)由未取代的苯乙烯得到。

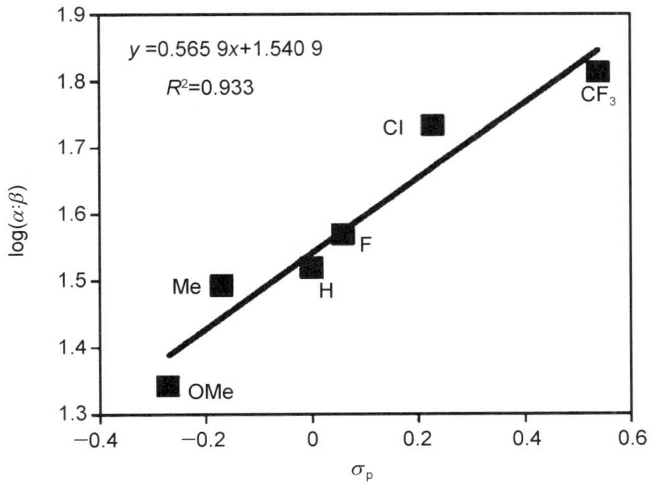

图 4.8 使用(*S*,*S*,*S*)- Bisdiazaphos 的对位取代苯乙烯的不对称氢甲酰化的哈米特图(来自参考文献[30])

使用(*S*,*S*,*S*)- Bisdiazaphos 时,可以观测到 CO 分压对苯乙烯的 AHF 的反应速率和对映选择性有着很强的影响[31]。在这里,少数对映异构体(*S*)-苯丙醛通过增加的 CO 分压被抑制,而多数的(*R*)-对映异构体几乎不受 CO 分压影响。 337

最近 Breit 小组的一篇文章展示了所使用的金属催化剂前体对活性和对映选

择性产生的影响[28]。$[Rh(NBD)_2]BF_4$（NBD＝norbornadiene，降冰片二烯）或者$[Rh(OMe)(COD)]_2$（COD＝1,5-环辛二烯）能立刻产生高活性，而只有后者能保持一定的对映选择性。当使用 $Rh(acac)(CO)_2$（acac＝acetylacetonate，乙酰丙酮化物）时，则建议需要若干小时的预形成时间。遗憾的是，在这些条件下我们注意到产物会有微小的光学纯度的损失。

Kégl 和其同事发现了对位取代基根据温度对使用手性铂/锡催化剂的苯乙烯的 AHF 有强烈影响[32]。这可能会在最终情况下导致产物具有相反的对映选择性。

萘普生前体的 AHF 在 CO/H_2 比例为约 8∶3 bar 时由（*S*，*S*，*S*）-Bisdiazaphos 催化进行，其可以以 96％ee、TON＝500 得到支链醛，且没有可检测出的直链异构体（图解 4.62）。

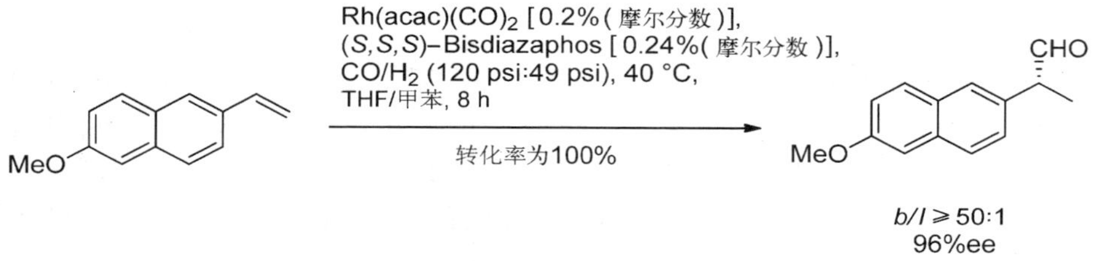

图解 4.62　萘普生前体的不对称氢甲酰化

乙烯基杂芳族化合物同样可以转化为手性醛。Nozaki 和其同事[33]展示了在带有轻微修饰（*R*，*S*）-BINAPHOS 配体的铑催化剂存在的条件下，乙烯基噻吩以高区域选择性和对映选择性反应得到期望的支链醛（图解 4.63）。该流程被用于合成（S）-噻洛芬酸。生成的醛被亚氯酸钠氧化得到 84％ee 的药物成分。

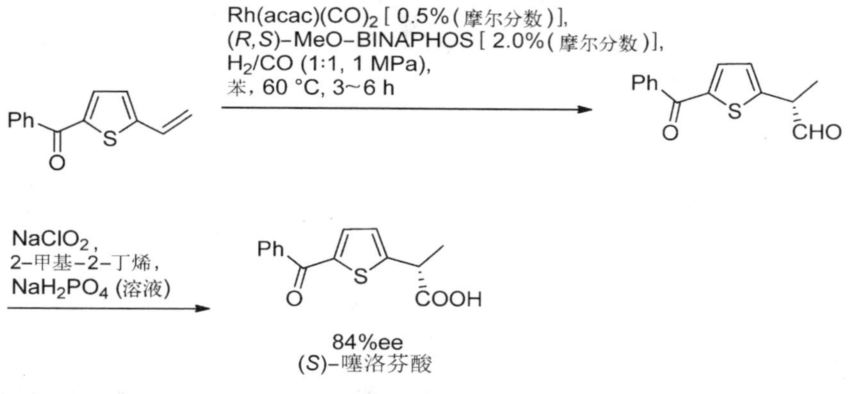

图解 4.63　通过氢甲酰化-氧化反应序列合成（*S*）-噻洛芬酸

同样的催化条件被用于异构的乙烯基呋喃的氢甲酰化（图解 4.64）[34]。以 2-乙烯基呋喃为底物，可以以最大选择性为 79％ee 得到相应的醛。接下来的氢化得到的(*S*)-2-呋喃-2-基-丙醇是构建例如莫能菌素(蛋白传递抑制剂)和肿瘤抑制剂物质益若蓝宁、eriolangin 和 ivangulin 的生物活性物质的潜在前体。值得注意的是,异构的 3-乙烯基呋喃的氢甲酰化能得到好很多的结果(l/b = 92∶8,99%ee)。

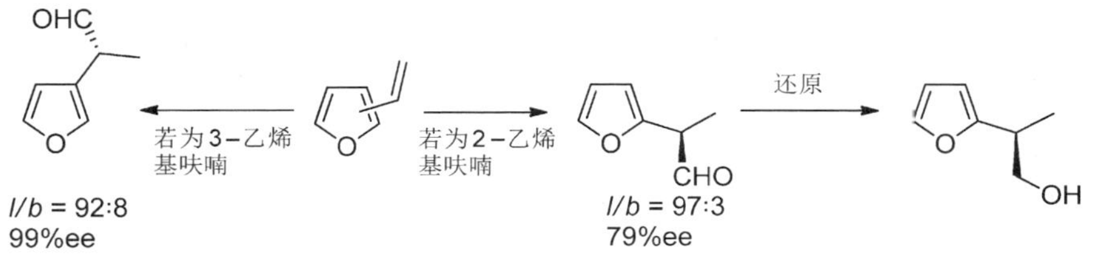

反应条件: Rh(acac)$(CO)_2$ [0.5%(摩尔分数)], (*R,S*)-MeO-BINAPHOS [2%(摩尔分数)], H_2/CO (1:1, 1 MPa), 苯, 60 °C, 2 h

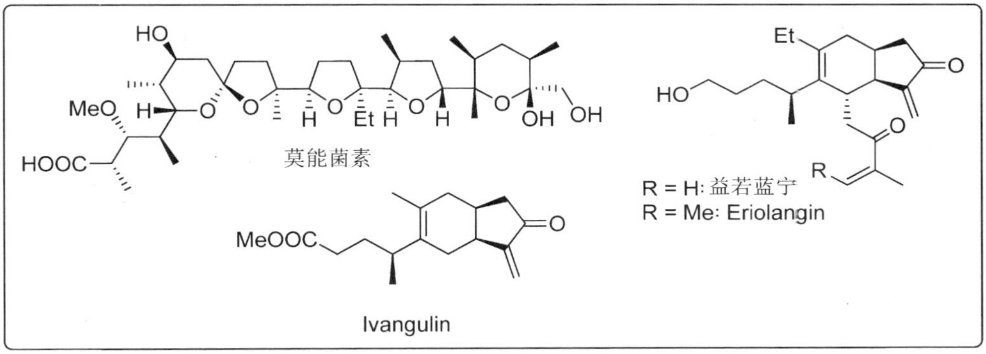

图解 4.64 异构的乙烯基呋喃的不对称氢甲酰化和从形成的醛可以得到的产物

2. 杂原子取代的烯烃 338

在低温时,大部分铑催化剂倾向于催化乙烯醚和乙酸乙烯酯在 α-位置氢甲酰化(见第 4.2.2.2 节),因此是 AHF 的理想候选。

Marchetti 和其同事进行了芳基乙烯醚的铑催化的 AHF 的第一次尝试,希望得到除草剂高 2-甲-4-氯丙酸或者精 2,4-滴丙酸,这两者作为(*R*)-对映异构体都特别具有活性(图解 4.65)[35]。大部分容易获得的手性双亚磷酸三酯配体只能达到少于 10%ee,实现高异构化的氢甲酰化。应用在农业中的相关手性芳氧基丙 339
酸衍生物有精噁唑禾草灵、禾草灵(这两者都是赫斯特,现在的拜耳作物科学生产的)和吡氟禾草灵(石原产业株式会社生产)。

乙烯醇的酯可以通过使用 Rh[(*R*,*S*)-BINAPHOS]以高 b/l 比例和对映异构过量值转化为对应的 α-甲酰酯(图解 4.66)[36]。酰基基团的性质对于结果几乎没有影响。反应的结果也与 60~80℃ 的温度变化几乎无关。只有使用长链烷基酯(正庚基)在温度低于 60℃ 且 S/C 比例大于 1 000∶1 时,转化率和对映异构过量值才依次减弱。产物的部分外消旋作用可以通过转化为对应的缩醛来避免[37]。 340
甲酰基团氧化和脱氧保护生成 L-乳酸[38]。或者,醛可以通过 Strecker 或者

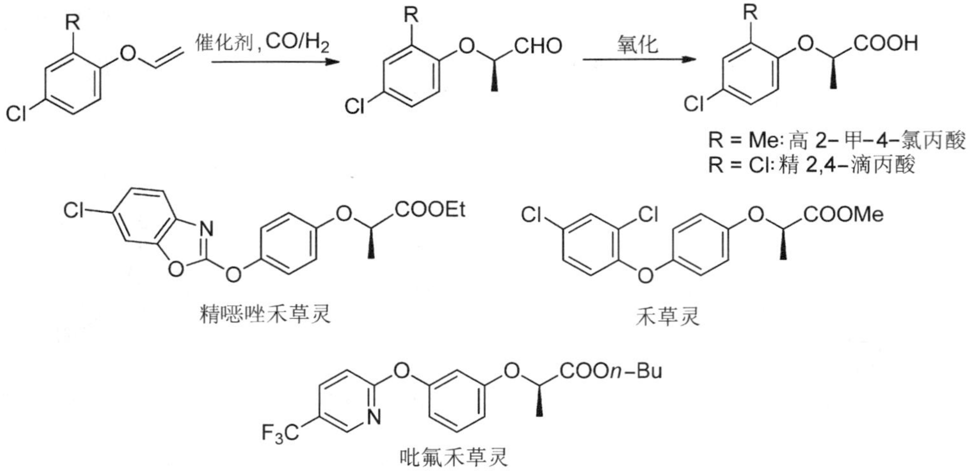

图解 4.65 通过不对称氢甲酰化反应步骤制备对映异构的除草剂

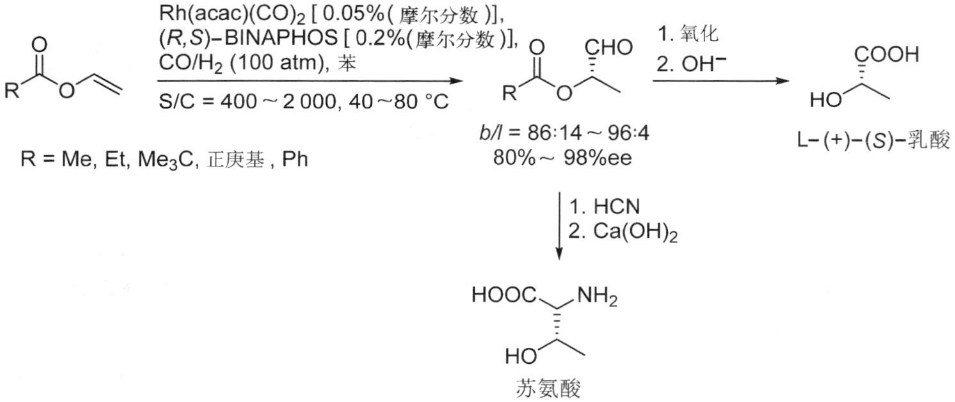

图解 4.66 乙酸乙烯酯的不对称氢甲酰化与最终乳酸和苏氨酸的制备

Bucherer 反应转化为苏氨酸[39]。

用(S,S,S)-Bisdiazaphos 作为配体可以构建类似有效的催化系统（图解 4.67）[40]。转化在合成气压约为 33 bar 下以 150～180 g 规模进行。其可以达到大于 90%的转化率且最高的 TOF 为 19 400/h。醛以 96%ee 得到。高沸点溶剂四乙二醇二甲醚被用来通过真空蒸馏和反应后的催化剂回收实现简单的产物重获。因为支链醛比直链化合物的沸点低，可以通过蒸馏进一步改进 b/l 比例。接下来，α-乙酰氧基丙醛在不影响光学完整性的情况下转化为(S)-1-氨基丙-2-醇、一些手性异噁唑啉和咪唑衍生物。对映异构产物可以通过使用(R,R,R)-Bisdiazaphos 作为辅助配体来产生。

同样的催化系统被证明对更为复杂的乙酸乙烯酯为底物、约 10 bar 条件下的氢甲酰化[叶立德(Wittig)烯化]连锁反应也有效用（图解 4.68）[41]。具有抗真菌

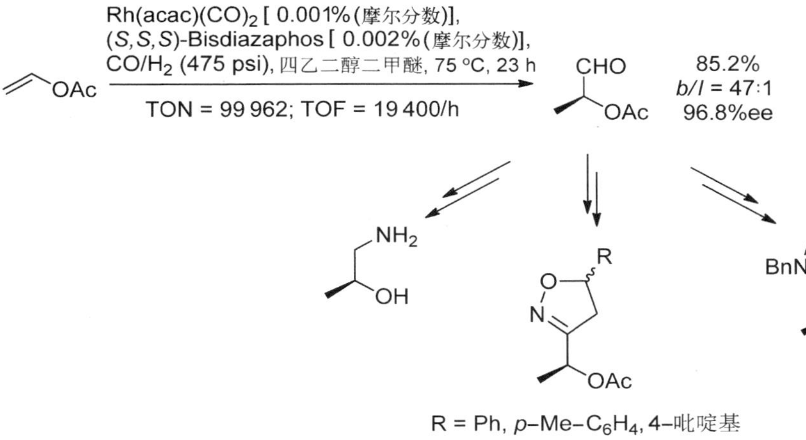

图解 4.67 使用铑[(*S*,*S*,*S*)- Bisdiazaphos]催化剂的乙酸乙烯酯的不对称氢甲酰化和后续的转化

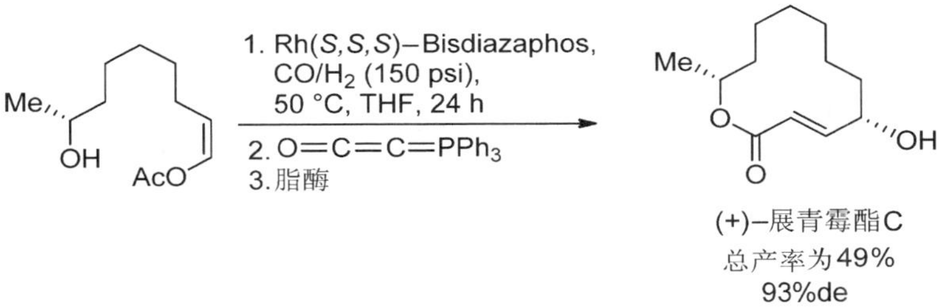

图解 4.68 通过氢甲酰化合成(+)-展青霉酯

和抗细菌活性的化合物(+)-展青霉酯 C 可以以 93%de 得到(更多细节和立体选择连锁反应的例子请参见第 5.5 节)。

二乙烯基硫与 Rh[(*R*,*S*)- BINAPHOS]催化剂进行氢甲酰化以出色的区域选择性和高达 89%ee 得到 α -甲酰硫醚(图解 4.69)[42]。使用芳基二乙烯基硫时反应进行得最快。

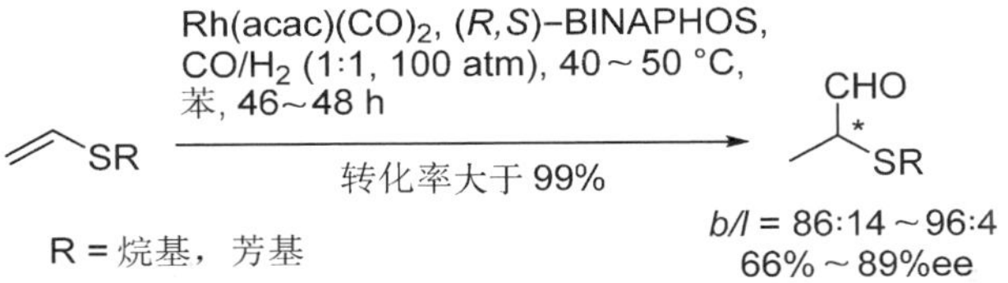

图解 4.69 二乙烯基硫的不对称氢甲酰化

使用 Rh[(*S*,*S*,*S*)- Bisdiazaphos]在合成气压 10 bar 下可以使 *N* -乙烯基以高区域选择性和对映选择性转化为对应的 α -甲酰酰胺(图 4.9)[43]。典型的 *N* -保护基团强烈影响了区域选择性和立体选择性。最引人注意的是 *N* -甲基的效应,它可以导致对映选择性的消失。 341

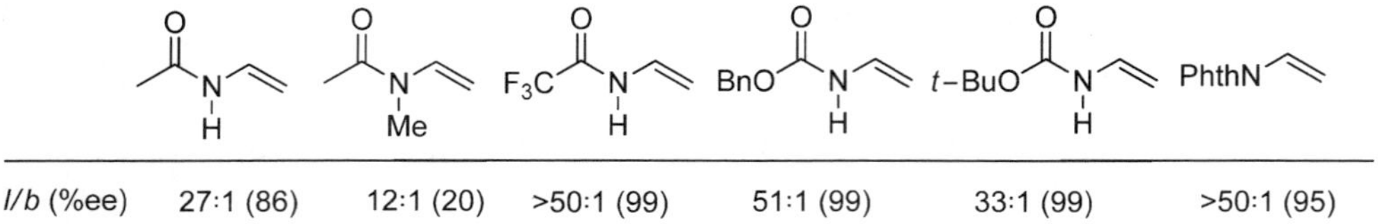

图 4.9 *N* -取代基对使用 Rh[(*S*,*S*,*S*)- Bisdiazaphos]催化剂(140 psi,甲苯,40℃)的乙烯基酰胺的不对称氢甲酰化的区域选择性和对映选择性的影响

Landis 和其同事[44]研究了使用 Rh[(*S*,*S*,*S*)- Bisdiazaphos]异构的 1,2 -取代的烯醇酯和烯酰胺的铑催化 AHF。在多数情况下,除了苯乙烯基烯酰胺之外(见下文),可以达到 α/β 比例大于 99∶1。烯醇芳香酰基酯以 92%~99%ee 得到对应的饱和醛。相关的烯酰胺的反应比烯醇酯的转化反应要慢(图解 4.70)。因此,为了使前者在 1 天之内完全转化,需要使用更多的催化剂。

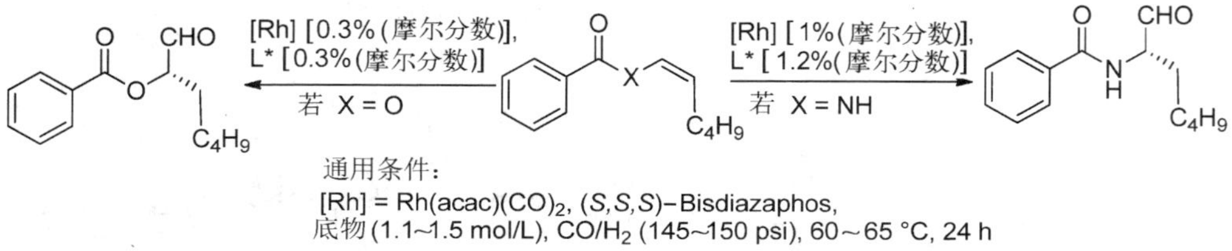

图解 4.70 烯醇酯和烯酰胺的不对称氢甲酰化的区别

通常,*Z* -烯酰胺与 *E* -异构体相比能得到更高的对映异构过量值和更快的转化。如图解 4.71 中以异构的 *N* -(戊- 1 -烯- 1 -基)苯酰胺为例所示。许多底物得到的对映选择性范围在 32%~98%。

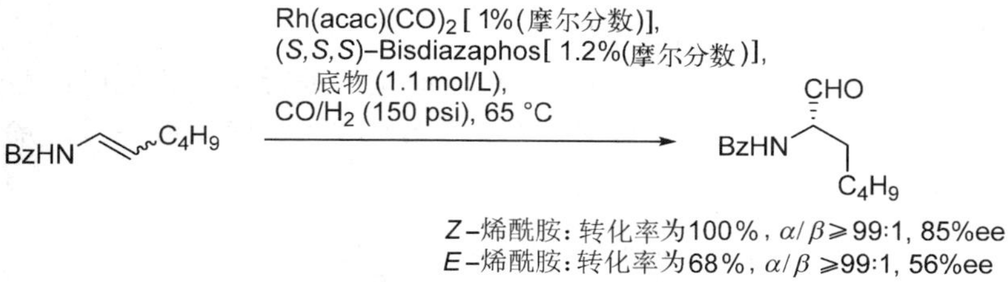

图解 4.71 *Z* -烯酰胺或者 *E* -烯酰胺的不对称氢甲酰化

在苯乙烯基烯酰胺的 AHF 中,酰胺基可以忽视苯基的 α -指向效应。芳基取代基和合成气压对对映选择性(图解 4.72,**a**)和区域选择性(图解 4.72,**b**)有着很强的影响。显然,增加气压至 30~60 psi 对两个参数都有特别有利的影响。

342 烯酰胺的氢甲酰化被认为是得到 L - DOPA 前体的新路径(图解 4.73)。所需要的前手性底物由起始于香草醛的三步过程得到。不对称催化在约 10 bar 的条件下以 0.15 g 规模进行。值得注意的是,得到的手性醛与 $NaBH_4$ 在低温下还原时没有外消旋。另外,作者认为,手性 α -甲酰酰胺也可以在没有差向异构的情况下

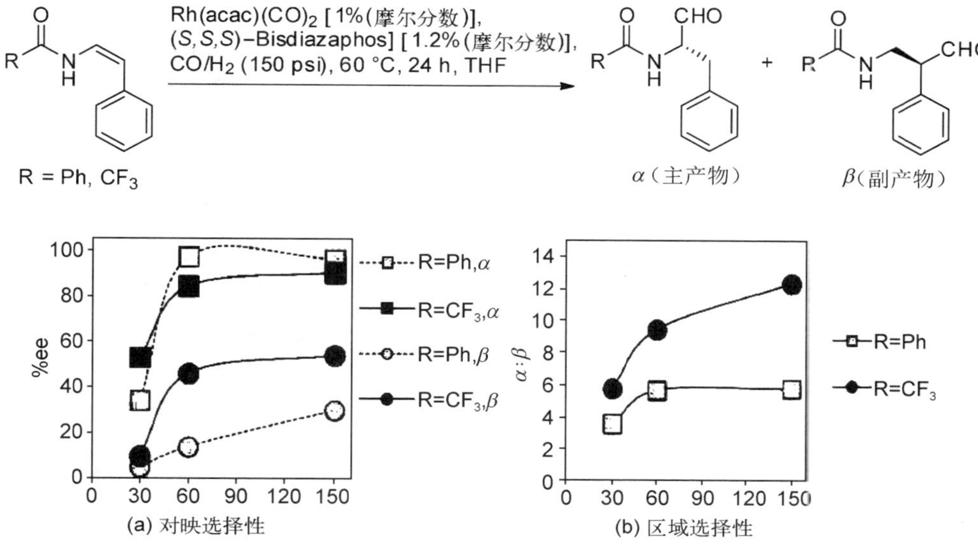

图解 4.72 合成气压(横坐标,单位为 psi)对苯乙烯基烯酰胺的不对称氢甲酰化的影响(来自参考文献[44])

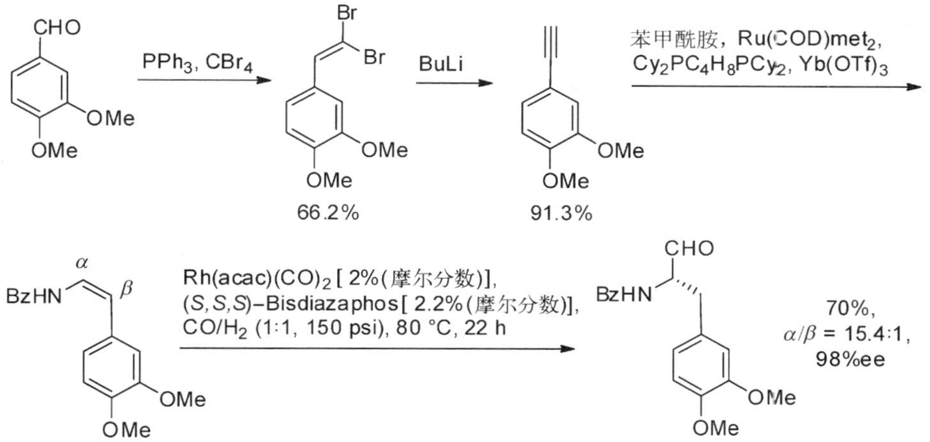

图解 4.73 通过不对称氢甲酰化合成 L-DOPA 前体

氧化,因为这样的化合物在温度为 100℃时仍稳定[45]。但是,考虑到全部过程,氢甲酰化路径是否能与其他已经完善的方法在生产 L-DOPA 时相媲美,还需要讨论。 343

1,1-取代烯酰胺的 AHF 可以得到 β^3-氨基酸的前体。Stahl 和 Landis[43]通过例如 N-邻苯二甲酰 3-(苯氧基)-丙-1-烯-2-酰胺的 AHF 得到了醛的前体(图解 4.74)。在应用条件下,不期望得到的端烯酰胺向不反应的内烯酰胺的异构化可以被阻止。甲酰基被氧化后,可以得到通常由不对称氢化路径制备的 β^3-氨基酸。

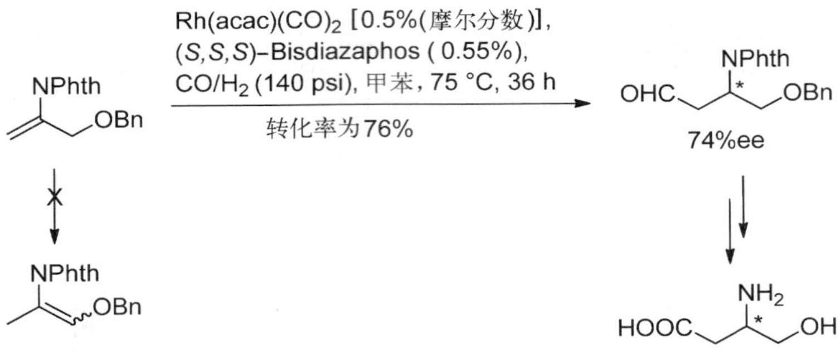

图解 4.74 通过不对称氢甲酰化制备 β^3-氨基酸

4.3.3.1.2 β-官能化的烯烃

1. 苯丙化物

β-芳基-丙烯(芳丙素)的区域选择和立体选择氢甲酰化能得到许多种香味物
344 质(见第 6.1 节)[46]。Cobley 和 Clarke[47] 为这一目的筛查了合适的配体。基于 Kelliphite 或者 Ph-BPE 的催化剂几乎没有产生对映选择性。只有使用(S_{ax},S,S)-bobphos 时,才有一定的异构区域选择性和对映异构过量值(图解 4.75)。因为使用了低温,导致反应时间长,所以建议催化剂需要预形成。较高的温度(40℃)会导致选择性略微减少。

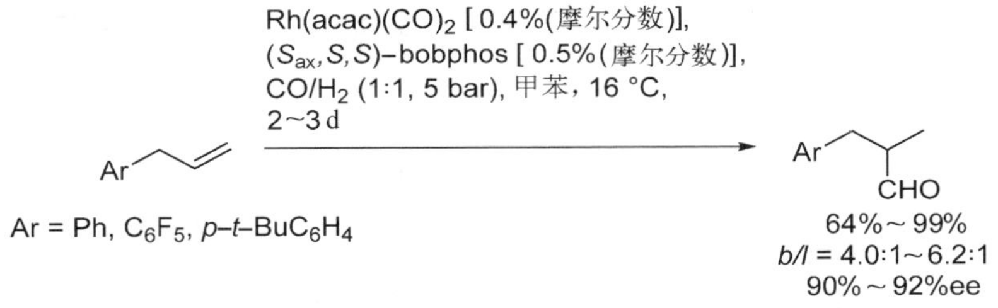

图解 4.75 苯丙素的不对称氢甲酰化

2. 烯丙醇、烯丙醚和烯丙基硫醚

烯丙基醇作为底物通常倾向生成端醛[48],但是,占少数的支链产物可以达到高对映选择性(95%ee)[43]。① 使用桂醇时,芳基的异构效应使其具有 γ-指向效应。因此,在使用(R,S)-BINAPHOS 催化剂的 AHF 和随后的氧化中,只形成内酯(图解 4.76)[48]。

与之相反,烯丙醇的 O-保护(TBSO、PhO、AcO、TMS)或者使用烯丙基缩醛可以加强区域选择性,β-羟基醛可以以好的甚至优秀的对映选择性(83%~97%)生成[49]。这一方法可以以便宜的方法生产名为罗氏(Roche)醛的化合物,而其通常是由"Roche 酯"通过较昂贵的路径制备(图解 4.77)[43,50]。直链醛可以通过快

① 只有在高烯丙醇中羟基的转向效果被抑制,这意味着它会表现得像 1-己烯。

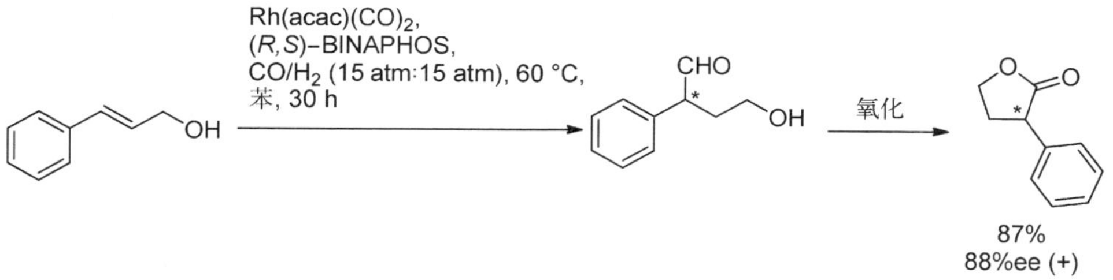

图解 4.76 桂醇的不对称氢甲酰化

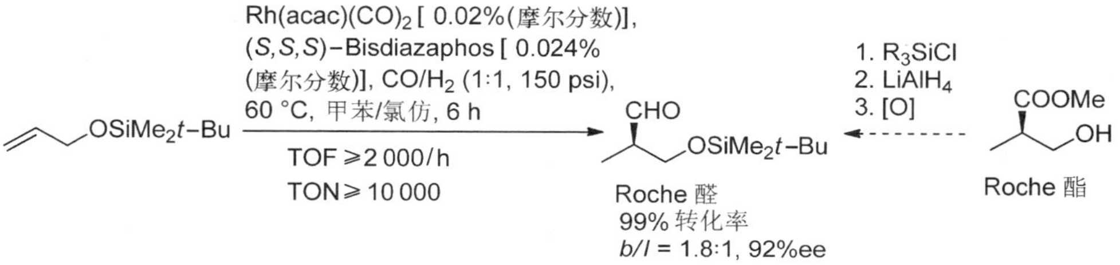

图解 4.77 通过不对称氢甲酰化得到 Roche 醛的替代方法

速柱色谱法从支链醛中移除从而不损失对映选择性得到手性醛[51]。

关于烯丙基硫醚的氢甲酰化例子的唯一一篇文献由 Takaya 和 Nozaki 发表于 345
1995 年(图解 4.78)[42]。不饱和的苯基硫醚得到的结果要比对应的烷基硫醚好。意外的是,硫化物氧化为对应的砜只能改进 b/l 比例,但对对映选择性没有影响。

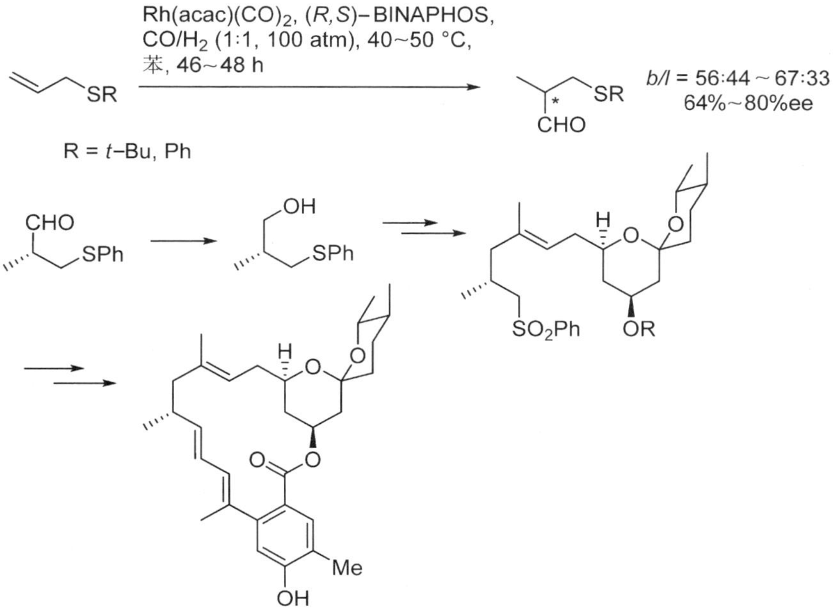

(+)-米尔倍霉素 β_3

图解 4.78 烯丙基硫醚的不对称氢甲酰化和其在抗生素全合成中的应用

手性的 β-苯基硫醛可以作为构建大环内酯物抗生素(+)-米尔倍霉素 β_3 的原料[52]。通常这一物质是通过 Evan 的非对映选择的噁唑烷酮烷基化路径制备的，在全合成步骤的后期硫醚基团被氧化为砜，并作为离去基团在 C—C 偶联后生成共轭的二烯烃。

346 3. 烯丙基胺

N-保护的烯丙基胺可以通过使用基于(*S*,*R*)-Yanphos 的铑催化剂以优秀的异构选择性和出色的对映选择性转化为对应的手性醛[53]。*N*-保护基团(Boc、Bz、Bn、*p*-NO_2PhSO_2、*p*-$MeOPhSO_2$、Ts、邻苯二甲酰)的选择可以在一定程度上影响对映异构过量值，但对 *b*/*l* 区域选择性的影响更大(图 4.10)。使用 *N*$(Boc)_2$ 底物可以达到高达 99%ee。

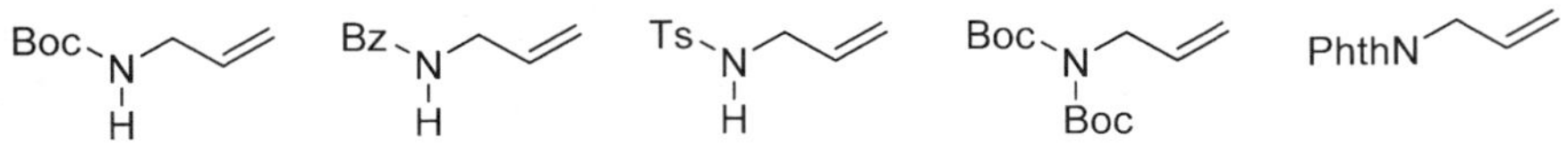

b/*l* (%ee)	66:34 (94)	78:22 (95)	78:22 (94)	72:28 (99)	84:16 (96)

图 4.10　在使用铑(*S*,*R*)-Yanphos 催化剂的烯丙基酰胺不对称氢甲酰化(10 bar、甲苯、20 h)中，区域选择性和对映选择性与 *N*-保护基团的关系

N-Boc 保护的烯丙基胺的反应在 10 mmol 规模下进行，底物/铑比例为 10 000∶1，反应时间为 24 h，在初期筛查中没有发现对区域和立体化学性质的影响(图解 4.79)。*N*-单-保护的 β^2-氨基醛通过氧化转化为对应的 β^2-氨基羧酸或者通过还原转化为对应的 1,3-羟基胺。两者都是有价值的手性原料。

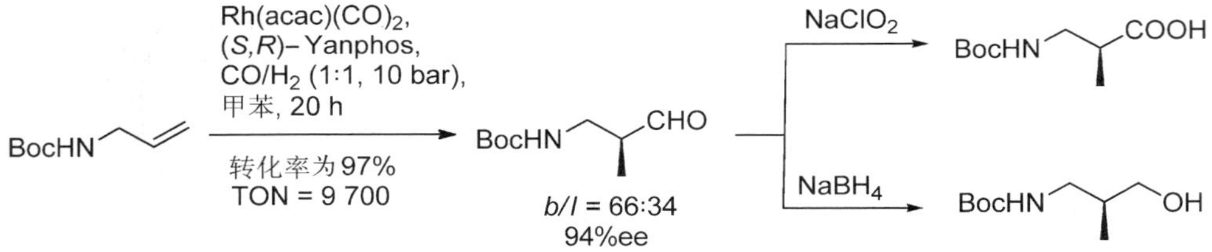

图解 4.79　*N*-Boc 烯丙基酰胺的不对称氢甲酰化和后续生成手性原料的步骤

或者，手性的 β-氨基醛可以用作构建白细胞黏附抑制剂 cyclamenol A 或者 cryptophycin C 和 D 的起始原料(图 4.11)。后者是通过蓝细菌产生的细胞毒素且是多种癌症治疗的具有前途的药物。

1,1-取代的烯丙基胺的氢甲酰化可以得到例如(S)-(+)-3-异丁基-GABA(普加巴林)的 β^3-氨基酸。2005 年，这一化合物由 Pfizer(Lyrica ®)在美国推向市场，用于治疗中枢神经系统紊乱，且它也是世界范围内开出处方最多的药物之一(2007 年 18 亿美元)。到现在为止，存在许多合成路径，包括动力分离过程和酶方法[54]。Zhang 的小组[55]推荐的不对称催化的方法的关键步骤为烯丙基苯邻二甲
347 酰亚胺的氢甲酰化(图解 4.80)。在图解 4.80 中所示的条件下，不期望的氢化几乎

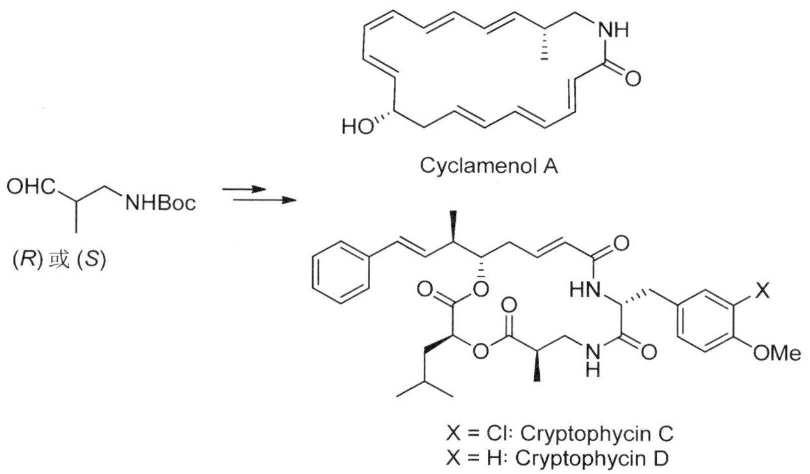

图 4.11 从对映纯 β^2 -氨基酸得到的可能的目标产物

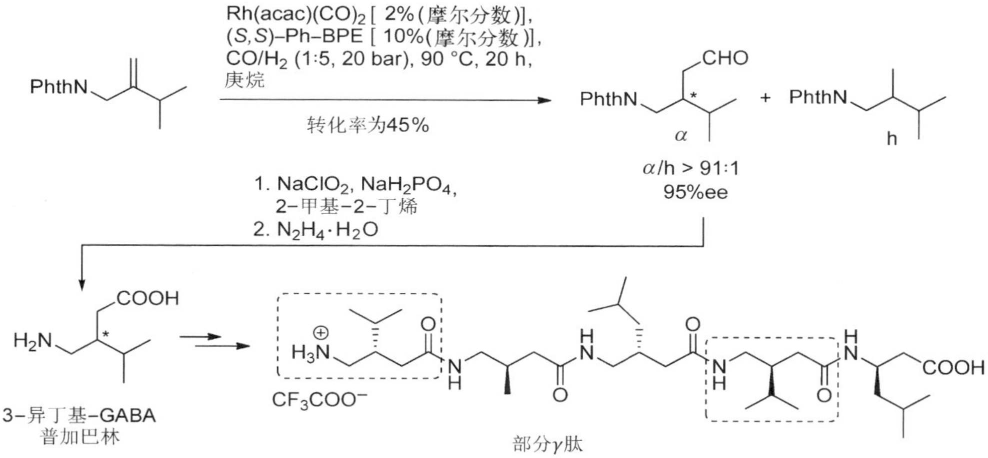

图解 4.80 为了构建具有生物活性的化合物的 1,1 -二取代烯丙基酰胺的不对称和化学选择的氢甲酰化

可以忽略。除了普加巴林,还可以得到其他生物相关的化合物。

4. 不饱和羧酸酰胺、酯和腈

Clarke 和其同事深入研究了二烷基丙烯酰胺的对映选择氢甲酰化(图解 4.81)[56]。他们发现这些底物的氢甲酰化发生得比苯乙烯慢很多。最佳情况下可以达到 82%ee。由未修饰的氢化铑配合物中间体引起的手性醛的差向异构是严重的问题。因此,反应必须控制在较短时间内,且建议使用低温。若将催化剂在注入 348 底物之前事先在 50℃搅拌 2 h,可以观测到转化增加。生成的酰胺基醛应该立刻还原成对应的醇或者转化为亚胺。

Faraone 和其同事研究了使用带有源自(—)-薄荷酮的 P,N -配体的阳离子

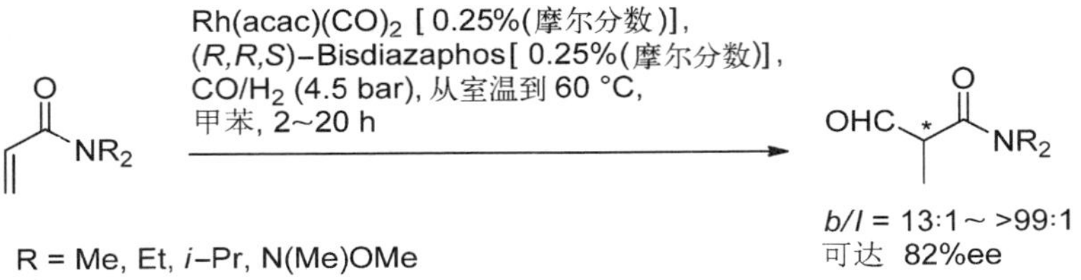

图解 4.81 丙烯酰胺的不对称氢甲酰化

铑配合物催化的丙烯酸甲酯的氢甲酰化(图解 4.82)[57]。反应以 92%ee 倾向生成支链醛。

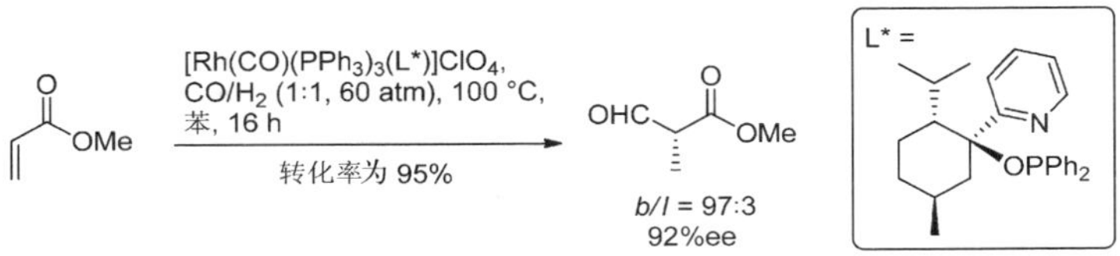

图解 4.82 丙烯酸甲酯的不对称氢甲酰化

Wang 和 Buchwald[2,58]从 α-烷基丙烯酸酯中通过利用 Keulemans 规则得到了手性的 β-甲酰酯。值得注意的是,所有为 AHF 研发的特殊配体都只能带来较差的结果。鉴定出的最佳催化剂是基于 P-手性双膦(R,R)-BenzP* 的(图解 4.83)。为了达到全转化,需要与 CO 相比五倍过量的 H_2。在辉瑞和罗氏分别拥有的抑制剂中也可以找到这样的结构。

烯丙基氰化物的第一次氢甲酰化转化使用了 Rh[(R,S)-BINAPHOS]催化

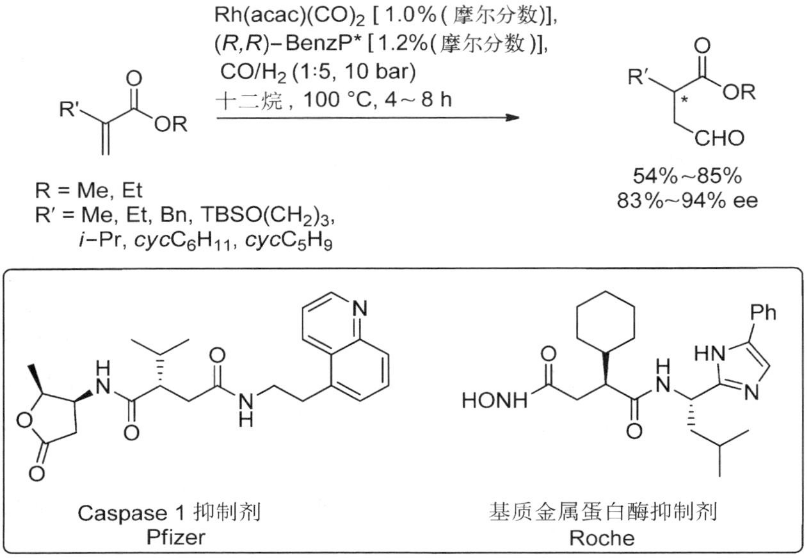

图解 4.83 α-烷基丙烯酸酯的不对称氢甲酰化和一些药用目标产物

剂($b/l=72:28$,66%ee)[59]。可以通过使用例如(R,R)-BPE的双膦配体的方法来增加b/l比例并达到92%ee[60]。Dowpharma的研究人员[61]在一种升级的流程中使用了(R,R)-Kelliphite(图解4.84)。

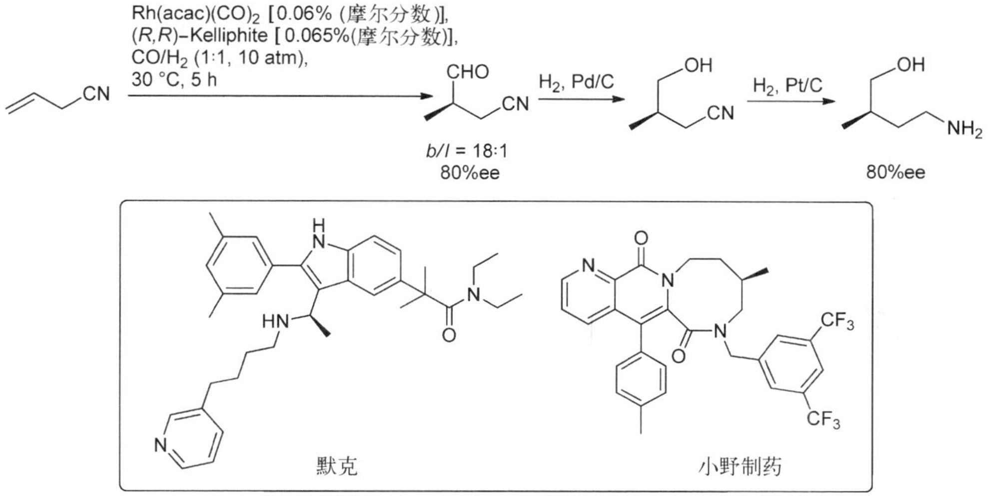

图解4.84 丙烯酸氰化物的不对称氢甲酰化和后续得到具有构建制药相关化合物潜力的原料的步骤

氢甲酰化以0.93 mol底物的规模在300 mL的容器中进行。随后的官能团的氢化通过使用两种不同的异相催化剂分两步进行。手性的2-甲基取代的1,4-氨基醇可用于合成小野制药研发的速激肽NK_1受体对抗剂,或者默克研发的能释放荷尔蒙对抗剂的无肽促性腺激素。

与丙素类似(见上文),烯丙基氰化物和丁烯酸酰胺也可以分别通过使用Rh 349
(bobphos)催化剂在室温下有效转化(图解4.85)[47]。

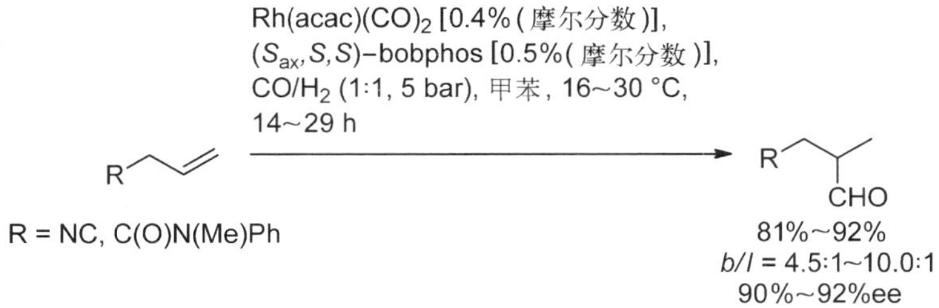

图解4.85 丁烯酸衍生物的不对称氢甲酰化

5. β-卤素取代的烯烃 350

3,3,3-三氟丙烯与Rh(BINAPHOS)氢甲酰化以出色的区域选择性和对映选择性得到对应的支链醛(图解4.86)[36]。与使用对映异构的配体得到的结果相比,转化具有可观的高复制性。

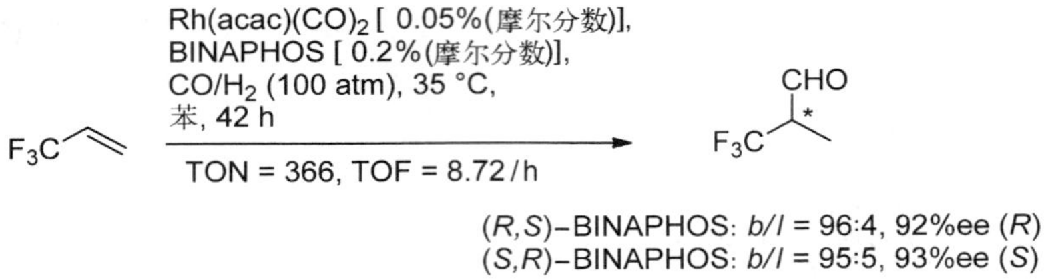

图解 4.86　3,3,3-三氟丙烯的不对称氢甲酰化

4.3.3.1.3　γ-官能化的烯烃

烯烃上γ-位置的取代基对氢甲酰化的导向作用很慢。尽管如此，丁-3-烯-1-基苯的氢甲酰化还是达到了可接受的区域选择性和立体选择性(图解 4.87)[47]。

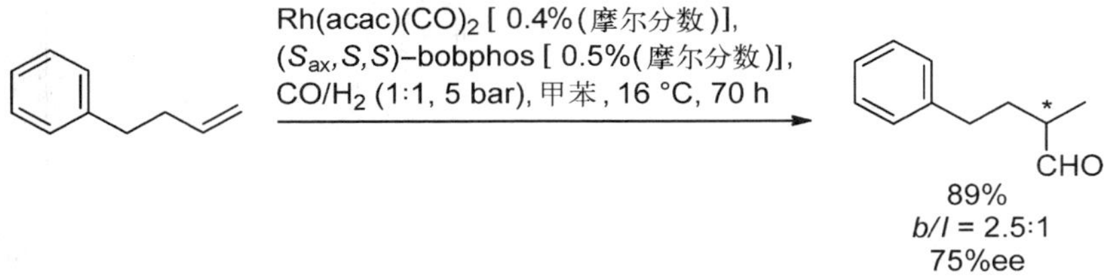

图解 4.87　丁-3-烯-1-基苯的不对称氢甲酰化

4.3.3.1.4　未官能化的烯烃

迄今为止，只有很少关于未官能化的端烯烃的 AHF 的文献(也见图解 4.96)。Cobley 和 Clarke[47]在 1-己烯的反应中达到了大于 90%ee(图解 4.88)，这是一个值得注意的结果。

351

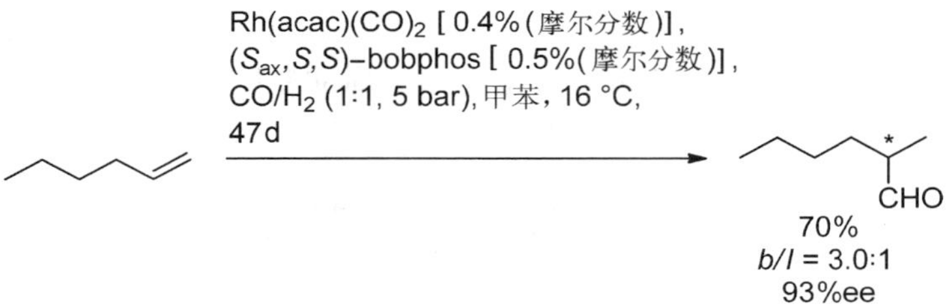

图解 4.88　1-己烯的不对称氢甲酰化

4.3.3.2　N-杂环和O-杂环

由于部分不饱和的N-杂环或者O-杂环常常会在氢甲酰化之前发生双键的异构，在这里只对这一类型的底物做简要的综述。

4.3.3.2.1　四元杂环

未取代的 1,2-二氢氮杂环丁二烯衍生物的异构化会生成同样的化合物，因此这一反应在催化反应的分析中没有任何作用。Stahl 和 Landis[43]实现了N-Boc 保护的 1,2-二氢氮杂环丁二烯的 AHF(图解 4.89)。值得注意的是，手性的β-甲酰化合物在约 10 bar 合成气压下过量于手性α-甲酰化合物生成(89%ee)。这一

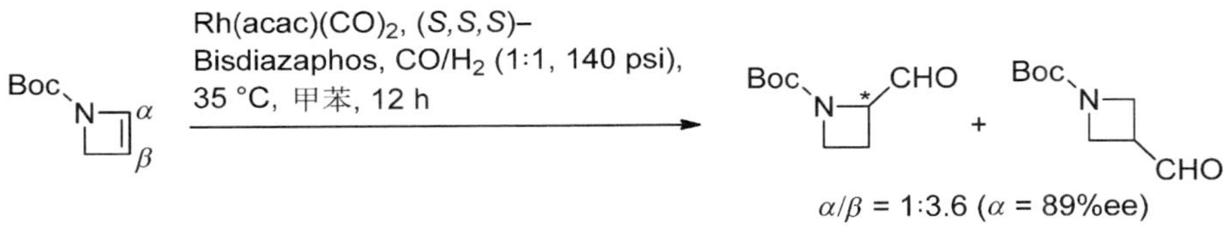

图解 4.89 四元环烯酰胺的不对称氢甲酰化

区域选择性与带有大环的非环状烯酰胺或者环状烯酰胺的结果相反(见下文)。

4.3.3.2.2 五元杂环

Rh[(*S*,*S*,*S*)-Bisdiazaphos]是转化异构的吡咯啉的高效催化剂(图解4.90)[43]。2,3-二氢-1*H*-吡咯主要转化为α-甲酰化合物。甲酰基团与β-位置的连接是次要路径。值得注意的是,这与四元杂环相反(图解4.89)。对应的异构体,2,5-二氢-1*H*-吡咯,在同样的条件下反应生成β-醛。使用这两种底物时,主要的异构体都以大于90%ee生成。应用(*R*,*S*)-BINAPHOS作为配体得到类似的对映选择性,但是区域选择性较低[62]。值得注意的是,*N*-Boc保护的吡咯烷与相应的*N*-乙酰基化合物相比能得到略高一些的对映异构过量值。 352

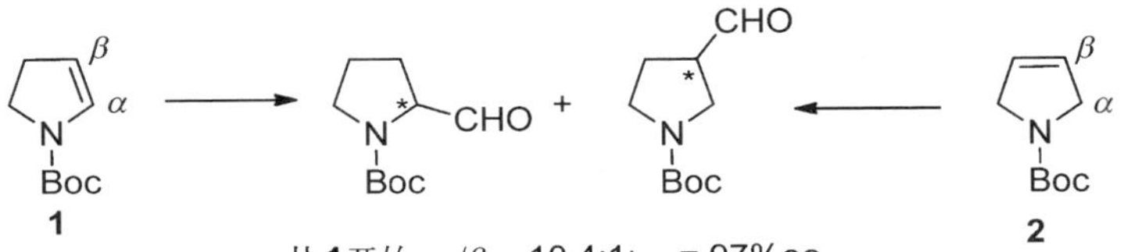

从**1**开始: α/β = 10.4:1; α = 97%ee
从**2**开始: α/β = 1:15; β = 91%ee

反应条件: $Rh(acac)(CO)_2$, (*S*,*S*,*S*)-Bisdiazaphos, CO/H_2 (1:1, 140 psi), 35 °C, 甲苯, 12 h

图解 4.90 *N*-保护的2-吡咯啉或者3-吡咯啉的氢甲酰化的不同结果

形成强烈对比的是,二氢呋喃的氢甲酰化与双键的位置无关,都主要得到3-甲酰-四氢呋喃。在同样的条件下使用基于Xantphos的配体,2,3-二氢呋喃主要生成(3*R*)-构型的产物,而使用2,5-二氢呋喃只生成四氢呋喃-3-甲醛,但是手性相反(图解4.91)[63]。使用(*R*,*S*)-BINAPHOS、基于糖的双亚膦酸三酯[64]或者Zhang的Bisdiazaphos类似物[49]时也有类似的效果。

手性(*S*)-3-甲酰四氢呋喃可以通过Baeyer-Villiger氧化转化为(*S*)-3-羟基呋喃(图解4.92)。后者是合成HIV蛋白酶抑制剂安泼那韦(GlaxoSmithKline)的关键中间物。

Clemens和Burke[65]通过*N*-Boc保护的2,2-二甲基-1,3-唑啉的AHF合成了Garner醛的两种对映异构体(图解4.93)。在Rh(Bisdiazaphos)存在的情况下,甲酰基团与氮在α-位连接,随后与氧在β-位连接。这一区域选择性与使用2,3-二氢-1*H*-吡咯和二氢呋喃的情况完全对应。显然,两个杂原子造成了同样的区域选择性。手性C3原料以大于90%ee生成。产率、区域选择性和对映异构过量值只与使用非对映Bisdiazaphos配体时有微小区别。

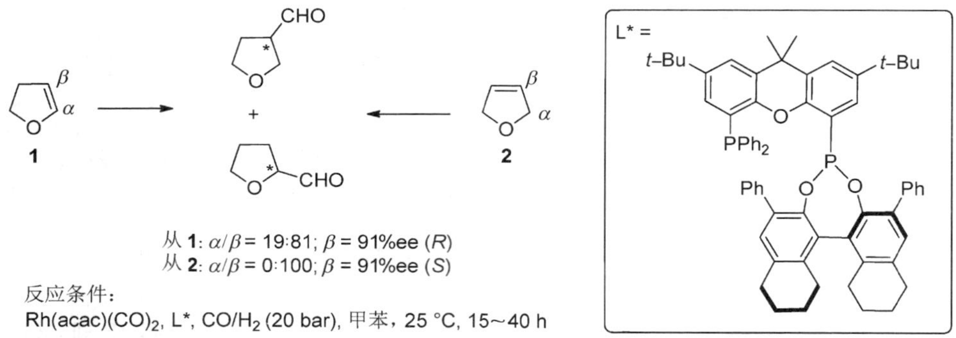

反应条件：
$Rh(acac)(CO)_2$, L*, CO/H_2 (20 bar), 甲苯，25 °C, 15~40 h

图解 4.91 异构的二氢呋喃的不对称氢甲酰化

353

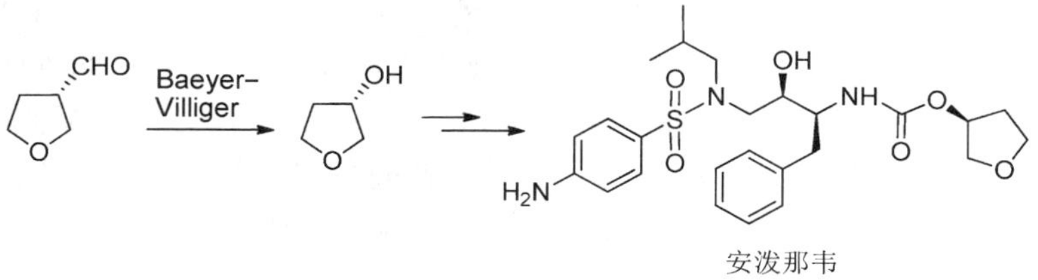

图解 4.92 从(*S*)-3-甲酰四氢呋喃起始的 HIV 蛋白酶抑制剂安泼那韦的可能合成

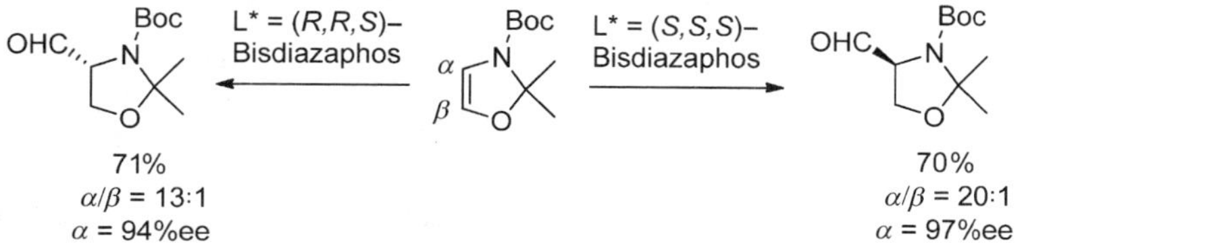

反应条件：$Rh(acac)(CO)_2$ [2%(摩尔分数)], L* [2.5%(摩尔分数)], CO/H_2 (140 psi), 55 °C, THF, 72 h

图解 4.93 通过不对称氢甲酰化制备 Garner 醛

Garner 醛是合成手性天然产物的关键原料[66]。它可以转化为例如手性 2-氨基-1,3-二羟基丙基的基础结构(图解 4.94)。这一结构存在于许多天然产物中，

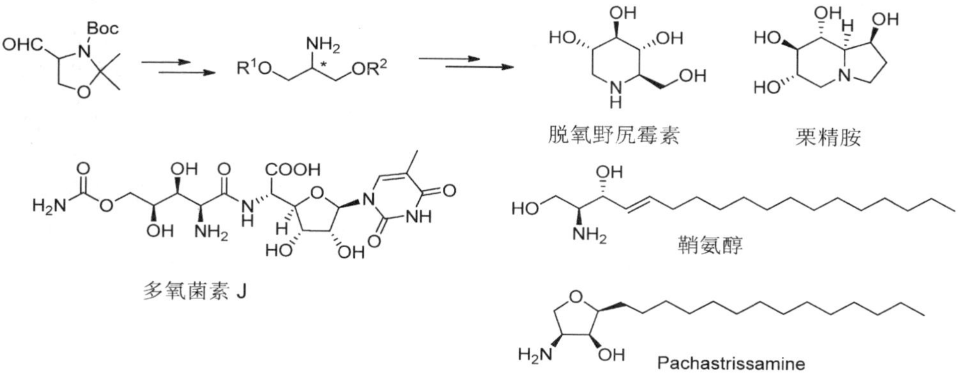

图解 4.94 Garner 醛转化为生物活性化合物

例如亚氨基糖、抗真菌抗生素多氧菌素 J、鞘氨醇或者细胞毒素鞘氨醇衍生物 pachastrissamine。

4.3.3.2.3 六元杂环 354

关于部分不饱和含 O -或者 N -六元杂环的氢甲酰化的文献非常少。反应需要非常严苛的条件(钴催化剂,50～140 atm,130～150℃)[67]。Claver、Castillón 和 Bayón[68]展示了四氢吡喃与对应的二氢呋喃相比,即使在使用修饰的铑催化剂时,也需要更加严苛的氢甲酰化条件。另外,区域选择性也差。这也许可以解释为何至今仍不能实现它的不对称反应。类似的情况是 1,2,3,4 -四氢吡啶作为底物时,使用 Rh(Bisdiazaphos)催化剂在 70℃和 140psi(约 10 bar)气压下,它不能被转化[43]。

4.3.3.2.4 七元杂环

前手性不饱和七元环缩醛在使用基于(R,S)- BINAPHOS 的铑催化剂或者基于糖的双亚磷酸三酯时,可以以优秀的对映选择性转化为 5 -甲酰化合物(图解 4.95)[62,64b]。在中等温度(40～45℃)时达到最高的对映异构过量值。富对映体的化合物可以进一步通过四个步骤转化为 3 -羟甲基丁内酯,这是一种重要的手性原料。

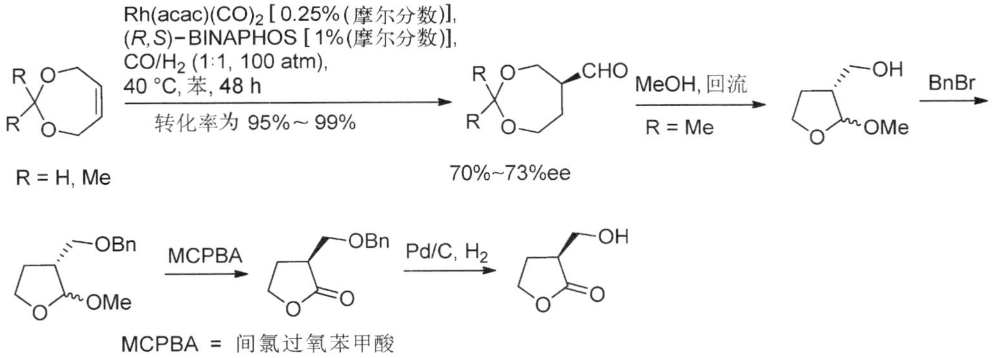

图解 4.95 不饱和七元环缩醛的不对称氢甲酰化以及后续反应

4.3.3.3 非环状内烯烃

使用内烯烃作为底物,在氢甲酰化前发生的双键的 E/Z -异构化可能对结果有着显著的影响。例如,使用 Rh[(R,S)- BINAPHOS],E -丁- 2 -烯与对应的 Z -烯烃相比,转化为手性醛要慢得多,且对映异构过量值较低(图解 4.96)[51]。另外,双键的迁移可能会引起其他的问题,因为使用相同的催化剂与丁- 1 -烯反应和 355 与丁- 2 -烯反应会生成相反的对映异构产物。

丙素的 AHF 在调味品和香味化学的框架中有着重要的作用,其相关反应将在第 6.1.3.5 节中详细介绍。在这里我们将只列举一些结果。

使用 Bisdiazaphos 作为配体,E/Z 异构的丙烯基苯可以得到优秀的选择性但是转化率较低(图解 4.97)[30]。使用(R,S)- BINAPHOS 时反应率相对较低(TOF=0.5/h,α/β=97∶3,α=92%ee)[51]。纯的产物可以作为镇咳药布替他酯

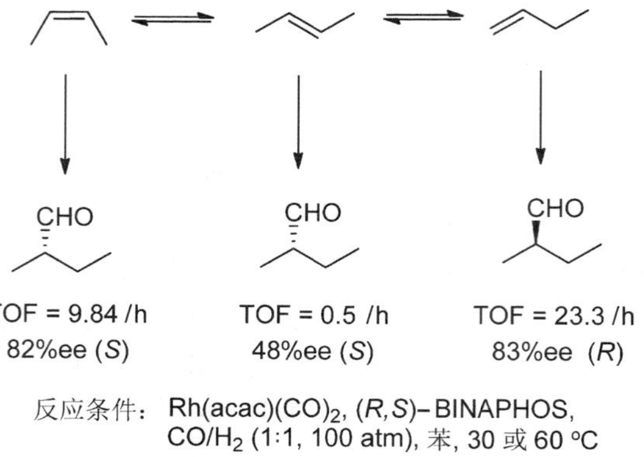

图解 4.96　使用异构的丁烯进行不对称氢甲酰化时观测到的产物

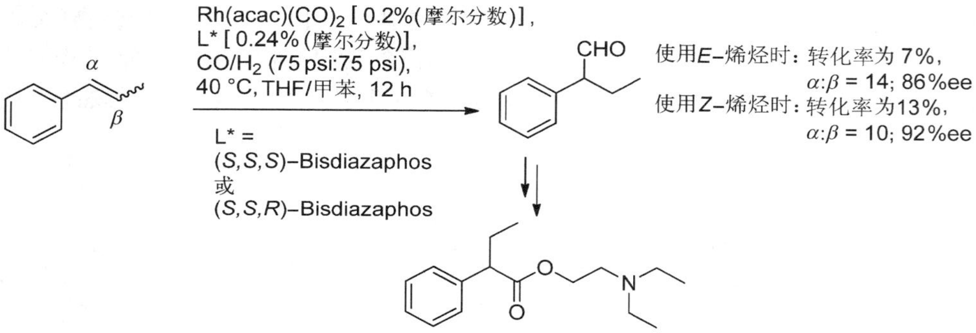

布替他酯

图解 4.97　异构的丙烯基苯的区域和对映选择氢甲酰化

的前体，但是至今没有关于单对映异构的药物的效果的研究报告。

使用(*S*,*S*,*S*)-Bisdiazaphos 作为催化剂和均二苯代己烯作为底物时，可达到20%的 TON=355/h 的转化。以 93%ee 生成手性醛[30]。

356 4.3.3.4　脂环族烯烃

苯合环烯可以被认为是环状苯乙烯的类似物。事实上，它们确实主要在苯环附近氢甲酰化。茚和 1,2-二氢萘转化的速率几乎相同。(*R*,*S*)-BINAPHOS 或者(*S*,*S*,*S*)-Bisdiazaphos 可以带来优秀至出色的结果(图解 4.98)[30,51]。值得注

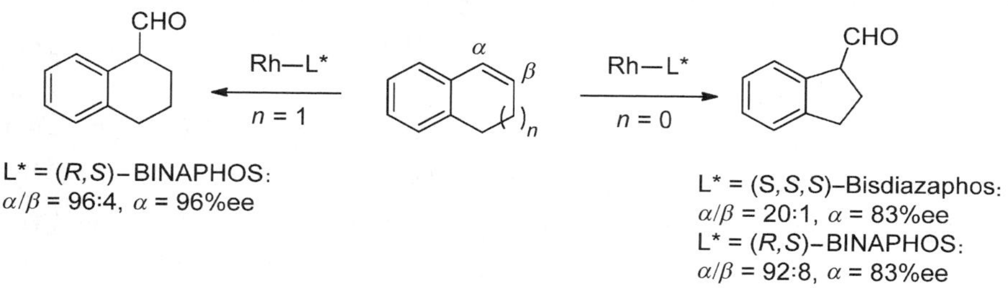

图解 4.98　苯合环烯的氢甲酰化

意的是，五元环醛以较低的对映异构过量值生成。

迄今为止没有关于环丁烯的氢甲酰化的报告，但是环状三元烯烃已经成功用于 AHF。Sherill 和 Rubin[69]报告了关于 3-甲基-3-苯基环丙烯的铑催化的立体选择氢甲酰化(图解 4.99)。基于近 50 年来的手性膦配体的筛查，一种原本为铑催化不对称氢化研发的配体 C3-Tunephos，在约 10 bar 时能得到最大的立体选择性。苯环中的吸电子基团，例如，*p*-Cl，增加了对映异构过量值(83%ee)，而 *p*-Me 只对这一参数产生轻微影响(68%ee)。当苯取代基被 COOMe 或者 CMe_2OBn 替换时，也可以得到相当的对映异构过量值(74%ee 和 57%ee)。

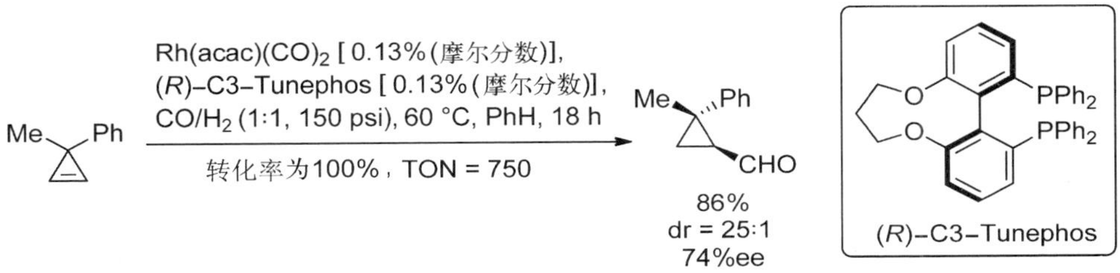

图解 4.99 3,3-二取代的环丙烯的立体选择氢甲酰化

4.3.3.5 1,3-丁二烯

理论上，1,3-丁二烯的氢甲酰化可以得到许多产物，例如 α,β-或者 β,γ-不饱和单醛、饱和单醛或者饱和二醛(见第 4.1.3.1 节)(图 4.12)。此外，必须控制好区域选择性以及 AHF 的对映选择性。另外，剩余的 C=C 双键的 *E*/*Z* 几何结构可以通过氢甲酰化来改变。Nozaki 和 Landis 给出了一份关于复杂反应路径和可能参与反应的催化剂-底物中间体的总结[70b,71]。 357

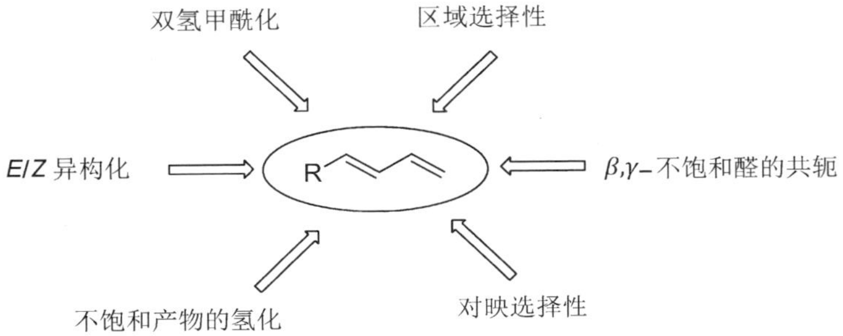

图 4.12 1,3-二烯的不对称氢甲酰化中的挑战

即便面对这些挑战，还是有一些可以以高区域选择性和立体选择性得到预期手性 β,γ-不饱和醛的流程被研发出来。最好的结果来自使用基于(*R*,*S*)-BINAPHOS 和 BDP 系列配体的铑催化剂的情况[70,71]。醛以高化学、区域和对映选择性得到(表 4.2)。使用(*R*,*S*)-BINAPHOS 时，需要少催化剂给料和四倍过量的配体{底物/催化剂= 200∶1；$Rh(acac)(CO)_2$[0.5%(摩尔分数)]，(*R*,*S*)-

BINAPHOS[2%(摩尔分数)]}、高合成气压(100 atm)和长的反应时间(1～3 d)。有趣的是,使用 *E*-1-苯基-1,3-丁二烯时,反应时间对产物分配和对映选择性有非常大的影响(图解 4.100)。时间延长,将开始异构化为烯醛且同时手性 β,γ-不饱和醛的对映异构过量值会减少。显然,C═C 双键与甲酰基共轭的趋势要远大于与苯环共轭的趋势。

表 4.2 使用两种优选手性配体的铑催化 1,3-丁二烯的不对称氢甲酰化达到的代表性的结果

手性产物	(*R*,*S*)-BINAPHOS[70]		BDP a)[71]	
	比例b)	[%ee]	比例b)	[%ee]
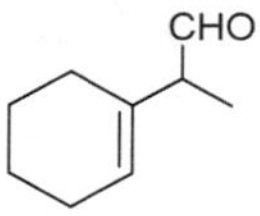	88∶12	97(*R*)	88∶12	92(*S*)
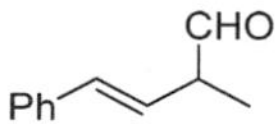	94∶6	92(*R*)	99	91(*S*)
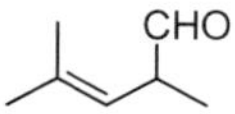	83∶17	84(*R*)	—	—
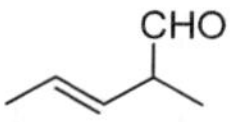	75∶25～88∶12	20～22(*R*)	—	—
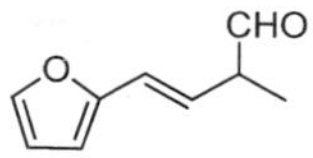	—	—	99	97(*S*)
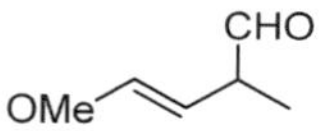	—	—	99	94(*S*)

a) 使用了带有不同酰胺取代基和构型的 Bisdiazaphos 配体。b) *b*/[*l*+α,β]-不饱和手性醛。

基于 BDP 的催化剂与同样的底物作用,催化剂给料较低且需要的反应时间较短[71]。区域选择性大于 88∶12 且对映异构过量值为 91%～97%。在 1,2-二取代的二烯的情况下,CO 分压的增加阻止了(手性)1-甲酰醛的生成,同时改善了 2-醛的对映异构过量值。

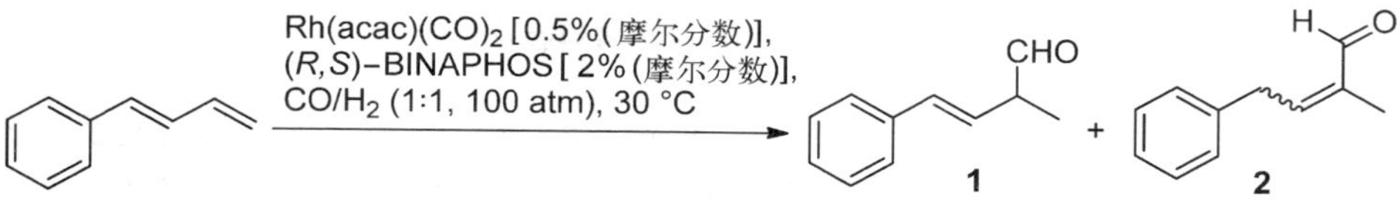

48 h: 转化率为62%; **1:2** = 91:4; **1**: 89%ee
72 h: 转化率为90%; **1:2** = 42:57; **1**: 56%ee

图解 4.100 反应时间对 1-苯基-1,3-丁二烯的氢甲酰化的化学选择性和对映选择性的影响

二烯的结构对对映异构过量值和手性有着显著的影响[71]。在这里,纯 E-1-甲硅氧基取代的丁二烯以 E/Z 为 2∶1 的混合物形式以 90%ee 转化为手性醛(图解 4.101)。在同样的条件下,Z-异构体转化为手性相反的产物但是 E/Z 比例保持不变。

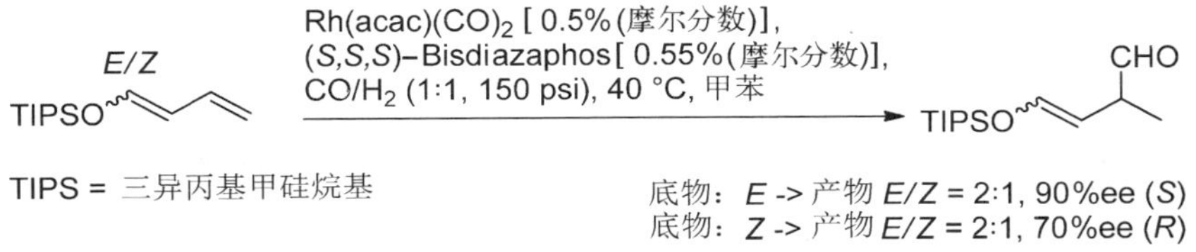

图解 4.101　丁二烯的 E/Z 几何结构对不对称氢甲酰化反应的立体选择性的影响

通过类似的方法,1,5-二取代的 1,2-二烯可以成功用于以高选择性得到 3-醛的反应(图解 4.102)[71]。这或许是将甲酰基团连接到烷基链更内部的一种有用 358
的方法。端苯基伴随着相当的 3-区域化学性质[路径(**a**)],而与戊烷-1,3-二烯的反应主要发生在 2-位置[路径(**b**)][70b]。

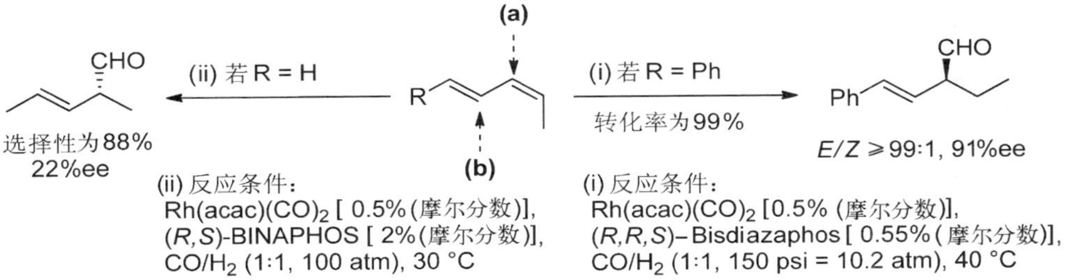

图解 4.102　(E,Z)戊-1,3-二烯的不对称氢甲酰化

4.3.4　结论 359

迄今为止人们开发了许多种立体选择氢甲酰化的流程,包括非对映选择和对映选择以及正构和异构区域选择的版本。还可以生成一些带有离两端较远的(例如 γ-位置)甲酰基的手性支链醛。在一些情况中,可以达到相当的立体选择性。与其他方法相比,特别是酶参与的不对称催化或者不对称氢化,立体选择的氢甲酰化在大多数情况下还是在选择性上处于劣势。另外,几乎不存在对于大范围底物都适用的通用流程和手性催化剂。另一方面,成功使用过的底物使用其他方法也不能转化。氢甲酰化方法的特别优势在于方法简单且催化剂给料少。

参考文献

1. Masamune, S., Choy, W., Petersen, J. S., and Sita, L.R. (1985) *Angew. Chem. Int. Ed. Engl.*, **24**, 1-76.
2. Uhlemann, M. and Börner, A. (2012) *ChemCatChem*, **4**, 753-754.
3. Consiglio, G. and Pino, P. (1982) *Top. Curr. Chem.*, **105**, 77-123.
4. Papp, T., Kollar, L., and Kégl, T.

(2013) *Organometallics*, **32**, 3640–3650 and ref. cited therein.
5. Botteghi, C., Paganelli, S., Schionato, A., and Marchetti, M. (1991) *Chirality*, **3**, 355–369.
6. Agbossou, F., Carpentier, J.-F., and Mortreux, A. (1995) *Chem. Rev.*, **95**, 2485–2506.
7. (a) Klosin, J. and Landis, C.R. (2007) *Acc. Chem. Res.*, **40**, 1251–1259; (b) Wong, G.W. and Landis, C.R. (2014) *Aldrichimica Acta*, **47**, 29–38.
360 8. Yeung, C.S. and Dong, V.M. (2011) *Angew. Chem. Int. Ed.*, **50**, 809–812 and references cited therein.
9. Lazzaroni, R., Pucci, S., Bertozzi, S., and Pini, D. (1983) *J. Organomet. Chem.*, **247**, C56–C58.
10. (a) Leighton, J.L. and O'Neill, D.N. (1997) *J. Am. Chem. Soc.*, **119**, 11118–11119; (b) Sarraf, S.T. and Leighton, J.L. (1998) *Tetrahedron Lett.*, **39**, 6423–6426.
11. (a) Himmele, W., Siegel, H., Pfohl, S., Paust, J., Hoffmann, W., and von Fraunberg, K. (to BASF AG) (1975) Patent DE 2404306; (b) Himmele, W. and Siegel, H. (1976) *Tetrahedron Lett.*, 907–910.
12. Azzaroni, F., Biscarini, P., Bordoni, S., Longoni, G., and Venturini, E. (1996) *J. Organomet. Chem.*, **508**, 59–67.
13. (a) Freixa, Z., Pereira, M.M., Bayón, J.C., Silva, A.M.S., Salvador, J.A.R., Beja, A.M., Paixão, J.A., and Ramos, M. (2001) *Tetrahedron: Asymmetry*, **12**, 1083–1087; (b) Peixoto, A.F., Pereira, M.M., Silva, A.M.S., Foca, C.M., Bayón, J.C., Moreno, M.J.S.M., Beja, A.M., Paixão, J.A., and Silva, M.R. (2007) *J. Mol. Catal. A: Chem.*, **275**, 121–129.
14. Seepersaud, M., Kettunen, M., Abu-Surrah, A.S., Repo, T., Voelter, W., and Al-Abed, Y. (2002) *Tetrahedron Lett.*, **43**, 1793–1795.
15. Liu, P. and Jacobsen, E.N. (2001) *J. Am. Chem. Soc.*, **123**, 10772–10773.
16. Nozaki, K., Li, W., Horiuchi, T., Takaya, H., Saito, T., Yoshida, A., Matsumura, K., Kato, Y., Imai, T., Miura, T., and Kumobayashi, H. (1996) *J. Org. Chem.*, **61**, 7658–7659.
17. Park, H.S., Alberico, E., and Alper, H. (1999) *J. Am. Chem. Soc.*, **121**, 11697–11703.
18. (a) Noonan, G.M., Cobley, C.J., Lebl, T., and Clarke, M.L. (2010) *Chem. Eur. J.*, **16**, 12788–12791; (b) Cobley, C.J., Noonan, G., and Clarke, M.L. (to Dr. Reddy's Laboratories Ltd.) (2011) Patent WO 2011150205.
19. Giordano, C., Villa, M., and Panossian, S. (1992) in *Chirality in Industry* (eds A. N. Collins, G.N. Sheldrake, and J. Crosby), John Wiley & Sons, Ltd., Chichester, pp. 303–312.
20. Stahly, G.P. and Starrett, R.M. (1997) in *Chirality in Industry II: Developments in the Commercial Manufacture and Application of Optically Active Compounds* (eds A.N. Collins, G.N. Sheldrake, and J. Crosby), John Wiley & Sons, Ltd., Chichester, pp. 19–40.
21. McKean, D.R., Parrinello, G., Renaldo, A.F., and Stille, J.K. (1987) *J. Org. Chem.*, **52**, 422–424.
22. Hahn, C., Miranda, M., Chittineni, N. P.B., Pinion, T.A., and Perez, R. (2014) *Organometallics*, **33**, 3040–3050 and ref. cited therein.
23. (a) Pirkle, W.H., Welch, C.J., and Lamm, B.R. (to Research Corporation Technologies, Inc.) (1993) Patent US 5256293; (b) Yoon, T.-H., Hong, L.-Y., and Kim, D.-P. (2011) *Chem. Asian J.*, **6**, 1015–1018.
24. Manimaran, T. and Stahly, G.P. (1993) *Tetrahedron: Asymmetry*, **4**, 1949–1954.
25. Barner, B.A., Briggs, R., Kurland, J.J., and Moyers, C.G. Jr., (to Union Carbide Chemicals & Plastics Technology Corporation) (1995) Patent US 5430194.
26. Alper, H. and Hamel, N. (1990) *J. Am. Chem. Soc.*, **112**, 2803–2804.
27. (a) Erb, K., Brugger, R., Williams, K., and Geisslinger, G. (1999) *Chirality*, **11**, 103–108; (b) Davies, N. M. (2004) in *Chirality in Drug Design and Development* (eds I.K. Reddy and R.

Mehvar), Marcel Dekker, New York, pp. 309 - 345; (c) Zheng, C., Hao, H., Wang, G., Sang, G., Sun, J., Li, P., and Li, J. (2008) *Eur. J. Drug Metab. Pharmacokinet.*, **33**, 45 - 51.

28. (a) For a recent investigation, compare: Allmendinger, S., Kinuta, H., and Breit, B. (2015) *Adv. Synth. Catal.*, **357**, 41 - 45; (b) For an exception to this rule, compare: Boymans, E., Janssen, M., Müller, C., Lutz, M., and Vogt, D. (2013) *Dalton Trans.*, **42**, 137 - 142.
29. Yan, Y. and Zhang, X. (2006) *J. Am. Chem. Soc.*, **128**, 7198 - 7202.
30. Watkins, A.L., Hashiguchi, B.G., and Landis, C.L. (2008) *Org. Lett.*, **10**, 4553 - 4556.
31. Watkins, A.L. and Landis, C.R. (2010) *J. Am. Chem. Soc.*, **132**, 10306 - 10317.
32. Pongrácz, P., Papp, T., Kollàr, L., and Kégl, T. (2014) *Organometallics*, **33**, 1389 - 1396.
33. Tanaka, R., Nakano, K., and Nozaki, K. (2007) *J. Org. Chem.*, **72**, 8671 - 8676.
34. Nakano, K., Tanaka, R., and Nozaki, K. (2006) *Helv. Chim. Acta*, **89**, 1681 - 1686.
35. Botteghi, C., Delogu, G., Marchetti, M., Pagenelli, S., and Sechi, B. (1999) *J. Mol. Catal. A: Chem.*, **143**, 311 - 323.
36. Nozaki, K., Sakai, N., Nanno, T., Higashijima, T., Mano, S., Horiuchi, T., and Takaya, H. (1997) *J. Am. Chem. Soc.*, **119**, 4413 - 4423.
37. Parrinello, G. and Stille, J.K. (1987) *J. Am. Chem. Soc.*, **109**, 7122 - 7127.
38. Takaya, H., Sakai, N., Tamao, K.B. M., Mano, S., Kumobayashi, H., and Tomita, T. (to Mitsubishi Gas Chemical Company, Inc) (1994) Patent EP 0614901.
39. Botteghi, C., Ganzerla, R., Lenarda, M., and Moretti, G. (1987) *J. Mol. Catal.*, **40**, 129 - 182.
40. Thomas, P.J., Axtell, A.T., Klosin, J., Peng, W., Rand, C.L., Clark, T.P., Landis, C.R., and Abboud, A.A. (2007) *Org. Lett.*, **9**, 2665 - 2668.
41. Risi, R.M. and Burke, S.D. (2012) *Org. Lett.*, **14**, 1180 - 1182.
42. Nanno, T., Sakai, N., Nozaki, K., and Takaya, H. (1995) *Tetrahedron: Asymmetry*, **6**, 2583 - 2591.
43. McDonald, R.I., Wong, G.W., Neupane, R.P., Stahl, S.S., and Landis, C.R. (2010) *J. Am. Chem. Soc.*, **132**, 14027 - 14029.
44. Abrams, M.L., Foarta, F., and Landis, C.R. (2014) *J. Am. Chem. Soc.*, **136**, 14583 - 14588.
45. Myers, A.G., Zhong, B., Movassaghi, M., Kung, D.W., Lanman, B.A., and Kwon, S. (2000) *Tetrahedron Lett.*, **41**, 1359 - 1362.
46. Gusevskaya, E.V., Jiménez-Pinto, J., and Börner, A. (2014) *ChemCatChem*, **6**, 382 - 411.
47. Noonan, G.M., Fuentes, J.A., Cobley, C.C., and Clarke, M.L. (2012) *Angew. Chem. Int. Ed.*, **51**, 2477 - 2480.
48. Nozaki, K., Li, W., Horiuchi, T., and Takaya, H. (1997) *Tetrahedron Lett.*, **38**, 4611 - 4614. 361
49. Xu, K., Zheng, X., Wang, Z., and Zhang, X. (2014) *Chem. Eur. J.*, **20**, 4357 - 4362.
50. Wong, G.W., Adint, T.T., and Landis, C.R. (2012) *Org. Synth.*, **89**, 243 - 254.
51. Sakai, N., Nozaki, K., and Takaya, H. (1994) *J. Chem. Soc., Chem. Commun.*, 395 - 396.
52. Baker, R., O'Mahony, M.J., and Swain, C.J. (1987) *J. Chem. Soc., Perkin Trans. 1*, 1623 - 1633.
53. Zhang, X., Cao, B., Yu, S., and Zhang, X. (2010) *Angew. Chem. Int. Ed.*, **49**, 4047 - 4050.
54. Debarge, S., McDaid, P., O'Neill, P., Frahill, J., Wong, J.W., Carr, D., Burrell, A., Davies, S., Karmilowicz, M., and Steflik, J. (2014) *Org. Process Res. Dev.*, **18**, 109 - 121.
55. Zheng, X., Cao, B., Liu, T.-l., and Zhang, X. (2013) *Adv. Synth. Catal.*, **355**, 679 - 684.
56. Noonan, G.M., Newton, D., Cobley, C.C., Suárez, A., Pizzano, A., and Clarke, M.L. (2010) *Adv. Synth. Catal.*, **352**, 1047 - 1054.

57. Arena, C.G., Nicolò, F., Drommi, D., Bruno, G., and Faraone, F. (1994) *J. Chem. Soc., Chem. Commun.*, 2251-2252.
58. Wang, X. and Buchwald, S.L. (2011) *J. Am. Chem. Soc.*, **133**, 19080-19083.
59. Lambers-Verstappen, M.M.H. and de Vries, J.G. (2003) *Adv. Synth. Catal.*, **345**, 478-482.
362
60. Axtell, A.T., Cobley, C.J., Klosin, J., Whiteker, G.T., Zanotti-Gerosa, A., and Abboud, K.A. (2005) *Angew. Chem. Int. Ed.*, **44**, 5834-5838.
61. Cobley, C.C., Gardner, K., Klosin, J., Praquin, C., Hill, C., Whiteker, G.T., and Zanotti-Gerosa, A. (2004) *J. Org. Chem.*, **69**, 4031-4040.
62. Horiuchi, T., Ohta, T., Shirakawa, E., Nozaki, K., and Takaya, H. (1997) *J. Org. Chem.*, **62**, 4285-4292.
63. Chikkali, S.H., Bellini, R., Berthon-Gelloz, G., van der Vlugt, J.I., de Bruin, B., and Reek, J.N.H. (2010) *Chem. Commun.*, **46**, 1244-1246.
64. (a) Diéguez, M., Pamies, O., and Claver, C. (2005) *Chem. Commun.*, 1221-1223; (b) Mazuela, J., Coll, M., Pàmies, O., and Diéguez, M. (2009) *J. Org. Chem.*, **74**, 5440-5445.
65. Clemens, A.J.L. and Burke, S.D. (2012) *J. Org. Chem.*, **77**, 2983-2985.
66. (a) Passiniemi, M. and Koskinen, A.M.P. (2013) *Beilstein J. Org. Chem.*, **9**, 2641-2659; (b) Bera, S., Mondal, D., Singh, M., and Kale, R.K. (2013) *Tetrahedron*, **69**, 969-1011.
67. (a) Stapp, P.P. and Allen, J.D. (to Phillips Petroleum Company) (1971) Patent US 3555048; (b) Arias, J.L., Sharma, P., Cabrera, A., Beristain, F., Sampere, R., and Arizmendi, C. (2013) *Transition Met. Chem.*, **38**, 787-792.
68. Polo, A., Claver, C., Castillón, S., Ruiz, A., Bayón, J.C., Real, J., Mealli, C., and Masi, D. (1992) *Organometallics*, **11**, 3525-3533.
69. Sherill, W.M. and Rubin, M. (2008) *J. Am. Chem. Soc.*, **130**, 13804-13809.
70. (a) Horiuchi, T., Ohta, T., Nozaki, K., and Takaya, T. (1996) *Chem. Commun.*, 155-156; (b) Horiuchi, T., Ohta, T., Shirakawa, E., Nozaki, K., and Takaya, T. (1997) *Tetrahedron*, **53**, 7795-7804.
71. Watkins, A.L. and Landis, C.R. (2011) *Org. Lett.*, **13**, 164-167.

4.4 结构导向的氢甲酰化

4.4.1 概述

烯烃的区域选择和立体选择的氢甲酰化受到催化剂和底物的影响。众所周知,铑催化的氢甲酰化反应中,螯合配体甚至可以使内烯烃底物转化形成直链醛,而使用单齿配体时还生成支链醛产物(见第 4.1 节)。另一方面,靠近烯烃的官能团通过电子效应或者通过形成一定大小的环(五元环或六元环)的中间态使得甲酰基团向 C═C 双键加成(见第 4.2 节)。杂原子或者整个官能团施加的电子效应引起电子密度在附近烯烃的不对称分配,从而导致中间态金属—烷基配合物具有不同的稳定性。在最佳情况下,催化剂和底物的区域导向效应倾向于生成同样的区域异构体。这一情况与控制立体结构的不对称合成的原理相类比,被称为“相配”[1]。反之,催化剂和底物引起相反的倾向性则称为“不相配”。

特别是铑催化的烯丙基醇或者烯丙基胺和它们对应衍生物的氢甲酰化的区域选择性,可以得益于中间态的杂原子与金属的配位。在这里,杂原子可以作为附加的配体。从软硬酸碱理论方面来看[2],“硬”*N*-碱或者 *O*-碱不倾向与“软”铑金属中心相互作用。因此，让我们并不感到意外的是，例如，在使用未修饰的催化剂的甲代烯丙基醇的氢甲酰化中，未能发现立体指向效应[3]。另一方面，如果“这样”的硬配体的配位发生，有可能会明显改变金属中心的电子特性从而改变催化特性。作为典型的例子，胺与铑的配位可以明显增强氢化活性[4]。随后的烷或者醇的生成是我们不想得到的。

为了避免对铑配合物的催化特性造成如此强烈的改变，一个有趣的替代是在底物中加入“软”配位的膦基团。当放置合适时，它们可以在催化循环中通过形成环状金属烷基配合物与铑相互作用。后者发生 CO 的插入形成单产物，从而实现高区域选择性。另外，底物中的手性指向基团可能会促使中间态形成有利的空间结构，从而实现非对映选择性氢甲酰化。很明显的是，指向基团和烯烃的距离是决定最佳区域和空间区分性的关键因素[5]。在这一方面，形成带有平展位置大取代基团的五元或者六元中间态稳定金属环是有利的。 363

在氢甲酰化框架中有三种“底物指向催化”方法[6]。(i) 第一种情况是，指向的膦基团在氢甲酰化激发之前由一个单独的步骤引入底物中。氢甲酰化之后，指向基团需要从产物中移除。(ii) 另一种可能性是在氢甲酰化过程中暂时加入指向基团。这种情况中，辅助物以亚化学计量(催化计量)使用。(iii) 第三种情况中，区域指向效应是由空间结构确定的笼状结构达到的，在此结构中发生催化反应。在所有的情况中，指向附加物的效率可以由使用未修饰的底物或者传统的催化剂控制反应来确定。关于这里所讨论的方法，Rousseau 和 Breit[7] 在 2011 年给出了一份非常详尽的综述。同一研究小组在 2013 年还发表了关于烯丙基醇的不对称合成特性的文章[8]。

4.4.2 共价结合的指向磷基团

基于三价磷的官能团的区域指向效应是由 Burke 和 Cobb 在 1986 年首次发现的[9]。在合成抗白血病配糖的糖苷配基(+)- phyllanthocin 过程中，他们将一个轴向羟基基团转化为对应的间- Ph_2P -甲苯酸盐(图解 4.103)。在接下来使用

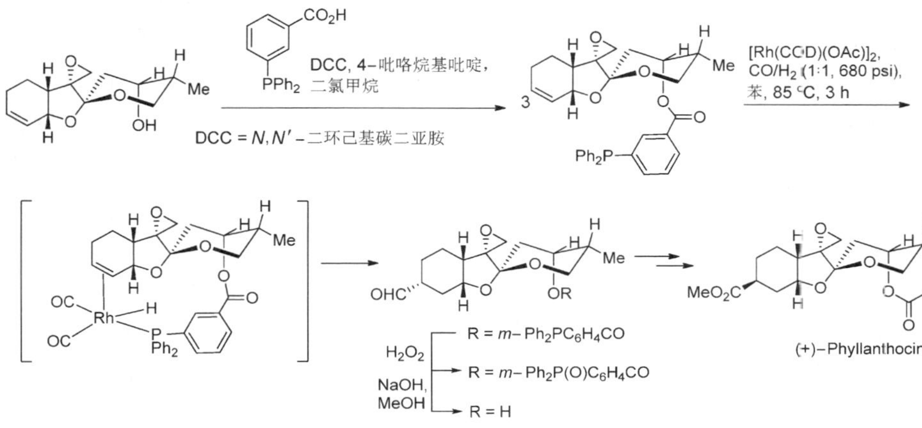

图解 4.103 通过区域和非对映指向氢甲酰化合成(+)- phyllanthocin

铑催化剂在 47 bar 条件下的氢甲酰化中，甲酰基团主要进入环状烯丙基醚的 3-位置，因此与导向膦基团在同一边。其他空间或区域异构的产物的生成只占总量的少数。膦指向基团通过氧化为对应的氧化膦和最终的甲苯酸盐的皂化来移除。

Perlmutter 和 Jackson[10] 观测了带有膦基团的端烯烃在约 28 bar 合成气压下的氢甲酰化中的螯合控制。与均相底物相比，4-二苯基膦-丁-1-烯的结果更为优
364 越(图解 4.104)。值得注意的是，结果只生成了支链产物。由于中间产物烷基二苯基膦-铑配合物的高氢化活性，生成的醛立刻转化为对应的醇。使用对应的膦的氧化物作为底物或者通过使用过量的 PPh_3，可以完全抑制指向效应。

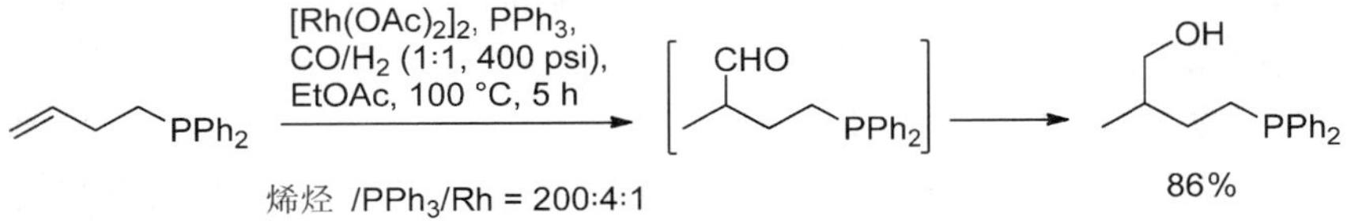

图解 4.104 内膦基团作为氢甲酰化中的区域选择物

中间生成的铑配合物的氢化活性可以通过使用对应的不饱和亚磷酸三酯作为底物来降低，虽然压力需要增加至约 34 bar(图解 4.105)[11]。醇只能单独通过醛与 $LiAlH_4$ 的还原得到。生成的主要产物支链醛不会受到底物支链的影响。增加亚磷酸三酯和烯烃的距离会导致区域导向效应完全消失。

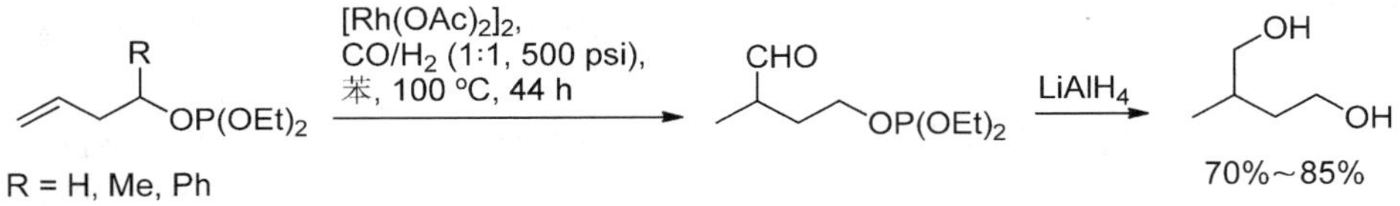

图解 4.105 内亚磷酸三酯基团作为氢甲酰化中的区域选择物

365 Breit 通过将一个羟基基团保护为邻-Ph_2P-苯甲酸酯(o-DPPB)而带来的导向效应达到了高非对映选择性(图解 4.106)[3,12]。通过测试对应的不能带来非对映选择性的非配位邻苯甲酸二苯基甲酯($X=CHPh_2$)可以证实此螯合效应是可逆的。底物中附加的手性中心只对产物中的非对映异构比例有很小的影响。通过碱性水解移除苯甲酸基团，可等剂量得到对应的乳醇。后者氧化能生成顺内酯。或者，乳醇可以通过 Wittig 反应转化为起始烯烃的同系物[13]。除了 3-取代的烯丙基醇，1,3-二取代的底物 I 也被用于此流程[14]。

在随后的一篇文献中，这一方法被延伸到了高甲基烯丙基醇(图解 4.107)[15]。

倾向生成反式产物的高非对映选择性几乎与剩余部分 R 的性质无关。经鉴定
366 在催化剂-底物配合物中不倾向发生的立体相互作用被最小化，这解释了产物中观测到的相对立体化学性质。增加温度，非对映选择性降低。

有了这一流程，2-取代的烯丙基醇也可以被转化为想要得到的几乎与起始烯

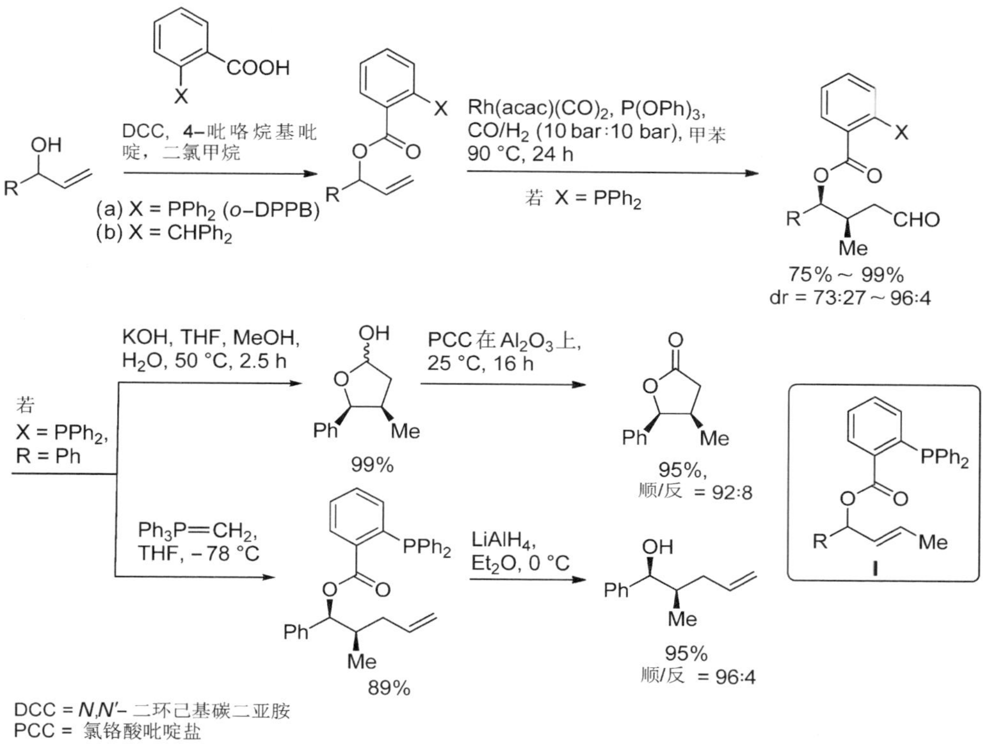

图解 4.106 邻二苯基膦苯甲酸酯(o-DPPB)作为氢甲酰化中的区域选择和非对映选择基团

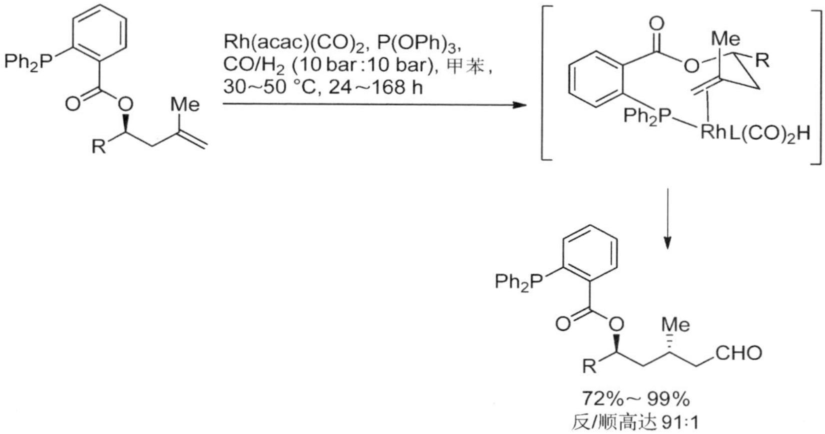

图解 4.107 邻二苯基膦苯甲酸酯(o-DPPB)作为高甲基烯丙基醇的氢甲酰化中的区域选择和非对映选择基团

烃的 E/Z 几何性质无关的 2-甲酰丁醇衍生物[16]。另外,人们制备了 **A** 类型和 **B** 类型的不同的立体三合体,它们是合成复杂的多聚乙酰链的适合的原料[17](图 4.13)。

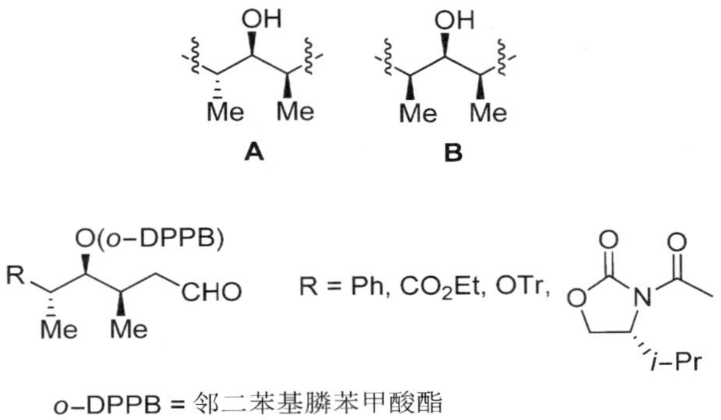

图 4.13 用 *o*-DPPB 方法构建的原料

最近,这一方法在人类肿瘤细胞生长抑制剂 dictyostatin 的全合成中的应用尤为引人注意(图解 4.108)[18]。图解 4.108 中部分所示的是(R,R,R)-α-生育酚(维生素 E)的 13 步全合成的关键步骤,即通过 o-DPPB 基团辅助的氢甲酰化构建 C_{16} 异戊间二烯化合物[19]。

367 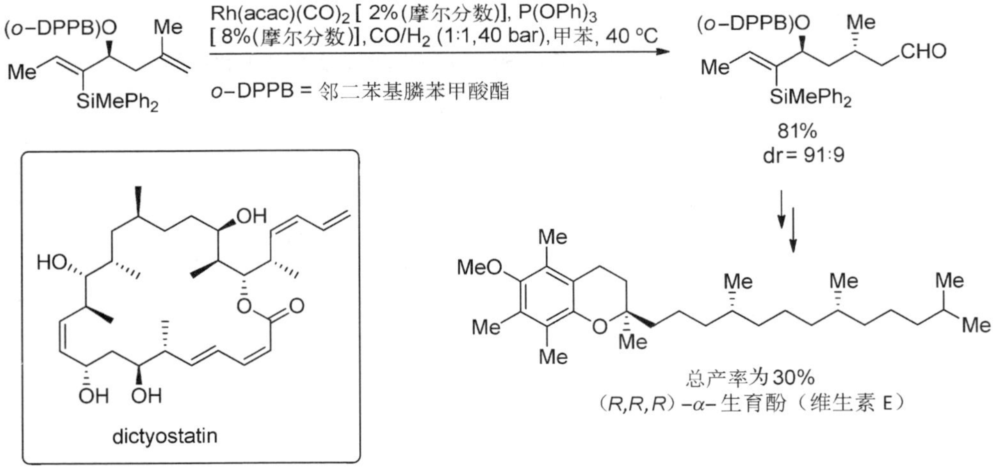

图解 4.108 使用区域和非对映导向氢甲酰化步骤的 dictyostatin 和 (*R*,*R*,*R*)-*α*-生育酚的部分全合成过程

在强碱存在时,氢甲酰化产物会发生反应内 β-消去生成 α,β-不饱和醛(图解 4.109)[20]。值得注意的是,在这一流程中没有加入额外的亚磷酸酯配体。使用胺碱时,需要达到化学计量才能达到全消去,而 K_2CO_3 只需要催化计量(0.1 当量)就足够有效。

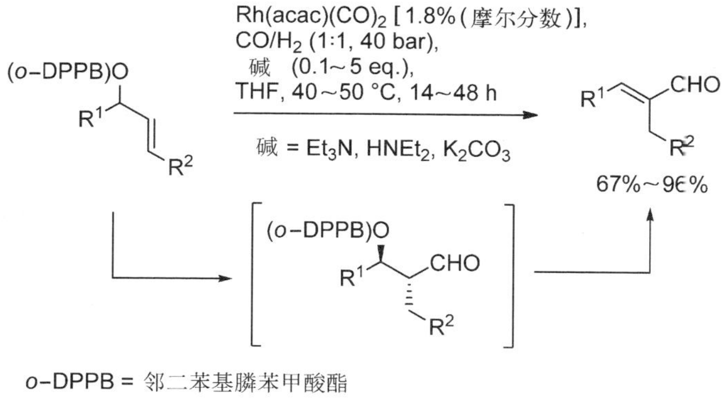

图解 4.109 通过 *o*-DPPB 方法合成 *α*,*β*-不饱和醛

此外，Leighton 和其同事[21]证明了二苯磷甲基醚基团的立体指向效应(图解 4.110)。这一辅助物通过对应的甲基醚引入。在 3 bar 条件下铑催化的氢甲酰化中，反/顺选择达到 94∶6。甲酰基与 $LiAlH_4$ 在低温下氢化得到对应的醇。最终在升高温度的条件下还原移除导向膦基团。以相同的方法，对应的双烯丙基醚衍生物 I 用于转化可以得到带有五个立体中心的对应的多聚乙酰原料。 368

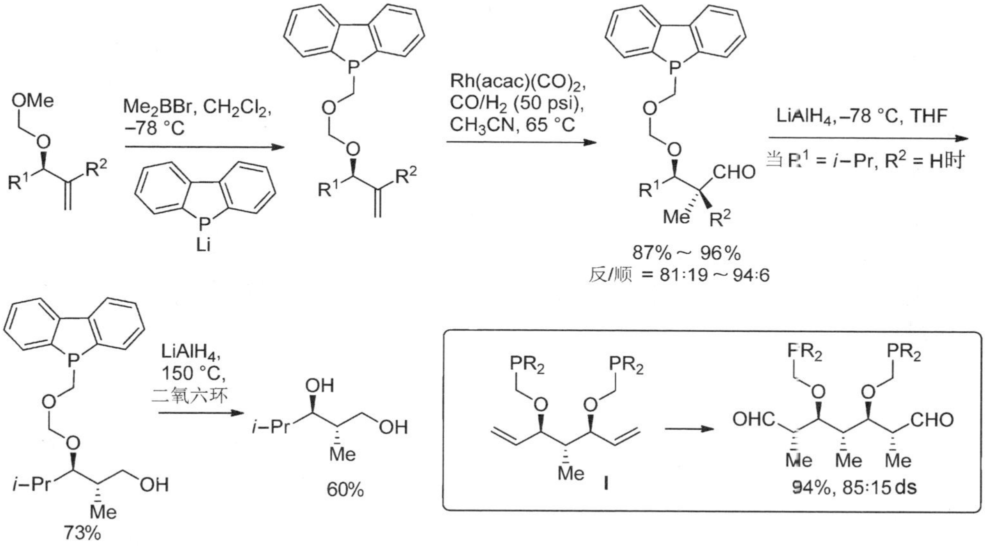

图解 4.110 二苯磷甲基醚作为导向基团

当羟基被一个对映纯的二茂铁基膦指向酯基团修饰后，得到的手性二链烯基甲醇可以通过使用手性铑催化剂以几乎完美的光学纯度使其不对称化(图解 4.111)[22]。通过新生成的甲酰基团缩醛化之后与碱作用或者通过与 DIBAL 还原可以移除导向附属物。在后一种情况下，甲酰和 *o*-DPPF 导向基团都转化为对应的醇。另一种有趣的修饰包含最终剩余烯烃的氢化，随后通过去缩醛化和氧化得 369

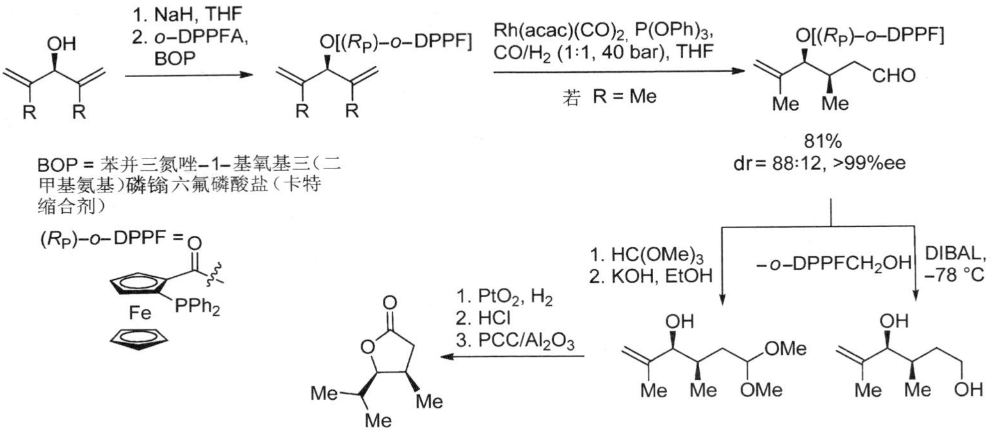

图解 4.111 手性导向基团协助的二链烯基甲醇的不对称氢甲酰化反应
(在原始文献中,一些转化是使用对应的对映异构体进行的)

到 4,5-二烷基取代的内酯。

4.4.3 可逆连接的导向膦基团

与前文描述的方法相反,使用可逆连接的导向基团的优势在于,所需要的辅助物质为催化计量。另外,可以避免对底物和产物进行繁杂的修饰/去修饰过程。这一巧妙方法成功的前提条件是,三个催化过程需要平行且准时地进行。Breit 和 Tan 的小组在短时间内出色地完成了此任务,为这一方面做出了主要贡献。

Breit 提出了 Ph_2P—OMe 作为配位基团给体且将其以 10%(摩尔分数)的浓度用于氢甲酰化(图解 4.112)[23]。不同的烯丙基醇被转化为乳醇,乳醇在氢甲酰化之后立即通过使用 Corey-Suggs 试剂氧化为对应的五元内酯。只检测到微量的不期望的六元环。当使用 PPh_3 作为配体或者使用对应的烯丙基甲基醚时,不发生区域区分。

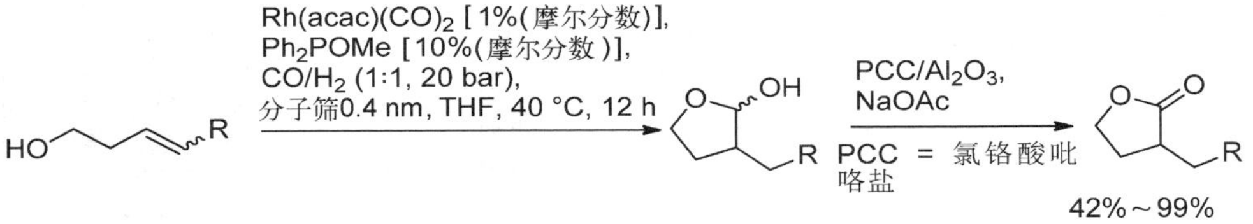

图解 4.112 可逆连接导向基团协助的烯丙基醇的氢甲酰化

人们提出了一种催化原理,起始于卑磷酸甲酯 **3**,通过与烯丙基醇的酯交换生成被修饰的底物 **2**(图解 4.113)。这一反应的驱动力是接下来的六元环铑-烷基中间态的形成。通过 CO 插入和氢解,催化剂再生且释放出甲酰产物 **4**,但是其仍带有区域导向 PPh_2 基团。在催化循环的最终阶段,辅助基团被转移至新的底物分子或者甲醇中,稳定的乳醇从此循环中释出。

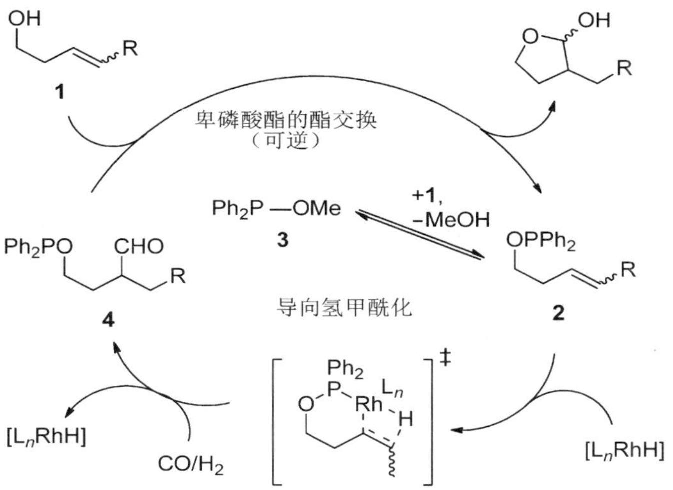

图解 4.113　可逆连接导向基团协助的烯丙基醇的氢甲酰化机理

同样的流程在以烯丙基醇为底物时被成功运用，甚至可以使叔碳原子甲酰化（图解 4.114）[24]。

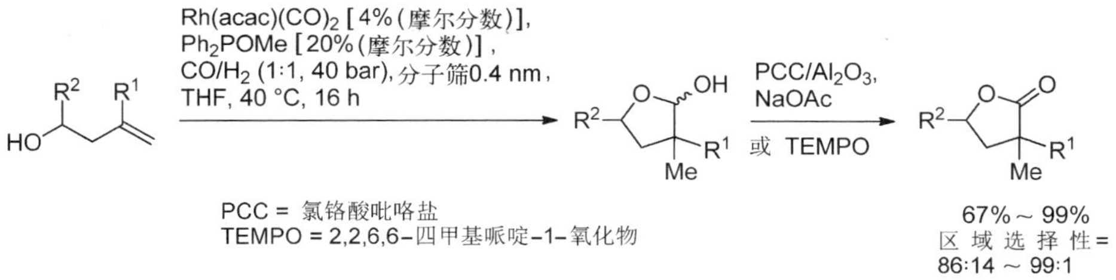

图解 4.114　可逆连接导向基团协助的取代的烯丙基醇的氢甲酰化

以类似的方法，可以实现 2,5-二环己二烯基-1-甲醇的非对映选择氢甲酰化（图解 4.115）[25]。顺式结构的内酯以中等到优秀的产率得到。 370

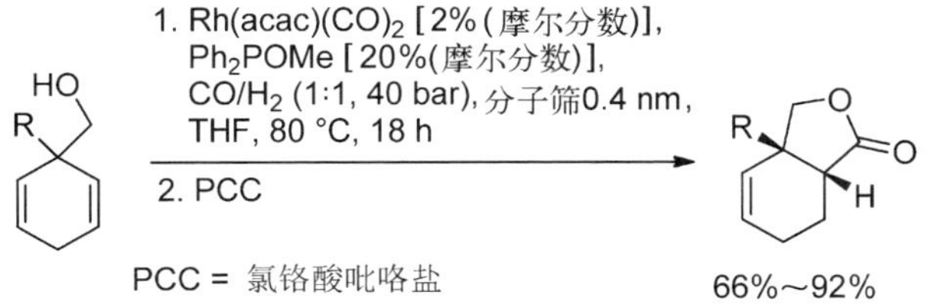

图解 4.115　可逆连接导向基团协助的 2,5-二环己二烯基-1-甲醇的氢甲酰化

意外的是，同样的方法甚至在双高烯丙醇作为底物的区域导向氢甲酰化中也可以很好地运用（图解 4.116）。主要产物是六元环乳醇[26]。 371

使用 3-取代的双高烯丙醇时，由于特殊的亚甲基在平展位置的环状铑中间态 $\mathbf{A_1}$，顺/反比例能达到 4∶96（图解 4.117）。

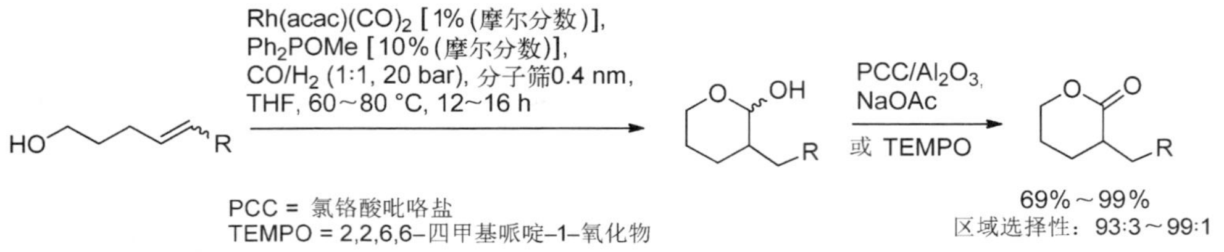

图解 4.116 可逆连接导向基团协助的双高烯丙醇的氢甲酰化

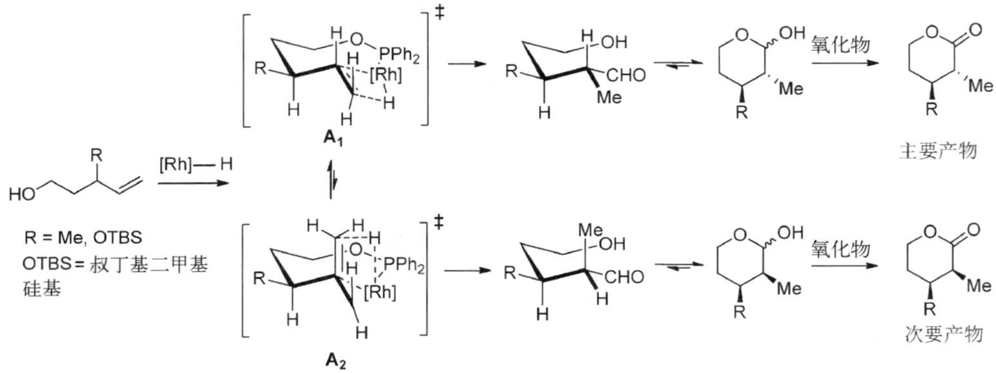

图解 4.117 取代的双高烯丙醇的氢甲酰化中观测到的占优势的立体化学性质的解释

Tan 和其同事[28]研发了另一种结构导向的方法[27]。立体导向的辅助基团由 2-烷氧基-氮杂膦啶产生(图解 4.118)。后者可以由一个起始于 *N*-甲基苯胺的三步过程不使用任何色谱分离得到。

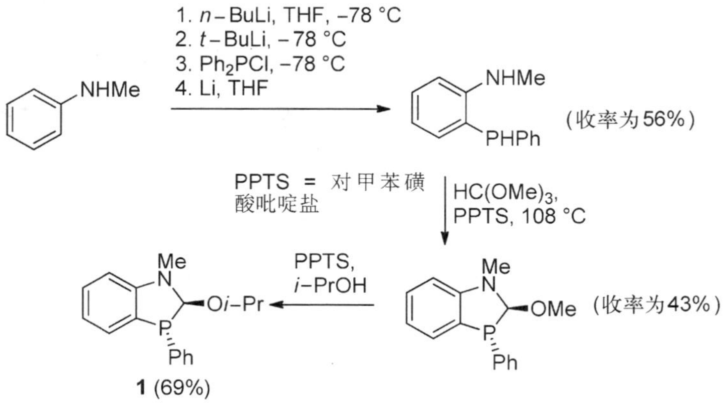

图解 4.118 立体导向辅助物的合成

2-烷氧基-1,3-氮杂膦啶可被认为是原甲酸酯的杂原子同类物。因此，它们很容易与高烯丙基醇在催化计量的酸[对甲苯磺酸吡啶盐(PPTS)]存在的条件下发生酯交换作用，为 14 bar 下的氢甲酰化生成活化和区域导向的底物(图解 4.119)。生成的醛与 Corey-Suggs 试剂氧化得到内酯。

通过这一方法，可以避免 PPh_3 作为配体时生成端甲酰化产物($R^2=H$)的倾向性。另外，反式取代的五元内酯的非对映异构比例大于 98∶2。为了保证底物伯醇与自由异丙醇的有效竞争，必须以与底物相比至少 20%(摩尔分数)的浓度加入辅助基团。 372

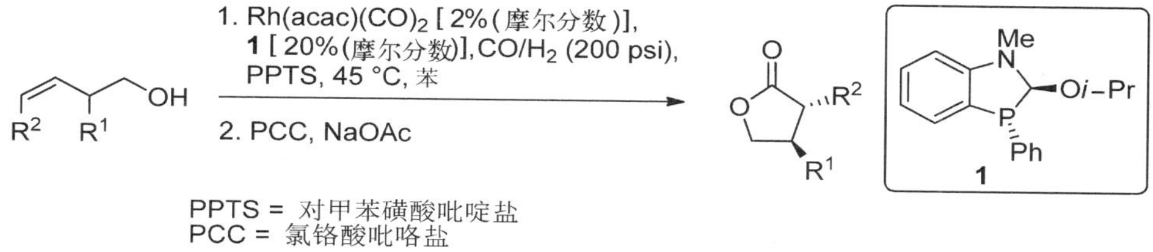

图解 4.119 使用 2-异丙氧基-1,3-氮杂膦啶(1)作为辅助物的高烯丙基醇的区域选择和非对映选择氢甲酰化

同样的方法也可以应用在低合成气压(约 3 bar)下构建 β-羟基酸，不同的是最终醛的氧化是用 $NaClO_2$ 进行的(图解 4.120)[29]。二取代和三取代的羟基官能化的链烯能转化为醛，并以上至 10 mmol 的规模原位氧化为对应的羟基酸。*Z* 结构的烯烃产生的区域选择性比其 *E* 对应物要略低一些。但是，这一参数几乎与合成气压的变化无关。 373

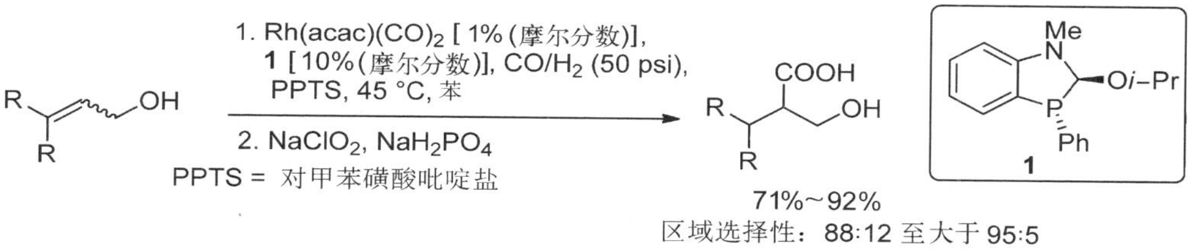

图解 4.120 合成 β-羟基酸的区域选择的氢甲酰化反应

通过 2,2-二取代的烯丙基醇在约 28 bar 的氢甲酰化可以进一步证明其极强的区域导向效应(图解 4.121)[30]。值得注意的是，C—C 偶联反应发生在叔碳中心，这与 Keulemans 规则不符。芳基取代的底物得到的产率和区域选择性比 2-甲基烯丙基醇的要高。产物醛立即或者通过氧化转化为对应的羧酸，或者限制为环状乙缩醛。

磺胺基团也可以加入区域导向基团(图解 4.122)[31]。由于区域异构体生成，所以环状半缩醛胺的生成随着合成气压的增加而减少。使用强吸电子磺胺基团在约 28 bar 时可达到最佳转化。值得注意的是，在此反应中不需要 PPTS 的辅助催化。

为了增强辅助基团的结构稳定性，额外加入了一个带有一个异丙基的立体中心，这样可以通过异丙基和甲氧基的反式组合来抑制手性磷中心的差向异构(图解 4.123)[32]。修饰使得烯丙基胺在约 3 bar 合成气压下可以进行对映选择的区域导向氢甲酰化。*E* 烯烃比 *Z* 底物得到的对映异构过量值要稍高一些。醛通过 $NaBH_4$ 的 374

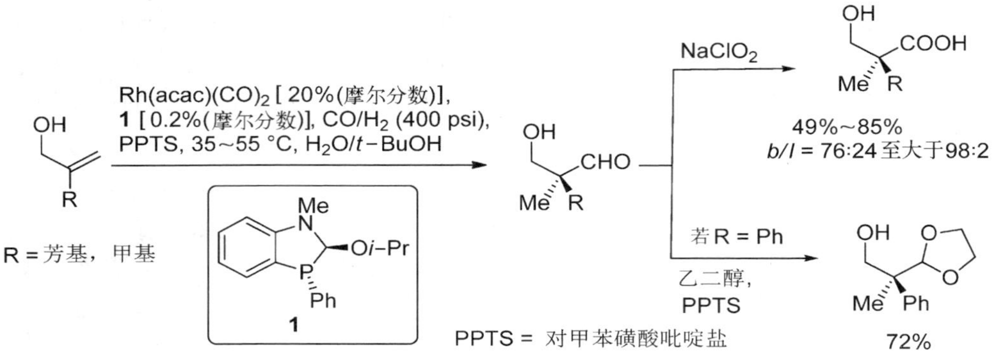

图解 4.121 在季碳中心的区域选择氢甲酰化

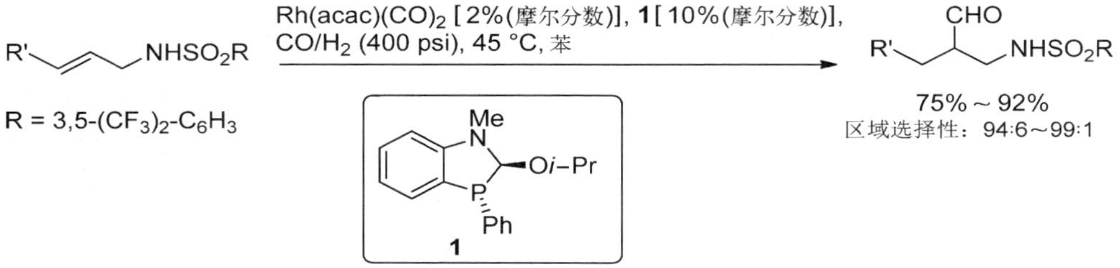

图解 4.122 合成 β-甲酰磺酰胺的区域选择氢甲酰化

方法立即还原为对应的醇。此处存在 Hammett 相关性，即苯胺环对位的吸电子基团（CN、Cl、NO_2）会减少对映异构过量值，而富电子的胺（Me、MeO）表现更为出色[33]。这一发现为以增加胺的碱性来协助反应的螯合控制提供了额外的证据。

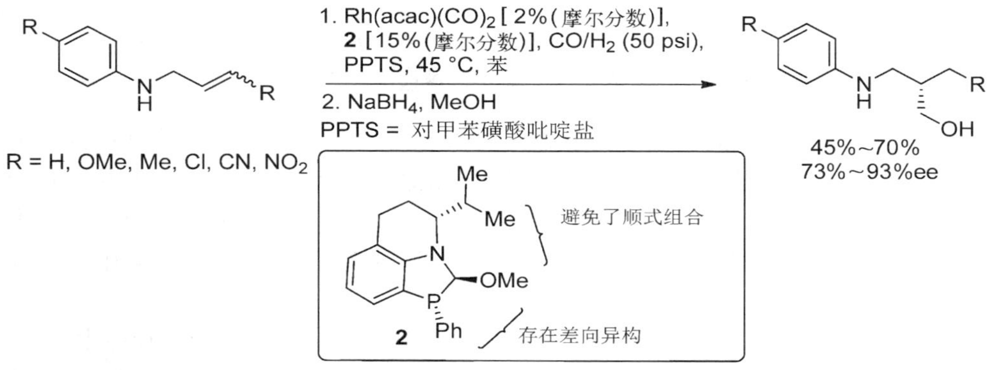

图解 4.123 使用构型稳定的导向配体作为辅助的不对称氢甲酰化

之前讨论过的配体 **1**（和 **2**）能促使与膦基团相邻的甲酰基的插入。相反地，远端选择的氢甲酰化可以通过类型 **3** 的膦辅助基团来实现，这里参与缩醛交换的碳和暂时与铑金属中心连接的膦基团通过一个五原子链相连。原理如图解 4.124 所示[5]。

375

使用基于 Ar = Ph 的配体 **3** 达到最高的非对映异构比例（91 ∶ 9），而吸电子

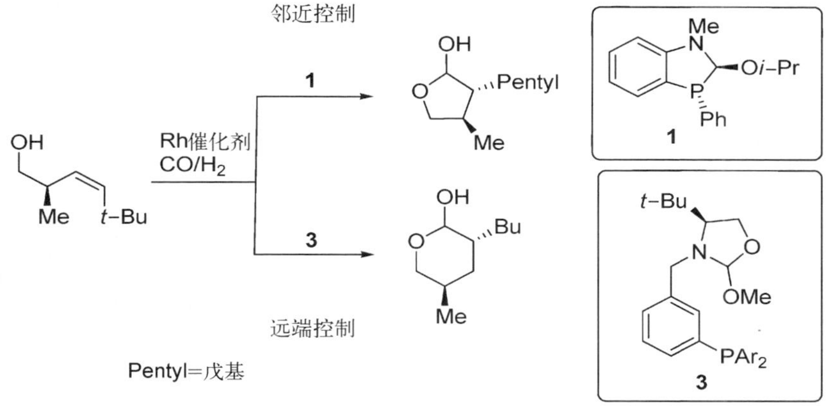

图解 4.124 根据导向配体的结构实现邻近控制和远端控制

或者斥电子芳基则表现较差。有趣的是，使用 PPh_3 作为配体时，有类似的区域选择性，但是反应进行缓慢。

4.4.4 不建立共价相互作用的区域导向效应

Reek 的小组通过在催化剂和底物的鉴别部分之间不使用任何共价相互作用而发展出了完全不同的区域鉴别概念[34]。这一方法源自不对称金属催化的一个普遍原理，即用于控制立体辨别的是排斥作用而不是化学键。这一催化系统基于插入带有磷配体（膦[34a]、亚磷酸酯或者亚磷酰胺[34b,c]）的吡啶基与两个锌离子配位构成的超分子框架中的铑配合物，如图 4.14 所示。在这个方法中，形成了一个空腔，其可以将未官能化的烯烃的氢甲酰化的区域选择性控制到之前从未达到的程度。

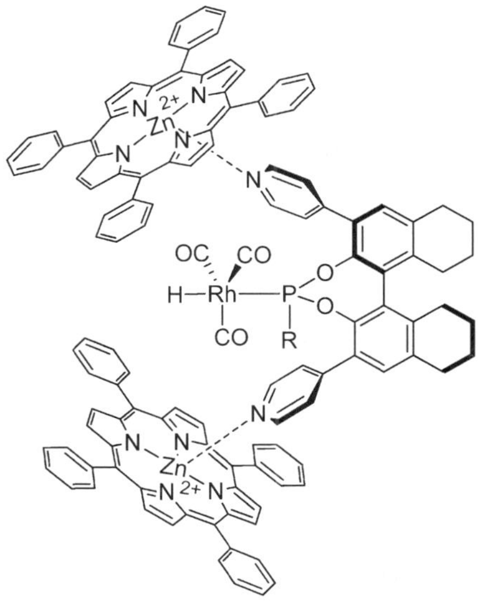

图 4.14 植于两个锌-卟啉配体的超分子氢甲酰化催化剂的典型结构

应用这一原理的一个吸引人的例子是反-2-辛烯的高区域选择氢甲酰化，它可以以接近 90%的产率得到 2-甲基庚醛（图解 4.125）[34a]。使用反-3-辛烯作为底物，主要生成 2-丙基己醛。当省略 Zn-tpp 模板时，几乎不发生区域鉴别。较高内烯烃也有类似的趋势，例如反-2-己烯和反-2-壬烯[34b,c]。 376

这一类型的一种手性催化剂由手性亚磷酰胺与 Zn 模板反应并最终封入普通铑催化剂前体生成（图解 4.126）[34c]。

在与 2-辛烯的反应中使用此催化剂，相对其他区域和立体异构体，主产物为 65%ee 的（*R*）-2-乙基庚醛（图解 4.126 和图解 4.127）。

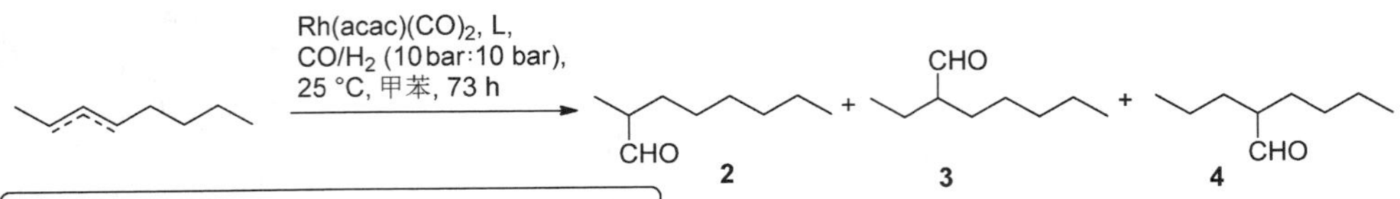

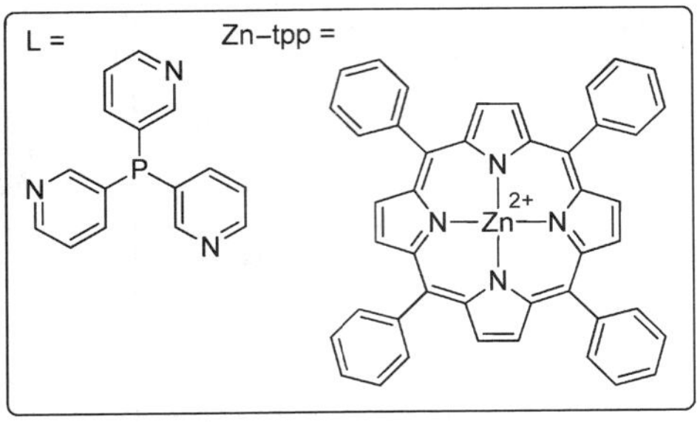

	模板	**2**/%	**3**/%	**4**/%
反–2–辛烯	Zn–tpp	9.4	**87.8**	0.5
反–2–辛烯	—	55.6	43.8	0
反–3–辛烯	Zn–tpp	0	23.4	**75.4**
反–3–辛烯	—	0.2	49.7	49.6

图解 4.125　反–2–辛烯的 2–、3–或者 4–区域选择氢甲酰化

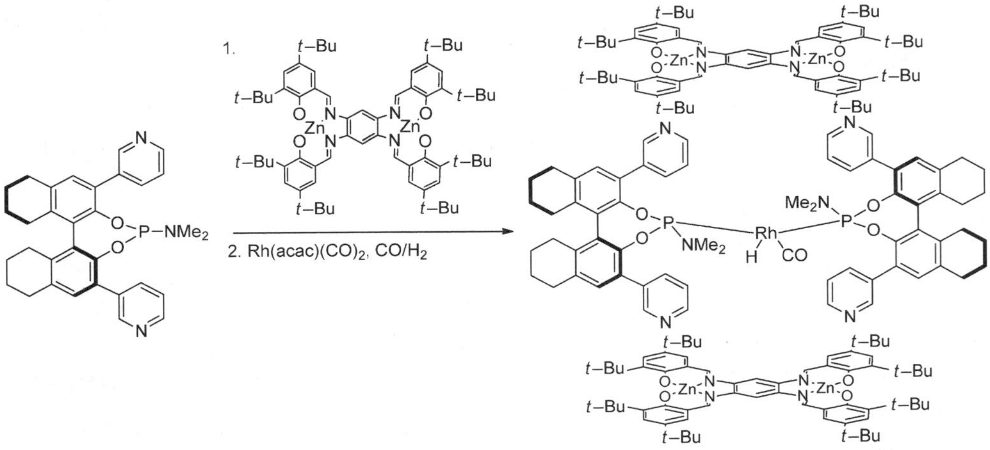

1

图解 4.126　包裹于双[锌(salen)]框架(为了清晰表达,*N*–吡啶原子和锌之间的四个键暂时略去)内的超分子铑催化前体的合成

377

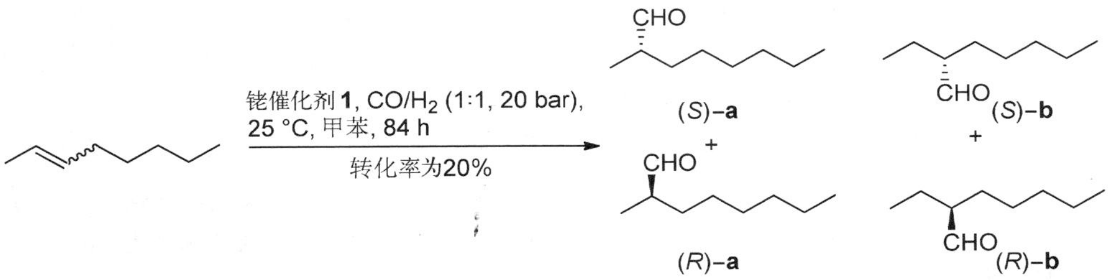

a/**b** = 30:70
er **b** = 93:7
ee **b** (*R*) = 65%

图解 4.127　异构的 2–辛烯的区域和立体选择氢甲酰化
(铑催化剂 1 的结果请比较图解 4.126)

4.4.5 结论

现今，实现不同于底物源结构选择性的烯烃的高区域和立体选择氢甲酰化是这一领域最具有挑战性的任务。可以通过将立体导向的磷基团永久锚定于底物来达到这一目的。但是，这一方法需要在氢甲酰化前对底物进行修饰且在关键反应之后移除导向基团。更具有优势的方法是暂时加入导向基团。这可以通过例如对带有羟基或氨基的底物进行双缩醛交换作用来达到。遗憾的是，这一方法对于未修饰的烯烃不起作用。为了对这些烯烃进行区域选择氢甲酰化，需要构建高度复杂的笼状结构，它们可以区分例如内烯烃的 2 位和 3 位。

参考文献

1. Masamune, S., Choy, W., Petersen, J. S., and Sita, L.R. (1985) *Angew. Chem. Int. Ed. Engl.*, **24**, 1-30.
2. Pearson, R.G. (1963) *J. Am. Chem. Soc.*, **85**, 3533-3539.
3. Breit, B. (1996) *Angew. Chem. Int. Ed. Engl.*, **35**, 2835-2837.
4. Mizoroki, T., Kioka, M., Suzuki, M., Sakatani, S., Okumura, A., and Maruya, K. (1984) *Bull. Chem. Soc. Jpn.*, **57**, 577-578.
5. Joe, C.L., Blaisdell, T.P., Geoghan, A.F., and Tan, K.L. (2014) *J. Am. Chem. Soc.*, **136**, 8556-8559.
6. Hoveyda, A.H., Evans, D.A., and Fu, G.C. (1993) *Chem. Rev.*, **93**, 1307-1370.
7. Rousseau, G. and Breit, B. (2011) *Angew. Chem. Int. Ed.*, **50**, 2450-2494.
8. Lumbroso, A., Cooke, M.L., and Breit, B. (2013) *Angew. Chem. Int. Ed.*, **52**, 1890-1932.
9. Burke, S.D. and Cobb, J.E. (1986) *Tetrahedron Lett.*, **27**, 4237-4240.
10. Jackson, W.R., Perlmutter, P., and Suh, G.-H. (1987) *J. Chem. Soc., Chem. Commun.*, 724-725.
11. Jackson, W.R., Perlmutter, P., and Tasdelen, E.E. (1990) *J. Chem. Soc., Chem. Commun.*, 763-764.
12. Breit, B. (1997) *Liebigs Ann. Chem.*, 1841-1851.
13. Breit, B. (2000) *Chem. Eur. J.*, **6**, 1519-1524.
14. Breit, B., Demel, P., and Gebert, A. (2004) *Chem. Commun.*, 114-115.
15. (a) Breit, B. (1997) *Chem. Commun.*, 591-592; (b) Breit, B. (1998) *Eur. J. Org. Chem.*, 1123-1135.
16. Breit, B., Grünanger, C.U., and Abillard, O. (2007) *Eur. J. Org. Chem.*, **2007**, 2497-2503.
17. Breit, B., Dauber, M., and Harms, K. (1999) *Chem. Eur. J.*, **5**, 2819-2827.
18. Wünsch, S. and Breit, B. (2015) *Chem. Eur. J.*, **21**, 2358-2363.
19. Rein, C., Demel, P., Outten, R.A., Netscher, T., and Breit, B. (2007) *Angew. Chem. Int. Ed.*, **46**, 8670-8673.
20. Bruch, A., Gebert, A., and Breit, B. (2008) *Synthesis*, 2169-2176.
21. Krauss, I.J., Wang, C.C.Y., and Leighton, J.L. (2001) *J. Am. Chem. Soc.*, **123**, 11514-11515.
22. Breit, B. and Breuninger, D. (2005) *Eur. J. Org. Chem.*, **2005**, 3916-3929.
23. Grünanger, C.U. and Breit, B. (2008) *Angew. Chem. Int. Ed.*, **47**, 7346-7349.
24. Ueki, Y., Ito, H., Usui, I., and Breit, B. (2011) *Chem. Eur. J.*, **17**, 8555-8558.
25. Usui, I., Nomura, K., and Breit, B. (2011) *Org. Lett.*, **13**, 612-615. 378
26. Grünanger, C.U. and Breit, B. (2010) *Angew. Chem. Int. Ed.*, **49**, 967-970.
27. Tan, K.L., Sun, X., and Worthy, A.D. (2012) *Synlett*, **23**, 321-325.
28. Lightburn, T.E., Dombrowski, M.T., and Tan, K.L. (2008) *J. Am. Chem. Soc.*, **130**, 9210-9211.
29. Lightburn, T.E., De Paolis, O.A.,

Cheng, K.H., and Tan, L.L. (2011) *Org. Lett.*, **13**, 2686–2689.
30. Sun, X., Frimpong, K., and Tan, K.L. (2010) *J. Am. Chem. Soc.*, **132**, 11841–11843.
31. Worthy, A.D., Gagnon, M.M., Dombrowski, M.T., and Tan, K.L. (2009) *Org. Lett.*, **11**, 2764–2767.
32. Worthy, A.D., Joe, C.L., Lightburn, T.E., and Tan, K.L. (2010) *J. Am. Chem. Soc.*, **132**, 14757–14759.
33. Joe, C.L. and Tan, K.L. (2011) *J. Org. Chem.*, **76**, 7590–7596.
34. (a) Kuli, M., Soltner, T., van Leeuwen, P.W.N.M., and Reek, J.N.H. (2006) *J. Am. Chem. Soc.*, **128**, 11344–11345; (b) Bellini, R. and Reek, J.N.H. (2012) *Chem. Eur. J.*, **18**, 7091–7099; (c) Gadzikwa, T., Bellini, R., Dekker, H.L., and Reek, J.N.H. (2012) *J. Am. Chem. Soc.*, **134**, 2860–2863.

5 含有氢甲酰化步骤的连锁反应和其他连续反应 379

如简介中所提及，一个甲酰基团一旦建立就可以有许多后续的变化。这包括了向 C═O 官能团的亲核加成，但也包含了附近位置的反应。根据 Corey 和 Seebach 提出的分子单元概念[1]，烷基酰基片段可以依据反应条件表现为 d^0，a^1，d^2，a^3……分子单元（图 5.1）。这些基于电子的特性可以使得亲核试剂和亲电试剂与这一片段在不同位置反应。暂时的“极反转”也能引起相反的反应性且进一步增加了反应的可能性。

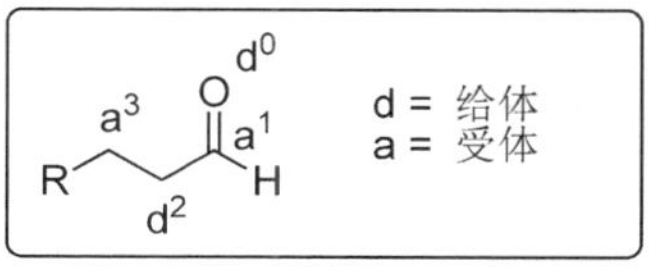

图 5.1 根据合成子概念划分的烷基甲酰亚基团

氢甲酰化之后的反应可以在一单独步骤中使用完全不同的反应条件。或者，复合反应序列可以是使用相同或不同反应条件的同釜反应。这样的转化属于多米诺反应、多元反应或者串联反应。尤其是最近，串联反应成为合成化学家们关注的焦点。在最好的情况下，一种催化剂不光可以调节氢甲酰化，也可以调节其他反应，根据 Fogg 和 Santos 的建议，我们称之为自串联催化[2]。

我们应该注意到，不仅是氢甲酰化后的转化在氢甲酰化框架中特别重要，在此之前的生成烯烃底物的反应也同样重要。此处的首要反应是烯烃的异构化。

Eilbracht 和其同事在 1999 年[3]发表了被引用最多的一篇关于以氢甲酰化为中心的连续反应的综述之一。在 2004 年和 2006 年他们给出了更新[4]。2013 年，Taddei 和 Mann[5]在其著作中对此框架中的一些例子，特别是天然产物的合成给出了详细描述，有一些还附有实验流程。

参考文献 380

1. (a) Corey, E.J. (1967) *Pure Appl. Chem.*, **14**, 19 - 37; (b) Seebach, D. (1979) *Angew. Chem. Int. Ed. Engl.*, **18**, 239 - 258; (c) Fuhrhop, J.-H. and Li, G. (2003) *Organic Synthesis, Concepts and Methods*, Wiley-VCH Verlag GmbH, Weinheim.
2. Fogg, D.E. and dos Santos, E.N. (2004) *Coord. Chem. Rev.*, **248**, 2365 - 2379.
3. Eilbracht, P., Bärfacker, L., Buss, C., Hollmann, C., Kitsos-Rzychon, B.E., Kranemann, C.L., Rische, T., Roggenbuck, R., and Schmidt, A. (1999) *Chem. Rev.*, **99**, 3329 - 3365.
4. (a) Eilbracht, P. and Schmidt, A.M. (2004) in *Transition Metal for Organic Synthesis* (eds M. Beller and C. Bolm), Wiley-VCH Verlag GmbH, Weinheim, pp. 57 - 85; (b) Eilbracht, P. and Schmidt, A.M. (2006) *Top. Organomet. Chem.*, **18**, 65 - 95.
5. (a) Taddei, M. and Mann, A. (eds) (2013) *Hydroformylation for Organic Synthesis*, Springer-Verlag, Heidelberg;

(b) Petricci, E. and Cini, E. (2013) *Top. Curr. Chem.*, **342**, 117-188; (c) Settambolo, A. (2013) *Top. Curr. Chem.*, **342**, 151-186; (d) Bates, R. and Kasinathan, S. (2013) *Top. Curr. Chem.*, **342**, 187-224.

5.1 异构化-氢甲酰化串联反应

5.1.1 概述

除了催化剂的活性和化学选择性之外,衡量氢甲酰化反应是否成功的最重要参数之一是产物醛的区域选择性[1]。这一因素通过直链/支链醛的比例来表示($l/b=n/i$)。因为术语 iso(异构)应该更为严格地只用于 α-甲基支链醛,使用支链(b)表示更为准确。

特别是在大化工中,直链醛是目标产物。为了达到这一目的,理想的底物是 α-烯烃,因为其可以以高正区域选择性转化为对应的端醛。在适合的反应条件下,异构的(更具倾向性的)2-烯烃的生成被抑制[2]。但是,多数的工业原料主要含有内烯烃,例如 RaffinateI~III(所有的丁烯异构体)①或者二正丁烯(异构的 C_8 烯烃的混合物)。使用这些起始原料生成正醛也是主要目标。这只能通过在氢甲酰化前改变烯烃的双键来达到。整个过程被称为异构化-氢甲酰化(图解 5.1)。相关的工业装置在 10^{10}~10^{11} t 规模运行。

381 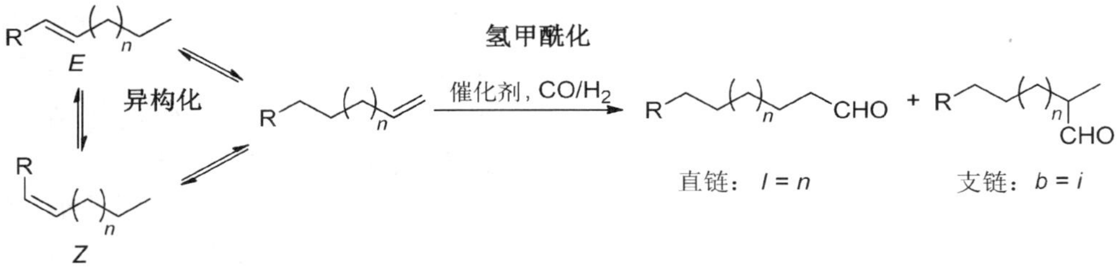

图解 5.1 端烯烃的异构化和最终的氢甲酰化的相互联系

更一般地来说,异构化-氢甲酰化可以被定义为一个远离源烯烃的 H—CHO 总 1,2-加成过程。这一定义不仅包括了倾向于端烯烃的特殊的异构化,还有其他的 C═C 双键的迁移和后续的氢甲酰化。

在异构化-氢甲酰化中,会两次涉及区域选择性,第一次是双键区域选择的异构化,第二次是区域选择的氢甲酰化。由于氢甲酰化的发现,第二个反应成为了学术研究的焦点。同时,人们对如何控制这种端烯烃的 n-区域选择氢甲酰化也进行了细致的研究,虽然有时候配体和底物结构的微小差别就可能引起催化性质的巨大不同[3,4]。异构化-氢甲酰化的特殊之处在于这里需要考虑许多的前置平衡。这

① Raffinate I = 异丁烯: 43.1%,1-丁烯: 25.6%,Z-2-丁烯: 7.0%,E-2-丁烯: 9.1%,1,3-丁二烯: 0.3%,以及不反应的异丁烯;Raffinate II = 1-丁烯: 63.4%,Z-2-丁烯: 8.6%,E-2-丁烯: 15.7%,痕量异丁烯;Raffinate III = 1-丁烯: 20.6%,Z-2-丁烯: 19.1%,E-2-丁烯: 21.3%。

一情况会造成控制复杂度的成倍增加。尽管如此，最近 20 年的相关研究仍然有了可观的进展，使我们能够把积累的对 1-烯烃的高正区域选择氢甲酰化的认识成功运用到异构化-氢甲酰化生产中[5]。我们对此并不意外，因为两种反应类型的最后步骤都是相同的。因此，有关异构化-氢甲酰化的章节也会讨论一些基础的无异构化的正区域选择氢甲酰化。

5.1.1.1　机理

过渡金属配合物对烯烃的异构化是金属有机化学最重要的目的之一[6,7]。此处有两种机理(图解 5.2)：(a) 金属氢化物加成-消去机理(烷基机理)[9]；(b) 通过 π-烯丙基金属氢化物中间物的反应(烯丙基机理)[10]。

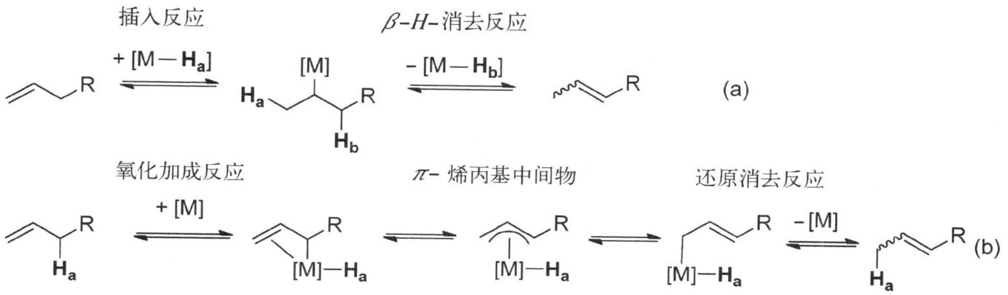

图解 5.2　金属催化的烯烃异构化的两种机理

这两者之间最大的不同是，前一种机理代表了总体 1,2-氢的转移，而后者是总体 1,3-氢的迁移。通过第一种机理发生的异构化，需要一种共催化剂，例如氢气或者酸来生成中间态的金属氢化物[11]。基于钴(I)、铑(II)、钌(II)、钯(II)和铂 382
(II)的过渡金属氢化物特别具有活性，它们也广泛使用于氢甲酰化。通过 π-烯丙基金属中间物的反应看起来较不常见，但是包括了不带有氢化物配体的金属催化剂例如 $Fe_3(CO)_{12}$[10]或者 $PdCl_2(C_6H_5CN)_2$[12,13]。使用铑催化剂时，似乎机理(a)更为相关[14]。使用钴催化剂时，Pino 等总结了一种与压力相关的机理[14]。另外，Orchin 和 Rupilius[15]为一些情况提出了混合 σ-π-互换路径。

烯烃热异构化后的产物组成取决于反应条件、催化剂和烯烃底物。通常，高温会激发双键的转移[16]。减少催化剂和配位底物之间的互斥作用，可倾向生成热力学稳定的中间物或者产物[17]。因此，使用带有不同立体体积的有机配体容易具有优势。

使用未官能化的端烯烃时，反应倾向于生成内烯烃。少于 5%的端烯烃有可能存在于热力学平衡中。与后续的氢甲酰化相比，缓慢的异构化可能导致反应中区域选择性不断地减少[18]。因为 E 烯烃比 Z 异构体更为稳定，因此，双键转移可能起始于 Z/E-异构化步骤[19]。

烯烃中的芳基取代基或者官能团可以强烈影响双键迁移的方向。烯烃双键向芳基取代基，或者如酮、氰、酯或羧酸等官能团区域的易发性异构可能对后续的氢甲酰化不利，因为在合成气压下，烯烃的氢化会成为主要副反应[20]。这也适用于例如铑[21]或者双金属铂催化剂[22]催化的分离双键的共轭化。形成的 1,3-丁二烯较不易于氢甲酰化[23,24]。值得注意的特例是，Mori 和其同事发表的 α,β-不饱和酯在均相钌催化剂存在的情况下的去共轭(图解 5.3)[25]。

383

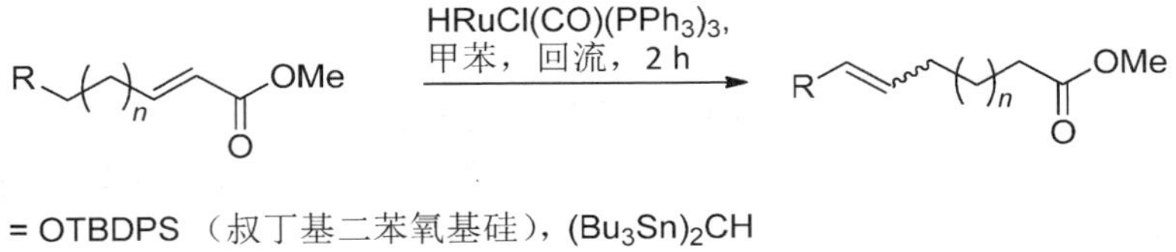

图解 5.3 α,β-不饱和酯的去共轭

异构化和氢甲酰化是互相竞争的过程。它们可以由相同的催化剂催化且以共同的中间态进行(图解 5.4)。对于异构化和氢甲酰化非常重要的是生成区域异构的 σ-烷基-金属中间物，由金属氢化物向起始烯烃在循环 I 中加成。这些中间物可以与起始 1-烯烃存在于平衡中，但也可以和异构的 2-烯烃一起存在于平衡中。以这种状态进入循环 II。重复这一机理将得到 3-烯烃，依此类推，形成了“链式机理”。斥电子的烷基基团和金属中心体积较小的配体倾向生成支链金属烷基中间物[26]。相反地，催化剂和底物的立体相互作用使得端金属烷基配合物形成[27]。

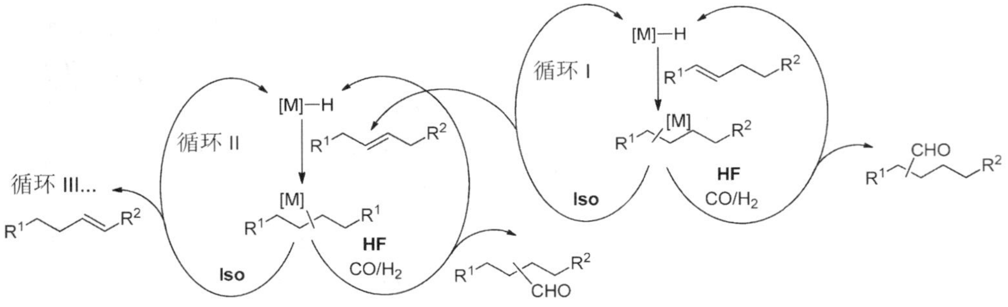

图解 5.4 两个串联异构化-氢甲酰化反应循环的简化机理(HF=氢甲酰化；Iso=异构化；图中只绘有最重要的关系，平衡未在这里表达)

压倒性的证据证明了多数金属催化剂的异构化是不可逆的[28]。异构化速率取决于底物的取代基[29]。*E*-4-辛烯中双键向末端的迁移比端双键向碳链内部的异构化要慢约 3.5 倍[30]。

2015 年，Jörke 和其同事[31]计算了 1-癸烯在 Rh(BIPHEPHOS)催化剂下，在 95～115℃的 *N*,*N*-二甲基甲酰胺(DMF)或者甲苯中的热力学性质，其中考虑了所有癸烯的异构体(图解 5.5)。

384 甚至在 95℃时，1-癸烯的浓度很快就达到平衡。平衡状态在 20 min 后达到。与 1-癸烯的异构化相比，内烯烃异构体的异构化要更加缓慢，它们似乎具有更高的活化能。1-癸烯的平衡浓度取决于温度。

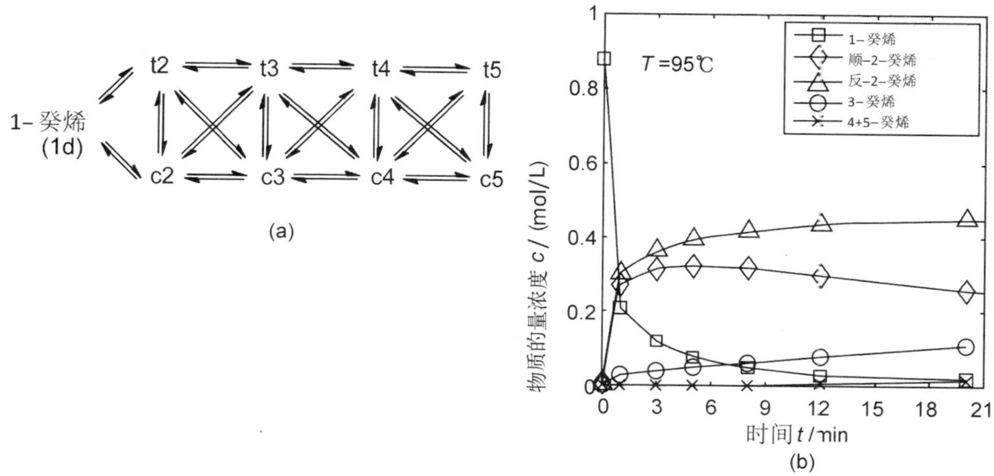

图解 5.5　癸烯异构化的平衡网络(t＝反式;c＝顺式;数字为双键的位置)(a);癸烯异构体在甲苯溶剂中的分布(1 bar N_2 环境,95℃,Rh/BINAPHOS＝1∶3;Rh/烯烃 1∶10 000)(b)(来自参考文献[31])

CO 存在时,每一个异构化循环都会被对应的金属-酰基配合物的形成而打断,此配合物最终会与氢转化为醛(图解 5.4)。对这两个竞争机理进行选择性控制对于区域异构醛的比例和数量是决定性的。

双键处的空间位阻的增加会使得烯烃以如下顺序失去氢甲酰化活性:2-戊烯>3-己烯>4-辛烯[32]。值得注意的是,对称内烯烃,例如 E-4-辛烯,与不对称的内烯烃如 3-辛烯相比,以更高的产率生成正醛,因为双键可以向两个方向迁移。我们应该记住,α-烯烃和 β-烯烃的氢甲酰化会得到同样的 2-醛。但是,只有 β-烯烃可以形成 3-醛。

官能团可以用于引导 C—C 键形成的区域选择性。Breit 和 Reek[33]最近的研究工作证明,羧酸基团是特殊的能使内烯烃和端烯烃都产生异构选择氢甲酰化的超分子催化剂-底物结构的强力区域导向基团。

除了这些特例,一些通用结论可以使我们更好地理解这一复杂的相互关系[28,34]。我们知道,由 CO 插入金属-烷基键得到的金属-酰基配合物大多不可逆 385
地转化为醛。因此,所有支持这一步骤的效应都能使反应更倾向于氢甲酰化,而不是异构化。通常,过量的 CO 会阻止异构化。减弱 M—CO 键会促进其离解以及后续的向 M—烷基键的插入。特别是金属中心的有机配体(例如三价膦配体)通过电子效应(反式效应)可以促进迁移。

通过 H_2/D_2 掺杂实验[35]或者通过使用对位氢引起的极化(PHIP)[36]可以深入理解这一机理。同样地,对机理的解释也可以使用带有含靠近双键的立体碳原子中心的手性烯烃来进行,它们可以在异构化的过程中外消旋化[37]。

最近几年,人们进行了很多尝试试图将催化剂/底物中间物的几何机构和从 1-烯烃的氢甲酰化产生的产物醛的 l/b 比例联系起来[38]。得到的结论主要基于光谱测量或者化学计算[39]。特别是 Tolman 锥角(θ)[40]和天然咬入角(β_n)[38]，它们分别被用于估算配体的空间填充性质(见第 2 章)。虽然这些研究主要是关于膦修饰的铑催化剂和 1-烯烃作为底物的，但是它们对于更好地理解整个异构化-氢甲酰化反应也很有帮助[41]。①

除了这些关于异构化-氢甲酰化的较为简化的假设，我们需要注意到一个特例，即氢甲酰化-脱羰化-氢甲酰化系列反应会导致预料之外的醛区域异构体的比例。Brookhart 和 Lenges[42]通过 NMR 观测了当正丁醛在 Cp*-铑催化剂存在的条件下加热时，甲酰化基团的迁移(图解 5.6)。在 8 h 之内，可观测到两种异构体 1∶1 的混合物。当正戊醛作为底物时，在这些条件下产生所有的区域异构体。

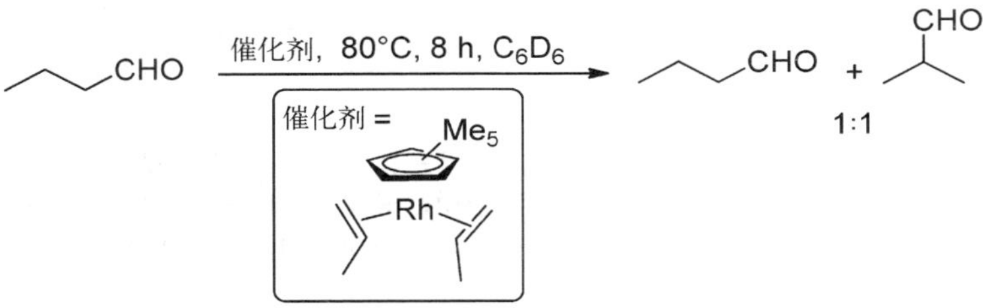

图解 5.6 铑催化的醛的异构化

386 5.1.2 金属

5.1.2.1 钴催化剂

如所有教材中所强调的，未修饰的钴催化剂以相当的反应速率使内烯烃和端烯烃产生异构。反应以链式机理进行，产生所有可能的异构体。在氢甲酰化中，可以观测到与起始烯烃无关的生成直链产物的普遍倾向性，其原因是不可逆生成的正烷基酰基-钴-中间物的动力学优势[43]和其向醛的转化[35,44]。这些较普遍的结论主要来自大规模的工业过程(BASF，Exxon)[45]，使用高温(120～175℃)和高 CO 压(270～300 bar)生成和稳定具有催化活性的氢化钴配合物[46]。以这样的方法，60%～70%的正醛从高烯烃，且主要为端链烯中生成。用膦配体修饰金属(Shell 过程)[45]改善了催化剂的稳定性且将正区域选择性增加至 75%～90%。但是，这一修饰影响了氢甲酰化活性，且需要更高的温度(150～190℃)。由于增加了 $HCo(CO)_3PR_3$ 的氢化活性，反应主要倾向形成醇。

在早期的研究中，Haymore 等[47]研究了直链和支链 C_8 烯烃(正辛烯、2-甲基庚烯、3-甲基庚烯、3,4-二甲基己烯、2,4-二甲基己烯)的工业混合物与未被修饰的钴催化剂在约 203 bar 下的氢甲酰化中醛的分布。表 5.1 中所示的是典型的转化率和产率。这两个参数在使用 *Z*-烯烃或者 *E*-烯烃时只有微小差别。显然对于任何烯烃都倾向在两端生成 C—C 键。这一倾向是由烯烃的分支产生的。内烯烃生成端醛的产率要低一些。

---

① 由于这些方法在相关综述里有详细的描述，在这里只讨论其和应用相关的结论。

表 5.1 未修饰的钴催化剂催化的异构的 C_8 烯烃氢甲酰化的转化率和产物分布

C_8 烯烃 —— $Co_2(CO)_8$, CO/H_2 (1:1, 200 atm), 120 °C ——→ 异构的 C_9 烯烃

烯 烃	转化率%	醛基的位置/%							
		C_1	C_2	C_3	C_4	C_5	C_6	C_7	C_8
	66	65.5	13.8	3.6	2.3	1.6	1.3	3.0	8.9
	55	62.0	21.4	9.9	6.7	—	—	—	—
	52	56.7	17.8	13.0	12.5	—	—	—	—
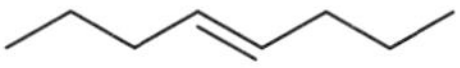	52	56.2	17.0	11.0	15.8	—	—	—	—
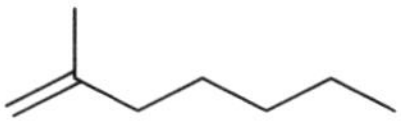	79	78.7	3.8	0.1	1.6	2.2	3.5	10.1	—
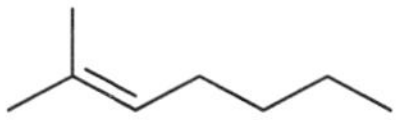	68	63.9	1.2	0.2	3.3	4.3	6.9	20.2	—
	51	72.4	3.9	0.5	0	0.6	1.8	5.6	—
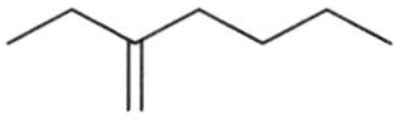	47	17.3	1.2	2.9	0.1	1.0	2.2	7.4	—
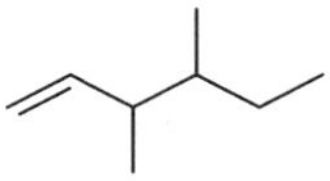	71	96.3	2.5	0	—	—	—	—	—
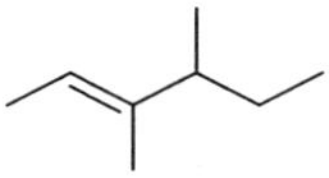	44	87.6	3.4	0.2	8.8[a)]	—	—	—	—
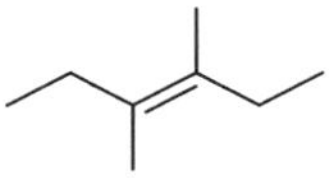	24	29.8	1.3	1.2	67.7[a)]				
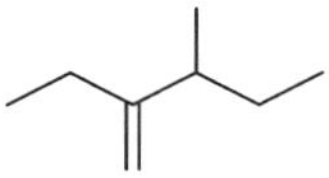	58	11.8	0.4	2.1	85.7[a)]				

a) 3-乙基-4-甲基己醛的产率

一般来说,使用未修饰的钴催化剂的氢甲酰化的区域选择性受到温度和 CO 分压的强烈影响,而催化剂浓度和氢气分压较为次要[35]。当非质子溶剂(甲苯、原甲酸甲酯、乙醚、1,4-二氧六环)改变时,几乎不影响区域选择性[48]。使用端烯烃时,CO 分压增加可以降低异构化的速率[49]。在高压下,甚至可以阻止内烯烃的 Z/E-异构化。1991 年,Pino 提出了在氢气环境下,在 $HCo(CO)_4$ 和其前体

$Co_2(CO)_8$ 的溶液中快速生成 $HCo_3(CO)_9$ 的假设，解释了 CO 的作用(图解 5.7)[50]。$HCo_3(CO)_9$ 与氢气反应生成 $HCo(CO)_3$[51]。这一 $16e^-$ 配合物在异构化和氢甲酰化中都具有活性。低 CO 压力由于生成了热力学更稳定的内烯烃从而
387 有助于逆向消去 β-氢化物。相反地，增加 CO 压力生成了 $RCo(CO)_4$，这是醛的直接前体。有趣的是，在较早的文献中，$HCo(CO)_4$ 也被认为是氢甲酰化催化剂，与烯烃反应同样得到 $RCo(CO)_4$。因此，由 $HCo(CO)_4$ 通过一个未知过渡态而直接生成 $RCo(CO)_4$ 可能是在高 CO 压力下非异构氢甲酰化的另一种解释。

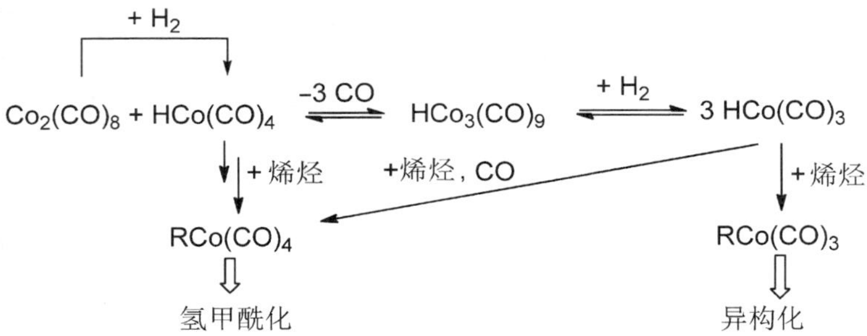

图解 5.7　与 CO 压力相关的异构化与氢甲酰化的竞争

Jiao 等在后来的研究中认同了通过 $HCo(CO)_3$ 的假说[52]，他们使用 DFT 研究了钴催化的丙烯的氢甲酰化的整个机理。人们还发现生成异构的钴-烷基配合物的过程是可逆的。

388 与其对铑催化的氢甲酰化的效果相比，有机配体对钴催化反应的效果较不明确。另外，想要得到的区域指向性很大程度上取决于修饰的和未修饰的催化剂之间的平衡。

Slaugh 和 Mullineaux[53] 比较了不同单齿膦配体对 1-戊烯的氢甲酰化的效应。总的来说，使用碱性的三烷基膦与 PPh_3 相比得到直链醛的产率较高[54]。用胂替换膦会降低正区域选择性[55]。显然，锥角 $\theta=136°$ 且 $pK_a=8.4$ 的 $P(n-Bu)_3$ 最符合正区域选择氢甲酰化的立体和电子需求[56]。从这一研究中可以得到以下配体促使正醛/正醇形成的顺序：

$$P(n-Bu)_3 > PEt_3 \approx PCy_3 > PPh_3 > AsPh_3$$

为了找到比 $P(n-Bu)_3$ 更不易挥发且更稳定的膦，1968 年 Shell 提出了磷杂二环壬烷(phobanes)(图 5.2)[57]。在 183～185℃、85 bar 合成气($CO/H_2=1:2$)下，使用两种非对映异构体($R=C_{20}H_{41}$)的混合物的钴催化的 1-十二烯的氢甲酰化中，以 87%的产率和 89%的直链率得到对应的醇。Bungu 和 Otto 使用相关的 phobanes 拓展了这一方法[58]。使用这些配体还观测到了范围在 85%～90%的高
389 正区域选择性，这比 $P(n-Bu)_3$ 得到的区域选择性(81%)略高。Phobane 配体的锥角在 159～165°。Crause 等[59] 从对映纯的柠烯合成了“LIM 配体”。使用 LIM-

C_3H_6CN 产生了最低的正区域选择性（54%）；使用 LIM-5 产生了最高的区域选择性（71%）。非对映异构配体的比较几乎没有效果[60]。但是，长链烷基取代基在 LIM-配体中的分支会降低区域选择性。

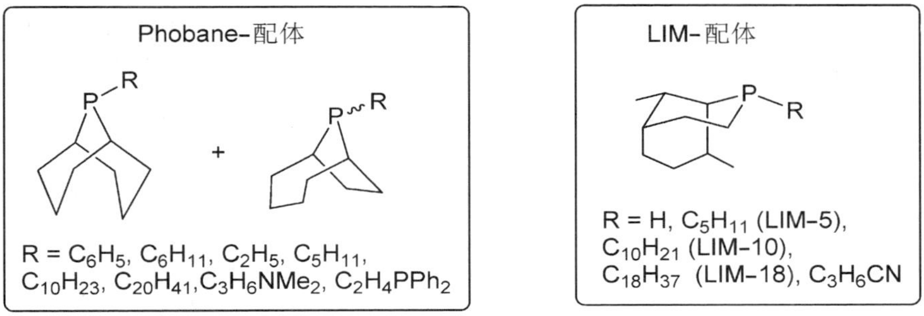

图 5.2 钴催化的氢甲酰化中的双环三烷基膦配体

使用 $Ph_2P(CH_2)_nPPh_2$ 类型的螯合双膦，区域选择性以如下顺序减少，这和螯合环大小的缩小量相关[53]：

$$n=5 \approx n=4 > n=2$$

当使用双膦配体时，在钴催化的氢甲酰化中，必须考虑“断臂机理”，它会阻止金属中心周围的立体阻碍带来的有利因素，与之后使用对应的铑或者铂催化剂所见类似。

由 $Co_2(CO)_8$ 通过与氢气作用且随后与 2 当量亚磷酸三酯加成制备的 $HCo(CO)_2[P(OPh)_3]_2$ 可以将 1-戊烯异构为 2-戊烯[61]。但是，一般来说，这样的钴-亚磷酸三酯配合物是较差的氢甲酰化催化剂[62]。

Beller 和 Krauter[63]发现，通过 Co(TPPTS)（TPPTS=3,3′,3″-次膦基三（苯磺酸）的三钠盐）催化剂在异构的 2-戊烯上的作用，在 30～100 bar 的合成气压和 130～150℃时几乎只生成醛（图解 5.8）。l/b 区域选择性约为 2：1。

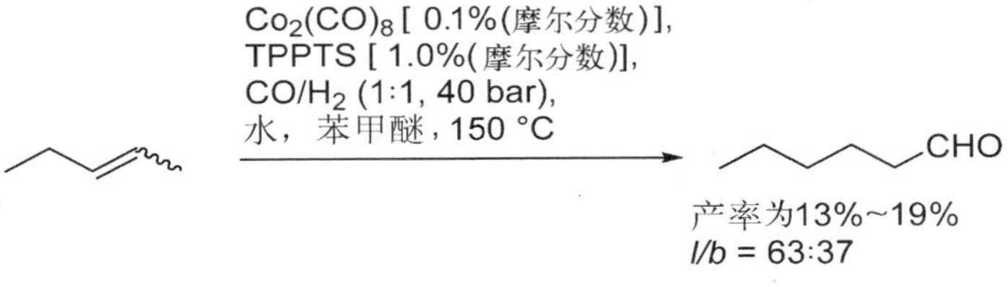

图解 5.8 异构的 2-戊烯在双水相系统中的异构化-氢甲酰化反应

较高的温度和较低的合成气压会减少区域选择性。催化剂可以从双水相系统中回收且在连续四轮加载中几乎没有区域选择性的损失。

向异相钴催化的反应中加入其他金属有利于氢甲酰化的效果。例如，少量的钌加入碳负载钴催化剂（Co/AC）可以增加活性和 l/b 选择性[64]。负载的钴的高分散性和还原能力可以解释此效应。当加入钌时形成了不平衡合金小微粒。这些微粒使更多的 CO 保持在未解离的状态且降低了表面氢气的压力。这与相关的但均匀分布的铂-钴或者钯-钴合金相反。增加钌的给料会增加活性和区域选择性。

390 我们应该注意到一些金属催化剂可以引起 1,2 - σ 迁移重排,这可以进一步修饰作为氢甲酰化底物的烯烃。常常被引用的例子是 α -蒎烯与未修饰的铑催化剂的异构化-氢甲酰化反应(图解 5.9)[65]。与铑形成强烈对比的是,钴催化剂会生成 2 -甲酰莰烷。1,2 - σ 迁移重排可以通过 $HCo(CO)_4$ 的酸性来解释。

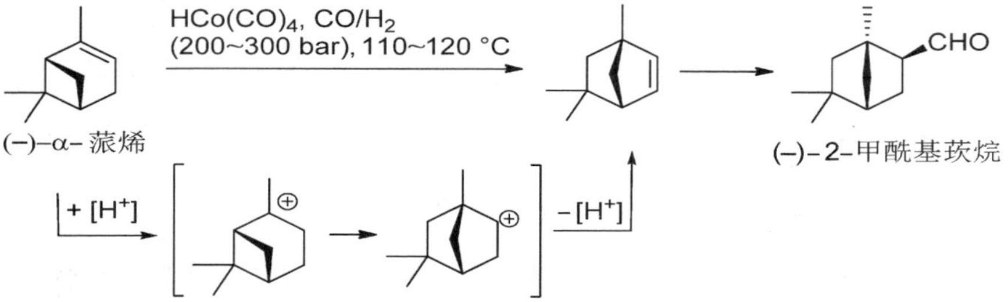

图解 5.9 烷基在氢甲酰化之前发生 1,2 - σ 迁移

5.1.2.2 铑催化剂

与未修饰的钴催化剂形成强烈对比的是,铑同类物的区域鉴别能力弱且以端烯烃为底物时通常生成等量的直链醛和支链醛。这一不同可以解释为金属中心较大,因此配位烯烃的立体效应较不明显[66]。

Lazzaroni 等[67]发现,在 $Rh_4(CO)_{12}$ 存在时,1 -己烯只在高温时优先异构为 2 -己烯。空间限制的烯烃很容易发生异构化成为较不密集的结构。Dos Santos 和 Gusevskaya[68]在 α -蒎烯于 110℃的氢甲酰化中观测到除了 3 -甲酰蒎烷以外的另两种 10 -甲酰蒎烷的非对映异构体(图解 5.10)。后者是由 α -异构体重排生成
391 的更易得到的 β -蒎烯中环外双键反应所得的结果。反应在温和得多的条件下同样可以以异构化-氢甲酰化-缩醛化反应的形式进行,铑亚磷酸三酯催化剂存在时以 20%~40%产率生成端乙缩醛[69]。值得注意的是,在高配体浓度时异构化较不

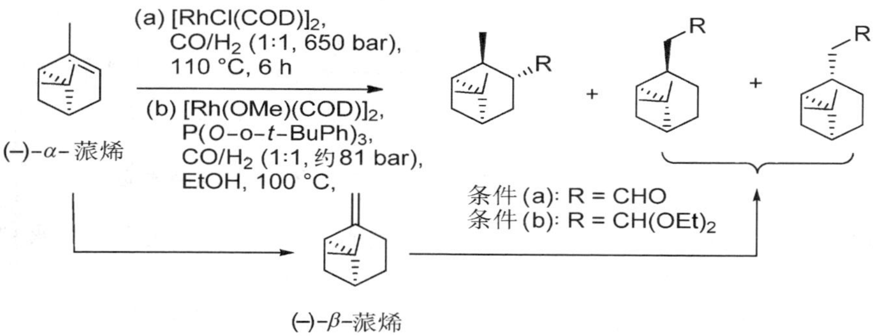

图解 5.10 α -蒎烯的异构化-氢甲酰化反应

显著。乍看之下，这一发现与 Leeuwen 在 1995 年发现的烯丙基苯和 1-己烯与 $HRh[P(OPh_3)]_4$ 在有额外亚磷酸酯存在的情况下的异构化的增强作用相反[70]。但是，在这些反应中没有 CO 的存在且使用了其他的底物。

人们发现了在 β-异佛乐酮缩醛的氢甲酰化之前，环内双键的相关迁移（图解 5.11）[71]。主要生成环外醛产物。

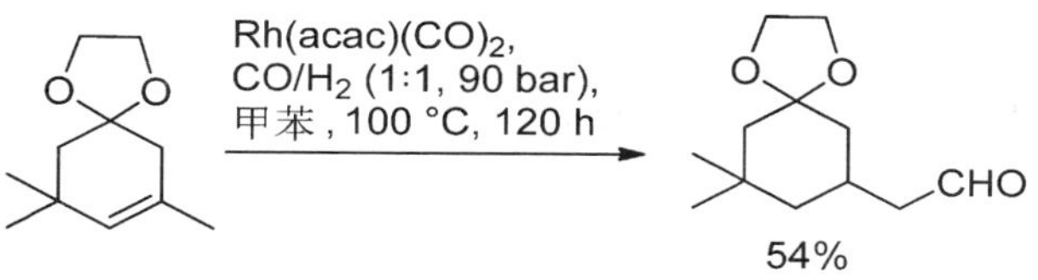

图解 5.11 β-异佛乐酮缩醛的异构化-氢甲酰化反应

底物的结构可以支持其异构化为热力学更加稳定的内烯烃。我们知道，使用适当的异构化催化剂，2-芳基丙烯可以与 3-芳基丙烯形成平衡。典型的例子是温度相关的丁香酚的异构化-氢甲酰化反应，它可以主要生成端醛 **3** 或者支链 1-醛 **1**（图解 5.12）[72]。

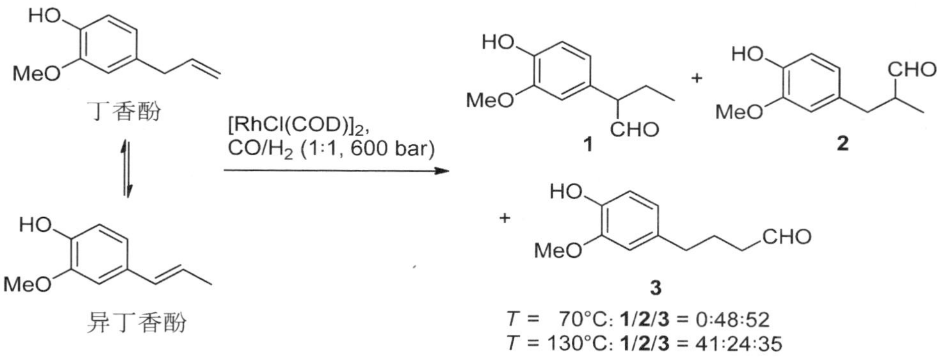

图解 5.12 与温度相关的丁香酚的区域异构氢甲酰化

Osborn 和 Wilkinson[73] 实现了铑催化的氢甲酰化的一大突破，他们发现通过使用 PPh_3 修饰的铑配合物不仅可以大大改进活性而且还可以改进区域鉴别能力。在 1-链烯与 $RhCl(CO)(PPh_3)_3$ 于 60℃ 的氢甲酰化中，观测到 l/b 比例为 2.7。在室温下向与 $HRh(CO)(PPh_3)_2$ 的反应中加入过量的 PPh_3 可以将此比例改善至 20。在较高温度下，区域选择性会降低。在 1-十二烯的氢甲酰化中 Ph_3P 与 Ph_3As 相比能有更好的 l/b 选择性[74]。通常，使用 P 修饰的铑催化剂时，由于 CO 392
和 P-配体在铑中心的竞争，在 α-烯烃的氢甲酰化中增加 CO 分压会降低区域选择性（图解 5.13）。在使用 $HCo(CO)_3/HCo(CO)_4$ 的氢甲酰化中则表现相反。

在 25 atm 合成气压和 100℃ 下对 Z-链烯或者 E-链烯的氢甲酰化的尝试中，只生成了支链醛，这体现了带有单齿膦配体的铑催化剂的低异构化活性[73b]。特别的是，碱性三烷基膦能抑制异构化[54]。因为改进了铑（双膦）配合物的稳定性，用

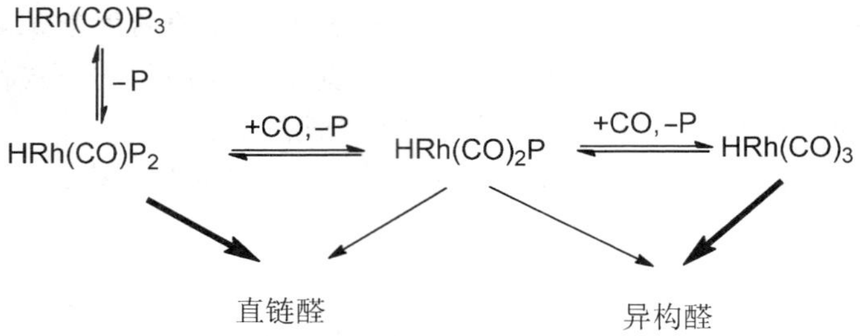

图解 5.13 在铑催化的端烯烃的氢甲酰化中与CO分压相关的异构化与氢甲酰化的竞争

TPPTS取代 PPh_3 会产生更高的 *l/b* 比例[75]。这些发现为鲁尔化学/罗纳普朗克(现在的欧季亚)、联合碳化物公司、巴斯夫、赢创和三菱化工为不同链长的未修饰的烯烃氢甲酰化所研发的工业用"低压氧合(LPO)"过程提供了化学基础[45,76]。

Albers等[77]分析了1-辛烯和4-辛烯与[Rh(COD)(PPh_3)$_2$]BF_4(COD=1,5-环辛二烯)在70℃下氢甲酰化的压力效应(表5.2)。与预期类似,在低压下使用端烯烃作为底物,以1.6∶1的比例生成正醛和异醛**1**和**2**。因为一些异构化,也有少量其他的支链醛**3**和**4**被发现。特别高的合成气压(500 MPa)会完全抑制双键迁移,正壬醛和2-甲基辛醛几乎等量形成。① 这一结果很好地显示了催化剂对区分端双键1-位和2-位的能力很差。使用4-辛烯作为底物,在低压下,异构化同样起了显著作用。由4-辛烯的 C_4/C_5 位置形成C—C键生成的4-甲酰辛烷(**4**)的最高产率在500 MPa下得到。值得注意的是,也得到了醛**2**和醛**3**。这些产物需要4-辛烯首先异构化为热力学较不稳定的烯烃,这就需要动力学控制。这一结果与1-辛烯在相同条件下的反应相反。

表 5.2 与合成气压相关的产物形成①

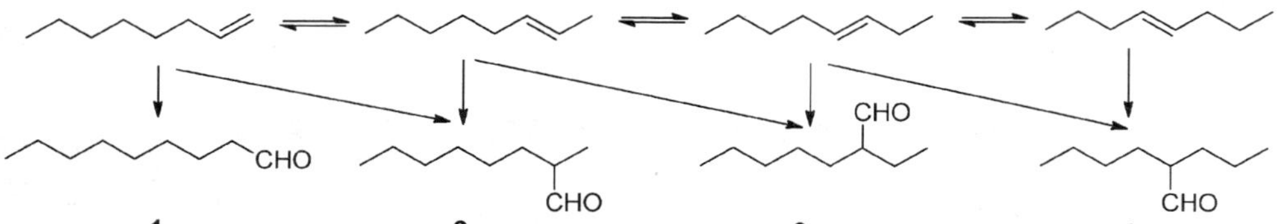

1 **2** **3** **4**

底 物	压力/MPa	选择性/%			
		1	**2**	**3**	**4**
1-辛烯	6.4	54.5	37.0	6.3	2.2
1-辛烯	500	51.8	48.1	0.1	0.0
4-辛烯	7	0.9	12.7	31.3	55.2
4-辛烯	500	0.3	5.2	26.1	68.4

① 反应条件:[Rh(COD)(PPh_3)$_2$]BF_4[2%(摩尔分数)],70℃,CH_2Cl_2,16 h。

① 不能排除在极高压力下,使用的 PPh_3 被CO置换。

2,3-二甲基-2-丁烯的氢甲酰化也与压力相关[77]。在低压下，只有很低产率的3,4-二甲基-戊-1-醛产生(图解5.14)。在510 MPa时，这一端醛的产率增加约3倍。 393

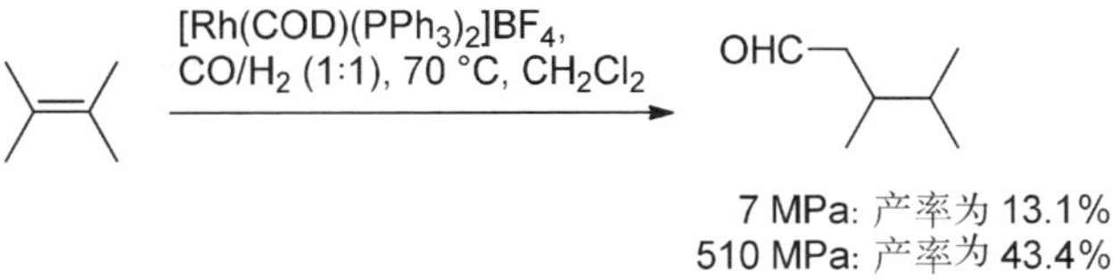

图解5.14 2,3-二甲基-2-丁烯的异构化-氢甲酰化

通过例如BISBI[78]或者NAPHOS[79]的二齿膦配体的发现取得了正区域选择氢甲酰化的突破(图5.3)。通常，这些配体能在端烯烃的氢甲酰化中带来出色的直链醛产率。Beller等[80]用氟取代的芳基基团(IPHOS)替换了NAPHOS中的*P*-苯基。这一电子修饰与源配体相比增加了内烯烃的氢甲酰化的正区域选择性(2-戊烯：$l/b=91:9$；2-辛烯：$l/b=86:14$；4-辛烯：$l/b=66:34$；TOFs=60～425/h)。早前的α-烯烃的研究显示，使用碱性较弱的膦能增加直链醛对支链醛的比例，前文的结果与这一研究可以很好地对应起来[81]。 394

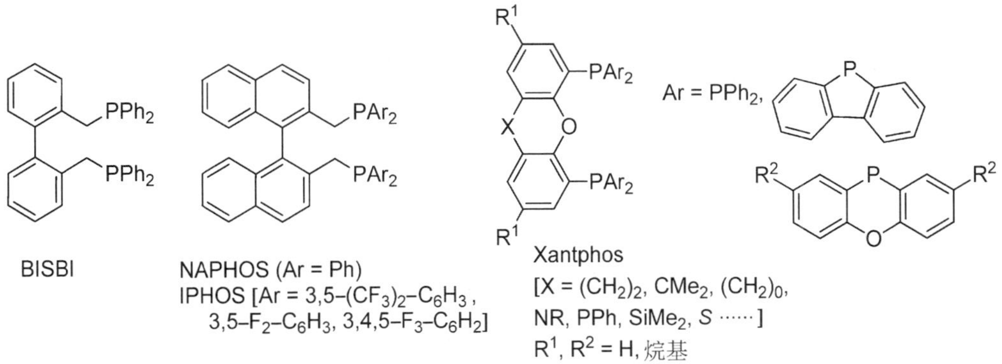

图5.3 适合异构化-氢甲酰化的大咬入角双膦

Xantphos是van Leeuwen小组提出的一类含有许多个体的双膦的总称[82]。这些配体在研究结构-活性/区域选择性的关系上有着特别的价值且可以合理地设计催化剂[16,83]。呫吨结构的中间环上不同的X可以在102～121°范围内以恒定电子效应调整咬入角。大咬入角能引起内烯烃的异构且固定了端双键[83]。用二苯磷基或者苯氧膦基基团取代PPh_2基团可以进一步将大咬入角双膦家族拓展到$\beta_n=131°$[84]，且在*E*-2-辛烯、*E*-4-辛烯和2-戊烯的氢甲酰化中以10倍左右改进了正区域选择性[85]。有时区域选择性甚至可以达到以端烯烃为底物时的水平。在呫吨链(R^1)周围带有长烷基的配体被用于Raffinate II[1]的氢甲酰化($CO/H_2=1:1$，25 bar；115℃，72 h)，产生大于70%的异构的戊醛的转化，l/b比例高达

93∶7[86]。

考虑到通过加入过量的双膦配体可以增加铑催化的氢甲酰化的正区域选择性，Zhang 等研发了一种特别的构象受限的二芳基四膦(图 5.4)。这些配体能在以 2-戊烯、2-己烯或者 2-辛烯为起始的反应中，带来高于 95%的指向直链醛的选择性[32]。人们推测这些配体具有多螯合配位特性。正区域选择性随着 Ar 的性质以如下顺序增加，显示了与 IPHOS 中发现的相同的电子效应：

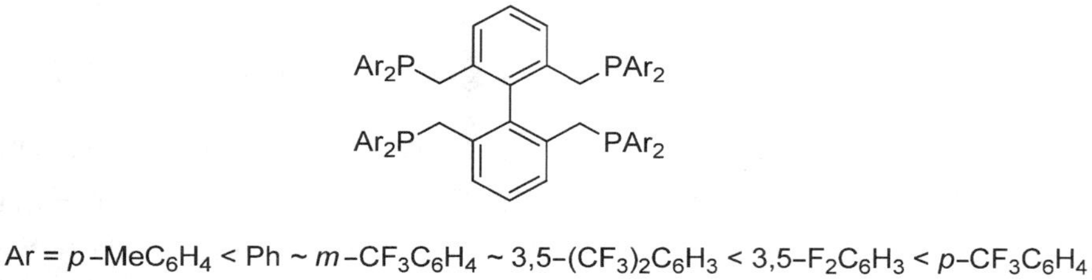

图 5.4 四膦和它们适用于异构化-氢甲酰化的等级

使用基于 BINAS 的催化剂，Beller 在如 2-辛烯的 2-烯烃的双水相介质中达到的 *l*/*b* 比例为 99∶1(图解 5.15)[80,87]。

395

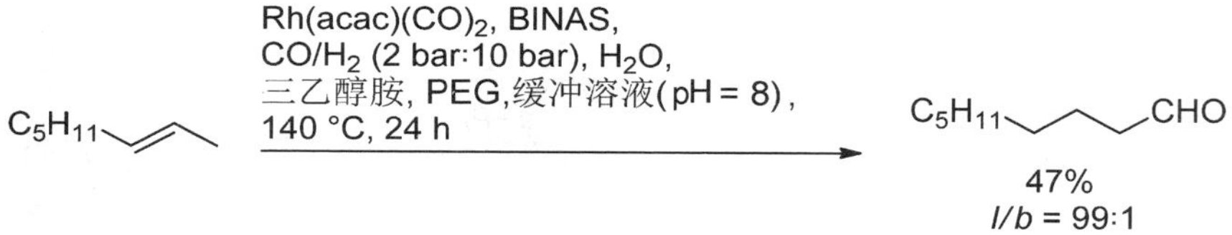

图解 5.15 双水相系统中的异构化-氢甲酰化系统

Claver、Castillón 和 Bayón[88]发现二氢呋喃的氢甲酰化中得到的区域异构的醛在一定程度上会随着使用的单齿磷配体的类型而变化(图解 5.16)。

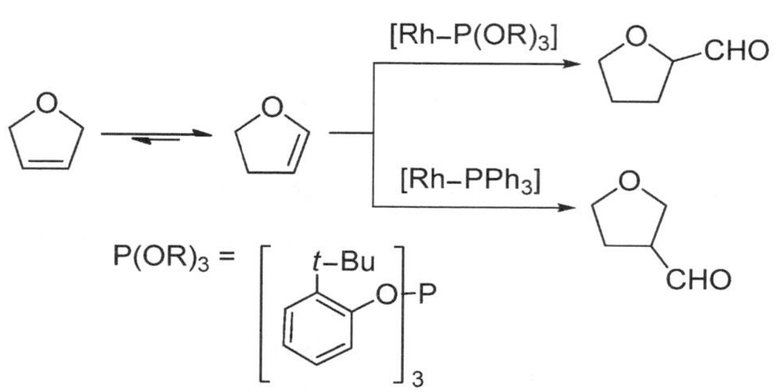

图解 5.16 与磷配体类型相关的二氢呋喃的异构化-氢甲酰化反应

一般来说，2*H*,5*H*-二氢呋喃作为典型的烯丙基醚，在金属催化剂作用下很容易发生异构生成对应的 2*H*,3*H*-异构体[89]。这两种异构体可以与合成气反应。在中等反应条件下(5 bar，80℃)使用大体积单亚磷酸三酯作为配体，主要生成四氢呋喃-2-甲醛，而使用 PPh_3 则生成 3-甲醛。二氢吡喃也有类似的特性。值得注意的是，2*H*，5*H*-二氢呋喃的异构只发生在合成气和铑催化剂存在的情况下。另外，使用大体积的配体，选择性几乎与 P/Rh 比例无关。

正如在双膦中所讨论的，相关的双亚磷酸三酯比单亚磷酸三酯在内烯烃的异构化-氢甲酰化反应中带来明显更高的选择性。与此相关的最早的配体由 Bryant 和其同事[90]在 UCC 合成，这一配体可以给出出色的区域选择性（2-己烯：$l/b=19$；2-辛烯：$l/b=17$）。这样的 BIPHEPHOS 类型的二芳基-2，2′-双亚磷酸三酯成为了所有后续合成的配体的原型（图 5.5）。Paciello 和 Röper[91]基于分子模型和动力学研究总结出，在 **1** 类型的双亚磷酸三酯中，拥有 $\beta_n=120°$咬入角的配体 **a** 应该在异构化-氢甲酰化中最具有正区域选择性。

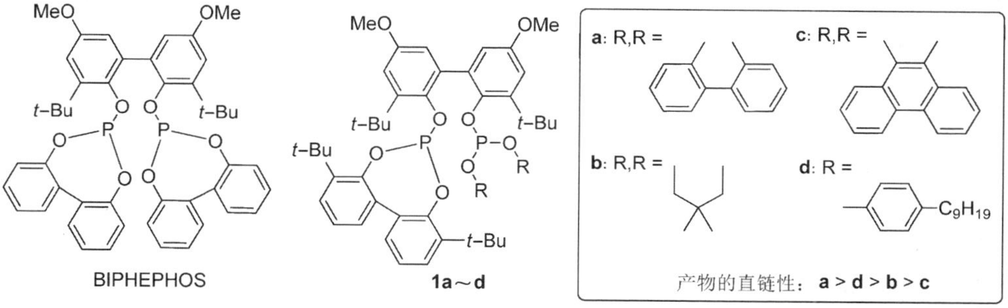

图 5.5　适用于异构化-氢甲酰化的大咬入角双亚磷酸三酯的基本结构

Kragl 和其同事[92]在 *E*/*Z*-2-戊烯混合物的氢甲酰化中使用了 Rh(BIPHEPHOS)催化剂。在 160℃和 30 bar 合成气压下，观测到 99%的转化。 396
正己醛的产率为 79%，直链率大于 99%。

Behr 的小组细致研究了使用基于 BIPHEPHOS 的催化剂的 *E*-4-辛烯的异构化-氢甲酰化反应（图解 5.17）[93]。在甲苯溶剂中，125℃和 20 bar 合成气压下，正壬醛以 88%的产率生成。端醛的产率与催化剂浓度强烈相关（铑浓度：0.1%（摩尔分数），正壬醛产率为 29%；铑浓度：0.25%（摩尔分数），正壬醛产率为

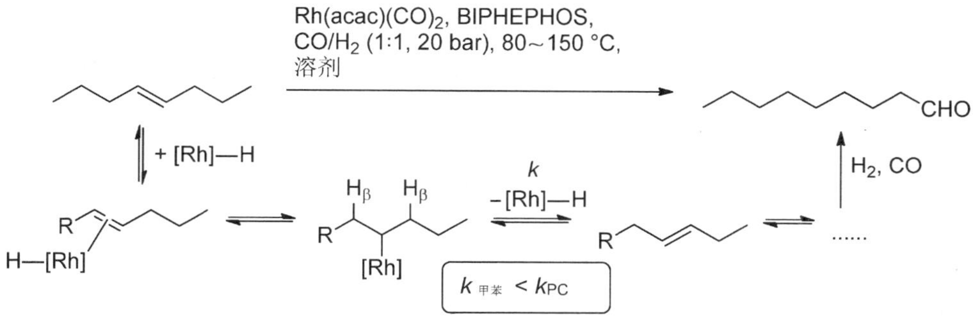

图解 5.17　铑催化的正区域选择异构化-氢甲酰化的简化机理

65%;铑浓度:0.5%(摩尔分数),正壬醛产率为 75%)。由于烯烃的转化速率十分恒定,只有在铑浓度为 0.5%(摩尔分数)时正壬醛才有高产率。在优化条件下(10 bar,125℃,P/Rh=6∶1),可达到最大转换频率(TOF)85/h。用碳酸丙烯酯(PC)[94]替换甲苯作为溶剂,可以将正区域选择性增加至 95%(TOF = 34/h)[93]。这一效应可以通过在相应的铑-烷基配合物中,β-负氢原子由于极性的 PC 而产生较高的移动性来解释[95]。

Beller 的小组研究了来源于 H_8—BINOL 的双亚磷酸三酯 **1**(图 5.6)的四个溴取代基分别对 2-戊烯和 2-辛烯的氢甲酰化的影响[96]。使用一些这样的配体时,可以观测到与 BINAPHOS 相比更高的活性及类似的高正区域选择性。正如所预
397 期的一样,与源配体(R=H)相比,溴原子带来的空间位阻的增加使得 *l*/*b* 比例增加。在过去的 20 年,Selent 和 Börner 为异构的正辛烯混合物的异构化-氢甲酰化研发了许多新配体。意外的是,单亚磷酸三酯配体 **2** 也能带来中等的正区域选择性[97,98]。例如 **3** 的源于苯频哪醇的双亚磷酸三酯配体在 2-戊烯的氢甲酰化中与 BIPHEPHOS 相比能产生更高的区域选择性(99%)[18]。由于这些出色的特性,Haumann 和 Wasserscheid[99]将这些配体用于使用混合 C4 给料(Raffinate I)的 SILP(负载离子液相)反应。在 120℃和 20 bar 合成气压下,可达到 850 kg/m³·h 的正戊醛的时空产率(STY),这是文献中所提及的最高的 STY 之一。在这些条件下指向生成正戊醛的选择性也保持在 99%以上。

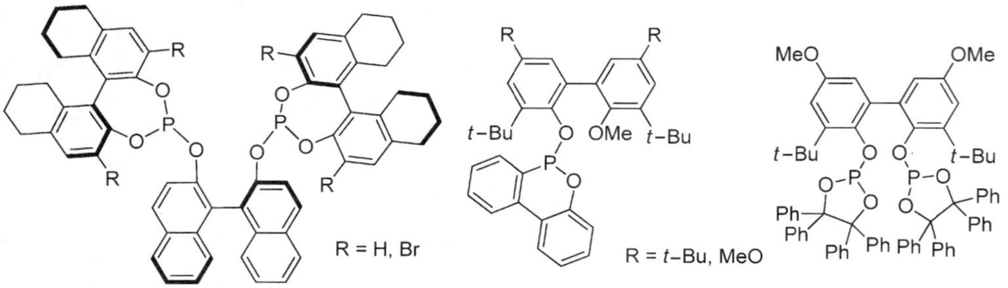

图 5.6 适用于异构化-氢甲酰化的亚磷酸三酯和次磷酸二酯

使用电子性质不对称的酰基亚磷酸酯-亚磷酸酯作为配体,在 2-戊烯或者异构正辛烯的铑催化的氢甲酰化中,可以达到高达 69%的直链壬醛的产率(图解
398 5.18)[100]。配体附近带有甲氧基的亚磷酸三酯能带来比它们的叔丁基对应物更高的活性但是较低的区域选择性。

这些结果可以通过使用基于 1,8,9-蒽三醇的三亚磷酸三酯配体来进一步改进(图 5.7)[101,102]。在与 2-戊烯的反应中,观测到超过 90%的产率且正己醛以 92%～94%的选择性生成(CO/H_2 = 1∶1,2 MPa;100～120℃,4 h,PC 或者甲苯)。当使用正辛烯的混合物时,可达到产物的 84%～87%的直链选择性。有趣的是,使用 2-丁烯作为底物,观测到与使用 1-丁烯相比略高的正选择性(90%)。

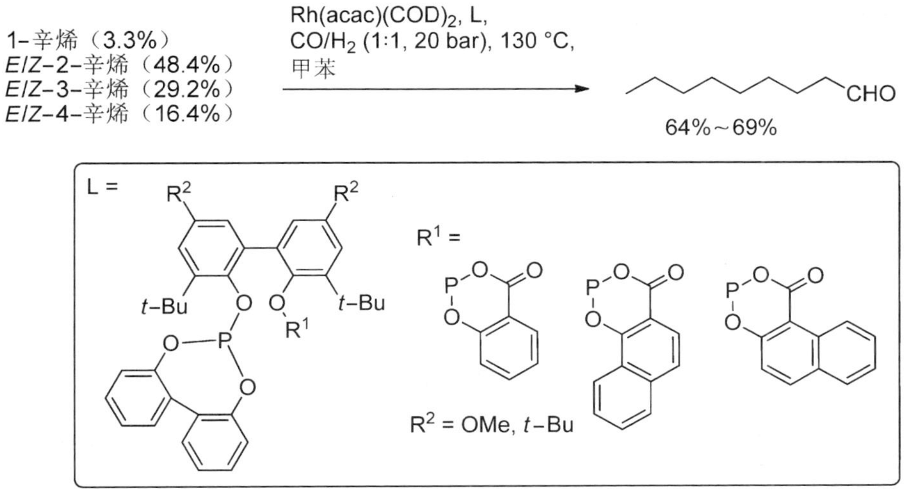

图解 5.18 正辛烯混合物的异构化-氢甲酰化反应

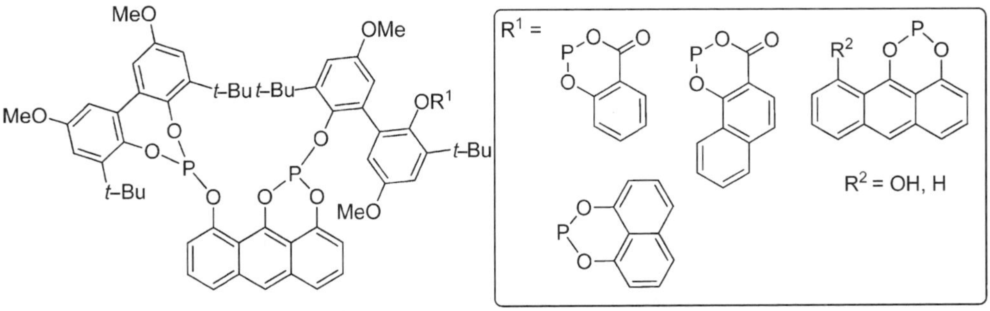

图 5.7 用于异构化-氢甲酰化的基于 1,8,9-蒽三醇的三亚磷酸三酯配体

Zhang 和其同事[103]为 2-辛烯和 2-己烯的异构化-氢甲酰化反应提出了基于吡咯的四亚磷酰胺(图 5.8)。配体/金属比例对于区域选择性有着巨大的影响。当比例为 1∶1 时,观测到低区域选择性。为了使 l/b 比例达到约 41∶1,必须使用最小为 2∶1 的配体/金属比例且反应需要在 100℃进行。通过在联苯基的 3,3′,5,5′-位(R)的取代可以进一步改进选择性[104]。最好的情况下,l/b 比例达到 207。从这些实验中无法得到关于空间排列或者电子效应的清晰的结论。

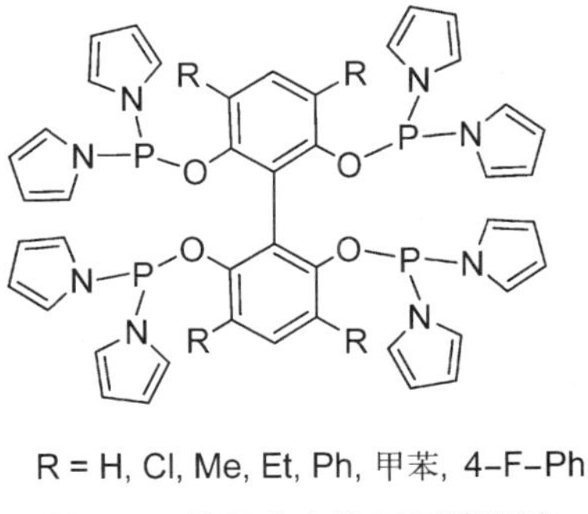

图 5.8 基于吡咯的四亚磷酰胺

杜邦和帝斯曼[105]提出了来源于联萘的双亚磷酸三酯的制备,分别用于内烯烃(2-己烯的 l/b=36)和 3-戊烯酸甲酯的异构化-氢甲酰化(图解 5.19)。总的来

399 说，双亚磷酸三酯的 3，3′-位的吸电子酯基团对区域选择性存在有利影响。

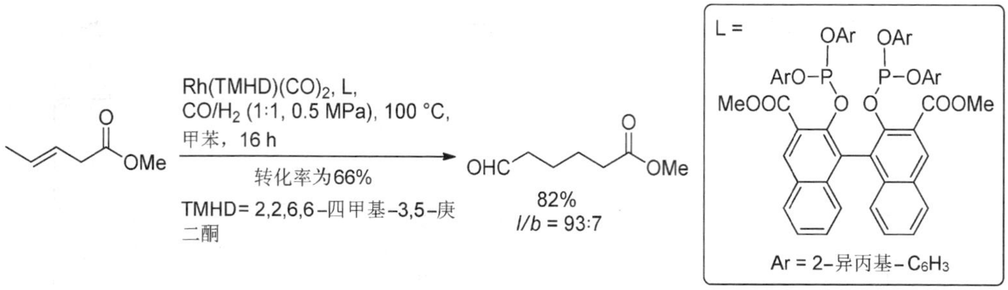

图解 5.19 3-戊烯酸甲酯的异构化-氢甲酰化

在大规模制备非经典的 α-氨基酸（S）-醛赖氨酸的路径中，Cobley 和 Loyd[106]使用了巴豆醛缩醛的异构化-氢甲酰化作为关键步骤（图解 5.20）。以 4 000 的底物/催化剂比例使用 Rh（BIPHEPHOS）催化剂，以 l/b 选择性约为 15∶1 得到戊二醛单乙烯缩醛。

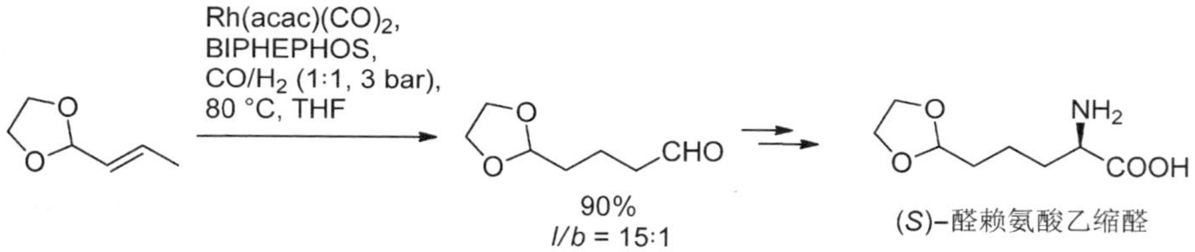

图解 5.20 得到戊二醛单乙烯缩醛的异构化-氢甲酰化反应

通过一系列不同的反应流程，我们可以对在铑催化的油酸甲酯的氢甲酰化中使用的不同亚磷酸三酯配体进行比较（图解 5.21）。

首先，van Leeuwen 和其同事[107]在 20 bar 合成气压和 100℃下使用了基于大空间位阻的单亚磷酸三酯的均相铑催化剂。观测到了 Z-向 E-构型脂肪酸酯（反油酸甲酯）的快速异构化。后者在后续的氢甲酰化中反应要慢得多。主要得到 C_9-甲酰硬脂酸酯和 C_{10}-甲酰硬脂酸酯，证明了双键的迁移比氢甲酰化明显慢得多。Behr 和其同事[20]用相同的底物在 Rh（BIPHEPHOS）催化剂下与 20 bar 合成气反应，以 26％的产率得到 18-甲酰硬脂酸甲酯。人们研究了 P/Rh 比例、合成气压和温度与区域选择性的关系。当 P/Rh 比例逐渐增加至 10 时，倾向生成端醛的选择性会增加，然后保持在一个恒定值。温度会大大影响转化率，但区域选择性却不受影响。在合成气压为 10 bar 时，甲酰硬脂酸甲酯的产率达到最大值。当
400 使用亚油酸乙酯作为底物时，直链醛以 34％的产率在 5 bar 合成气压下生成。使用后一种底物时，观测到与油酸甲酯相比双键的共轭与铑催化剂的氢化活性都会增强。

2013 年，Nozaki 小组发表了在异构化-氢甲酰化-氢化串联反应中使用基于

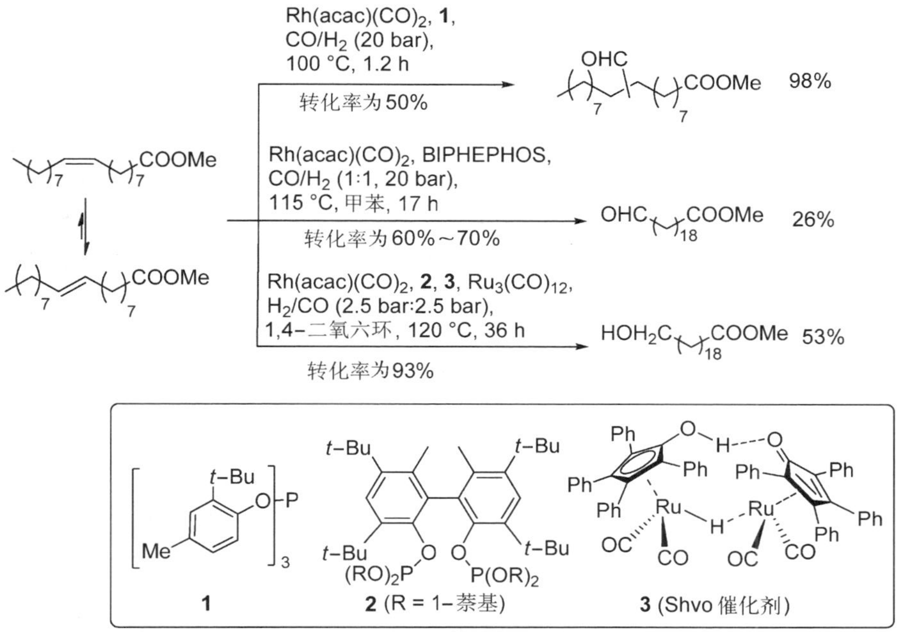

图解 5.21 使用不同铑亚磷酸三酯催化剂的油酸甲酯的异构化-氢甲酰化反应

Rh(双亚磷酸三酯)、Shvo 催化剂和 $Ru_3(CO)_{12}$ 结合的 Rh/Ru 催化剂[108]。使用油酸甲酯时，观测到 53%的产率的端醇。使用未修饰的内烯烃(2-癸烯、2-十三烯、4-辛烯)时，甚至可以达到更高的倾向生成端醇的区域选择性(l/b 高达 12∶1)。有证据表明通过协同工作，铑和钌配合物都可以催化异构化-氢甲酰化-氢化反应。

与这一研究相关，Beller 和 Geissler[109]主张使用双金属催化剂，一个金属用于异构化，另一个用于氢甲酰化。的确，使用包含基于螯合膦-亚磷酸三酯配体的铑配合物和 $Ru_3(CO)_{12}$[0.1%～0.5%(摩尔分数)]的催化系统，与单金属铑催化剂相比(l/b=42∶58；TOF=700/h)在 E-2-丁烯反应中的区域选择性可以达到反转。

5.1.2.3 钌催化剂 401

从直链丁烯[110]或者 3,3,3-三氟丙烯[111]的氢甲酰化中，对铑和钌催化剂的比较得出的结论为后者活性较低。另外，在丙烯的氢甲酰化中，还观测到较差的区域选择性[112]。很明显，钌催化剂带有显著的异构化活性，底物中的杂原子(例如，烯丙醇、烯丙基胺)也支持了这一效应[113]。

Kalck 和其同事[114]研究了用 NEt_3 和 PPh_3 修饰的双核钌配合物。将后者置换为 $P(OPh)_3$ 会降低氢化速率和减少异构化倾向。使用过量膦时也能发现类似的效果。

迄今为止，钌催化的氢甲酰化中几乎只筛查了端烯烃。一个值得注意的例外是 Knifton 的早期研究[115]。他使用了羰基钌“融合”催化剂，即将钌羰基合物分散在低熔点季磷盐中。通过加入螯合 N-给体配体，例如 2,2′-二吡啶基，生成正醛。

2013 年，Beller 的小组[116]发现了咪唑取代的膦配体在端烯烃的氢甲酰化-还原串联反应框架中的有利效用。值得注意的是，所应用的带有甲氧基的单膦配体可能以半稳定方式与金属配位。意外的是，有了这种催化系统，2-辛烯作为底物可以在 PC 作为溶剂时化学选择地转化为正壬醛（图解 5.22）[117]。与 1-链烯的反应形成对比，氢甲酰化只能在 130℃开始。在这种相对严苛的条件下，形成的醛也会发生氢化。通过将催化剂给料从 0.033%（摩尔分数）增加至 0.1%（摩尔分数），不期望的还原反应被抑制且反应甚至可以在 100℃下进行。在合成气混合物中加入过量的氢气同样不能促进生成醇的氢化反应。

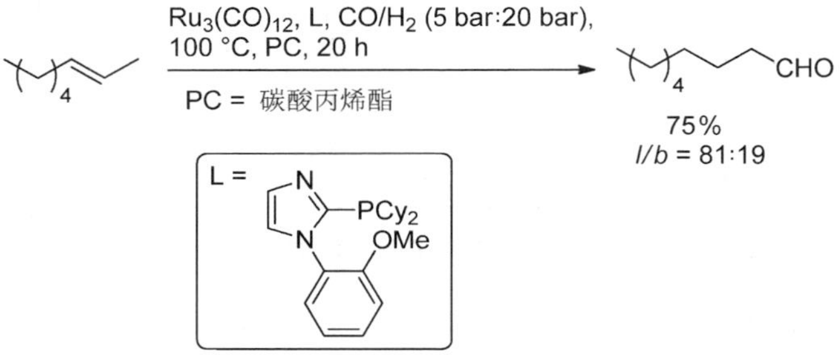

图解 5.22　钌催化剂下的 2-辛烯的异构化-氢甲酰化反应

402 5.1.2.4　铂催化剂

通常，铂催化剂能有效激发未官能化的烯烃的异构化。尽管如此，在使用它们的不对称氢甲酰化研究中，双键向（非手性）端的迁移也并非优势反应。这个问题常常可以通过使用苯乙烯作为模型底物来解决，其可以将氢甲酰化指向至芳环的相邻位置[118]。区域化学性质的决定步骤究竟是烯烃插入还是随后的羰基化，仍在讨论中[119,120]。

20 世纪 70 年代初期，Clark 和 Kurosawa[121]深入研究了使用膦修饰的氢化铂配合物，诸如反式-[$HPt(PR_3)_2$(丙酮)]X 的端烯烃和内烯烃（1-丁烯、烯丙基醚）的等量和催化量的异构化机理。后来，Toniolo 等[122]展示了异构化速率与温度强烈相关。羟基作为烯丙基醇的组成部分可能也能控制异构化[121]。

一些氢甲酰化研究的目的就是从端烯烃和内烯烃生成正醛[122,123]。Shell 的一个小组研究了长链内烯烃与[$PtCl(CO)(PR_3)_2$]$ClO_4/SnCl_2$ 类型催化剂的反应[124]。倾向生成直链醛的区域选择性以如下顺序增加，PPh_3 被认定为最佳的配体：

$$Pn(n-Bu)_3 < P(OPh)_3 < P(o-MeOC_6H_4)_3 \approx P(m-MeC_6H_4)_3 < PPh_3$$

使用基于 PPh_3 催化剂的 l/b 比例随着温度从 80℃升高至 140℃持续增加。

在 180℃时，转化减少，原因或许是催化剂的分解。虽然转化率和化学选择性随着合成气压的增加而增加，区域选择性却降低了。l/b 比例只受 CO 和 H_2 分压的轻微影响[125]。单齿的胂作为配体效率较低[126]。

Van Leeuwen[127]也在 1-辛烯的 Pt/Sn 氢甲酰化中测试了大咬入角的概念（图解 5.23）。观测到使用 Xantphos 类型的配体可以达到出色的正区域选择性（92%～96%）。催化中间物有与在铑同类物中发现的类似的几何结构。意外的是，混合膦-胂配体 **1a**（$\beta_n=111°$）[128]能带来最高的选择性。与之形成对比的是，有着窄咬入角 $\beta_n=102°$的配体 **2**，能产生高出 40 倍的氢甲酰化速率，但是使用它会伴随着明显较高的异构化倾向。 403

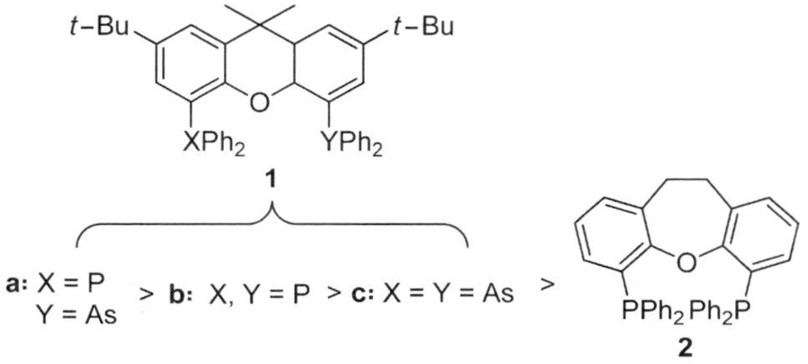

图解 5.23 Pt/Sn 催化的正区域选择氢甲酰化中膦和胂的适用性

Vogt 和其同事[129]研究了 4-辛烯与由 Sixantphos 与 $PtCl_2$ 和 $SnCl_2$ 反应得到的催化剂的异构化-氢甲酰化反应（图解 5.24）。计算得到双膦的咬入角约为 106°[130]。催化剂的异构化活性和 l/b 比例随着温度的增加而增加。反应时间长和高于 100℃的反应温度导致了烯烃氢化的倾向。

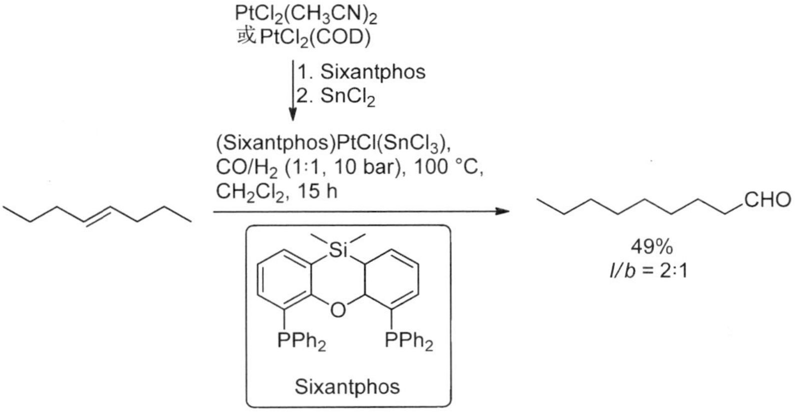

图解 5.24 Pt/Sn 催化的 4-辛烯的异构化-氢甲酰化反应

同一个研究小组还研究了 Pt/Sn 参与的 3-戊烯酸甲酯的异构化-氢甲酰化反应（图解 5.25）[130]。产物 5-甲酰戊烯酸甲酯可以转化为己二酸，这是一种合成尼龙-6.6的重要起始原料。在较高温度和低CO压力下，3-戊烯酸酯异构化为热力学更稳定的2-戊烯酸酯成为了严重的问题。后者倾向于在这些反应条件下氢化。与之形成对比的是，在较低温度下，基于Thixantphos(β_n=107°)①的催化剂只生成预期的醛。后来，van Leeuwen[128]使用另一种Xantphos类型的配体确认了这一结果。用$AsPh_2$替换一个或两个PPh_2可以降低不期望得到的氢化活性，但是也会降低氢甲酰化反应的产率。

404

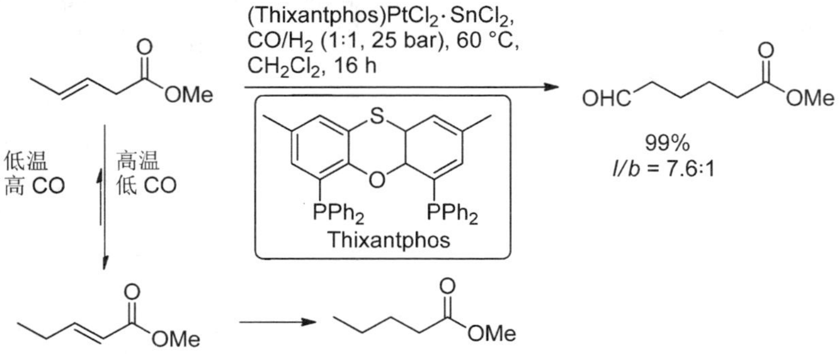

图解 5.25　Pt/Sn 催化的 3-戊烯酸甲酯的异构化-氢甲酰化反应

杜邦提出在同样底物的异构化-氢甲酰化中使用一种基于双(二苯基膦)二茂铁的不含锡的铂催化剂，得到了35%的转化率和大于86%的5-甲酰戊烯酸甲酯，直链度达到93%[131]。游离酸还可以代替甲酯作为底物成功被使用。在较少区域选择性的氢甲酰化中，5-甲酰戊酸可以通过在甲基叔丁基醚(MTBE)中结晶而从其他异构体中分离出来[132]。

在同样的催化条件下，甚至异构的底物2-戊烯酸甲酯在约69 bar下也可以反应，以76%的化学选择性生成预期的醛(图解5.26)[131]。

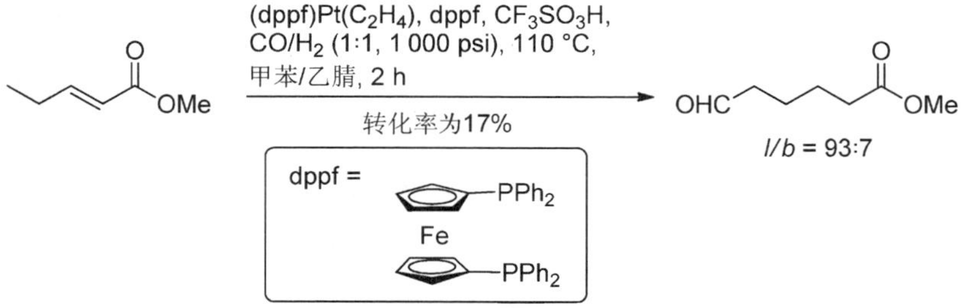

图解 5.26　不含锡的铂催化的 2-戊烯酸甲酯的异构化-氢甲酰化反应

铂催化的E-3-戊烯腈的异构化-氢甲酰化使用双膦的四磺酸盐作为配体在双水相系统中进行，在低转化率下主要生成直链醛(图解5.27)[132]。

① 其他测试配体的咬入角：DPEphos：β_n=102°；Sixantphos：β_n=106°；Xantphos：β_n=110°；dppe：β_n=78°；dppp：β_n=87°。

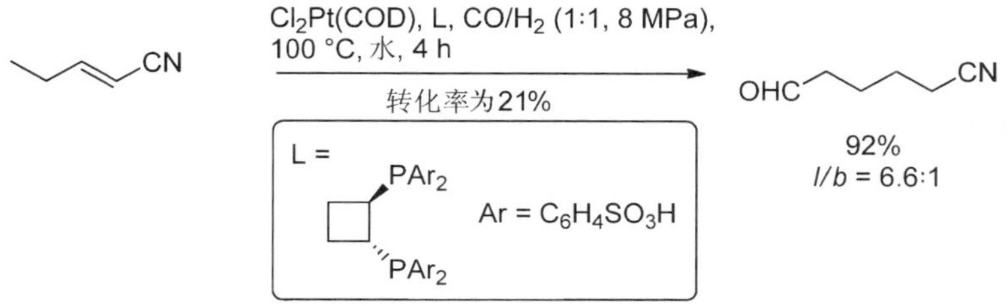

图解 5.27　不含锡的铂催化的 *E*－3－戊烯腈的异构化-氢甲酰化反应

Scarso 和 Strukul[133] 发现，如 2－庚烯的内烯烃可以使用水溶性的不含锡的 Pt(II)催化剂在微团存在情况下以 l/b 比例为 95∶5 进行氢甲酰化(图解 5.28)。远端位置的羟基(R＝OH)会大大降低反应的产率且引起正区域选择性的减少。这一结果是因为底物在非极性微团核的溶解度被降低了。

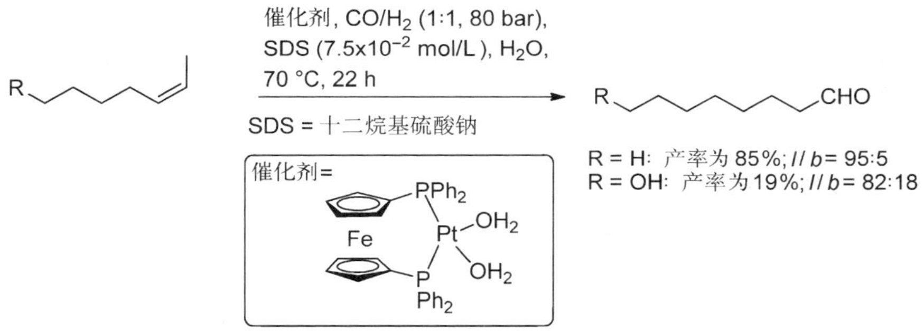

图解 5.28　不含锡的铂催化的 2－庚烯的异构化-氢甲酰化反应

5.1.2.5　钯催化剂 405

钯配合物可以协助 Z/E－异构化和不同的烯烃的迁移。烯烃中的杂原子和三烷基或二烷基膦作为钯的配体可以协助异构化[134]。

Drent 和其同事深入研究了氢甲酰化的机理(图解 5.29)[135]。通常，在氢甲酰化条件下醛会立刻还原为对应的醇。

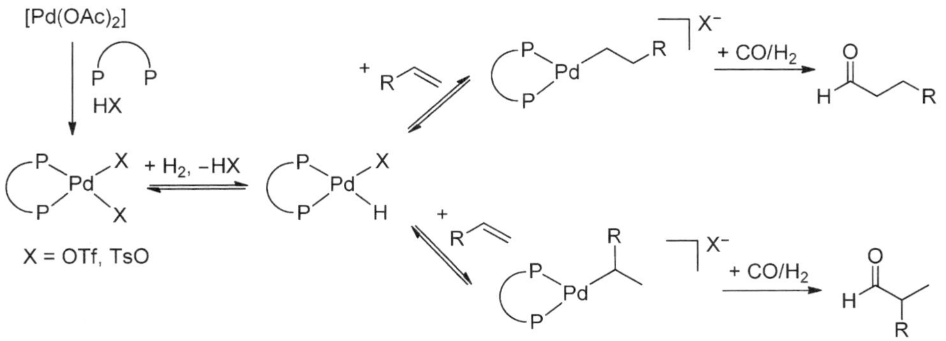

图解 5.29　钯催化的氢甲酰化中的重要步骤

406 除了阴离子(X)特性，膦配体的类型也起了重要的作用。例如(1,3-双[(二仲丁基)膦]丙烷(DsBPP))、1,3-双[(二叔丁基)膦]丙烷(DtBPP)和双(9-磷杂二环[3.3.1]壬基)乙烷(BCOPE)的大体积双膦可以用于调整 Pd 中心周围的空间排列环境(图 5.9)[136]。磷上的大位阻取代基可以增加直链醛/醇的生成。

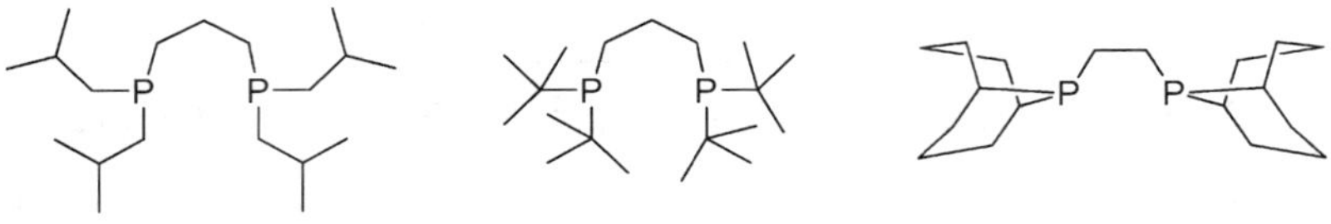

图 5.9　钯催化的正区域选择氢甲酰化中的双膦配体

卤化物阴离子可以影响内烯烃的氢甲酰化速率和催化剂的区域选择特性[136]。通过加入亚化学计量(与钯相比)的 Cl^- 或者 Br^-，达到热平衡的高内烯烃的氢甲酰化速率能增加 6～7 倍，加入 I^- 增加 3～4 倍[137]。当热平衡的 C_8～C_{10} 内烯烃混合物用于异构化-氢甲酰化时，可观测到对区域选择性的反效应[136e]。直链醛的生成以如下顺序增加：碘化物>溴化物>氯化物。

Beller 小组还研究了钯催化的一些端烯烃和内烯烃的氢甲酰化(图解 5.30)[138]。当 1-辛烯在催化剂下于室温搅拌时，没有任何氢气压力就已经发生了快速异构化。在 1 h 内，1-辛烯几乎完全达到平衡，生成了内烯烃的混合物。40 bar 或者 80 bar 合成气压下，80℃或者 100℃时的氢甲酰化的尝试显示了这些参数对反应成功与否的强烈影响。

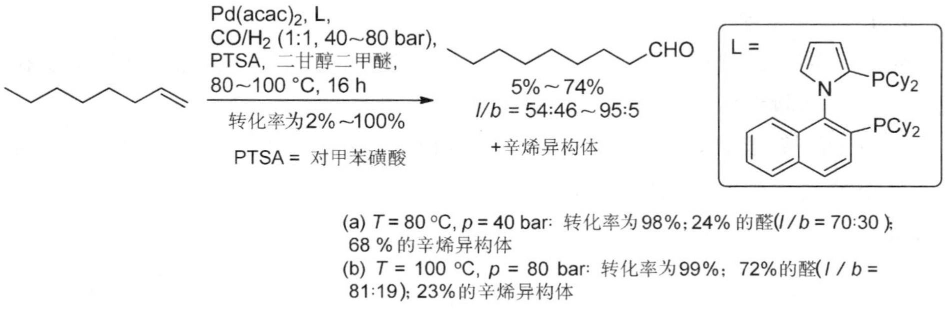

图解 5.30　不同条件下的钯催化的 1-辛烯的氢甲酰化

407 另外，酸[例如 PTSA(对甲苯磺酸)、HBF_4、HCl、$ZnCl_2$、甲磺酸]也可以强烈影响区域选择性。例如，在 0.075%(摩尔分数)的 PTSA 存在时，l/b 比例为 95∶5，当使用 10%(摩尔分数)的 PTSA 时，正壬醛和 2-甲基辛醛以 54∶46 的比例生成。总的来说，这与铑催化剂相比区别很大。

5.1.2.6　铁催化剂

铁配合物表现出很强的将官能化(例如烯丙基醇)和未官能化的烯烃异构化的

能力[10,139]。1966 年，Frankel[140]就已经发现了简单羰基铁的异构化活性。聚不饱和脂肪酸酯，例如亚油酸甲酯和亚麻酸甲酯，在 $Fe(CO)_5$ 存在时加热至 180～185℃主要以 *E*-结构生成对应的共轭聚烯。后来，Wells 和其同事[12]展示了使用 $Fe_3(CO)_{12}$ 时，1-戊烯甚至在较低的温度下(50℃)异构化为 2-戊烯。通过羰基铁协助的光激发(波长为 355 nm)也可以引起异构化[141]。例如 PPh_3、$P(OMe)_3$ 或者 P(*O*-邻甲苯基)$_3$ 的磷配体在此反应条件下可以将异构化平衡从 1-戊烯向 2-戊烯移动。观测到的 *E*/*Z*-2-戊烯的比例值与膦的立体体积相关。大体积配体会引起热力学较不稳定的链烯的增加而产生小比例的 *E*/*Z*。

Beller 和其同事[142]将这些研究拓展到包括一些其他端基官能化和未官能化的烯烃作为底物(烯丙基醇、高烯丙基醇、烯丙基胺、高烯丙基胺、乙烯基环己烷、3-芳基丙-1-烯)的情况。例如，在碱性介质中，$Fe_3(CO)_{12}$ 将 1-辛烯全部转化为 2-辛烯(图解 5.31)。另外，*Z*-2-辛烯转化为对应的 *E*-异构体。达到接近等量的产率需要的温度为 80～100℃。

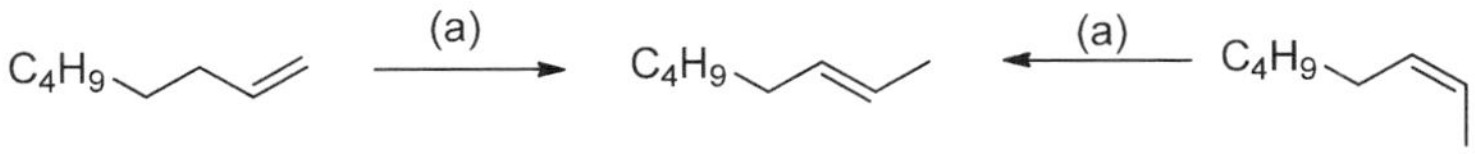

(a) 反应条件：$Fe_3(CO)_{12}$, KOH, H_2O, 二甘醇二甲醚, 80 ℃, 1 h

图解 5.31 在铁催化剂存在条件下的 1-辛烯的异构化

与均相羰基铁的异构化活性相比，其在氢甲酰化中的使用在文献中只有非常少的记载。如首先在乙烯[143]和丙烯[144]的反应中所显示的，五羰基合铁 $Fe(CO)_5$ 本身是非常弱的氢甲酰化催化剂。在 1-戊烯的氢甲酰化中加入 PPh_3 作为配体可以改进活性，但是没有观测到任何区域选择性的改变[73b]。Pertici 和其同事[145]使用合成气和一种用聚乙烯(1,3,5-环庚二烯，COD)稳定的铁催化剂前体得到了高得多的产率。醛几乎等量生成，但是只有中等的 *l*/*b* 选择性。没有检测到其他的异构体。 408

Trzeciak 和 Ziółkowski 在 1-己烯的氢甲酰化中测试了均相铑和铁催化剂的混合物[146]。在没有铑配合物存在的情况下，$Fe(CO)_5$ 在 80℃和 10 atm 合成气压下没有显示任何催化活性。加入 $Rh(acac)(CO)_2$(acac＝乙酰丙酮化物)导致 2-己烯和最终 3-己烯的生成，但是没有醛的生成。氢甲酰化只发生在 $Rh(acac)(CO)(PPh_3)$ 存在的情况下。额外的 PPh_3 的存在对双金属催化剂有利。在 P/Rh＝3 时，可观测到约 2 倍的加速，以及最终以 83%的产率得到醛。修饰的结果中没有观测到 *l*/*b* 比例的改变。

5.1.3 连续步骤的异构化-氢甲酰化串联反应

连接进一步催化步骤的异构化-氢甲酰化串联反应特别具有挑战性。2002 年，Beller 和其同事发现，通过使用基于二齿 IPHOS 配体的铑催化剂(图 5.10)，一些内烯烃(2-丁烯、2-戊烯、3-戊烯、2-己烯、3-己烯)与合成气和伯胺或者仲胺进行同釜反应以 68%～90%的直链选择性生成叔胺[147]。区域选择性只与温度和催化剂浓度略微相关。后来与 van Leeuwen 小组的合作研究显示，使用基于呫吨的配体也可以达到高产率和区域辨别度[148]。使用带有 114° 天然咬入角的 Isopropxantphos 可以观测到极佳的生成产物直链度（2-戊烯和哌啶：$l/b=24:1$；2-辛烯和吗啉：$l/b=16:1$）。2012 年，Zhang 和其同事[149]证明了四膦配体（也
409 称为 Tetrabi）也适用于此反应。使用带有吸电子芳基的四膦可以观测到最高的正区域选择性（$l/b=96:1$，2-戊烯和哌啶）和胺选择性（99%）。

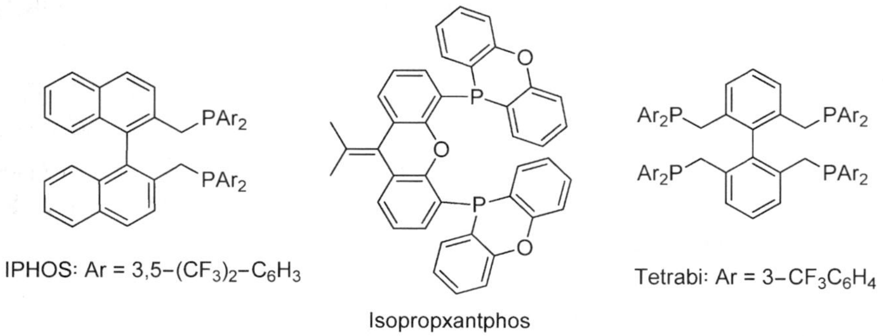

图 5.10 用于铑催化的内烯烃的高正区域选择氢氨甲基化的配体

2013 年，基于铑的 2-辛烯的氢氨甲基化流程被延伸至了用单齿 2-膦基取代的咪唑配体修饰的钌催化剂（图解 5.32）[150]。

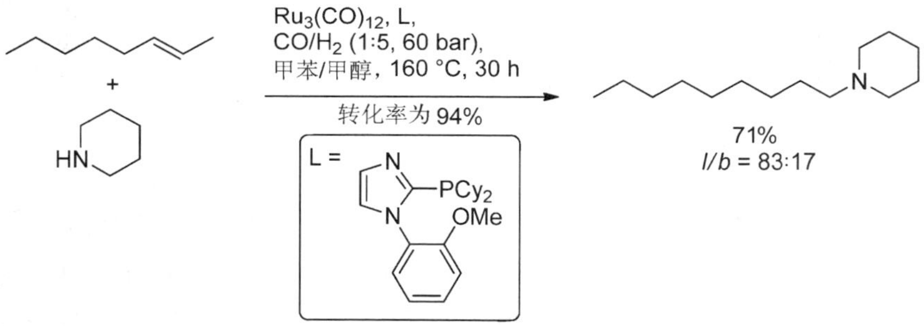

图解 5.32 钌催化的使用哌啶的 2-辛烯的异构化-氢氨甲基化

5.1.4 结论

烯烃的高区域选择氢甲酰化一直是均相催化的重要课题。由于包含双键异构体混合物，或者甚至主要是内烯烃的原料来源广泛，生成端醛的异构化-氢甲酰化串联反应不仅对于实验室小规模过程来说很有研究价值，对许多精细或者大化工过程也对此感兴趣。主要的进展来自使用可调整咬入角且具有特殊电子特性的螯合磷配体的铑催化过程。对于这些催化系统，更详细的关于有机配体如何控制异构化和氢甲酰化竞争的知识会十分有用。特别是优选的催化剂-底物配合物的几何结构，包括两个竞争反应的动力学数据，都对于更好地精细调节串联反应十分有利。

参考文献

1. This is an updated version published as: Vilches-Herrera, M., Domke, L., and Börner, A. (2014) *ASC Catal.*, **4**, 1707-1724.
2. Clearly also terminal olefins can isomerize prior to hydroformylation. For *n*-regioselective hydroformylation, the catalyst must display activity for isomerization as well as for hydroformylation as shown with 10-undecenenitril as a substrate: Ternel, J., Couturier, J.-L., Dubois, J.-L., and Carpentier, J.-F. (2013) *Adv. Synth. Catal.*, **355**, 3191-3204.
3. See e.g.: Baber, R.A., Haddow, M.F., Middleton, A.J., Orpen, A.G., Pringle, P.G., Haynes, A., Williams, G.L., and Papp, R. (2007) *Organometallics*, **26**, 713-725.
4. For recent investigations of the mechanism, see e.g.: Nelsen, E.R. and Landis, C.R. (2013) *J. Am. Chem. Soc.*, **135**, 9636-9639.
5. It should be noted, that nonisomerizing *n*-regioselective hydroformylation, e.g. of butene mixtures, can be used as a method to separate the terminal from the internal olefins: Kreidler, B., Wiese, K.-D., Hess, D., Selent, D., and Boerner, A. (to Evonik Oxeno G.m.b.H) (2009) Patent DE 102008002188.
6. (a) Cramer, R. (1968) *Acc. Chem. Res.*, **1**, 186-191; (b) Orchin, M. (1966) in *Advances in Catalysis*, vol. 16 (eds D.D. Eley, H. Pines, and P.B. Weisz), Academic Press, New York, pp. 1-47; (c) Parshall, G.W. (1980) *Homogeneous Catalysis*, Chapter 3, John Wiley & Sons, Inc., New York; (d) Chaloner, P.A. (1986) *Handbook of Coordination Catalysis in Organic Chemistry*, Chapter 5, Butterworths, London; (e) van Leeuwen, P.W.N.M. (2004) *Homogeneous Catalysis - Understanding the Art*, Kluwer Academic Publishers, Dordrecht, pp. 101-107.
7. Otsuka, S. and Tani, K. (2004) in *Transition Metal for Organic Synthesis* (eds M. Beller and C. Bolm), Wiley-VCH Verlag GmbH, Weinheim, pp. 199-209.
8. A further type of mechanism is the isomerization of allylamines or allyl alcohols: Inoue, S.-I., Takaya, H., Otsuka, S., and Noyori, R. (1990) *J. Am. Chem. Soc.*, **112**, 4897-4905.
9. (a) Tolman, C.A. (1972) *J. Am. Chem. Soc*, **94**, 2994-2999; (b) Hendrix, W.T. and von Rosenberg, J.L. (1976) *J. Am. Chem. Soc.*, **98**, 4850-4852. 410
10. Casey, C.P. and Cyr, C.R. (1973) *J. Am. Chem. Soc.*, **95**, 2248-2253.
11. Morrill, T.C. and D'Souza, C.A. (2003) *Organometallics*, **22**, 1626-1629 and Ref. cited therein.
12. Bingham, D., Hudson, B., Webster, D. E., and Wells, P.B. (1974) *J. Chem. Soc., Dalton Trans.*, 1521-1524.
13. Harrod, J.F. and Chalk, A.J. (1966) *J. Am. Chem. Soc.*, **88**, 3491-3497.
14. Stefani, A., Consiglio, G., Botteghi, C., and Pino, P. (1977) *J. Am. Chem. Soc.*, **99**, 1058-1063.
15. Orchin, M. and Rupilius, W. (1972) *Catal. Rev. Sci. Eng.*, **6**, 85-131.
16. Kranenburg, M., van der Burgt, Y.E. M., Kamer, P.C.J., and van Leeuwen, P.W.N.M. (1995) *Organometallics*, **14**, 3081-3089.
17. (a) Bingham, D., Webster, D.E., and Wells, P.B. (1974) *J. Chem. Soc., Dalton Trans.*, 1514-1518; (b) Bingham, D., Webster, D.E., and Wells, P.B. (1974) *J. Chem. Soc., Dalton Trans.*, 1519-1521.
18. Selent, D., Franke, R., Kubis, C., Spannenberg, A., Baumann, W., Kreidler, B., and Börner, A. (2011) *Organometallics*, **30**, 4509-4514.
19. Chen, C., Dugan, T.R., Brennessel, W. W., Weix, D.J., and Holland, P.L. (2014) *J. Am. Chem. Soc.*, **136**, 945-955 and Ref. cited therein.
20. Behr, A., Obst, D., and Westfechtel, A. (2005) *Eur. J. Lipid Sci. Technol.*, **107**, 213-219.
21. (a) DeJarlais, W.J. and Gast, L.E.

(1971) *J. Am. Oil Chem. Soc.*, **48**, 21-24; (b) Andjelkovic, D.D., Min, B., Ahn, D., and Larock, R.C. (2006) *J. Agric. Food Chem.*, **54**, 9535-9543; (c) Behr, A., Witte, H., and Bayrak, Z. (2013) *Eur. J. Lipid Sci. Technol.*, **115**, 721-728.

22. Bailar, J.C. Jr., and Itatani, H. (1967) *J. Am. Chem. Soc.*, **89**, 1592-1599.
23. (a) Fell, B. and Bahrmann, H. (1980) *J. Mol. Catal.*, **8**, 329-337; (b) Fell, B. and Rupilius, W. (1969) *Tetrahedron Lett.*, **32**, 2721-2723.
24. (a) Fyhr, C. and Garland, M. (1993) *Organometallics*, **12**, 1753-1764; (b) Liu, G. and Garland, M. (2000) *J. Organomet. Chem.*, **608**, 76-85.
25. Wakamatsu, H., Nishida, M., Adachi, N., and Mori, M. (2000) *J. Org. Chem.*, **65**, 3966-4970.
26. Frequently, for simplification of kinetic studies of hydroformylation reactions 3,3-
411 dimethyl-1-butene(neohexene) is used, since no olefin isomerization is possible and the terminal aldehyde is formed almost exclusively: (a) Garland, M. (1993) *Organometallics*, **12**, 535-543; (b) Kubis, C., Ludwig, R., Sawall, M., Neymeyr, K., Börner, A., Wiese, K.-D., Hess, D., Franke, R., and Selent, D. (2010) *ChemCatChem*, **2**, 287-295; (c) Kubis, C., Selent, D., Sawall, M., Ludwig, R., Neymeyr, K., Baumann, W., Franke, R., and Börner, A. (2012) *Chem. Eur. J.*, **18**, 8780-8794.
27. van der Veen, L.A., Boele, M.D.K., Bregman, F.R., Kamer, P.C.J., van Leeuwen, P.W.N.M., Goubitz, K., Fraanje, J., Schenk, H., and Bo, C. (1998) *J. Am. Chem. Soc.*, **120**, 11616-11626.
28. (a) Compare e.g.: Cornils, B. (1980) in *New Syntheses with Carbon Monoxide* (ed. J. Falbe), Springer-Verlag, Berlin, pp. 1-225; (b) Moasser, B., Gladfelter, W. L., and Roe, D.C. (1995) *Organometallics*, **14**, 3832-3838.
29. Carvajal, M.À., Kozuch, S., and Shaik, S. (2009) *Organometallics*, **28**, 3656-3665.
30. Behr, A., Obst, D., and Schulte, C. (2004) *Chem. Ing. Tech.*, **76**, 904-910.
31. Jörke, A., Seidel-Morgenstern, A., and Hamel, C. (2015) *Chem. Eng. J.*, **260**, 513-523.
32. Cai, C., Yu, S., Liu, G., Zhang, X., and Zhang, X. (2011) *Adv. Synth. Catal.*, **353**, 2665-2670.
33. (a) Smejkal, T. and Breit, B. (2008) *Angew. Chem. Int. Ed.*, **47**, 311-315; (b) Smejkal, T., Gribkov, D., Geier, J., Keller, M., and Breit, B. (2010) *Chem. Eur. J.*, **16**, 2470-2478; (c) Dydio, P., Detz, R.J., and Reek, J.N. H. (2013) *J. Am. Chem. Soc.*, **135**, 10817-10828.
34. van Leeuwen, P.W.N.M. and Claver, C. (eds) (2000) *Rhodium Catalyzed Hydroformylation*, Kluver Academic Publishers, Dordrecht.
35. (a) Piacenti, F., Bianchi, M., Frediani, P., Menchi, G., and Matteoli, U. (1991) *J. Organomet. Chem.*, **417**, 77-88; (b) Consiglio, G. (1988) *Organometallics*, **7**, 778-780; (c) Pino, P., Oldani, F., and Consiglio, G. (1983) *J. Organomet. Chem.*, **250**, 491-497.
36. Godard, C., Duckett, S.B., Polas, S., Tooze, R., and Whitwood, A.C. (2009) *Dalton Trans.*, 2496-2509.
37. Piacenti, F., Pucci, S., Bianchi, M., Lazzaroni, R., and Pino, P. (1968) *J. Am. Chem. Soc.*, **90**, 6847-6849.
38. (a) Casey, C.P. and Whiteker, G.T. (1990) *Isr. J. Chem.*, **30**, 299-304; (b) Casey, C.P., Whiteker, G.T., Melville, M.G., Petrovich, L.M., Gavney, J.A. Jr., and Powell, D.R. (1992) *J. Am. Chem. Soc.*, **114**, 5535-5543; (c) van Leeuwen, P.W.N.M., Kamer, P.C.J., Reek, J.N.H., and Dierkes, P. (2000) *Chem. Rev.*, **100**, 2741-2769; (d) Kamer, P.C.J., van Leeuwen, P.W.N.M., and Reek, J.N. H. (2001) *Acc. Chem. Res.*, **34**, 895-904.
39. (a) Birbeck, J.M., Haynes, A., Adams, H., Damoense, L., and Otto, S. (2012)

ACS Catal., **2**, 2512–2523; (b) Diebolt, O., van Leeuwen, P.W.N.M., and Kamer, P.C.J. (2012) *ACS Catal.*, **2**, 2357–2370.
40. Tolman, C.A. (1977) *Chem. Rev.*, **77**, 313–348.
41. In a first rough calculation the minimum energy difference for efficient regiodiscrimination between regioisomers was determined to be > 2.0 kcal/mol. This can be achieved by application of diphosphines with a bite angle of 100–160° and a Toman angle of 120–140°: Bahrmann, H., Kohlpaintner, C.W., Herrmann, W.A., Schmid, R., and Albanese, G. (to Hoechst AG) (1996) Patent DE 4426577.
42. Lenges, C.P. and Brookhart, M. (1999) *Angew. Chem. Int. Ed.*, **38**, 3533–3537.
43. Azran, J. and Orchin, M. (1984) *Organometallics*, **3**, 197–199.
44. Taube, R. (1988) *Homogene Katalyse*, Akademie-Verlag, Berlin, p. 312.
45. Frohning, C.D. and Kohlpaintner, C.W. (1996) in *Applied Homogeneous Catalysis with Organometallic Compounds* (eds B. Cornils and W.A. Herrmann), Wiley-VCH Verlag GmbH, Weinheim, pp. 29–104.
46. (a) Alemdaroğlu, N.H., Penninger, J.M.L., and Oltay, E. (1976) *Monatsh. Chem.*, **107**, 1043–1053; (b) Ungváry, F. (1972) *J. Organomet. Chem.*, **36**, 363–370.
47. Haymore, B.L., van Asselt, A., and Beck, G.R. (1983) *Ann. N.Y. Acad. Sci.*, **415**, 159–175.
48. Rosi, L., Bini, A., Frediani, P., Bianchi, M., and Salvini, A. (1996) *J. Mol. Catal. A: Chem.*, **112**, 367–383.
49. Karapinka, G.L. and Orchin, M. (1961) *J. Org. Chem.*, **26**, 4187–4190.
50. (a) Pino, P. (1983) *Ann. N.Y. Acad. Sci.*, **415**, 111–128; (b) Pino, P., Major, A., Spindler, F., Tannenbaum, R., Bor, G., and Hórvath, I.T. (1991) *J. Organomet. Chem.*, **417**, 65–76.
51. Tannenbaum, R. and Bor, G. (1999) *J. Organomet. Chem.*, **586**, 18–22 and Ref. cited therein.
52. Huo, C.-F., Li, Y.-W., Beller, M., and Jiao, H. (2003) *Organometallics*, **22**, 4665–4677.
53. Slaugh, L.H. and Mullineaux, R.D. (1968) *J. Organomet. Chem.*, **13**, 469–477.
54. Fell, B., Rupilius, W., and Asinger, F. (1968) *Tetrahedron Lett.*, **29**, 3261–3266.
55. Srivastava, V.K., Shukla, R.S., Bajaj, H.C., and Jasra, R.V. (2005) *Appl. Catal., A*, **282**, 31–38.
56. Slaugh, L.H. and Mullineaux, R.D. (to Shell Oil Company) (1966) Patent US 3,239,569.
57. Mason, R.F. and van Winkle, J.L. (to Shell Oil Company) (1968) Patent US 3,400,163.
58. Bungu, P.N. and Otto, S. (2007) *J. Organomet. Chem.*, **692**, 3370–3379.
59. Crause, C., Bennie, L., Damoense, L., Dwyer, C.L., Grove, C., Grimmer, N., Janse van Rensburg, W., Kirk, M.M., Mokheseng, K.M., Otto, S., and Steynberg, P.J. (2003) *J. Chem. Soc., Dalton Trans.*, 2036–2042.
60. Polas, A., Wilton-Ely, J.D.E.T., Slawin, A.M.Z., Forster, D.F., Stynberg, P.J., Green, M.J., and Cole-Hamilton, D.J. (2003) *Dalton Trans.*, 4669–4677. 412
61. Haumann, M., Meijboom, R., Moss, J.R., and Roodt, A. (2004) *Dalton Trans.*, 1679–1686.
62. Meijboom, R., Haumann, M., Roodt, A., and Damoense, L. (2005) *Helv. Chim. Acta*, **88**, 676–693.
63. Beller, M. and Krauter, J.G.E. (1999) *J. Mol. Catal. A: Chem.*, **143**, 31–39.
64. Zhang, Y., Shinoda, M., Shiki, Y., and Tsubaki, N. (2006) *Fuel*, **85**, 1194–1200.
65. Himmele, W. and Siegel, H. (1976) *Tetrahedron Lett.*, **17** (12), 907–910.
66. Taube, R. (1988) *Homogene Katalyse*, Akademie-Verlag, Berlin, p. 321.
67. Lazzaroni, R., Uccello-Barreta, G., and Benetti, M. (1989) *Organometallics*, **8**, 2323–2327.

68. Dos Santos, E.N., Pittman, C.U. Jr., and Toghiani, H. (1993) *J. Mol. Catal.*, **83**, 51-65.
69. De Freitas, M.C., Vieira, C.G., dos Santos, E.N., and Gusevskaya, E.V. (2013) *ChemCatChem*, **5**, 1884-1890.
70. Coolen, H.K.A.C., Nolte, R.J.M., and van Leeuwen, P.W.N.M. (1995) *J. Organomet. Chem.*, **496**, 159-168.
71. Pagenelli, S., Battois, F., Marchetti, M., Lazzaroni, R., Settambolo, R., and Rocchiccioli, S. (2006) *J. Mol. Catal. A: Chem.*, **246**, 195-199.
72. Himmele, W. and Siegel, H. (to BASF AG) (1974) Patent DE 2235466.
73. (a) Osborn, J.A., Wilkinson, G., and Young, J.F. (1965) *Chem. Commun.*, 17-18; (b) Evans, D., Osborn, J.A., and Wilkinson, G. (1968) *J. Chem. Soc. A*, 3133-3142.
74. Carlock, J.T. (1984) *Tetrahedron*, **40**, 185-192.
75. Horvath, I.T., Kastrup, R.V., Oswaldt, A.A., and Mozeleski, E.J. (1989) *Catal. Lett.*, **2**, 85-90.
76. Bohnen, H.-W. and Cornils, B. (2002) *Adv. Synth. Catal.*, **47**, 1-64.
77. Albers, J., Dinjus, E., Pitter, S., and Walter, O. (2004) *J. Mol. Catal. A: Chem.*, **219**, 41-46.
78. Devon, T.J., Phillips, G.W., Puckette, T.A., Stavinoha, J.L., and Vanderbilt, J.J. (to Eastman Kodak Company) (1987) Patent US 4,694,109.
79. (a) Tamao, K., Yamamoto, H., Matsumoto, H., Miyake, N., Hayashi, T., and Kumada, M. (1977) *Tetrahedron*
413 *Lett.*, **18**, 1389-1392; (b) Devon, T.J., Puckette, T.A., and Inoha, J.L. (to Eastman Kodak Company) (1987) Patent WO 87/07600; (c) Herrmann, W.A., Schmid, R., Kohlpaintner, C.W., and Priermeier, T. (1995) *Organometallics*, **14**, 1961-1968.
80. Klein, H., Jackstell, R., Wiese, K.-D., Borgmann, C., and Beller, M. (2001) *Angew. Chem. Int. Ed.*, **40**, 3408-3411.
81. (a) Moser, W.R., Papile, C.J., Brannon, D.A., Duwell, R.A., and Weininger, S.J. (1987) *J. Mol. Catal.*, **41**, 271-292; (b) Unruh, J.D. and Christenson, J.R. (1982) *J. Mol. Catal.*, **14**, 19-34; (c) Casey, P.C., Paulsen, E.L., Beuttenmueller, E.W., Proft, B.R., Petrovich, L.M., Matter, B.A., and Powell, D.R. (1997) *J. Am. Chem. Soc.*, **119**, 11817-11825.
82. (a) Kamer, P.C.J., Kranenburg, M., and van Leeuwen, P.W.N.M. (1994) Book of abstracts. XVIth International Conference Organometallic Chemistry, University of Sussex 10-15 July 1994, The Royal Society of Chemistry - Dalton Division, Abstract No. OC 18; (b) Kamer, P.C.J., van Leeuwen, P.W.N.M., and de Vries, J.G. (to DSM N. V.) (1994) Belgium Patent 9400470; Patent WO 9530680 (1995).
83. Zuidema, E., Goudriaan, P.E., Swennenhuis, B.H.G., Kamer, P.C.J., van Leeuwen, P.W.N.M., Lutz, M., and Spek, A.L. (2010) *Organometallics*, **29**, 1210-1221.
84. (a) Bronger, R.P.J., Kamer, P.C.J., and van Leeuwen, P.W.N.M. (2003) *Organometallics*, **22**, 5358-5396; (b) Bronger, R.P.J., Bermon, J.P., Herwig, J., Kamer, P.C.J., and van Leeuwen, P.W.N.M. (2004) *Adv. Synth. Catal.*, **346**, 789-799.
85. van der Veen, L.A., Kamer, P.C.J., and van Leeuwen, P.W.N.M. (1999) *Angew. Chem. Int. Ed.*, **38**, 336-338.
86. Bohnen, H. and Herwig, J. (to Celanese Chemicals Europe GmbH) (2002) Patent WO 02/068369.
87. (a) Klein, H., Jackstell, R., and Beller, M. (2005) *Chem. Commun.*, 2283-2285; (b) Jackstell, R., Klein, H., Beller, M., Wiese, K.-D., and Röttger, D. (2001) *Eur. J. Org. Chem.*, 3871-3877.
88. Polo, A., Claver, C., Castillón, S., Ruiz, A., Bayón, J.C., Real, J., Mealli, C., and Masi, D. (1992) *Organometallics*, **11**, 3525-3533.
89. Davies, S.G. (1982) *Organotransition Metal Chemistry Application to Organic Synthesis*, Pergamon Press, Oxford, pp.

285–287.

90. Billig, E., Abatjoglou, A.G., and Bryant, D.R. (to Union Carbide Corporation) (1987) Patent EP 213639; EP 214622 (1987); US 4,769,498 (1988).

91. Paciello, R., Siggel, L., Kneuper, H.-J., Walker, N., and Röper, M. (1999) *J. Mol. Catal. A: Chem.*, **143**, 85–97.

92. Vogl, C., Paetzold, E., Fischer, C., and Kragl, U. (2005) *J. Mol. Catal. A: Chem.*, **232**, 41–44.

93. Behr, A., Obst, D., Schulte, C., and Schosser, T. (2003) *J. Mol. Catal. A: Chem.*, **206**, 179–184.

94. Schäffner, B., Schäffner, F., Verevkin, S., and Börner, A. (2010) *Chem. Rev.*, **110**, 4551–4581.

95. Behr, A., Obst, D., and Turkowski, B. (2005) *J. Mol. Catal. A: Chem.*, **226**, 215–219.

96. Piras, I., Jennerjahn, R., Jackstell, R., Baumann, W., Spannenberg, A., Franke, R., Wiese, K.-D., and Beller, M. (2010) *J. Organomet. Chem.*, **695**, 479–486.

97. (a) Börner, A., Hess, D., Röttger, D., and Selent, D. (Oxeno Olefinchemie GmbH) (2000) Patent EP 1099678; (b) Börner, A., Hess, D., Röttger, D., and Selent, D. (to Oxeno Olefinchemie GmbH) (2000) Patent EP 1099677; (c) Selent, D., Röttger, D., Wiese, K.-D., and Börner, A. (2000) *Angew. Chem. Int. Ed.*, **39**, 1639–1641.

98. Selent, D., Baumann, W., Kempe, R., Spannenberg, A., Röttger, D., Wiese, K.-D., and Börner, A. (2003) *Organometallics*, **22**, 4265–4271.

99. Jakuttis, M., Schönweiz, A., Werner, S., Franke, R., Wiese, K.-D., Haumann, M., and Wasserscheid, P. (2011) *Angew. Chem. Int. Ed.*, **50**, 4492–4495.

100. (a) Selent, D., Boerner, A., Borgmann, C., Hess, D., and Wiese, K.-D. (to Oxeno Olefinchemie GmbH) (2003) Patent DE 10140086; (b) Borgmann, C., Selent, D., Boerner, A., Wiese, K.-D., Ortmann, D., Moeller, O., and Hess, D. (to Oxeno Olefinchemie G.m.b.H.) (2005) Patent WO 2005090276; (c) Selent, D., Hess, D., Wiese, K.-D., Röttger, D., Kunze, C., and Börner, A. (2001) *Angew. Chem. Int. Ed.*, **40**, 1696–1698; (d) Selent, D., Wiese, K.-D., and Börner, A. (2005) in *Catalysis of Organic Reactions* (ed. J.R. Sowa Jr.,), Taylor & Francis, Boca Raton, FL, pp. 459–469.

101. Christiansen, A., Franke, R., Fridag, D., Hess, D., Kreidler, B., Selent, D., and Börner, A. (to Evonik Oxeno GmbH) (2012) Patent WO 2013/068232.

102. For use of this type of anthracene based ligands in the rhodium catalyzed hydroformylation of isomeric butenes in ILs as solvent, compare: Dyballa, K. M., Hahn, H., Franke, R., and Fridag, D. (to Evonik Industries AG) (2015) Patent DE 102013223228.

103. Yan, Y., Zhang, X., and Zhang, X. (2006) *J. Am. Chem. Soc.*, **128**, 16058–16061.

104. Yu, S., Chie, Y.-m., Guan, Z.-h., and Zhang, X. (2008) *Org. Lett.*, **10**, 3469–3472.

105. Burke, P.M., Garner, J.M., Tam, W., Kreutzer, K.A., and Teunissen, A.J.J. (to DSM N. V./Du Pont de Nemours and Company) (1997) Patent WO 97/33854.

106. Cobley, C.J., Hanson, C.H., Loyd, M.C., and Simmonds, S. (2011) *Org. Process Res. Dev.*, **15**, 284–290.

107. Muilwijk, K.F., Kamer, P.C.J., and van Leeuwen, P.W.N.M. (1997) *J. Am. Oil Chem. Soc.*, **74**, 223–228.

108. Yuki, Y., Takahashi, K., Tanaka, Y., and Nozaki, K. (2013) *J. Am. Chem. Soc.*, **135**, 17393–17400.

109. Beller, M., Zimmermann, B., and Geissler, H. (1999) *Chem. Eur. J.*, **5**, 1301–1305.

110. Teleshev, A.T., Kolesnichenko, N.V., Markova, N.A., Slivinskii, E.V., Kurkin, V.I., Demina, E.M., Korneeva, G.A., Loktev, C.M., and 414
Nifant'ev, E.E. (1991) *Neftekhimiya*, **31**, 11–16.

111. Ojima, I., Kato, K., Okabe, M., and Fuchikami, T. (1987) *J. Am. Chem. Soc.*, **109**, 7714 - 7720.
112. Schulz, H.F. and Bellstedt, F. (1973) *Ind. Eng. Chem. Prod. Res. Dev.*, **12**, 176 - 183.
113. (a) McGrath, D.V. and Grubbs, R.H. (1994) *Organometallics*, **13**, 224 - 235; (b) Karlen, T. and Ludi, A. (1992) *Helv. Chim. Acta*, **75**, 1604 - 1606; (c) Wang, D., Chen, D., Haberman, J.X., and Li, C.-J. (1998) *Tetrahedron*, **54**, 5129 - 5142.
415
114. (a) Jenck, J., Kalck, P., Pinelli, E., Siani, M., and Thorez, A. (1988) *J. Chem. Soc., Chem. Commun.*, 1428 - 1430; (b) Kalck, P., Siani, M., Jenck, J., Peyrille, B., and Peres, Y. (1991) *J. Mol. Catal.*, **67**, 19 - 27.
115. Knifton, J.F. (1987) *J. Mol. Catal.*, **43**, 65 - 77.
116. Fleischer, I., Dyballa, K.M., Jennerjahn, R., Jackstell, R., Franke, R., Spannenberg, A., and Beller, M. (2013) *Angew. Chem. Int. Ed.*, **52**, 2949 - 2953.
117. Fleischer, I., Wu, L., Profir, I., Jackstell, R., Franke, R., and Beller, M. (2013) *Chem. Eur. J.*, **19**, 10589 - 10594.
118. Agbossou, F., Carpentier, J.-F., and Mortreux, A. (1995) *Chem. Rev.*, **95**, 2485 - 2506.
119. Bedekovits, A., Kollár, L., and Kégl, T. (2010) *Inorg. Chim. Acta*, **363**, 2029 - 2045.
120. da Silva, J.C.S., Dias, R.P., de Almeida, W.B., and Rocha, W.R. (2010) *J. Comput. Chem.* doi: 10.1002/jcc.21483
121. Clark, H.C. and Kurosawa, H. (1972) *J. Chem. Soc., Chem. Commun.*, 150 - 151; *Inorg. Chem.* (1972) **11**, 1275 - 1280; *Inorg. Chem.* (1973) **12**, 357 - 362; *Inorg. Chem.* (1973) **12**, 1566 - 1569.
122. Cavinato, G., De Munno, G., Lami, M., Marchionna, M., Toniolo, L., and Viterbo, D. (1994) *J. Organomet. Chem.*, **466**, 277 - 282.
123. (a) van Leeuwen, P.W.N.M., Roobeek, C.F., Wife, R.L., and Frijns, J.H.G. (1986) *J. Chem. Soc., Chem. Commun.*, 31 - 33; (b) van Leeuwen, P.W.N.M. and Roobeek, C.F. (1990) *New J. Chem.*, **14**, 487 - 493.
124. (a) Tang, S.C. and Kim, L. (1982) *J. Mol. Catal.*, **14**, 231 - 240; (b) Kim, L. and Tang, S.C. (to Shell Oil Company) (1980) Patent US 4,198,352.
125. Kawabata, Y., Hayashi, T., and Ogata, I. (1979) *J. Chem. Soc., Chem. Commun.*, 462 - 463.
126. Clark, H.C. and Davies, J.A. (1981) *J. Organomet. Chem.*, **213**, 503 - 512.
127. van der Veen, L.A., Keeven, P.K., Kamer, P.C.J., and van Leeuwen, P.W.N.M. (2000) *Chem. Commun.*, 333 - 334.
128. van der Veen, L., Keeven, P.K., Kamer, P.C.J., and van Leeuwen, P.W.N.M. (2000) *J. Chem. Soc., Dalton Trans.*, 2105 - 2112.
129. van Duren, R., van der Vlugt, J.I., Kooijman, H., Spek, A.L., and Vogt, D. (2007) *Dalton Trans.*, 1053 - 1059.
130. Meessen, P., Vogt, D., and Keim, W. (1998) *J. Organomet. Chem.*, **551**, 165 - 170.
131. Burke, P.M., Gelling, O.J., Oevering, H., and Toth, I. (to E.I. Du Pont de Nemours and company) (1997) Patent WO 97/08127.
132. Gelling, O.J. and Toth, I. (to DSM N.Y. and to E.I. Du Pont de Nemours and company) (1995) Patent WO 95/18783.
133. Gottardo, M., Scarso, A., Paganelli, S., and Strukul, G. (2010) *Adv. Synth. Catal.*, **352**, 2251 - 2262.
134. Gauthier, D., Lindhardt, A.T., Olsen, E.P.K., Overgaard, J., and Skrydstrup, T. (2010) *J. Am. Chem. Soc.*, **132**, 7998 - 8009.
135. Drent, E. and Budzelaar, P.H.M. (2000) *J. Organomet. Chem.*, **593 - 594**, 211 - 225.
136. (a) Drent, E., Pello, D.H., Suykerbuyk, J.C.L.J., and van Gogh, J. (to Shell Internationale Research

Maatschappij B.V.) (1995) Patent WO 95/05354; (b) Drent, E. and Jager, W. W. (to Shell Oil Company) (1998) Patent US 5,780,684; (c) Arnoldy, P., Bolinger, C.M., and Mul, W.P. (to Shell Internationale Research Maatschappij B.V.) (1998) Patent EP 0900776; (d) Arnoldy, P., Bolinger, C. M., Drent, E., and Keijsper, J.J. (to Shell Internationale Research Maatschappij B.V.) (1999) Patent EP 0903333; (e) Konya, D., Almeida Leñero, K.Q., and Drent, E. (2006) *Organometallics*, **25**, 3166-3174.
137. The insertion of CO in the Pd-C bond to form an acylpalladium species can be supported by cobalt co-catalysts: Fukuoka, A., Fukagawa, S., Hitano, M., and Komiya, S. (1997) *Chem. Lett.*, 377-378.
138. Jennerjahn, R., Piras, I., Jackstell, R., Franke, R., Wiese, K.-D., and Beller, M. (2009) *Chem. Eur. J.*, **15**, 6383-6388.
139. (a) van der Drift, E.C., Bouwman, E., and Drent, E. (2002) *J. Organomet. Chem.*, **650**, 1-24; (b) Long, G.T. and Weitz, E. (2000) *J. Am. Chem. Soc.*, **122**, 1431-1442.
140. Frankel, E., Emken, E., and Davison, V. (1966) *J. Am. Oil Chem. Soc.*, **43**, 307-311.
141. Graff, J.L., Sanner, R.D., and Wrighton, M.S. (1982) *Organometallics*, **1**, 837-842.
142. Jennerjahn, R., Jackstell, R., Piras, I., Franke, R., Jiao, H., Bauer, M., and Beller, M. (2012) *ChemSusChem*, **5**, 734-739.
143. Booth, B.L., Goldwhite, H., and Haszeldine, R.N. (1966) *J. Chem. Soc. C*, 1447-1449.
144. Kang, H., Mauldin, C.H., Cole, T., Slegir, W., and Pettit, R. (1977) *J. Am. Chem. Soc.*, **99**, 8323-8325.
145. Breschi, C., Piparo, L., Pertici, P., Caporusso, A.M., and Vitulli, G. (2000) *J. Organomet. Chem.*, **607**, 57-63.
146. Trzeciak, A.M., Mieczyńska, E., and Ziółkowski, J.J. (2000) *Top. Catal.*, **11/12**, 461-468.
147. Seayad, A., Ahmed, M., Klein, H., Jackstell, R., Gross, T., and Beller, M. (2002) *Science*, **297**, 1676-1678.
148. Ahmed, M., Bronger, R.P.J., Jackstell, R., Kamer, P.C.J., van Leeuwen, P.W.N.M., and Beller, M. (2006) *Chem. Eur. J.*, **12**, 8979-8988.
149. Liu, G., Huang, K., Cao, B., Chang, M., Li, S., Yu, S., Zhou, L., Wu, W., and Zhang, X. (2012) *Org. Lett.*, **14**, 102-105.
150. Wu, L., Fleischer, I., Jackstell, R., and Beller, M. (2013) *J. Am. Chem. Soc.*, **135**, 3989-3996.

5.2 氢甲酰化-氢化连续反应 416

5.2.1 概述

通常,包含氢甲酰化步骤的反应序列的最终目标是生成醇[1]。从氢甲酰化过程得到的醇被用作有机溶剂、表面活性剂或者作为重要的酯的组分,例如,聚合物的增塑剂(PVC, polyvinyl chloride,聚氯乙烯)。另外,直链醇的水消去会选择性地生成 1-烯烃,可以使得其烯烃同系物经由氢甲酰化-氢化-消去反应序列生成[2]。理论上,通过氢甲酰化制备醇分为以下两种主要方法(图解 5.33):

(a) 在独立反应设备或者同一反应设备中紧随氢甲酰化进行氢化反应的两步序列;

(b) 在还原条件下进行氢甲酰化的结合方法。

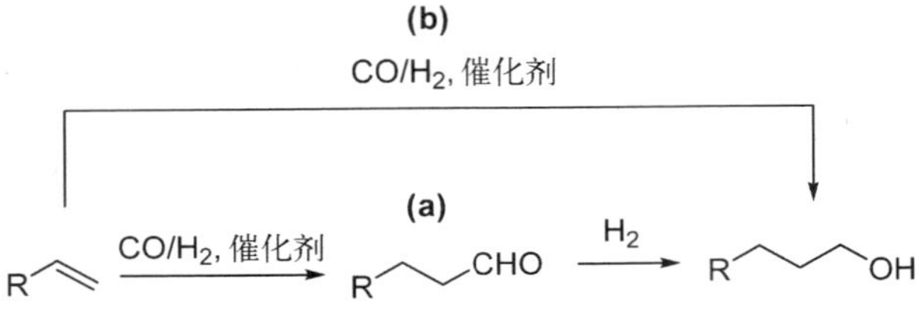

图解 5.33 通过氢甲酰化生产醇的两种主要方法

当选择同釜反应时，两个反应可以由两种催化剂在相同或者不同条件下催化。在最佳的情况下，自串联反应的条件得到满足，一种催化剂可以在同样的反应体系中催化两个反应。

5.2.2 氢甲酰化-氢化结合方法中醇的产生

人们非常想要通过氢甲酰化-还原流程直接得到醇。但是，我们必须牢记，一般情况下，氢甲酰化进行的最佳条件与氢化反应的不同，因此，在以前，人们较为倾向使用两步流程。但是同釜反应更具吸引力，因为其通过减少反应时间、人力和总成本来简化了过程。理论上，基于氢甲酰化的醇的生产可以分为如下几种方法(图解 5.34)。

417 (1) 在独立反应容器中使用不同催化条件的两步过程；

(2) 使用两种催化剂、不同反应条件的同釜反应；

(3) 使用两种催化剂、相同反应条件的同釜反应；

(4) 使用一种催化剂在不同反应条件下进行的同釜反应；

(5) 使用一种催化剂、反应条件不变的同釜反应。

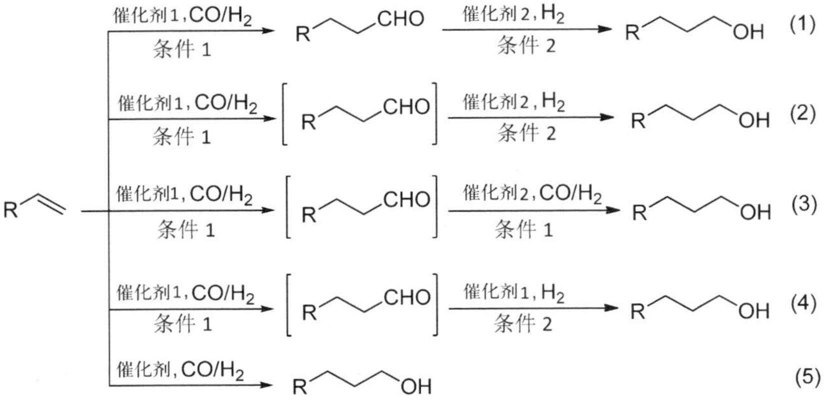

图解 5.34 不同的氢甲酰化-氢化方法

5.2.2.1 在独立反应容器中使用不同催化条件的两步过程

至今，这仍然是工业生产中最受欢迎的模式。通常，氢甲酰化反应使用均相催化剂进行，第二步的氢化反应使用异相催化剂。后者可以被放置于同一个反应装置或者另一个反应区域[3]。对于两种转化来说，各自的反应条件都可以优化调整。

可以避免通常发生于氢甲酰化-氢化反应序列的起始烯烃的氢化，且一般来说，分离的醛和产物醇的产率高。

德固赛(现在的赢创)提出了带有随后氢化步骤的 $C_6 \sim C_{16}$ 碳原子烯烃的氢甲酰化典型流程(图解 5.35)[4]。氢甲酰化反应由均相钴催化剂催化，其在反应后使用含氧气的气体分解(“去钴”)[5]。① 在分离水相钴(II)盐和有机相之后，未被转化的烯烃通过蒸馏从醛中移除。最后由 Cu、Ni、Cu/Ni、Cu/Cr、Cu/Cr/Ni、Zn/Cr 或者 Ni/Mo 催化剂催化含有蒸馏剩余物的醛的氢化反应来得到对应的醇。 418

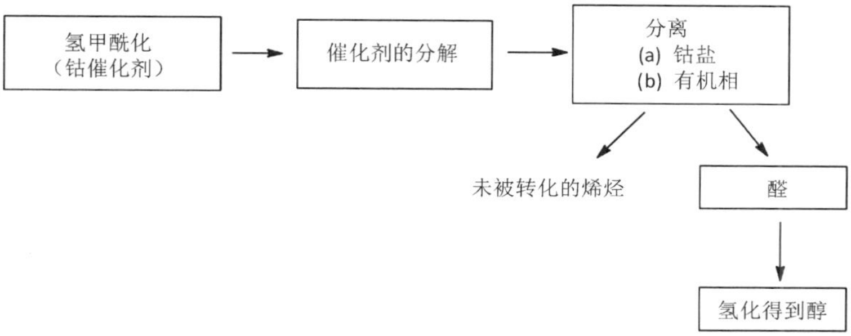

图解 5.35 通过独立的氢甲酰化和氢化过程生产醇的流程图

我们应该注意到在氢甲酰化中已经生成的醛可能会进一步与氢气反应生成醇或者与 CO 和 H_2 反应生成甲酸甲酯。在酸性条件下，醇与醛反应生成缩醛和水。这一问题可以通过向氢甲酰化和氢化反应中加入水促进甲酸甲酯的水解，并减缓缩醛生成来解决[6]。水的加入和底物的稀释同样有助于避免氢化步骤中的坎尼扎罗(Cannizzaro)反应，此反应会生成不期望得到的酸。另外，许多异相氢化催化剂对烯烃给料中可能存在的微量的硫敏感。因此反应需要在氢甲酰化之前将硫移除，或者使用可以抵抗这一杂质的催化剂(例如硫化 Co/Mo 或者硫化氧化镍)[6]。有时第二个氢化过程可能还会得益于不期望得到的甲酯的进一步还原。

BASF 提出了 C_{17} 醇混合物通过低聚反应-氢甲酰化-氢化的合成反应序列(图解 5.36)[7]。所需要的烯烃是由异丁烯、1-丁烯和异构的 2-丁烯(“Raffinate II”)的四聚反应得到的异构的 C_{16}-烯烃。氢甲酰化在连续反应装置中由水相钴催化剂协助进行[8]。烯烃可以以 2.2×10^3 kg/h 的速率转化为异构的醛的混合物。在异相 Co/Cu/Mo 催化剂下最终氢化产生对应的醇的混合物[9]，其表征为异构指数=3.1。② 这些长链醇特别适合使用在表面活性剂中。

① 当使用含氮或磷的配体修饰的铑催化剂时，一般通过蒸馏来分离催化剂和氢甲酰化产物，这里铑催化剂和高沸点成分会留在母液中。

② 异构指数表征平均支链度。其可以通过对应氨基甲酸酯的核磁共振谱来测定。在洗洁剂和塑化剂工业中，所需的 Iso-Index 为 2.8～3.7。

419

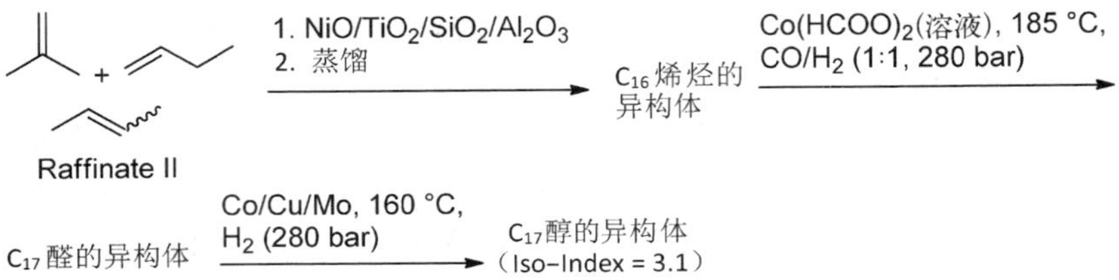

图解 5.36　起始于 Raffinate II 的 C_{17} 醇的产生

一些专利是关于烯丙基醇的氢甲酰化和由此生成的 4 -羟基丁醛向 1,4 -丁二醇(BDO)的转化的[10]。典型的方法是 Kuraray 过程(图解 5.37)。在第一步中,铑催化的烯丙基的氢甲酰化在连续反应容器中,$PPh_3/PPh_2(CH_2)_4PPh_2$[11] 或者 DIOP[12] 作为配体存在的情况下,甲苯溶剂中,65℃、约 2 atm 的合成气压下发生。螯合的配体被认为对铑催化剂寿命有积极作用[13]。偶尔人们也建议使用膦的氧化物[14]。按顺序,形成的 4 -羟基丁醛用水提取且接下来在纯氢气流条件下用兰尼镍催化剂还原。转化的进程可以使用拉曼光谱通过测量范围在 0.000%～20.000 0%的烯丙基醇来跟进[15]。

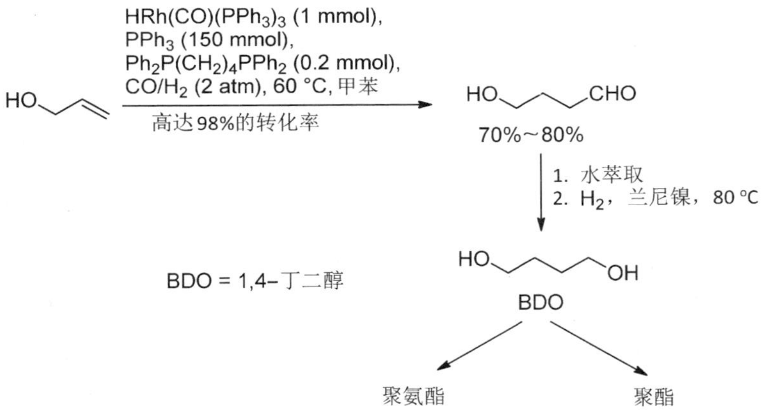

图解 5.37　生产 1,4 -丁二醇的 Kuraray 过程和 BDO 的应用

BDO 是生产许多散装化学品,例如四氢呋喃(THF)和 γ -丁内酯的重要的起始原料。它还被用作聚合物(聚氨酯类)的连接试剂以及聚酯[聚丁烯对钛酸盐(PBT)]的醇组分[16]。

420

5.2.2.2　使用两种催化剂、不同反应条件的同釜反应

这一方法只能在两种催化剂的催化表现不会互相影响的情况下使用。Diéguez 和 Masdeu - Bultó[17] 研发了起始于丙烯腈的制备 3 -羟基- 2 -甲基丙酰胺的同釜反应流程(图解 5.38)。氢甲酰化使用均相 PPh_3 修饰的铑催化剂催化进行。在优化条件下,没有检测到正醛且支链醛的产率特别高。不加以分离,将兰尼镍催化剂加入反应混合物中,在纯氢气流下,期望得到的醇生成。产物是广受欢迎

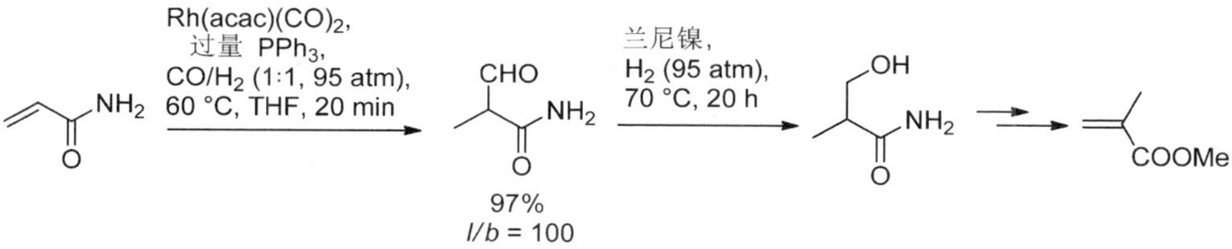

图解 5.38 通过使用不同催化剂的氢甲酰化-氢化反应序列制备甲基丙烯酸甲酯

的合成 PMMA 单体(例如甲基丙烯酸甲酯)的起始原料。

Bell 的小组研究了丙烯和 1-己烯的各自的同釜氢甲酰化-还原反应(图解 5.39)[18]。使用 $Rh(PPh_3)$ 催化剂的氢甲酰化结束后,产物醛立刻通过 $Ru_3(PPh_3)_3Cl_2$ 的方法还原。在 PPh_3 与铑或者钌的比例为 $10^3:1$ 时,几乎可以达到烯烃向对应的醇的完全转化。只有微量异构的起始烯烃被观测到,但是没有生成不期望得到的烷烃。为了避免 CO 使氢化催化剂钌中毒,人们建议使用与烯烃相关的等化学计量的 CO。或者,在氢化开始之前从反应容器(用氩多次冲洗)中清除过量的 CO。与之前的氢甲酰化步骤相比,较高的温度对氢化有利。两个反应的适用溶剂都是 2-丙醇。

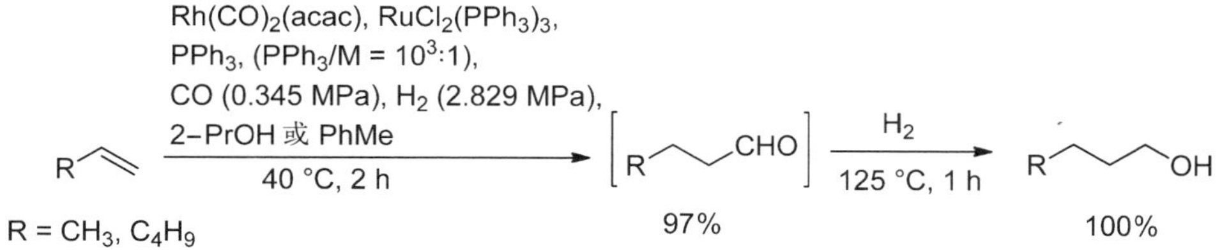

图解 5.39 使用两种金属催化剂和不同反应条件的氢甲酰化-氢化反应

5.2.2.3 使用两种催化剂、相同反应条件的同釜反应 421

2010 年,Nozaki 和其同事[19]研发了从 1-癸烯中制备脂肪醇十一醇的联合使用 Rh(Xantphos)和 Shvo 钌催化剂的同釜反应(图解 5.40)。在优化条件下,DMA

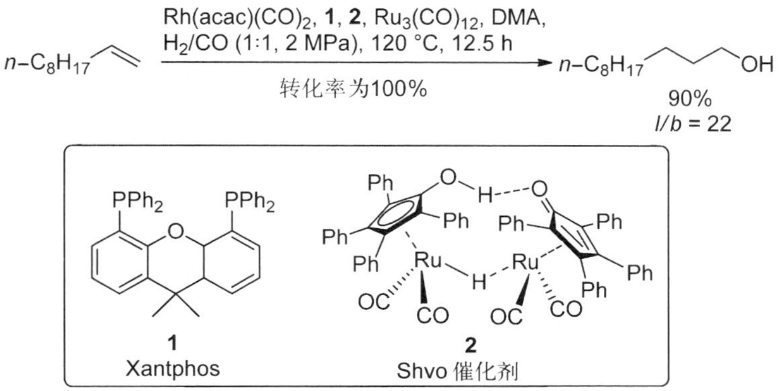

图解 5.40 使用两种催化剂、相同反应条件的氢甲酰化-氢化反应

(二甲基乙酰胺)中，异构的醇可以达到约90%的产率和优秀的区域选择性。微量的副产物为癸烷、乙缩醛、内烯烃和对应的甲酸酯。

2012年，底物的研究延伸到了一系列官能化的链烯[20]。烯丙基醇只能生成31%的期望得到的醇，且烯烃还会明显被还原。观测到了γ-异丁内酯的生成。与之相反，较长的链烯基醇生成高达95%(例如1,6-己二醇)的想要得到的二醇。保护醇基团(THP、Ac、Bn)只有微小的效果。动力学的研究解释了金属配合物个体对于每一个步骤(烯烃异构化、氢甲酰化和氢化)的作用。

一年后，同一研究小组报告了在异构化-氢甲酰化-氢化串联反应中的类似的基于铑(双亚膦酸三酯)、Shvo催化剂和 $Ru_3(CO)_{12}$ 的Rh/Ru双金属催化剂(图解5.41)[21]。油酸甲酯的反应中，可观测到产率为53%的端醇。在未修饰的内烯烃(2-癸烯、2-三癸烯、4-辛烯)的情况下，可以达到更高的倾向生成端醇的区域选择性(l/b 高达12)。

最近，Bell小组在丙烯的气相氢甲酰化-氢化反应中使用硅石载体的Shvo催化剂测试了类似的反应条件。最佳条件下(CO/H_2=10∶1;140℃)，丁醇的总产率可以达到13%，其中包括15%的丙烯转化和90%的醛转化。

422

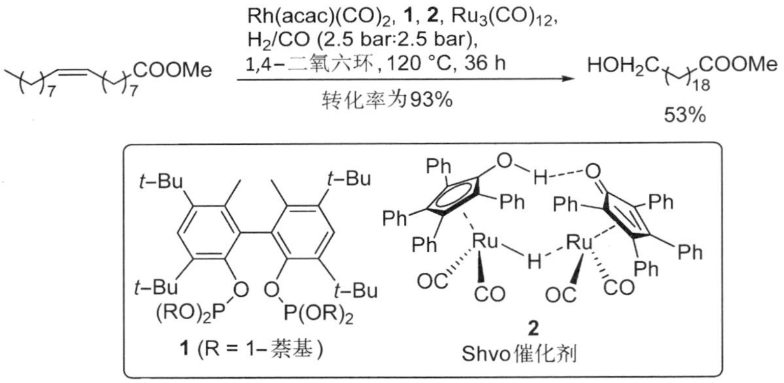

图解5.41 使用两种不同催化剂、相同反应条件下的油酸甲酯的氢甲酰化-氢化反应

5.2.2.4 使用一种催化剂、不同反应条件的同釜反应

根据不同的反应条件体现出不同催化性质的单催化剂可有助于连锁反应。Reek和van Leeuwen[22]设计了硅胶为载体的可调以及可回收的基于Xantphos类型配体的氢甲酰化-氢化催化剂(图解5.42)。氢甲酰化的催化剂是中性铑(Ⅰ)氢化配合物，而氢化催化剂是阳离子族。后者是通过氢化配合物和多硅酸盐的酸性基团在固定过程中的质子化形成的。两种催化剂在氢甲酰化条件下(CO/H_2=1∶1,50 bar;80℃)共同存在。中性配合物以95%的产率将1-辛烯转化为1-壬
423 醛。随后，第二种催化剂以97%的产率将壬醛还原为壬醇。加入丙醇，氢甲酰化催化剂可以再生且氢化模式被完全抑制。

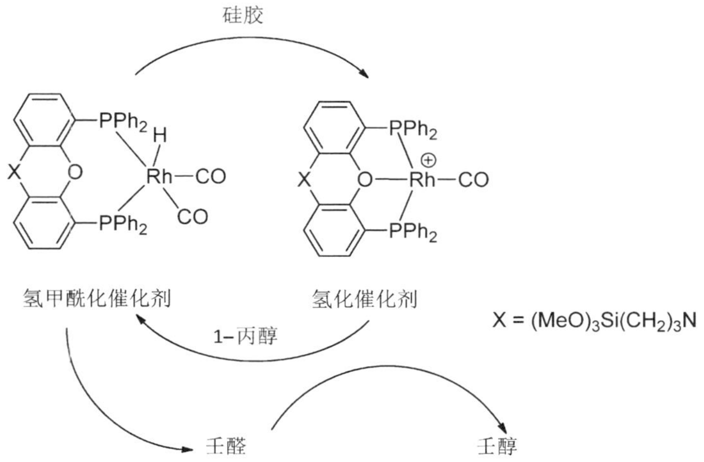

图解 5.42 使用一种可调节催化剂的氢甲酰化-氢化反应

5.2.2.5 使用一种催化剂、反应条件不变的同釜反应

除了起始烯烃的异构化以外(见第 5.1 节),生成醛的氢化是氢甲酰化最常见的副反应之一(图解 5.43)。这并不难理解,因为一些氢甲酰化催化剂也带有显著的氢化活性[23]。因此如何设计一种既有优秀氢甲酰化表现,又对醛有高氢化活性和化学选择性的催化剂就成为了终极目标。

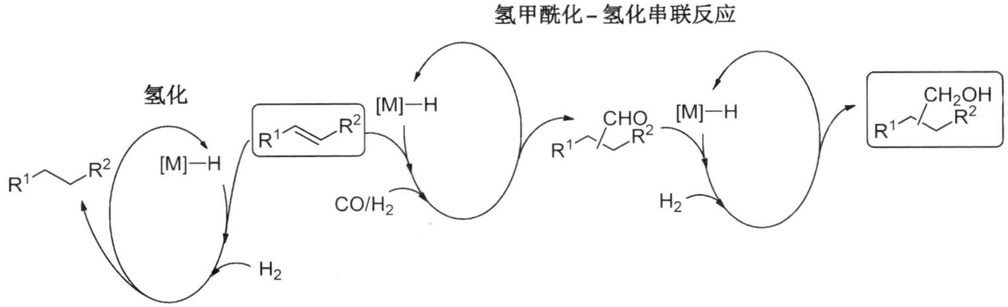

图解 5.43 串联反应中氢甲酰化和氢化反应之间的关系

但是我们应该注意到,一些 C═C 双键比 C═O 双键更易被还原。结果是想要得到的产物醛的还原可能被不期望得到的起始烯烃的氢化所平衡。因此,在氢甲酰化-氢化串联反应中,金属催化剂必须带有高化学选择氢化活性且不丧失氢甲酰化活性。通过选择合适的具有催化活性的金属和有机配体以及调整反应条件可以达到这一目的。

在关于氢甲酰化的 75 年的研究中,人们一直在反复描述伴随其发生的通过 Co(I)、Rh(I)、Ir(I)、Ru(II)、Pd(II)和 Pt(II)催化剂的作用产生的醛向醇的氢化干扰反应。由这些发现最终发展出了高效氢甲酰化-氢化串联反应流程,其几乎可以达到完全生成期望得到的醇的结果。

5.2.2.5.1 钴催化的氢甲酰化-氢化串联反应

424 钴催化的氢甲酰化反应是配体的性质和反应条件能控制烷、醛或者醇生成的典型例子。未修饰的催化剂，通常由 $Co_2(CO)_8$ 与合成气反应得到，在 120～175℃ 和高 CO 压(270～300 bar)下将未官能化的烯烃以 60%～70%的产率优先转化成醛[24]。这一过程在工业上以数吨的量级进行。

另一方面，Feder 和 Halpern[25]已经观测到 $Co_2(CO)_8$ 在氢甲酰化条件下的高氢化活性，其可以实现例如芳香碳氢化合物的饱和化。多种不饱和脂肪酸酯的氢化可以用同样的催化剂在纯氢气流下实现[26]。显然，烯烃的氢化和氢甲酰化之间的竞争取决于底物的结构。烯烃邻近位置的空间位阻和吸电子基团有助于氢化。因此，氢化趋势以如下顺序增加[27]：

$$1\text{-庚烯} > 2\text{-庚烯或}\ 3\text{-庚烯} > EtO(O)C\text{—}CH{=}CH_2$$

烯烃的氢化和氢甲酰化的比例也与温度有关。一般来说，150℃以下主要发生氢甲酰化[28]。

人们通过改变有机配体来测试调整未修饰的钴催化剂的固有化学选择性。在四面体钴簇 $MeCCo_3(CO)_9$ 中使用次甲基配体只形成醛[29]。PPh_3 和 $AsPh_3$ 作为配体在 60 bar 合成气压($CO/H_2=1:1$)和 80℃下也只形成醛[30]。使用 $SbPh_3$ 作为配体只能带来最低的转化率且还会生成一些烷。值得注意的是，使用带有基于元素周期表第五列元素的三苯基化合物的配体时，可以升温至 195℃，且首次优先生成醇[31]。相反地，广泛用于铑催化氢甲酰化的带有不同托尔曼角的亚磷酸三酯[$P(OPh)_3$,$P(O-2,4-t-Bu-C_6H_3)_3$]配体，与钴一起在氢甲酰化或者氢化反应中都不能显示出明显的活性[32]。只有在非常高的温度下(190℃)才会发生氢甲酰化，且在这样的条件下倾向生成醛的化学选择性被认为特别有利[33]。基于磺化三芳基膦的钴配合物在 100～130℃双水相系统中倾向生成醛[34]。但是，使用同样的配体在温度升高至 190℃且催化剂五倍过量时，醇的产率增加[34a]。除了与膦相比的低活性之外，胺作为配体会带来较低的化学选择性，且会形成链烷醇和链烷[35]。

Shell 的 Slaugh 和 Mullineaux 在这个领域获得了突破性进展，他们发现了三烷基膦，例如 PEt_3、$P(n-Bu)_3$、或者 $P(Cy)_3$，对几种烯烃(1-戊烯和 2-戊烯、1-丁烯、丙烯、甲基戊烯、环己烯、二甲基丁烯和更高的烯烃)作为底物的钴催化的氢甲酰化-氢化串联反应的有利作用[31,36]。如三(2-乙基己基)膦中的磷原子上的大取
425 代基，会降低氢化活性[37]。只有在水存在的情况下才会生成醇[38]。

催化剂通常由膦与 $Co_2(CO)_8$ 在合成气下反应生成，此反应产生 $HCo(CO)_3(PR_3)$ 类型的配合物。在氢甲酰化-氢化反应中，膦配体的使用与金属相比略为过量($P/Co=2:1$)。一般来说，以这种方法修饰的催化剂比未修饰的配合物 $HCo(CO)_4$ 的活性要低。过量的膦又进一步降低了活性。对应的三烷基胂配体形成了选择性较低的催化剂。且使用胂时，温度的升高使得醇的产率增加且超过了醛[39]。在温度为 150～190℃时，几乎只有醇以 80%～85%的产率形成。极性溶剂

例如 DMF(N,N-二甲基甲酰胺)可以抑制醛的氢化[40]。

这些发现使得人们最终建立了工业上带有短或较长烷基链的烯烃的氢甲酰化-氢化的大规模生产过程(Shell 过程)[24]。

三烷基膦的有利作用可以解释为：通过增加金属中心的电子密度，使 Co—H 键的负氢性更为明显[41]。我们应该注意到 $HCo(CO)_3[P(n-Bu)_3]$不仅对醛，而且对烯烃在纯氢气流和十分适宜的条件下(20～30 atm，40～115℃)也是具有活性的氢化催化剂[42]。显然，配体的碱性对烷的形成只有很小的影响[37]。过量的膦会降低氢化的活性。

比起三烷基膦，更为稳定且较不易挥发的膦是磷杂二环壬烷(Phobanes)[43]或者为了同样目的研发的 LIM 配体(图 5.11，也见第 2.1 节)[44]。另外，在 2014 年，Jiang 和其同事[45]建议在 C_{11}～C_{12} 烯烃的双水相系统中转化为对应醇的反应中使用带有聚乙烯乙二醇链的烷基膦。

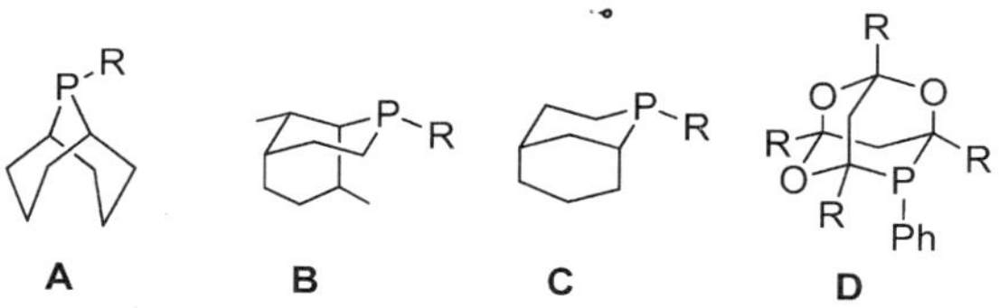

A = 9-磷杂二环[3.3.1]壬烷 (Phobanes)
B = 8,9-二甲基-2-磷杂二环[3.3.1]壬烷 (LIM)
C = 2-磷杂二环[3.3.1]壬烷 (VCH)
D = 8-苯基-2,4,6-三氧杂-8-磷酰金刚烷 (CgPPh)

图 5.11 钴催化的氢甲酰化-氢化反应的膦配体

对应的钴催化剂运行的典型条件是温度为 160～185℃，合成气压小于 90 bar。它们对于烯烃的氢化活性也降低了(5%～15%)[46]。醇以高达 90%的产率生成。值得注意的是，通常在合成中使用过量的氢气($CO/H_2=1:2\sim1:10$)。过量的 426
CO 会导致膦配体被置换[47]。其结果为，带有较高反应性和更加倾向生成醛的未修饰的钴配合物形成。

一个典型的标志性反应系统是 Shell 催化剂，使用基于 Phobane-C_{20} 配体混合物来还原氢甲酰化 1-十二烯，其在 85 bar 合成气压、氢气过量于 CO 时进行，以 86.9%的产率得到异构的三癸醇(图解 5.44)[46a]。1-三癸醇被用作润滑剂或者作为表面活性剂以及墨水和杀虫剂的成分。

2011 年，Bungu 和 Otto[48]评估了带有不同托尔曼锥角的强给电子膦的钴催化剂对 1-辛烯氢化副反应的活性。对于较小的锥角(132°～172°)(例如 $P(n-Bu)_3$、$P(i-Bu)_3$、PPh_3)，其在 9%～15%的小范围内改变，但是相反地，对于锥角大于 169°的诸如 PA-C_5、PCy_3 和 $PCyp_3$ 的配体，能生成高达 40%的烷(图 5.12)。一般来说，P 配体浓度的增加会降低反应速率，但能改善对醇的选择性[46b]。这一效应可以被解释为未修饰的钴催化向 P 配体修饰的反应的转变[44]。

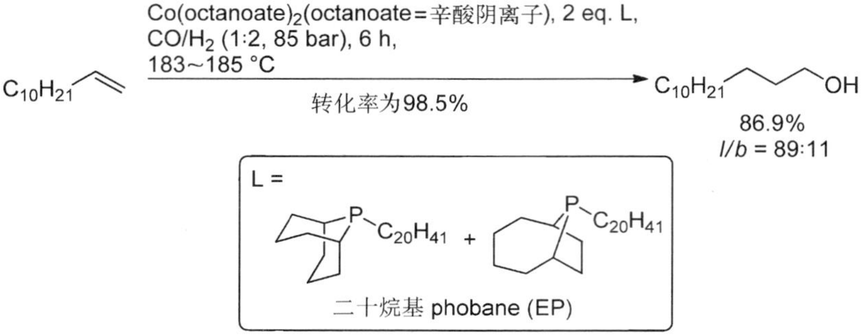

图解 5.44 钴催化的 1-十二烯的氢甲酰化-氢化反应

钴催化的官能化烯烃的氢甲酰化-氢化反应的应用为 2,7-辛二烯-1-醇的反应。在这里使用 $P(n-Oct)_3$(Oct=正辛基)作为配体,过量于对应的甲酰醇生成约 50%的期望得到的二醇(图解 5.45)[49]。

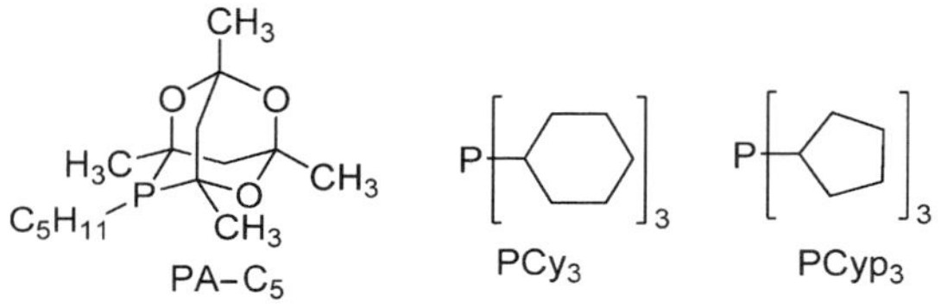

图 5.12 协助烯烃氢化副反应的膦配体

427

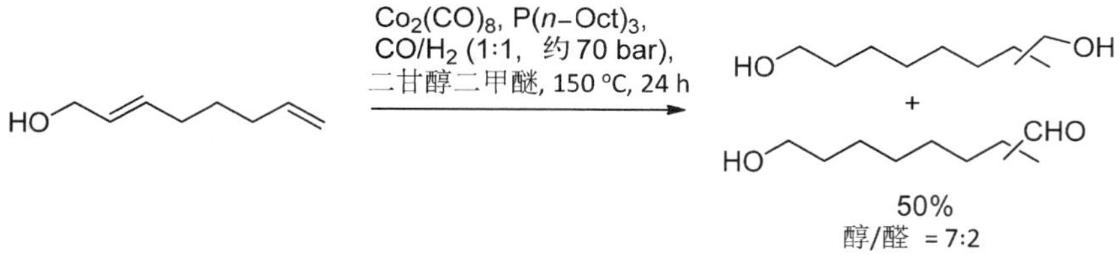

图解 5.45 钴催化的 2,7-辛二烯-1-醇的氢甲酰化-氢化反应

在油酸甲酯和亚油酸甲酯的反应中发现产物与温度相关[50]。在 100~110℃时,生成脂肪醛,而在 175~190℃时生成对应的醇。

5.2.2.5.2 铑催化的氢甲酰化-氢化串联反应

1. 未修饰的铑催化剂

铑催化剂极其具有吸引力,因其在类似氢甲酰化反应的条件下也会使醛氢化。除了少数异相催化剂(例如 $RhVO_4/SiO_2$)[51]以外,人们主要研究了均相的催化剂。有机配体可以加强氢化活性。与芳基膦相比,尤其是三烷基膦可以达到高得多的金属的电子密度且因此使氧化加成反应更易实现[52]。

在文献中关于氢甲酰化-氢化串联反应的众多例子中,也有以测定铑催化剂在氢甲酰化条件下对醛的氢化活性为目的的研究。例如,Maruya 等[35]研究了使用由 $[RhCl(CO)_2]_2$ 或者 $Rh(acac)(CO)_2$(acac=acetylacetonate,乙酰丙酮化物)和

N-甲基吡咯烷或者聚胺在约 30 bar 合成气压下（$CO/H_2=1:1$），80℃时生成的催化剂的醛的氢化反应。在高烯烃浓度下，氢化被明显抑制，但是氢甲酰化没有。使用苯甲醛作为模型底物，随着 CO/H_2 比例增加至约 1∶3，氢化增加。在较高 CO 分压下氢化速率降低。这一效应被解释为通过 CO 与胺对金属中心的竞争，导致了氢化催化剂活性降低。

2. 用氮和其他不含磷的配体修饰的铑催化剂

Kaneda 和 Teranishi 研究了使用水煤气转换反应（WGSR）作为合成气和过量 H_2 来源的氢甲酰化-氢化串联反应。通过胺作为配体可以生成对 1-辛烯的反应特别具有活性的催化剂，例如 N,N,N',N'-四甲基-1,3-丙二胺（TMPDA）（图解 5.46）[53]，主要生成正壬烷和一些异构的烯烃底物。

4-二甲基氨基吡啶（4-DMAP）作为配体也相当有效，而吡啶、N-甲基哌啶或者 Et_3N 只能使底物内部的双键异构化。由 $Rh_6(CO)_{16}$ 簇得到的催化剂在串联 428
反应中有最高的活性，接下来是 $Rh_4(CO)_{12}$、$Rh_2Cl_2(CO)_4$、$RhCl(PPh)_3$ 和最后的 $RhCl_3\cdot 3H_2O$。与简单 α-烯烃、α,β-不饱和羰基化合物相反，如桂醛或者异丙烯基丙酮只在烯烃基团还原。

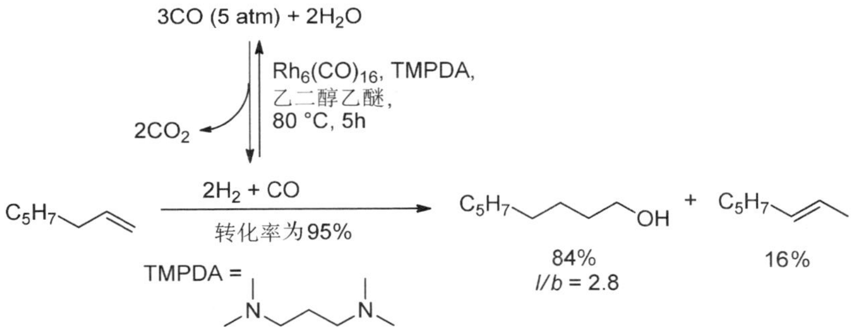

图解 5.46 由水煤气反应生成 H_2 的铑催化的氢甲酰化-氢化反应

类似的催化系统被应用于烯丙基醇作为底物的反应[54]。使用 TMPDA 作为配体，BDO 以 72%的产率生成（图解 5.47）。当使用 4-DMAP 时，主要生成 γ-丁内酯。

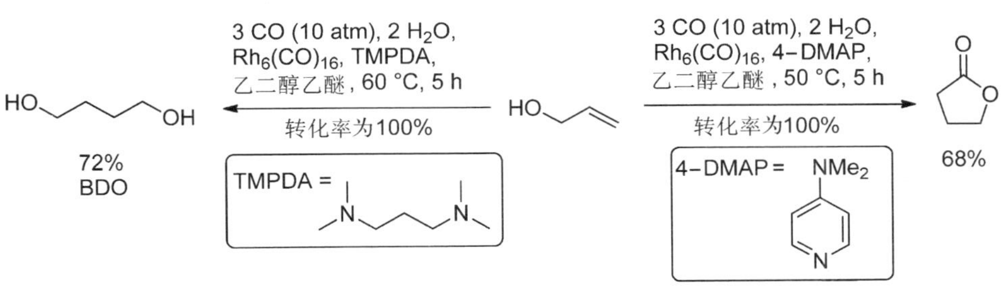

图解 5.47 与所使用的 N-配体相关的不同产物的生成

Alper的小组展示了不同的芳香烯烃，可以使用由二齿叔二胺 $Me_2N(CH_2)_2NMe_2$ 作为配体修饰的铑催化剂，转化为预想的醇同类物(图解5.48)[55]。除了烯丙基苯以外，其他底物都以好或者较高的产率生成预期的醇。如对苯乙烯衍生物的预期一样，主要倾向生成支链醇。例如 NEt_3 的单齿配体会降低产率。使用对应的双齿仲胺作为配体，没有观测到任何反应。

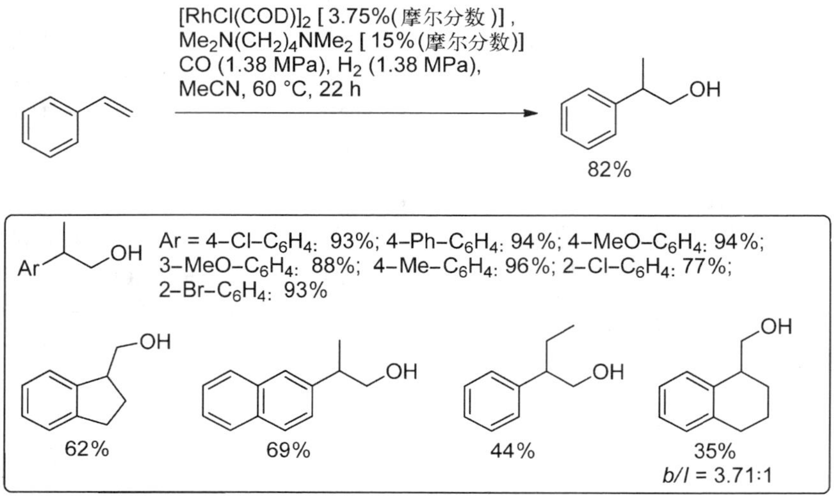

图解 5.48 乙烯基芳香化合物的氢甲酰化-氢化反应

合成气中的氢气可以用其他的氢化物例如 $NaBH_4$ 来替代。Zhou 和 Alper[56] 在这些条件下用两性离子铑配合物在约34 bar制备了伯醇(图解5.49)。

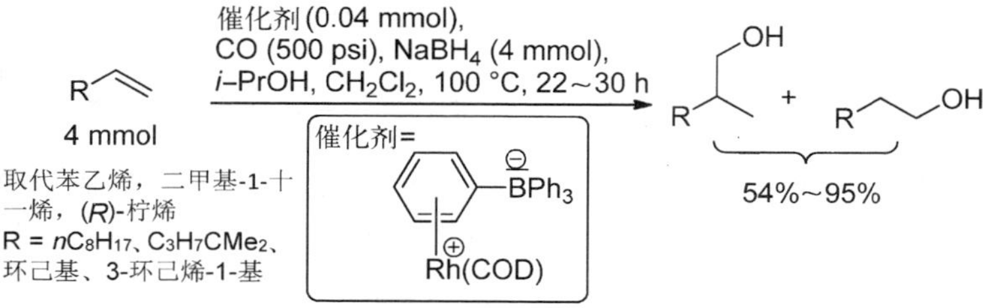

图解 5.49 使用 $NaBH_4$ 作为 H_2 来源的氢甲酰化-氢化反应

429 反应还可以使用 PPh_3 修饰的铑催化剂{$[Rh(COD)(PPh_3)_2]BPh_4$(COD=1,5-环辛二烯)或者 $HRh(CO)(PPh_3)_3$}以高化学选择性进行，但是随后期望得到的正区域选择性受到了负面影响。

3. 用磷配体修饰的铑催化剂和溶剂效应

在氢甲酰化中到底是生成醛还是醇作为主要产物与使用的磷配体和溶剂强烈相关。在一些研究中，Cole-Hamilton和其同事[57]发现，基于三烷基膦作为配体的铑催化剂，例如 $HRh(PEt_3)_3$，或者由 $[Rh_2(OAc)_4]$ 和过量的 PR_3(R=Me、Et、

Bu)原位产生的催化剂在甲苯或者 THF 中与 1-己烯反应生成醇和醛的混合物。与之形成对比的是，在甲醇、乙醇和正丁醇中，只生成醇[58]。意外的是，这些醇中被认为最有效的氢给体的异丙醇只能生成很低产率的醇和类似产量的 C7-醛。与 430
铑相比至少要加入两当量的 PR_3，因为只有带有两个膦配体的配合物才能生成醇[59]。大体积三烷基膦，例如 $P(i-Pr)_3$ 或者 $P(i-Bu)_3$，其所形成的铑配合物只有一个磷配体与铑配位，它们主要生成醛[60]。Arco 提出使用二甲基烷基膦[61]。螯合二烷基膦 $Me_2PCH_2CH_2PMe_2$ 抑制了反应[62]。

标记研究证明了在从 1-辛烯生成庚醇时中间产物不是醛而是羟基类卡宾中间物(图解 5.50)[63]。后者来自乙醇对相关的铑-酰基配合物的质子化，且得益于由三烷基膦产生的金属中心的高电子密度。与氢气(这里是 D_2)反应生成醇。类似的原理被建议用于 2-丙烯-1-醇作为底物的串联反应[64]。

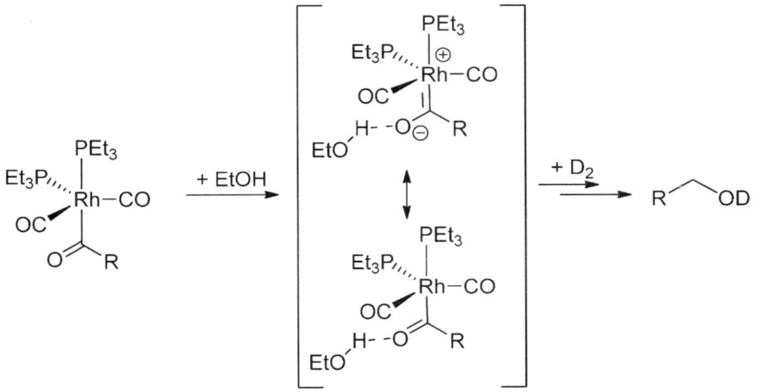

图解 5.50 铑催化的还原氢甲酰化反应的机理和 EtOH 的作用

将这一流程($HRh(PEt_3)_3$，EtOH；$CO/H_2 = 1:1$，40 atm；120℃，16 h)应用在其他烯烃上，可以将乙烯、苯乙烯和 3,3-二甲基丁烯以等量的产率得到对应的同系醇(图 5.13)[62]。使用乙烯时可观测到最高的速率[TOF(转化频率)= 54 000/h]。2-己烯作为底物转化率低。

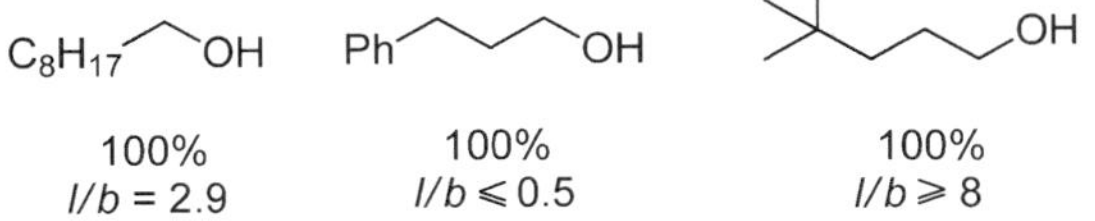

图 5.13 铑催化的还原氢甲酰化达到的产率和区域选择性

通过将三烷基膦修饰的铑催化剂封包入沸石，高化学选择性保持不变但是产 431
物醇中的 l/b 比例可以增加至 10 倍[65]。将三烷基膦锚定于基于四面体倍半硅氧烷(POSS)碳硅烷树状聚物得到树状聚物配体，其在 1-辛烯的氢甲酰化-氢化反应中倾向生成直链醇。区域选择性超过了低分子配体可以达到的程度[66]。

在另一种方法中，丙烯在 π-环戊二烯基羰基(三丁基膦)铑催化剂存在的情况下氢甲酰化，得到 1∶1 的异构丁醇混合物(图解 5.51)[67]。在最佳情况下，可以实现的 S/C 比例为 50 000∶1。

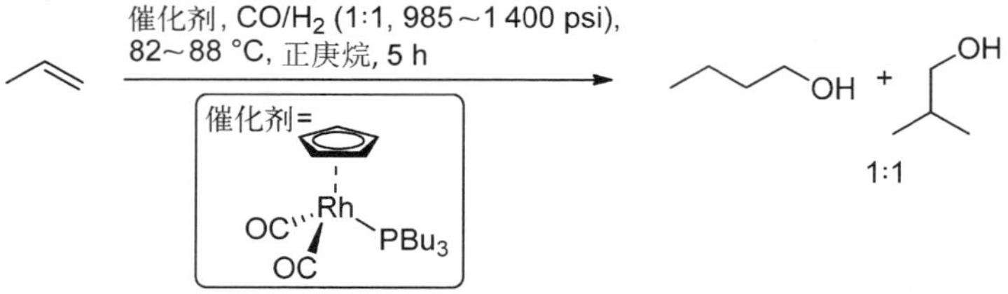

图解 5.51 使用铑-环戊二烯基催化剂的还原氢甲酰化

Rodriguez 和 Tenn[68]用基于不同三烷基膦的铑催化剂氢甲酰化了稀释的乙烯给料。使用含三辛基和三己基膦的催化剂催化丙醇的生成，观测到的 TOF 为 232～258/h。相反地，三苯基膦和体积更大的配体三环己基膦和 1,3-二环己基膦丙烷对应生成丙醛。气体给料的组成成分对选择性有明显的影响。在乙烯浓度高时，烷的生成成为了严重的问题。

或者，使用仲甲醛作为合成气的替代(见第 3 章)[69]。当 1-己烯的反应在 $[H_2Rh(O_2COH)\{P(i-Pr)_3\}_3]_2$ 存在的情况下与过量的仲甲醛在 120℃进行时，主要生成异构的醛。提高温度至 150℃可以增加醇的产率。检测到混合的酯为副产物。这表明了醇由事先生成的 C_7-醛和仲甲醛通过去质子化生成。

Union Carbide 提出了 1,3-丁二烯的选择氢甲酰化-氢化反应，通过在二甘醇二甲醚中反应主要得到 3-戊烯醇和 4-戊烯醇(图解 5.52)[70]。为了得到期望产物 1,6-己二醇，4-戊烯醇随后在稍加改变的条件下(约 21 bar)于乙醇溶剂中作用，以 69%的产率生成二醇。

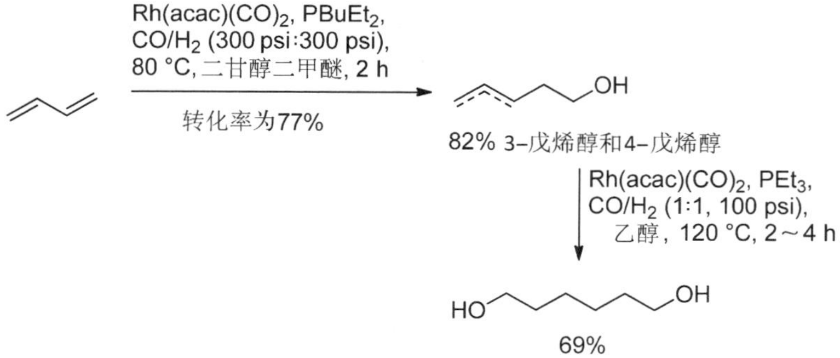

图解 5.52 使用两种不同膦配体的铑催化的 1,3-丁二烯的还原氢甲酰化反应

使用单齿膦得到的结果使得人们也尝试与 PEt_3 一起使用例如 Xantphos、DIOP 或者 BISBI 的双齿膦配体[71]。在这些条件下，高阶烯烃例如 1-己烯、1-辛烯或者 1-癸烯，还有烯丙基醇也可以被转化为对应的醇(图解 5.53)。反应的 l/b

432

比例高，起始烯烃的氢化少于 5%。通过加入叔胺 $PhCH_2NMe_2$ 代替 PEt_3 也可有类似的表现。

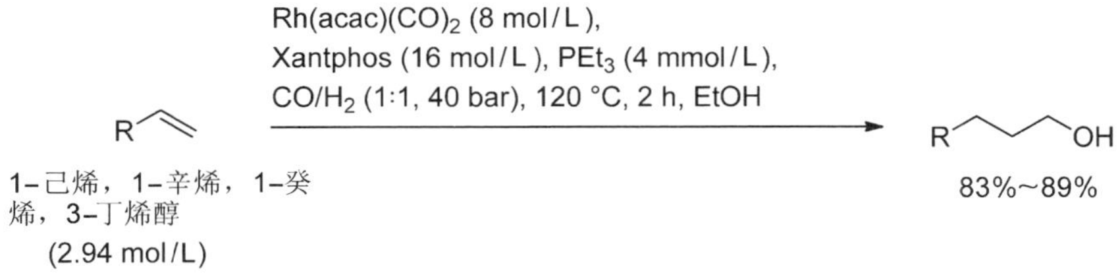

图解 5.53 使用两种不同膦配体的铑催化的单烯烃还原氢甲酰化反应

Vogt 和其同事在 2012 年给出了另一个例子[72]。使用了简单的 Xantphos 或者 P(*n* - Bu)$_3$ 作为配体(图解 5.54)。反应在氢气比 CO 过量两倍的水相媒介中进行。使用二齿双膦配体，*l*/*b* 比例可以达到 14∶1。使用 1-辛烯可以生成 93% 的产率的 1-壬醇。如反-2-辛烯和顺-环辛烯的内烯烃也在这些条件下成功转化。使用短链烯烃的起始烯烃的氢化几乎被抑制。使用 1-癸烯和 1-十二烯时，433
也生成对应的链烷但是产率小于等于 10%。与之前讨论的 Cole - Hamilton 研究的催化系统相反[58]，醛是明确的反应中间物。

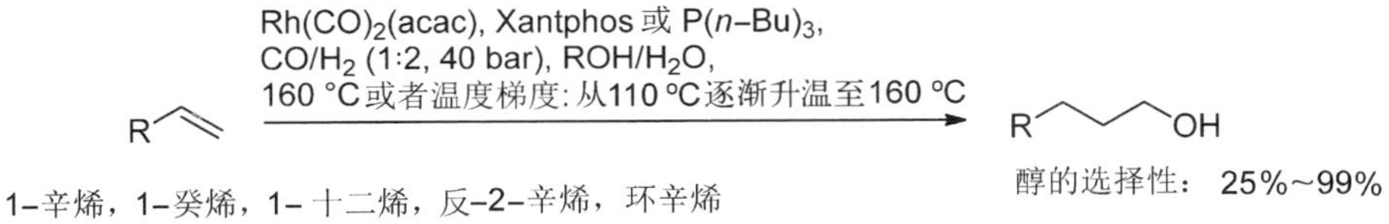

图解 5.54 使用温度变化梯度的铑催化的单烯烃的还原氢甲酰化反应

或者，Nozaki 小组在 1-癸烯的氢甲酰化-还原反应中使用 BISBI 的烷基衍生物(图解 5.55)[73]。大 *P*-烷基取代基会降低醇的产率。因此文献作者推测膦的立体效应要超过电子效应。在这些尝试中也证明了醇作为溶剂非常重要。在一些例子中，形成的羟醛缩合产物抑制了目标醇的生成。最好的结果是使用 Rh(Me-BISBI)催化剂在 170℃得到的。

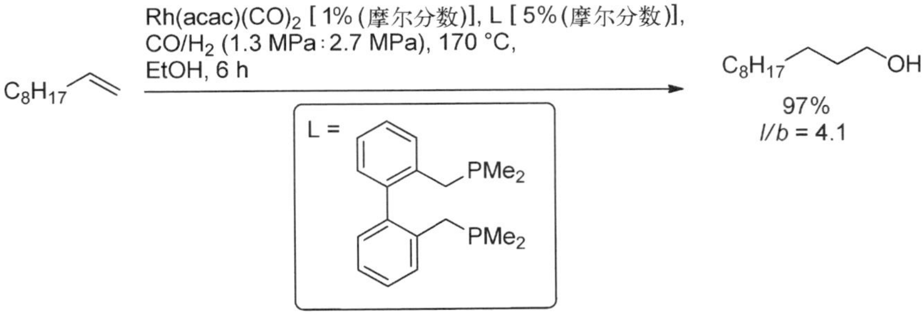

图解 5.55 使用 Me-BISBI 作为配体的铑催化的 1-癸烯的还原氢甲酰化反应

4. 底物中的配位基团

Perlmutter 及其同事[74]发现，在含有一个 PPh_2 基的烯烃底物的氢甲酰化中，一个有趣的对化学选择性的相关关系（图解 5.56）。对短烷基链，$n=1$ 或 2 时，在约 28 bar 时只生成异构的醇；相反地，较长的链，$n=3$ 时，可以得到醇和醛的混合物。底物含有最长烷基链（$n=4$）的情况下，只生成异构的醛。使用未官能化的烯烃或者通过将导向的 PPh_2 氧化为 $P(O)Ph_2$，螯合控制效果被完全抑制且只生成醛。

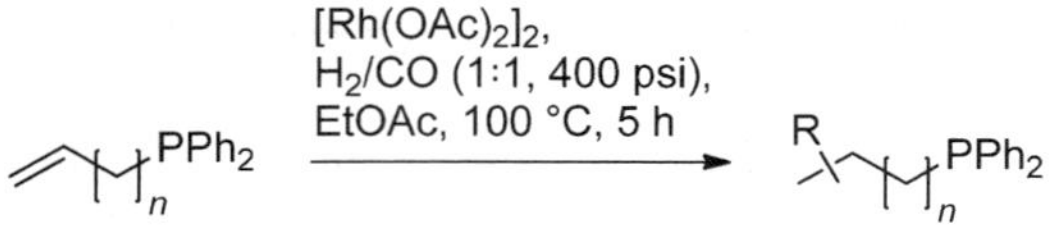

n	R = CHO /%	R = CH_2OH /%
1	—	50
2	—	100
3	23~35	27~52
4	92	—

图解 5.56 暂态醛的氢化与膦基团在起始烯烃中的位置的关系

434 使用含有环外二苯基膦烷基基团的环己烯基化合物时，可以观测到类似的螯合控制（图解 5.57）[75]。此外，立体效应倾向于顺环己醇衍生物的生成。

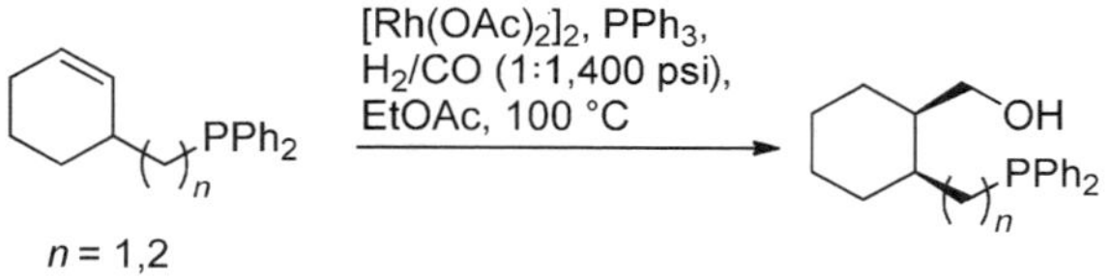

图解 5.57 PPh_2 导向的同步氢甲酰化-氢化串联反应

Breit 和其同事[76]展示了配体和底物之间的二级成键作用可能也有利于协助醇的生成（图解 5.58）。胍基团与生成的中间产物醛形成两重氢键。这一几何结构通过使用基于吡咯的配体类似物（**A**）的密度泛函理论（DFT）计算得到。它通过降低醛基团的 LUMO（Lowest Unoccupied Molecular Orbital，未占有电子的能级最低的轨道）能量而对后者的氢化有利。基于这一流程，四种未官能化或者官能化的烯烃可以直接转化为对应的醇。

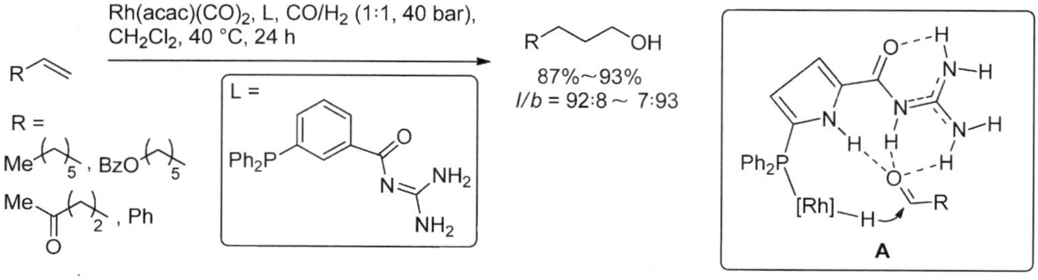

图解 5.58 使用超分子催化剂的氢甲酰化-氢化串联反应和计算中间态(A)

这一原理可以延伸到 α,β -不饱和羧酸的脱羧氢甲酰化-氢化反应（图解 5.59）[77]。

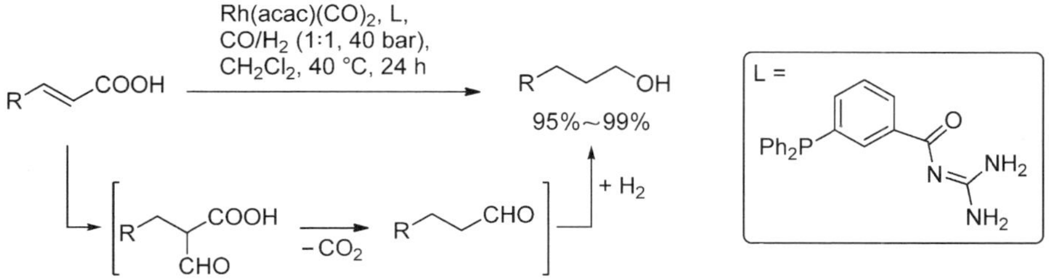

图解 5.59 α,β -不饱和羧酸的脱羧氢甲酰化-氢化反应

5.2.2.5.3 钯催化的氢甲酰化-氢化串联反应 435

Almeida Leñero 和其同事[78]研究了卤阴离子对 Pd 催化的 C_8～C_{10} 烯烃的氢甲酰化-氢化的影响（图解 5.60）。使用 Pd(BCOPE)[BCOPE = bis(9-phosphabicyclo[3.3.1]nonyl)ethane，双(9-磷杂二环[3.3.1]壬基)乙烷]催化剂和与 Pd 亚化学计量的卤化物，可实现高达 99%的生成预期产物醇的化学选择性，TOF 约为 1 000/h。

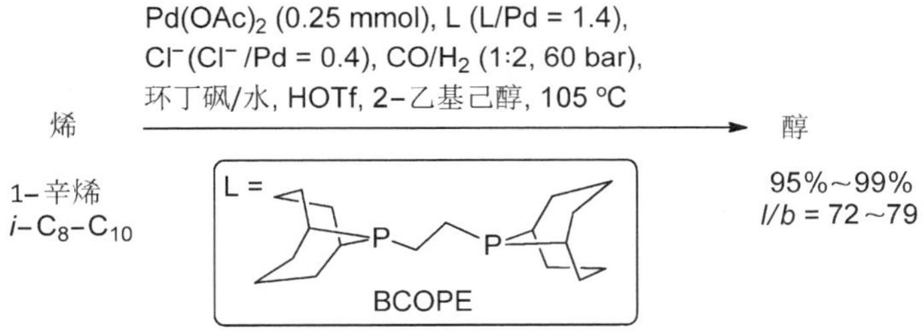

图解 5.60 钯催化的还原氢甲酰化

与不含卤阴离子时的反应相比，此反应加速了 6～7 倍（氯/溴）或者 2～4 倍（碘）。区域选择性的增加顺序相反，即碘＞溴＞氯。没有酯的生成。人们认为卤化物对 Pd-酰基中间产物的氢解作用有正面影响（图解 5.61）。其在这一步中有可能置换了弱配位的三氟甲基磺酸阴离子。形成的醛的氢化发生在最后一步。

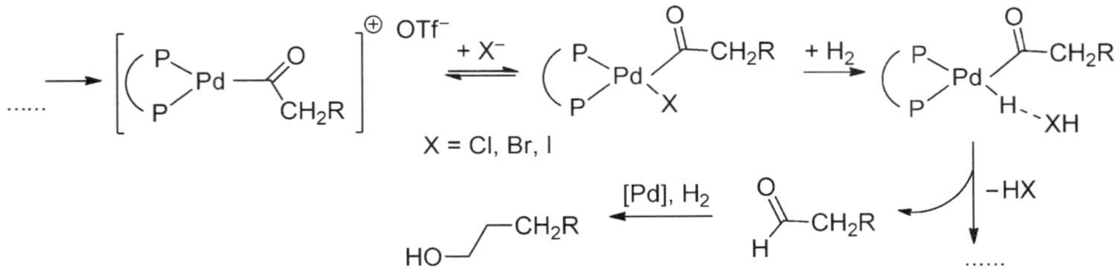

图解 5.61 钯催化的还原氢甲酰化反应的部分机理

其他双齿三烷基膦生成醇的产率要低得多，这表明除了卤化物以外，配体的选择对反应是否成功也有决定性的影响。

5.2.2.5.4　钌催化的氢甲酰化-氢化串联反应

早在 1987 年，Knifton 就演示了钌簇——例如用 2，2′-二吡啶基修饰的 $[HRu_3(CO)_{11}]^-$，或者与 Bu_4PBr 混合的 RuO_2——在氢甲酰化条件下($CO/H_2 = 1:2$，83 bar，180℃)，将内烯烃主要转化为直链醇[79]。

436 Pakkanen 的小组[80]发表的一些示例显示，锚定在硅胶上的 $Ru_3(CO)_{12}$/2，2′-二吡啶对链烯的还原氢甲酰化具有活性。反应的结果和重复性与浸渍的方法强烈相关[81]。反应在 THF 中进行结果最佳。速控催化步骤是链烯的氢甲酰化，而中间产物醛的氢化进行得很快且产率优秀。通过加入 NEt_3 或者把铑负载在 Al_2O_3 上，可以改善醇的生成[82]。

Haukka 的小组[83]分析了三苯基膦上不同 2-取代基在 1-己烯的氢甲酰化中的作用。带有氨基或者甲氧基的强配位螯合膦表现出的活性弱。相反地，弱配位甲氧基取代的膦和例如[2-(乙基)苯基]-(二苯基)膦的非螯合膦会带来较高的活性。使用 $RuCl_2(CO)_2(dmep)_2$[dmep = bis(2-methylphenyl)phenylphosphine，双(2-甲苯基)苯基膦]作为催化剂在 130℃和 20 bar 合成气压下($CO/H_2 = 1:1$)，在 1-己烯的氢甲酰化中可以生成 57%的异构的庚醇。

在 $Ru(CO)_3(PPh_3)_2$ 中，一个膦配体可以很容易被 CO 通过 UV 辐照置换[84]。生成的配合物 $Ru(CO)_4PPh_3$ 可在非常温和的条件下($H_2/CO = 1:1$，500 Torr = 0.667 bar)将乙烯转化为 1-丙醇。

Nozaki 和其同事[20]提出了将正区域选择氢甲酰化催化剂和氢化催化剂的结构特征相结合的想法(图解 5.62)。后者需要在合成气下进行。

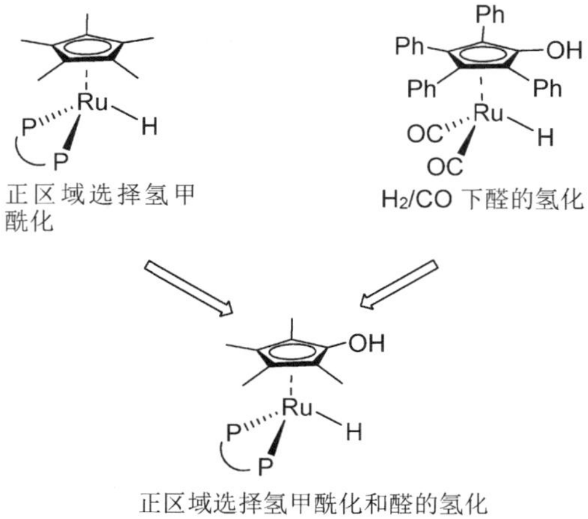

图解 5.62　同时具有氢甲酰化和氢化活性的单一催化剂的设计

这一概念的结果是，人们设计出了可以将 1-癸烯以 73%的产率转化为 1-十一醇的基于 Xantphos 的钌催化剂(图解 5.63)。只观测到 1.2%的对应的醛副产物。

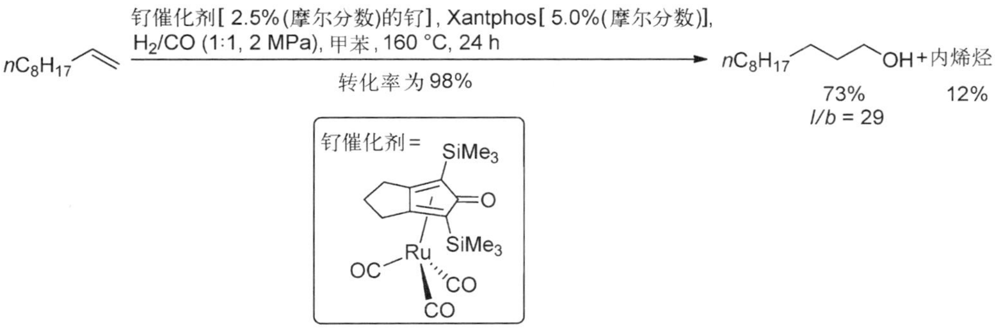 437

图解 5.63 使用两用氢甲酰化-氢化催化剂的钌催化的还原氢甲酰化

Mitsudo 和其同事[85]在钌催化的苯乙烯的氢甲酰化中筛查了一些叔 N -配体和芳香 N -配体(图解 5.64)。在奎宁环存在时观测到最高的 2 -苯丙醇的产率。

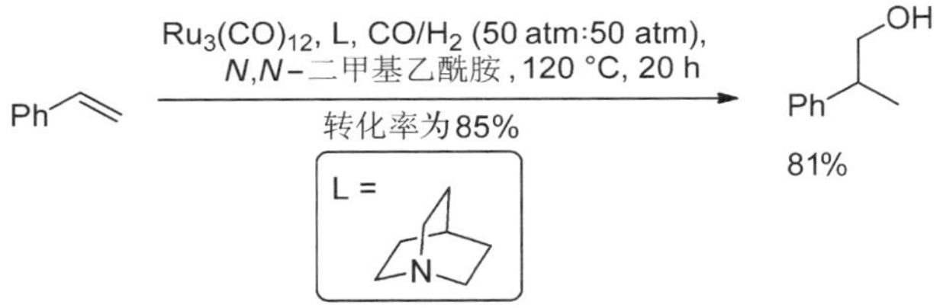

图解 5.64 使用氮配体的钌催化的还原氢甲酰化

Haukka 和其同事[86]证明了用例如 2 -氯吡嗪的 2 -取代的吡嗪替换吡嗪,会增加源氢甲酰化催化剂的活性且对醇的生成有利。在最佳情况下,异构的醇可达到 40%的总产率。经计算得到可能的羰基氢化路径包括了氢化和二氢合钌中间体。

2013 年,Beller 和其同事[87]展示了一系列的无环和环状烯烃可以通过运用基于咪唑膦的钌催化剂完全转化为对应的醇(图解 5.65)。使用直链 α -烯烃作为底物得到了最佳的结果。值得注意的是,苯乙烯和异戊二烯也可以以优秀的产率得到预期的醇。4 -羟基- 2 -甲基丁酸甲酯还可以进一步反应得到对应的内酯。

基于醚膦作为配体的类似的催化系统被运用于使用过量氢气的异构化氢甲酰化-氢化反应序列(图解 5.66)[88,89]。直链 2 -烯烃以 l/b 为 86∶14 的选择性得到 C_1 -位置的醇。在这些条件下,2,5 -二氢呋喃和 2,3 -二氢吡咯也可以生成相关的环状羟甲基衍生物。观测到的最高的选择性是在使用 1 -甲基- 4 -(1 -丙烯- 2 - 438
基)- 1 -环己烯的反应中,此处只有环外双键反应。

均相钌配合物对调整反向水煤气转换(RWGS)的平衡尤其有用。Tominaga 和 Sasaki[90]在从烯烃生成醇时使用了四核钌簇,此反应分两步进行(图解 5.67)。

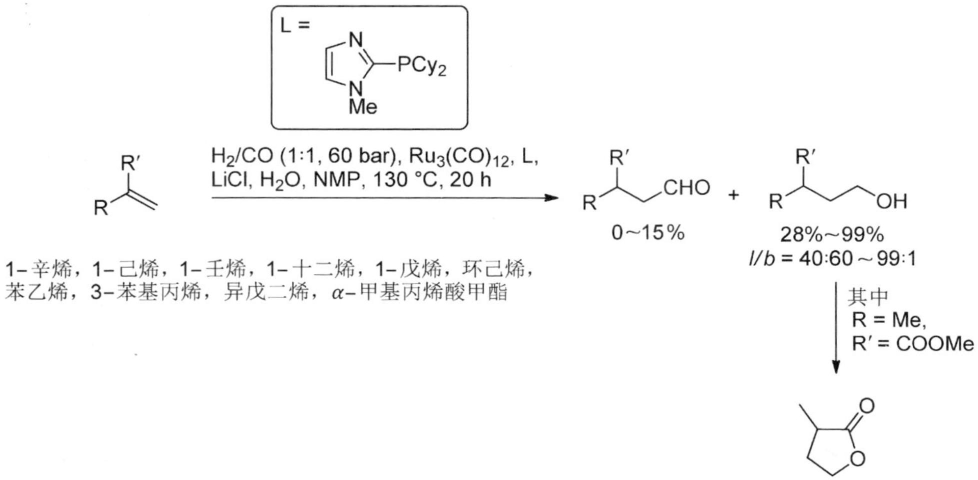

图解 5.65 使用咪唑膦修饰的钌催化剂的氢甲酰化-氢化反应

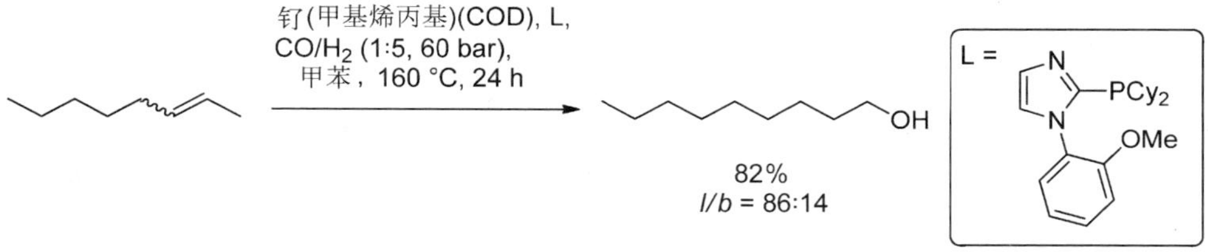

图解 5.66 使用咪唑膦修饰的钌催化剂的异构氢甲酰化-氢化反应

例如 LiCl 的无机盐对于抑制不期望得到的底物烯烃的氢化特别重要。在 140℃时倾向生成醇。加入 PPh_3，反应完全终止。醇的最高产率(88%)是以环己烯作为底物时观测到的。一般来说，只观测到微量的醛，而在一些情况下链烷的生成相当可观。

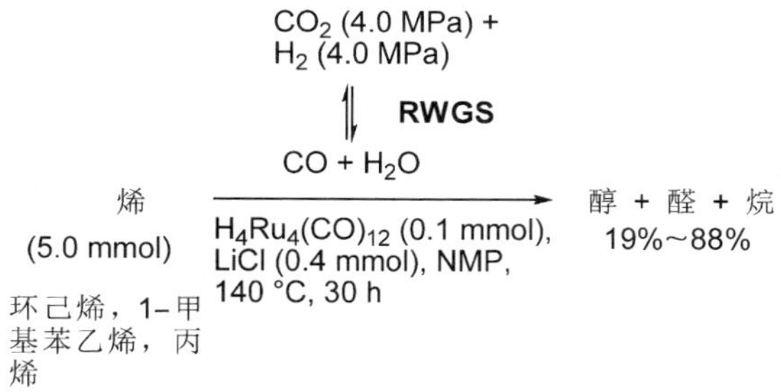

图解 5.67 钌催化的氢甲酰化-氢化反应的反向水煤气转换

对于同样的转化，人们证明了在 DMF 中使用$[Ru(CO)_3Cl_2]_2/Li_2CO_3$[91]或者$[Ru(CO)_4]_n/LiCl$[92]催化系统也是可行的。2014 年，Dupont 和其同事[93]提出了在离子液下运行反应的想法。理论上，增加 H_2 和 CO_2 的总压力可以促进 RWGS

且增加醛的产率，而后者的氢化得利于 H_2 压力的增加和 CO_2 压力的减少[94]。 439

5.2.2.5.5 氢甲酰化-氢化串联反应的多金属系统和其他基于金属的催化系统

在专利文献中，提出了许多使用带有不同添加剂的异相 Mo 催化剂的、主要为短链烯烃的还原氢甲酰化反应流程，比如乙烯和丙烯[95]。V、Fe、Zn 或者 Mo 的存在对异相铑催化的乙烯的还原氢甲酰化有利[96]。同样，负载的钴簇催化剂也被成功使用[97]。

当 $Co_2Rh_2(CO)_{12}$ 或者 $CO_4(CO)_{12}$ 与 $Rh_4(CO)_{12}$ 的混合物被注入有机 Dowex ® 树脂时，就得到了活性氢甲酰化催化剂[98]。当树脂内含有胺基或者加入 NEt_3 时，1-己烯的氢甲酰化以 95%的产率只生成对应的壬醇。Rh/Co 的比例对产物分布有明显作用。观测到的最佳结果是 Rh/Co 比例为 2.6～3.6 时。树脂中的其他官能团不能使得醇生成。

无定形碳载体上的双金属簇 $HRuCo_3(CO)_{12}$ 在乙烯（172℃，$C_2H_4/CO/H_2$ = 20∶20∶20 mL/min，1 atm）和丙烯（203℃，$C_3H_6/CO/H_2$ = 20∶20∶20 mL/min，1 atm）的氢甲酰化-氢化反应中也分别显示出了生成醇的高化学选择性[99]。人们推测两种金属具有协作效应，因为 $Co_4(CO)_{12}$ 本身被证明不具有活性。

5.2.3 结论

如今用氢甲酰化工艺从烯烃中制备醇已经是一个建立完善的过程。人们研发出了许多方法，涵盖从使用不同催化剂和反应容器的独立氢甲酰化与氢化步骤，到使用同一催化剂和统一反应条件的同釜氢甲酰化串联反应。特别的是，人们不光 440
使用了钴和铑催化剂，钌和钯催化剂也有相当好的结果。串联反应化学选择性的优化可以通过共催化剂来调整，主要是氮和磷的配体。除了合成气，其他的合成气或者 CO 来源，比如仲甲醛或者 CO_2 也能被使用。有趣的是，在大规模过程中，仍然主要使用钴催化的还原氢甲酰化流程，而铑催化剂是分步氢甲酰化-氢化过程的首选。尤其是在精细化工中，更为复杂的氢甲酰化-氢化串联反应应该更有价值。在未来的研究中，寻找可替代的更廉价的金属应是人们特别感兴趣的方向。

参考文献

1. This is an updated version published as: Torres, G.M., Frauenlob, R., Franke, R., and Börner, A. (2015) *Catal. Sci. Technol.*, **5**, 34-54.
2. Drent, E., van Ginkel, R., and Jager, W.W. (to Shell Internationale Research Maatschappij B. V.) (2008) Patent WO 2008/034894.
3. See e.g.: (a) Mason, R.B. and Nicholson, E.W.S. (to Esso Research and Engineering Company) (1957) Patent US 2,813,911; (b) Krebs, R.W. (to Standard Oil Development Company) (1951) Patent US 2,678,952.
4. Tötsch, W., Arnoldi, D., Kaizik, A., and Trocha, M. (to Oxeno Olefinchemie GmbH) (2002) Patent DE 10227995.
5. (a) Ratcliff, W.F. (to Esso Research and Engineering Company) (1956) Patent US 2,757,204; (b) Goerner, J.K. and Bone, J.F. (to Jefferson Chemical Company, Inc.) (1957) Patent US 2,79,007;

441 (c) Gwynn, B.H. and Tucci, E.R. (to Gulf Research & Development Company) (1968) Patent US 3,361,829; (d) Nilles, M. and Zehner, P. (to BASF Aktiengesellschaft) (2002) Patent DE 10106482; (e) Falbe, J. (1980) *New Syntheses with Carbon Monoxide*, Springer-Verlag, Berlin, p. 158.

6. (a) van Driessche, E., Muls, J.-J.G., van Vliet, A., Beck, C.R., and Yarbrough, C.M. (to Exxonmobil Chemical Company) (2010) Patent US 2010/0312005; (b) van Driessche, E.T., Muls, J.-J.G., van Vliet, A., Beck, C. R., and Yarbrough, C.M. (to Exxonmobil Chemical Comp.) (2010) Patent US 2010/0312005; (c) van Driessche, E.T., Muls, J.-J.G., van Vliet, A., Beck, C.R., and Yarbrough, C.M. (to Exxonmobil Chemical Patents Inc.) (2010) Patent WO 2010/141164.
7. Rudolph, J., Ulonska, A., Papp, R., Paciello, R., Breitscheidel, B., and Faller, K. (to BASF SE) (2009) Patent WO 2009/124979.
8. Grenacher, A.V. and Stepp, H. (to BASF Aktiengesellschaft) (2000) Patent EP 1204624.
9. Inventor not yet nominated (to BASF AG) (2001) Patent DE 10036172.
10. Taylor, P.D. (to Celanese Corporation) (1977) Patent US 4,064,145.
11. Matsumoto, M., Miura, S., Kikuchi, K., Tamaru, M., Kojima, H., Koga, K., and Yamashita, S. (to Kuraray Company, Ltd; Daicel Chemical Industries, Ltd.) (1986) Patent US 4,567,305.
12. (a) Dubner, W.S., Shum, W.P.-S. (to ARCO Chemical Technology, L.P.) (2001) Patent US 6225509; (b) White, D.F. and Dubner, W.S. (to Lyondell Chemical Technology, L.P.) (2007) Patent US 7,271,295.
13. Matsumoto, M. and Tamura, M. (Kuraray Co, Ltd.) (1981) Patent US 4,306,087.
14. Matsumoto, M. and Tamura, M. (to Kuraray Co., Ltd.) (1980) Patent US 4,238,419.
15. White, D.F., Salisbury, B.A., and Oran Osment, J.M. (to Lyondell Chemical Technology L.P.) (2014) Patent WO 2014/078310.
16. Lyondellbasell http://www.lyondellbasell.com/Products/ByCategory/basic-chemicals/PerformanceChemicalsAndSolvents/1-4-Butanediol/ (accessed 11 September 2015).
17. Garcia, L., Claver, C., Diéguez, M., and Masdeu-Bultó, A.M. (2006) *Chem. Commun.*, 191–193.
18. Zakzeski, J., Lee, H.R., Leung, Y.L., and Bell, A.T. (2010) *Appl. Catal., A: Gen.*, **374**, 201–212.
19. Takahashi, K., Yamashita, M., Ichihara, T., Nakano, K., and Nozaki, K. (2010) *Angew. Chem. Int. Ed.*, **122**, 4590–4592.
20. Takahashi, K., Yamashita, M., and Nozaki, K. (2012) *J. Am. Chem. Soc.*, **134**, 18746–18757.
21. Yuki, Y., Takahashi, K., Tanaka, Y., and Nozaki, K. (2013) *J. Am. Chem. Soc.*, **135**, 17393–17400.
22. Sandee, A.J., Reek, J.N.H., Kamer, P.C.J., and van Leeuwen, P.W.N.M. (2001) *J. Am. Chem. Soc.*, **123**, 8468–8476.
23. de Vries, J.G. and Elsevier, C.J. (eds) (2007) *Handbook of Homogeneous Hydrogenation*, Wiley-VCH Verlag GmbH, Weinheim.
24. Frohning, C.D. and Kohlpaintner, C.W. (1996) in *Applied Homogeneous Catalysis with Organometallic Compounds* (eds B. Cornils and W.A. Herrmann), Wiley-VCH Verlag GmbH, Weinheim, pp. 29–104.
25. Feder, H.M. and Halpern, J. (1975) *J. Am. Chem. Soc.*, **97**, 7186–7188.
26. Frankel, E.N., Jones, E.P., Davison, V.L., Emken, E., and Dutton, H.J. (1965) *J. Am. Oil Chem. Soc.*, **42**, 130–134.
27. Ungvary, F. (1982) *Acta Chim. Acad. Sci. Hung.*, **111**, 117–130.
28. (a) Piacenti, F., Bianchi, M., Frediani, P., Matteoli, U., and Lo Moro, A.

(1976) *J. Chem. Soc., Chem. Commun.*, 789; (b) Haymore, B.L., van Asselt, A., and Beck, G.R. (1983) *Ann. N.Y. Acad. Sci.*, **415**, 159-175; (c) Rathke, J.W., Klingler, R.J., and Krause, T.R. (1991) *Organometallics*, **10**, 1350-1355.

29. Murata, K. and Matsuda, A. (1980) *Nippon Kagaku Kaishi*, 1077-1080.
30. Srivastava, V.K., Shukla, R.S., Bajaj, H.C., and Jasra, R.V. (2005) *Appl. Catal., A: Gen.*, **282**, 31-38.
31. Slaugh, L.H. and Mullineaux, R.D. (1968) *J. Organomet. Chem.*, **13**, 469-477.
32. (a) Haumann, M., Meijboom, R., Moss, J.R., and Roodt, A. (2004) *Dalton Trans.*, 1679-1686; (b) Meijboom, R., Hausmann, M., Roodt, A., and Damoense, L. (2005) *Helv. Chim. Acta*, **88**, 676-693.
33. Eisenmann, J.L. and Yamartino, R.L. (to Diamond Alkali Company) (1964) Patent US 3,150,188.
34. (a) Beller, M. and Krauter, J.G.E. (1999) *J. Mol. Catal. A: Chem.*, **143**, 31-39; (b) Dabbawala, A.A., Bajaj, H.C., Bricout, H., and Monflier, E. (2012) *Appl. Catal., A: Gen.*, **413-414**, 273-279.
35. Mizoroki, T., Kioka, M., Suzuki, M., Sakatani, S., Okumura, A., and Maruya, K. (1984) *Bull. Chem. Soc. Jpn.*, **57**, 577-578.
36. Slaugh, L.H. and Mullineaux, R.D. (to Shell Oil Company) (1966) Patent US 3,239,569.
37. (a) Tucci, E.R. (1968) *Ind. Eng. Chem. Prod. Res. Dev.*, **7**, 125; (b) Tucci, E.R. (1970) *Ind. Eng. Chem. Prod. Res. Dev.*, **7**, 516.
38. Bartik, T., Bartik, B., and Hanson, B. E. (1993) *J. Mol. Catal.*, **85**, 121-129.
39. (a) Rosi, L., Bini, A., Frediani, P., Bianchi, M., and Salvini, A. (1996) *J. Mol. Catal. A: Chem.*, **112**, 367-383; (b) Rosi, L., Salvini, A., Bianchi, M., Frediani, P., and Piacenti, F. (1997) *J. Organomet. Chem.*, **535**, 143-147.
40. Pregaglia, G.F. (1969) *Chem. Ind. (Milan)*, **51**, 1043.
41. Tucci, E.R. (1968) *Ind. Eng. Chem. Prod. Res. Dev.*, **7**, 32.
42. (a) Pregaglia, G.F., Andreetta, A., Ferrari, G.F., and Ugo, G. (1971) *J. Organomet. Chem.*, **30**, 387-405; (b) Pregaglia, G.F., Andreetta, A., Ferrari, G.F., and Ugo, G. (1972) *J. Organomet. Chem.*, **43**, 213-223.
43. Mason, R.F. and van Winkle, J.L. (to Shell Oil Company) (1968) Patent US 3,400,163.
44. (a) Crause, C., Bennie, L., Damoense, 442
L., Dwyer, C.L., Grove, C., Grimmer, N., Janse vanRensburg, W., Kirk, M.M., Mokheseng, K.M., Otto, S., and Steynberg, P.J. (2003) *J. Chem. Soc., Dalton Trans.*, 2036-2042; (b) Achonduh, G., Yang, Q., and Alper, H. (2015) *Tetrahedron*, **71**, 1241-1246.
45. Wu, D., Wang, Y., Li, G., Jiang, J., and Jin, Z. (2014) *Catal. Commun.*, **44**, 54-56.
46. (a) Van Winkle, J.L., Lorenzo, S., Morris, R.C., and Mason, R.F. (to Shell Oil Company) (1969) Patent US 3,420,898; (b) Bungu, P.N. and Otto, S. (2007) *Dalton Trans.*, 2876-2884.
47. Piacenti, F., Bianchi, M., Benedetti, E., and Frediani, P. (1970) *J. Organomet. Chem.*, **23**, 257-264.
48. Bungu, P.N. and Otto, S. (2011) *Dalton Trans.*, **40**, 9238-9249.
49. Wong, P.-K. and Moxey, A. (to Shell Oil Company) (2000) Patent US 6,114,588.
50. Frankel, E.N., Metlin, S., Rohwedder, W.K., and Wender, I. (1969) *J. Am. Oil Chem. Soc.*, **46**, 133-138.
51. Yamagishi, T., Ito, S.-i., Tomishige, K., and Kunimori, K. (2005) *Catal. Commun.*, **6**, 421-425.
52. Simpson, M. and Cole-Hamilton, D.J. (1996) *Coord. Chem. Rev.*, **155**, 163-207.
53. Kaneda, K., Yasumura, M., Hiraki, M., Imanaka, T., and Teranishi, S. (1981) *Chem. Lett.*, 1763-1766.

54. Kaneda, K., Imanaka, T., and Teranishi, S. (1983) *Chem. Lett.*, 1465-1466.
55. Cheung, L.L.W., Vasapollo, G., and Alper, H. (2012) *Adv. Synth. Catal.*, **354**, 2019-2022.
56. Zhou, J.-Q. and Alper, H. (1991) *J. Chem. Soc., Chem. Commun.*, 233-234.
57. MacDougall, J.K. and Cole-Hamilton, D.J. (1990) *J. Chem. Soc., Chem. Commun.*, 165-167.
58. MacDougall, J.K. and Cole-Hamilton, D.J. (1990) *Polyhedron*, **9**, 1235-1236.
59. Simpson, M.C., Currie, A.W.S., Andersen, J.-A.M., Cole-Hamilton, D.J., and Green, M.J. (1996) *J. Chem. Soc., Dalton Trans.*, 1793-1800.
60. Cheliatsidou, P., White, D.F.S., and Cole-Hamilton, D.J. (2004) *Dalton Trans.*, 3425-3427.
61. Zajacek, J.G. and Shum, W.P. (to Arco Chemical Technology L.P.) (2000) Patent US 6,127,584.
62. MacDougall, J.K., Simpson, M.C., Green, M.J., and Cole-Hamilton, D.J. (1996) *J. Chem. Soc., Dalton Trans.*, 1161-1172.
63. Macdougall, J.K., Simpson, M.C., and Cole-Hamilton, D.J. (1993) *Polyhedron*, **12**, 2877-2881.
443 64. Simpson, M.C., Porteous, K., Macdougall, J.K., and Cole-Hamilton, D.J. (1993) *Polyhedron*, **12**, 2883-2886.
65. Andersen, J.-A.M. and Currie, A.W.S. (1996) *Chem. Commun.*, 1543-1544.
66. Ropartz, L., Morris, R.E., Foster, D.F., and Cole-Hamilton, D.J. (2002) *J. Mol. Catal. A: Chem.*, **182-183**, 99-105.
67. Lawrenson, M.J. (to BP Chemicals Ltd.) (1971) Patent GB 1254222.
68. Rodriguez, B.A. and Tenn, W.J. III, (2012) *Appl. Catal., A: Gen.*, **421-422**, 161-163.
69. Okano, T., Kobayashi, T., Konishi, H., and Kiji, J. (1982) *Tetrahedron Lett.*, **23**, 4967-4968.
70. Briggs, J.R., Packett, D.L., Bryant, D.R., Phillips, A.G., Schreck, D.J., Guram, A.S., Olson, K.D., Eisenschmid, T.C., and Tjaden, E.B. (to Union Carbide Chemicals & Plastics Technology Corporation) (2001) Patent US 6,187,970.
71. Boogaerts, I.I.F., White, D.F.S., Green, M.J., and Cole-Hamilton, D.J. (2010) *Chem. Commun.*, **46**, 2194-2196.
72. Diebolt, O., Müller, C., and Vogt, D. (2012) *Catal. Sci. Technol.*, **2**, 773-777.
73. Ichihara, T., Nakano, K., Katayama, M., and Nozaki, K. (2008) *Chem. Asian J.*, **3**, 1722-1728.
74. Jackson, W.R., Perlmutter, P., and Suh, G.-H. (1987) *J. Chem. Soc., Chem. Commun.*, 724-725.
75. Jackson, W.R., Perlmutter, P., Suh, G.-H., and Tasdelen, E.E. (1991) *Aust. J. Chem.*, **44**, 951-966.
76. Diab, L., Šmejkal, T., Geier, J., and Breit, B. (2009) *Angew. Chem. Int. Ed.*, **48**, 8022-8026.
77. (a) Fuchs, D., Rousseau, G., Diab, L., Gellrich, U., and Breit, B. (2012) *Angew. Chem. Int. Ed.*, **51**, 2178-2182; (b) Diab, L., Gellrich, U., and Breit, B. (2013) *Chem. Commun.*, **49**, 9737-9739.
78. Konya, D., Almeida Leñero, K.Q., and Drent, E. (2006) *Organometallics*, **25**, 3166-3174.
79. Knifton, J.F. (1987) *J. Mol. Catal.*, **43**, 65-77.
80. (a) Alvila, L., Pakkanen, T.A., and Krause, O. (1993) *J. Mol. Catal.*, **84**, 145-156; (b) Alvila, L., Pursiainen, J., Kiviaho, J., Pakkanen, T.A., and Krause, O. (1994) *J. Mol. Catal.*, **91**, 335-342.
81. Haukka, M., Alvila, L., and Pakkanen, T.A. (1995) *J. Mol. Catal. A: Chem.*, **102**, 79-92.
82. Alvila, L., Pakkanen, T.A., Pakkanen, T.T., and Krause, O. (1992) *J. Mol. Catal.*, **73**, 325-334.
83. Moreno, M.A., Haukka, M., Jääskeläinen, S., Vuoti, S., Pursiainen,

J., and Pakkanen, T.A. (2005) *J. Organomet. Chem.*, **690**, 3803-3814.
84. Gordon, E.M. and Eisenberg, R. (1986) *J. Organomet. Chem.*, **306**, C53-C57.
85. Mitsudo, T.-a., Suzuki, N., Kobayashi, T.-a., and Kondo, T. (1999) *J. Mol. Catal. A: Chem.*, **137**, 253-262.
86. Moreno, M.A., Haukka, M., Turunen, A., and Pakkanen, T.A. (2005) *J. Mol. Catal. A: Chem.*, **240**, 7-17.
87. Fleischer, I., Dyballa, K.M., Jennerjahn, R., Jackstell, R., Franke, R., Spannenberg, A., and Beller, M. (2013) *Angew. Chem. Int. Ed.*, **52**, 2949-2953.
88. Wu, L., Fleischer, I., Jackstell, R., Profir, I., Franke, R., and Beller, M. (2013) *J. Am. Chem. Soc.*, **135**, 14306-14312.
89. It seems that ether phosphine may force the formation of alcohols: Solsona, A., Suades, J., and Mathieu, R. (2003) *J. Organomet. Chem.*, **669**, 172-181.
90. (a) Tominaga, K.-i. and Sasaki, Y. (2000) *Catal. Commun.*, **1**, 1-3; (b) Tominaga, K.-i. and Sasaki, Y. (2004) *J. Mol. Catal. A: Chem.*, **220**, 159-165.
91. Jääskeläinen, S. and Haukka, M. (2003) *Appl. Catal., A: Gen.*, **247**, 95-100.
92. Kontkanen, M.-L., Oresma, L., Moreno, M.A., Jännis, J., Laurila, E., and Haukka, M. (2009) *Appl. Catal., A: Gen.*, **365**, 130-134.
93. Ali, M., Gual, A., Ebeling, G., and Dupont, J. (2014) *ChemCatChem*, **6**, 2224-2228.
94. Fujita, S.-i., Okamura, S., Akiyama, Y., and Arai, M. (2007) *Int. J. Mol. Sci.*, **8**, 749-759.
95. (a) Kinkade, N.E. (to Union Carbide Corp.) (1986) Patent US 4,590,314; (b) Graciaso, M.V. and Kerr, E.R. (to Texaco Inc.) (1987) Patent US 4,661,525.
96. Yamagishi, T., Ito, S.-i., Tomishige, K., and Kunimori, K. (2005) *Catal. Commun.*, 421-425 and ref. cited therein.
97. Llorca, J., Barbier, B., Martin, G.A., Sales, J., Ramirez de la Piscina, P., and Homs, N. (1996) *Catal. Lett.*, **42**, 87-91.
98. Alvila, L., Pakkanen, T.A., and Pakkanen, T.T. (1992) *J. Mol. Catal.*, **71**, 281-290.
99. Fukuoka, A., Matsuzaka, H., Hidai, M., and Ichikawa, M. (1987) *Chem. Lett.*, 941-944.

5.3 氢甲酰化-缩醛化串联反应

5.3.1 综述

除了烯烃的异构化和醛的氢化以外,生成的醛的缩醛化也是氢甲酰化框架中最重要的反应之一(图解 5.68)[1,2]。一般来说,醛与醇的反应由布朗斯特(Brønsted)或者路易斯(Lewis)酸催化。通过移除水(共沸蒸馏、用分子筛作用或

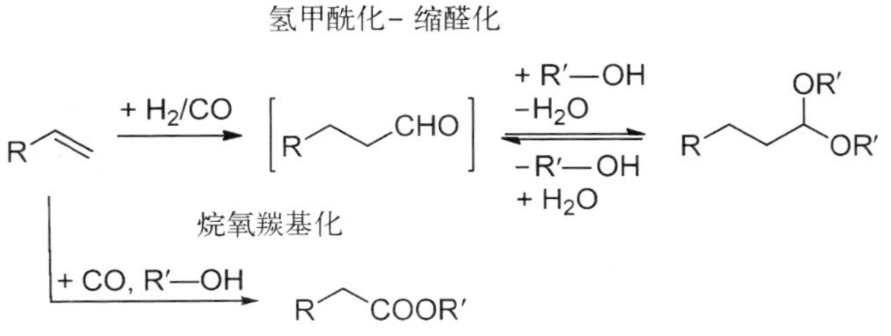

图解 5.68 氢甲酰化-缩醛化反应的原理和典型的副反应

者与甲酸三烷酯反应)，反应平衡向缩醛移动。反向反应也由酸催化，但是需要水
444 的存在。典型的副反应有可能是对应的酯的生成(烷氧羰基化)，其发生是 CO 和醇向双键共同加成引起的[3]。

连续的氢甲酰化-缩醛化反应可以通过选择合适的催化两个反应的单催化剂(1)，或者使用两种不同的催化剂，使前者催化氢甲酰化，后者催化缩醛化(2)来进行(图解 5.69)。根据 Fogg 和 dos Santos[4]的分类法，第一种方法也可以命名为自串联催化(auto - tandem catalysis)。

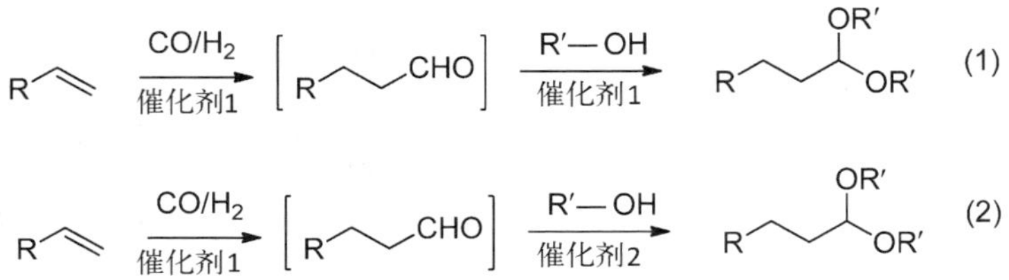

图解 5.69　氢甲酰化-缩醛化串联反应的种类

作为特殊的例子，必须提及的是例如烯丙醇或者高烯丙醇的羟基官能化的烯烃的氢甲酰化过程中，半缩醛 **2** 的形成(内酯化)(**1**，Y = O，图解 5.70)。使用这些底物，反应以分子内形式发生。在外部醇存在时，环状半缩醛可以进一步反应生成不对称环状缩醛 **3**。半缩醛发生氢化生成二醇 **4**。在还原条件以及胺存在时，生成氨基醇 **5**，两者都是有价值的精细化工原料。或者，氧化可以生成内酯 **6**[5]。通过半缩醛的脱水，环乙烯醚 **7** 生成。同样的转化在烯丙基胺(Y = NR)的情况下生成环状半缩醛胺、*N*，*O* -缩醛、内酰胺或者乙烯基胺。

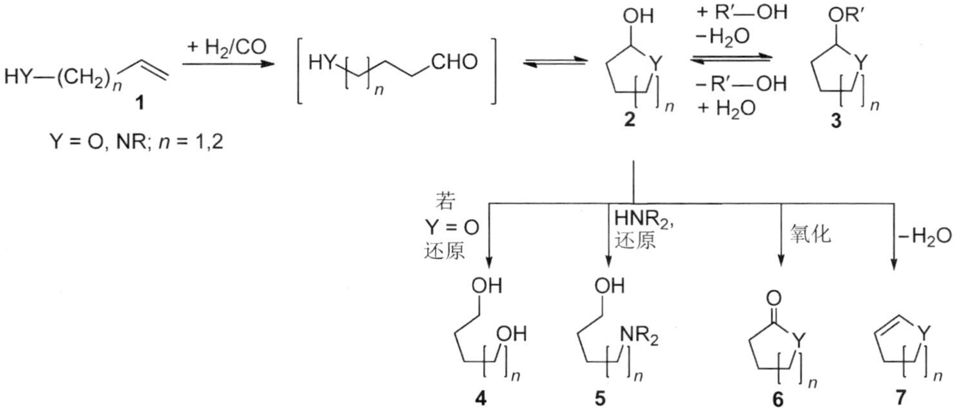

图解 5.70　氢甲酰化-分子内环化反应生成半缩醛和半缩醛胺及一些后续转化

一元醇与暂态的醛反应生成开链的二烷氧基或者二芳氧基缩醛。由于立体结构的原因，通常直链醛得到缩醛的产率要高于支链醛[6]。在与二醇的反应中，生成环状缩醛。形成这些化合物的倾向性很高，以至于微量的水(工业给料)也不能阻

止缩醛反应。由于环的热力学稳定性，来自醛的 1,3-二噁烷从 1,3-二醇的生成， 445
比 1,3-二噁茂烷从 1,2-二醇的生成要更容易[7]。取代基对环状缩醛的产率有影响。在钌催化的反应中，有如图 5.14 所示的产率的增加与所使用二醇的相关性[8]。甘油通常生成五元和六元缩醛的混合物。

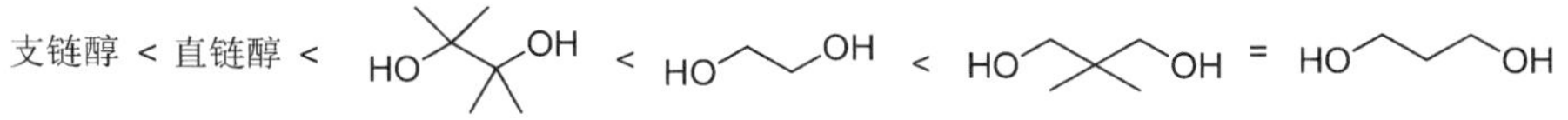

图 5.14 铑或者钌催化的氢甲酰化-缩醛化反应中缩醛形成的速率

缩醛的构建保护了醛基团免于与许多亲核试剂反应，从而使得后续的分子中其他部分的转化不影响羰基[7]。另外，C═O 基团由于转化为了缩醛，其对周围的活性效应消失。可以避免发生不期望得到的副反应，比如乙烯基芳香化合物的不对称氢甲酰化得到的手性醛的差向异构作用，尽管这一效应并不常见[10]。由氢甲酰化-缩醛化过程得到的缩醛不与伯胺和仲胺反应[6]。

另一个衍生物的例子是关于常常观测到的 1,3-丁二烯的氢甲酰化中的 3-戊烯醛的异构化[(a),图解 5.71]。共轭的异构体 2-戊烯醛的热力学稳定性更好。因此它较不易被氢甲酰化且在合成气下常常发生氢化生成戊醛。这些副产物的形成可以在双氢甲酰化流程(b)中通过将首先形成的甲酰基团保护为缩醛来避 446
免[11,12]。在第一步中，不饱和的缩醛由氢甲酰化-缩醛化串联反应生成。在第二个氢甲酰化步骤中，第二个醛基团加入。最终移除缩醛基团得到异构的己二醛。在从 1,3-丁二醇制备己内酰胺前体时，戊烯醛的缩醛化也被建议使用来避免副产物的形成[13]。通过这一方法，在氢甲酰化粗产物于中等温度下(约 70℃)的蒸馏中，羟醛反应产物或者丁二烯二聚物(重挥发物)的形成也可以最小化。

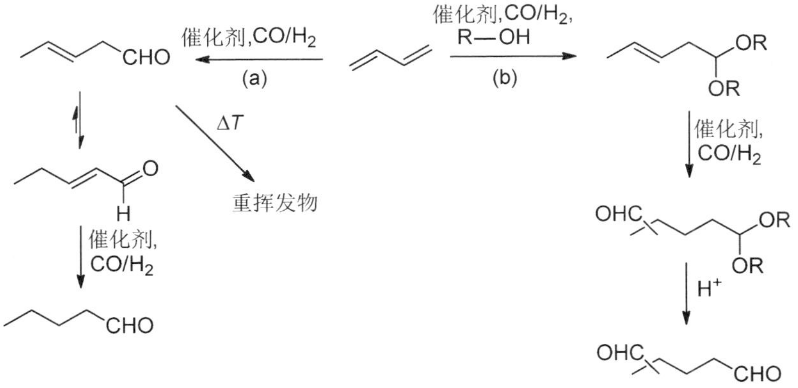

图解 5.71 在 1,3-丁二烯的氢甲酰化中将首先插入的羰基暂时保护为缩醛

5.3.2 金属催化剂和添加物

一些金属可以催化缩醛反应或者转缩醛反应[14]。特别是氧化态较高的金属，例如表现为强路易斯酸的 Co(II)、Rh(III)或者 Ir(III)，能协助缩醛反应。其中的一些被认为可以在氢甲酰化的催化循环中起作用，但是它们对于缩醛反应的效应还尚未完全得知。诸如卤素或者有机化合物的配体——主要是三价磷化合物或者胺——可能对金属的缩醛化性质有着很强的影响。最近几年，低氧化态的金属也被发现在串联反应中具有活性。卤素配体或者阳离子配合物中的阴离子可以在氢气作用下转化为 Brønsted 酸。其他催化剂得益于外部酸性共催化剂的加入，例如对甲苯磺酸吡啶盐(PPTS)或者樟脑磺酸吡啶盐[15]。微波也可以加速环状半缩醛和缩醛的形成[16]。

447 5.3.2.1 钴

单聚或者多聚结合的 $CoCl_2$ 是缩醛化和转缩醛化的活性催化剂[17]。其效率可以通过加入三甲基氯硅烷来改善[18]。$Co_2(CO)_8$ 或者异相的钴催化剂也可以将烯烃在醇存在的情况下转化为缩醛[19,20]。典型的氢甲酰化催化剂且是强酸的 $HCo(CO)_4$，能够在氢甲酰化条件下(CO/H_2 = 2∶1，约 165 bar，160～210℃)将芳香醛的缩醛还原为对应的醚。有趣的是，在这些条件下脂肪醛的缩醛不反应。

5.3.2.2 铑

在这一领域中占主导地位的铑(Ⅰ)配合物的缩醛化特性是被偶然发现的[21]。一般来说，带有路易斯酸特性的铑(Ⅰ)配合物，比如$[RhCl(CO)_2]_2$ 能协助缩醛化反应[22]。Voelter 和 Djerassi 在合成类固醇酮的研究中发现，Wilkinson 配合物 $RhCl(PPh_3)_3$ 能体现高缩醛化活性[23]。与此反应相关的是，BASF 提出了 $RhX(CO)L_2$ 类型的含卤素的铑配合物在丁二烯的氢甲酰化-缩醛化反应中比对应的氢化物 $HRh(PPh_3)_3$ 更好[24]。值得注意的是，后者也可以在酸(对甲苯磺酸、硫酸、Amberlyst 15、磷酸)过量的条件下催化反应[25]。杂多酸 $H_3PW_{12}O_{40}$ 也同样被用于共催化剂[26]。有趣的是，当使用例如通过混合$[Rh(OMe)(COD)]_2$(COD＝1,5-环辛二烯)与单齿膦或亚磷酸三酯而得到的催化剂时，在非酸性条件下也可以使得期望的缩醛反应发生[27]。P(*O*-邻叔丁基-$C_6H_4)_3$ 作为配体不仅协助了氢甲酰化反应，还增加了随后的缩醛化的速率。两性离子膦配体被用于离子液-醇系统[28]。偶尔 Rh(Ⅰ)氢甲酰化-缩醛化催化剂也被锚定在固体载体上[29]。

Vogt 和其同事[6]详细研究了醇中不含共催化剂的 Rh(Ⅰ)催化的氢甲酰化反应中的不同参数，拓展了早期的发现。用例如 P(吡咯基)$_3$ 和 2,4,6-三苯基膦苯以及不同的单亚磷酸三酯和双亚磷酸三酯的 π-电子受体配体能带来高转化率和缩醛化学选择性(图 5.15)[6,26,30]。

增加 P/Rh 比例，转化的速率降低。单齿膦，特别是 PCy_3，倾向于使烯烃底物和中间产物醛氢化，分别得到烷和醇。使用如 Xantphos 的天然咬入角约为 110°的二齿膦，对于成功进行串联反应十分重要。合成气混合物的不同的成分(CO/H_2 的比例)仅有微小的效果。值得注意的是，当没有 H_2 存在且在 10 bar 的 CO 压力下，使用$[Rh(COD)_2]BF_4$ 作为催化剂前体的缩醛化没有发生[6]。因此，作者推测 448
在合成气下$[Rh(COD)_2]BF_4$ 转化成了活性的氢甲酰化催化剂和 HBF_4。酸随后

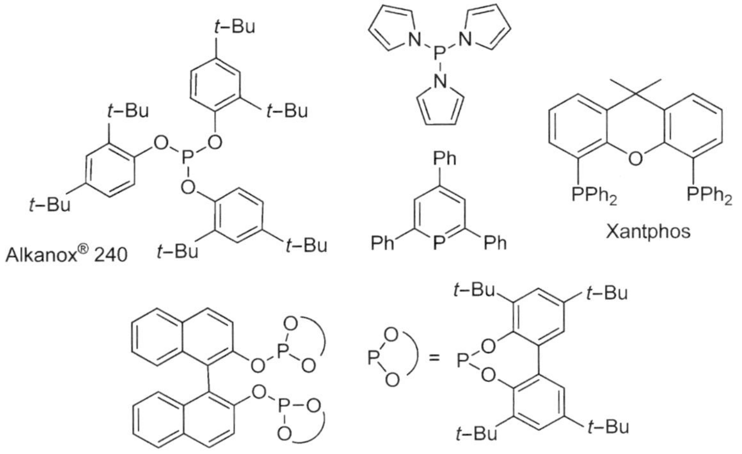

图 5.15 适合于铑(I)催化的 1-辛烯的氢甲酰化-缩醛化反应的 P 配体

作为缩醛化的催化剂。最近，Jin 和其同事[31]通过使用[RhCl(COD)]$_2$ 确认了这些结果，[RhCl(COD)]$_2$ 通过与 H_2 作用产生了 HCl。另外，他们还展示了当加入等物质的量的 HBF_4 或者 HCl 时，甚至 Rh(acac)$(CO)_2$(acac=acetylacetonate，乙酰丙酮化物)也表现为有效的氢甲酰化-缩醛化催化剂。

在没有 H_2 存在的情况下，Rh(Ⅰ)催化的烯烃与 CO 和醇的反应可能会生成酯和醚[32]。胺配体增强了氢酯化的趋势[3]。强碱性胺，例如 2,6-二甲基吡啶，比诸如 2-甲基吡啶的碱性胺能得到更高的酯的产率[3b]。

可以确定的是，强酸性的铑(Ⅲ)配合物例如 Rh(triphos)Cl_3[33]、$RhCl_3 \cdot 3H_2O/P(OPh)_3$[34]或者[$RhCl_{(3-n)}(CH_3CN)_n$(triphos)$(CF_3SO_3)_n$][35]在温和条件下也能催化缩醛化反应。三脚架型的配体(CF_3triphos)中的吸电子基团可以进一步改善催化活性，但是其活性与未修饰的 $RhCl_3$ 配合物相比仍然较小。胂配体与膦配体相比得到较低的反应速率[33]。

5.3.2.3 铂

Venanzi 和其同事[36]发现，[Pt$(H_2O)_2$(dppe)]$(CF_3SO_3)_2$ 在很多醛与一元醇和二元醇的反应中，能以大于 90%的产率催化得到缩醛。铂配合物至少与对应的钯同类物的效率相当，但所观测到的速率比相关的铑配合物要低得多。[Pt(P—P)(μ-OH)]$_2^{2+}$类型的羟基配合物也显示出活性[37]。用于协助具有氢甲酰化活性的 Pt 配合物的 $SnCl_2$[38]也是温和缩醛化[39]和缩醛水解[40]的共催化剂。三氟乙酸(TFA)和 HCl 在这一方面效率较低[41]。另外，活性催化系统也可以由 Pt$(acac)_2$、$SnCl_2$、二膦配体和三氟甲磺酸构成[42]。 449

5.3.2.4 钌

强路易斯酸 $RuCl_3$ 是不同的醛与甲醇、乙醇、异丙醇或者一些二醇进行缩醛化的多用催化剂[43]。[Rh$(MeCN)_3$(triphos)]$(CF_3SO_3)_2$ 类型的阳离子膦修饰的钌配合物可以将羰基化合物和醇配位，由此它们可以在温和条件下（30℃）使用 HC(Oi-Pr)$_3$ 作为除水剂催化缩醛反应[35,44]。最近，$Ru_3(CO)_{12}$ 簇也被认为是氢甲酰化-缩醛化催化剂，其反应在离子液中 NEt_4Cl 存在的条件下以乙酸为共催化剂进行（图解 5.72）。有趣的是，例如甲醇的一元醇生成混合物形式的产物。只有将中间产物醛限制在环状缩醛中，才能观测到高化学选择性和优秀的产率[8]。

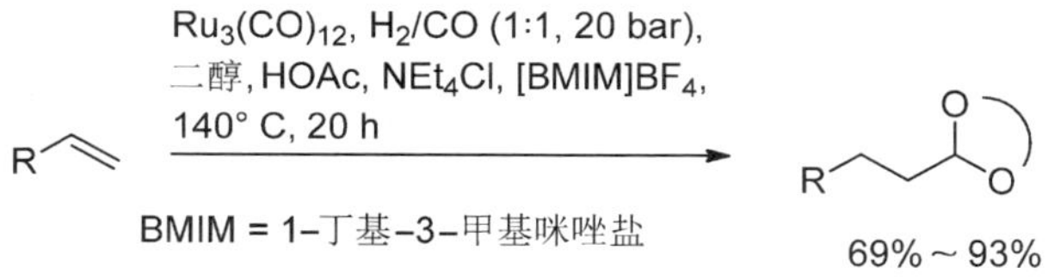

图解 5.72 钌催化的氢甲酰化-缩醛化反应的催化系统

5.3.2.5 钯

$[Pd(H_2O)_2(dppe)](CF_3SO_3)_2$ 被发现在缩醛化反应中具有和对应的铂催化剂类似的活性[36]。人们提出的机理倾向于醛与醇在金属中心的同时配位（图解 5.73）。

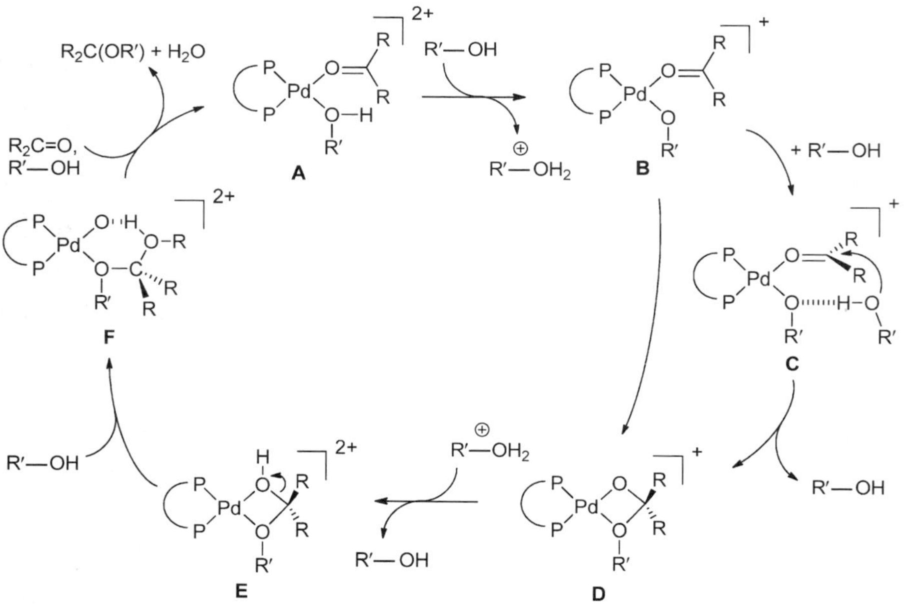

图解 5.73 假想的钯(II)催化缩醛化反应的催化循环

配位的醇去质子化，烷氧基钯配合物（**B**）形成。第二个醇对激活的羰基基团（**C**）的亲核攻击得到四元钯环（**D**）。尚不能完全排除后者是否直接由 **B** 生成。环钯化合物质子化后，第三个醇分子扩大了环生成了 **F**。最后，缩醛被释放，催化剂被重新回收。为了防止也可以催化缩醛化的反应中质子的形成，Strukul 和其同事提出了[Pd(P—P)(μ-OH)]$_2^{2+}$类型的羟基配合物[37]。反应的速率和产率不受双膦(P—P = dppe、dppp、dppb)[dppe=1,2-bis(diphenylphosphino)ethane,1,2-双(二苯基膦)乙烷,dppp=1,3-bis(diphenylphosphino)propane,1,3-双(二苯基膦)丙烷,dppb=1,4-bis(diphenylphosphino)butane,1,4-双(二苯基膦)丁烷]大小的影响。 450

5.3.2.6 铱

[Ir(MeCN)$_3$(triphos)](CF$_3$SO$_3$)$_3$ 是罕见的基于铱的氢甲酰化-缩醛化催化剂的例子[35]。

5.3.3 氢甲酰化-缩醛化串联反应的实际应用

理论上,如一些较早的文献中所述,氢甲酰化-缩醛化反应序列可以以两个单独的步骤进行。环已烯的氢甲酰化反应使用 $Co_2(CO)_8$ 为催化剂在约 180 bar 合成气压下进行[45]。形成的醛从催化剂中分离,接着与乙烯基甘油在硫酸存在的情况下反应得到对应的环状缩醛。①

更为有趣的似乎是在相同反应条件下的氢甲酰化-缩醛化的同釜串联反应。 451
在这里,必须区分两个方向:氢甲酰化反应步骤后期望得到的缩醛反应和不期望得到的缩醛反应。

5.3.3.1 缩醛作为不期望得到的副产物以及避免它们形成的方法

氢甲酰化过程中,当反应在醇作为溶剂的条件下发生且受到氢甲酰化催化剂的酸性影响时,醛的缩醛化可能作为副反应发生。另外,当氢甲酰化-氢化串联反应生成了醇时(见第 5.2 节),往往需要考虑到缩醛化效应。具有代表性的典型例子是众所周知的具有高氢化活性的 $Co_2(CO)_8$,其有时在氢甲酰化条件下会增加醇的生成。后者可以与暂态的醛反应形成缩醛。

文献中还描述了一些避免缩醛化的方法或者将缩醛在反应内转化为醛的方法。最简单的情况下,可以通过向氢甲酰化反应中加入水和提高温度来达到这一目的[46]。蒸汽蒸馏中的酸,例如磷酸或者硫酸,也被建议用来分解缩醛[47]。二甲基甲酰胺也被提出作为阻止缩醛化的添加剂[48]。

5.3.3.2 氢甲酰化-缩醛化串联反应的应用

不同的烯烃被用于氢甲酰化-缩醛化串联反应[1,49]。形成的缩醛作为中间产物或者最终产物被广泛应用于精细和散装化工[1,50]。例如,由丙烯乙二醇或者 1-*O*-乙酰基甘油等多聚不饱和脂肪酯形成的二甲氧基缩醛或者环缩醛,是作为聚氯乙烯(PVC)增塑剂的潜力材料[51-54]。通过混合不同的缩醛,可以调整预想得到的增塑剂性质(抗张强度、延伸度、挥发性、温度稳定性)。脂肪醛的缩醛被建议作为燃料或者燃料添加剂以及溶剂或者表面活性剂[55]。在香水制造中,缩醛的形成阻止了空气对醛的氧化以及常见的有令人不悦的气味的酸的形成(见第 6.1 节)[56]。另外,缩醛还被用于使用 NMR 谱对氢甲酰化产物的分析[57]。

---

① 因为其具有苹果味果香,此反应的产物和其他芳香物质一起被用于制作香水的新成分。

虽然缩醛和它们的醛前体相比反应性小了很多，但在极端条件下也可能发生转化。在移除了氢甲酰化反应催化剂后，缩醛在无水或者有水存在时与亚铬酸铜于高温(750℃)下反应，还原形成对应的醇[58]。或者，由氢甲酰化过程产生的缩醛在 HCOOH 中氧化分别生成对应的羧酸和甲酰酯[59]。

452 Dow 提出了工业用钴催化丙烯腈与甲醇的氢甲酰化-缩醛化反应[60]。人们发现，加入碱性促进剂，例如 $HN(CH_2CN)_2$，可增强 $Co_2(CO)_8$ 催化剂在 100 atm 合成气压和 100℃下产物的选择性。或者，季铵盐，例如甲氧化 *N*-苯甲基-*N*,*N*,*N*-三甲基铵被建议用来增加使用长链烯烃的反应的速率[61]。当烯烃的转化率为 100%时，可以得到高达 90%的缩醛的产率。$Sn[Co(CO)_4]_4$ 是 1-己烯的氢甲酰化-缩醛化的有效催化剂[62]。已证明缩醛化反应是由路易斯酸的 Sn 部分催化的。

Ali 和其同事[63]研究了一些铑催化的类苯基丙烷的氢甲酰化反应，其中一些是著名的香料成分(图解 5.74)。对应的异构醛在约 21 bar 气压下、CH_2Cl_2 作为溶剂时生成。在甲醇中的反应以优秀的产率形成相关的缩醛。观测到的最佳结果是使用单齿亚磷酸三酯(例如 Ultranox 626)作为辅助配体时的情况。使用 $Rh(COD)_2$ 和 $RhCl_3 \cdot H_2O$ 作为催化剂前体，与使用 $Rh(acac)(CO)_2$ 时相比，结果要差一些。

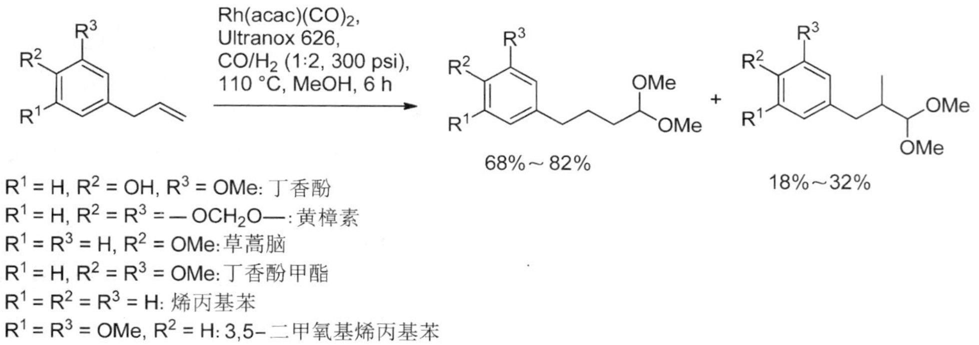

图解 5.74 类苯基丙烷的氢甲酰化-缩醛化反应

如前文所述，在 1,3-丁二烯的氢甲酰化中，通过对暂态不饱和醛的缩醛保护，希望得到的二醛的总产率可以显著提高。BASF 的 Kummer[11]在第一步中通过用甲醇中的膦修饰的铑催化剂生成了不饱和的缩醛(图解 5.75)。与双缩醛分离后，甲醇中的单缩醛和 1,3-丙二醇进行转缩醛反应，得到热力学更为稳定的 1,3-二噁烷衍生物。在后续的使用钴催化剂的氢甲酰化反应步骤中，第二个甲酰基团被加入。最终移除缩醛保护基和氧化两个甲酰基团得到异构的己二醇，其中可以通过结晶以 42%的产率分离出 1,6-己二醇。

453 以类似的方法，Union Carbide 的 Packett 通过使用二醇(乙烯甘油、1,4-丁二醇或者 2,3-丁二醇)作为缩醛试剂以及甲苯磺酸吡啶作为共催化剂的方法，实现了铑催化的同釜反应[12]。作为配体，使用了二齿的双亚磷酸三酯和双膦。在这些

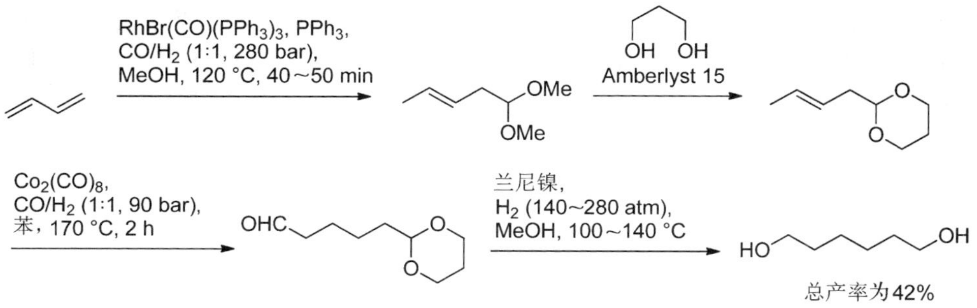

图解 5.75 高效的丁二烯双氢甲酰化反应和 1,6-己二醇的生成

条件下，主要的产物为对应的二缩醛(高达 55%)，而没有二醇的情况下得到的主要产物为异构的戊烯醛(约 80%)和戊醛(约 10%)。

人们使用 $Cl_2Pt(COD)$和反-1,2-双(二苯基膦甲基)环丁烷作为配体研究了甲醇中的 1-辛烯的氢甲酰化-缩醛化反应[41]。类似的活性系统可以由 [Pt(acac)(COD)]BF_4 得到。$SnCl_2$ 的存在对两个催化系统都有利。

Kalck 小组在原甲酸三乙酯存在的情况下用铑催化(1*R*,4*R*)-异柠烯的氢甲酰化-缩醛化，反应优先得到了缩醛(图解 5.76)[64]。β-蒎烯的反应得到了非对映异构的缩醛混合物。升高温度使得起始产物异构化为 α-蒎烯，它在这种情况下不会再进一步反应。 454

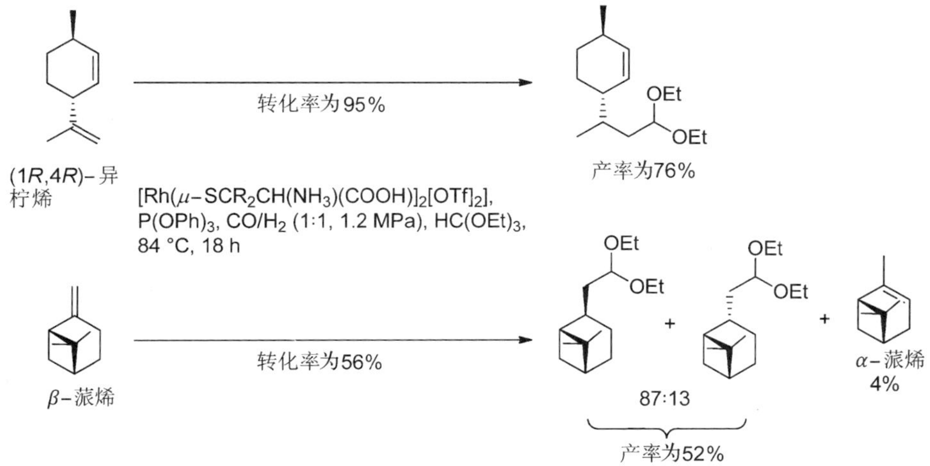

图解 5.76 一些环萜烯的氢甲酰化-缩醛化反应

Gusevskaya 和其同事[27]研究了非酸性条件下([Rh(OMe)(COD)]$_2$，P-配体，CO/H_2 = 1∶2～2∶1，40～80 bar，乙醇)不同的异构对薄荷油萜烯的氢甲酰化-缩醛化反应(图 5.16)。与柠烯反应时，无论使用何种磷配体都以高产率得到对应的环外缩醛。与 α-萜品烯的反应停止在醛的阶段。非共轭的二烯、γ-萜品烯和萜品油烯只能使用 PPh_3 修饰的铑催化剂以低速率转化。运用单齿亚磷酸三酯作为配体可以加速氢甲酰化和缩醛化反应。使用类似的流程，来自松节油的双环单萜 3-蒈烯、2-蒈烯和 α-蒎烯可以转化为对应的二乙氧基缩醛[65]。β-香茅烯主要生成直链缩醛[66]。

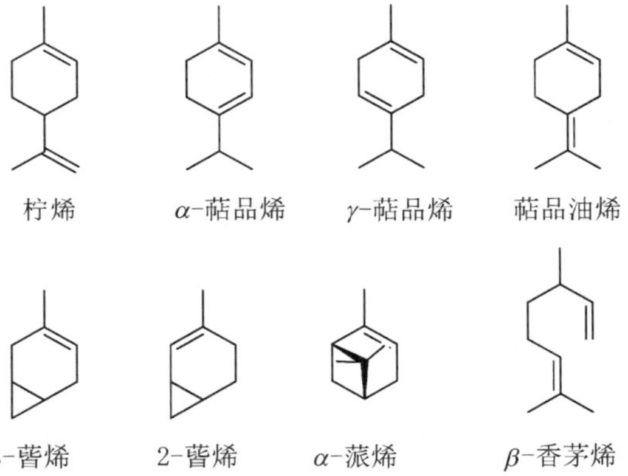

图 5.16　在氢甲酰化-缩醛化反应中作为底物的单环、双环和开链萜烯

Claver 和 Castillón[67]研究了使用取决于 O-保护基类型的烯糖作为底物的氢甲酰化-缩醛化反应（图解 5.77）。通过将羟基保护为醋酸酯可以达到特别高的期望得到的缩醛的产率。增加 PPTS 的量，可以将醋酸从暂态的醛中消去形成 α,β-不饱和醛的副反应最小化。O-特戊酰基保护的糖也有类似的表现。与之形成对比的是，O-苯甲基保护基团会带来对应的 O-甲基配糖 I 的形成。

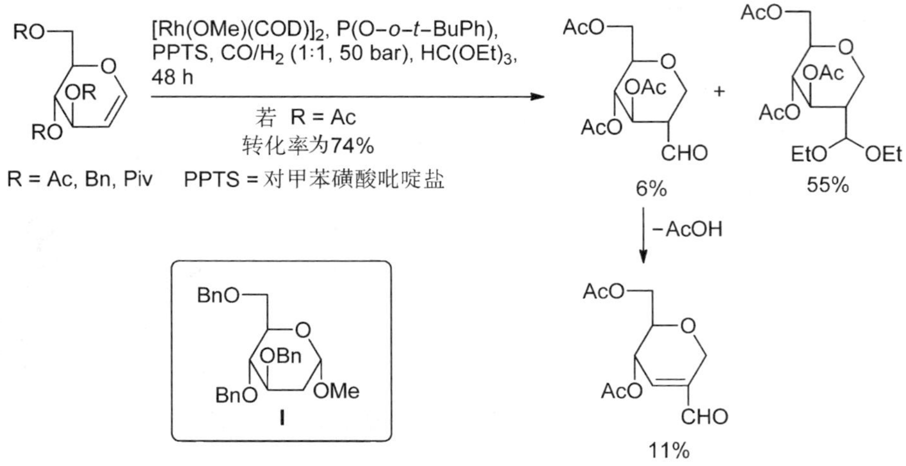

图解 5.77　烯糖的氢甲酰化-缩醛化反应

Cognis[68]提出了使用甘油的长链烯烃的氢甲酰化-缩醛化反应，例如，1-辛烯和 1-十二烯（图解 5.78）。

反应可以在甲苯或者水溶液中进行。在水中进行反应时，为了使催化剂的溶

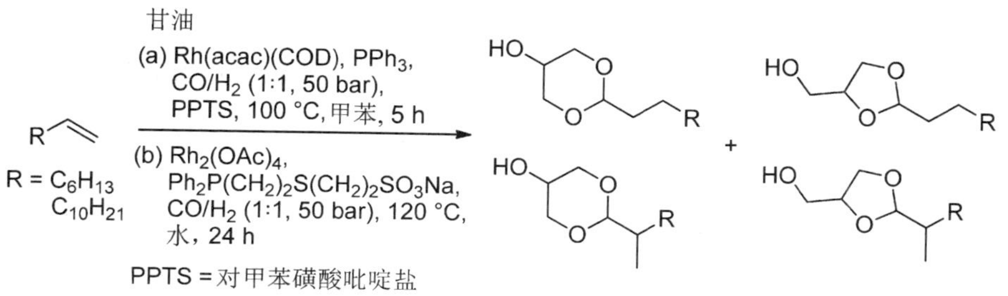

图解 5.78　作为燃料添加剂的甘油缩醛的合成

解度增加，使用了磺化的膦。使用 Xantphos 作为配体被证明有利于改进正区域选择性[69]。如范例中所示，剩余的羟基被丙烯和乙烯氧化物烷化之后，得到了在不 455 生成泡沫的情况下能减少表面张力的高相对分子质量化合物[68]。因为这一特性可以延长成分逗留时间，所以它们被建议用来改进除草剂、杀虫剂、杀菌剂或者植物生长促进剂的长期活性。另外，甘油缩醛的混合物作为燃料添加剂也被成功试用[69]。其中十六烷值大于 51 的 C_{11} -甘油缩醛，主要作为柴油燃料使用，能够达到欧洲标准 EN 590(EN=49～51)。较长醛的缩醛甚至明显超过这一标准。

Leino 和 Vogt[70]研究了多元醇在水媒介中的氢甲酰化-半缩醛形成反应(图解 5.79)。例如，使用基于 Sulfoxantphos 的铑催化剂在水中的反应几乎能引起完全转化，且有出色的半缩醛产率。检测不到中间产物醛。在这些条件下使用 Xantphos 也能得到相同的优异结果。

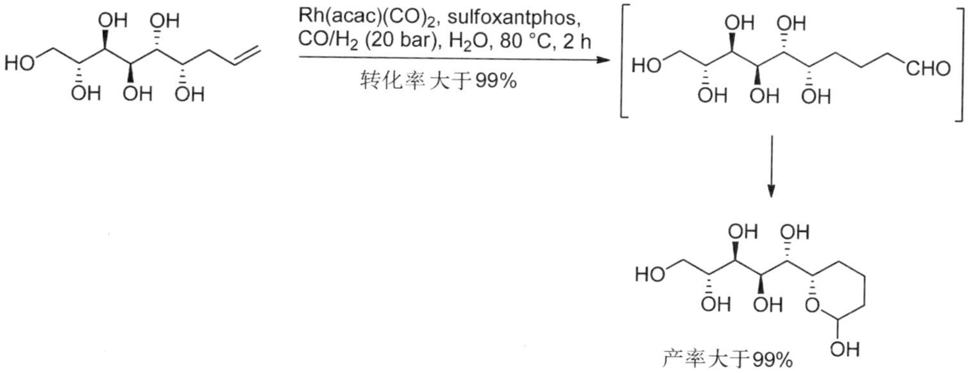

图解 5.79　由多元醇合成乳醇

Gusevskaya 的小组使用芳樟醇作为底物反应也有类似的转化(图解 5.80)[71]。值得注意的是，只有在膦配体存在的情况下反应才能进行。半缩醛形成的非对映立体选择性取决于 CO 分压。高 CO 分压引起顺式产物，而反式产物 456 主要在 CO 和 H_2 比例相同时生成。半缩醛脱水可得到二氢呋喃衍生物。当氢甲酰化反应在甲醇中进行且使用 PPTS 作为共催化剂时，得到对应的缩醛。有趣的是，当催化剂由[Rh(OMe)(COD)]$_2$ 与单齿亚磷酸三酯制备生成时，反应甚至可以在没有酸性共催化剂的情况下发生[66]。与使用基于 PPh_3 的催化剂的反应相比，反应加速了 5～10 倍。类似的流程还用于橙花叔醇分别向对应的半缩醛和缩醛的转化[72]。

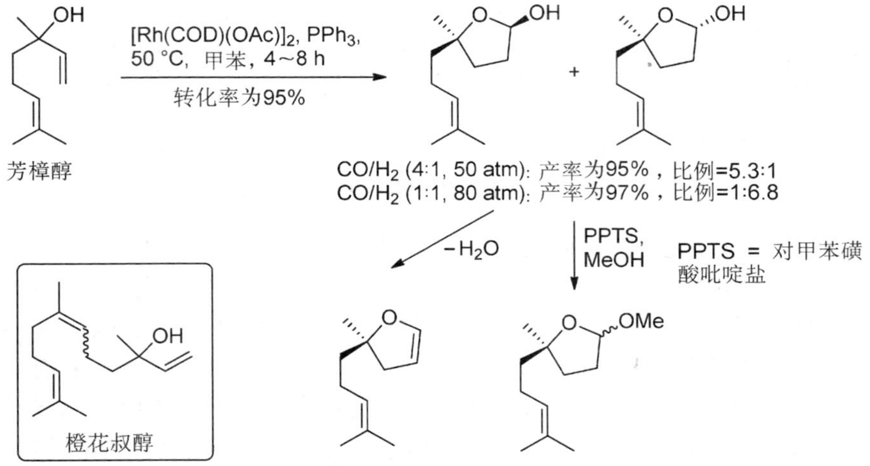

图解 5.80　芳樟醇的氢甲酰化-乳醇化反应

异蒲勒醇的分子内氢甲酰化-缩醛化产物的类型取决于反应的条件(图解 5.81)。在低温下，反应停止在半缩醛阶段，而较高的温度会造成最终步骤中水的消去[73]。

457

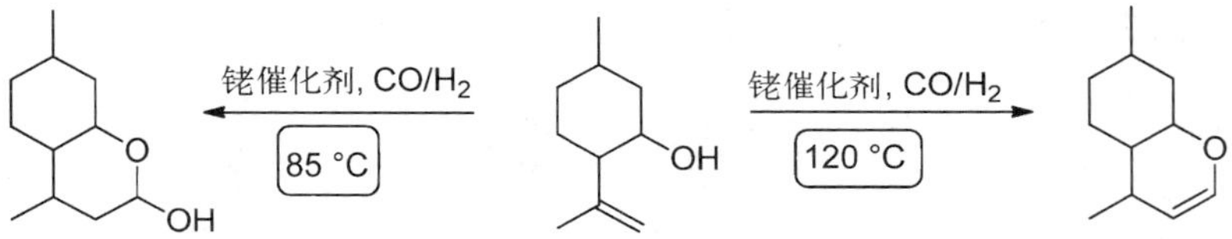

图解 5.81　氢甲酰化后，不同温度造成的乳醇化或烯醇醚的形成

Schmidt 等[74]通过乙烯基四氢吡喃的氢甲酰化-缩醛化反应以及随后的 Ley - Griffith 氧化制备了螺环内酯(图解 5.82)。内酯环裂解后可以得到用于制备天然化合物的多用合成原料，例如假单胞菌酸 A(*C* -糖苷)。

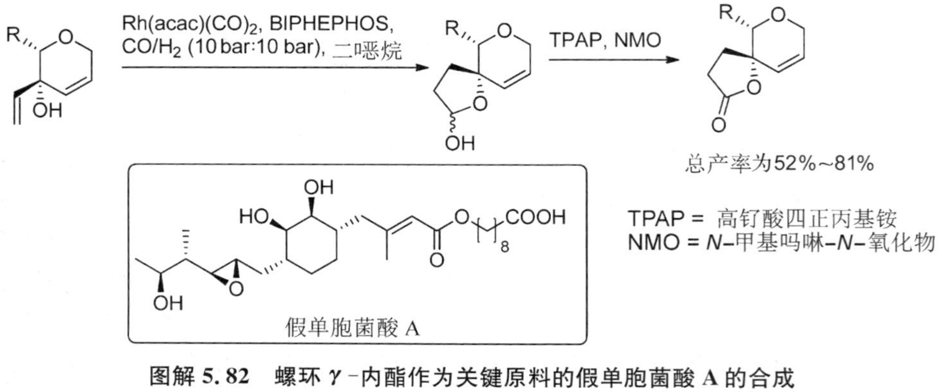

图解 5.82　螺环 γ -内酯作为关键原料的假单胞菌酸 A 的合成

Meek 和其同事[75]通过氢甲酰化-半缩醛化反应制备了三官能化的 C5 结构单元(图解 5.83)。使用了一种经特别设计的单齿亚磷酸三酯作为有效的配体,同时许多可直接购买的配体也能达到此目的,例如 BIPHEPHOS 或者 Alkanox ® 240。随后的半缩醛 **1** 与羟基胺反应得到肟 **2**。通过氢化,得到对应的 1,5 -二醇 **3**。在还原条件以及胺存在的情况下,能生成手性 1,4 -二氨基醇 **4**。其中之一在 Mitsunobu 条件下环化得到正交保护的 3 -氨基哌啶 **5**。

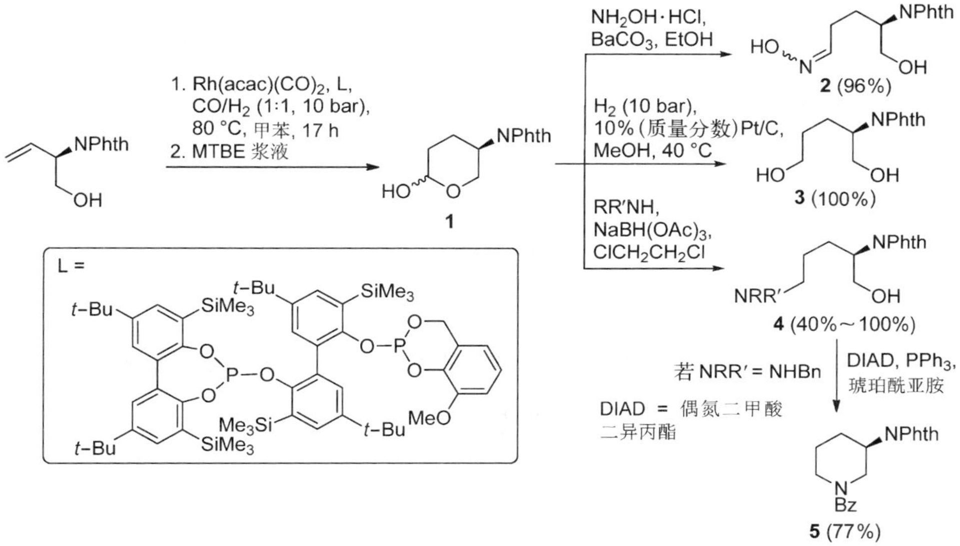

图解 5.83 从氢甲酰化-内酯化流程中得到手性合成原料

通过氢甲酰化-烯丙基硼烷化-氢甲酰化反应序列还可制备其他增环的四氢吡喃(图解 5.84)[76]。烯丙基胺衍生物与合成气作用,可激发包括氢甲酰化和半缩醛形成的连锁反应,随后是第二个氢甲酰化-半缩醛化步骤。产物通过 Ley - Griffith 氧化转化为对应的内酯。

α,ω -链烯二醇可以作为合成双环缩醛的起始原料(图解 5.85)[77]。其在 CO/H_2 比例为 3∶1 时只生成顺式融合的双环。反应同样可以应用于邻羟基丙烯基酚,得到对应的苯增环缩醛 **I**。 459

半缩醛胺是合成旋光增强的哌啶的中间产物(图解 5.86)[78]。在约 28 bar 时氢甲酰化以区域选择的方式进行,只生成手性的哌啶。区域异构的醛得到对应的吡咯烷。还可以在此氢甲酰化-半缩醛化-脱水反应序列之前增加不对称氢化步骤,构建一个同釜反应。

最终的脱水步骤取决于所使用的溶剂。此处,N -保护的高烯丙基胺衍生物与 BIPHEPHOS 催化剂在四氢呋喃中反应,在酸存在的情况下氢甲酰化-缩醛化能得到环状六元烯酰胺(图解 5.87)[79]。相反地,甲醇中的反应得到对应的 N,O -缩醛。后者可以作为外消旋的生物碱毒芹碱、新烟碱、二氢松里汀和光学纯的细长蚁 460

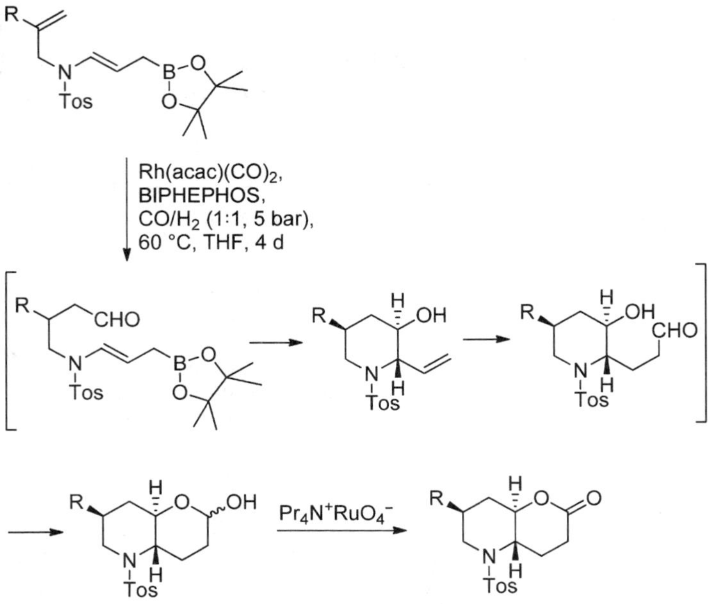

图解 5.84 内酯化作为氢甲酰化-烯丙基硼烷化-氢甲酰化反应的关键步骤

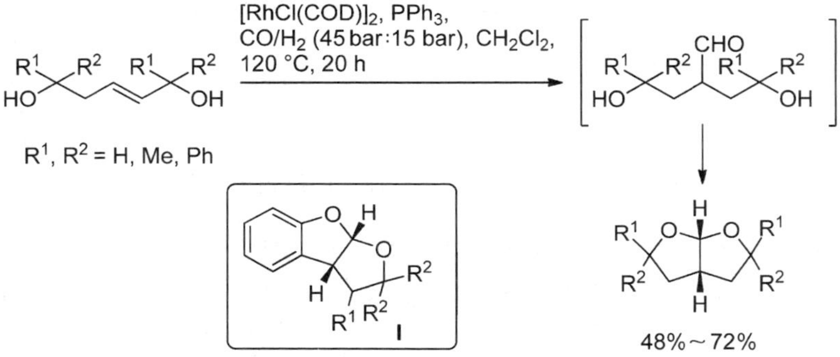

图解 5.85 双环缩醛的合成

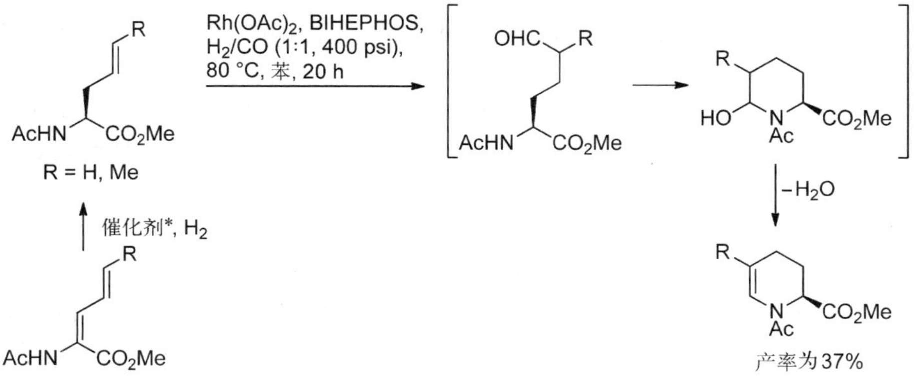

图解 5.86 手性哌啶的合成

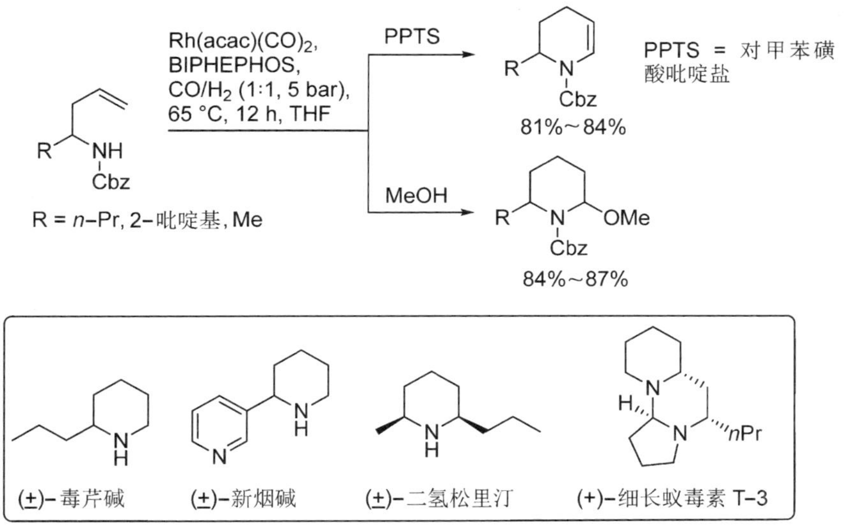

图解 5.87 氢甲酰化-*N*,*O*-缩醛形成反应和其在生物碱合成中的使用

毒素 T-3 的全合成起始物。

Taddei 的小组通过在合成气下 3-丁烯酸和 1,2-氨基醇作用构建了手性的唑哌啶(图解 5.88)[80]。第一步中形成的醛在 PPTS 的作用下与氨基醇反应得到暂态的 *N*,*O*-缩醛。微波(150 W)辐射之后,多步合成以内酰胺环的闭合结束。反应在传统的加热条件下不会发生。非对映异构增强的反式异构体可以通过产物与 TFA 作用得到。以类似的方法,1,3-氨基醇可以用作缩醛化试剂。 461

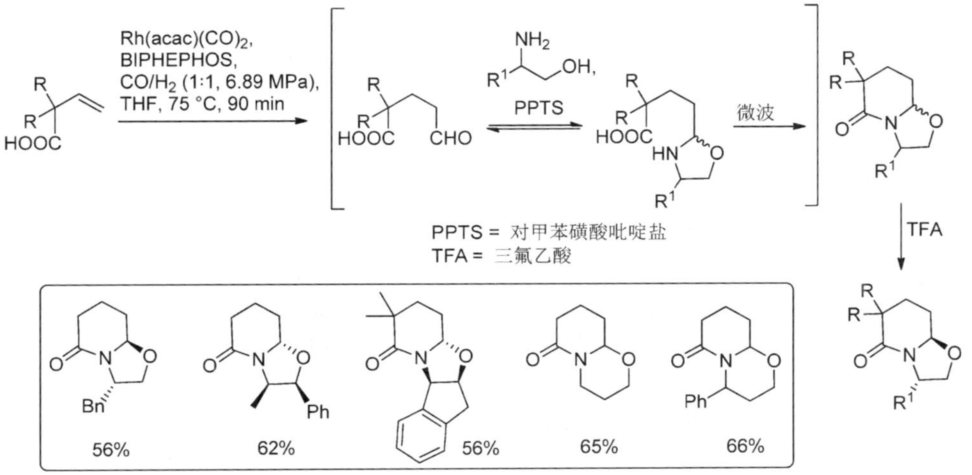

图解 5.88 手性唑哌啶的合成和相关的融合杂环

Chiou 等[81]研究了吡咯烷吲哚啉和四氢呋喃吲哚啉的合成中的氢甲酰化-缩醛化反应(图解 5.89)。氢甲酰化发生在芳环的 α-位。双环化以立体选择的方式构建了融合的吡咯烷。基于这一流程，他们合成了许多不同的重要制药用生物碱。通过使用对应的烯丙基醇作为起始原料，可制备基于 THF 的囊毒碱。

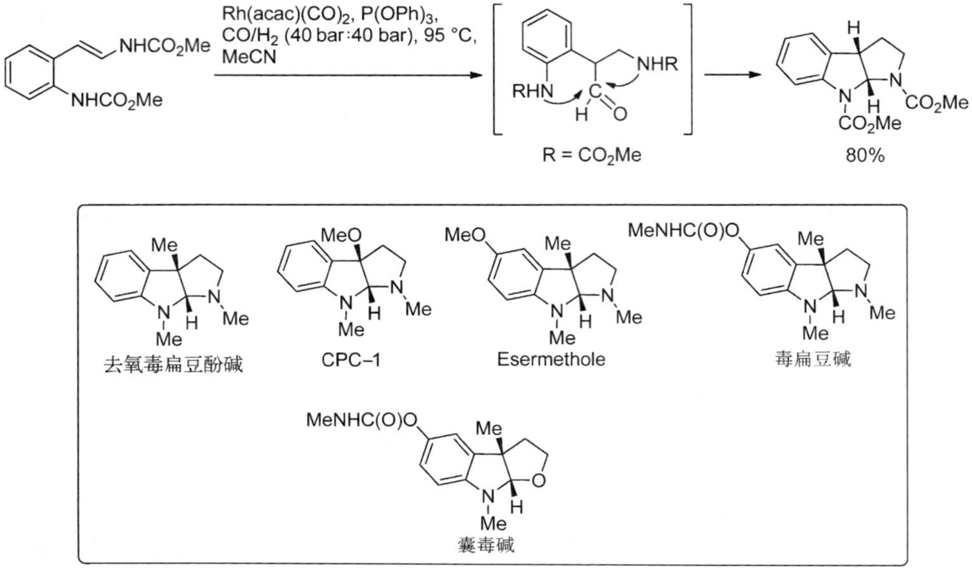

图解 5.89 重要的制药用吡咯烷吲哚啉和四氢呋喃吲哚啉的合成

5.3.4 结论

始于在氢甲酰化反应中偶尔作为最终产物被观测到的缩醛，如今氢甲酰化-缩醛化串联反应已经是氢甲酰化框架中的重要反应。现在，不需要的缩醛的形成可
462 以通过特殊的反应条件来避免。另一方面，这种串联反应是在亲核试剂中对羰基进行保护的重要方法。此外，它可以用于构建精细化学和散装化学中重要的中间物和最终产物。

参考文献

1. (a) Botteghi, C., Ganzerla, R., Lenarda, M., and Moretti, G. (1987) *J. Mol. Catal.*, **40**, 129-182; (b) Eilbracht, P., Bärfacker, L., Buss, C., Hollmann, C., Kitsos-Rzychon, B.E., Kranemann, C.L., Rische, T., Roggenbuck, R., and Schmidt, A. (1999) *Chem. Rev.*, **99**, 3329-3365; (c) Wasilke, J.-C., Obrey, S.J., Baker, T.T., and Bazan, G.C. (2005) *Chem. Rev.*, **105**, 1001-1020.
2. Occasionally, hydroformylationacetalization ($Co_2(CO)_8$/$HC(OMe)_3$) has been applied for the opening of epoxides in order to form α-hydroxy aldehyde acetals: Nakano, K., Katayama, M., Ishihara, S., Hiyama, T., and Nozaki, K. (2004) *Synlett*, **8**, 1367-1370.
3. (a) Pardey, A.J., Uzcátegui, G.C., Hung-Low, F., Rivas, A.B., Yánez, J.E., Ortega, M.C., Longo, C., Aguirre, P., and Moya, S.A. (2005) *J. Mol. Catal. A: Chem.*, **239**, 205-214; (b) Uzcágui, G.C., Hung, F., Ortega, M.C., Pardey, A.J., Longo, C., Aguirre, P., and Moya, S.A. (2005) *J. Chil. Chem. Soc.*, **50**, 647-650; (c) Hung-

Low, F., Uzcátegui, G.C., Alvarez, J., Ortega, M.C., Pardey, A.J., and Longo, C. (2006) *React. Kinet. Catal. Lett.*, **88**, 143-148.
4. Fogg, D.E. and dos Santos, E.N. (2004) *Coord. Chem. Rev.*, **248**, 2365-2379.
5. For example with pyridinium chlorochromate (PCC) as reagent: Wuts, P.G.M., Obrzut, M.L., and Thompson, P.A. (1984) *Tetrahedron Lett.*, **25**, 4051-4054.
6. Diebolt, O., Cruzeuil, C., Müller, C., and Vogt, D. (2012) *Adv. Synth. Catal.*, **354**, 670-677.
7. Greene, T.W. and Wuts, P.G.M. (1999) *Protective Groups in Organic Synthesis*, 3rd edn, John Wiley & Sons, Inc., New York, p. 307.
8. Norinder, J., Rodrigues, C., and Börner, A. (2014) *J. Mol. Catal. A: Chem.*, **391**, 139-143.
9. (a) Parrinello, G. and Stille, J.K. (1987) *J. Am. Chem. Soc.*, **109**, 7122-7127; (b) Stille, J.K., Su, H., Brechot, P., Parrinello, G., and Hegedus, L.S. (1991) *Organometallics*, **10**, 1183-1189.
10. Consiglio, G., Nefkens, S.C.A., and Borer, A. (1991) *Organometallics*, **10**, 2046-2051.
11. Kummer, R. (to BASF AG) (1975) Patent DE 2414253.
12. Packett, D.L. (to Union Carbide Chemicals & Plastics) (1994) Patent US 5,312,966.
13. Smits, H.A., Spronken, J.M.H., Wolters, H.F.W., and Boogers, J.A.F. (to DSM N.V.) (2001) Patent EP 1223155.
14. Krompiec, S., Penkala, M., Szczubiałka, K., and Kowalska, E. (2012) *Coord. Chem. Rev.*, **256**, 2057-2095.
15. Fernández, E. and Castillón, S. (1994) *Tetrahedron Lett.*, **35**, 2361-2364.
16. Airiau, E., Chemin, C., Girard, N., Lonzi, G., Mann, A., Petricci, E., Salvadori, J., and Taddei, M. (2010) *Synthesis*, 2901-2914.
17. (a) Velusamy, S. and Punniyamurthy, T. (2004) *Tetrahedron Lett.*, **45**, 4917-4920; (b) Ji, S.-J. and Wu, L. (2003) *J. Mol. Catal. A: Chem.*, **202**, 41-46.
18. Battisti, U.M., Sorbi, C., Franchini, S., Tait, A., and Brasili, L. (2014) *Synthesis*, **46**, 943-946.
19. Olivier Bourbigou, H., Magna, L., Proriol, D., and Saussine, L. (to IFP Etablissement public à caractère industriel et commercial) (2009) Patent FP 2953828.
20. Li, B., Li, X., Asami, K., and Fijimoto, K. (2003) *J. Chem. Eng. Jpn.*, **36**, 932-939.
21. Ott, J., Schmid, B., Venanzi, L.M., Wang, G., Ward, T.R., and Ramos Tombo, G.M. (1990) *New J. Chem.*, **14**, 495-498.
22. Hoffman, R.V. (1974) *Tetrahedron Lett.*, 2415-2416.
23. Voelter, W. and Djerassi, C. (1968) *Chem. Ber.*, **101**, 1154-1162.
24. No inventor data available (to BASF Aktiengesellschaft) (1974) Patent GB 1455645.
25. Hayden, P., Mee, A., and Wright, D. (to Imperial Chemical Industries PLC) (1983) Patent EP 94748. 463
26. El Ali, B., Tijani, J., and Fettouhi, M. (2006) *Appl. Catal., A: Gen.*, **303**, 213-220.
27. Vieira, C.G., da Silva, J.G., Penna, C.A.A., dos Santos, E.N., and Gusevskaya, E.V. (2010) *Appl. Catal., A: Gen.*, **380**, 125-132.
28. Jin, X., Zhao, K., Cui, F., Kong, F., and Liu, Q. (2013) *Green Chem.*, **15**, 3236-3242.
29. Balué, J. and Bayón, J.C. (1999) *J. Mol. Catal. A: Chem.*, **137**, 193-203.
30. Soulantica, K., Sirol, S., Koïnis, S., and Pneumatikakis, G. (1995) *J. Organomet. Chem.*, **498**, C10-C13.
31. Jin, X., Zhao, K., Kong, F., Cui, F., Liu, Q., and Zhang, Y. (2014) *Catal. Lett.*, **144**, 192-196.
32. Payne, M.J. and Cole-Hamilton, D.J. (1997) *J. Chem. Soc., Dalton Trans.*, 3167-3175.
33. Ott, J., Ramos Tombo, G.M., Schmid, B., Venanzi, L.M., Wang, G., and Ward, T.R. (1989) *Tetrahedron Lett.*, **30**, 6151-6154.
34. El Ali, B., Tijani, J., and Fettouhi, M. (2004) *J. Mol. Catal. A: Chem.*, **230**, 9-16.

35. Sülü, M. and Venanzi, L.M. (2001) *Helv. Chim. Acta*, **84**, 898 - 907.
36. Gorla, F. and Venanzi, L.M. (1990) *Helv. Chim. Acta*, **73**, 690 - 697.
37. Cataldo, M., Nieddu, E., Gavagnin, R., Pinna, F., and Strukul, G. (1999) *J. Mol. Catal. A: Chem.*, **142**, 305 - 316.
38. Schwager, I. and Knifton, J.F. (to Texaco Development Corp.) (1973) Patent DE 2322751.
39. Chittenden, G.J.F. (1980) *J. Chem. Soc., Chem. Commun.*, 882 - 883.
40. Ford, H.L. and Roskamp, E.J. (1992) *Tetrahedron Lett.*, **33**, 1135 - 1138.
41. Gelling, O.J. and Spronken, J.M.H. (to Du Pont de Nemours and Company) (1995) Patent WO 95/06025.
42. Drent, E. and Pello, D.H.L. (to Shell Company) (1997) Patent US 5,688,972.
43. (a) Qi, J.-Y., Ji, J.-X., Yueng, C.-H., Kwong, H.-L., and Chang, A. S.C. (2004) *Tetrahedron Lett.*, **45**, 7719 - 7721; (b) De, K.S. and Gibbs, R. A. (2004) *Tetrahedron Lett.*, **45**, 8141 - 8144.
44. (a) Ma, S. and Venanzi, L.M. (1993) *Synlett*, 751 - 752; (b) Jiang, Q., Rüegger, H., and Venanzi, L.M. (1999) *Inorg. Chim. Acta*, **290**, 64 - 79.
464 45. Vesley, J.A. and Massie, S.N. (to Universal Oil Products Company) (1976) Patent US 3985769.
46. (a) Macho, V., Marko, M., and Ciha, M. (1962) *Chem. Zvesti*, **16**, 65 - 72; (b) Buchner, K. and Kuhnel, P. (no corporate source available) (1953) Patent DE 879837 19530615; *Chem. Abstr.*, **50** (1956) 24308; (c) King, T.S. (to Exxon Research Engineering Co.) (1983) Patent US 4,401,834; No inventor data available (1984) Patent JP 59170024 A 19840926; *Chem. Abstr.*, **102** (1985) 61799.
47. (a) Hale, C.H. (to Esso Research and Engineering Company) (1955) Patent US 2,757,203; (b) Nienburg, H.J., Eckert, E., Kolsch, W., Goilav, M., and Pistor, H.J. (no corporate source available) (1956) Patent DE 953607 19561206; *Chem. Abstr.*, **53** (1959) 28639.
48. Tanaka, H. and Yonemoto, S. (no corporate source available) (1960) Patent JP 35018272 B4 19601216; *Chem. Abstr.*, **55** (1961) 118070.
49. Khan, S.R. and Bhanage, B.B. (2013) *Tetrahedron Lett.*, **54**, 5998 - 6001.
50. (a) Eilbracht, P. and Schmidt, A.M. (2006) *Top. Organomet. Chem.*, **18**, 65 - 95; (b) Behr, A., Vorholt, A.J., Ostrowski, K.A., and Seidensticker, T. (2014) *Green Chem.*, **16**, 982 - 1006.
51. Awl, R.A. and Pryde, E.H. (to United States Dept. of Agriculture) (1976) Patent US 485060.
52. Awl, R.A., Frankel, E.N., Pryde, E. H., and Riser, G.R. (1974) *J. Am. Oil Chem. Soc.*, **51**, 224 - 228.
53. Neff, W.E., Frankel, E.N., Pryde, E. H., and Riser, G.R. (1976) *J. Am. Oil Chem. Soc.*, **53**, 152 - 156.
54. Frankel, E.N. (1976) *J. Am. Oil Chem. Soc.*, **53**, 138 - 141.
55. (a) Beller, M., Kragl, U., Paetzold, E., Neubert, L., and Kollmorgen, P. (Cognis IP Managment GmbH) (2009) Patent WO 2009/1008542; (b) Olivier Bourbigou, H., Magna, L., Proriol, D., and Saussine, L. (to IFP) (2011) Patent FR 2953828.
56. Gusevskaya, E.V., Jiménez-Pinto, J., and Börner, A. (2014) *ChemCatChem*, **6**, 382 - 411.
57. (a) Schraml, J., Vcelak, J., and Chavalovsky, V. (1982) *Chem. Listy*, **76**, 1215 - 1218; (b) Peixoto, A., Pereira, M.M., Neves, M.G.P.M.S., Silva, A.M.S., and Cavaleiro, J.A.S. (2003) *Tetrahedron Lett.*, **44**, 5593 - 5595.
58. King, T.S. (to Exxon Research Engineering Co.) (1983) Patent US 4401834.
59. McKeever, C.H. (Rohm & Haas Company) (1952) Patent US 2583112.
60. Garrou, P.E., Dubois, R.A., and Bremmer, B.J. (to Dow Chemical Company) (1981) Patent US 4299777.
61. Shin, K.H. (to Ethyl Corporation) (1980) Patent US 4209643.
62. Cabrera, A., Mortreux, A., and Petit, F. (1988) *J. Mol. Catal.*, **47**, 11 - 15.

63. Alhaffar, M., Suleiman, R., Hussain, S. M.S., and El Ali, B. (2011) *React. Kinet. Mech. Catal.*, **104**, 323-336.
64. (a) Ciprés, I., Kalck, P., Park, D.-C., and Spirau-Serein, F. (1991) *J. Mol. Catal.*, **66**, 399-407; (b) Sirol, S. and Kalck, P. (1997) *New J. Chem.*, **21**, 1129-1137.
65. de Freitas, M.C., Vieira, C.G., dos Santos, E.N., and Gusevskaya, E.V. (2013) *ChemCatChem*, **5**, 1884-1890.
66. Vieira, C.G., dos Santos, E.N., and Gusevskaya, E.V. (2013) *Appl. Catal., A: Gen.*, **466**, 208-215.
67. Fernandez, E., Polo, A., Ruiz, A., Claver, C., and Castillón, S. (1998) *Chem. Commun.*, 1803-1804.
68. Fleute-Schlachter, I., Heldt, S., Kempers, P., Schörken, U., Paetzold, E., and Kragl, U. (to Cognis IP Management GmbH) (2011) Patent WO 2011/038857.
69. Neubert, L., Paetzold, E., Fischer, C., Kempers, P., Schörken, U., Schümann, U., Sadlowski, T., Beller, M., and Kragl, U. (2011) *Chem. Ing. Tech.*, **83**, 322-330.
70. Saloranta, T., Müller, C., Vogt, D., and Leino, R. (2008) *Chem. Eur. J.*, **14**, 10539-10542.
71. da Silva, J.G., Barros, J.V., dos Santos, E.N., and Gusevskaya, E.V. (2006) *Appl. Catal., A: Gen.*, **309**, 169-176.
72. de Freitas, M.C., de Oliveira, K.C.B., de Carmago Faria, A., dos Santos, E. N., and Gusevskaya, E.V. (2014) *Catal. Sci. Technol.*, **4**, 1954-1959.
73. Roggenbuck, R. and Eilbracht, P. (1999) *Tetrahedron Lett.*, **40**, 7455-7456.
74. Schmidt, B., Costisella, B., Roggenbuck, R., Westhus, M., Wildemann, H., and Eilbracht, P. (2001) *J. Org. Chem.*, **66**, 7658-7665.
75. Cobley, C., Meek, G., and Rand, C. (2011) *Tetrahedron Lett.*, **52**, 3271-3274.
76. Hoffmann, R.W. and Brückner, D. (2001) *New J. Chem.*, **25**, 369-373.
77. Roggenbuck, R., Schmidt, A., and Eilbracht, P. (2002) *Org. Lett.*, **4**, 289-291.
78. Teoh, E., Campi, E.M., Jackson, W. R., and Robinson, A.J. (2002) *Chem. Commun.*, 978-979.
79. Airiau, E., Girard, N., Pizzeti, M., Salvadori, J., Taddei, M., and Mann, A. (2010) *J. Org. Chem.*, **75**, 8670-8673.
80. Salvadori, J., Airiau, E., Girard, N., Mann, A., and Taddei, M. (2010) *Tetrahedron*, **66**, 3749-3753.
81. Chiou, W.-H., Kao, C.-L., Tsai, J.-C., and Chang, Y.-M. (2013) *Chem. Commun.*, **49**, 8232-8234.

5.4 氢氨甲基化

5.4.1 反应

氢氨甲基化(hydroaminomethylation,HAM)这一术语描述了烯烃与合成气、氨水和伯胺或者仲胺生成比起始烯烃多一个碳原子的仲胺或者叔胺的同釜反应(图解 5.90)。此转化与已经确认的包含直接向烯烃加成胺的氢胺化反应相竞争[1]。值得注意的是,在后者的情况下,为了制备同样的胺,必须使用同系的烯烃。 465

分子间和分子内的 HAMs 已经为人们所知。转化可以被认为是串联反应[2,3],它包括三个步骤:(i) 氢甲酰化;(ii) 亚胺或者烯胺的形成;(iii) 还原。最终生成 N-烷基化的胺[4]。显然,这些反应也可以独立分步进行,但是应用统一的反应条件有其优势,例如为氢甲酰化反应和氢化反应步骤使用单一的催化剂。另外,形成中间产物亚胺或者烯胺的平衡可以通过最终不可逆的氢化向有利方向移动[5]。

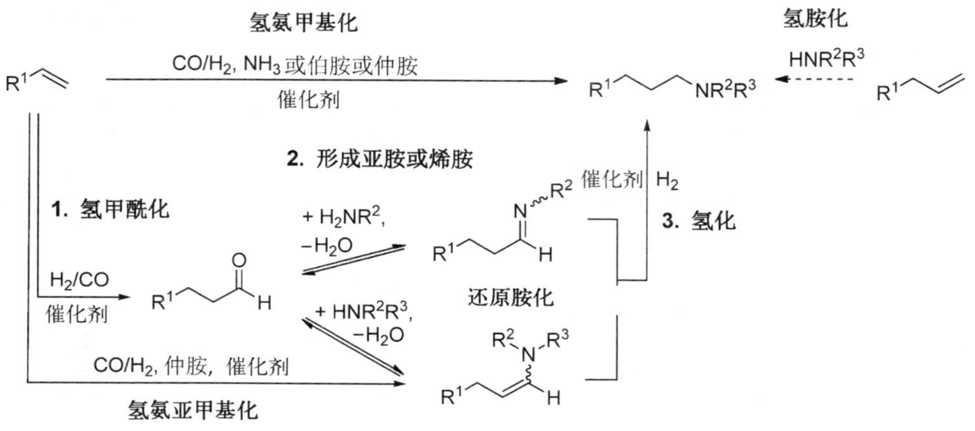

图解 5.90 作为串联反应的氢氨甲基化

我们知道有时候最后两个步骤，即不饱和氮化合物的形成和后续的氢化，可以同釜进行，也就是还原胺化反应[6-8]，其甚至存在不对称版本的反应[9]。或者，选择适当的反应条件[例如 $Rh(acac)(CO)_2$(acac = acetylacetonate，乙酰丙酮化物)，NAPHOS，CO/H_2 = 1∶1，10 bar，65℃，16 h]，烯烃、合成气和仲胺的反应可以停止在烯胺阶段，这也叫作氢氨亚甲基化[10]。

5.4.2 历史

466 值得注意的是，只有工业研究实验室进行了 HAM 领域的先驱研究。1943 年 Reppe 进行了第一次研究，他使用铁的五羰基化合物与合成气、氨或者伯胺在十分严苛的条件下(CO 压力：170～200 bar，120℃)进行了反应[11]。在这些典型的“Reppe 条件”下，由水和 $Fe(CO)_5$ 反应得到的 $H_2Fe(CO)_4$ 与一氧化碳反应生成氢气分子和 $Fe(CO)_4$[12]。为了防止生成的 CO_2 转化成碳酸盐(“Hieber 碱反应”)[13]，建议使用铵盐来代替自由胺[14]。或者，甲酸铵被用作 CO 的替代[15]。后来 Brunet 等[16]的研究证明，当使用几乎等化学计量的 $Fe(CO)_5$ 时，HAM 甚至可以在没有外源 CO 的情况下进行。1947 年，Olin 和 Deger[17]测试了注入锌、铁或者镍盐的锰盐作为催化剂，且第一次在 HAM 反应中使用了合成气(CO/H_2 = 1∶4，470～755 bar)。1950 年，杜邦为 HAM 提出了混合其他金属盐的钴催化剂[18]。

随着氢甲酰化反应在工业中越来越成功，人们对 HAM 的研究焦点转移到了均相钴和铑配合物的使用上。其中尤其重要的一项贡献来自匈牙利的 Markó 和 Bakos[19]小组，他们展示了典型的氢甲酰化催化剂在醛的还原胺化反应中也具有活性。

1966 年，Shell 的 Finch 和 Meeker[20]用 $P(n-Bu)_3$ 修饰了钴盐且将形成的催化剂用于二甲基胺与 C_{10}～C_{13} 烯烃混合物在合成气下的反应(H_2/CO = 1∶1，77～84 bar，199℃，2 h)。20 世纪 80 年代后期，Texaco 的 Knifton 小组在 1-己烯与氨和合成气的反应中(CO/H_2 = 1∶2，约 138 bar，200℃，4 h)使用 PPh_3 修饰的钴盐，得到了 32%的正庚胺和 2-甲基庚胺的混合物[21]。Murata 等[22]在 1984 年

通过使用双(二苯膦)乙烷作为螯合配体(CO/H_2 = 100 bar,160℃)观测到,与 PPh_3 相比,在钴催化的丙烯与吗啉的 HAM 中能得到更好的结果。Texaco 还提出了膦修饰的钌催化剂[23]。

1970 年,当 Bale 在丙烯与二丁胺的反应($CO/H_2 \approx 21$ bar∶42 bar,叔戊醇,107~121℃,15~60 h)中成功测试了 $RhCl(CO)(PPh_3)_2$ 时,在更为温和条件下的 HAM 的新时代到来了[24]。1990 年初期开始,尤其是 Kalck 和 Eilbracht 小组,以及之后的 Beller 和 Behr(见下文以及第 7.2.7 节)的反应机理研究与底物、催化剂和溶剂的全面筛查,展示了 HAM 对构建用于以烯烃为起始原料的精细化工和散装化工的胺,有巨大的潜力[4a,b,25]。

5.4.3 铑催化的氢氨甲基化的机理

5.4.3.1 铑配合物与合成气在胺存在时的反应

有一种观点提出,串联反应中的每一个步骤与这些反应步骤独立发生时遵循类似的规则[4]。由于参与反应的溶剂和中间物十分复杂,迄今为止仍无法建立完整的动力学模型。有趣的是起始铑催化剂前体对参与串联反应的底物、中间物和 467
试剂的表现。Maron、Claver 和 Kalck[26] 为了了解包含螯合双膦配体的阳离子铑配合物与 CO、H_2 和胺(哌啶、苯胺或者 NEt_3)的反应,结合 NMR 和 DFT 进行了研究。在胺和合成气(CO/H_2 = 1∶2)存在时,无论使用 1,5-环辛二烯(COD)配合物 **1** 还是二羰基配合物 **2** 作为前体,都形成双三角锥配合物 **3**(图解 5.91)。

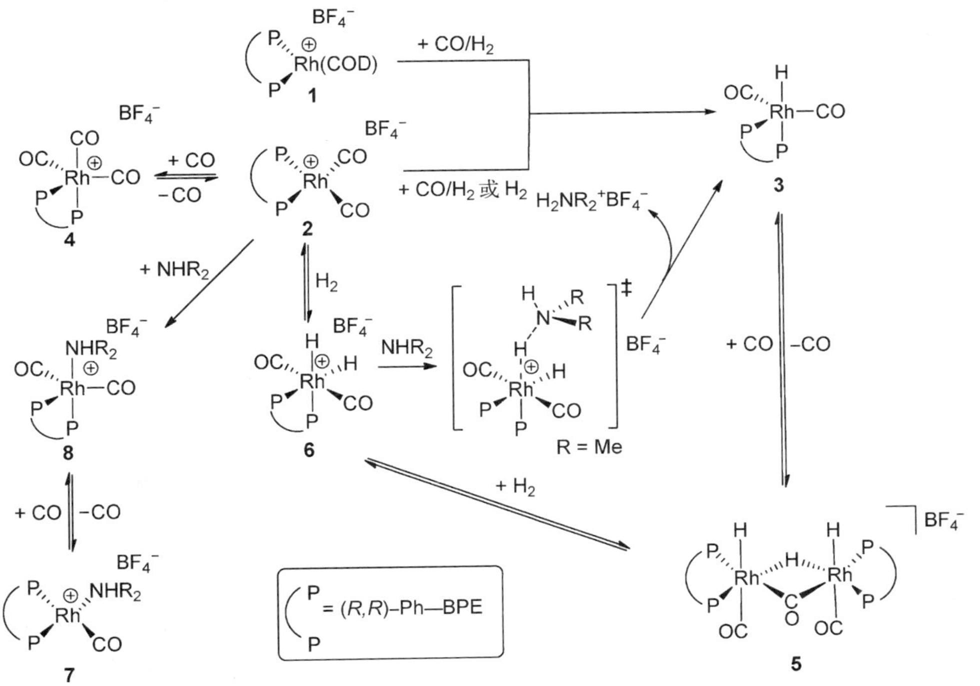

图解 5.91 典型铑催化前体配合物与胺在 CO、H_2 或者合成气存在的情况下的反应

配合物**3**是文献详细描述了成分和几何结构的典型氢甲酰化催化前体[27]。结构可以由X射线结构分析确认的方形平面的配合物**2**，与氢气反应生成对应的二氢化物**6**。在CO不存在的情况下H_2氧化加成，形成双核铑配合物**5**。在CO存在的情况下，后者与中性配合物**3**形成平衡。化学计算证明了胺通过外层原理协助了**6**的去质子化从而形成**3**。当CO过量且没有H_2时，形成配合物**4**。

468 胺存在时，得到双三角锥型胺配合物**8**，其可以丢失一个CO配体得到16电子配合物**7**。这些金属配合物对于催化HAM中的每一步的作用，目前尚没有明确证明。

5.4.3.2 胺对于氢氨甲基化的作用

使用例如吗啉、二异丙胺和叔丁胺的大体积仲胺，反应可能停止在对应的醛或者烯胺阶段[28]。中间产物醛与胺的缩合似乎是整个反应序列中速率最慢的步骤。支链醛的反应速率比直链醛要慢。

另外，动力学研究和比较实验证明醛与伯胺反应得到亚胺的速率要快于与仲胺反应得到烯胺的速率[29]。但是，前者氢化的速率要比烯胺慢。这解释了为什么当等物质的量的链烯与胺反应时（路径a，图解5.92），可以避免叔胺的进一步的烷化。因此，通过使用两倍量的烯烃（路径b）可以使双烷化成为可能。另外，可以通过向反应同时加入不同的烯烃得到混合的仲胺和叔胺（路径c）。反应产物的组成取决于不同烯烃个体的反应性。为了解决选择性的问题，其反应活性必须不同。或者，通过HAM产物与事先生成的羰基化合物反应，以及随后生成的胺的第二次还原胺化步骤来达到高选择性（路径d）。

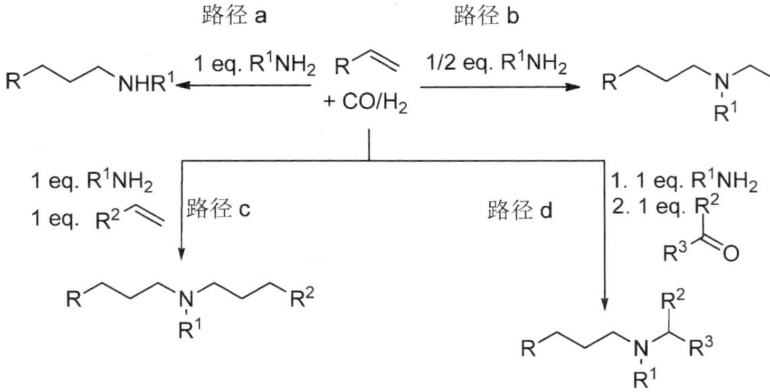

图解5.92 与反应条件相关的具有相同或者不同取代模式的仲胺和叔胺的形成

469 5.4.3.3 立体选择的氢氨甲基化

有趣的是，迄今为止还未能实现不对称HAM。通过使用特殊的手性铑双膦的DFT计算，人们推测形成(*E*)-烯胺和(*Z*)-烯胺的路径有着同样的能量，因此观测到的结果为缺乏对映选择性[30]。相反地，Breit报告了在底物导向的甲代烯丙基醇的HAM中有着高非对映立体选择性，主要生成顺式产物（图解5.93）[31]。

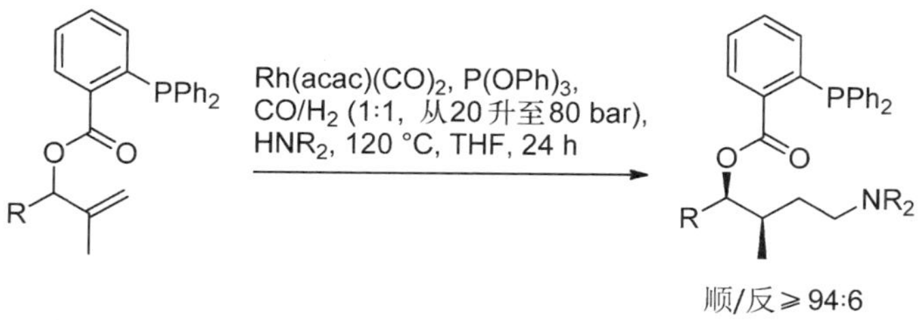

图解 5.93 底物导向的非对映立体选择的氢氨甲基化

5.4.4 催化系统

5.4.4.1 金属和催化剂前体

对于 HAM,除了最近的一些使用例如钛的第四族金属的尝试之外,这一领域现今主要使用的都是均相铑催化剂[32]。偶尔这些均相配合物被包封在无机材料[33]或者纳米颗粒[34]内。与通常使用三价磷化合物作为附属配体的铑催化的氢甲酰化形成对比,迄今为止 HAM 中,未修饰的催化剂,主要是[RhCl(COD)]$_2$,被成功地运用。除了双核的催化前体[RhCl(COD)]$_2$,芳烃配合物[Rh^+(η^6-BPh_4^-)(COD)]{=[Rh(COD)]BPh_4}也被证明具有类似的有效性[35]。但是,未修饰的铑配合物与胺也会形成不期望得到的起始烯烃的氢化催化剂,这一问题可以通过加入膦来解决[36]。

铑催化剂会参与氢甲酰化反应和氢化反应。由于两个反应在串联反应中需要的条件不同,因此必须找到折衷的方法。

例如,在氢甲酰化中,中性配合物 Rh(acac)$(CO)_2$ 是最常用的催化剂前体,当其与合成气和有机配体(L)作用时生成化学式为 $HRhL_n(CO)_2$(**A**,图解 5.94)的稳态配合物。相反地,在氢化反应中通常从催化前体[$Rh(COD)_2$]BF_4 得到的催化剂通过与 H_2 反应生成 **B**。在 HAM 由后者激发的情况下,其必须先转化为 **A**。 470
这可能会影响,例如 HAM 在离子液(ILs)中的速率或者长链烯烃的转化[37,38]。通过一起使用两种催化前体,可以改善区域选择性和化学选择性。

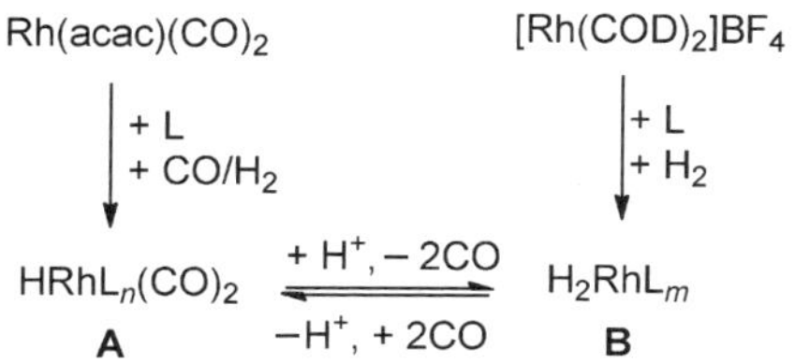

图解 5.94 在合成气或者氢气下典型氢甲酰化和典型氢化催化剂的关系

我们知道了铱配合物对亚胺的氢化特别具有活性,因此建议使用包含铑和铱配合物的双催化剂{[RhCl(COD)]$_2$/[IrCl(COD)]$_2$}[39,40]。在 *N*,*N*-二甲基甲酰胺(DMF)中联合使用 Rh(acac)$(CO)_2$/$Ru_3(CO)_{12}$ 也被证明存在优势[41]。如果水煤气转化或者反向水煤气转化被用于 CO 或者 H_2 的来源，钌催化剂能得到更好的结果[42-44]。HAM 可以通过微波辐射加速[45]。

5.4.4.2　配体

如前文提及，三价磷配体可以阻止金属-胺配合物的形成，其对暂态的醛有着典型的高氢化活性。在最初的尝试中使用了 PPh_3。Baig 和 Kalck[28] 建议为 1-辛烯与二乙基胺的反应（CO/H_2 = 1：1，0.8 MPa，80℃，15～19 h）使用带有略微过量膦配体的双核催化剂前体[$Rh_2(\mu-S-t-Bu)_2(CO)_2(PPh_3)_2$]。后来，为了达到高正区域选择性，二齿配体被建议使用。在一些情况中，带有潜在半不稳定配位基团的单膦也被成功使用。如我们从相关氢甲酰化中所得知，过量加入磷配体可以避免在金属配位层被竞争的 CO 取代。

Kostas[46] 在铑催化的苯乙烯和吗啉的 HAM 中测试了 *P*，*N*-配体 **1**（图 5.17）。Beller 发现了在不同的烯烃与哌啶的钌催化的 HAM 中，2-（二环己膦）-1-（2-甲氧基苯基）-1*H*-咪唑（**2**）可以作为高效共催化剂[44,47]。Dppf 被建议用于苯乙烯衍生物与苯胺的异构-区域选择的 HAM[48]。

为了在使用脂肪烯烃时达到高正区域选择性，例如 Xantphos（**4**）、DPEphos

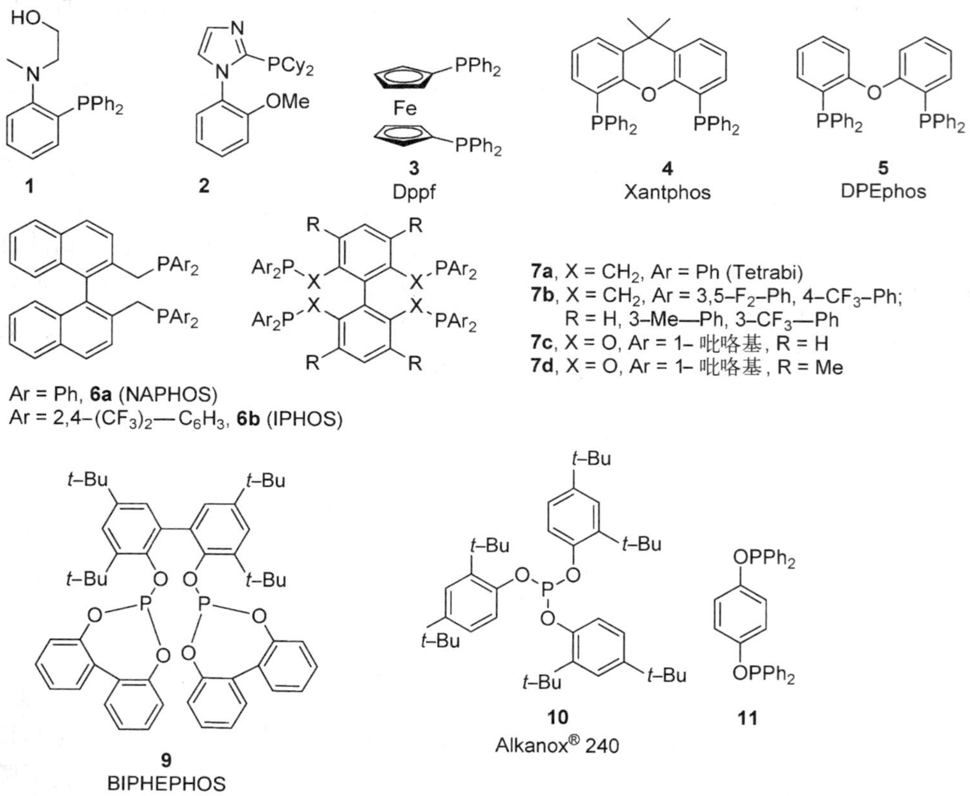

图 5.17　氢氨甲基化中使用的作为配体的三价磷化合物

(**5**)或者 NAPHOS(**6a**)的二齿双膦的使用是很重要的[37,49]。使用 Tetrabi(**7a**)作为配体可以达到类似的区域导向效应[50]。如 IPHOS(**6b**)中，或者相关 Tetrabi 同类物 **7b** 中的吸电子基团也对直链胺的形成有利，甚至使得内烯烃的高正区域选择的 HAM 成为可能(IPHOS：$l/b=90:10$；Tetrabi：$l/b\geqslant 95:5$)[51,52]。Bühl 和
Clarke[53]从 DFT 计算中总结出，芳基膦中的吸电子基团(对氟苯基、3，4，5－三氟 471
苯基)加快了烯胺的氢化速率。Zhang 的小组使用苯乙烯作为底物与四亚磷酰胺 **7c** 得到了特别高的倾向生成直链胺的区域选择性[54]。例如二苯骨架中甲基(**7d**)的给电子基团可以增加活性和正区域选择性[55]。Bhanage 提出了与铑形成双核配合物的双卑磷酸酯 **11**[56]。使用支链烯丙醇作为底物的反应中所选择的配体是 BIPHEPHOS(**9**)[57]。它与单亚磷酸三酯 Alkanox ® 240(**10**)相比似乎结果更好。由于后者的弱配位性质，为了防止不期望得到的未修饰的催化剂 $HRh(CO)_4$ 对烯烃底物的氢化，必须要大量过量使用。

在使用铑 Xantphos 类型配体的内烯烃 HAM 中，也观测到了与氢甲酰化中同样的咬入角对于形成直链胺的立体相关性。Nixantphenoxaphos(**1**)可以实现将咬
入角增加至 125°，使得正区域选择性增加，而咬入角更宽时可观测到相反的趋势 472
(图 5.18)[4a]。使用例如 1－十二烯、1－十四烯和 1－十六烯的长链端烯烃时，也观测到类似的对活性和正区域选择性的作用[51]。值得注意的是，Rh(Xantphos)催化剂可能会引起不期望得到的双键的异构，因此使用 BIPHEPHOS 会更为有利[45]。Vogt 在铑催化的 1－辛烯的 HAM 中比较来源于 Xantphos 的双膦酰胺 **2a** 和对应的亚磷酰胺 **2b**，发现了显著的区别[58]。配体 **2a** 导致几乎只有胺以高 l/b 比例(高达 50)形成，而基于配体 **2b** 的催化剂还协助了中间形成的醛的羟醛缩合反应，因此降低了化学选择性和区域选择性($l/b=2\sim4$)。

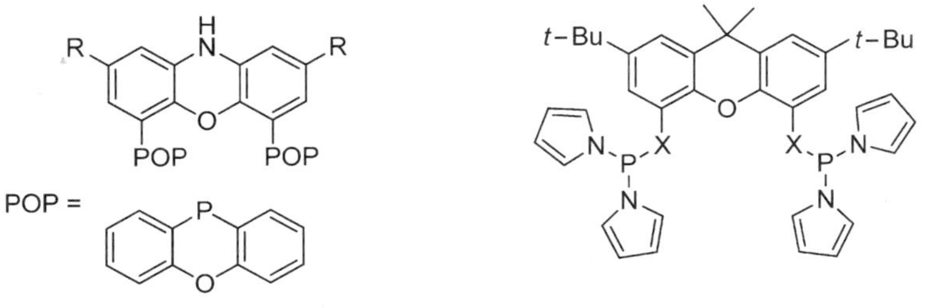

1
Nixantphenoxaphos

2a, X = $(CH_2)_0$
2b, X = O

图 5.18　源于 Xantphos 的磷配体

如多次在双水相系统的氢甲酰化中所证明的，水溶性的配体三苯基膦三间磺酸钠盐(TPPTS)(**1**)在 HAM 中对金属催化剂的溶解性也有巨大作用(图 5.19)[59,60]。使用双齿的同类物 BINAS(**2a**)或者 BISBIS(**2b**)，基本都会得到更好的正区域选择性[39]。同样的配体也被建议使用于长链烯烃在 ILs 中的转化[61]。Sulfoxantphos(**3**)是 IL[PMIM][BF_4]中选择使用的配体[38]。包含亲水端和疏水

端的膦官能化的两性聚酰胺嵌段共聚物(**4**)可用于构建基于 Rh/Ir 的双催化剂，并且使用在了二甲基胺和 1-辛烯的反应中[40]。不同的无环或者有环的烯烃被用于使用基于聚(醚二卑磷酸酯)配体 **5** 的可回收铑催化剂的 HAM[62]。

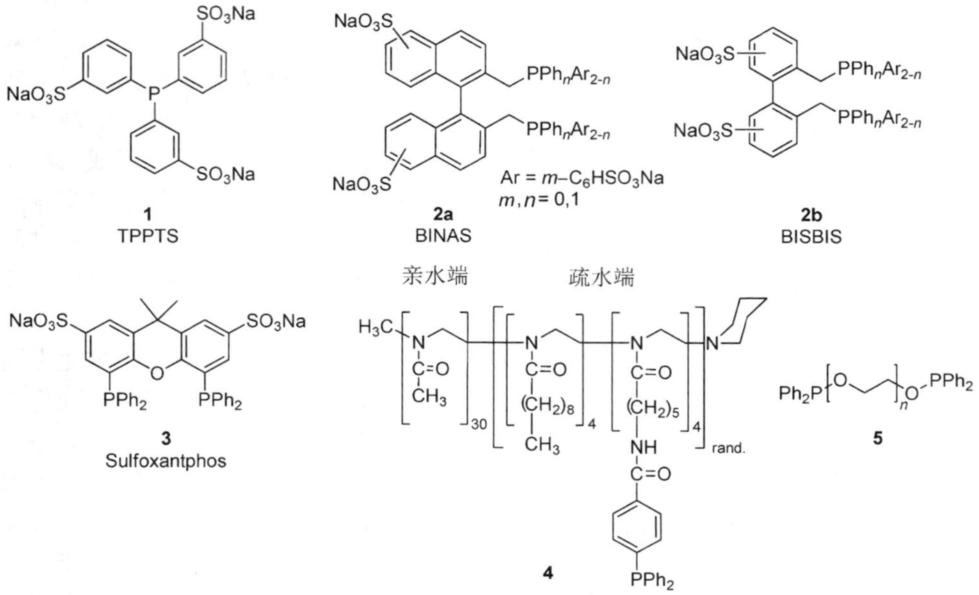

图 5.19　多相氢氨甲基化中使用的配体

Kalck 的小组使用甲烷桥联双吡唑 Bpm*(**1**)作为铑的二齿配体(图 5.20)[63]。

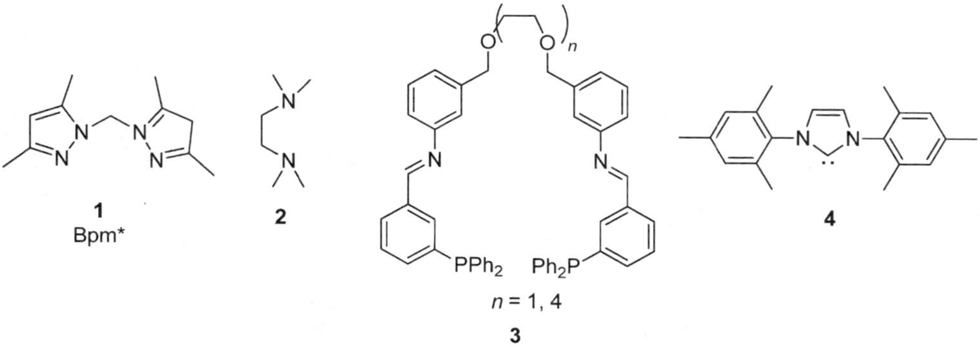

图 5.20　氢氨甲基化中测试的特殊配体

Okuro 和 Alper[64]在 2-烯丙基苯胺的 HAM 中使用了带有螯合二胺的铑离子配合物 **2**。这一催化剂的特征是其对于空气的稳定性[65]。为了在使用哌啶和苯乙烯的铑催化 1-戊烯的 HAM 中使主链中带有路易斯酸[KPF_6、$Zn(OTf)_2$]，Thiel 通过多步骤方法合成了 **3** 型配体[66]。但是，这样的设计思路只对转化、化学
473 选择性和区域选择性带来了微小的影响。Beller 和其同事提出一个罕见的例子，

即例如 **4** 的杂环卡宾[*N*-杂环卡宾(NHCs)]作为铑的配体在 HAM 中进行了测试[67]。以 1-戊烯作为底物,使用哌啶主要得到了直链胺。在使用 2-戊烯的反应中,*l*/*b* 区域选择性与溶剂相关。在四氢呋喃(THF)中,只生成了支链胺,而在甲苯中还能形成一些正己胺衍生物。

5.4.4.3　胺、胺的衍生物、同类物和酸性添加剂 474

氨和许多伯胺和仲胺都被用于 HAM。由于胺根据 *N*-取代基的数量和种类表现出不同的碱性性质,因此反应过程中起始的胺向产物胺的转换改变了 pH[68]。特别是在水溶液中这一特征变得十分重要,且控制 pH 也十分必要[68]。加入等化学计量或者亚化学计量的酸或者使用对应的铵盐(如硫酸盐)可以增加产物胺的形成和期望的区域选择性[29,69,70]。加入等化学计量的 HBF_4 能显著增加胺的产率[48]。当催化剂浓度高时,加入醋酸也很有价值,但是这一添加剂的有效性不如 HBF_4[51]。甲酸或者硫酸使得转化减速。

2013 年,Bouwman 的小组第一次实现了使用乙酰胺、丙酰胺和苯酰胺衍生物的铑催化的氢氨甲基化(图解 5.95)[71]。理论上,这一转化是著名的烯烃的氢酰胺化的延伸[1b,4c]。在例如对甲苯磺酸的酸性激发剂存在,且六氟异丙醇作为溶剂的情况下,反应效果最佳。使用 Xantphos 作为配体,几乎可以观测到完美的正区域选择性。副产物为醛和其对应的醇。

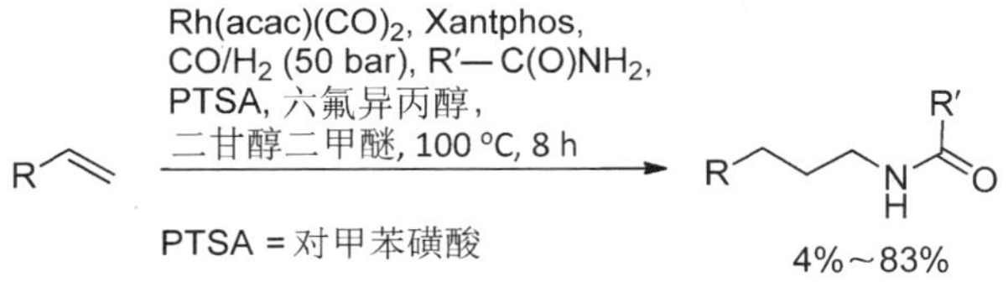

图解 5.95　使用 *N*-酰胺的氢氨甲基化反应

2014 年,人们提出了由 4-戊烯酰胺制备 ε-己内酰胺的这一过程的延伸(图解 5.96)[72]。底物来自戊烯酸的氯化以及后续的与氨形成酰基氯化物的反应。在与合成气的反应中,暂态的醛立即环化为对应的半缩醛胺。后者自行发生脱水反应。饱和的内酰胺可以通过合成气混合物中过量氢气的效应形成。 475

代替芳基胺,"被遮盖的"苯胺的硝基化合物也被作为潜在的底物在氢氨甲基

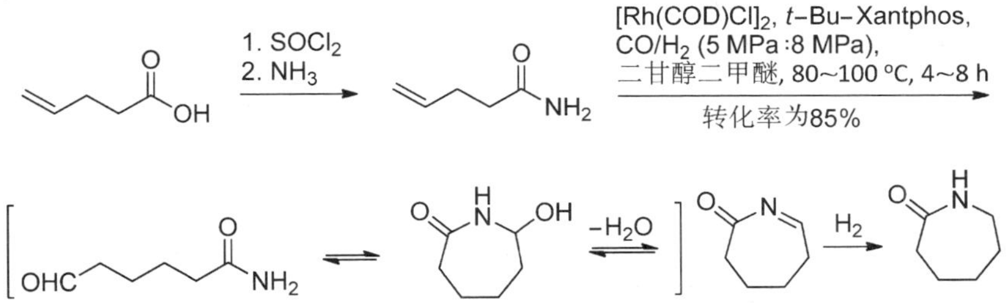

图解 5.96　4-戊烯酰胺的分子内氢氨甲基化-脱水-氢化反应

化中进行了仔细的实验[73]。在和胺为底物的相同条件下([RhCl(COD)]$_2$,膦,$CO/H_2 \approx 7$ bar ∶ 14 bar),它们明显在 HAM 之前被还原为了对应的胺,这并不影响最终的结果。

由于 DMF 在铂金属存在的情况下可以分解为二甲基胺和 CO,其被建议作为二甲基胺的替代[41]。

2015 年,Beller 小组[74]报告了第一例主要是端烯烃的氢甲酰化-还原磺酰胺化(图解 5.97)。作为试剂,对甲苯磺酰胺以及其他芳基和烷基磺酰胺也成功被用于转化。

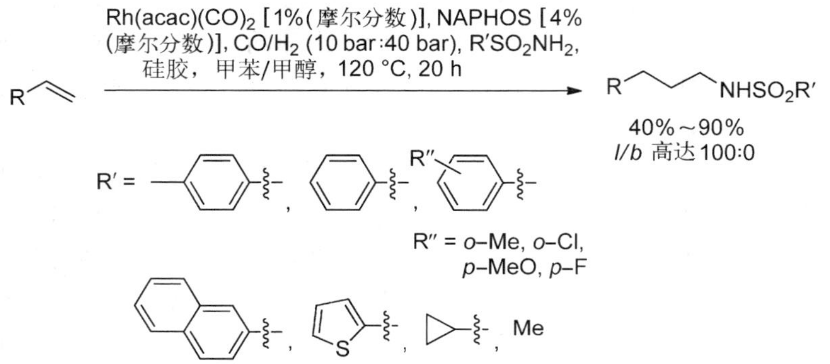

图解 5.97 氢磺酰胺甲基化

5.4.4.4 溶剂

在例如 THF 的非极性溶剂中的 HAM 可以达到优秀的正区域选择性。二氯甲烷或者 DMF 会抑制反应,或者可能导致聚合反应。Beller 以及后来的 Vogt 观测到,在 THF、甲苯和叔丁基甲醚中,反应中形成的烯胺的氢化是整个反应序列中决定速率的步骤[37,38]。通过混合使用非极性芳香溶剂和甲醇,这一反应步骤的速率可以提高。值得注意的是,酸性醇,例如酚或者三氟乙醇,会引起不期望得到的羟醛缩合反应[58]。在 HAM 中从未观测到中间物醛和甲醇反应可能得到的缩醛[75]。另外,这些缩醛在这样的条件下也不会反应。甲醇和氟化的醇(三氟乙醇、
476 六氟异丙醇)的混合物可以通过将反应平衡向暂态醛移动来抑制不期望得到的 N, O-缩醛的形成[76]。

Martin 和 Beller[77] 通过使用包含比例为 5 ∶ 1 的[IrCl(COD)]$_2$/Rh(acac)(CO)$_2$ 双催化系统($CO/H_2 = 1:3$,190～240 bar;140℃),在超临界 NH_3 或者接近超临界点的 NH_3($T_c = 132.35$℃,$p_c = 133.5$ bar)中进行了反应。值得注意的是,临界点的位置取决于 NH_3/烯烃和水的比例,后者是系统中亚胺/烯胺生成反应的产物[78]。

Ir/Rh 双催化剂也同样被运用于双水相系统[39,60]。介质对长链烯烃的转化尤其有利。Luo 和 Li[59] 通过加入十六基三甲基氨的溴化物(CTAB)增加了 1-已烯、1-辛烯、1-癸烯、1-十二烯和 1-十四烯在水中的溶解度。Behr 和其同事[79-81]在

多热力学状态组分溶剂(TMS)中进行了反应,溶剂包含例如碳酸丙烯、一种烷烃和一种半极性调节剂。

Bhanage 和其同事[62]研究了聚乙烯乙二醇中的反应,且五次回收使用了铑卑磷酸酯催化剂。Wasserscheid 的小组使用离子液相载体(SLIP)催化剂在连续反应容器中进行了 HAM 反应[49]。其特殊性质在于,通过使用基于中性氧化物的 SLIP 催化剂和多孔碳载体以及低碱性的 ILs,可以完全抑制羟醛缩合反应。或者,反应在固定于溶胶矩阵的铑催化剂的协助下进行[73]。

在 HAM 条件下,普通有机溶剂中的乙基甲基烯丙基胺的反应可能通过分子内氢羧化作用得到对应的内酰胺 **2**,这是氮原子对中间形成的铑-酰基配合物的羰基基团的快速亲核攻击的结果(图解 5.98)[35a,82]。这一路径可以通过在能够减少 NH 基团的亲核性的超临界 CO_2 中进行反应来抑制[83]。最终的结果是吡咯烷 **1** 作为主要产物形成。 477

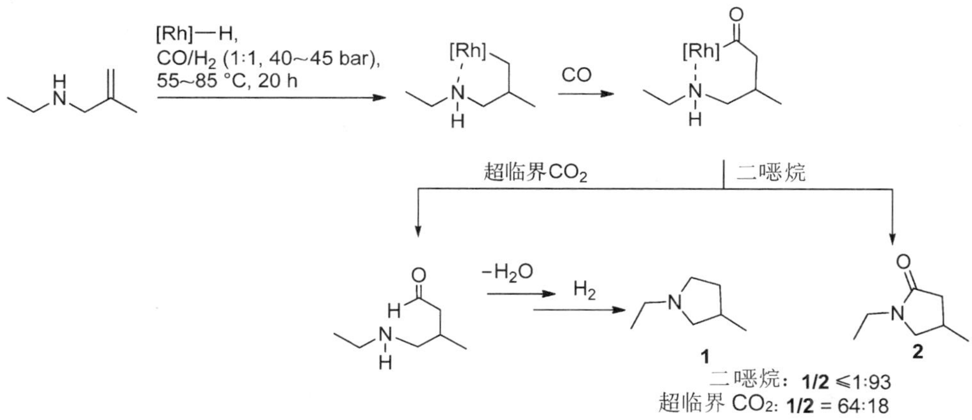

图解 5.98 乙基甲基烯丙基胺的氢氨甲基化中的路径

5.4.4.5 合成气、CO 和 H_2 替代物

文献中,CO 和 H_2 在合成气混合物中的比例十分不同,范围从过量的 H_2 到过量的 CO。如我们从不含合成气的氢甲酰化中所知(见第 3 节),使用合成气的其他来源也为 HAM 的方法提供了便利。Eilbracht 发布了使用 $Ru_3(CO)_{12}$ 的基于钌的流程[42]。在这个特殊的例子中,合成气通过反向水煤气转化(RWGS)反应从 CO_2 中形成(CO_2/H_2= 20 bar∶60 bar,160℃,甲苯,5 d)(图解 5.99)。在另一个不含配体的版本中,钌催化的水煤气转换(WGS)被用于生成氢气[43]。另外,甲酸甲酯也可以替代合成气[84]。

$$CO_2 + H_2 \underset{\text{WGS}}{\overset{\text{RWGS}}{\rightleftharpoons}} CO + H_2O$$

图解 5.99 水煤气转换反应和反向水煤气转换反应

5.4.5 氢氨甲基化的流程和产物

除了简单的未官能化端烯烃的 HAM，人们还研究了一些例如内烯烃、支链烯烃或者带有附加功能基团的烯烃的更为复杂的底物。对应的官能化的胺在制药化学中有着很大的应用潜力，或者它们表现出生物学活性。

5.4.5.1 端烯烃

Eilbracht 和 Kranemann[85]使用伯胺和仲胺在[RhCl(COD)]$_2$ 的作用下，在不同的长链端烯烃的反应中取得了成功。反应在 CO/H_2 压力比例为 90∶20(80℃)时进行，以优秀的产率得到略微倾向直链产物的叔胺。苯乙烯主要生成支链产物。烯烃的 α,α-支链增加了直链胺的形成。此反应延伸至使用非共轭的 α,ω-二烯烃，可得到对应的二胺[86]。

5.4.5.2 内烯烃

油酸乙酯在使用不同伯胺和仲胺的非异构 HAM 中被测试，主要得到 9-氨甲基或者 10-氨甲基取代的硬脂酸酯(图解 5.100)[87]。除了二异丙胺以外，几乎都
478 能得到优秀的产率。当脂肪酸酯的使用过量于胺时，两种油化合物可以通过胺桥连接。以类似的方法，油醇也被用于 TMS 系统中的非异构 HAM 中[88]。

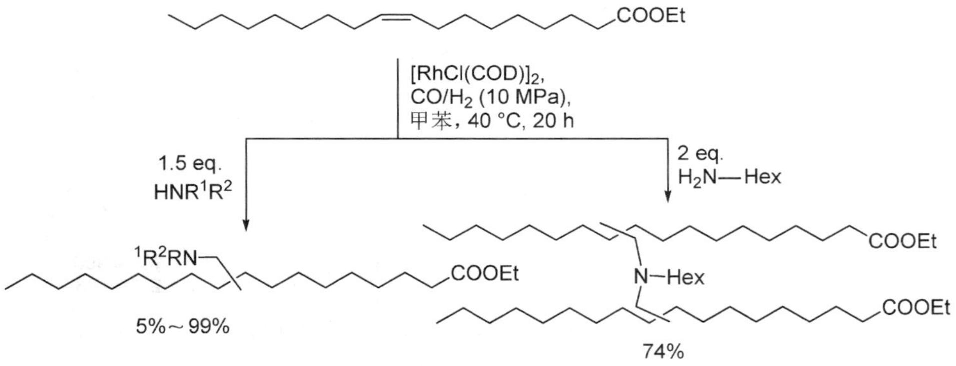

图解 5.100 使用不同量的胺的油酸乙酯的氢氨甲基化反应

当 L-脯氨酸被用于 HAM 时，为了结束整个反应序列，最终要进行产物的酯化(图解 5.101)[80]。等量的甲磺酸对得到二酯的最高产率十分必要。用 Na_2CO_3 处理磺化盐，可以分离出游离胺。另外，催化剂可以通过 TMS 工艺的帮助回收达三次。

雄甾烯和孕烷衍生物与合成气和一些氨基醇{[RhCL(NBD)]$_2$(NBD = norbornadiene，降冰片二烯)，膦，CO/H_2 = 1∶1，80 bar；苯}反应以 70%～93%的产率得到对应的羟烷基/芳基化合物，如图 5.21 所示[89]。单齿膦，PBu_3 和 PPh_3，产生胺的最高的产率，而使用 DIOP 作为配体，多步骤的序列停止在亚胺阶段。在所有的情况下，非对映异构的 α/β-比例接近 1。

479 Manz 研究了使用吗啉的铑催化环戊二烯的 HAM(图解 5.102)[90](A. Behr，

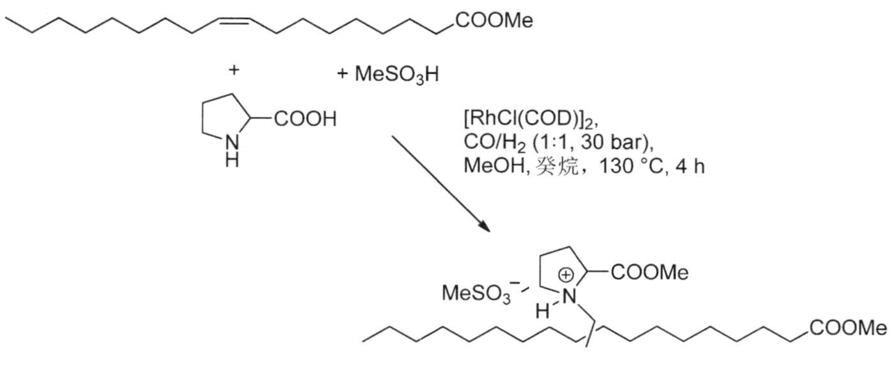

图解 5.101 使用脯氨酸的油酸甲酯的氢氨甲基化/酯化反应

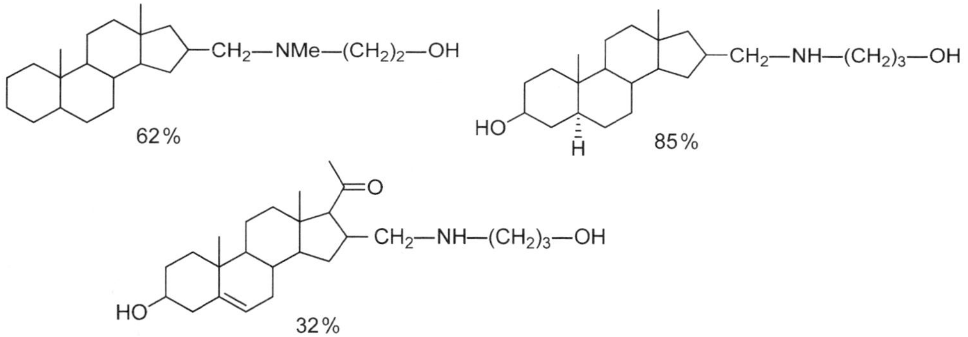

图 5.21 雄甾烯和孕烷衍生物的氢氨甲基化产物

私人通信)。因为环戊二烯容易二聚化为二环戊二烯，在不同条件下会形成一系列的产物。使用 2%(摩尔分数)的[RhCl(COD)]$_2$ 得到单体的胺。相反地，通过加倍催化前体浓度，主要形成二环戊二烯的衍生物。显然，催化剂不仅催化了 HAM，还催化了底物的二聚化。

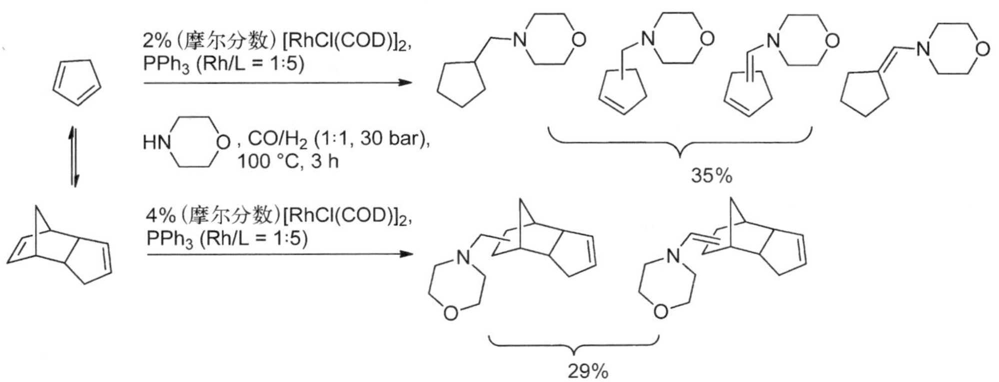

图解 5.102 环戊二烯的氢氨甲基化的产物与催化剂浓度的关系

使用吗啉的异戊二烯的 HAM，根据不同 pH 得到不同的反应产物（图解 5.103）[68]。在低 pH（通过加入 5 mol/L H_2SO_4 调整）时，首先不饱和的直链胺缓慢形成，随后其在第二个 HAM 步骤转化为二胺。后者可用于构建聚酰胺。相反地，在高 pH 的反应中，对应的支链胺形成，其倾向于发生剩余双键的氢化。

480

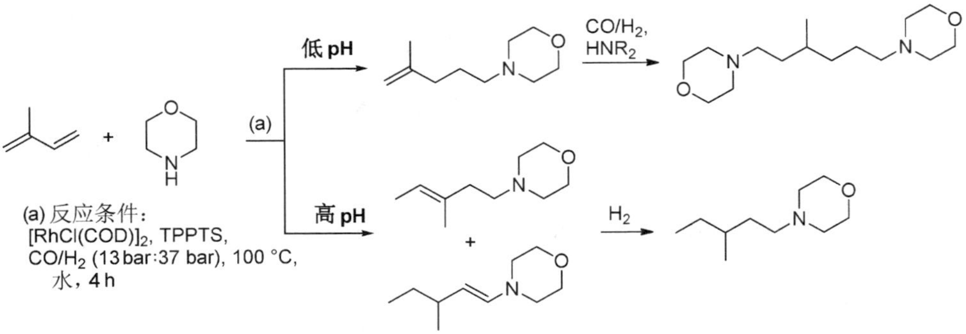

图解 5.103 异戊二烯的氢氨甲基化的产物与 pH 的关系

5.4.5.3 乙烯基化合物

如之前从氢甲酰化反应中可知，烯烃邻近的芳基或者官能团会将 C—CHO 的形成导向 α-位（见第 4.2 节）。由于这一首位区域选择性，异构区域选择的 HAM 可从此效应中获益。苯乙烯和乙烯基萘可使用未修饰的铑催化剂完全转化为对应的支链胺（图解 5.104）[35,91]。增加合成气压、降低温度以及使用直链胺可以改进异构区域选择性[35b]。向苯胺与苯乙烯的反应中加入亚化学计量的 HBF_4 可明显增加胺的产率和倾向生成支链产物的区域选择性[48]。

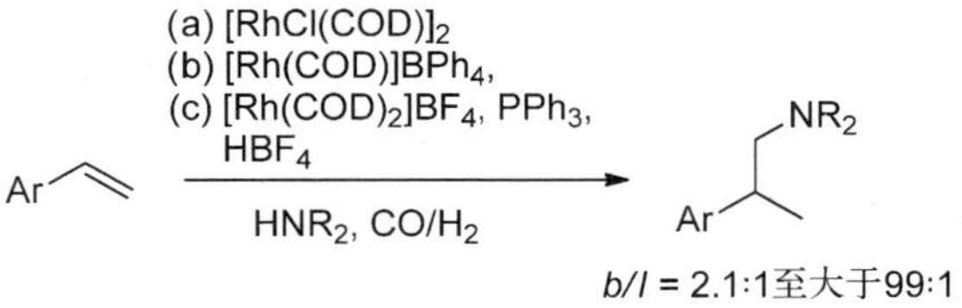

图解 5.104 使用不同催化剂的乙烯基芳烃的氢氨甲基化

使用 1-苯基-1-丙烯和异丙胺，主要产物是 N-异丙基-2-(苯基丁基胺)（图解 5.105）[35b]。

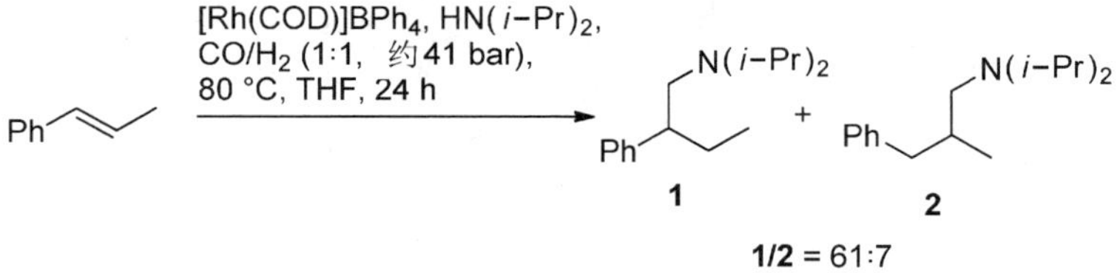

图解 5.105 1-苯基-1-丙烯的氢氨甲基化

端烯烃的 α,α -支链能形成直链胺。这一框架中常常被研究的目标产物是具有制药活性的仲和叔 1 -(3,3 -二芳基丙胺),例如芬哌丙烷、二异丙胺、苯甲苯丙胺、普罗扎平和苯乙二苯丙胺,其能通过两步氢甲酰化-还原氨化流程或者 1,1 -二芳基乙烯的 HAM 得到。在图解 5.106 中列出了四种方法。看起来传统的两步方法[(**a**)]效果较差[92]。在 HAM 过程中有时也能观测到的氢化可以通过使用过量的三烷基膦作为配体以及高 CO/H_2 比例来抑制[(**b**)][36]。使用铑- Xantphos 催化剂,可继续增加转换数[(**c**)][67b]。最佳的转换频率(TOFs)在使用基于卡宾的铑催化剂[(**d**)]时达到[67b]。值得注意的是,虽然在这些条件下增加了 H_2 在合成气混合物中的使用,但底物的氢化并不显著。 481

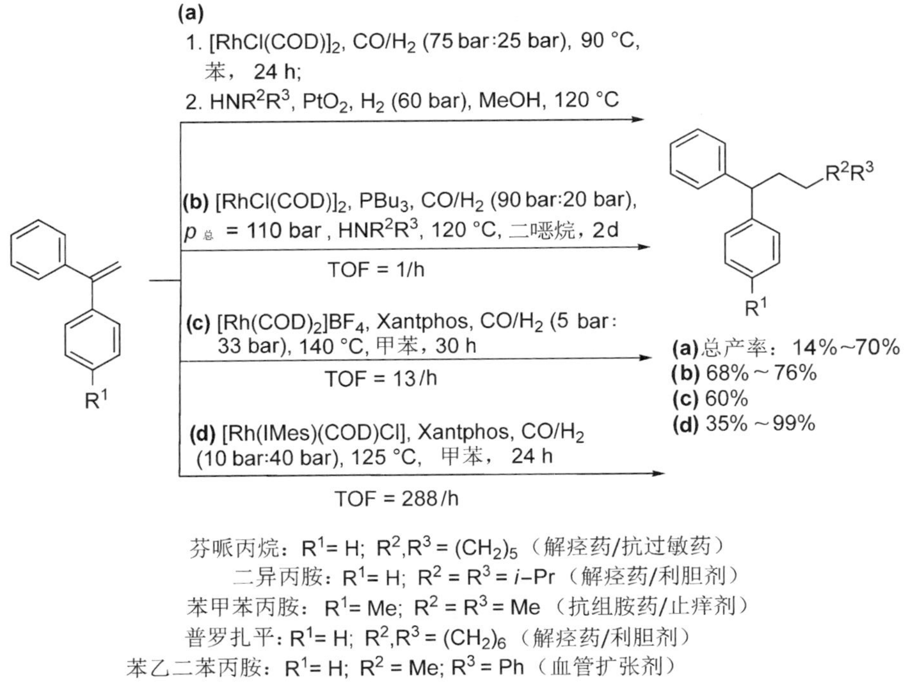

图解 5.106 1,1 -二芳基乙烯的氢氨甲基化的方法及产物在制药中的重要性

邻异丙烯基苯胺在约 69 bar 的分子内 HAM 能得到 1,2,3,4 -四氢喹啉(图解 5.107)[65]。

同源的 2,3,4,5 - 1*H* - 2 -苯并氮杂,其中一些具有降血压、镇痛、抗痉挛、抗心律不齐作用或者能治疗精神障碍和缺氧,可以在类似的条件下在约 55 bar 时通过使用外来的苯胺衍生物作为胺制备得到(图解 5.108)[93]。

一系列的 1,3 -二胺可通过使用哌啶的钌催化胺的 HAM 制备(图解 482
5.109)[44b]。

以类似的方法,烯胺也可以与对应的 1,2 -或者 1,3 - *N* -取代的二胺 **1~3** 在

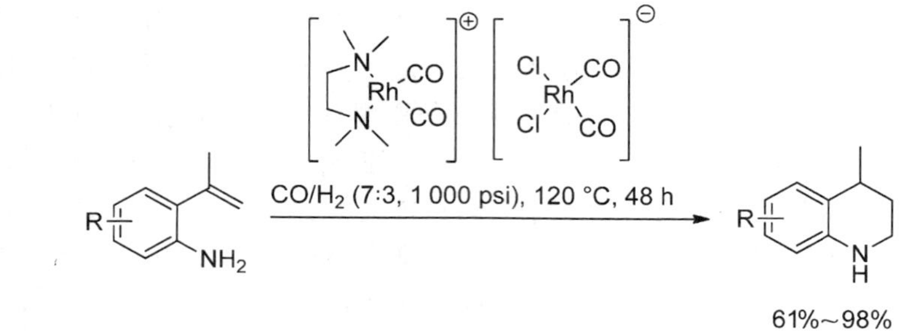

图解 5.107 使用内氨基的闭环氢氨甲基化

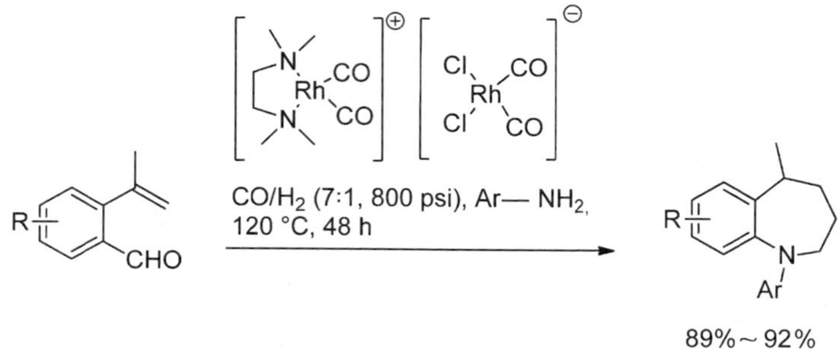

图解 5.108 使用内甲酰基的闭环氢氨甲基化

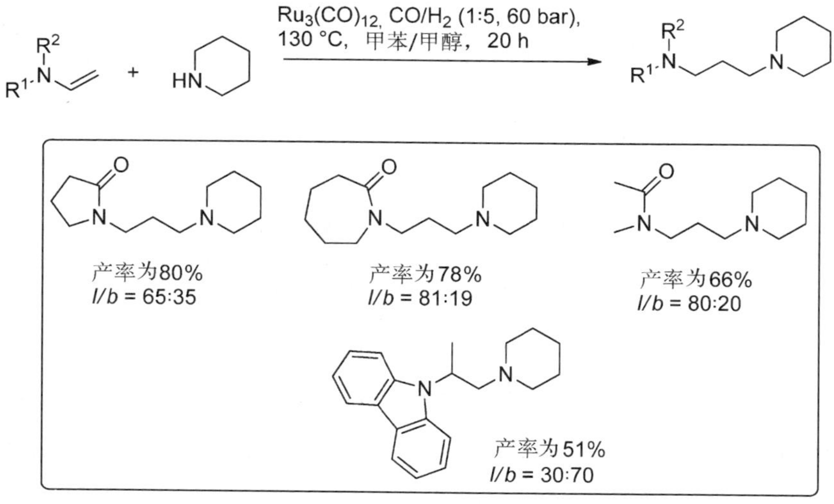

图解 5.109 钌催化的烯胺的氢氨甲基化和一些典型的产物

铑催化剂的作用下以中等到优秀的异构区域选择性反应(图 5.22)[94]。

在使用仲胺的 HAM 中,乙烯基硅烷生成 γ-氨基硅烷[95]。伯胺可能会导致烷—硅键的裂解,因此建议使用芳基硅烷。使用阳离子催化前体[Rh(COD)]BPh_4 与中性的$[RhCl(COD)]_2$ 相比产生更少的副产物。遗憾的是,在使用支链乙烯基硅烷的反应中引入手性芳基甲硅烷基团并没能带来任何立体区分效果。

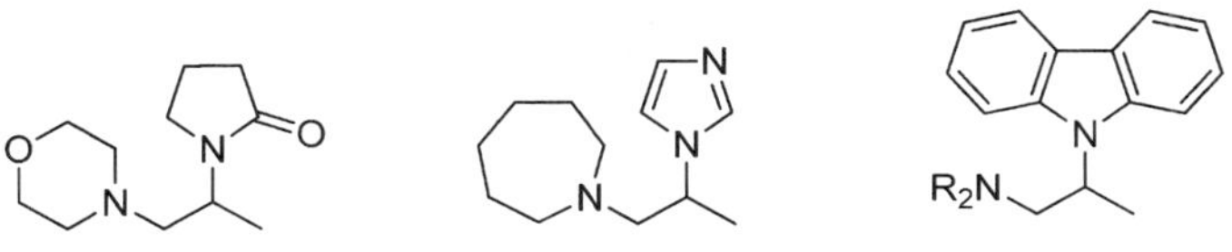

1 产率为89% b/l = 1.9:1

2 产率为68%

3 产率为71%～85% b/l = 8:1～22:1

图 5.22 一些烯胺的氢氨甲基化的产物

与 1,4－二烯形成强烈对比[86]，对应的二乙烯基硅烷（X ＝ Si）通过氢甲酰化－羟醛缩合－还原胺化的方法生成氨甲基取代的硅杂环己烷（图解 5.110）[94]。在 R′≠H 的情况下，在最终产物中两个取代基互相进入对方的反式几何结构。这样的硅杂环己烷带有解痉和治疗风湿的活性。

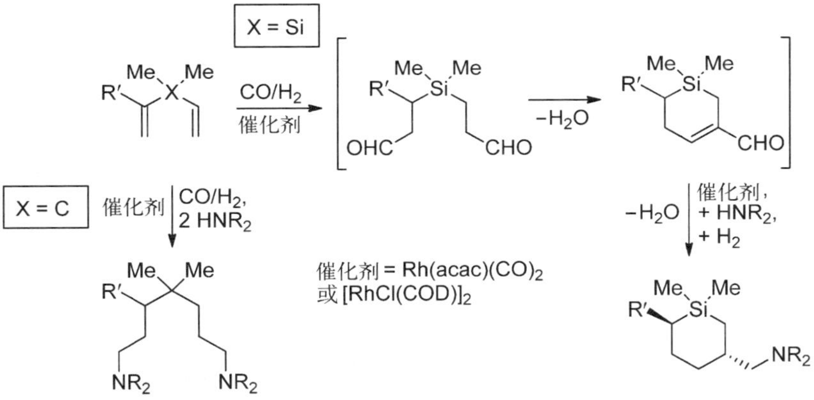

图解 5.110 二乙烯基硅烷与 1,4－二烯的氢氨甲基化反应

5.4.5.4 烯丙基化合物

铑催化的丁香油酚的 HAM 只略微取决于所使用的配体（图解 5.111）[69]。在正区域选择性上，NAPHOS 的表现要比 PPh_3 略好。更为重要的却是三氟甲磺酸 484
的加入，其造成几乎完全生成端胺。

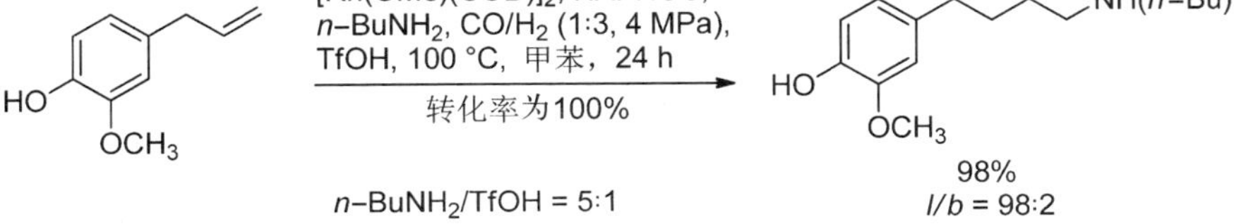

图解 5.111 丁香油酚的氢氨甲基化

γ－或者 δ－氨基官能化的醚、胺或者硅烷可以通过使用未修饰的铑催化剂的对应的烯丙基化合物的 HAM 产生（图解 5.112）[35a]。作为对应铑－酰基配合物中预配位效应的结果，未取代的烯丙醚和烯丙胺（R ＝ H）主要生成支链的胺。得到的带有附加醚、胺或者硅烷基团的胺可用作细胞毒素、抗雌激素、抗精神病药物、神经营养剂和抗抑郁药物，或者是带有抗肿瘤活性、抗血小板活性或者抗微生物活性的物质。

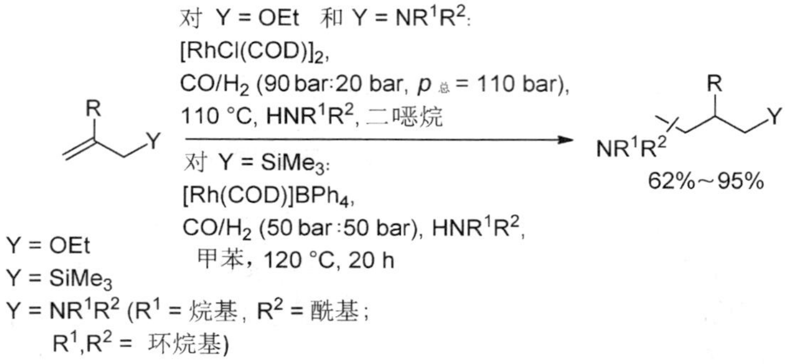

图解 5.112　γ-或者 δ-氨基官能化的醚、胺或者硅烷的氢氨甲基化

通过这一流程可以制备的制药相关的产物是阿利马嗪、三甲丙咪嗪和乙异丁嗪[96]。

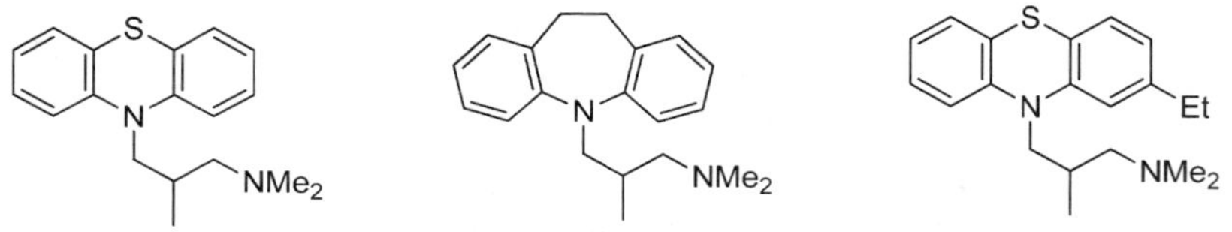

阿利马嗪（抗组胺剂/精神镇静剂）　三甲丙咪嗪（抗抑郁药）　乙异丁嗪（抗组胺剂/镇定药）

485 以类似的方法，二烯丙基醚、硅烷或者胺与合成气和不同的仲胺作用，分别生成对应的取代二胺和三胺[97]。

在烯丙胺中保护氨基有利于避免副反应，如氨基醇的合成中所示（图解 5.113）[98]。在这一 HAM 流程中，通过酸性介质中尿素的水解得到氨。最终噁唑烷酮单元的裂解生成期望的聚氨基醇，其可以在金属催化的不对称转移氢化中作为配体使用。

在 N-乙基-N-甲基烯丙胺的 HAM 条件下可形成吡咯融合的吖庚因（图解 5.114）[83]。每个单独步骤分别为分子间① HAM、形成双环结构的 Mannich 类型的羟醛缩合反应和最终的氢化。

Zhang 的小组研究了烯丙胺的分子内版本的 HAM（图解 5.115）[99]。作为产物形成的 4-取代的 2,3-二氢吡咯可见于一些生物活性化合物。

在温和条件下（10～40 bar，60～80℃）的第一次喹唑啉酮取代的烯丙胺氢甲酰化的尝试结果为发生了氢化[100]。只有在较高的温度下，合成气组分的比例不等于 1 时才能得到希望产物。类似的条件下还能发生这一底物与苯肼的 HAM（图

① 原文为分子内，此处勘误。

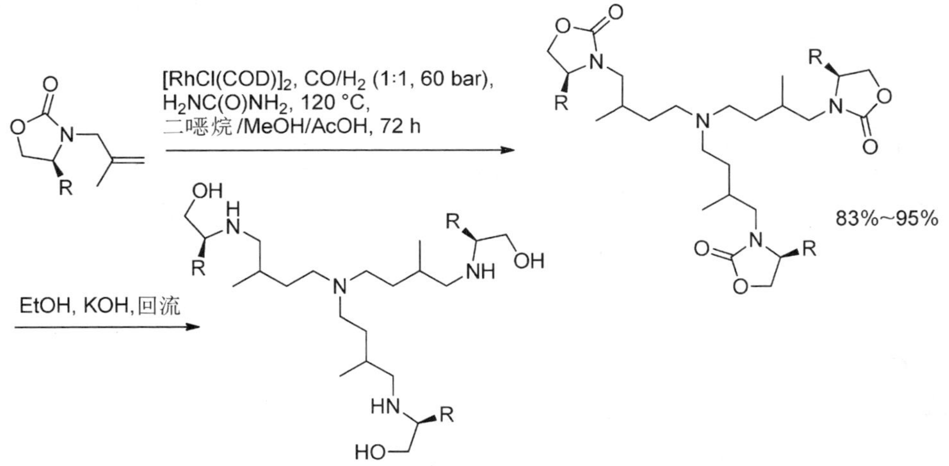

图解 5.113 使用尿素作为氨来源的烯丙胺衍生物的氢氨甲基化

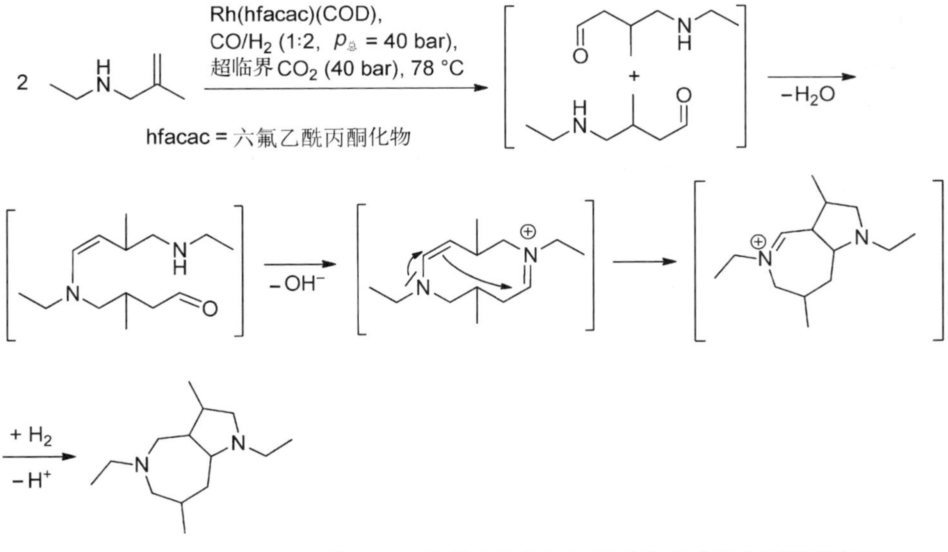

图解 5.114 通过 *N*-乙基-*N*-甲基烯丙胺的氢氨甲基化形成融合环的吖庚因

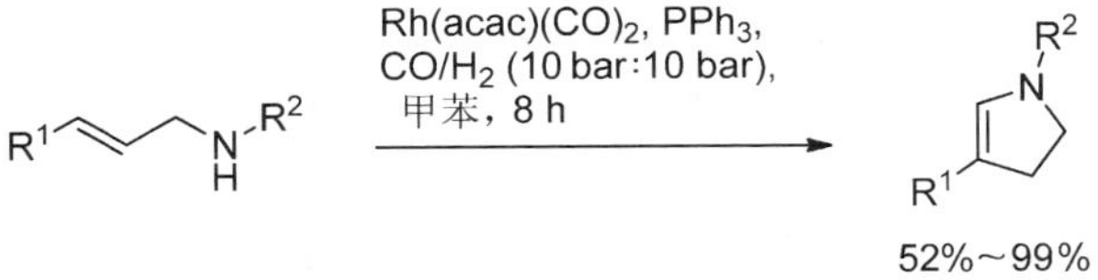

图解 5.115 烯丙胺的闭环氢氨甲基化

解 5.116)。通过这一流程,还可以制备其他在中枢神经系统具有生物活性的氨丁基取代的喹唑啉-4(3*H*)-酮。

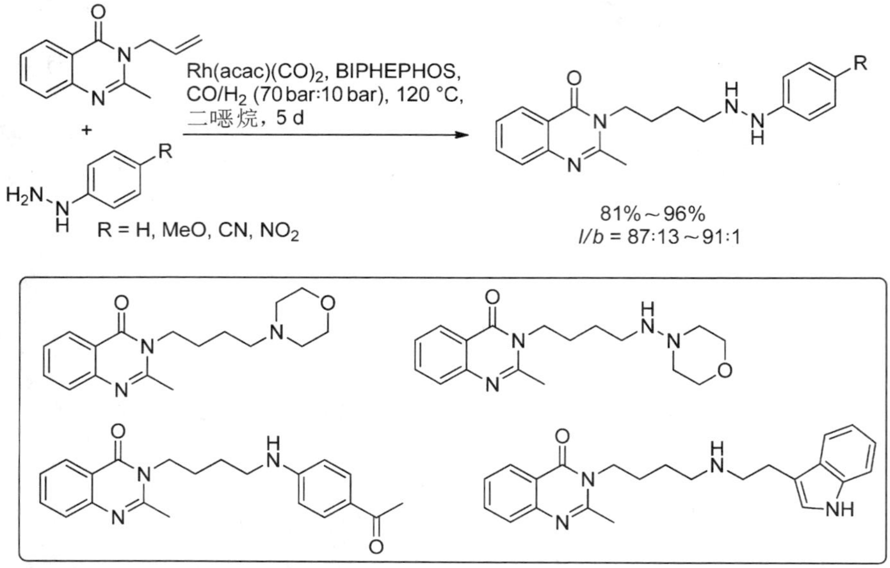

图解 5.116 喹唑啉酮取代的烯丙胺与苯肼的氢氨甲基化和一些与制药相关的产物

或者,烯丙基酰卤可以在类似的条件下转化为 1,4-二胺(图解 5.117)[101]。胺对酰卤的亲核取代发生在 HAM 之前。

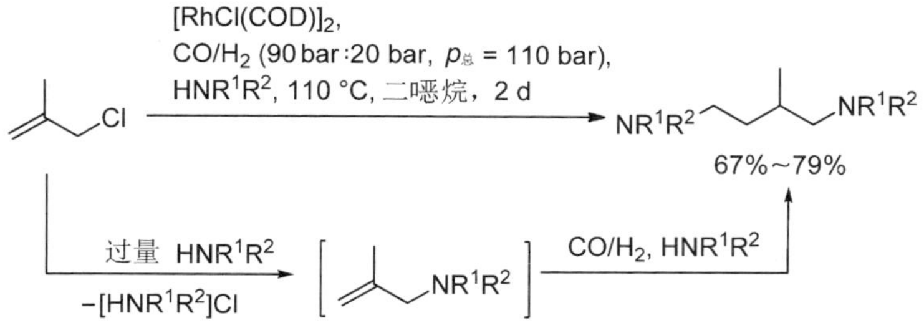

图解 5.117 2-甲基烯丙酰氯的氢氨甲基化

486 取代烯丙醇的 HAM 能得到具有生物活性的叔胺,例如依布利特和阿立哌唑(图解 5.118)[57]。人们发现有必要保护烯丙羟基基团;在氢甲酰化步骤中未观测到乳醇的形成。抗组胺剂特非那定和非索非那定也以相同的方法制备[102]。

分子间 HAM 得到一种石松生物碱的中间产物 lycopladine H(图解 5.119)[76]。含氮辛烷环向制备好的二环[2.2.2]辛烷的增环反应可以使用基于 Xantphos 的铑催化剂,或者甚至在不使用任何膦配体时更为有效。使用 1,1,1,3,3,3-六氟异丙醇(HFIP)作为共溶剂可阻止扰乱的 *N*,*O*-缩醛的生成。

α,*ω*-二烯同样可以作为底物在双 HAM 中使用,产生双端二胺[86]。通过闭环

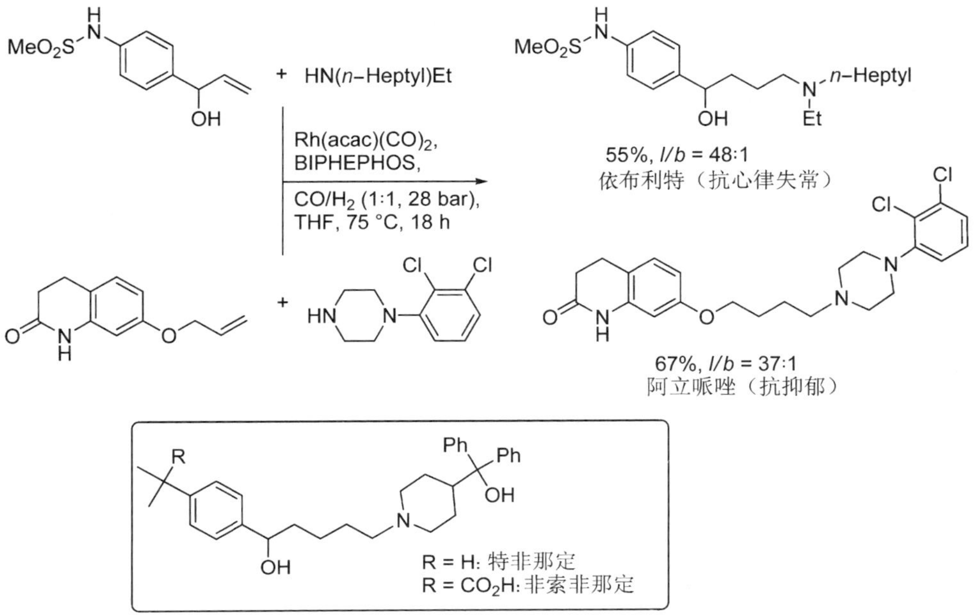

图解 5.118 烯丙醚的氢氨甲基化和与制药相关的产物

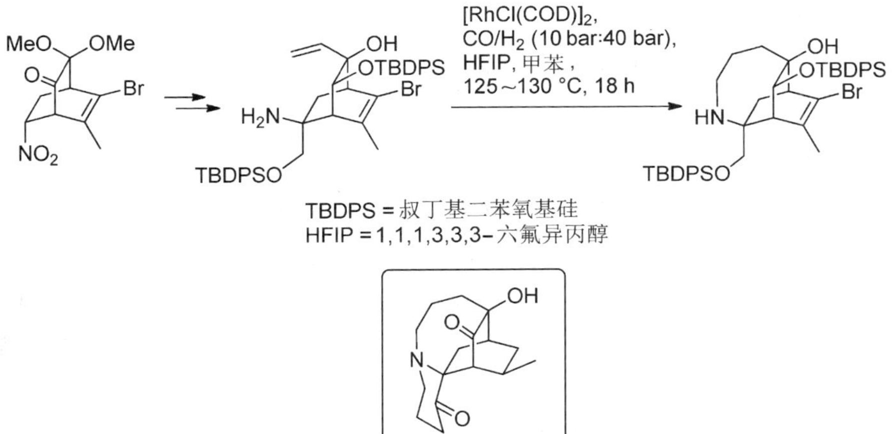

图解 5.119 氢氨甲基化作为 lycopladine H 合成的关键步骤

HAM,可以构建大小不同的氮杂大分子杂环(图解 5.120)[103a]。人们测评了其中之一对 Li^+、K^+、Rb^+ 和 Cs^+ 的配位表现[103]。在这些阳离子中,只有 Rb^+ 被选择性地捕获。通过钯催化 N-苯甲基基团的氢解反应,形成的仲胺可以用于起始二烯的第二 487
个闭环 HAM,最终生成穴状配体[103b]。以类似的方法,可构建聚胺树状聚物[104]。

例如乙烯基甘氨酸的高烯丙胺衍生物可以用来构建非天然的 α-氨基酸,比如 L-高赖氨酸衍生物(图解 5.121)[45]。为了避免暂态的醛与胺的闭环反应,有必要

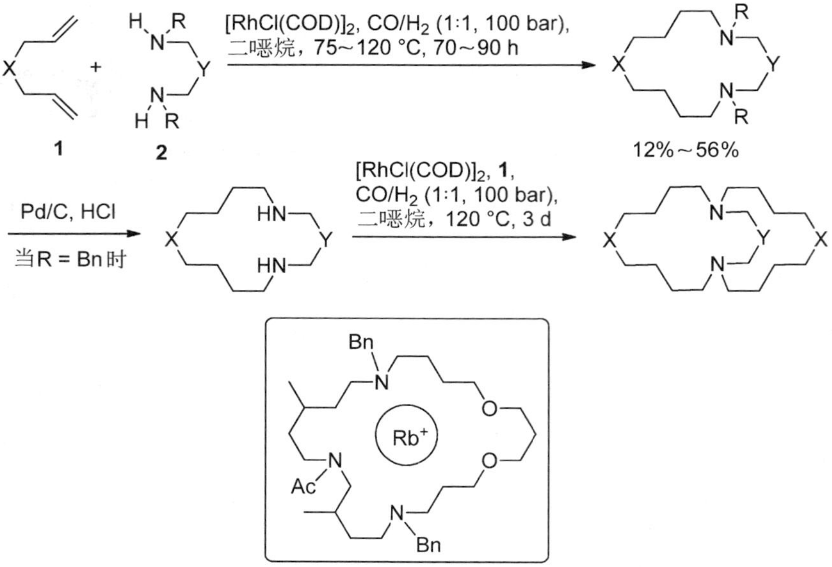

图解 5.120　通过氢氨甲基化和脱苄基作用合成氮杂大分子杂环和穴状配体

对后者进行保护。BIPHEPHOS 作为配体在约 7 bar 合成气压下与 Xantphos 相比更为优越。

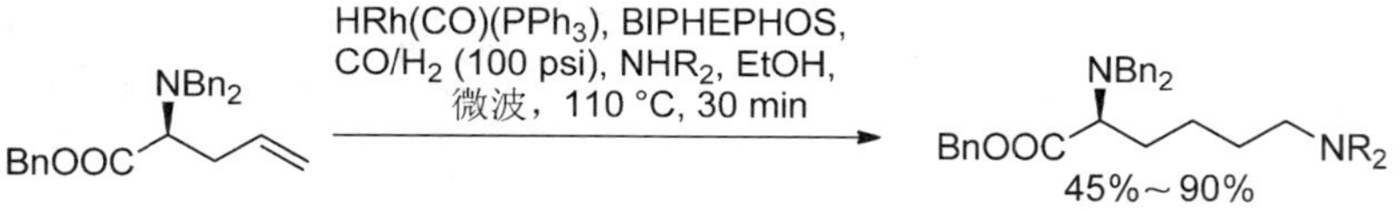

图解 5.121　能构建同系 L-赖氨酸衍生物的高烯丙胺的氢氨甲基化

2011 年，Bates 等[105]展示了(R)-N-甲苯磺酰基庚-1-烯胺的氢甲酰化和随后的分子内脱水反应，可以作为合成毒芹(Conium maculatum)生物碱伪羟基毒芹
488 碱和其差向异构体的关键步骤(图解 5.122)。使用单齿亚磷酸三酯作为氢甲酰化

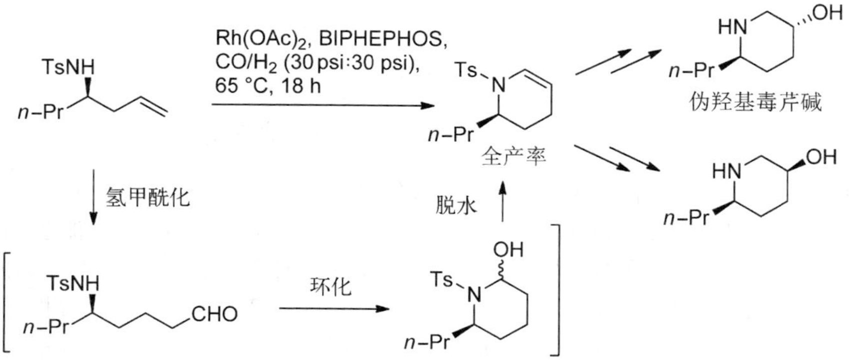

图解 5.122　通过氢甲酰化-环化串联反应合成伪羟基毒芹碱和其差向异构体

的配体，可检测到副产物对应的五元杂环和微量 N,O-半缩醛。相反地，只使用 BIPHEPHOS 可得到目标产物吡啶衍生物。

5.4.6 结论 490

从 1943 年 Reppe 的发现开始，HAM 现在已经是有机化学中研究完善的串联反应。在合成气的作用下，许多烯烃和胺发生反应生成不同的仲胺或者叔胺。同时，尿素或者氮化合物也成功被用作胺的来源。特别是单齿或者双齿磷配体修饰的铑催化剂可以有效地控制化学选择性和区域选择性。有趣的是，大多数的研究都集中在最近 15 年。现在，研究的焦点是新型底物的使用和昂贵催化剂的回收利用。为精细和散装化学品的工业生产而寻找更为经济的催化剂也是人们感兴趣的方向。在这方面，Tokunaga 最近提出的纳米颗粒框架中钴催化剂的再生或许很有希望[106]。显然，特别的挑战仍是不对称 HAM。在最终手性氢化步骤中由于暂态的 E-烯胺和 Z-烯胺的反应性相同，对映异构区分被抵消这一结论可以促进这一领域的进一步研究[30]。从烯酰胺的不对称氢化中可知，两种几何异构体可以同时用相同的催化剂以高对映异构选择性被还原[107]。

参考文献

1. (a) Bernoud, E., Lepori, C., Mellah, M., Schulz, E., and Hannedouche, J. (2015) *Catal. Sci. Technol.*, **5**, 2017–2037; (b) Huang, L., Arndt, M., Gooßen, K., Heydt, H., and Gooßen, L.J. (2015) *Chem. Rev.*, **115**, 2596–2697.
2. (a) Fogg, D.E. and dos Santos, E.N. (2004) *Coord. Chem. Rev.*, **248**, 2365–2379; (b) Wasilke, J.-C., Obrey, S.J., Baker, R.T., and Bazan, G.C. (2005) *Chem. Rev.*, **105**, 1001–1020.
3. For tandem reactions with renewables, compare: Behr, A., Vorholt, A.J., Ostrowski, K.A., and Seidensticker, T. (2014) *Green Chem.*, **16**, 982–1006.
4. (a) Ahmed, M., Bronger, R.P.J., Jackstell, R., Kamer, P.C.J., van Leeuwen, P.W.N.M., and Beller, M. (2006) *Chem. Eur. J.*, **12**, 8979–8988; (b) Crozet, D., Urrutigoïty, M., and Kalck, P. (2011) *ChemCatChem*, **3**, 1102–1118; (c) Raoufmoghaddam, S. (2014) *Org. Biomol. Chem.*, **12**, 7179–7193.
5. Interestingly, with (R)-(+)-limonene as substrate a stepwise protocol characterized by a simple change from CO/H_2 after the hydroformylation to pure H_2 for the reductive amination by using same rhodium catalyst led to a shorter overall reaction time: Graebin, C.S., Eifler-Lima, V.L., and da Costa, R.G. (2008) *Catal. Commun.*, **9**, 1066–1070.
6. (a) For homogenously catalyzed reductive amination, see: Tararov, V., Kadyrov, R., Riermeier, T.H., and Börner, A. (2000) *Chem. Commun.*, 1867–1868; (b) Tararov, V., Kadyrov, R., Riermeier, T.H., and Börner, A. (2002) *Adv. Synth. Catal.*, **344**, 200–208; (c) Kadyrov, R., Riermeier, T.H., Dingerdissen, U., Tararov, V., and Börner, A. (2003) *J. Org. Chem.*, **68**, 4067–4070.
7. (a) For heterogeneously catalyzed reductive amination, see: Rylander, P.N. (1979) *Catalytic Hydrogenation in Organic Synthesis*, Academic Press, New York, p. 165; (b) Rylander, P.N. (1967) *Hydrogenation Over Platinum Metals*, Academic Press, New York, p. 292.
8. Recently, also a reductive amidation of aldehydes was described: Raoufmoghaddam, S., Drent, E., and Bouwman, E. (2013) *Adv. Synth.* 491

Catal., **335**, 717–733.
9. Tararov, V., Kadyrov, R., Riermeier, T.H., Holz, J., and Börner, A. (2000) *Tetrahedron Lett.*, **41**, 2351–2355.
10. Ahmed, M., Seayad, A.M., Jackstell, R., and Beller, M. (2003) *Angew. Chem. Int. Ed.*, **42**, 5615–5619.
11. (a) Reppe, R. (to IG Farben Aktiengesellschaft, in Auflösung) (1943) Patent DRP 74,946; reconciled to Badische Anilin- & Soda-Fabrik as DE 839800 (1952); (b) Reppe, W. (1949) *Experientia*, **5**, 93–110; (c) Reppe, W. and Vetter, H. (1953) *Liebigs Ann. Chem.*, **582**, 133–163.
12. (a) Later on, the water-gas shift reaction was also used for hydroaminomethylation with cobalt, rhodium, ruthenium or iridium carbonyls: Iqbal, A.F.M. (1971) *Helv. Chim. Acta*, **54**, 1440–1445; (b) Laine, R.M., Thomas, D.W., and Cary, L.W. (1979) *J. Org. Chem.*, **44**, 4964–4966; (c) Laine, R.M. (1980) *J. Org. Chem.*, **45**, 3370–3372.
13. Hieber, W. and Leutert, F. (1931) *Naturwissenschaften*, **19**, 360.
14. Reppe, W., Kutepow, N.V., and Heintzeler, M. (to Badische Anilin- & Soda-Fabrik) (1955) Patent DE 931948.
15. Reppe, W., Kutepow, N.V., and Heintzeler, M. (to Badische Anilin- & Soda-Fabrik) (1954) Patent DE 909937.
16. Brunet, J.-J., Neibecker, D., Agbossou, F., and Srivastava, R.S. (1994) *J. Mol. Catal.*, **87**, 223–230.
17. Olin, J.F. and Deger, T.E. (to Sharpless Chemicals Inc.) (1947) Patent US 2,422,631.
18. Larson, A.T. (to E. I. du Pont de Nemours & Company) (1950) Patent US 2,497,310.
19. Markó, L. and Bakos, J. (1974) *J. Organomet. Chem.*, **81**, 411–414.
20. Finch, H.V. and Meeker, R.E. (to Shell Oil Co.) (1966) Patent US 3,234,283.
21. Lin, J.J. and Knifton, J.F. (to Texaco Inc.) (1988) Patent US 4794199.
22. Murata, K., Matsuda, A., and Masuda, T. (1984) *J. Mol. Catal.*, **23**, 121–132.
23. (a) Knifton, J.F. and Alexander, D.C. (to Texaco Inc.) (1985) Patent US 4543411; (b) Entire, E.E. and Knifton, J.F. (to Texaco Inc.) (1987) Patent US 4657984.
24. Bale, G. (to Union Oil Company) (1970) Patent US 3,513,200.
25. (a) Eilbracht, P., Bärfacker, L., Buss, C., Hollmann, C., Kitsos-Rzychon, B. E., Kranemann, C.L., Rische, T., Roggenbuck, R., and Schmidt, A. (1999) *Chem. Rev.*, **99**, 3329–3365; (b) Eilbracht, P. and Schmidt, A.M. (2004) in *Transition Metal for Organic Synthesis* (eds M. Beller and C. Bolm), Wiley-VCH Verlag GmbH, Weinheim, pp. 57–85; (c) Eilbracht, P. and Schmidt, A.M. (2006) *Top. Organomet. Chem.*, **18**, 65–95.
26. Crozet, D., Gual, A., McKay, D., Dinoi, C., Godard, C., Urrutigoïty, M., Daran, J.-C., Maron, L., Claver, C., and Kalck, P. (2012) *Chem. Eur. J.*, **18**, 7128–7140.
27. Diebolt, O., van Leeuwen, P.W.N.M., and Kamer, P.C.J. (2012) *ACS Catal.*, **2**, 2357–2370.
28. (a) Baig, T. and Kalck, P. (1992) *J. Chem. Soc., Chem. Commun.*, 1373–1374; (b) Baig, T., Molinier, J., and Kalck, P. (1993) *J. Organomet. Chem.*, **455**, 219–224.
29. Rische, T., Kitsos-Rzychon, B., and Eilbracht, P. (1998) *Tetrahedron*, **54**, 2723–2742.
30. Crozet, D., Kefalidis, C.E., Urrutigoïty, M., Maron, L., and Kalck, P. (2014) *ACS Catal.*, **4**, 435–447.
31. Breit, B. (1998) *Tetrahedron Lett.*, **39**, 5163–5166.
32. Kubiak, R., Prochnow, I., and Doye, S. (2010) *Angew. Chem. Int. Ed.*, **49**, 2626–2629 and ref. cited therein.
33. (a) Sudheesh, N. and Shukla, R.S. (2013) *Appl. Catal. A: Gen.*, **453**, 159–166; (b) Sudheesh, N. and Shukla, R.S. (2013) *Appl. Catal. A: Gen.*, **473**, 116–124.
34. Li, K., Wang, Y., Xu, Y., Li, W., Niu, M., Jiang, J., and Jin, Z. (2013)

Catal. Commun., **34**, 73-77.
35. (a) Rische, T., Bärfacker, L., and Eilbracht, P. (1999) *Eur. J. Org. Chem.*, **1999**, 653-660; (b) Lin, Y.-S., El Ali, B., and Alper, H. (2001) *Tetrahedron Lett.*, **42**, 2423-2425.
36. Rische, T. and Eilbracht, P. (1999) *Tetrahedron*, **55**, 1915-1920.
37. Ahmed, M., Majeed, A., Jackstell, R., and Beller, M. (2003) *J. Am. Chem. Soc.*, **125**, 10311-10318.
38. Hamers, B., Bäuerlein, P.S., Müller, C., and Vogt, D. (2008) *Adv. Synth. Catal.*, **350**, 332-342.
39. (a) Zimmermann, B., Herwig, J., and Beller, M. (1999) *Angew. Chem. Int. Ed.*, **38**, 2372-2375; (b) Wang, Y., Chen, J., Luo, M., Chen, H., and Li, X. (2006) *Catal. Commun.*, **7**, 979-981.
40. Gall, B., Bortenschlager, M., Nuyken, O., and Weberskirch, R. (2008) *Macromol. Chem. Phys.*, **209**, 1152-1159.
41. Karakhanov, E.A., Runova, E.A., Kardasheva, Y.S., Losev, D.V., Maksimov, A.L., and Terenina, M.V. (2012) *Pet. Chem.*, **52**, 179-185.
42. Srivastava, V.K. and Eilbracht, P. (2009) *Catal. Commun.*, **10**, 1791-1795.
43. Gülak, S., Wu, L., Liu, Q., Franke, R., Jackstell, R., and Beller, M. (2014) *Angew. Chem. Int. Ed.*, **53**, 7320-7323.
44. (a) Franke, R., Dyballa, K.M., Hess, D., Hamers, B., Fridag, D., Beller, M., Jackstell, R., Fleischer, I., and Wu, L. (to Evonik Industries AG) (2014) Patent WO 2014/118042; (b) Wu, L., Fleischer, I., Jackstell, R., and Beller, M. (2013) *J. Am. Chem. Soc.*, **135**, 3989-3996.
45. Petricci, E., Mann, A., Salvadori, J., and Taddei, M. (2007) *Tetrahedron Lett.*, **48**, 8501-8504.
46. Kostas, I.A. (1999) *J. Chem. Res.* (*S*), 630-631.
47. Franke, R., Dyballa, K.M., Hess, D., Fridag, D., Hamers, B., Beller, M., Jackstell, R., Fleischer, I., and Wu, L. (to Evonik Industries AG) (2014) Patent WO 2014/118038.
48. Routaboul, L., Buch, C., Klein, H., Jackstell, R., and Beller, M. (2005) *Tetrahedron Lett.*, **46**, 7401-7405.
49. Schneider, M.J., Lijewski, M., Woelfel, R., Haumann, M., and Wasserscheid, P. (2013) *Angew. Chem. Int. Ed.*, **52**, 6996-6999. 492
50. Liu, G., Huang, K., Cai, C., Cao, B., Chang, M., Wu, W., and Zhang, X. (2011) *Chem. Eur. J.*, **17**, 14559-14563.
51. Buch, C., Jackstell, R., Bühring, D., and Beller, M. (2007) *Chem. Ing. Tech.*, **79**, 434-441.
52. Liu, G., Huang, K., Cao, B., Chang, M., Li, S., Yu, S., Zhou, L., Wu, W., and Zhang, X. (2012) *Org. Lett.*, **14**, 102-105.
53. Fuentes, J.A., Wawrzyniak, P., Roff, G.J., Bühl, M., and Clarke, M.L. (2011) *Catal. Sci. Technol.*, **1**, 431-436.
54. Li, S., Huang, K., Zhang, J., Wu, W., and Zhang, X. (2013) *Org. Lett.*, **15**, 3078-3081.
55. Liu, G., Li, Z., Geng, H., and Zhang, X. (2014) *Catal. Sci. Technol.*, **4**, 917-921.
56. Khan, S.R. and Bhanage, B.M. (2013) *Appl. Organomet. Chem.*, **27**, 711-715.
57. Briggs, J.R., Klosin, J., and Whiteker, G.T. (2005) *Org. Lett.*, **7**, 4795-4798.
58. Hamers, B., Kosciusko-Morizet, E., Müller, C., and Vogt, D. (2009) *ChemCatChem*, **1**, 103-106.
59. Wang, Y.Y., Luo, M.M., Li, Y.Z., Chen, H., and Li, X.J. (2004) *Appl. Catal. A: Gen.*, **272**, 151-155.
60. Wang, Y., Zhang, C., Luo, M., Chen, H., and Li, X. (2008) *ARKIVOC*, **11**, 165-174.
61. Wang, Y.Y., Luo, M.M., Lin, Q., Chen, H., and Li, X.J. (2006) *Green Chem.*, **8**, 545-548.
62. Khan, S.R., Khedkar, M.V., Qureshi, Z.S., Bagal, D.B., and Bhanage, B.M.

(2011) *Catal. Commun.*, **15**, 141–145.
63. Teuma, E., Loy, M., Le Berre, C., Etienne, M., Daran, J.-C., and Kalck, P. (2003) *Organometallics*, **22**, 5261–5267.
64. Okuro, K. and Alper, H. (2010) *Tetrahedron Lett.*, **51**, 4959–4961.
65. Vieira, T.O. and Alper, H. (2007) *Chem. Commun.*, 2710–2711.
66. Sun, Y., Ahmed, M., Jackstell, R., Beller, M., and Thiel, W.R. (2004) *Organometallics*, **23**, 5260–5267.
67. (a) Seayad, A.M., Selvakumar, K., Ahmed, M., and Beller, M. (2003) *Tetrahedron Lett.*, **44**, 1679–1683; (b) Ahmed, M., Buch, C., Routaboul, L., Jackstell, R., Klein, H., Spannenberg, A., and Beller, M. (2007) *Chem. Eur. J.*, **13**, 1594–1601.
68. Behr, A., Reyer, S., and Manz, V. (2012) *Chem. Ing. Tech.*, **84**, 108–113.
493 69. Oliveira, K.C.B., Santos, A.G., and dos Santos, E.N. (2012) *Appl. Catal. A: Gen.*, **445–446**, 204–208.
70. Behr, A., Becker, M., and Reyer, S. (2010) *Tetrahedron Lett.*, **51**, 2438–2441.
71. Raoufmoghaddam, S., Drent, E., and Bouwman, E. (2013) *ChemSusChem*, **6**, 1759–1773.
72. Raoufmoghaddam, S., Drent, E., and Bouwman, E. (to Universiteit Leiden) (2014) Patent WO 2014163506.
73. Nairoukh, Z. and Blum, J. (2014) *J. Org. Chem.*, **79**, 2397–2403.
74. Dong, K., Fang, X., Jackstell, R., and Beller, M. (2015) *Chem. Commun.*, **51**, 5059–5062.
75. Diebolt, O., Cuzeuil, C., Müller, C., and Vogt, D. (2012) *Adv. Synth. Catal.*, **354**, 670–677.
76. Sacher, J.R. and Weinreb, S.M. (2012) *Org. Lett.*, **14**, 2172–2175.
77. (a) Martin, A., Kant, M., Jackstell, R., Klein, H., and Beller, M. (2007) *Chem. Ing. Tech.*, **79**, 891–899; (b) Klein, H., Jackstell, R., Kant, M., Martin, A., and Beller, M. (2007) *Chem. Eng. Technol.*, **30**, 721–725.
78. Martin, A., Kant, M., Klen, H., Jackstell, R., and Beller, M. (2007) *J. Supercrit. Fluids*, **42**, 325–329.
79. Behr, A. and Roll, R. (2005) *J. Mol. Catal. A: Chem.*, **239**, 180–184.
80. Behr, A., Seidensticker, T., and Vorholt, A.J. (2014) *Eur. J. Lipid Sci. Technol.*, **116**, 477–485.
81. Behr, A., Kleyensteiber, A., and Becker, M. (2013) *Chem. Eng. Process.*, **69**, 15–23.
82. TMS systems allow performing a reaction in a single-phase at high reaction temperature followed by a phase split at a lower temperature. Usually a TMS system consists of a polar and a nonpolar solvent, which show no or at least only very poor solubility for each other: Zhang, Z. and Ojima, I. (1993) *J. Organomet. Chem.*, **454**, 281–289.
83. Wittmann, K., Wisniewski, W., Mynott, R., Leitner, W., Kranemann, C.L., Rische, T., Eilbracht, P., Kluwer, S., Ernsting, J.M., and Elsevier, C.J. (2001) *Chem. Eur. J.*, **7**, 4584–4589.
84. Karakhanov, E., Maksimov, A., Kardasheva, Y., Runova, E., Zakharov, R., Terenina, M., Kenneally, C., and Arredondo, V. (2014) *Catal. Sci. Technol.*, **4**, 540–547.
85. Rische, T. and Eilbracht, P. (1997) *Synthesis*, **11**, 1331–1337.
86. Kranemann, C.L. and Eilbracht, P. (1998) *Synthesis*, 71–77.
87. Behr, A., Fiene, M., Buß, C., and Eilbracht, P. (2000) *Eur. J. Lipid Sci. Technol.*, **102**, 467–471.
88. Vorholt, A.J., Neubert, P., and Behr, A. (2013) *Chem. Ing. Tech.*, **85**, 1540–1547.
89. Nagy, E., Heil, B., and Tőrös, S. (1999) *J. Organomet. Chem.*, **586**, 101–105.
90. Manz, V. (2013) Katalytische Funktionalisierungen des Cyclopentadiens und des Dicyclopentadiens. PhD thesis. Technische Universität Dortmund, Germany.
91. Rische, T. and Eilbracht, P. (1999) *Tetrahedron*, **55**, 7841–7846.
92. Botteghi, C., Cazzolato, L., Marchetti,

M., and Paganelli, S. (1995) *J. Org. Chem.*, **60**, 6612-6615.
93. Vieira, T.O. and Alper, H. (2008) *Org. Lett.*, **10**, 485-487.
94. Bärfacker, L., El Tom, D., and Eilbracht, P. (1999) *Tetrahedron Lett.*, **40**, 4031-4034.
95. Bärfacker, L., Rische, T., and Eilbracht, P. (1999) *Tetrahedron*, **55**, 7177-7190.
96. Rische, T., Müller, K.-S., and Eilbracht, P. (1999) *Tetrahedron*, **55**, 9801-9816.
97. Eilbracht, P., Kranemann, C.L., and Bärfacker, L. (1999) *Eur. J. Org. Chem.*, **1999**, 1907-1914.
98. Subhani, M.A., Müller, K.-S., and Eilbracht, P. (2009) *Adv. Synth. Catal.*, **351**, 2113-2123.
99. Zheng, X., Cao, B., and Zhang, X. (2014) *Tetrahedron Lett.*, **55**, 4489-4491.
100. El-Badry, Y.A., El-Farargy, A.F., and Eilbracht, P. (2013) *Helv. Chim. Acta*, **96**, 1782-1792.
101. Rische, T. and Eilbracht, P. (1999) *Tetrahedron*, **55**, 3917-3922.
102. Whiteker, G.T. (2010) *Top. Catal.*, **53**, 1025-1030.
103. (a) Kranemann, C.L., Costisella, B., and Eilbracht, P. (1999) *Tetrahedron Lett.*, **40**, 7773-7776; (b) Kranemann, C.L. and Eilbracht, P. (2000) *Eur. J. Org. Chem.*, **2000**, 2367-2377; (c) Angelovski, G. and Eilbracht, P. (2003) *Tetrahedron*, **59**, 8265-8274. 494
104. (a) Koç, F. and Eilbracht, P. (2004) *Tetrahedron*, **60**, 8465-8476; (b) Beigi, M., Ricken, S., Müller, K.S., Koç, F., and Eilbracht, P. (2011) *Eur. J. Org. Chem.*, **2011**, 1482-1492.
105. Bates, R.W., Sivarajan, K., and Straub, B.F. (2011) *J. Org. Chem.*, **76**, 6844-6848.
106. Liu, X., Hamasaki, A., Yamane, Y., Aikawa, S., Ishida, T., Haruta, M., and Tokunaga, M. (2013) *Catal. Sci. Technol.*, **3**, 3000-3006.
107. See e.g.: Heller, D., Drexler, H.-J., You, J., Drauz, K., Krimmer, H.-P., and Börner, A. (2002) *Chem. Eur. J.*, **8**, 5196-5203.

5.5 与其他后续 C—C 键形成步骤结合的氢甲酰化

5.5.1 概述

氢甲酰化中产生的醛基是一种在进一步转化中具有非常多功能的官能团。典型的例子是醛的氢化产生伯醇(见第 5.2 节)或者与胺反应然后还原生成带有比起始烯烃多一个碳原子的胺(见第 5.4 节)。另外,由于羰基的强吸电子作用,邻近的 C—H 键被激活且因此适合去质子化和随后的亲电子攻击。这些特征应用在 C—C 键形成反应上可以使得结构与受体或给体 C-结构单元偶联(图 5.23,**A**)。其结

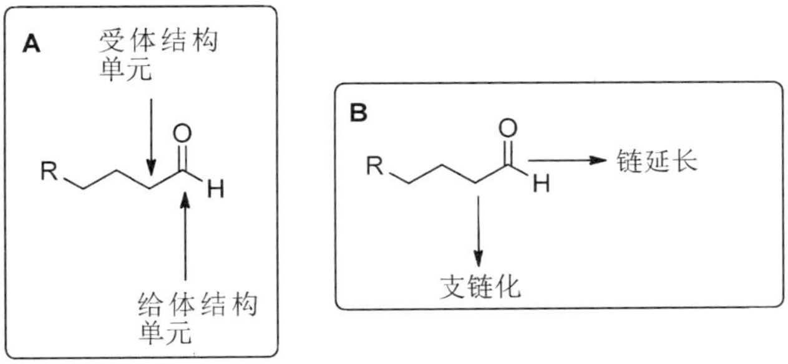

图 5.23 适用于 C—C 键形成的醛基的典型特征

果是起始醛的碳链被延长，或者生成 α -支链结构(图 5.23,**B**)。

氢甲酰化引发的C—C 键形成反应而带来的碳链延长或者支链结构的生成对于构建散装化学品和精细化学品的合成具有重要价值。特别是最近一些年，天然产物和制药中重要化合物的全合成都从这些方法中受益。这里将具体讨论一些不同的方法。

495
5.5.2 紧随氢甲酰化的碳亲核试剂对中间形成的甲酰基或者亚氨基的攻击

5.5.2.1 氢甲酰化-环化反应

4,7 -二甲基-二环[3.3.1]壬- 7 -烯- 2 -醇是一种带有有趣气味的化合物，因此对于香水的制造很有价值(也见第 6.1 节)。在三菱化工的一篇专利文献中，其可通过柠烯的氢甲酰化和随后的酸催化的醛分子内环化得到[1]。醇还可以经由 Gusevskaya 和其同事提议的流程，通过 Pt/Sn 催化的氢甲酰化得到(图解 5.123)[2,3]。铂和锡对最后的环化步骤很重要。另外，人们还细致研究了使用基于 PPh_3、P[O(*o* - *t* - Bu)Ph]$_3$ 或者 PPTS(pyridinium *p* - toluenesulfonate,对甲苯磺酸吡啶盐)的铑配合物的串联反应[3,4]。虽然作者并没有推测环化机理，但是铑催化的内双键的异构化似乎是一个重要的前提。在优化条件下，两种非对映体都等量地形成且最佳情况是四倍过量的(1*R*,2*R*,4*R*,5*R*)-非对映体。

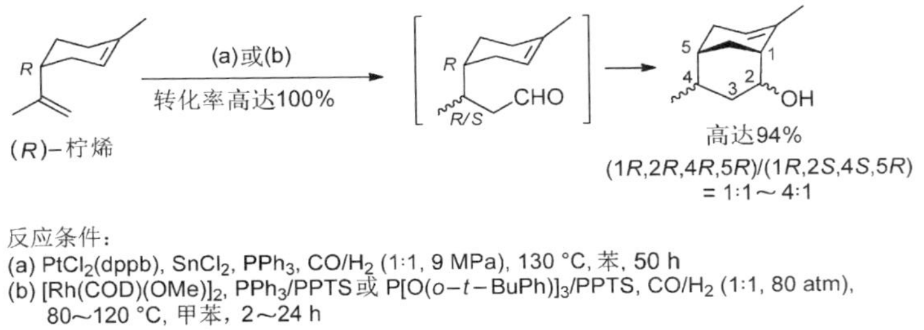

图解 5.123 (*R*)-(+)-柠烯的氢甲酰化-环化反应

Hollmann 和 Eilbracht 为甲硅烷基烯醇醚的环化研发了一种氢甲酰化-向山(Mukayama)羟醛化反应(图解 5.124)[5]。

在严苛的氢甲酰化条件下进行的 Mukayama 羟醛反应终止于甲硅烷基的完全转移。特别的是，使用这一方法可以得到螺环羟醛加合物、氢并环戊二烯、氢二氢化茚或者取代的萘酚。

Lazzaroni 的小组报道了从 1 -烯丙基吡咯出发，通过氢甲酰化-环化-脱水串联反应序列至 5,6 -二氢吲哚嗪的合成，如图解 5.125 所示[6]。可以允许吡咯环和烯烃上有取代基。在最佳情况下，可以以 68%的产率得到融合二环。

496
当 3 -乙酰基- 1 -烯丙基吡咯被用于类似的流程时，根据反应条件可以以高达 55%的产率得到不同的 5,6,7,8 -四氢吲哚嗪(图 5.24)[7]。偶尔会以脱水或者氢化步骤完成反应序列。

通常与吡咯相比，咪唑亲电子取代的倾向较小。尽管如此，Müller 和其同事[8]

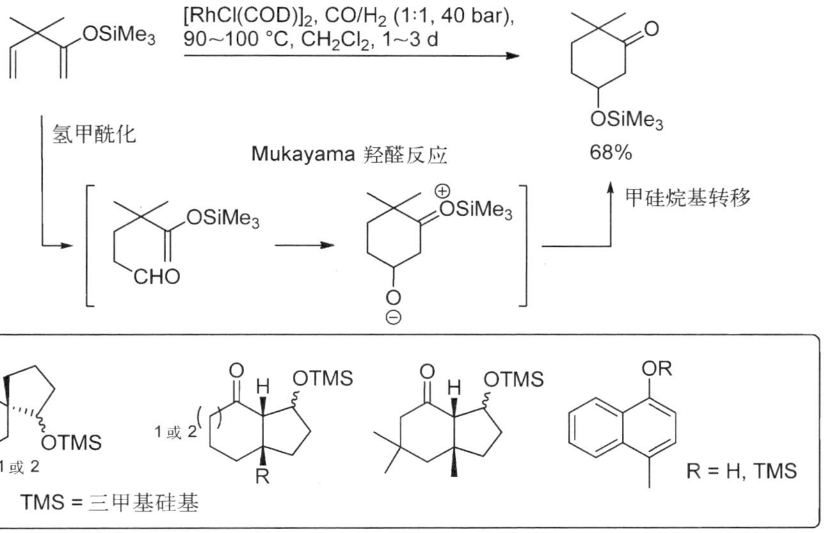

图解 5.124 氢甲酰化-Mukayama 羟醛化反应和一些得到的产物

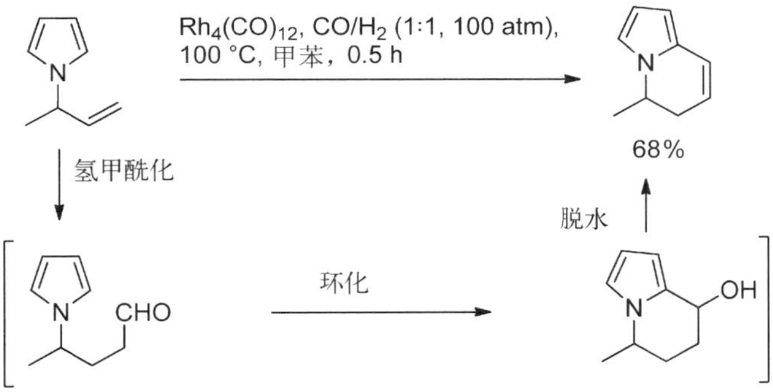

图解 5.125 1-(3-丁烯-2-基)-1*H*-吡咯的氢甲酰化-环化-脱水反应

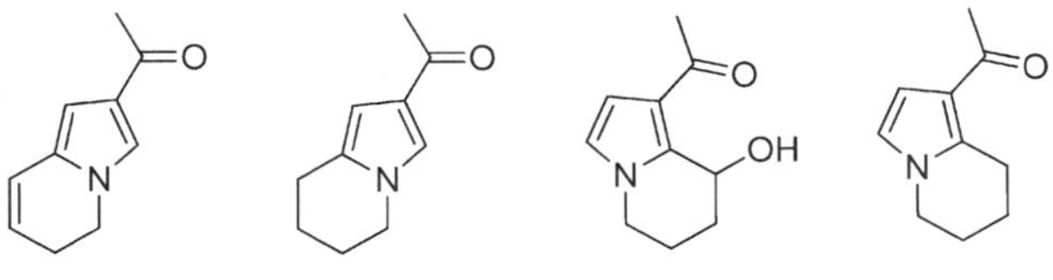

图 5.24 氢甲酰化-环化反应形成的 5,6,7,8-四氢吲哚嗪

通过使用一种基于特殊设计的磷杂桶烯配体的铑催化剂,使得生成的中间物醛环化(图解 5.126)(也见第 2 章)。使用 P[O(*o*-*t*-BuPh)]$_3$ 作为配体的初步比较性的尝试没有得到任何转化,而使用基于 PPh_3 的铑催化剂的反应终止在醛的阶段。 497
这样的双环咪唑衍生物通常具有抗溃疡、抗肿瘤、抗抑郁或者抗微生物的活性,典型的例子是 nagstatin。

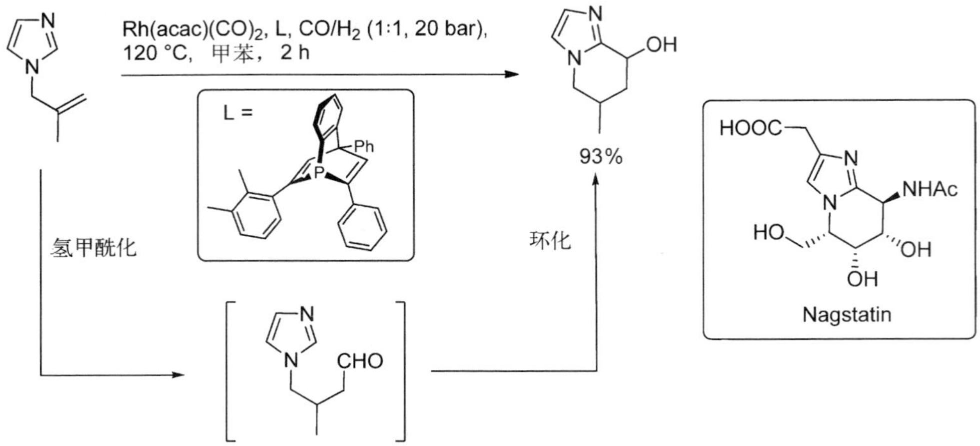

图解 5.126 1-(2-甲基烯丙基)-1*H*-咪唑的氢甲酰化-环化反应

5.5.2.2 氢甲酰化-羟醛/酮醇反应

一个极具经济价值的例子是作为增塑剂醇成分,以及在较小规模时用于化妆品的2-丙基庚醇(2-PH)的制备[9]。① 在工业规模下,转化通常以异构丁烯的氢甲酰化为起始,随后是形成正戊醛的羟醛反应,以及由最终C—C双键和醛基团的联合氢化组成的三步方法进行[10]。通过类似的过程,也可以生产增塑剂醇2-乙基-己醇(2-EH)[11,12]。

Esso和Shell的羰醇(羟醛+氧合反应)过程是使用膦修饰的钴催化剂在例如
498 癸酸锌的添加剂存在的情况下进行的同釜转化(图解5.127)[13]。使用KOH作为碱以及与H_2相比少量过量的CO情况下可以以高产率得到2-EH[14]。除了Shell,Exxon也使用这种方法[15]。

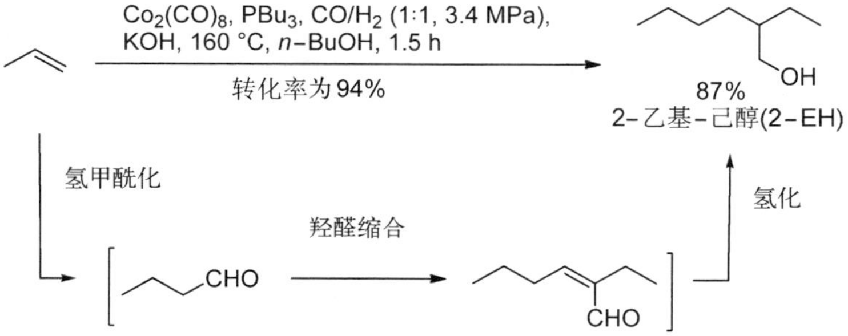

图解 5.127 钴催化的羰醇过程

2009年,Shukla和其同事[16]研究了使用异相催化剂从丙烯制备2-EH的动力学,催化剂通过将$HRh(CO)(PPh_3)_3$植入水滑石$Mg_{1-x}Al_x(OH_2)^{x+}$

① 同时,Dow Technology Licensing和Davy Process Technology一起为一种名为"LP OxoSM"的技术申请了专利,此技术可在低压下通过氢甲酰化生产醛。

$(CO_3^{2-})_{x/n}\cdot mH_2O$来制备(图解5.128)。氢甲酰化步骤在60℃进行。随后为了引发羟醛缩合反应加热至250℃,缩合产物的氢化在优化情况下以18%的选择性在12 h后生成2-EH。两年后,通过使用对应的Rh(TPPTS)[TPPTS=3,3′,3″-次膦基三(苯磺酸)三钠]配合物产率有了可观的提高,达到了49%[17]。此催化剂可以回收利用四次。

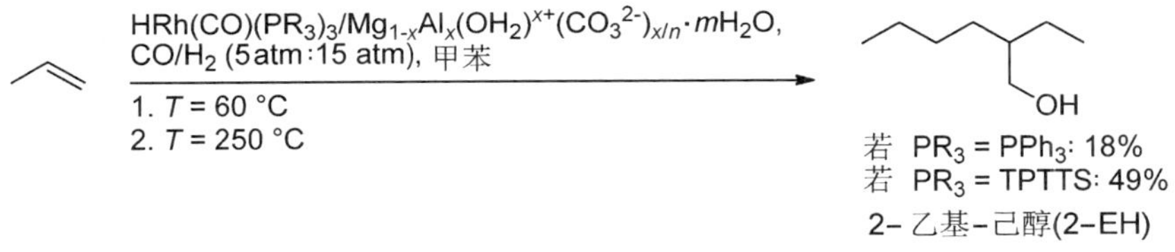

图解5.128 铑催化的羰醇过程

Abilard和Breit提出了氢甲酰化-交叉羟醛加成连锁反应(图解5.129)[18]。第一个甲酰基团通过铑催化的端烯烃的氢甲酰化形成。它在第二步中与另一个醛反应生成羟醛。L-脯氨酸被用作羟醛反应的有机催化剂。一般与过渡金属相比,在第一步中需要大量的有机催化剂。在这些条件下,可以实现高立体选择的转化。最后一步中由甲酰基的氢化得到1,3-二醇。

499

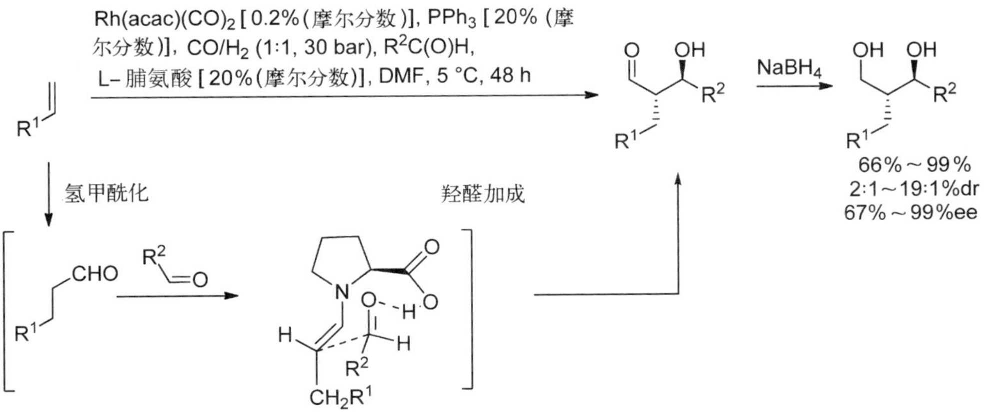

图解5.129 无环烯烃与醛的氢甲酰化-交叉羟醛加成连锁反应

在另一个相似的方法中,Chercheja和Eilbracht[19]测试了环状烯烃和无环及有环酮(图解5.130)。氢甲酰化步骤使用$P(OPh)_3$代替作为配体的单齿膦。一般来说,使用环状底物和试剂时的非对映异构选择性要比Breit小组在使用非环状烯烃和醛的反应中观测到的低。

在进一步的尝试中,非手性铑催化剂被手性配合物取代,其以(S,S)-Chiraphite作为配体(图解5.131)[20]。

考虑到匹配/不匹配的问题(见第4.3.2节),氢甲酰化步骤中的(2S,4S)-结构的配体和羟醛缩合中(S)-脯氨酸的联合使用得到了非常好的非对映立体选择性

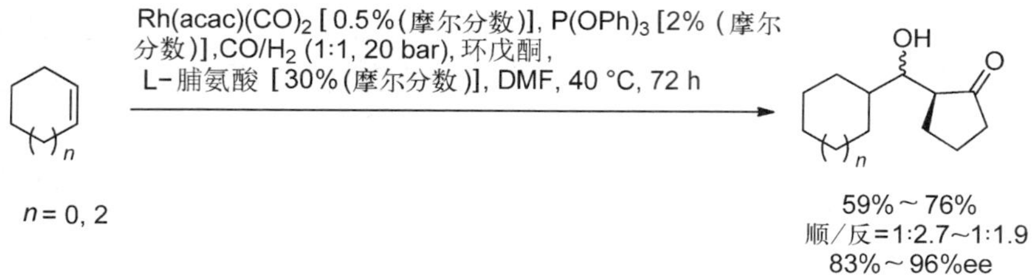

图解 5.130 环状烯烃与酮的氢甲酰化-交叉羟醛加成连锁反应

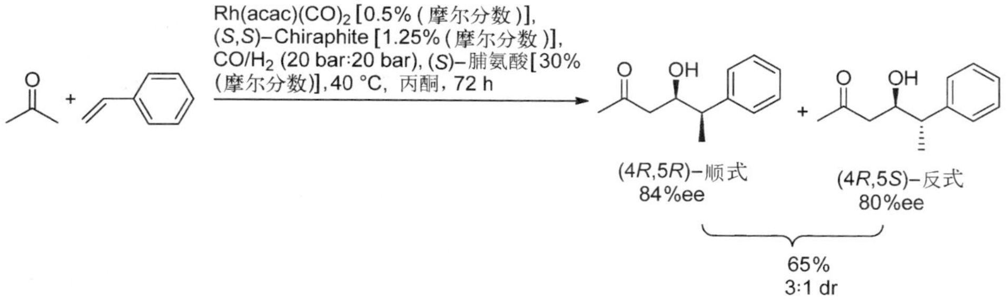

图解 5.131 使用手性铑催化剂和手性羟醛缩合催化剂的氢甲酰化-交叉羟醛加成连锁反应

和对映选择性。这一结果可通过改变有机催化剂的结构来改进(高达 6.6∶1 dr)。

Hollmann 和 Eilbracht[21]阐述了 3,3-二甲基-4-戊烯-2-酮的氢甲酰化-羟醛缩合-氢化连续反应(图解 5.132)。第一步生成的醛的环化由对甲苯磺酸(PTSA)催化。与氢甲酰化中使用的相同的未修饰的铑催化剂也催化了 α,β-不饱和酮的氢化。

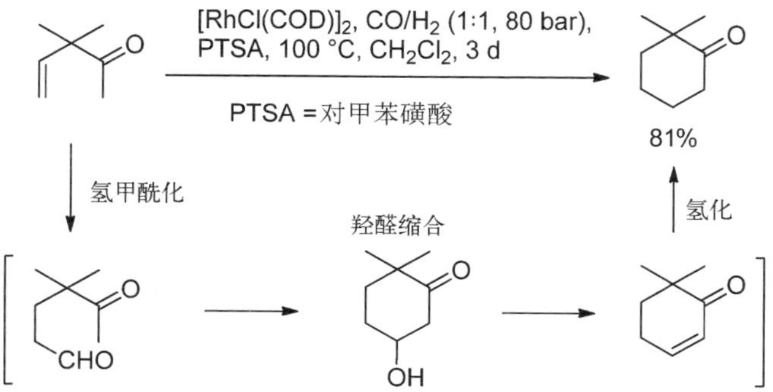

图解 5.132 氢甲酰化-羟醛缩合-氢化反应

500 Beller 和其同事在 2014 年发表了类似的分子内版本的氢甲酰化-羟醛缩合-氢化反应(图解 5.133)[22]。NAPHOS 用作氢甲酰化和最终的氢化步骤中铑的配体。吡咯烷作为有机催化剂。使用丙酮或者芳香酮将一系列的端烯烃转化为饱和的产物酮。

501 2015 年,Vorholt 的小组[23]报告了氢甲酰化-酮醇反应的连锁反应(图解

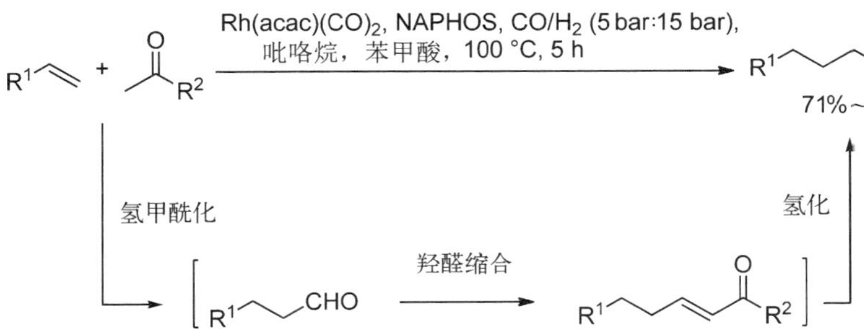

图解 5.133　氢甲酰化和氢化中都使用基于 NAPHOS 的铑催化剂的氢甲酰化-羟醛缩合-氢化反应

5.134)。在筛查的许多市售单齿[例如 PPh_3、$P(OPh)_3$]和双齿(dppb、Xantphos、DEPphos)[dppb=1,4-双(二苯基膦)丁烯]磷配体中，只有 BIPHEPHOS 与卡宾有机催化剂相比能得到满意的结果。后者是由维生素 B1 与 NEt_3 反应得到。一系列的端烯烃可以转化为对应的 α-羟基酮(酮醇)。

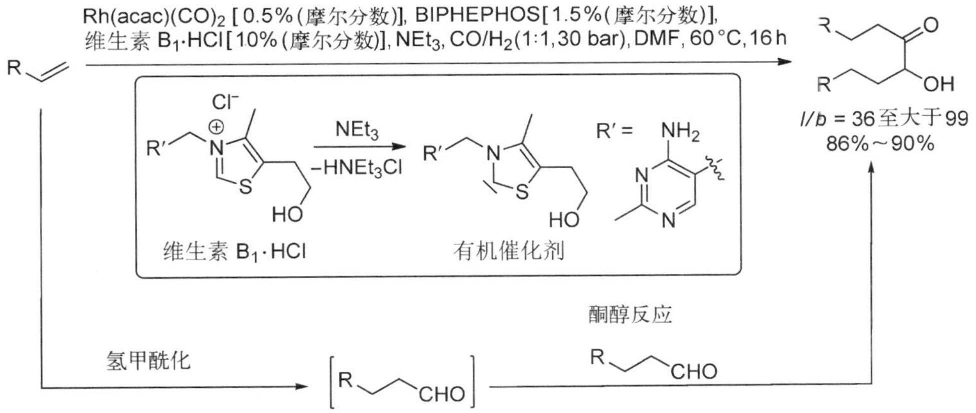

图解 5.134　串联氢甲酰化-酮醇反应

5.5.2.3　氢甲酰化-Wittig 反应和相关的烯化作用

Breit 和 Zahn 在 1999 年首次发表了氢甲酰化-Wittig 烯化-氢化反应(图解 5.135)[24]。邻二苯基膦苯基作为立体导向基团(也见第 4.4 节)，也因此在氢甲酰 502
化步骤中就已经建立了最终占主导的顺位立体选择性。接下来使用 1.1 当量的 Wittig 的内鎓盐使其烯化得到 E-结构的烯醛，其随后与氢甲酰化中已经具有活性的相同催化剂发生氢化。串联反应的总产率在 36%～82%。主要的副反应是起始烯烃的竞争氢化反应。串联反应序列可以通过缩短反应时间停止在 α,β-不饱和酮的阶段[25]。有证据显示 o-DPPB(邻二苯基膦苯甲酸酯)基团可以通过中间与铑的配位来增加催化剂的氢化活性。

2013 年，Wong 和 Landis[26]研究了使用基于(S,S,S)-BDP 的手性催化剂在约 10 bar 下的乙酸乙烯酯不对称氢甲酰化-Wittig 烯化反应(图解 5.136)。优化

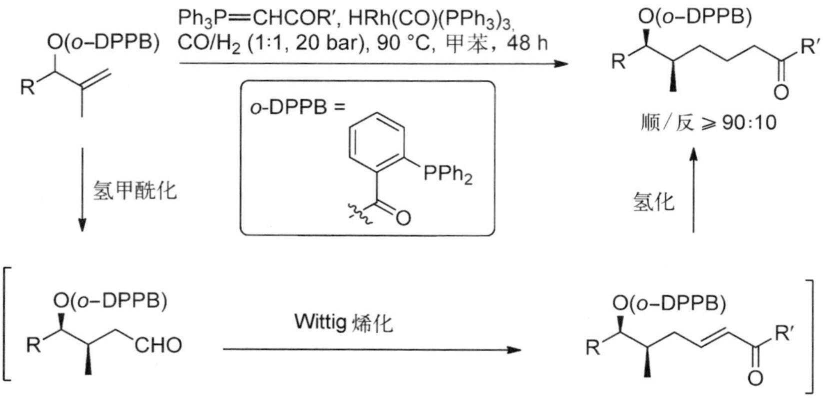

图解 5.135 氢甲酰化-Wittig 烯化-氢化反应

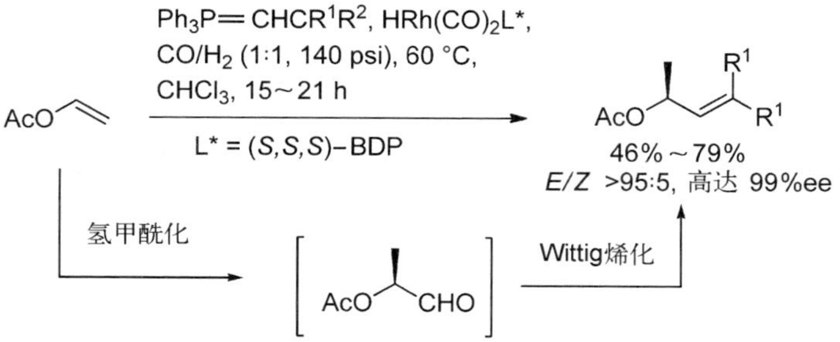

图解 5.136 不对称氢甲酰化-Wittig 烯化反应

之后，一些其他官能化和未官能化的烯烃或者 1,3-二烯可以在此条件下转化。

加入单一催化剂可以实现多步迭代同釜不对称氢甲酰化-Wittig 烯化反应(图解 5.137)[26]。值得注意的是，在每一轮过后，为了避免不期望得到的 Wittig 内鎓盐的氢甲酰化，必须降压以及注入烯丙基取代的 Wittig 试剂。以这样的方法，可以制备 4-羟基戊酸酯的二聚体和三聚体。

2014 年，Zhou 和 Breit[27]使用高烯丙醇作为氢甲酰化-Wittig 烯化反应的底物(图解 5.138)。最佳配体为在对应的 RhL_2 催化剂中可以自结合的含有吡啶酮单元的单齿膦(L)。羟基邻近的大型或者不饱和取代基会降低主要反式产物的产率。典型的副产物是异构的烯烃或者饱和的乙酯。α,β-不饱和酯随后被应用于内碱催化的为了构建 β-取代的饱和吡喃衍生物的 Michael 加成。

503 Farwick 和 Helmchen[28]通过一种氢甲酰化-Wittig 烯化序列延长了手性烯丙胺的烷基链(图解 5.139)。这里特别要注意其 N-保护基团的选择。如在 Wittig 烯化步骤中所期望的一样，主要形成的是 Z-结构的烯烃。在只选择移除一个 N-保护基团后，得到的 N-Boc 保护的甲酯通过非对映选择的氮杂-Michael 反应转化为对应的 β-脯氨酸衍生物。

504 Risi 和 Burke[29,30]合成了(+)-展青霉酯 C，其是一种通过使用 Bestmann 内

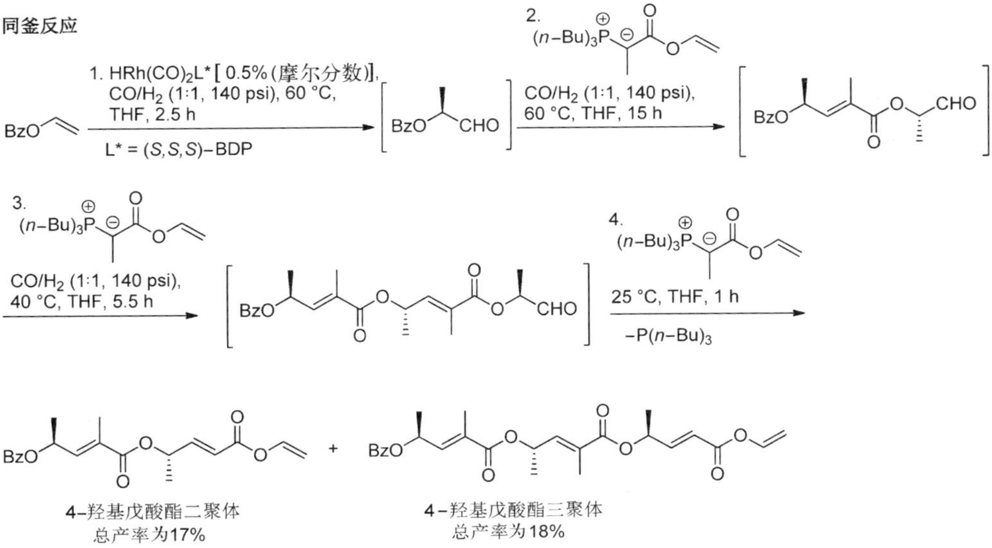

图解 5.137 通过使用单一催化剂的迭代氢甲酰化-Wittig 烯化反应合成 4-羟基戊酸酯的二聚体和三聚体

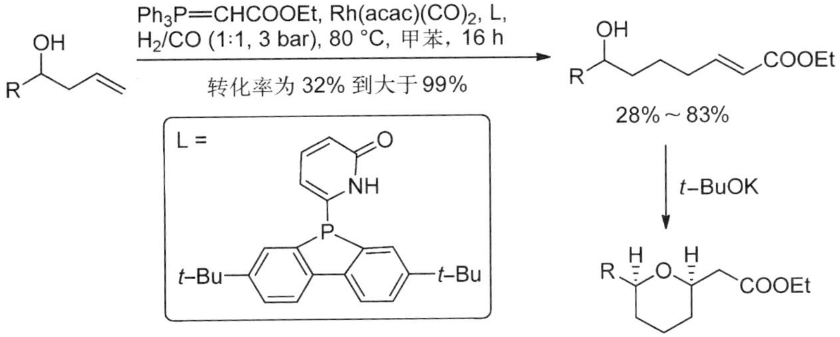

图解 5.138 高烯丙醇的氢甲酰化-Wittig 烯化反应和最终的内 Michael 加成

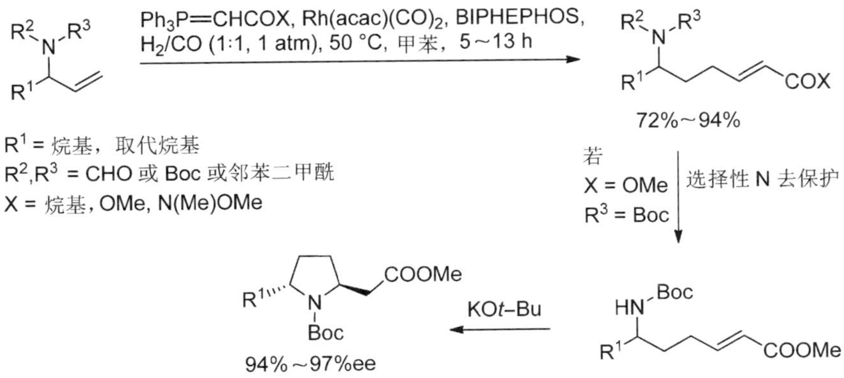

图解 5.139 氢甲酰化-Wittig 烯化反应作为关键步骤的 β-脯氨酸衍生物的合成

鎓盐 O═C═C═PPh_3 作为 C_2 原材料的不对称氢甲酰化-分子内 Wittig 烯化反应序列从荨麻青霉素中分离出的大环化合物(图解 5.140)。① 所需要的底物通过铑催化的乙酸向端炔加成得到。约 10.3 bar 下的铑催化的不对称氢甲酰化中使用的配体是 Landis 的(*S*,*S*,*S*)-BDP。在氢甲酰化和闭环之后,*O*-乙酰保护基通过酶的作用移除,最终以 49%的总产率生成(+)-展青霉酯 C。

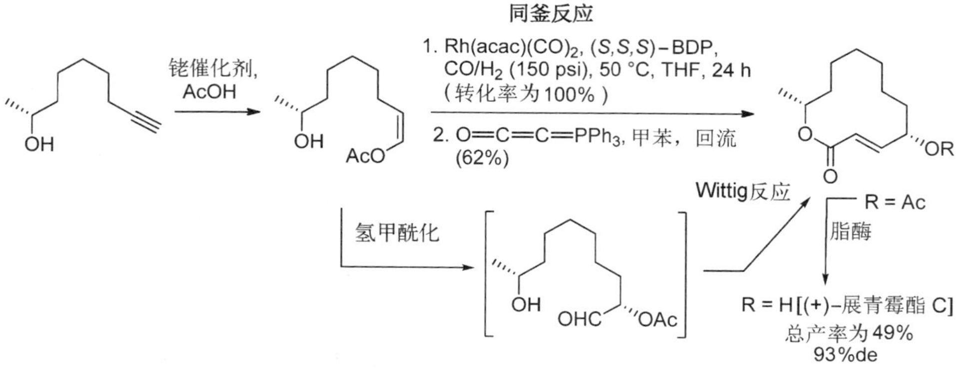

图解 5.140 (+)-展青霉酯 C 的合成

同一作者发表了使用不对称氢甲酰化-丁烯基化同釜反应的(+)-普雷洛格-杰拉西内酯的短合成(图解 5.141)[30,31]。乙烯基 2,6,7-三氧杂二环[2.2.2]辛烷

505 的氢甲酰化使用基于(*R*,*R*,*S*)-BDP 的铑催化在合成气混合物 CO 过量的情况下进行。随后的丁烯基化反应的立体化学性质由 Zimmerman-Traxler 过渡态决定。最终的臭氧化、使用 Rh[(*S*)-BINAP]催化剂的不对称氢化和 OBO 酯的分解生成了想要得到的原料,其可以用作许多合成方法的试金石。

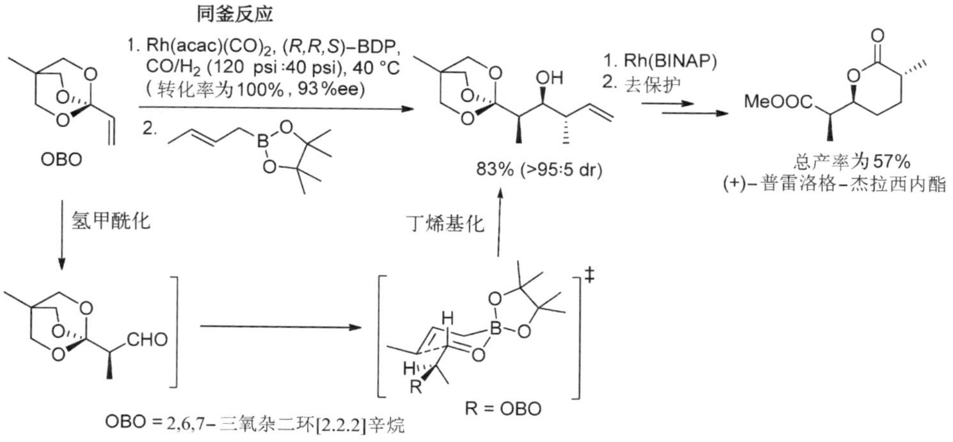

图解 5.141 使用不对称氢甲酰化-丁烯基化同釜反应的(+)-普雷洛格-杰拉西内酯的合成

① 其他大环化合物,比如(−)-pyrenophorol 和(+)-decaestrictine,通过相似的不对称氢甲酰化-Wittig 烯化串联反应的全合成,见参考文献[30]。

之后 Leighton 小组在制备来自海绵的大环内酯 dictyostatin 时也使用了类似的方法(图解 5.142)[32]。通过使用基于(*R*,*R*,*S*)-BDP 的手性铑催化剂,2-乙烯基-1,3-二噁茂烷在约 13.8 bar 合成气压下氢甲酰化。通过与巴豆基硅烷反应可以实现链的延伸。有趣的是,在不对称氢甲酰化的步骤中,空间位阻较大的 2-甲基-2-乙基-1,3-二噁茂烷需要两倍量的高价手性催化剂。通过加入反式巴豆蛋白基硼酸频哪醇,同釜反应终止。接下来,两种原料分别单独进行进一步的修饰。最终,得到的两个片段结合形成目标天然化合物。

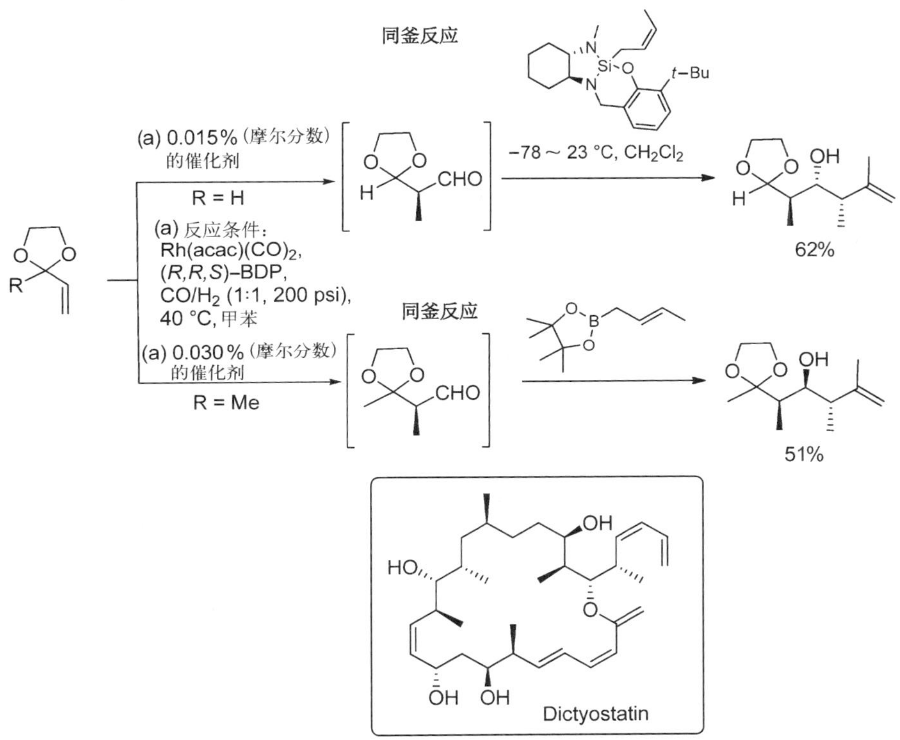

图解 5.142 作为制备 dictyostatin 的关键步骤的同釜氢甲酰化-巴豆基化反应

氢甲酰化-克诺维纳盖尔(Knoevenagel)反应-氢化反应也可以通过暂态的醛来延长碳链(图解 5.143)[33]。

使用丙二酸二甲酯,最终可得到 α,α-二酯。相关的立体化学性质可以通过立体导向的 *o*-DPPB 基团的协助来控制(也见第 4.4 节)。使用醋酸哌啶𬭩作为 Knoevenagel 中的碱可观测到最高的总产率。使用未取代的端烯烃,可用 BINAPHOS 铑催化剂实现高正区域选择性($l/b \geqslant 99:1$)。当丙二酸一甲酯被用于串联反应时,得到的单酸酯脱羧基可生成对应的单酯。

最终的脱羧基步骤也是氢甲酰化-脱羧基 Knoevenagel(=Doebner-Knoevenagel)反应序列的一部分(图解 5.144)[34]。在这一因为原始烯烃延长了两 507

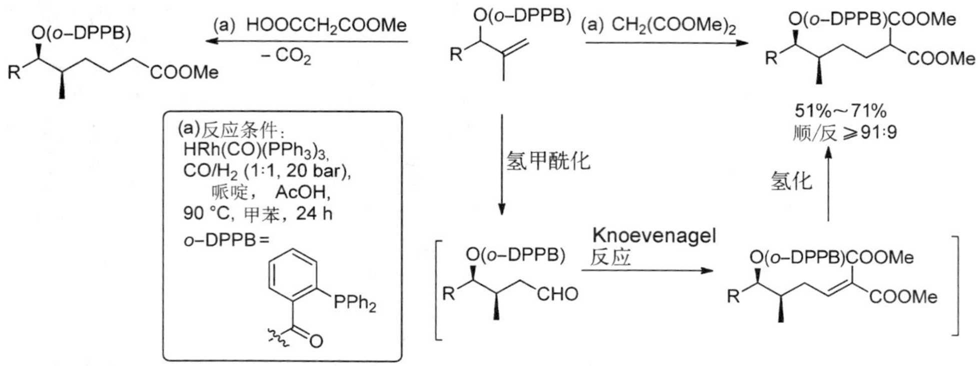

图解 5.143 分别使用丙二酸二甲酯和丙二酸一甲酯的氢甲酰化-Knoevenagel 反应-氢化反应

个碳原子从而也可被称为氢烯烃化的同釜方法中，氢甲酰化使用基于 Breit 的 6-二苯基膦吡啶配体的催化剂进行。使用丙二酸的闭环德布纳-克诺维纳盖尔(Doebner-Knoevenagel)反应由两种杂环碱的混合物催化，即催化计量的吡咯烷和过量的吡啶。在整个转化的最后，以优秀的直链度和相当不错的产率得到不饱和的羧酸。通过制备蜂后信息激素 9-ODA 和 9-HDA 证明了这一方法的有用性。另外，通过使用乙酸腈代替丙二酸，可以制备对应的不饱和腈[35]。

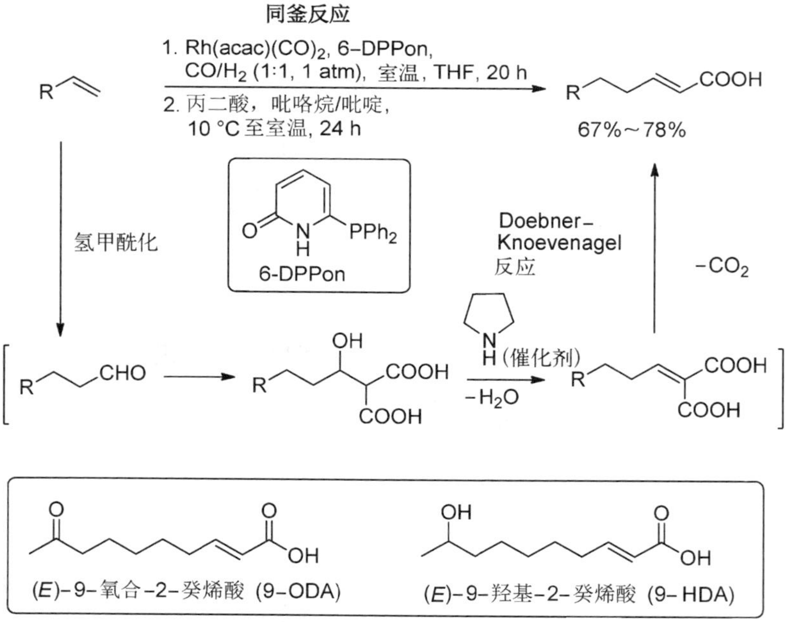

图解 5.144 氢甲酰化-脱羧基 Knoevenagel(Doebner-Knoevenagel)反应和典型的反应产物

值得注意的是，α,β-不饱和羧酸只在吡啶过量情况下生成，这可以通过亲核催化来解释(图解 5.145)。对应的 β,γ-不饱和羧酸在类似的条件下形成，但是前提条件是强碱吡啶($pK_a=12.3$)被弱碱DBU($pK_a=24.2$)代替[35]。显然，后者攻击C3的质子且因此利于双键的异构。 508

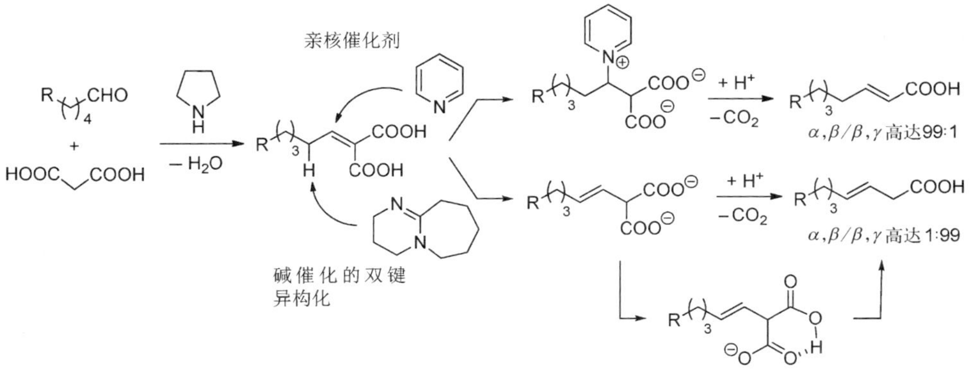

图解5.145 氢甲酰化-脱羧基Knoevenagel反应后产物的分布与所使用的碱的关系

5.5.2.4 对暂时形成的亚氨基的亲核攻击

5.5.2.4.1 氢甲酰化-Mannich反应

氢甲酰化后通过与胺反应立刻形成的亚氨基代替甲酰基团可以被C亲核试剂攻击。这样的金属催化与有机催化的结合可以在Eilbracht小组的氢甲酰化-Mannich串联反应中实现(图解5.146)[36]。反应速率和立体选择性与温度强烈相关。在室温下，几乎观测不到烯烃的转化，而在40℃下可以于3天内发生完全反应。底物的性质也影响了反应的结果，但是无法总结出一般规律。 509

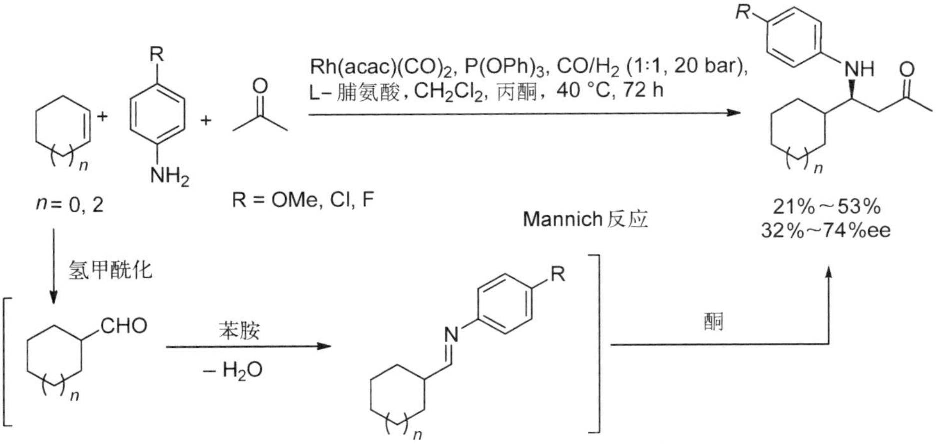

图解5.146 氢甲酰化-Mannich串联反应

在Strecker合成框架中，醛也可以逐步与胺和HCN反应(图解5.147)[37]。这一方法可以允许起始烯烃(无环的、环状的、邻苯二甲酰亚胺)上一系列的取代基，以及不同的胺。形成的α-氨基腈可以水解形成α-氨基酸。氢化可以得到1,

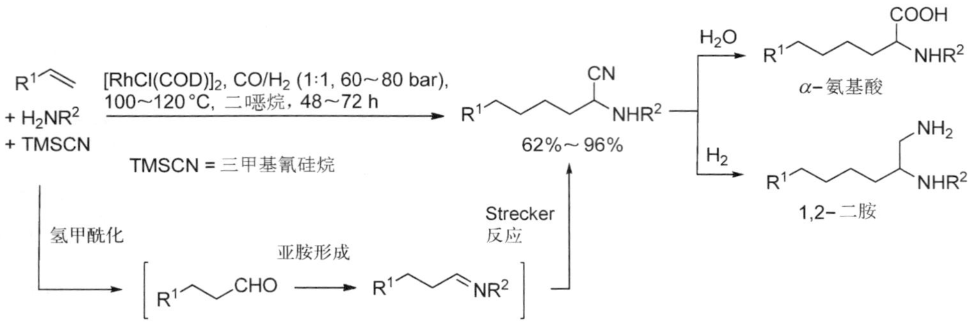

图解 5.147 氢甲酰化-Strecker 合成串联反应

2-二胺。后者可以用于例如构建氨基官能化的树状聚物。

5.5.2.4.2 氢甲酰化-Fischer 吲哚化反应和相关反应

如 Eilbracht 和其同事[38]在许多例子中所展示的，反应序列氢甲酰化-Fischer 吲哚化对于三取代吲哚，包括重要的氨基酸色氨酸、组织激素褪黑激素和神经递质血清素的合成是非常有用的流程(图 5.25)。另外，具有药学活性的色胺或者高色胺衍生物，例如市售的血清素受体激发剂舒马曲坦、那拉曲坦或者佐米曲坦，或者具有血小板凝聚抑制和抗血栓形成功能的化合物(长春培醇)可以通过这样的流程合成。治疗精神分裂症的药物活性化合物(施立碟)也可通过此方法制备[39]。据估计世界范围内对这样的吲哚衍生物的需求约为 2×10^{10} t/a[40]。

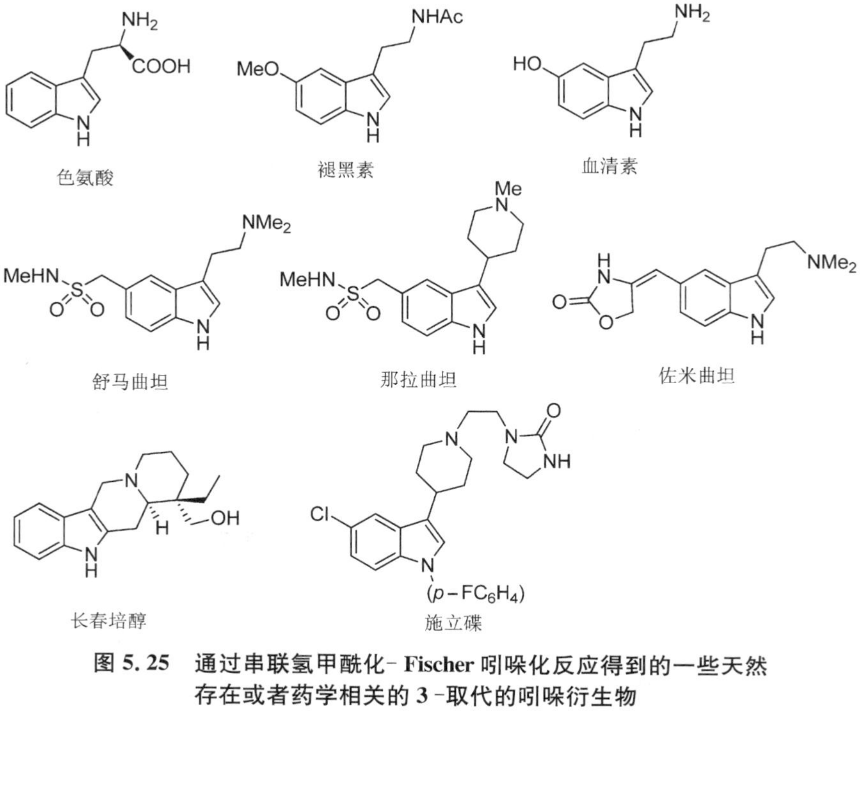

图 5.25 通过串联氢甲酰化-Fischer 吲哚化反应得到的一些天然存在或者药学相关的 3-取代的吲哚衍生物

使用串联方法(图解 5.148)显著改进了之前的同釜合成,例如,Sheldon 小组需要更换反应容器和改变反应条件[41]。在一些例子中,大 CO/H_2 比例被证明对氢甲酰化步骤有利。当烯丙胺作为底物时,*N* 官能团最好用邻苯二甲酰基保护,从而避免由未保护的胺配位铑造成的起始烯烃氢化活性的增加(见第 1.3 节)。*N*-苯甲酰或者 *N*-甲苯磺酰基也能保持稳定,而如果使用乙酰基或者 Boc 基团,结果则较差。叔烯丙胺也被成功用于这一反应[39b]。使用 Xantphos 作为配体,可以避免端底物异构化成为热力学更为稳定的内烯烃。最终的[3.3]-σ 移位重排需要等物质的量的酸,例如 PTSA[39a]。若加入 H_2SO_4 溶液代替 PTSA,最终串联反应溶液中能以很高的产率沉淀出对应的铵盐[39b]。 510 511

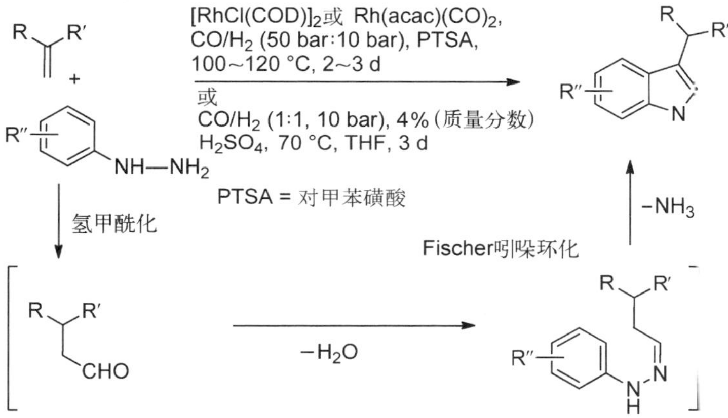

图解 5.148　串联氢甲酰化-Fischer 吲哚化反应

支链的高色氨酸可以利用这一方法从甘氨酸烯丙酯中得到,如 Eilbracht 小组在 2008 年所展示的(图解 5.149)[42]。所需的底物由铱催化碳酸烯丙酯的烯丙基化制备。通过氢甲酰化-Fischer 吲哚化反应,最终生成 α-氨基酸。同源 β-氨基酸衍生物可以以类似的方法使用氰乙酸酯作为烷基化步骤中的亲核试剂来合成。在串联反

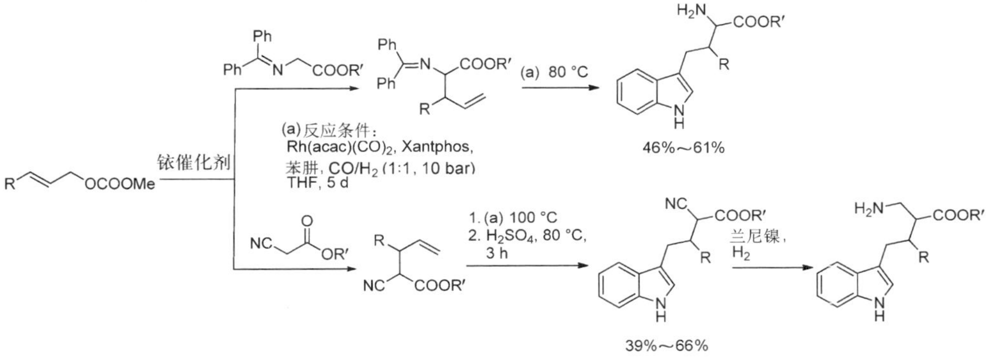

图解 5.149　使用氢甲酰化-Fischer 吲哚化串联反应作为关键步骤的基于 3-吲哚基的 α-氨基酸和 β-氨基酸的制备方法

应流程结束后，氰基被还原生成基于吲哚的β-氨基酸衍生物。通过在第一步中使用手性铱催化剂，底物手性烯丙胺能以大于90%ee得到，最终可以制备手性氨基酸。

后来，Marchetti小组[40]提出了另一种起始于2-(5-氯-2-氮苯乙烯基)-1,3-二嗯茂烷的氢甲酰化的吲哚合成(图解5.150)。当反应时间足够长时，硝基被还原且得到的胺以分子间反应形式与甲酰基发生水的消去反应得到吲哚衍生物。

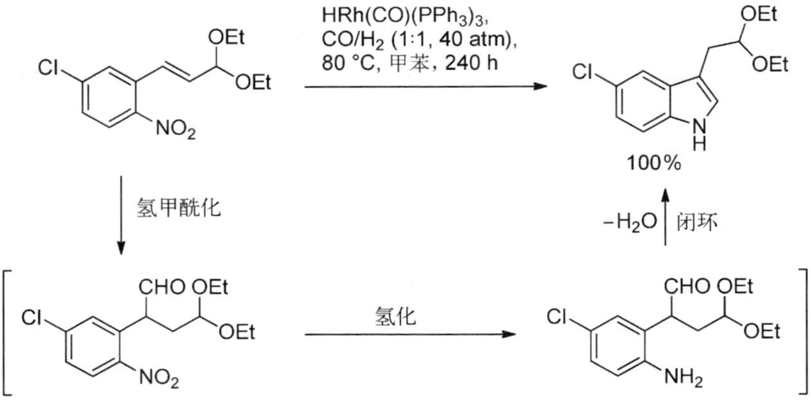

图解 5.150 氢甲酰化-氢化-环化串联反应

当三取代的烯烃($R^3 \neq H$)在同样的反应序列中被用作底物时，中间生成的吲哚会发生Wagner-Meerwein类型重排形成2,3-二取代吲哚(图解5.151)[43]。基团的迁移倾向取决于取代基的种类，如图解5.151所示。

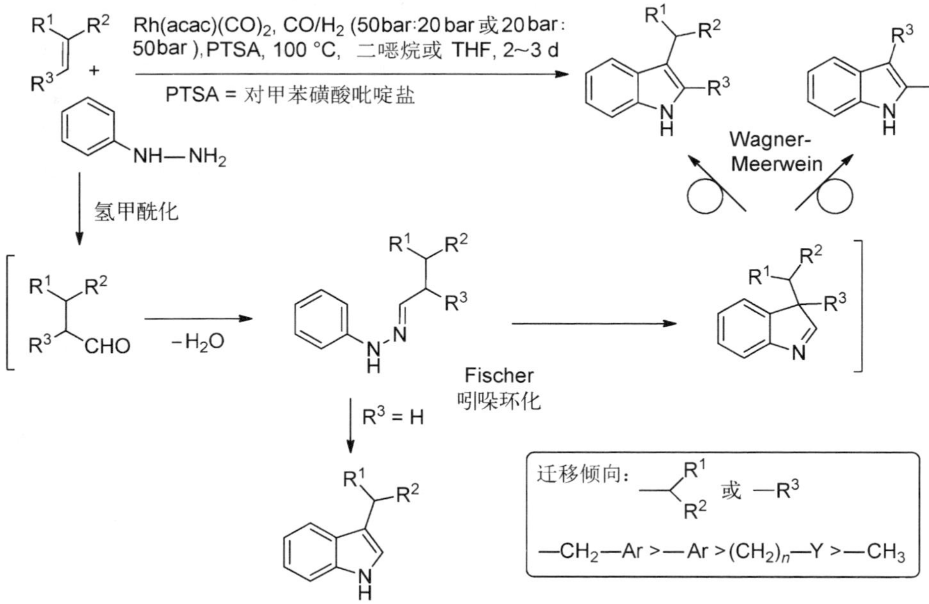

图解 5.151 氢甲酰化-Fischer吲哚化-(Wagner-Meerwein)重排串联反应

基于这一流程，可以以环状烯烃起始制备增环的吲哚（高达 98%的产率）或者饱和的螺环吲哚（高达 90%的产率）（图解 5.152）。产物的种类取决于 CO/H_2 的比例。增加 CO 分压使得吲哚形成，而过量的 H_2 会引发螺化合物的生成。后者与中间产物醛会发生氢氨甲基化反应生成 *N*-烷基化的吲哚衍生物。新方法比原先需要五个单独步骤的旧方法要明显有效得多[44]。除了单环烯烃，增环碳环烯烃和含有氮或者硅的环状烯烃也可以用作反应的底物。

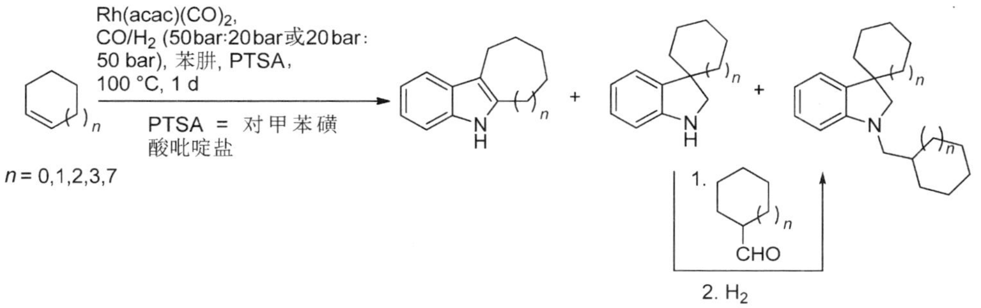

图解 5.152　起始于环状烯烃的氢甲酰化-Fischer 吲哚化-Wagner-Meerwein 重排串联反应

有趣的是，以上所讨论的方法为最终确定烯烃的氢甲酰化-Fischer 吲哚化串联反应得到的区域异构体的比例提供了一种巧妙的分析途径（图解 5.153 和图 5.26）[45]。例如，3-苯甲基取代的吲哚是比 2-苯基取代的异构体要弱的荧光团，两者都来自以苯乙烯为底物的反应。

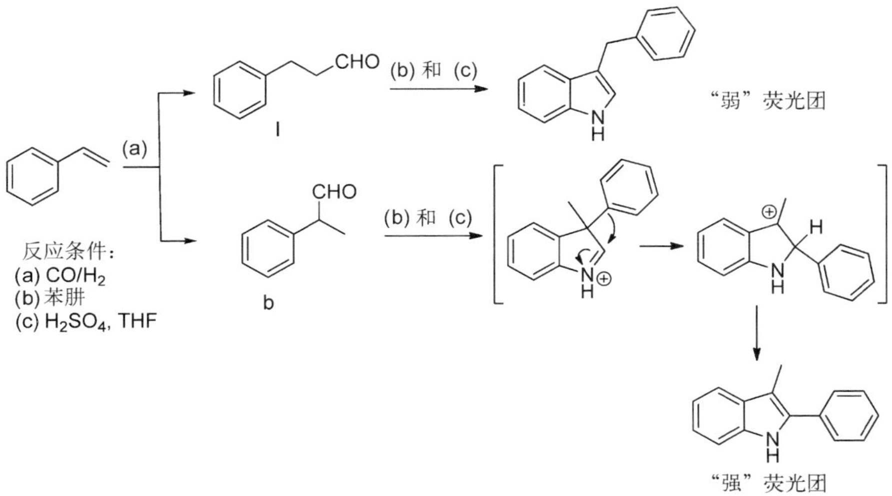

图解 5.153　确定区域化学性质的氢甲酰化-Fischer 吲哚化-Wagner-Meerwein 重排串联反应

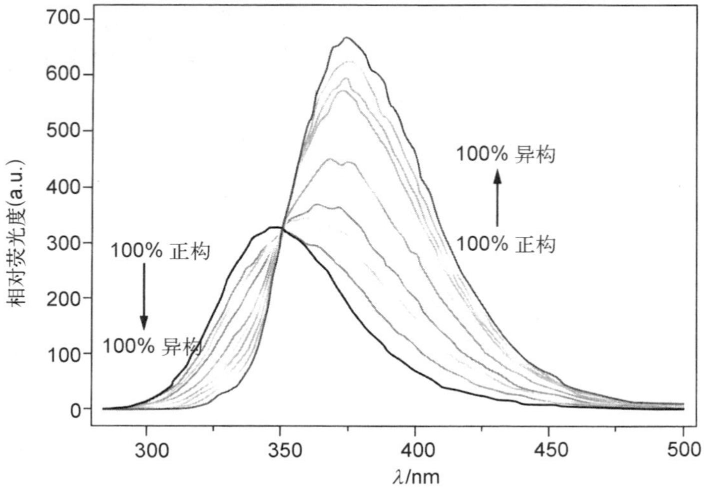

图 5.26 两种区域异构吲哚和它们的混合物的荧光光谱(来自参考文献[45])

5.5.2.4.3 氢甲酰化-[皮克特-施彭格勒(Pictet - Spengler)环化缩合]反应

Pictet - Spengler 环化缩合反应是构建四氢-β-咔啉环系统的通用方法。其
513 包含例如来自醛的 β-芳基乙基胺衍生物的酸催化的反应。Bondzic 和 Eilbracht[46]展示了这一转化可以以串联反应方式进行,其中所需的醛由氢甲酰化步骤得到。为了优化反应条件而进行的初步研究用环烯烃和色氨酸的甲酯进行反应(图解 5.154)。主要的副产物,特别是在甲苯或者 MeOH 作为溶剂时,是单或
514 者双氢氨甲基化产物。在 CH_2Cl_2 或者 THF(四氢呋喃)中使用等化学计量的樟脑磺酸(CSA)作为皮克特-施彭格勒(Pictet - Spengler)反应的调节剂可以得到最高产率的目标产物。随后,这一优化的条件被成功使用于活性较低的色胺衍生物的

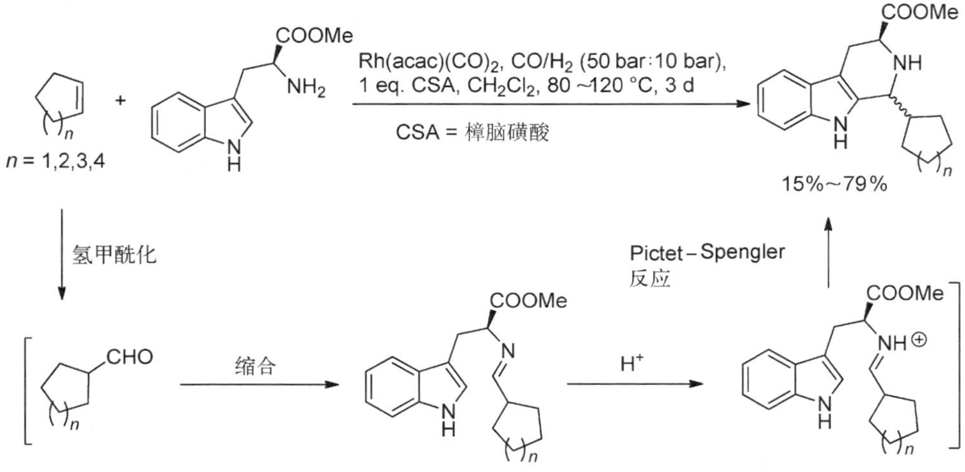

图解 5.154 氢甲酰化-(Pictet - Spengler 环化缩合)串联反应和潜在的生物学相关的目标产物

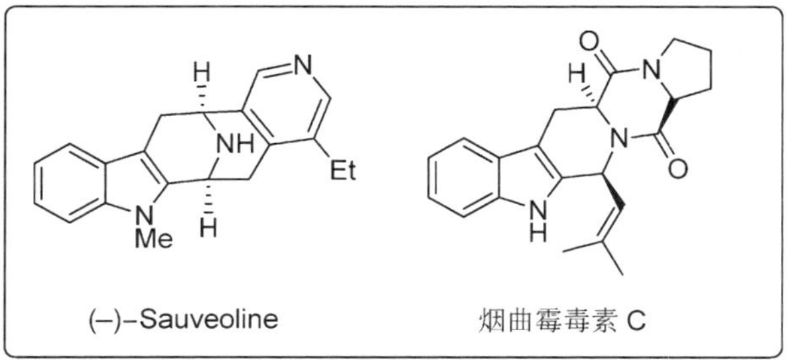

(续)图解 5.154　氢甲酰化-(Pictet - Spengler 环化缩合)串联反应和潜在的生物学相关的目标产物

转化。这个流程可以用于合成例如(—)- sauveoline(Rauwolfia 生物碱)或者烟曲霉毒素 C(特殊的乳腺癌耐药蛋白抑制剂)的天然存在的具有生物活性的四氢- β -咔啉。

如第 5.2 节中所见,在氢甲酰化条件下或者使用纯 H_2 时,醛可以立即与氢气反应生成对应的伯醇。但是,能形成仲醇的最终的硼化步骤也是可能的。2014 年,Pereira 的小组发表了在铑-膦催化剂存在情况下的氢甲酰化-硼化串联反应的流程(图解 5.155)[47]。有趣的是,反应也可以使用 N -杂环卡宾(NHC)配体。二齿双膦(Xantphos,dppp)[dppp=1,3 -双(二苯基膦)丙烷]只能生成低产率的想要得到的醇,因此 PPh_3 成为所选择的配体。这是产物中的区域化学性质偶尔表现平平的原因之一。一系列端烯烃和内烯烃被用作串联反应条件下的底物。 515

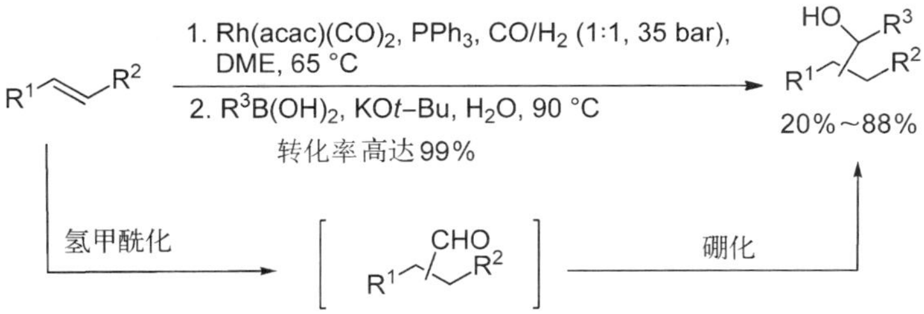

图解 5.155　氢甲酰化-硼化串联反应

5.5.3　碳亲核试剂对新生成的甲酰或者亚氨基团中 β -位的亲电子攻击

5.5.3.1　氢甲酰化-(β -芳基化)作用

Behr 和 Christmann[48] 用中间产物生成的醛作为不对称亲核烷基化的底物(图解 5.156)。值得注意的是,包含铑(Ⅱ)辛酸盐和 Cp_2Ru 作为共催化剂的催化系统在氢甲酰化和后续的烷基化中表现出了最高的活性。带有小咬入角的配体,例如 dppb 或者 DPEphos,与 Xantphos 或者 BIPHEPHOS 相比表现更好。在所筛查的许多有机催化剂中,来自脯氨酸的 Jørgensen - Hayashi 催化剂在使用苄阳离子的 S_N1 类型的烷基化中能产生最好的结果。苄阳离子通过例如乙酸或者戊酸的弱羧酸的作用在反应内产生。

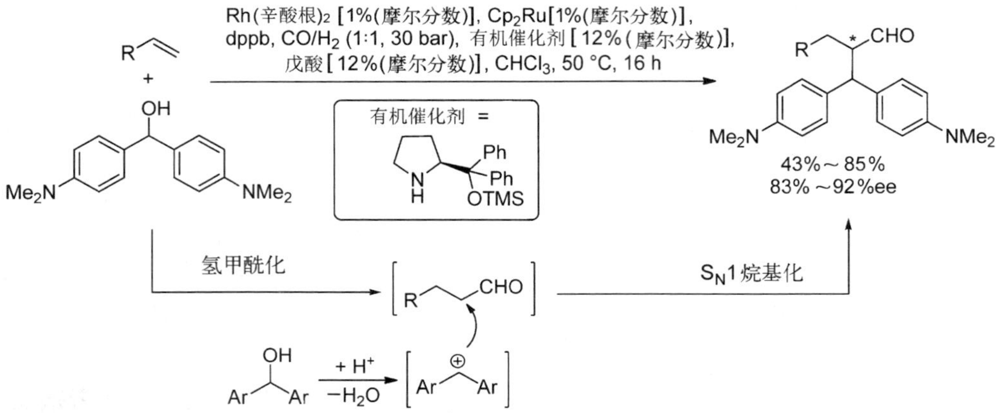

图解 5.156 氢甲酰化-S_N1 烷基化串联反应

516 2013 年，Breit 小组提出了一个氢甲酰化-比吉内利（Biginelli）反应的序列，可作为通常使用的两步合成法的更经济的氧化还原反应的替代，其中所需要的醛来
517 自羧酸的还原或者对应醇的氧化（图解 5.157）[49]。反应对于构建官能化的 4-烷基取代的 3,4-二氢嘧啶-2H-酮特别合适。此串联反应的优势来自通常观测到的副反应——如低聚反应和缩醛反应的减少。许多杂环结构可以几乎不受所使用端烯烃的类型的影响以较好的产率得到。

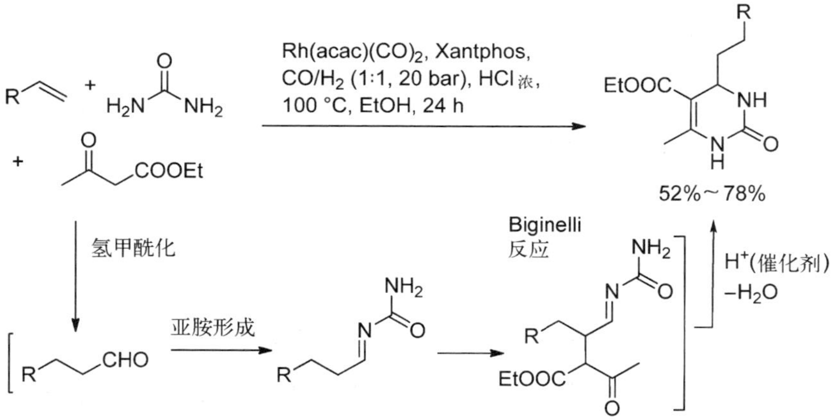

图解 5.157 氢甲酰化-Biginelli 反应串联反应

5.5.4 氢甲酰化-(杂 Diels-Alder)反应

518 2014 年，Beller 小组[50]用钯催化的氢甲酰化-胺化-(Diels-Alder)反应以炔烃作为起始底物构建了环己烯、环己二烯和邻苯二甲酸酯（图解 5.158）。如图解 5.158 所示，使用 3-己炔时多步骤反应从氢甲酰化起始，形成对应的烯醛。烯醛与酰胺发生缩合生成共轭的不饱和烯酰胺，其可以在最终的杂 Diels-Alder 反应中作为激活的二烯生成环己烯增环邻苯二甲酰亚胺。

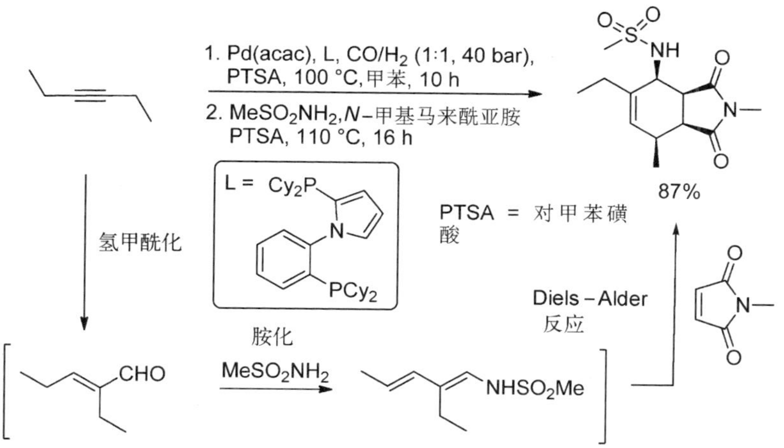

图解 5.158 使用 3-己炔的钯催化的氢甲酰化-胺化-(Diels-Alder)反应

通过改变炔烃、酰胺和二烯亲和物,可以得到一系列的多功能的环己烯甚至是苯的衍生物。图 5.27 中是一些通用的结构和个体。

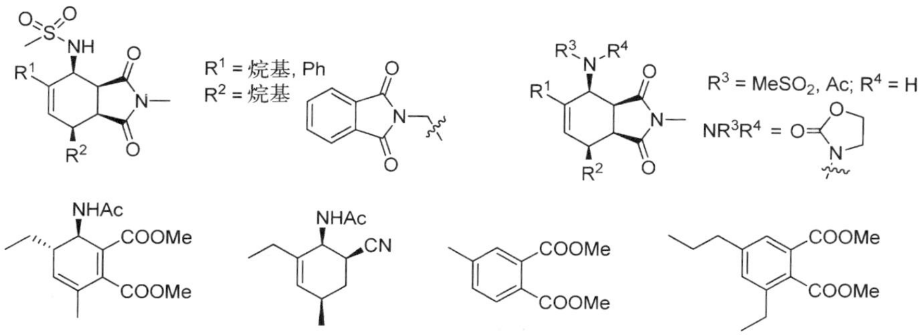

图 5.27 从钯催化的氢甲酰化-胺化-(Diels-Alder)反应中得到的产物

5.5.5 之后跟随消去反应的氢甲酰化 519

氢甲酰化之后跟随着消去反应非常常见。特别是在多步连续反应中,醛与胺的缩合对于亚胺的形成有非常重要的作用(见第 5.4 节)。这里仅讨论紧跟在氢甲酰化之后,部分新生成的醛立即分裂的反应。

5.5.5.1 脱羧基氢甲酰化

Breit[51]与 BASF 的一个小组一起,设计了 α,β-不饱和酸的脱羧基氢甲酰化催化系统,反应的总效果是结构中的羧基被醛基代替(图解 5.159)。由于含有胍基的膦配体的特殊结构,形成的 2-甲酰羧酸不稳定,甚至在室温下会立刻发生脱羧基反应。这一作用来自氢甲酰化步骤之后的胍基和羧基之间的氢键活化作用。其结果为,醛一般只能通过氢化双键且选择性还原羧基来形成。一般来说,可观测到高产率的醛生成。只有使用含有例如缩醛、尿烷或者第二个羧基的额外官能团的酸时,产率才会下降。值得注意的是,使用 PPh_3 配体时,不发生反应。

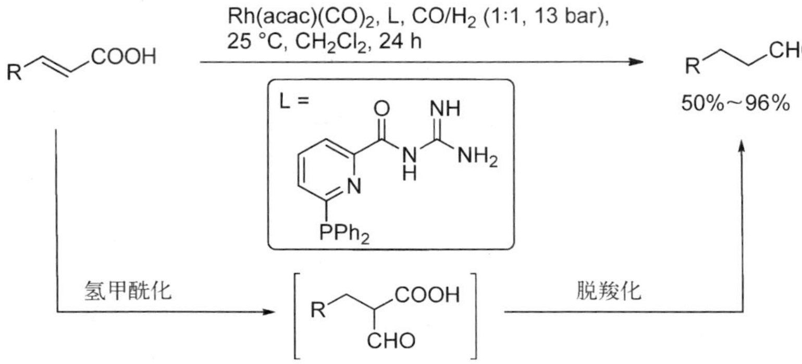

图解 5.159 α,β-不饱和酸的脱羧基氢甲酰化

类似地，使用完全相同的多官能化配体的串联反应被建议用于丙烯酸向对应饱和醇的转化（图解 5.160）[52]。

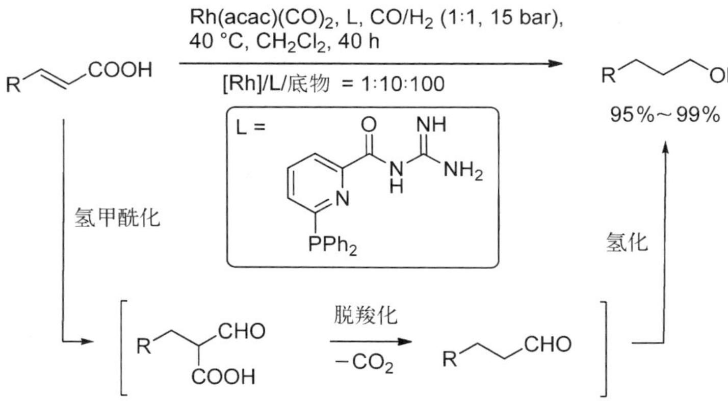

图解 5.160 氢甲酰化-脱羧化-氢化串联反应

这一转换通常是由 $LiAH_4$ 来还原羧基，随后进行双键的催化氢化的两步序列完成。而新的方法由单一铑催化剂催化。有趣的是，使用简单膦配体，例如 PPh_3，
520 底物中的 C═C 双键主要发生氢化。S/C 比例可以通过使用带有图解 5.160 中所示结构特征的两种不同膦配体的混合物来改进。

5.5.5.2 氢甲酰化-(β-消去)反应

Breit 小组[53]展示了常用的对邻近双键的氢甲酰化具有区域和立体化学性质导向作用的 o-DPPB 基团（与第 4.4 节相比较），可以在反应后，碱存在的情况下消去产生烯醛（图解 5.161）。以等化学计量使用用于消去的有机碱，而催化计量的异相无机碱足够以几乎等量的产率产生想要得到的 α,β-不饱和醛。底物中也可存在一些官能团（羧基酯、酮缩醇、甲硅氧基）。

2012 年，DSM 提出了起始于顺-1,4-二乙酸丁烯通过同釜氢甲酰化-(β-消去)
521 反应的 3-亚甲基-γ-丁内酯的合成（图解 5.162）[54]。最终烯醛与过乙酸氧化得到

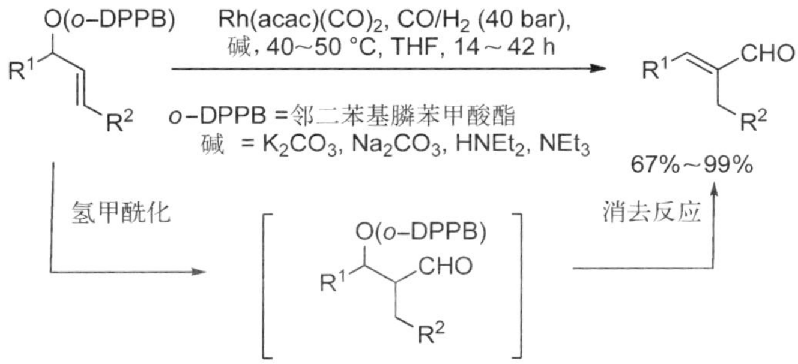

图解 5.161 氢甲酰化-(β-消去)串联反应

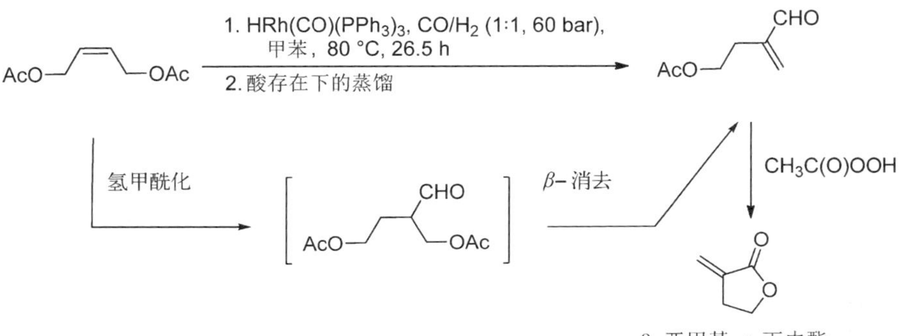

图解 5.162 氢甲酰化-(β-消去)反应

期望产物。或者,反应序列可以起始于顺-1,4-丁烯二醇。在这一情况中,氢甲酰化产生饱和醛和不饱和醛的混合物。但是,水的完全消去可以在最终氧化步骤达到。

5.5.5.3 氢甲酰化-去甲酰化反应

Vasylyev 和 Alper[55] 在以 N-烯丙基唑烷为底物的氢甲酰化产物的色谱提纯中意外发现了得到六氢吡咯并[2,1-b]唑的新途径(图解 5.163)。通过重氢反应

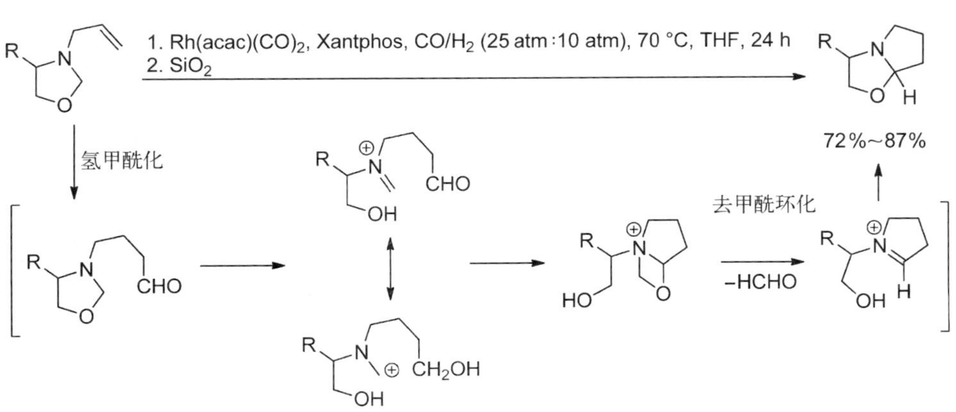

图解 5.163 串联氢甲酰化-去甲酰化反应

522 和^{13}C NMR谱得到了反应机理，即在酸性SiO_2催化下，甲醛释出且发生环化反应。因此整个反应与双键的氢烷基化类似。

5.5.6 结论

与其他C—C键形成反应相结合的同釜氢甲酰化反应受到了越来越多的重视。特别是作为天然产物合成框架中特别复杂的反应序列的一部分，事先引入醛基开启了后续碳链延长的无数可能性。引人注意的是，除了一些基于钴的特例以外，这些转化几乎只使用了铑催化剂，这证明了它们对反应条件的很强的适应性。甚至可以允许同时与有机催化剂共同作用。

参考文献

1. (a) Makato, T., Hiroshi, I., Akira, Y., and Teruo, M. (to Mitsubishi Petrochem Co Ltd) (1982) Patent JP 59112933; *Chem. Abstr.*, **101** (1984) 191213; (b) No Inventor data available (to Mitsubishi Petrochem Co Ltd and Mitsubishi Yuka Fine Chem. Co Ltd.) (1985) Patent JP 60100532; *Chem. Abstr.*, **103** (1985) 196290.
2. Ciprés, I., Kalck, P., Park, D.-C., and Serein-Spirau, F. (1991) *J. Mol. Catal.*, **66**, 399 - 407.
3. Dias, A.d.O., Augusti, R., dos Santos, E.N., and Gusevskaya, E.V. (1997) *Tetrahedron Lett.*, **38**, 41 - 44.
4. Vieira, C.G., de Freitas, M.C., dos Santos, E.N., and Gusevskaya, E.V. (2012) *ChemCatChem*, **4**, 795 - 801.
5. Hollmann, C. and Eilbracht, P. (2000) *Tetrahedron*, **56**, 1685 - 1692.
6. Settambolo, R., Caiazzo, A., and Lazzaroni, R. (2001) *Tetrahedron Lett.*, **42**, 4045 - 4048.
7. Rocchiccioli, S., Settambolo, R., and Lazzaroni, R. (2005) *J. Organomet. Chem.*, **690**, 1866 - 1870.
8. Bäuerlein, P.S., Gonzales, I.A., Weemers, J.J.M., Lutz, M., Spek, A.L., Vogt, D., and Müller, C. (2009) *Chem. Commun.*, 4944 - 4946.

523

9. For some patents, see: (a) Ahlers, W., Paciello, R., Mackewitz, T., and Volland, M. (to BASF Aktiengesellschaft) (2003) Patent WO 03/018192; (b) van Driessche, E.T., Muls, J.-J.G., van Vliet, A., Beck, C.R., and Yarbrough, C.M. (to Exxonmobil Chemical Patents Comp.) (2010) Patent WO 2010/141164.
10. (a) Bahrmann, H., Greb, W., Heymanns, P., Lappe, P., Muller, T., Szameitat, J., and Wiebus, E. (to Hoechst Aktiengesellschaft) (1995) Patent US 5,463,147; (b) Cornils, B., Payer, R., and Traenckner, K.C. (1975) *Hydrocarbon Process.*, **54**, 83 - 91; (c) Tang, Z., Zhou, Y., and Feng, Y. (2004) *Appl. Catal., A: Gen.*, **273**, 171 - 176.
11. Tudor, T. and Ashley, M. (2007) *Platinum Met. Rev.*, **51**, 116 - 126.
12. (a) Wiese, K.-D., Protzmann, G., Koch, J., and Büschken, W. (to Oxeno Olefinchemie GmbH) (2001) Patent DE 19957522; (b) Sigl, M., Poplow, F., Papp, R., Mackewitz, T., Wiebelhaus, D., Paciello, R., Heidemann, T., Heimann, F., Bitterlich, S., Volland, M., Crone, S., and Übler, C. (to BASF SE) (2008) Patent WO 2008065171.
13. Inventor not nominated (to Esso Research and Engineering Company) (1964) Patent US 3,127,451.
14. Inventor not nominated (to Shell Oil Company) (1966) Patent US 3,278,6121.
15. (a) McKetta, J.J. Jr., (ed) (1984) *Encyclopedia of Chemical Processing and Design*, vol. **20**, Marcel Dekker, Inc., Madison, WI, p. 382; (b) Chauvel, A. and Lefebvre, G. (eds) (1989) *Petrochemical Processes*, Institut Français du Pétrole Publications, Imprimerie

Nouvelle, Saint-Jean-de-Braye, pp. 92 - 94; (c) Weissermel, K. and Arpe, H.-J. (eds) (1997) *Industrial Organic Chemistry*, VCH Publishers, Weinheim, p. 138.
16. Sharma, S.K., Shukla, R.S., Parikh, P. A., and Jasra, R.V. (2009) *J. Mol. Catal. A: Chem.*, **304**, 33 - 39.
17. Sharma, S.K. and Jasra, R.V. (2011) *Ind. Eng. Chem. Res.*, **50**, 2815 - 2821.
18. Abillard, O. and Breit, B. (2007) *Adv. Synth. Catal.*, **349**, 1891 - 1895.
19. Chercheja, S. and Eilbracht, P. (2007) *Adv. Synth. Catal.*, **349**, 1897 - 1905.
20. Chercheja, S., Nadakudity, S.K., and Eilbracht, P. (2010) *Adv. Synth. Catal.*, **352**, 637 - 643.
21. Hollmann, C. and Eilbracht, P. (1999) *Tetrahedron Lett.*, **40**, 4313 - 4316.
22. Fang, X., Jackstell, R., Börner, A., and Beller, M. (2014) *Chem. Eur. J.*, **20**, 15692 - 15696.
23. Ostrowski, K.A., Faßbach, T.A., and Vorholt, A.J. (2015) *Adv. Synth. Catal.*, **357**, 1374 - 1380.
24. Breit, B. and Zahn, S.K. (1999) *Angew. Chem. Int. Ed.*, **38**, 969 - 971.
25. Breit, B. and Zahn, S.K. (2005) *Tetrahedron*, **61**, 6171 - 6179.
26. Wong, G.W. and Landis, C.R. (2013) *Angew. Chem. Int. Ed.*, **52**, 1564 - 1567.
27. Ruan, Q., Zhou, L., and Breit, B. (2014) *Catal. Commun.*, **53**, 87 - 90.
28. Farwick, A. and Helmchen, G. (2010) *Adv. Synth. Catal.*, **352**, 1023 - 1032.
29. Risi, R.M. and Burke, S.D. (2012) *Org. Lett.*, **14**, 1180 - 1182.
30. Risi, R.M., Maza, A.M., and Burke, S.D. (2015) *J. Org. Chem.*, **80**, 204 - 216.
31. Risi, R.M. and Burke, S.D. (2012) *Org. Lett.*, **14**, 2572 - 2575.
32. Ho, S., Bucher, C., and Leighton, J.L. (2013) *Angew. Chem. Int. Ed.*, **52**, 6757 - 6761.
33. Breit, B. and Zahn, S.K. (2001) *Angew. Chem. Int. Ed.*, **40**, 1910 - 1913.
34. Kemme, S.T., Šmejkal, T., and Breit, B. (2008) *Adv. Synth. Catal.*, **350**, 989 - 994.
35. Kemme, S.T., Šmejkal, T., and Breit, B. (2010) *Chem. Eur. J.*, **16**, 3423 - 3433.
36. Chercheja, S., Rothenbücher, T., and Eilbracht, P. (2009) *Adv. Synth. Catal.*, **351**, 339 - 344.
37. Subhani, M.A., Müller, K.-S., Koç, F., and Eilbracht, P. (2009) *Org. Biomol. Chem.*, **7**, 4000 - 4008.
38. Köhling, P., Schmidt, A.M., and Eilbracht, P. (2003) *Org. Lett.*, **5**, 3213 - 3216.
39. (a) Schmidt, A.M. and Eilbracht, P. (2005) *Org. Biomol. Chem.*, **3**, 2333 - 2343; (b) Schmidt, A.M. and Eilbracht, P. (2005) *J. Org. Chem.*, **70**, 5528 - 5535.
40. Marchetti, M., Paganelli, S., Carboni, D., Ulgheri, F., and Del Ponte, G. (2008) *J. Mol. Catal. A: Chem.*, **288**, 103 - 108, ref. 22.
41. Verspui, G., Elbertse, G., Sheldon, F. A., Hacking, M.A.P.J., and Sheldon, R.A. (2000) *Chem. Commun.*, 1363 - 1364.
42. Bondzic, B.P., Farwick, A., Liebich, J., and Eilbracht, P. (2008) *Org. Biomol. Chem.*, **6**, 3723 - 3731.
43. Linnepe (neè Köhling), P., Schmidt, A. M., and Eilbracht, P. (2006) *Org. Biomol. Chem.*, **4**, 302 - 313.
44. Rodríguez, J.G., Benito, Y., and Temprano, F. (1985) *J. Heterocycl. Chem.*, **22**, 1207 - 1210.
45. Angelovski, G., Keränen, M.D., Linnepe, P., Grudzielanek, S., and Eilbracht, P. (2006) *Adv. Synth. Catal.*, **348**, 1193 - 1199.
46. Bondzic, B.P. and Eilbracht, P. (2008) *Org. Biomol. Chem.*, **6**, 4059 - 4063.
47. Almeida, A.R., Dias, R.D., Monteiro, C.J.P., Abreu, A.R., Gois, P.M.P., Bayon, J.C., and Pereira, M.M. (2014) *Adv. Synth. Catal.*, **356**, 1223 - 1228.
48. Stiller, J., Vorholt, A.J., Ostrowski, K. A., Behr, A., and Christmann, M. (2012) *Chem. Eur. J.*, **18**, 9496 - 9499.
49. Fuchs, D., Nasr-Esfahani, M., Diab,

L., Šmejkal, T., and Breit, B. (2013) *Synlett*, **24**, 1657–1662.

50. Fang, X., Jackstell, R., and Beller, M. (2014) *Chem. Eur. J.*, **20**, 7939–7942.

51. (a) Šmejkal, T. and Breit, B. (2008) *Angew. Chem. Int. Ed.*, **47**, 3946–3949; (b) Rudolph, J., Schmidt-Leithoff, J., Paciello, R., Breit, B.,
524 and Smejkal, T. (to BASF SE) (2009) Patent WO 2009/118341.

52. Diab, L., Gellrich, U., and Breit, B. (2013) *Chem. Commun.*, **49**, 9737–9739.

53. Bruch, A., Gebert, A., and Breit, B. (2008) *Synthesis*, 2169–2176.

54. De Wildeman, S.M.A., De Vries, J.G., and Boogers, J.A.F. (to DSM IP Assets B.V.) (2012) Patent WO 2012/116977.

55. Vasylyev, M. and Alper, H. (2009) *Angew. Chem. Int. Ed.*, **48**, 1287–1290.

6 通过氢甲酰化合成特殊产物 525

6.1 通过氢甲酰化生成芳香化合物和香水

6.1.1 概述

一开始食物和香水的芳香成分来自天然产物。数百年来，从植物中提取或者从珍稀动物中重获是得到这些珍贵的化合物的唯一途径。19 世纪末，香水的制造也和有机合成化学相关。天然产物的高价(收获、运输、提取、提纯)以及化妆品、空气清新剂、表面活性剂、洗涤剂和食品添加剂对这些化合物需求的大量增加促进了这一发展。同一时期合成化学也有巨大的进展，使得大规模低价得到这些化合物成为可能。另一方面，芳香底物带有其典型官能团(例如双键、羰基、酯基、醇基)的特殊结构促进了新的合成流程以及先进的逆合成方法的研究。

据估计，迄今为止，天然化合物的使用在这一领域仍然占据重要地位，但是化学方法也同样重要。特别是合成非天然化合物时，它们的作用不可缺少。

生成醛的氢甲酰化反应似乎对于制造芳香化合物格外有价值[1]。一个重要的原因与起始化合物和产物的化学结构相关。在许多情况中芳香气味的烯烃，主要是萜烯，在自然界中也存在。这样的有时带有多 C═C 双键的萜烯(主要是单萜烯和一些倍半萜烯)是香料和芳香剂工业中最重要的原料。

另一方面，许多天然的香味物质带有醛基团，其似乎对主要嗅觉接收起重要作用[2]。1921 年，可可 香奈儿在其调香师 Ernest Beaux 调制的许多香调中选择了 5
号样品。它包含了最高浓度的醛。随后，它成为世界上最著名也是销售量最高的 526
香水：Chanel N°5。

与少数其他基团(—CN，—NC，═N—OH，或者 NO_2)一起，醛基也属于“气味基团”。一旦这样的气味特征已知，人们就可以确认出这一官能团[3]。人们推测，由于醛基的氢键受体特性，它可以与人类鼻腔中的受体多肽中特定的氨基酸反应，这也是嗅觉识别化合物中的非极性成分的前提条件[4,5]。

如果带有特殊芳香气味性质的化合物被确认，为了改进气味的表达或者拓展应用的范围，通常会进行一系列的类似物的分析[6]。也有可能会得到新的嗅觉相关的结论，这可以用于申请专利。另外，迄今为止所用的一些芳香剂可能会产生接触性过敏[7]，因此寻找伤害性较小的化合物在研究中的重要性越来越高。合成类似物的另一原因与我们称为“随性芳香剂”效果相关[8]。这些芳香剂(例如 myrrhone、Firmenich S. A)制造商并不出售，而只是在专利期限内用于他们自己的香水产品中。

在类似物的合成中，人们致力于在分子中合适的位置引入甲酰基团。典型的例子是香味剂 Lyral®（国际香料香精），其带有期望得到的铃兰香调（图 6.1）。它与自然界存在或者是合成的化合物羟基香茅醛（"Cyclosia"）之间的结构关系很明显。后者在碱性媒介中不稳定且对皮肤有刺激性，被用在 19 世纪初期的一些著名巴黎香水中（例如 Houbigants Quelques Fleurs）。另外，早在 1921 年之前它就是 Nivea Créme 的成分之一且到今天仍占全部香调的 20%左右[5]。

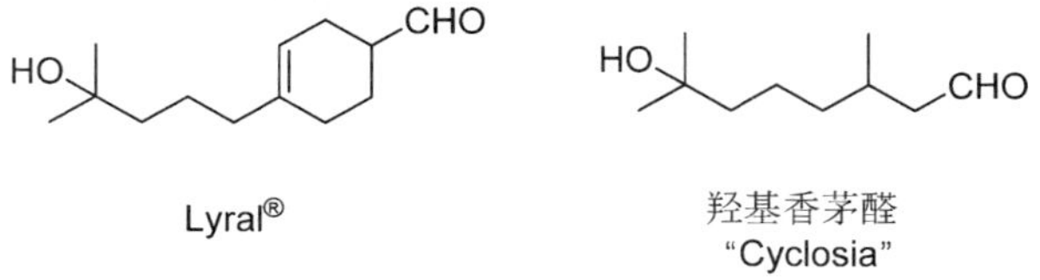

图 6.1 合成的和天然的香味剂之间的结构关系

现在，几乎很难找到一种不含有一点脂肪醛的香味剂，我们所称作的醛香水中脂肪醛的含量通常在微量至 1%的范围内[10]。

香料中重要的成分不仅仅是醛，也包括能从这些化合物中简单得到的产物，例如半缩醛、缩醛或者羧酸酯（图解 6.1）。值得注意的是，人体中或者生活中存在的低阶羧酸（例如异戊酸[11]、3-羟基-3-甲基己酸[12]）有臭味[13]。但其中有些广泛
527 用作酯的成分（例如乙酸异戊酯、己酸乙酯）。长链酸的酯对于构建香水前体或者香味剂前体有着重要的作用，香水前体或者香味剂前体能通过天然酶或者微生物的作用释放出好闻的醇[14]。

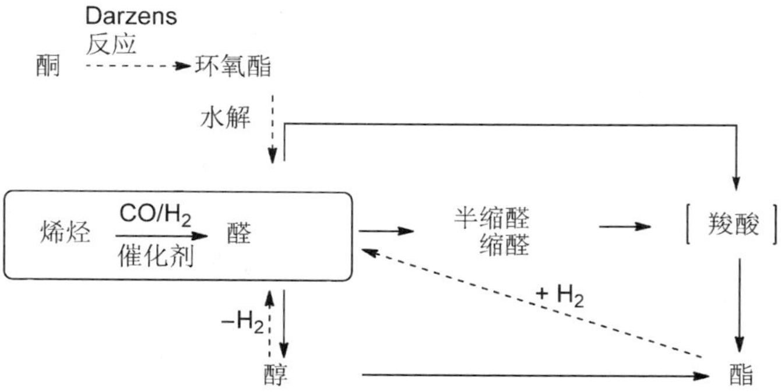

图解 6.1 能通过氢甲酰化和其他替代方法得到醛的香料化学中的有机化合物分类

特殊的氢甲酰化流程使得醇的一步生成成为可能（氢甲酰化-氢化串联反应，也见第 5.2 节），而醇作为芳香化合物也有重要作用。与其醛前体有着类似气味的缩醛也可以在酸性条件下醇作为溶剂的氢甲酰化中生成（氢甲酰化-缩醛化串联反应，也见第 5.3 节）[15]。形成的缩醛保护醛免于氧化、与胺反应或者羟醛缩合。特别是高要求的香味剂中，这些修饰会产生对气味表达不利的影响。

有趣的是，许多教科书和综述中有关香料和香味剂的性质和合成的章节，对于

这一革新的工艺设计很少或几乎没有涉及[16-20]。最近的一篇萜烯化学领域的铑催化氢甲酰化的综述是 Siegel、Himmele[21]和 Chalk[22]在超过 25 年以前给出的。在 2001 年的一篇总结中,Chapuis 和 Jacoby[23]只提及了有关氢甲酰化的三个例子。在使用萜烯作为原料的催化化学框架中,氢甲酰化也只有零星涉及[24]。2012 年,Behr 和 Vorholt 以及 Whiteker 和 Cobley[25]收集了稍多这方面的例子,但是对于反应条件或者对于抽出物和产物的嗅觉特性并没有详细描述。一般认为,用于芳香化合物的醛最好由其他方法制备(例如醇的脱氢、酸的选择还原,或者通过酮的 Darzens 反应及后续形成的环氧酯的水解)[10]。

1960 年初,BASF 提出了第一个致力于用氢甲酰化制备芳香化合物的方法。迄今为止,每年会出现 1～3 个专利,多数来自专门制造用于香水、表面活性剂、食物和烟草产物的气味或芳香成分的公司。 528

世界范围内香料和芳香剂的生产规模与制药生产规模接近,而价格则与散装化学接近(0.5～1 €/kg)[26]。香味剂和香料的成分一般每年以数千吨的规模产出,但也有较小的数千克产出规模。

2010 年,估算的总市场销售额为 220 亿美元,这一数据到 2014 年增长至 248.9 亿美元[27]。全部成交量的约四分之三由 10 家公司完成。现在可用于制造香调的香味约有 3 000 种[5]。其中只有 30 种化合物(约 95%)以每年 1×10^3 t 的规模生产。2014 年,主要的生产者为中国烟草公司、高露洁、德威龙/哈门和雷默(现在的德之馨)、芬美意、花臣、奇华顿、长谷川香料株式会社、汉高、美国国际香精香料、花王、曼氏、宝洁、罗伯特、Sensient Technologies、高砂香料工业、华纳兰伯特(现在的辉瑞)、威尔德柏林香精公司和一共占有不到 20%市场份额的超过 20 000 家更小型的企业[27]。

在香味剂生产中使用氢甲酰化最重要的前提条件是确保高化学选择性和区域选择性,因为甚至很少量的副产物都会破坏想要得到的整体嗅觉表达。在不对称氢甲酰化中,目标是达到几乎完美的对映选择性,因为多数的手性气味剂能以高立体选择方式被人体感知[28]。值得注意的是,在极少数情况中,也有天然存在的产物(如一些萜烯)可能并不是完全对映异构纯[29]。

6.1.2 催化系统和底物

6.1.2.1 催化剂

在气味剂和香味剂框架下的氢甲酰化的研究与其他领域的氢甲酰化研究的趋势相同,即开始时在十分严苛的条件下使用未修饰的钴催化剂[30]。未修饰的钴催化剂通常由 $Co_2(CO)_8$ 与合成气制备或者直接引入 $HCo(CO)_4$ 得到。最佳反应条件是在 200～300 bar 的高合成气压中和 150～180℃下。接下来几年,磷配体(主要是膦)也被用于修饰金属的固有催化特性[31]。必须考虑到的钴催化的典型的副反应应该是起始烯烃的氢化,或者产物醛还原生成对应的醇。后者有可能是想要得到的结果。另外,酸性的氢化钴物质可能会引起 Wagner - Meerwein 重排[32],特别是当使用双环萜烯作为底物时。

从 1970 年开始直至今日,铑催化剂的应用可以使反应过程在更为温和的条件 529

下进行(20～120 bar,70～160℃)。催化剂一般由 Rh(Ⅱ)羧化物、Rh(acac)$(CO)_2$(acac=acetylacetonate,乙酰丙酮根)或者 Rh(acac)(COD)(COD=1,5-环辛二烯)产生。市售的磷配体,例如单齿膦(PPh_3)或者亚磷酸三酯[$P(OPh)_3$、P(O-*o*-*t*-BuPh)$_3$、Alkanox® 240]可以显著改进活性。起始烯烃的异构化可能会同时发生。通常配体与金属相比过量使用。甚至是在内烯烃作为底物的情况下,使用二齿配体(例如 Xantphos,BIPHEPHOS),会对倾向生成正醛的区域选择性产生有利影响[21]。三烷基膦会增加铑催化剂的氢化活性,结果是醇直接从醛立刻形成,这也可能是想要得到的结果。

在一些例子中,为了生成芳香化合物也研究了基于 Pt/Sn 的双金属催化剂(也见第 1.4 节)。它们常通过混合 $PtCl_2(PhCN)_2$、$SnCl_2 \cdot 2H_2O$ 和单齿或者二齿的磷配体引入反应,反应在温和条件下进行(40～100 bar 合成气,50～130℃)[33]。偶尔也会在与修饰的铑催化剂类似的条件下使用均相的钌配合物。使用钌配合物时通常会伴随着更高的氢化活性[34]。

6.1.2.2 底物

通常,端烯烃和较少取代的烯烃在氢甲酰化条件下先反应,甲酰基连接在空间占位较小的碳原子上。内烯烃和支链烯烃反应较慢。一般来说,三取代的 sp^2 型的碳原子较不倾向反应(Keulemans 规则)[35]。C=C 双键的异构会形成更具有反应性或者更不具有反应性的底物。典型的例子是在雪松木油中发现的 *α*-(−)-柏木烯(图 6.2)。使用 $HRhCO(PPh_3)_3$ 作为催化剂在 40～50 bar 合成气压下、70～100℃时氢甲酰化这一倍半萜烯的尝试失败了[36]。相反地,当异构的化合物 *β*-(+)-柏木烯在同样的条件下使用时,以优秀的产率得到端醛。在类似的条件下,自然界中的许多丁香和罗勒类物质中发生的与 *α*-石竹烯的反应也不成功。要转化二烯的三取代烯烃需要更高的温度和合成气压[37]。其他与氢甲酰化相关的带有单烯烃基团的环状单或者倍半萜烯见图 6.3。

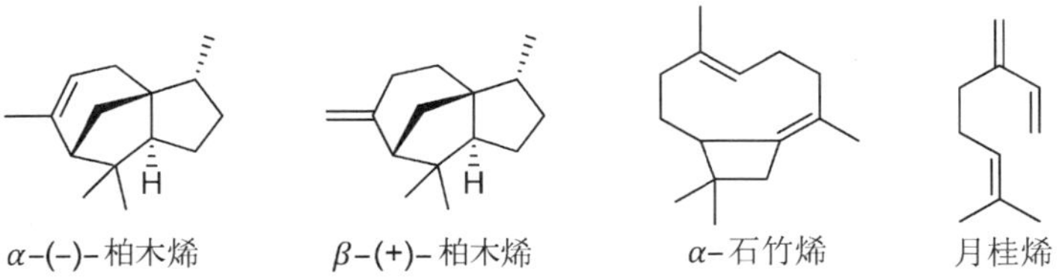

图 6.2 气味相关的天然产物中的不同的烯烃基团

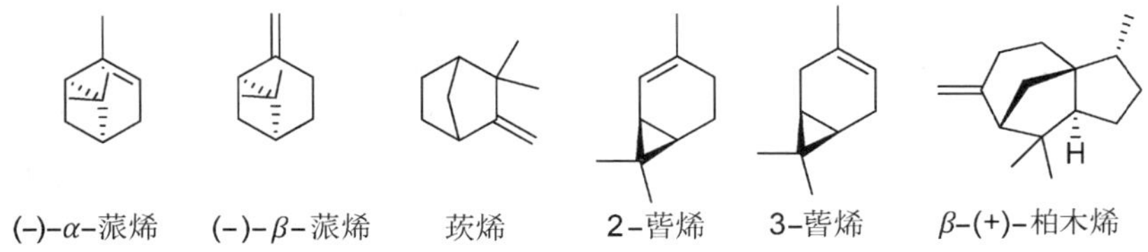

图 6.3 带有单烯烃基团的环状单或者倍半萜烯

官能团(例如芳香基、醚基等)会改变源烯烃氢甲酰化的"一般"区域选择性。特殊设计的配体可以推翻这一底物导向区域选择性。如1,3-丁二烯的共轭二烯通常会产生不饱和和饱和单醛的混合物[38]。二醛只在特殊的条件下生成[39,40]。带有三取代烯烃和丁二烯组成部分,可以从例如月桂树、依兰树、野百里香或者啤 530
酒花等许多植物中提取的月桂烯(图6.3),不能发生区域选择氢甲酰化,会得到许多产物的混合物[36]。

在接下来的章节中将会着重讨论典型的氢甲酰化流程,其可以以迄今为止所记载的最有效最具选择性的方法得到需要的醛。如果可能的话,还将讨论不同的方法,即比较这些方法。另外,本章还可以让读者评估这些年来方法的进展。

生产起始烯烃的来源和方法也将被详细讨论。在一些情况中,还将简要提及分离催化剂和产物的难点,这在高烯烃的转化中是严重的问题。可以预期,在工业中还使用了一些其他方法,但是这些信息并没有被公之于众。接下来醛的转化,仅当其与芳香工业相关时才会有所涉及。例如,单萜烯的氨甲基化就不在此综述中讨论[41]。

6.1.3 生产香料和香味剂的氢甲酰化

6.1.3.1 直链脂肪单烯烃作为底物

通过氢甲酰化得到的 C_3~C_5 短链醛,例如异丁醛、异戊醛和2-甲基丁醛,鲜少用作香味剂的成分。它们通常带有水果或者烘烤气味[42]。更为重要的是带有较长碳链的直链或者支链醛。典型的例子是正己醛、正辛醛、正癸醛、正十一醛、正十二醛和正十三醛。它们在水中的气味检测界限在4.5 μg/kg(己醛)和0.1 μg/kg 531
(癸醛)之间。一般来说,邻近的高醛在气味特性上的差异很小。高度稀释的正辛醛、正庚醛和正壬醛有典型的橙子香味[5]。相反地,高浓度时,这样的脂肪醛带有硬脂酸调的令人不悦的酸腐油腻的气味。一般来说,带有奇数个碳原子的醛在性质上具有明显的个体差异,因此对于调香师来说有很高的价值。因为醛的气味表达随着碳链的增加而减少,所以大于 C_{13} 的醛较为罕见。

6.1.3.1.1 直链单烯烃的合成

例如1-戊烯或者1-辛烯的作为氢甲酰化底物所需的端烯烃可以分别由 Sasol 的 Fischer - Tropsch 过程或者由 Shell 高烯烃过程(SHOP)大规模获得[43,44]。或者,由三聚或者四聚乙烯可以得到1-己烯[45]或者1-辛烯[46]。二聚的丁二烯在甲醇中钯催化剂存在的情况下(调解聚合反应)反应是工业上另一种得到1-辛烯的方法[46]。1-辛烯还可以从1-庚烯通过氢甲酰化、后续的氢化和脱水反应生成(图解6.2)[44]。这个三步同系化方法对于生产带有奇数个C原子的高烯烃也非常有价值。通过与乙烯的交叉复分解反应也可以从内烯烃得到 α-烯烃[47]。

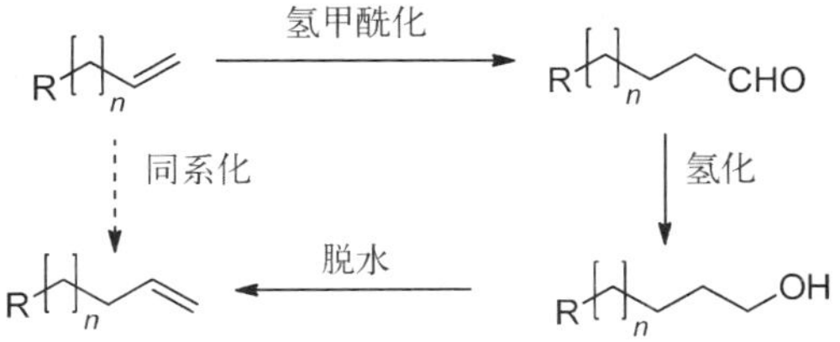

图解 6.2 通过氢甲酰化制备端单烯烃

6.1.3.1.2 直链脂肪单烯烃的氢甲酰化

现在，在氢甲酰化中将一系列的端长链烯烃以高活性和正区域选择性转化为对应的正醛的“主力”是一种用市售可得且廉价的双亚磷酸三酯配体 BIPHEPHOS 修饰的铑催化剂[48]（用于不昂贵的天然花香调）[49]。

来自 1-戊烯的氢甲酰化的正己醛（己醛）是一种无色液体。它在高浓度时气
532 味呈现有强烈刺激的脂肪绿香调成分。高度稀释时，其气味可令人联想到绿色未成熟的果实。除了使用 Rh(BIPHEPHOS) 催化剂（表 6.1，第 1 行）的氢甲酰化，在 1 900～1 950 psi（130～135 bar）下使用均相钌配合物也可以成功进行反应，以约 97% 的选择性得到直链醛（图解 6.3）[50]。或者，在稍温和的条件下可使用水溶性的 Rh(TPPTS)（TPPTS=3,3′,3″-次膦基三苯磺酸的三钠盐）催化剂，其也有类似的优秀结果[51]。正己醛可以还原为正己醇，其可以作为对应的水杨酸酯的醇组分。水杨酸己酯有着花果香特性，带有温和的、香甜的草绿香型气味，其可以用作不昂贵的花香调[19]。

表 6.1 使用 Rh(BIPHEPHOS) 的直链脂肪单烯烃的氢甲酰化

端烯烃 —— $Rh(acac)(CO)_2$, BIPHEPHOS, CO/H_2 (1:1, 30 bar), 120或 160 °C, 甲苯, 1 h ——→ 直链醛 + 支链醛

序号	烯烃	醛	转化率/%	醛/%	l/b	TOF/h^{-1}
1	1-戊烯	正己醛	97	76	>99∶1	1 895
2	1-己烯	正庚醛	88	82	>99∶1	8 200
3	1-辛烯	正壬醛	99	78	98∶2	7 800
4	1-癸烯	正十一醛	90	78	99∶1	7 800
5	1-十二烯	正十三醛	91	70	97∶3	7 000

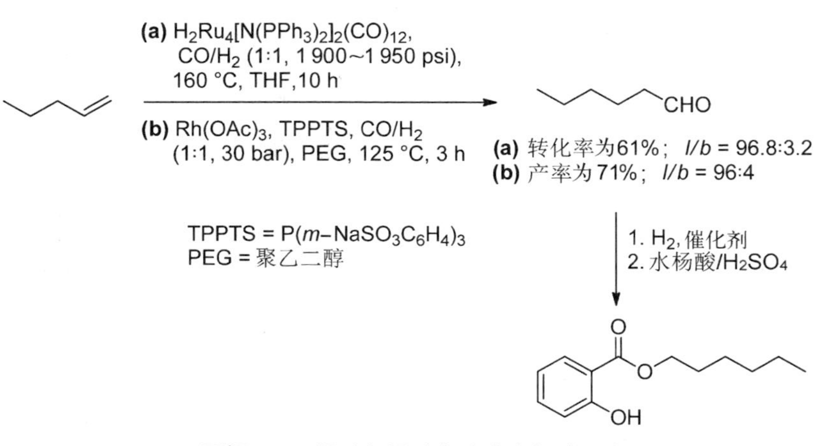

图解 6.3 通过氢甲酰化生成水杨酸己酯

另外，正己醛可以通过乙炔的加成和之后的选择氢化用来生产 1-辛烯-3-醇(蘑菇醇)(图解 6.4)[19]。不饱和的醇能给香料和香味剂带来泥土的香调。其对映体的气味表达不同且在其气味界限中变化。 533

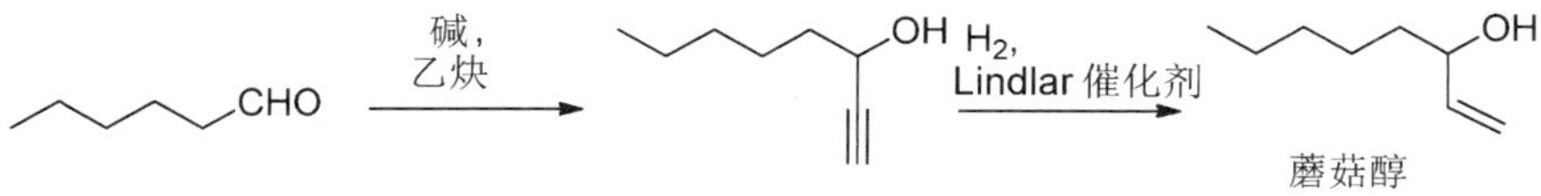

图解 6.4 蘑菇醇的合成

可以由 1-己烯氢甲酰化生成的正庚醛(表 6.1,第 2 行)有着强烈的水果气味且作为芳香工业中的成分被广泛使用。稀释后，它带有香甜的、水果的、坚果的、类油腻的白兰地的香气。它的二甲基缩醛也被应用，其能给产物带来草绿香型和略带坚果味的气味。它偶尔会被加入皂用香料中。使用苯甲醛的羟醛缩合得到 α-己基桂醛，其气味是期望得到的让人联想到茉莉的甜味和花香味。它被广泛使用在家用香味剂中[19]。

正辛醛(辛醛)通过 Pt/Sn 催化的正庚烯的氢甲酰化选择性制备(图解 6.5)[52]。大规模生产时，Sasol 的基于铑的过程似乎更具吸引力。据推测其以 PPh_3 作为配体进行得到约 85%的直链醛[44]。或者，来自双亚磷酸三酯(可能是 BIPHEPHOS)的催化剂可以得到更高的区域选择性，约在 97%左右。辛醛在许多柠檬油中存在且在高浓度时有刺鼻的气味[18]。稀释时，就会出现典型的柑橘味，因此它只在香水制造中低浓度使用。它被广泛地用于淡香水中，比如复古但是仍然很流行的古龙水类。辛醛二甲基缩醛有时被用于皂用香料[42a]。辛醛与苯甲醛的羟醛缩合反应生成 α-己基桂醛，其带有类似的雅致的、清透花香的茉莉香调，伴随有类似二氢茉莉酮酸甲酯的柑橘类清爽香气，其闻名于 Hedione®[19]。后者被用于几乎所有的优质香水。

由于 1-辛烯在正壬醛(壬醛)形成条件下的氢甲酰化是学术研究中测试氢甲 534

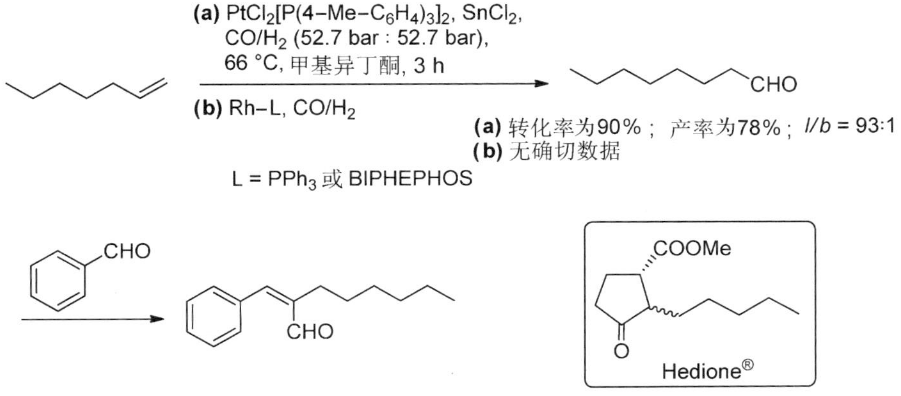

图解 6.5 通过不同氢甲酰化流程的 α-己基桂醛的合成

酰化新反应条件的模型反应，因此人们研发出了一些有效的方法。使用 Rh(BIPHEPHOS)催化剂(与表 6.1，第 3 行比较)时反应运行良好。或者，内辛烯可以在异构氢甲酰化条件下被使用[53]。这一醛在自然界存在于柠檬油和玫瑰油中。它有着类油脂-玫瑰气味且可以使花香调香水带有典型的玫瑰气味。

1-壬烯氢甲酰化得到正癸醛(癸醛)。反应可以利用水溶性的 Rh(TPPTS)催化剂进行，其在水中、聚乙二醇(PEG150 或者 PEG200)作为溶剂预处理后以 l/b 比例为 98∶2 得到正癸醛(图解 6.6，$n=1$)[54]。癸醛有着甜花香，令人联想到橙子皮。稀释后有清新的香气。它存在于许多精油(例如橙花油和柑橘精油)中。它被用于香水制造以及作为食品工业中的增味剂。

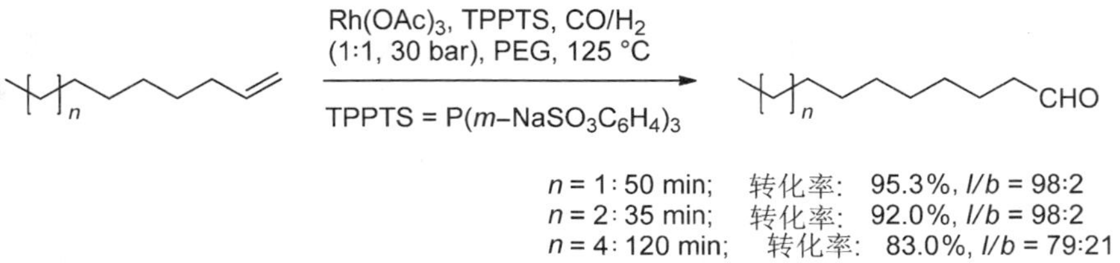

图解 6.6 不同端烯烃的氢甲酰化

正十一醛可以从 1-癸烯中制备，同样适用 Rh(BIPHEPHOS)催化剂(表 6.1，第 4 行)。类似地，水溶性的 Rh(TPPTS)配合物被成功合成(图解 6.6，$n=2$)[54]。在离子液中可达到的正区域选择性上至 99%[55]。它的花香-蜡-柑橘气味给人带来清爽的感觉。因此这一化合物是用于香水制造的醛的范例，且被广泛用于不同的芳香味应用中。有可能作为异构的副产物形成的 2-甲基癸醛带有醛类的、类柑橘皮的、蜡-草绿香型的气味。它被用于香水制造中的清新草绿香型和柑橘香气。

正十一醛可以通过使用甲醛在催化量仲胺存在情况下的羟醛缩合[56]和后续的还原成为 2-甲基十一醛(甲基壬乙醛＝MNA)，其也在自然界(金橘果实)中被发现(图解 6.7)[42a]。当氢化步骤后紧接着分馏步骤时，转化也可以使用正十一醛和异十一醛混合物进行[57]。与直链醛相比，在肥皂中 α-甲基对于醛基十分稳定。其异构体在气味性质上只有细微差别[58]。同样也可以制备对应的甲基壬乙醛-二甲基缩醛(MNA-DMA)。与 3-羰基丁酸乙酯的羟醛缩合反应得到 2-乙酰基-
535 4-甲基三癸-2-烯乙酯[59]。当这些或者相关的缩合产物代替前体醛作为碱液使用时，在三次冲洗后仍然可以保留典型的 MNA 香调。

现在 MNA 的市场估计在 500～600 t/a。重要的生产商或者(和)供应商是德之馨、奇华顿、芬美意和花王公司。MNA 带有的气味与其他的醛十分迥异。它的“动物”香调在香调中很珍贵，例如用于制造最著名的女用香水 Chanel N°5。

1-十一烯的氢甲酰化生成正十二醛(十二醛)迄今为止很少被详细记载，但是可以推测用于其烯烃同系物的催化系统对它同样有效。在机理研究中发现，三氮烯铑配合物 $Rh(Ph_2N_3)(CO)(PPh_3)_2$ 是催化剂[60]。一般来说，直链十二醛是观

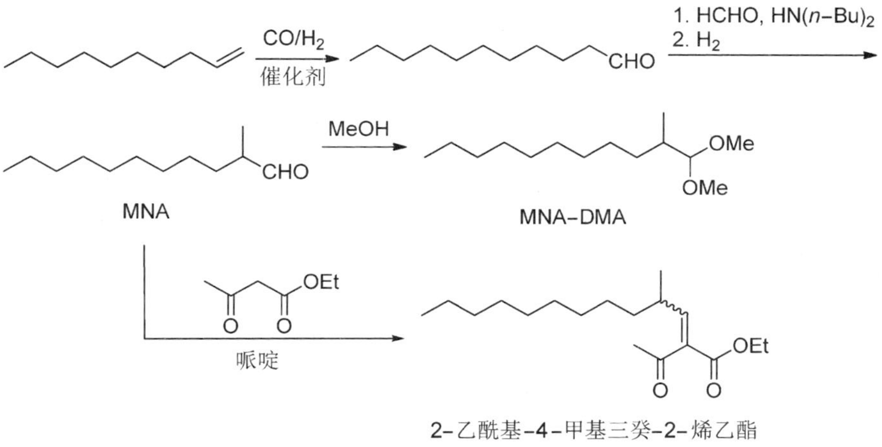

图解 6.7 通过氢甲酰化合成带有有趣气味性质的甲基壬乙醛(MNA)和其衍生物

测到的主要成分。这一醛在自然界中低浓度存在于松属类(例如欧洲银枞的针叶)中。纯十二醛带有蜡-油脂-柑橘气味,其稀释后有紫罗兰香。它为针叶香味剂带来典型的香味。

1-十二烯也可以与合成气在Rh(BIPHEPHOS)催化剂存在情况下选择性反应得到正十三醛(表6.1,第5行)。当反应在温控溶剂系统中进行时,相关的基于纳米颗粒(2.7～4.8 nm)的铑催化剂可以回收三次而不损失活性[61]。在图解6.6所示的条件下($n=4$),十三醛形成,但是与短链烯烃相比转化下降且醛只能以中等 l/b 比例得到[54]。其他的尝试是基于更为复杂的配体,例如两性磺化单膦[62]和双膦[55,63]、膦官能化的磷离子液[64]和MeO取代的膦[65]。十三醛带有淡淡的花香,可令人联想到柑橘和葡萄柚皮。

6.1.3.2 环状单烯烃作为底物 536

6.1.3.2.1 概述

一些天然存在的环状单萜烯和倍半萜烯,例如 α-蒎烯和 β-蒎烯、莰烯、2-蒈烯和3-蒈烯或者 β-柏木烯,带有一个环内或者环外的单双键,它对于氢甲酰化是值得一试的目标(图6.3)。

α-蒎烯(约 1.8×10^4 t/a)和 β-蒎烯(约 1.2×10^4 t/a)是用于香料和香味剂工业中的最重要也是最便宜的单萜烯[16]。两者都可以从松节油中得到,松节油是造纸时木头的去木质过程中的主要产物[66]。1995年,松节油的世界范围产量估计为 3.3×10^5 t/a[24a]。

α-蒎烯和3-蒈烯是使用最广泛的萜烯碳氢化合物之一,它们占松节油成分的比例根据不同油料来源分别可达85%和40%。α-蒎烯和 β-蒎烯存在的比例约为7∶3,这取决于所处理的树木。异构体可以通过分馏分离出来。α-蒎烯的两种对映异构形式在自然界中都存在。(1S,5S)-(−)-α-蒎烯在欧洲松木中更常见,而(1R,5R)-(+)-α-异构体主要存在于北美松木中。外消旋的混合物存在于桉树油中。(−)-β-蒎烯带有木质-草绿香型、类松木气味。

在一些情况中,甚至直接从植物中分离出的原料油可以直接用于与合成气的氢甲酰化[67]。产物醛带有抗微生物活性以及宜人的气味。因此它们可以与有恶臭的物质共同使用。在多数情况中,氢甲酰化中使用铑或者钴催化剂。也可以考虑 Pt/Sn 催化剂,因为不期望得到的 Wagner－Meerwein 异构可被抑制。所有的醛和缩醛,包括它们的混合物,都带有木质的、花香的和草绿香型的,或者类香膏气味且可以用作香水香调的成分。

6.1.3.2.2 环状单烯烃的氢甲酰化

对映异构纯的(−)-α-蒎烯与未修饰的钴催化剂的氢甲酰化主要得到(−)-2-甲酰莰烷(图解 6.8)[68]。Wagner－Meerwein 重排由合成气作用下 $Co_2(CO)_8$ 得到的 $HCo(CO)_4$ 的酸性引起。

与之形成对比,当(−)-α-蒎烯在未修饰的铑催化剂存在的情况下反应,主要得到(+)-甲酰蒎烷[69-71]。另外,α-蒎烯向更具有反应性的β-蒎烯异构化的结果是形成了10-甲酰蒎烷的两种非对映异构体。当催化剂通过 P(O-*o*-*t*-BuPh)$_3$ 作为配体修饰后,反应可以在更为温和的条件下进行(80 bar,100℃)[72]。反式异构体,或反式和顺式10-甲酰蒎烷的混合物(约1∶1)作为起始物,几乎可以以
537 100%的立体选择性生成3-甲酰蒎烷作为主要的醛。当反应在乙醇溶液中、类似的条件下进行时,生成对应的二乙基缩醛和对应的醛,联合产率约为80%[69]。

3-甲酰蒎烷可以通过20塔板的蒸馏塔以中等产率作为纯化合物从醛混合物

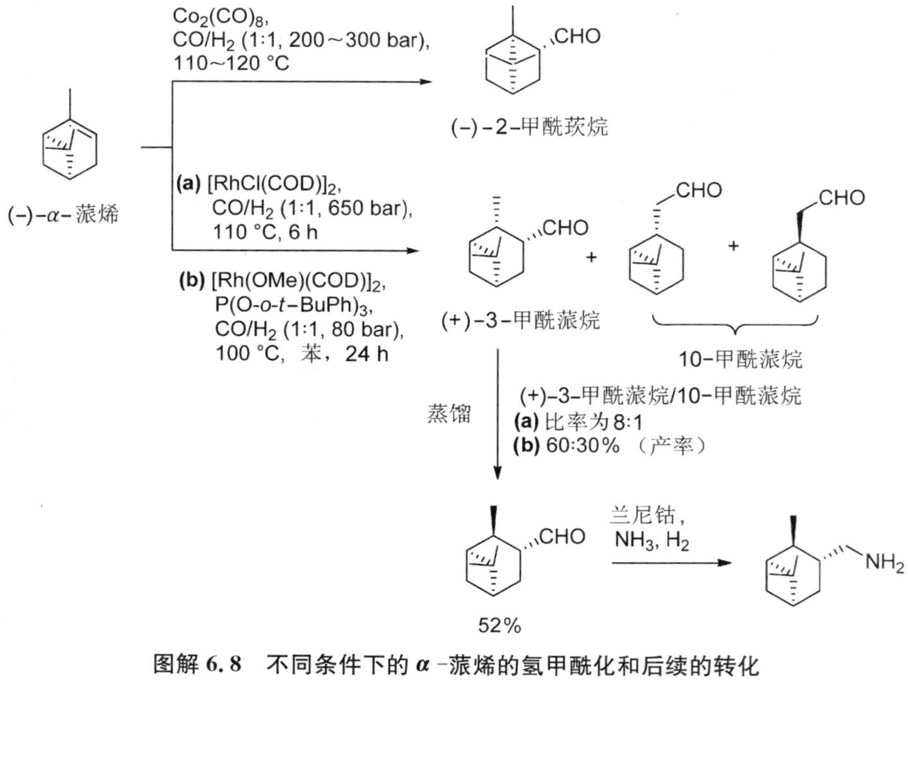

图解 6.8 不同条件下的α-蒎烯的氢甲酰化和后续的转化

中分离得到[70a]。接下来，醛通过与氨水的还原氨化转化为伯胺。手性胺可以用于例如外消旋的泛内酯的光学离析。或者，形成的醛与酮的羟醛缩合和后续的氢化能得到一系列在香水、肥皂和香波制造中有应用潜力的醇[73]。

当氢甲酰化使用 α-蒎烯的外消旋物时，形成的醛可以随后转化为对应的外消旋三蒎基三噁烷（图解 6.9）[74]。这些对映体通过两次分级重结晶分离。三聚物通过酸的作用最终裂开得到对映异构纯的 3-甲酰蒎烷。

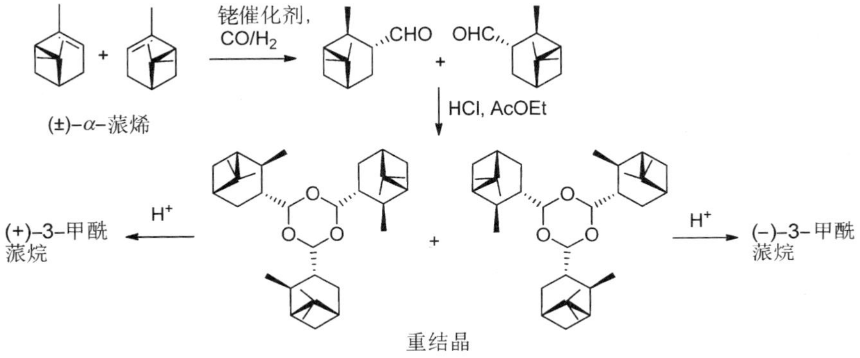

图解 6.9 通过氢甲酰化生成对映异构纯的 3-甲酰蒎烷

β-蒎烯与合成气（90 bar）在 Pt/Sn 催化剂下反应，以 3∶97 的比例生成非对映的醛（图解 6.10）[75]。

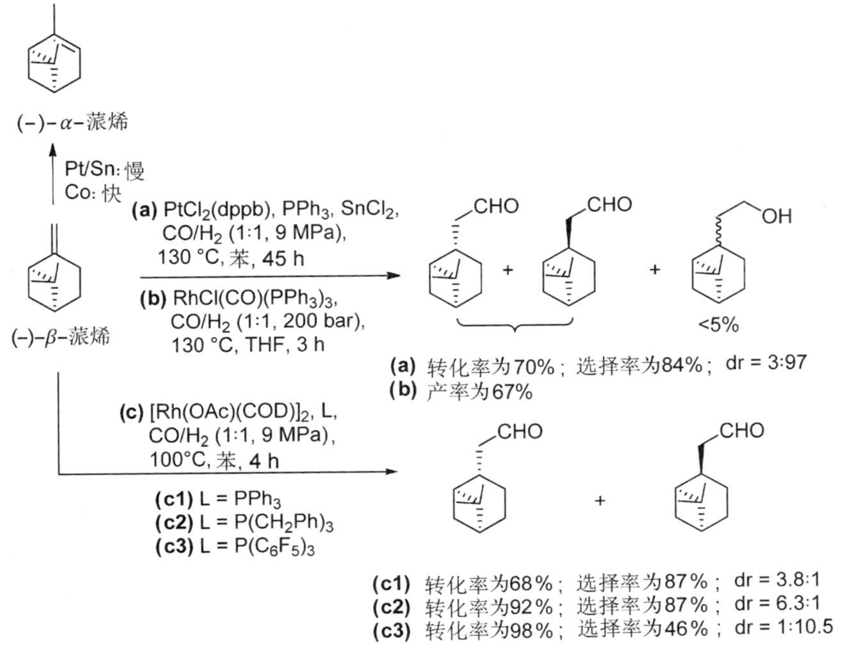

图解 6.10 使用不同催化系统的(-)-β-蒎烯的氢甲酰化

对应的醇生成的产率仅为小于5%。在使用Co或者Rh/Co催化剂时[76]，不期望得到的向α-蒎烯的异构十分缓慢。甚至是在大量过量使用$SnCl_2$的情况下，也只能观测到1%～5%的环外烯烃。在200 bar下使用膦修饰的铑催化剂以272 g规模将β-蒎烯转化为10-甲酰蒎烷，得到产物的产率为67%[77,78]。反应也可在较
538 温和的条件下进行(9 MPa，100℃)[79]。转化和非对映异构选择性与配体的类型强烈相关。10-甲酰蒎烷有着带有香茅和magriffe调的草绿香型气味。当(−)-β-蒎烯的氢甲酰化在原甲酸三乙酯(21 bar)[80]或者乙醇[69]中进行时，生成对应的非对映异构缩醛(图解6.11)。

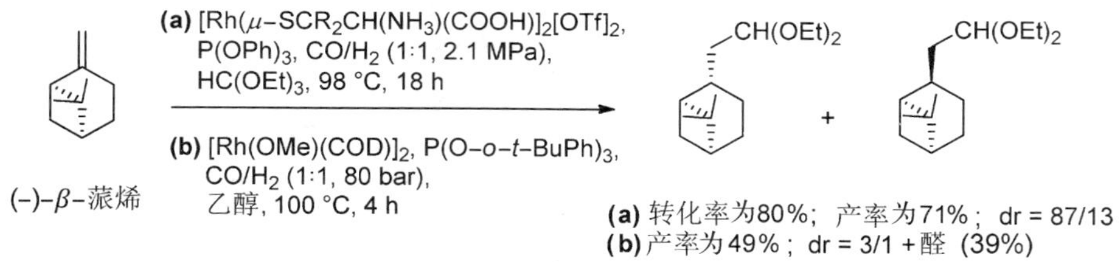

图解6.11　(−)-β-蒎烯在甲酸三乙酯或者乙醇中的氢甲酰化

(−)-莰烯(图6.4)在自然界中作为许多植物油(松节油、丝柏木、樟脑、香茅、
539 橙花油，生姜、缬草油)的成分存在。它也可以通过酸催化的α-蒎烯的异构化以工业规模合成[81]。或者，β-蒎烯也可以用作起始原料。莰烯有刺鼻的气味。

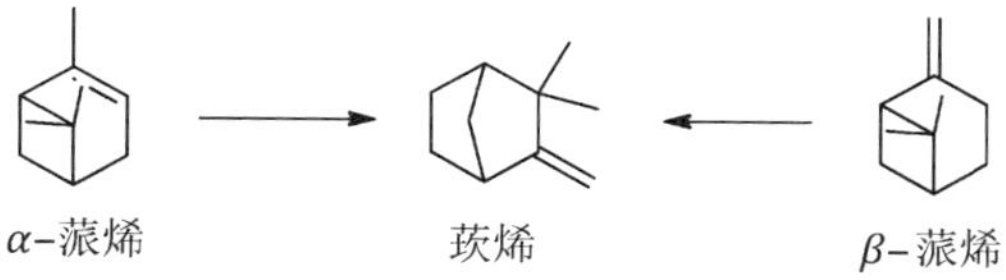

图6.4　莰烯和单萜烯前体

莰烯能在不同条件下进行氢甲酰化(图解6.12)。在初期研究中，它在合成气压为3 000 psi(约207 bar)未修饰的钴催化剂存在情况下作用[82]。此流程以60 g规模进行，得到65%的非对映异构的醛，其带有龙脑和樟脑香调。羰基的位置通过转化为对应的羧酸、酯、氢氧化物或者溴衍生物来确定。

540 反应还可在较低合成气压和温度下用Pt/Sn催化剂(Pt/Sn＝1∶1)进行[83]。形成目标醛的化学选择性非常优秀，无论是使用PPh_3或者像dppe[1,2-双(二苯基膦)乙烷]、dppb[1,4-双(二苯基膦)丁烷]或者dppp[1,3-双(二苯基膦)丙烷]的螯合双膦作为配体。有趣的是，使用非手性配体时，形成热力学更为稳定的环外化合物只有少量的非对应异构过量[75,83]。使用例如(R)-BINAP或者(S)-BINAP的手性双膦配体可达到较高的非对映异构过量(约60%)[83]。当过量使用$SnCl_2$时，起始单萜烯的氢化和异构化成为严重的问题且随后所列出的化合物(图6.5)会以显著的量形成(上至50%)。

以类似的方法，经修饰的$Rh(PPh_3)$催化剂可以在无溶剂、200 bar下将莰烯转

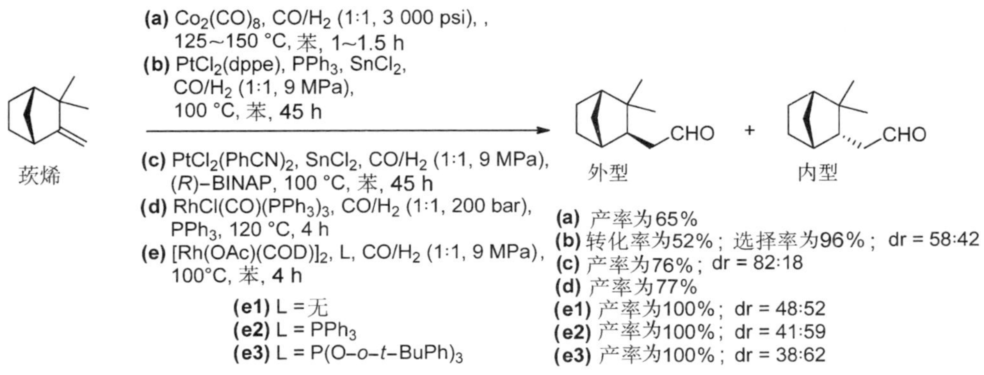

dppe = 1,2-双(二苯基膦)乙烷
(R)-BINAP = (R)-2,2-双(二苯基膦)-1,1-联萘

图解 6.12 莰烯的氢甲酰化

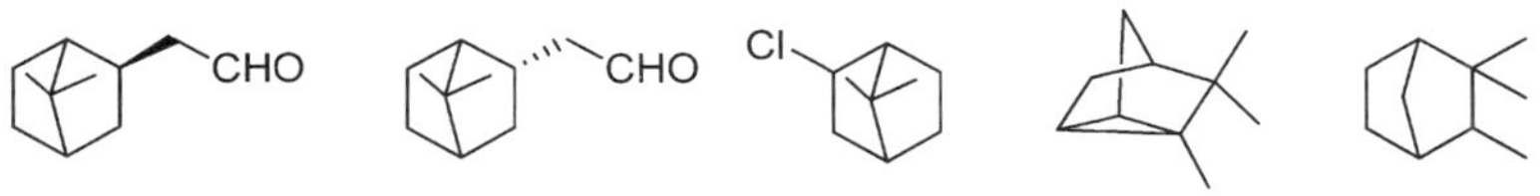

图 6.5 在 Pt/Sn 催化的莰烯的氢甲酰化中所观测到的副产物

化为醛[77,78]。流程以大于 400 g 规模进行。当合成气压和温度降低(90 bar, 100℃)时，直链醛以接近等量的产率形成[76]。当磷配体存在时，倾向于形成内型异构体(外/内≈1∶1.5)，而在未修饰的系统中外型和内型化合物几乎等量形成。配体的立体和电子性质都不能显著影响铑催化的氢甲酰化的非对映选择性。反应同样在甲苯/水双相系统中进行，使用 TPPTS 将铑固定在水相[84]，以接近 100%的化学选择性和 71%的产率得到醛的内、外型异构体的混合物(外/内≈1∶1.5){$[Rh(COD)(OAc)]_2$，TPPTS，CO/H_2(1∶1，8 MPa)，80℃，甲苯/水[2.5∶1(体积比)]，48 h}。

有关 2-蒈烯和 3-蒈烯的氢甲酰化的信息十分匮乏。但是，2-甲酰蒈烯有用于通过 2-双(羟甲基)蒈烯两步内生成 Spirambrene® 的潜力(图解 6.13)[85]。Spirambrene®商标由奇华顿注册，其带有强烈的琥珀、木质、牛奶和轻微的花香调，对女用香水例如“Eden”或者男用香水“Kenzo pour home”(Kenzo，1991)贡献显著[5]。

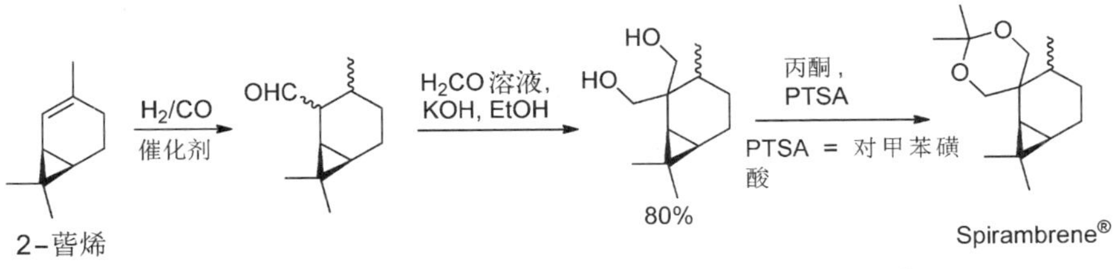

图解 6.13 通过 2-蒈烯的氢甲酰化合成 Spirambrene®

铑催化的3－蒈烯的氢甲酰化主要得到4－甲酰蒈烯，由于伴随的向3－蒈烯的异构，还会得到少量的2－甲酰蒈烯(图解6.14，左)[21,72a]。反应在十分严苛的条件(600 bar，120℃)下进行[19]。另一方面，在Rh[P(*O*－*o*－*t*－BuPh)$_3$]催化剂存在条件下，3－蒈烯和2－蒈烯都在相对温和的反应条件(100℃，80 bar)下氢甲酰化分别
541 生成4－甲酰和2－甲酰蒈烯，其化学选择性和区域选择性优秀，且反式异构体的立体选择性几乎达到100％[72a]。

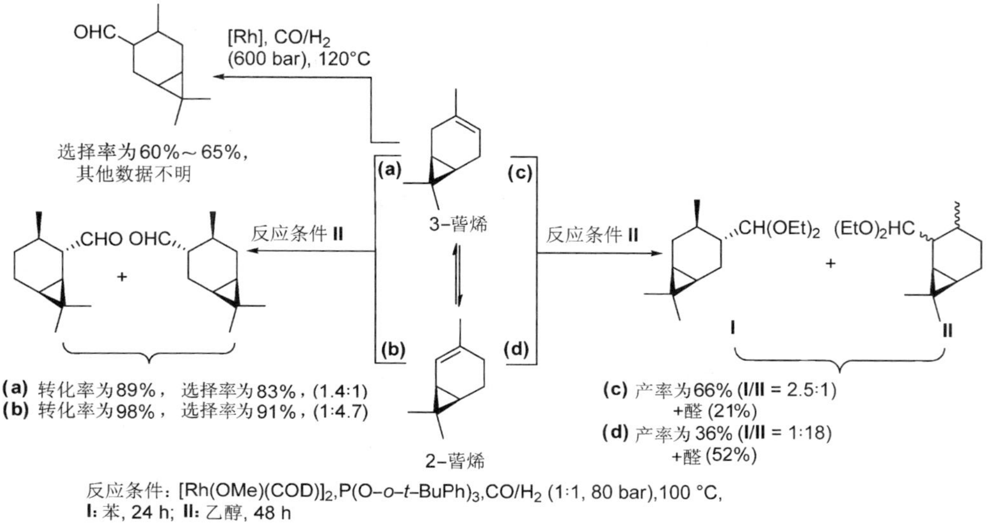

图解6.14 异构的蒈烯在苯或者乙醇中的氢甲酰化

当反应在乙醇中进行时，以显著量从2－蒈烯和3－蒈烯中形成对应的缩醛以及醛(图解6.14，右)[69]。

雪松精油中的倍半萜烯*β*－柏木烯的环外端双键的氢甲酰化以高化学选择性和区域选择性得到对应的醛(图解6.15)。反应使用铑和Pt/Sn催化剂在相对温和的条件(85～100℃，40～80 bar)下进行[36,86]。

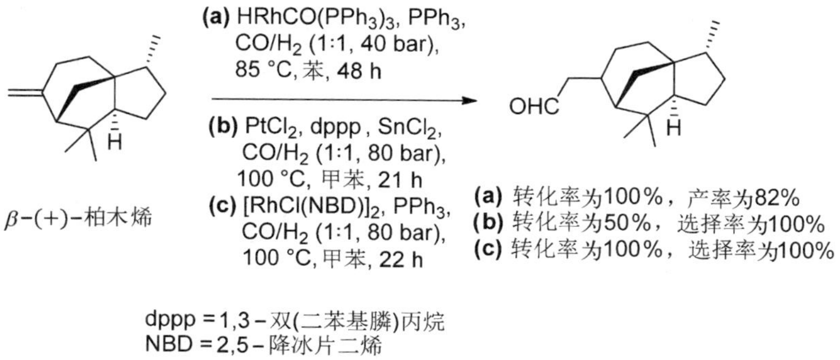

图解6.15 *β*－柏木烯的氢甲酰化

除了自然界中存在的环状单烯烃，人们还筛查了合成的同类物。典型的例子是环辛烯(图解 6.16)。合成气与环烯烃的反应由未修饰的钴催化剂辅助，在不常见的温和条件下以大于 200 g 的规模进行得到环辛烷甲醛[87]。产物被转化为对应的缩醛，这样的修饰可以增加前体醛强烈的草绿香型香调。或者，环辛烷以大于 542 150 g 的规模在铑催化剂催化下反应，以几乎等量的产率生成醛[77]。

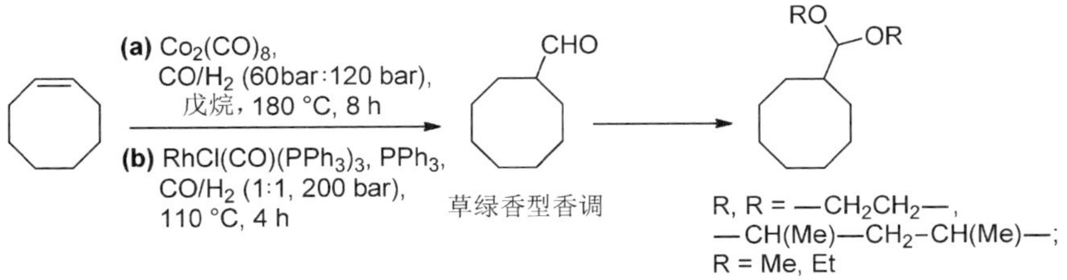

图解 6.16　环辛烯的氢甲酰化

2,6-外-三环[5.2.1.0.^{2,6}] 8-癸烯的氢甲酰化主要得到外型醛(vertral= melon 甲醛)(图解 6.17)[88]。或者，其可以以相同的非对映异构比由 2,6-外-二环戊二烯的氢甲酰化和最终在 Pd/C 催化剂上的氢化得到。如果有必要的话，异构体可以通过它们的亚硫酸氢盐加成物分离。Vertral 带有清新草绿香型香调。 543 相反地，内型非对映异构体有着泥土、发霉的和草绿香型的气味。外型化合物不光可以通过其更为宜人的气味来区分，其气味也明显较强。甚至在外/内比例达到 70∶30 时，还能觉察到此气味。

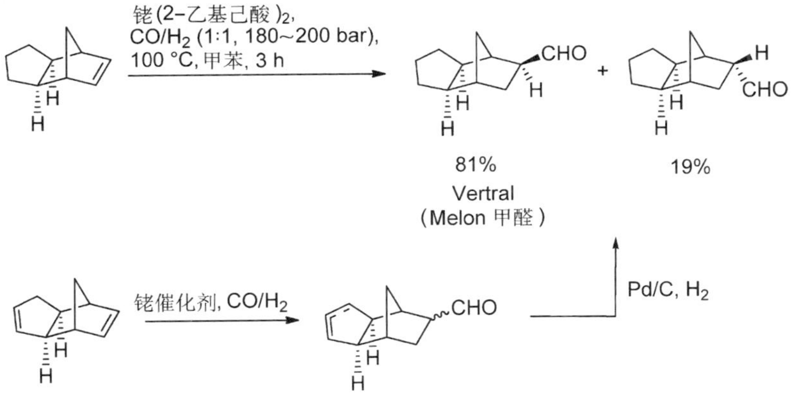

图解 6.17　通过氢甲酰化合成 vertral

Cognis 提出了二环[3.3.0]-2-辛烯的氢甲酰化(图解 6.18)[89]。起始原料可以以优秀的产率从 1,3-环辛二烯或者 1,5-环辛二烯中通过例如苯基钾的强碱作用得到[90]。两种甲酰异构体的混合物在氢甲酰化中形成，其在蒸馏后带有草绿香型气味。

2015 年，IFF 申请了环戊烯的氢甲酰化的专利(图解 6.19)[91]。随后，形成的醛与 MeMgCl 反应生成对应的仲醇。通过与巴豆酸的酯化反应，得到带有水果、

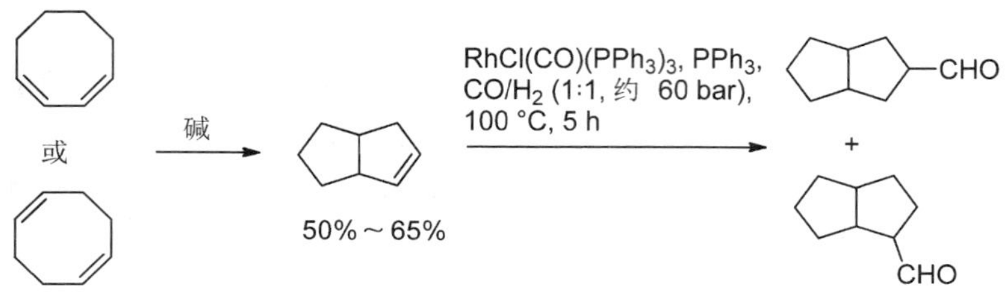

图解 6.18 二环[3.3.0]-2-辛烯的合成和氢甲酰化

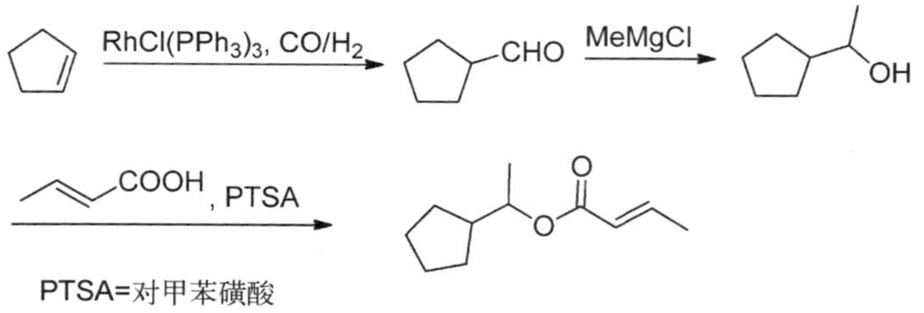

图解 6.19 通过环戊烯的氢甲酰化合成 2-丁烯酸-(*E*)-1-环戊乙酯

草绿香型、清新、木质香味和甜味香调的酯。

6.1.3.3 多烯烃作为底物

6.1.3.3.1 非共轭的多烯烃

在非共轭多烯烃的氢甲酰化中，较少取代的双键先发生反应。典型的底物是
544 β-香茅烯(二氢月桂烯)。市售的 β-香茅烯由蒎烷的热异构化生成[92]，后者是通过 α-蒎烯的氢化得到的。由 β-香茅烯的氢甲酰化得到的醛和缩醛是带有清新花香和(或)青柑橘果实香调的珍贵的香味剂化合物。第一次氢甲酰化的尝试是在 600 bar 合成气压和 70℃下进行的[22]。① 端双键也只在较低的气压下与修饰的铑催化剂反应(图解 6.20)[22a,93]。两种异构的醛以接近理论值的联合产率形成。反应发生的速率在乙醇中比在甲苯溶液中快约 2 倍，使用 $Rh/P(O-o-t-BuPh)_3$

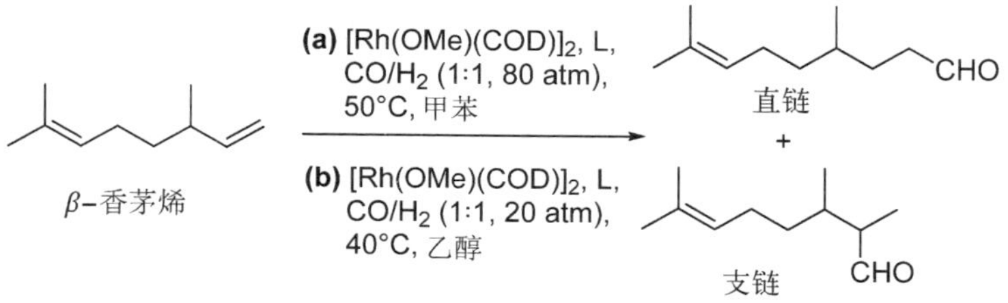

(a) L = PPh_3; 7 h, $TOF_{起始}$ = 42 /h ; *l*/*b* = 84:15% (产率)
(a) L = $P(O-o-t-BuPh)_3$; 1 h, $TOF_{起始}$ = 520 /h ; *l*/*b* = 68:31% (产率)
(b) L = PPh_3; 24 h, $TOF_{起始}$ = 29 /h ; *l*/*b* = 63:12% (产率)
(b) L = $P(O-o-t-BuPh)_3$; 1 h, $TOF_{起始}$ = 540 /h ; *l*/*b* = 66:28% (产率)

图解 6.20 β-香茅烯的氢甲酰化

① 遗憾的是，在综述中并没有给出具体的反应条件(催化剂、溶剂、时间)，可能使用的是未修饰的钴催化剂。

系统要比使用基于 PPh_3 的催化剂快约 20 倍。或者，反应可以在双水相系统中使用 TPPTS 作为铑的配体进行[94]。

在乙醇溶液中的氢甲酰化根据反应温度或者几乎完全生成醛或者生成带有不同气味性质的醛和缩醛的混合物[93]。

5,7-二甲基-1,6-辛二烯被用作使用均相 Rh(Xantphos)催化剂的高正选择性氢甲酰化的底物(图解 6.21)[95]。生成的醛的气味被描述为带有清新、橙子皮和芫荽叶香气。后续的与 $NaBH_4$ 的还原生成不饱和醇，其气味特征为花、佛手柑和肉桂的香调。

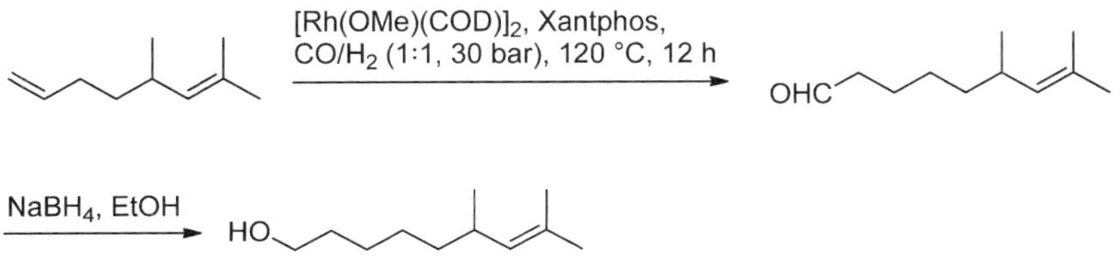

图解 6.21　5,7-二甲基-1,6-辛二烯的氢甲酰化

当 2,6-二甲基-1,5-庚二烯或者 2,6-二甲基-1,5-辛二烯被用于使用未修饰的铑催化剂的在十分严苛条件下的氢甲酰化时，外消旋的香茅醛(R=Me)以 74%的产率生成(图解 6.22)[96]。香茅醛给香茅油带来独特的柠檬香气。根据分别基于不对称异构化和不对称氢化的 Takasago[97]或者 BASF[98]过程，在工业规模下，(*R*)-香茅醛作为合成(—)-薄荷脑的中间物制备得到。 545

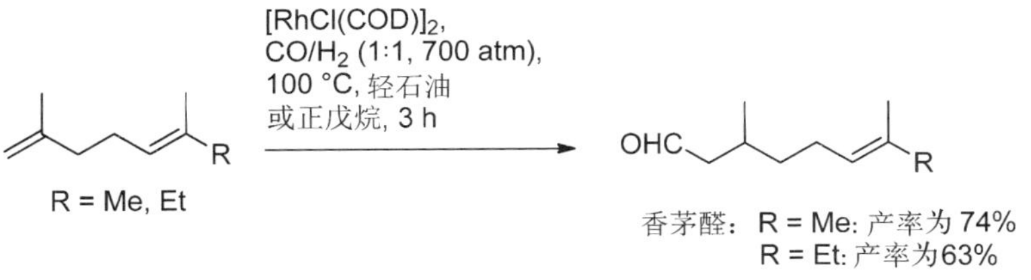

图解 6.22　2,6-二甲基-1,5-庚二烯和 2,6-二甲基-1,5-辛二烯的氢甲酰化

香茅醛被用于廉价香水和烟草的香味剂。同系的醛可以在相同的条件下以 63%的产率得到。

3-甲基-2,6-辛二烯与合成气(85 bar)只在空间遮蔽小的双键上反应，两种异构的醛形成的比例为 70∶30(图解 6.23)[99]。后续的与 $LiAlH_4$ 的还原得到 2,6-二甲基-6-辛烯-1-醇和 2-乙基-5-甲基-5-庚烯-1-醇的混合物。醛的混合物和对应的醇的混合物都具有特有的气味，遗憾的是并没有被详细地描述。

以相同的方法，6,10-二甲基-十二-2,6,10-三烯和 6,10-二甲基-十二-2,10-二烯也可氢甲酰化(图解 6.24)[99]。生成的醛混合物被化学选择性还原后，形成带有持久的、轻微木质气味的不饱和醛。 546

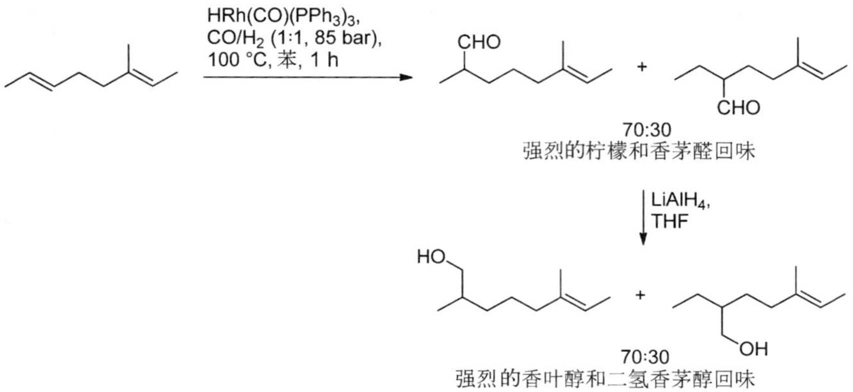

图解 6.23 3-甲基-2,6-辛二烯的氢甲酰化

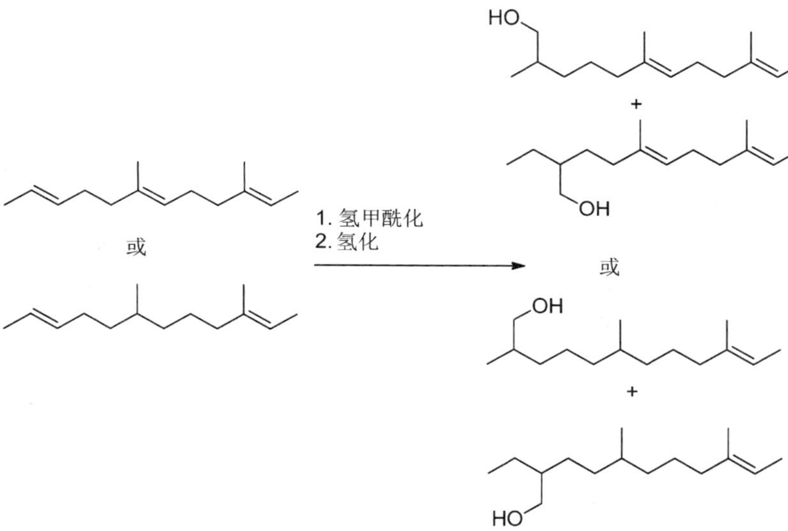

图解 6.24 多烯烃的氢甲酰化和后续的氢化

10-十一烯醛被广泛用于带有柑橘、蜡、脂气味并伴有草绿香型、皂味特性的芳香化合物的合成。它可以通过 1,9-癸二烯的氢甲酰化生成(图解 6.25)。所需

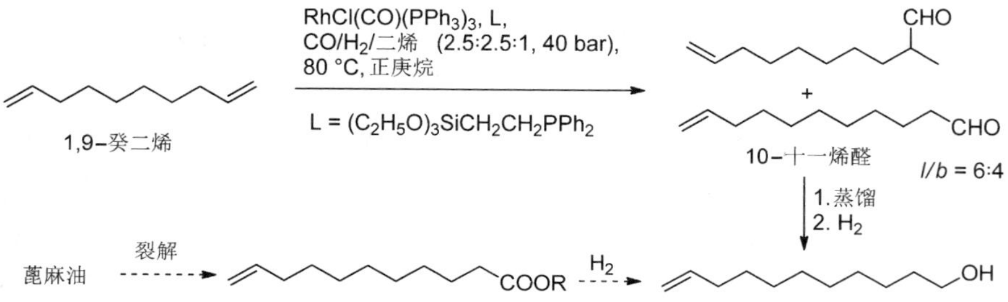

图解 6.25 得到 10-十一烯-1-醇的方法

要的底物可以通过例如环辛烯与乙烯的烯烃歧化作用得到[100]。二烯与合成气在异相铑催化剂存在情况下于连续反应容器中反应，得到 10-十一烯醛和 2-甲基-9-癸烯醛，总产率为 80%，直链醛略微占优势。异构体可以通过蒸馏分离。支链醛的气味与直链异构体十分类似。后者可以选择性转化为 10-十一烯-1-醇，其带有类柑橘气味。这种醇通常由蓖麻油(主要是蓖麻醇酸酯)的裂解和 C_{11} 酯的氢化制备[101]。 547

环状二烯与修饰的铑催化剂在 100℃、100 bar 合成气压下的氢甲酰化与环的大小密切相关[102]。即较小的环例如 1,4-环己二烯倾向于双氢甲酰化，而 1,5-环辛二烯得到的主要是环辛烷甲醛。作为比较，通过降低压力至约 59 bar，形成的主要产物为不饱和的单醛(图解 6.26)[103]。在这些条件下，也生成异构的二醛。前者可以通过蒸馏分离。在未稀释形式下，它带有几乎令人不悦的强烈的刚收割的土豆的气味，然而与其他芳香化合物配合使用时，它可以作为香味增强剂。

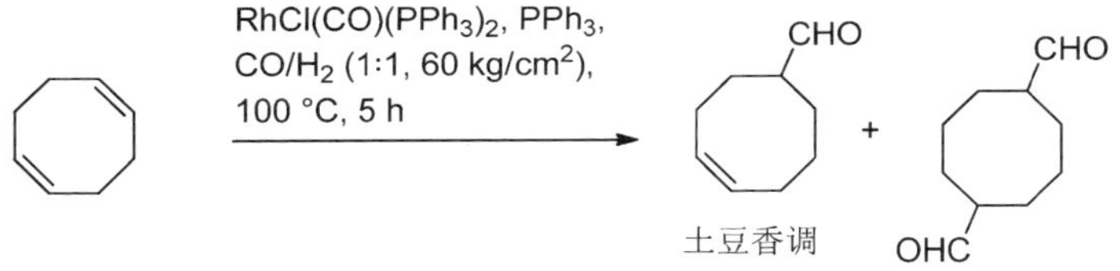

图解 6.26　1,5-环辛二烯的氢甲酰化

2,6-二甲基-1,5-环辛二烯以约 300 g 的规模在类似条件下的氢甲酰化能得到不饱和与饱和单醛的混合物，以及对应的二醛(图解 6.27)[104]。通过旋带精馏法分离出的所有这三种化合物都带有不同的气味。人们建议将它们作为气味增强剂来增加柑橘类芳香气味。

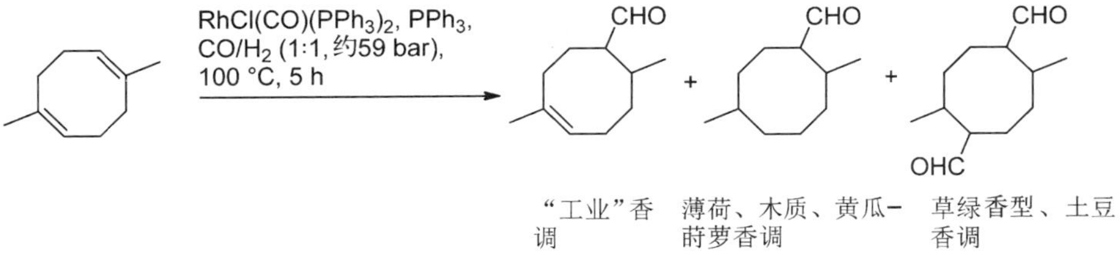

图解 6.27　2,6-二甲基-1,5-环辛二烯的氢甲酰化

蒸气裂化产物 C_5 片段的重要组成部分二环戊二烯的氢甲酰化[105]能得到异构的二甲酰三环[5.2.1.$0^{2,6}$]癸烷的混合物(图解 6.28)[106,107]。此化合物呈现出独特的云杉气味。在香味剂应用中，它们的特征是很好的黏着力和吸引力。

带有强烈橙子气味的柠烯，在自然界中以(*R*)-(+)-对映异构体存在(图 6.6)。它可以从柑橘果实中通过离心分离或者蒸馏的方法分离提取。镍催化的异戊二烯的环二聚反应的合成产物中也可能含有一些 2,4-柠烯[108]。柠烯的氢甲酰化通常只发生在环外烯烃上，得到端醛。不期望得到的副反应是这一双键的异构 548

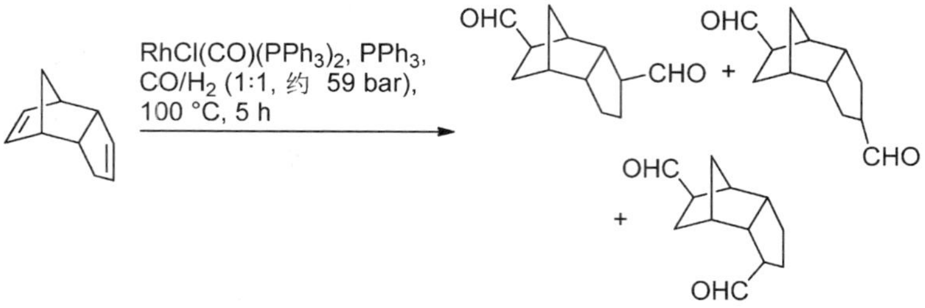

图解 6.28 二环戊二烯的氢甲酰化

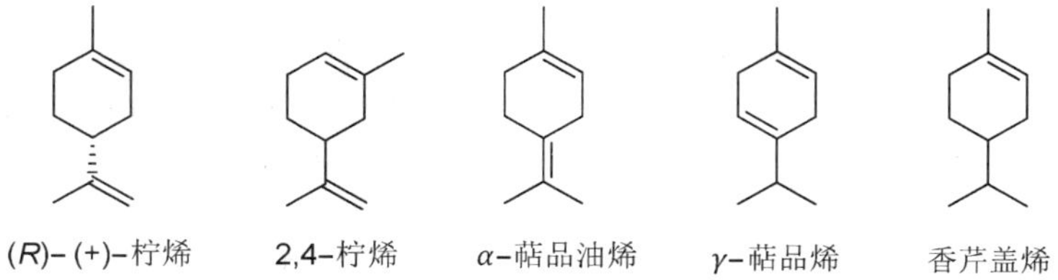

图 6.6 柠烯和一些相关的化合物

化，分别生成 α-萜品油烯和 γ-萜品烯。有时会观测到区域选择的氢化产生对薄荷烯。

人们已经透彻地研究了使用 Pt/Sn 催化剂[75,86,109]和钴催化剂[110]的柠烯的氢甲酰化(图解 6.29)。修饰的和未修饰的均相[77,78,111,112]和异相[113]铑配合物也能以高于 90%的产率得到预想的带有宜人香气的端醛。反应同样在甲苯/水双相系统中，使用 TPPTS 作为配体将铑固定在水中进行，阳离子表面活性剂[十六烷三

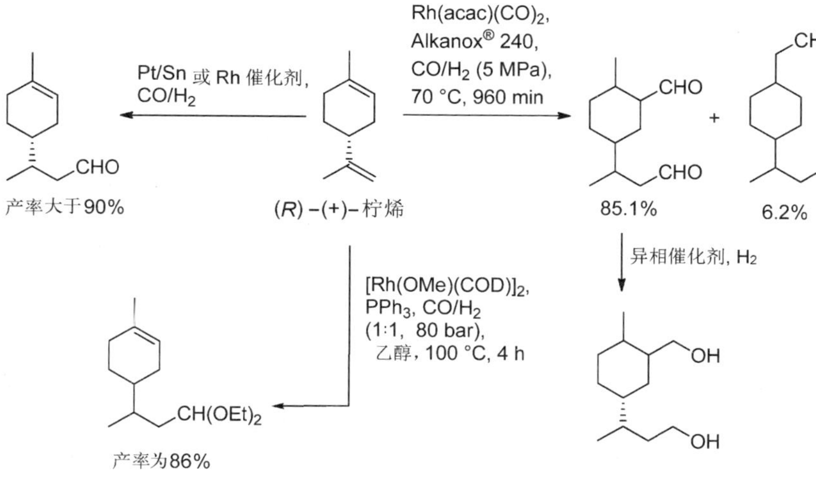

图解 6.29 (*R*)-(+)-柠烯在不同反应条件下的氢甲酰化①

① 对于双氢甲酰化反应，专利中没有给出手性的描述。

甲基氯化铵(CTAC)]用于加速反应[84]。人们推测塞拉尼斯公司运用这样的过程用于生产商业用柠烯醛[25]。通过用单齿大型亚磷酸三酯置换 PPh_3,氢甲酰化的速率可以增加 35 倍[114]。在酸性条件下,外部的双键可能发生异构化进入内部不反应的位置,如在对应双金属催化剂中使用高 Sn/Pt 比例时所观测到的情况[75]。单醛有着柑橘类和大黄的香调。当氢甲酰化在乙醇溶剂中进行时,形成对应的二乙基缩醛[115]。2014 年,赢创[116]实现了在 5 MPa 使用铑(单亚磷酸三酯)催化剂的柠烯的双氢甲酰化。从进行中的烯烃异构化中生成的带有两个端甲酰基的产物只以较小的量形成。

(*R*,*R*)-反式异柠烯与合成气在过量的原甲酸三乙酯存在情况下反应得到对应的缩醛(图解 6.30)[80]。反应通过由半胱氨酸或者青霉胺桥联的特殊设计的双核铑配合物催化进行。 549

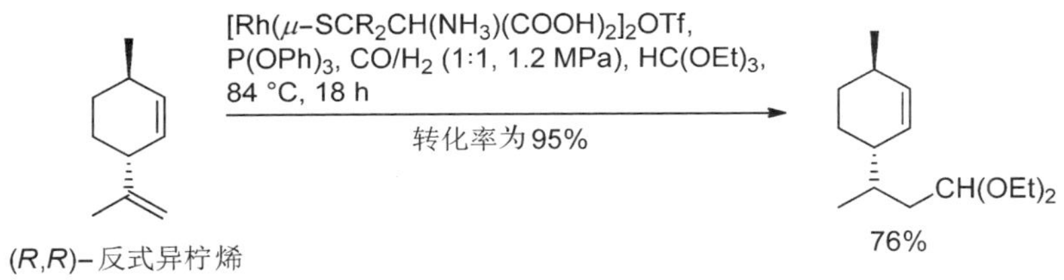

图解 6.30 (*R*,*R*)-反式异柠烯在原甲酸三乙酯存在时的氢甲酰化

可以从柠烯的异构化中制备的 α-萜品油烯,有着甜松木、油腻的和相对宜人的气味[117]。它被用作家用清洁剂、除臭剂、遮蔽剂等的香味剂成分。在高度稀释的系统中和低压低温下,它在 $HR(CO)(PPh_3)_3$ 存在的情况下反应,只得到少量的萜品油烯醛(图解 6.31)[36]。改变催化前体以及增加温度(130℃)和合成气压

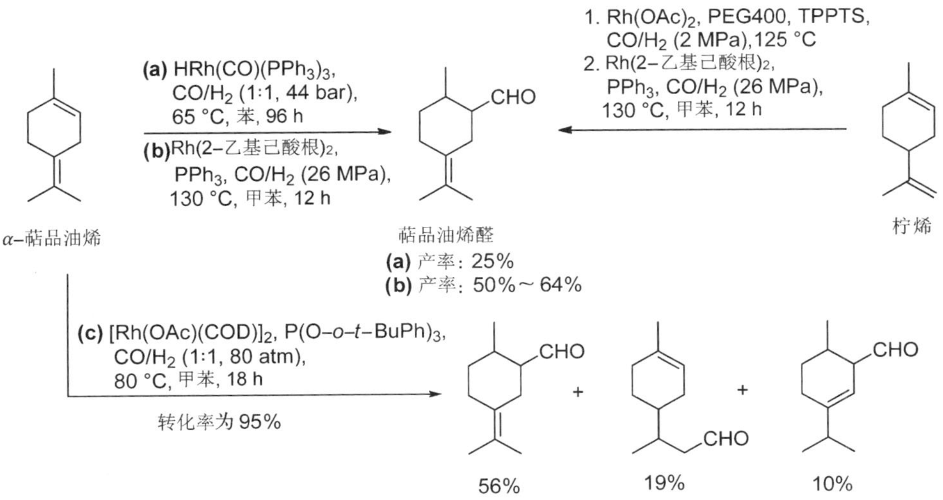

图解 6.31 从不同前体以及在不同氢甲酰化条件下的萜品油烯醛的合成

(26 MPa)可以缩短反应时间，且使产率得到明显的改善[118]。或者，一种从较易获
550 得的柠烯起始，包含先在温和(异构化)条件下，然后在更为严苛条件下的氢甲酰化两步流程也可以生成预期产物。

使用体积较大的亚磷酸三酯配体 P(*O*-*o*-*t*-BuPh)$_3$ 可以使反应更为温和且明显增加氢甲酰化的速率[119]。

另一种对薄荷烯萜烯——γ-萜品烯，也作为底物被筛查，在温和条件(80℃，80 atm)下以约 90%的联合产率得到带有特征气味的对薄荷烯醛的混合物(图解 6.32)[119]。γ-萜品烯是天然存在的物质。在纯的状态下，它是无色的类松木香料油，其存在于许多精油，特别是柑橘和香料中。

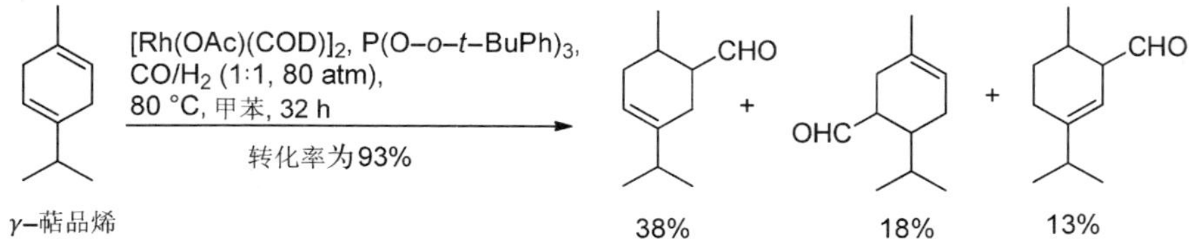

图解 6.32 γ-萜品烯的氢甲酰化

在乙醇溶剂中，相同的氢甲酰化条件下{[Rh(COD)(OMe)]$_2$，P(*O*-*o*-*t*-BuPh)$_3$，CO/H$_2$(1∶1，80 bar，80℃)}，萜品油烯和 γ-萜品烯以 60%～70%的联合产率生成香味缩醛混合物(与醛本身一起)[115]。

二环[4.3.0]壬-3,7-二烯在双水相系统中氢甲酰化得到所有异构的醛的混
551 合物(图解 6.33)[120]。产物混合物的气味被测定为轻微草绿香型、醛的、甜的、花香的、香料的、樱桃的以及杏仁的气味。

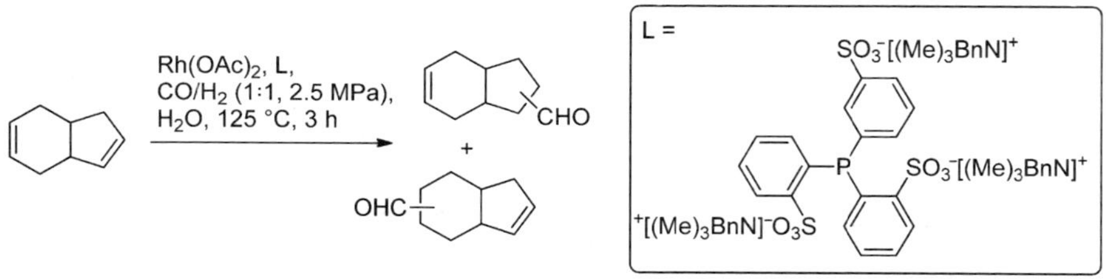

图解 6.33 二环[4.3.0]壬-3,7-二烯的氢甲酰化

(−)-β-石竹烯存在于许多植物精油(丁香、大麻、迷迭香和啤酒花)中。这一双环倍半萜烯与修饰的铑催化剂以 130 g 规模发生氢甲酰化得到四种醛的混合物，其中两种由 IR 光谱测定(图解 6.34)[37]。当反应在较不严苛的条件下进行时，期望得到的醛的产率增加[36]。此混合物有着令人联想到愈创树脂和木质的香调。

温和的反应条件足以使氧化石竹烯的氢甲酰化达到 75%的产率(图解 6.35)[36]。非对映异构的醛以 56∶44 的比例形成。

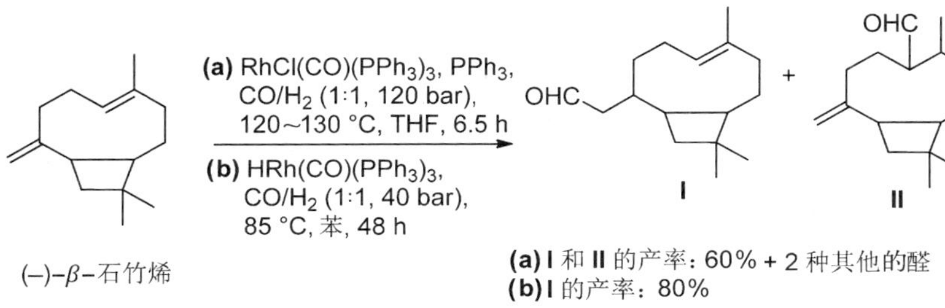

图解 6.34 (−)-β-石竹烯的氢甲酰化

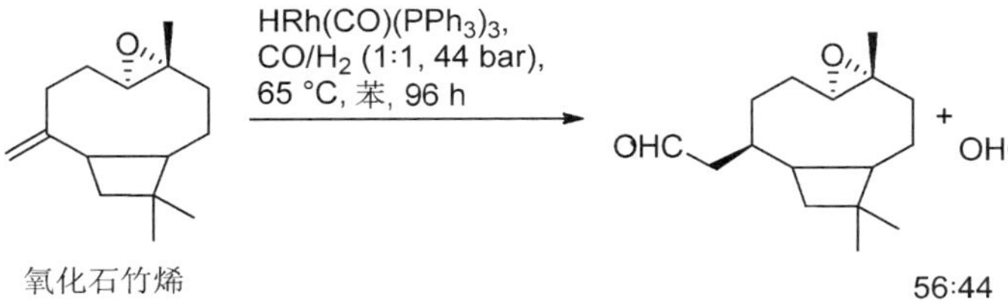

图解 6.35 氧化石竹烯的氢甲酰化

6.1.3.3.2 共轭多烯烃作为底物 552

因为稳定的 η^3-烯丙基配合物的形成，共轭二烯很难发生氢甲酰化。例如，使用铑的单膦催化剂，与丁二烯的反应至多是端烯烃反应速率的三分之一[121]。铑催化异戊二烯的氢甲酰化在螯合双膦(dppe)作为辅助配体的情况下首次成功(图解6.36)[122]。除了异构的不饱和的单醛(Ⅰ～Ⅲ)，还形成了3-甲基戊醛(Ⅳ)。用 PPh_3 取代dppe会造成催化剂失活。但是，最近人们发现通过增加P-配体浓度可以使反应剧烈加速[112,123]。在较温和条件下使用过量 PPh_3 的异戊二烯的氢甲酰化能在1.5 h内以95%的产率生成不饱和醛。3-甲基戊醛带有强烈的草绿香型和清新的气味，其来自(S)-对映异构体[124]。相反的对映异构体在空气中的浓度大于2.5 mg/kg时不带有气味。

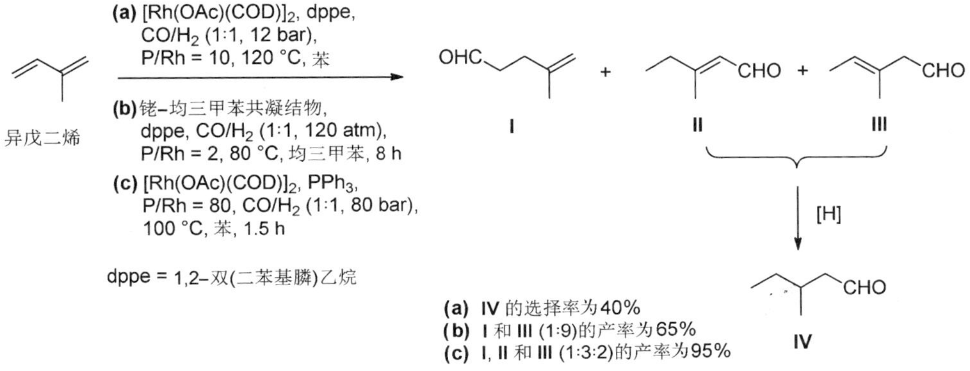

图解 6.36 异戊二烯的氢甲酰化

月桂烯是从包括野百里香和啤酒花等不同植物精油中都可得到的含量非常丰富的非环状单萜烯。最近 Behr 和 Johnen 给出了一篇关于天然产物的生产和转化的优秀综述[125]。工业上，月桂烯是通过蒎烯的高温分解制备的[126]。铑催化的月桂烯的氢甲酰化通常以大于 90%的联合产率生成香味醛的混合物（图解 6.37）[127,128]。其中质量分数为 70%～80%的主产物醛是由通过形成 η^3 -烯丙基铑中间配合物与较少取代的 C═C 键反应得到的[127]。反应在甲苯/水双相系统中使用水溶性的 TPPTS 配体和阳离子表面活性剂进行。

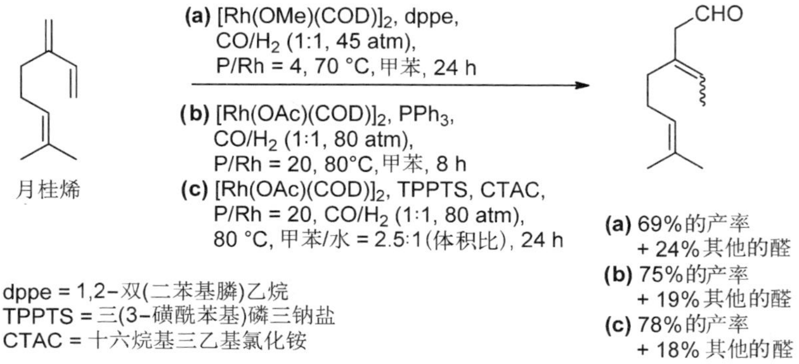

图解 6.37 使用不同铑催化剂的月桂烯的氢甲酰化

给苹果和其他水果带来典型苹果气味的(E,E)- α -金合欢烯，可使用铑催化
553 剂在 300～600 psi(21～46 bar)下进行氢甲酰化（图解 6.38）[129]。醛随后在镍催化剂上还原生成完全饱和的醇。后者被建议用于构建表面活性剂。

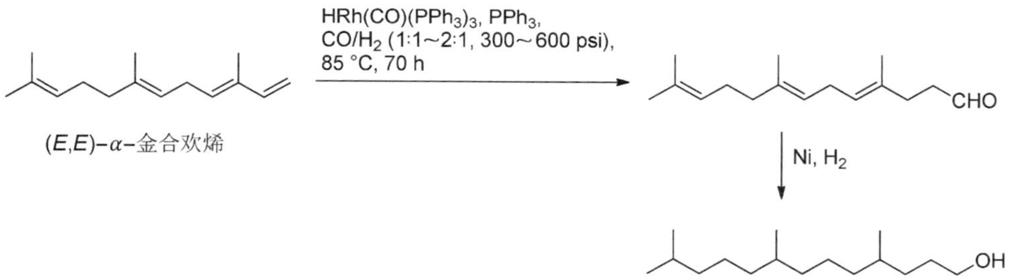

图解 6.38 (E,E)- α -金合欢烯的氢甲酰化

α -萜品烯是一种带有类柠檬气味的无色的油。它从大量聚集的甜柑橘油中蒸馏得到。在柑橘的单萜烯部分中，它占 8%～10%。在早期，它来自柠烯或者蒎烯。铑催化的 α -萜品烯的氢甲酰化以 68%的产率得到异构的醛（图解 6.39）[130]。反应以 272 g 规模在十分严苛的条件(130～140℃，200 bar)下进行。产物带有水杨酸酯、小茴香籽和紫苏香调的令人愉悦的香气[131]。在后来的重复实验中使用较温和的条件，加入大量过量 PPh_3 (P/Rh＝20)[119,130,131]。但是，反应在达到 50%～80%转化时（取决于温度）停滞，或许是由于形成了稳定的 η^3 -烯丙基铑配合物。

另一方面，α-萜品烯在 Rh[P(*O*-*o*-*t*-BuPh)$_3$]催化剂存在时，在温和条件下氢甲酰化，能以高产率生成醛[119,131]。人们建议，大体积的亚磷酸三酯配体能通过催化剂去活阻止形成无活性的 η^3-烯丙基化合物，随后可以让底物达到几乎完全转化。

在乙醇溶剂中，两种香味二乙基缩醛的混合物与对应的醛一起以 85%的联合产率生成[115]。

554

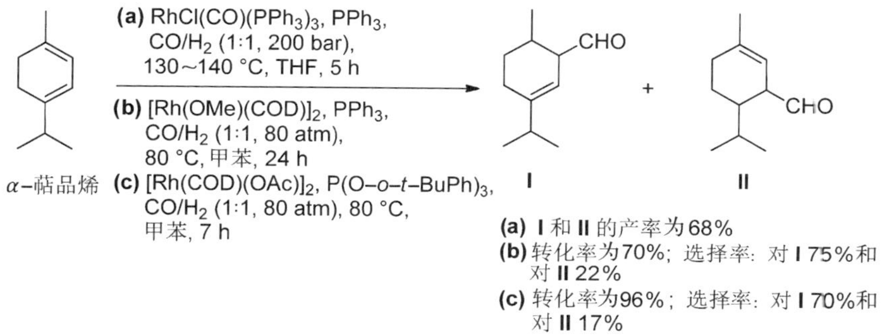

图解 6.39　α-萜品烯的氢甲酰化

6.1.3.4　带有官能团的烯烃作为底物

6.1.3.4.1　带有羟基的烯烃

羟基醛可以通过对应的不饱和醇的氢甲酰化制备。特别是叔羟基烯烃作为底物有着广泛的应用。例如，IFF 提出的 2-甲基-11-十二烯-2-醇与合成气在 700 psi(约 48 bar)和 120～140℃下的反应(图解 6.40)[132]。在这些条件下主要生成端醛。

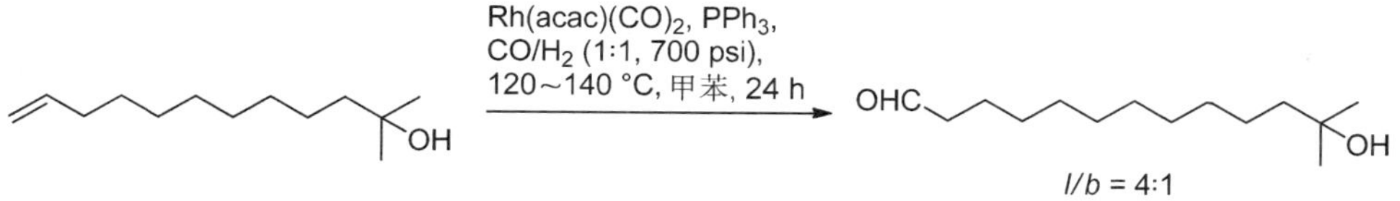

图解 6.40　2-甲基-11-十二烯-2-醇的氢甲酰化

BASF 申请了从对应的酮中通过格氏反应得到的 2,6-二甲基-1-庚烯-6-醇的氢甲酰化的专利(图解 6.41)[133]。与合成气的反应以约 1 kg 的规模使用未修饰的铑催化剂进行，以 90%的产率得到 3,7-二甲基-1-辛醛-7-醇(羟基香茅醛)。使用 PPh$_3$ 修饰的催化剂不能改善结果。羟基香茅醛通常从乙醚油中提取，或者作为替代通过香茅醛亚硫酸氢盐在酸性媒介中的水合作用生成[134]。每年的产量约在 1 100 t[135]。这种油有甜花香气味，能令人联想到紫丁香、百合、铃兰或者青柠檬。通过同样的流程，也可以得到相关的带有其他有趣气味特征的羟基醛。

以类似的方法，3,7-二甲基-1-辛烯-7-醇以小规模(18 g)作用生成带有宜人气味的醛(图解 6.42)[136]。此产物通过旋带精馏分离，是用于制作香水的主要

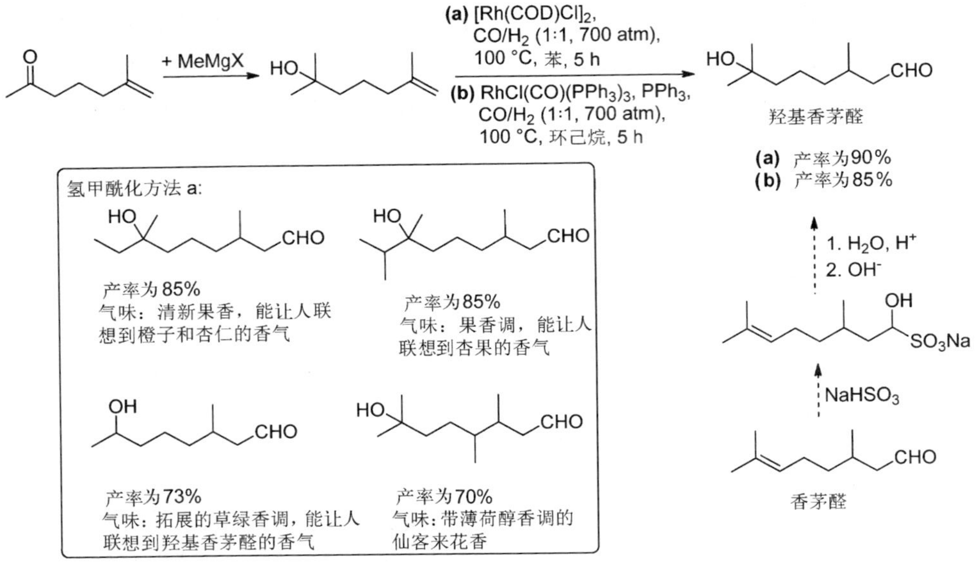

图解 6.41 羟基香茅醛的制备和相关的羟基醛

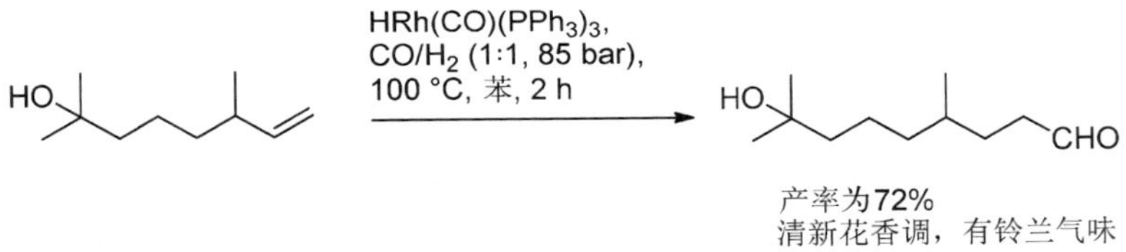

图解 6.42 3,7-二甲基-1-辛烯-7-醇的氢甲酰化

成分(35%)。

555 小于 C_{14} 的长链羟基二烯的氢甲酰化通过使用未修饰的铑催化剂以 252 g 规模进行(图解 6.43)[137]。尽管使用了高合成气压,反应只发生在端烯烃上。接下来醛通过 C═C 键的异相氢化转化为饱和的羟基醛。产物被建议用于生产花香气味的成分。

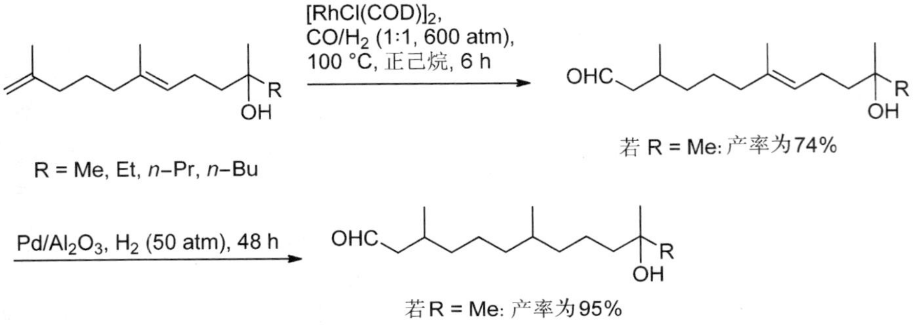

图解 6.43 长链羟基二烯的氢甲酰化和后续的氢化

鸢醇[1,2-二甲基-3-(1-丙烯-2-基)环戊醇]可以通过芳樟醇的热裂解得到所有非对映异构体的混合物(图解 6.44)[138]。

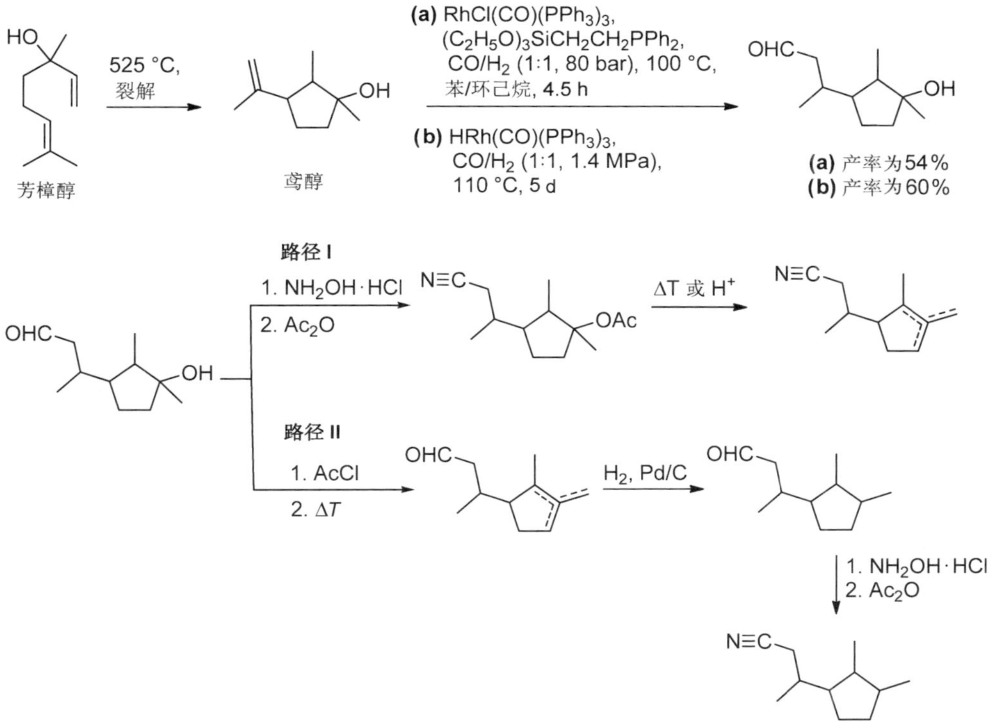

图解 6.44 从芳樟醇合成鸢醇和后续的转化

鸢醇使用异相化的均相铑催化剂氢甲酰化得到对应的醛[139]。或者,芬美意提出使用均相的 PPh_3 修饰的铑催化剂[140]。通过氢甲酰化流程得到的羟基醛带有令人联想到百合的特有的气味,其可以与其他香味剂用于生产除臭剂、表面活性剂和喷雾剂。在典型的应用中,这一醛被用在一种带有可接受的铃兰气味的香水中。 556 另外,羟基醛被进一步转化为对应的不饱和腈(路径Ⅰ)[140]。在另一种方法中,首先进行脱水反应(路径Ⅱ)。后续的氢化和将醛基转化为氰基得到饱和的腈。所有的腈都十分稳定。使用光学纯的起始原料,非对映异构体的个体可以确认并分离。 557 不饱和腈的混合物的特征是带有接近柠檬醛气味的清新-柑橘和青柠檬的气味。不饱和醛的气味是清新柑橘和青柠檬香调伴随着典型的醛的芳香。它会令人联想到广泛用于香水成分的异壬醛(3,5,5-三甲基己醛)。饱和醛有着清新柑橘香调伴随着金属气味和潜在的柠檬草气味。

α-萜品醇可以被认为是柠烯的水合物。事实上,它可以通过三氟乙酸向后者的马氏加成和随后的水解得到[141]。这一醇有着与紫丁香类似的宜人的气味且是白千层、松木和橙叶油的成分。工业应用中,它从 α-蒎烯中通过酸催化的异构化/

水合作用生成[142]。α-萜品醇的氢甲酰化使用未修饰的铑催化剂在约 69 bar 进行(图解 6.45)[132]。在应用条件下,除了期望得到的环状甲醛以外,还得到了带有叔醇基的直链醛。蒸馏后,大部分反应产物都带有薄荷和花香前调的木质和坚果类芳香。

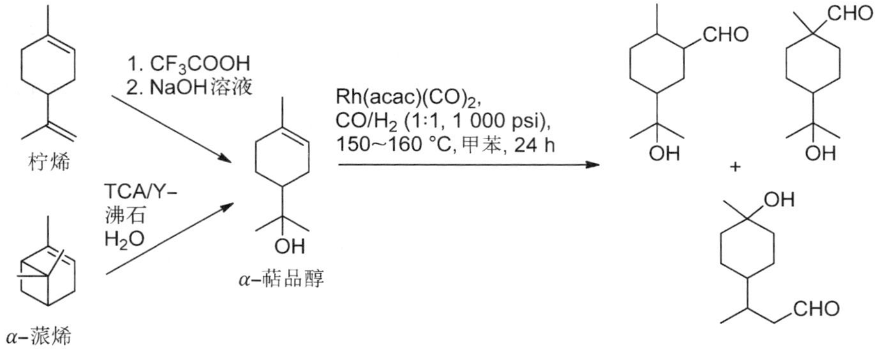

图解 6.45 α-萜品醇的合成和氢甲酰化

(*S*)-(—)-紫苏子醇是一种在例如薰衣草和柑橘果实等不同植物中都存在的天然的单萜烯醇。这一化合物的氢甲酰化是由$[Rh(\mu-St-Bu)(CO)\{P(OPh)_3\}]_2$催化、在甲苯中、12~13 bar 合成气压下进行,等量得到来自环外双键羰化的羟基醛(图解 6.46)[143]。需要注意的是,最终产物中的微量的硫配体会给整体味觉带来恶臭。

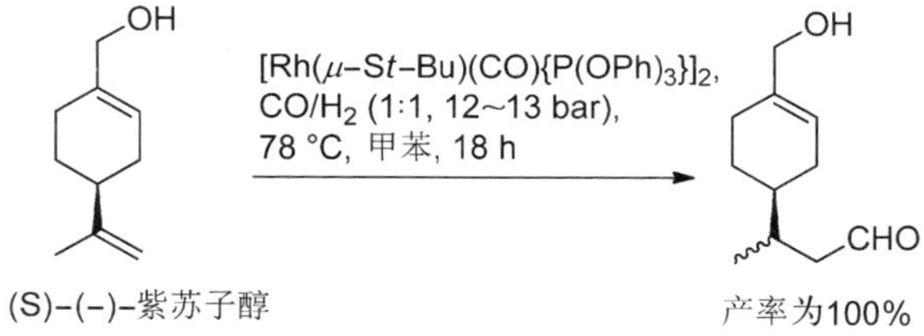

图解 6.46 (*S*)-(—)-紫苏子醇的氢甲酰化

降冰片烯基异丙醇的衍生物在约 69 bar 合成气压下的氢甲酰化得到了期望产物羟基醛(图解 6.47),其在蒸馏后带有类似肉桂前调的花香(紫丁香)[132]。

烯丙基或者高烯丙基醇的氢甲酰化是直接合成取代的四氢呋喃(THFs)或者
558 四氢吡喃的代表性方法,因为首先形成的羟基醛会自行发生分子内环化生成对应

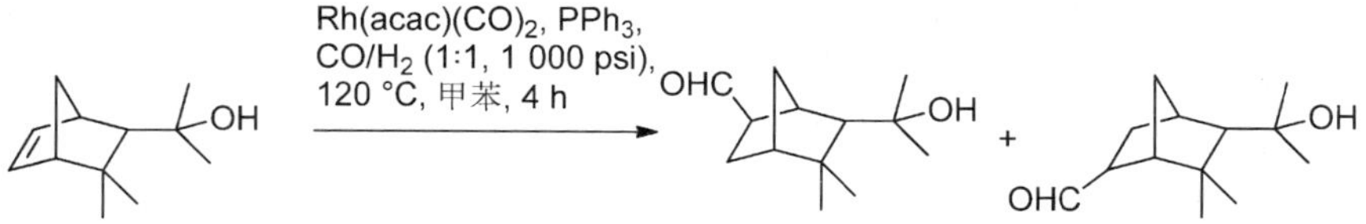

图解 6.47 降冰片烯基异丙醇的氢甲酰化

的半缩醛。有时候闭环需要酸催化。半缩醛可以进一步转化为用于化妆品工业中的其他产物，例如缩醛、内酯、二氢呋喃，或者二氢吡喃衍生物。

典型的例子是芳樟醇的氢甲酰化，芳樟醇是一种带有宜人百合气味的单萜类烯丙基醇。它是合成例如维生素 A、维生素 E、柠檬醛、香茅醇和鸢醇（图解 6.44）等不同维生素和香味剂的重要原料。芳樟存在于许多植物的精油中，例如巴西紫檀和中国芳樟叶油，但是其大部分还是在工业中从 α -蒎烯或者来自石油化工的 6 -甲基- 5 -庚烯- 2 -酮中得到（Hoffman - La Roche 过程）[144]。

铑催化的芳樟醇的氢甲酰化在甲苯溶液中几乎以全产率得到半缩醛（路径Ⅰ），在乙醇溶液中得到对应的混合的缩醛（路径Ⅱ，图解 6.48）[93,145]。反应在乙醇中发生的速率约在甲苯溶液中的 2 倍，且使用 Rh/P(*O* - *o* - *t* - BuPh)$_3$ 时与使用 PPh_3 作为配体的催化系统相比速度要快 10 倍。最近，此反应还成功地在双水相系统中进行[94]。半缩醛和缩醛都是带有清新花香和（或者）柑橘香调的化合物[22a]。

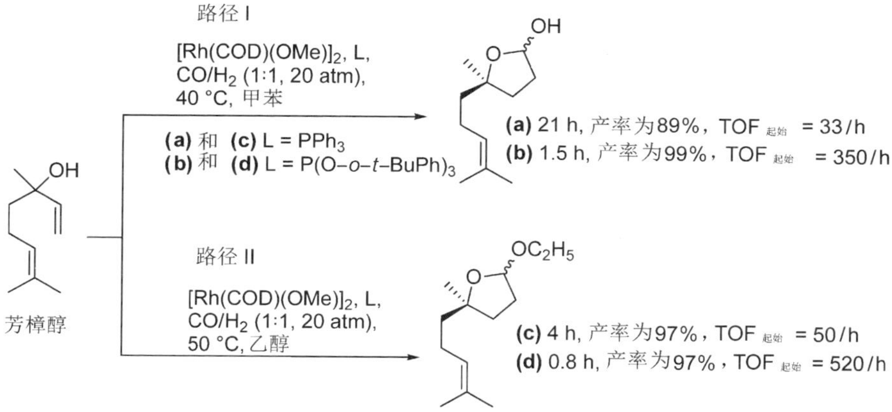

图解 6.48 在不同反应条件下的芳樟醇的氢甲酰化/缩醛化

(—)-桃金娘烯醇是一种在自然界中存在于例如桃金娘和红景天等不同植物香味精油中的不饱和醇。由[Rh(*μ* - S*t* - Bu)(CO){P(OPh)$_3$}]$_2$ 催化的桃金娘烯醇的氢甲酰化生成一种羟基醛，其在加压色谱的硅胶柱中发生分子内半缩醛化反应，从而温和地转化为 THF 衍生物（图解 6.49）[146]。

双核铑配合物[Rh_2(*μ* - SR)$_2$(CO)$_2$$L_2$][L=$PPh_3$、P(OPh)$_3$、P(OMe)$_3$ 等]也在异蒲勒醇和异蒲勒醇缩醛的转化中被测试[143]。异蒲勒醇可以通过酸催化的环化反应从香茅醛中得到[145]。当[Rh(*μ* - S*t* - Bu)(CO){P(*O* - *o* - *t* - BuPh)$_3$}]$_2$ 作为催化剂时，最初形成的羟基醛发生自发分子内环化，以约 85%的产率形成内醇衍生物（图解 6.50）[143]。另一方面，异蒲勒醇缩醛的氢甲酰化生成对应的直链醛[111]。 559

一种来自天然倍半萜烯柏木烷家族的烯丙醇柏木烯醇[(+)- 8(15)-柏木烯-

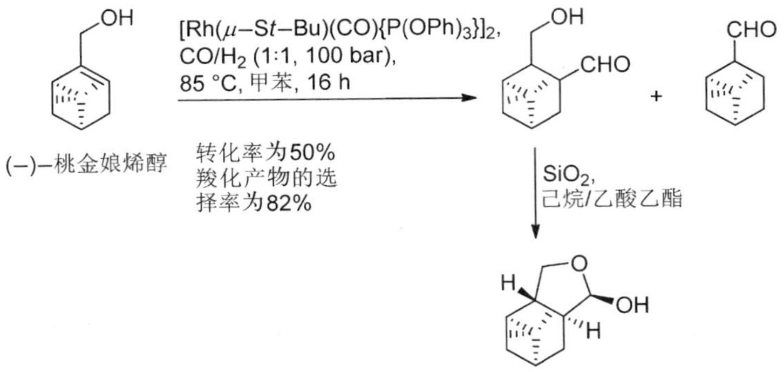

图解 6.49 (－)-桃金娘烯醇的氢甲酰化-半缩醛化反应

图解 6.50 异蒲勒醇的氢甲酰化-半缩醛化反应

560 9-醇]是化妆品、精细香味剂、洗发水、香水肥皂和其他洗漱品以及一些非化妆品，例如家用清洁剂和表面活性剂的成分[147]。它在世界范围内使用量为 10^7～10^8 t/a。柏木烯醇的氢甲酰化以图解 6.51 中所示的醛作为主要产物[86]。反应使用铂/锡和铑催化剂在相对温和条件(100℃,80 bar)下进行。四环香味剂化合物的混合物从反应液中作为醛的自发环化产物被分离，得到带有羟基四氢呋喃部分的产物，后者经脱水作用得到二氢呋喃衍生物。

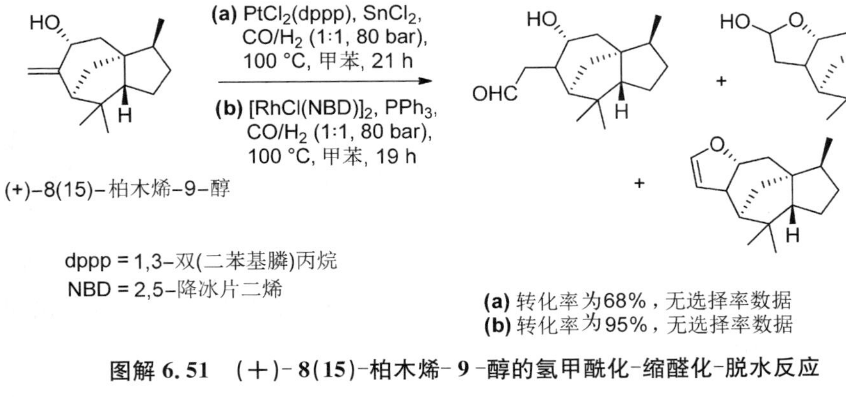

图解 6.51 (＋)-8(15)-柏木烯-9-醇的氢甲酰化-缩醛化-脱水反应

2014 年，Gusevskaya 小组[148]报告了橙花叔醇的氢甲酰化(图解 6.52)。橙花叔醇(nerolidol，又叫作 peruviol 或者 melaleucol)是一种带有甜美花香和木质香味的倍半萜烯丙基醇，它可以从不同植物和花的精油(例如橙花、生姜、茉莉、薰衣草、茶树、大麻或者柠檬草)中分离。在优化情况中,在甲苯溶液中以约90%的产率形成对应的半缩醛 **1**,主要倾向生成顺式异构体。乙醇作为溶剂时,生成非对称缩醛 **2**。单亚磷酸三酯配体大量过量时得到最高的转化[转化频率(TOF)上至400/h]。反应同样可以在使用Rh(TPPTS)催化剂的双水相系统中进行,氯化十六烷基三甲基铵(CTAC)作为表面活性剂[94]。产物带来天然花朵的甜香的香味[149]。

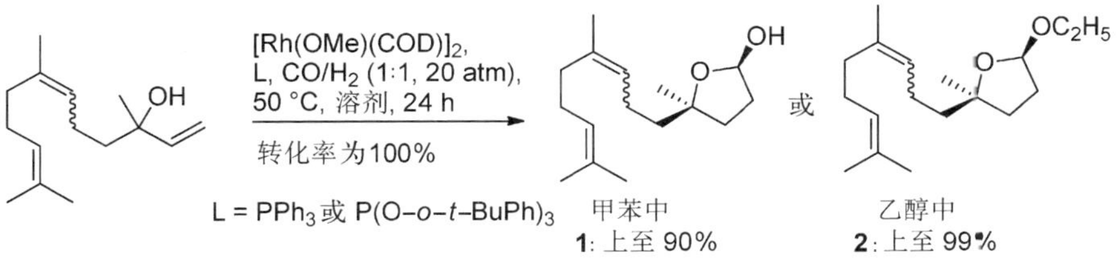

图解 6.52 橙花叔醇的氢甲酰化-缩醛化反应

6.1.3.4.2 带有羰基的烯烃作为底物 561

愈创蓝油烃的多步骤合成序列可能包含氢甲酰化[150]。在自然界愈创树脂和甘菊油中存在的倍半萜烯被用作化妆品中的消炎成分。合成的起点在这里被认为是脱氢芳樟醇,其被转化为基于环戊烯的不饱和酮(图解6.53)。氢甲酰化只发生在环外双键。后续的步骤得到愈创蓝油烃。

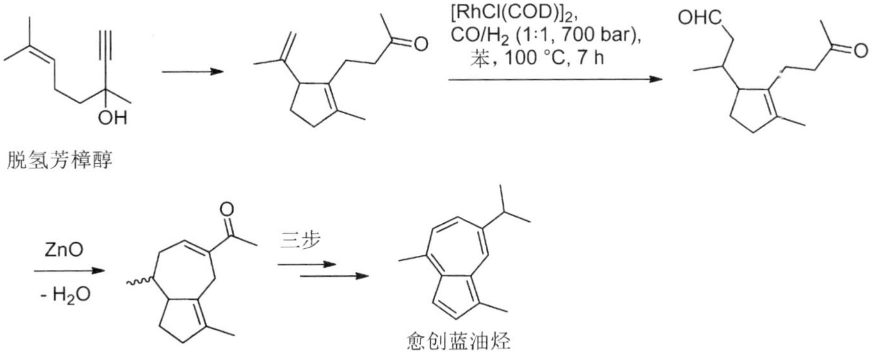

图解 6.53 通过氢甲酰化合成愈创蓝油烃

β-异佛乐酮的氢甲酰化得到合成珍贵芳香化合物δ-二氢大马酮和ε-二氢大马酮所需的中间物酮醛(路径Ⅰ,图解6.54)[151a,b]。在600 bar下的氢甲酰化以75 g规模进行,除了一些氢化产物之外,只生成4-甲酰-3,3,5-三甲基-环己酮[151b]。在这些条件下,没有观测到向热力学更稳定的α-异佛乐酮的异构化。值 562
得注意的是,当在同样的反应条件下使用后者时,只发生氢化,体现了烯酮氢甲酰化惯有的反应性问题[152]。因为在较低合成气压(100～150 bar)下的β-异佛乐酮的氢甲酰化也主要生成氢化产物,所以羰基被保护为缩醛(路径Ⅱ)[152]。意外的

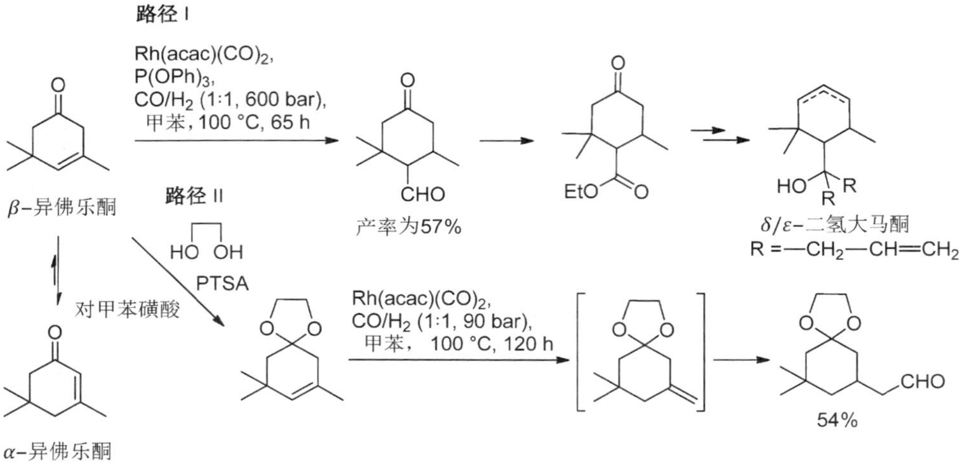

图解 6.54 β-异佛乐酮的氢甲酰化和后续反应

是,在氢甲酰化条件(90 bar,100℃)下,环外的醛作为主要产物生成,这显然是之前发生的铑催化的异构化过程导致的。

香芹酮在自然界的许多精油中存在,但是最丰富的还是在葛缕子和莳萝籽的油[(*S*)-(+)-香芹酮]以及荷兰薄荷油[(*R*)-(−)-香芹酮]中[153]。但是,最常用的商用香芹酮是从柠烯中制备的。两种香芹酮都用于食品和调味品工业中。

在早期尝试中,香芹酮在十分严苛的条件(280 bar,150℃)下使用铑催化剂氢甲酰化以68%的产率得到直链醛(图解 6.55)[154]。后来,香芹酮的两种异构体的低压氢甲酰化分别使用 Pt/Sn 和铑催化剂进行[109,144]。两个过程都具有高度选择性,几乎只得到对应的直链醛。

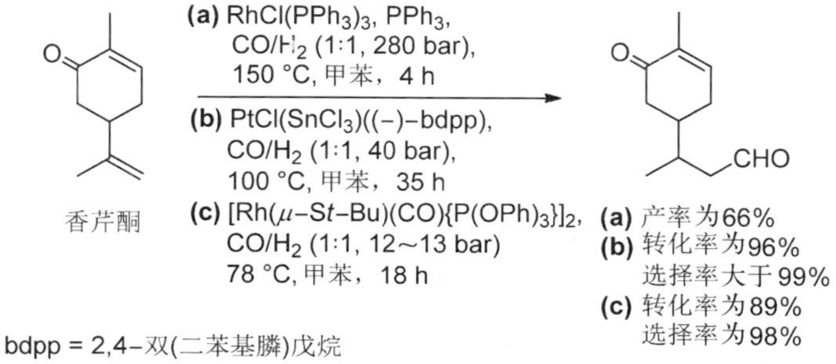

图解 6.55 香芹酮的氢甲酰化

二氢香芹酮是存在于例如葛缕子油和荷兰薄荷油等不同精油中的天然单萜烯化合物。它有着泥土和木质气味且在调味剂和香味剂市场上很受欢迎。铑催化的二氢香芹酮的氢甲酰化在严苛条件下进行,以82%的产率得到直链醛(图解 6.56)[154]。

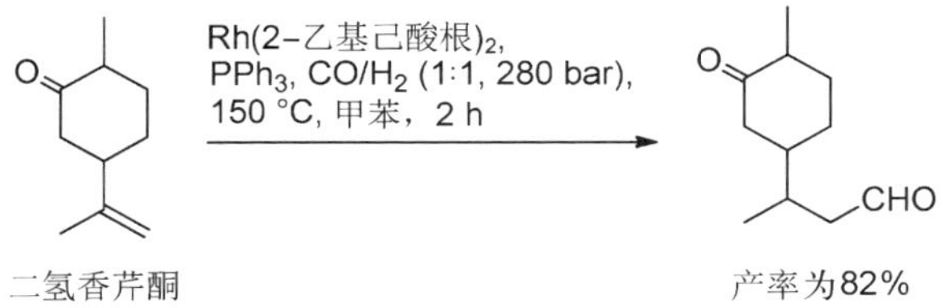

图解 6.56　二氢香芹酮的氢甲酰化

563

6.1.3.5　芳香取代的烯烃

6.1.3.5.1　乙烯基芳香化合物

苯乙烯的底物导向型氢甲酰化通常得到支链醛[155]。最近,带有四个磷配体基团的基于铑的催化剂被发现可以主要生成直链醛(图解 6.57)[156]。此化合物能给花香型香味剂带来强烈的风信子芳香。氢化得到二氢肉桂醇,其带有甜花香气味。到目前为止,制备后者的常用方法是肉桂醛的氢化[157]。

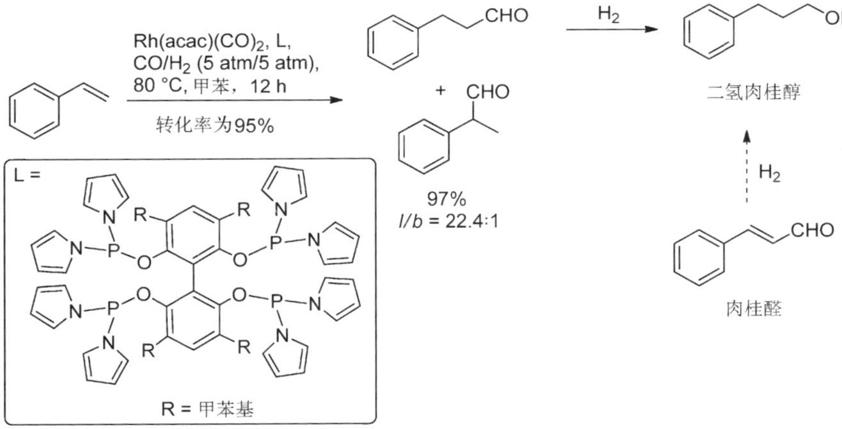

图解 6.57　苯乙烯的正区域选择氢甲酰化和后续氢化

当茚在[RhCl(COD)]$_2$(300～700 atm,100℃,6～10 h)、RhCl(CO)(PCy$_3$)$_2$(300 atm,120℃,6 h)或者 RhCl(CO)(PPr$_3$)$_2$(140 atm,200℃,10 h)存在的情况下氢甲酰化,以优秀的产率得到 1-甲酰二氢化茚和 2-甲酰二氢化茚的混合物(图解 6.58)[158]。在所

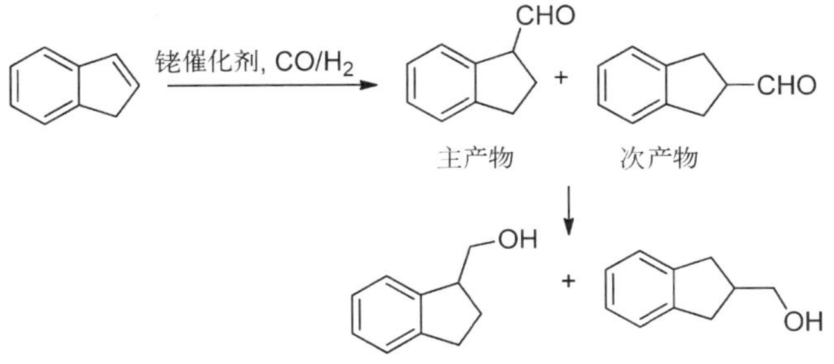

图解 6.58　茚的氢甲酰化和后续的氢化

有情况下,1-甲酰二氢化茚都是较多的异构体。这种醛可以通过氢化转化为醇。对应的酯的特征是有清新的香气。

芬美意的研究人员研究了一系列茚满基-2-甲醛的气味性质(图 6.7)[159]。其中一种(R=Me_2CH)与著名的香气 Bourgeonal®非常相似,其为奎斯特的产品。

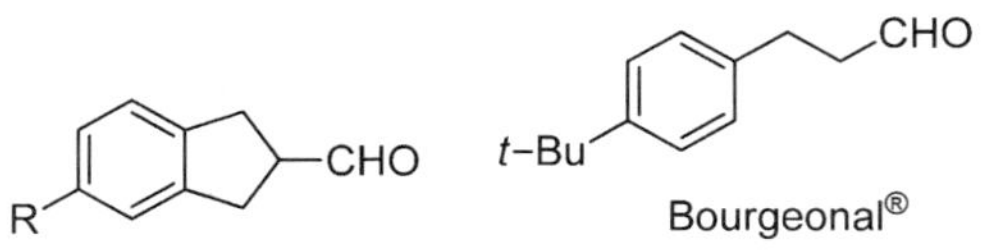

R = H: 醛香、绿调、青草香、水生调、淡金属、莳萝香、非常强烈、有攻击性的
R = Me: 醛香、铃兰花香调、肥皂味、脂味、淡柠檬味
R = Et: 醛香、金属味、铃兰香、柑橘调
R = Me_2: 醛香、绿调、柑橘调、水生调、仙客来醛香、金属味、柔和 Bourgeonal®香

图 6.7 结构类似 Bourgeonal® 的茚满基-2-甲醛

奇华顿注册商标为 Florhydral®的一种合成气味剂 3-(3-丙烷-2-基苯基)丁醛,可以由间二异丙烯基苯通过一个双键根据 Keulemans 规则的正区域选择的氢
565 甲酰化,以及剩余的乙烯基的后续氢化得到(图解 6.59)。奇华顿为使用铑催化剂、两种不同温度和在约 17 bar 合成气压下的以 237 g 规模进行的氢甲酰化申请了专利[160]。此单醛很容易从未转化的起始原料和副产物中通过蒸馏分离。为了将总产率改善至 71%,剩余的起始原料可以被回收。最终剩余烯烃基团的氢化得到 96%的 3-(3-丙烷-2-基苯基)丁醛。

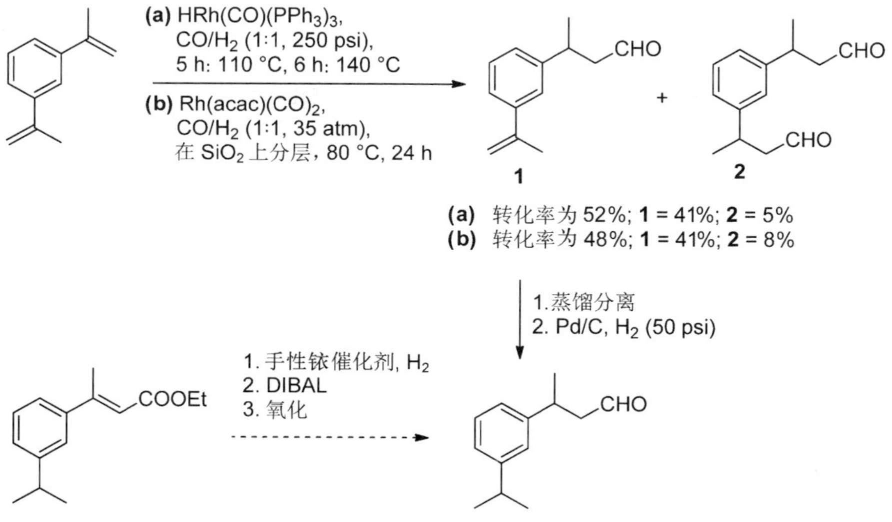

Florhydral®

图解 6.59 通过氢甲酰化合成 Florhydral®

单氢甲酰化可以使用异相化的由 SiO_2 连接的 Rh(acac)$(CO)_2$ 催化剂在 35 atm 合成气压和 80℃下选择性进行，催化剂为氢甲酰化过程提供了精细的控制[113]。当反应在约 50%转化后停止时，形成的二醛的量可以最小化至低于 8%。或者，反应可以使用手性膦作为附属配体进行，但是只能达到低对映异构过量值(2%～5%)[161]。

由于迄今为止不对称版本的反应只能实现很差的对映异构过量值，基于使用对应的不饱和酯作为底物的对映异构选择氢化(上至 77%ee)，以及后续的醇的还原和最终的氧化，这一替代方法似乎更为优越[162]。

Florhydral®带有清新花香和甜瓜香气。它令人联想起铃兰(convallaria majalis)以 lily-of-the vally 或 muguet 被周知和菩提花的气味。其嗅觉阈值为 0.07 ng/L 且可以通过加入水或者露水特性来改进芳香成分的花香特性。它用这种花香、清新、时尚和自然的气味与其他香味化合物一起组成了“Good life woman”香水(Davidoff，1999)，其为典型的清新、海洋和水生香型。在柑橘产物中它用明显的清新效果增加了强度。(+)- Florhydral® 是比其(−)-对映异构体更强烈的气味剂，这也激励了人们对改进氢甲酰化反应的不对称版本做进一步研究[163]。

BASF 提出了许多 α -取代的苯乙烯的氢甲酰化(图解 6.60)[164]。例如，2 -(4 -异丙基苯基)- 1 -丙烯在未修饰的铑催化剂存在的情况下以 3 kg 规模反应，根据 Keulemans 规则只生成端醛。

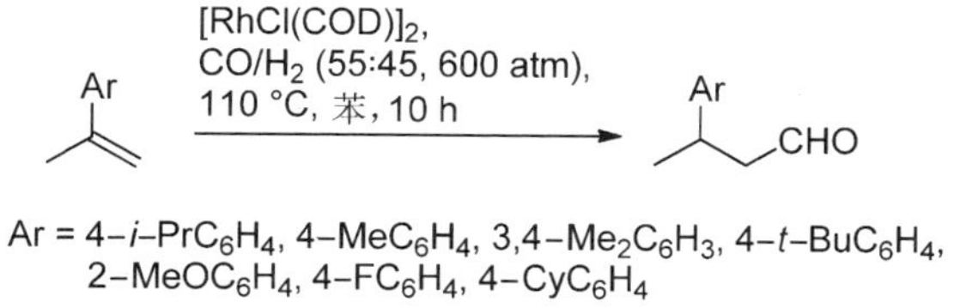

图解 6.60 α -取代的苯乙烯的氢甲酰化

2 -(4 -异丙基苯基)- 1 -丁醛和 2 -(4 -叔丁基苯基)- 1 -丁醛适用于制造令人联想起薰衣草、百合、青柠檬、鸢尾花、紫丁香和仙客来气味的花油。

IFF 描述了对(异丙基)苯基二甲基甲醇在约 69 bar 的氢甲酰化(图解 6.61)[132]。蒸馏产物显现出一种带有草绿香型和花香前调的有趣的草绿香型的、木质的、类似桃子和香膏的芳香。 566

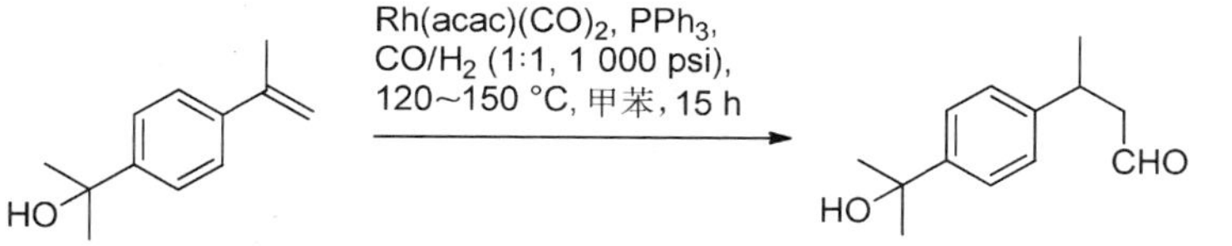

图解 6.61 对(异丙基)苯基二甲基甲醇的氢甲酰化

6.1.3.5.2 烯丙基芳烃、丙烯基芳烃及其同系物

1. 烯烃底物

烯丙基芳烃或者丙烯基芳烃(苯丙类化合物)的高度异构区域选择的氢甲酰化能得到在香料和香水中有着众多应用的醛。一些作为底物所需的 2-芳基-1-丙烯可以从天然来源中以相当纯的形态提取(图 6.8)。例如,带有典型香辛、类丁香芳香的丁香酚可以从丁香油、肉豆蔻、肉桂、罗勒和月桂叶中提取。黄樟脑从黄樟树中分离提取且带有典型的"糖果店"芳香。草蒿脑(甲基胡椒酚)从罗勒油中得到;胡椒酚从槟榔油中得到。

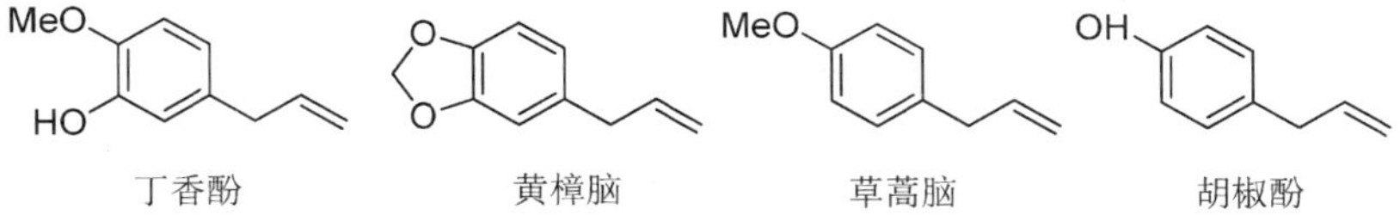

图 6.8 自然界中存在的丙烯基芳烃

在一些例子中,对应的双键异构体(1-芳基-1-丙烯)也有利于氢甲酰化。典型的例子是顺式和反式茴香脑(自然界中反式是主要成分),这两种化合物都带有典型的茴香、八角和茴香油气味。相关的异构体可以从它们自然界的异构体中得到,例如通过甲醇、KOH 的作用得到异黄樟醚或者异丁香酚(图解 6.62)[165]。在氢甲酰化过程中可能会发生异构化而成为热力学更为稳定的异构体。

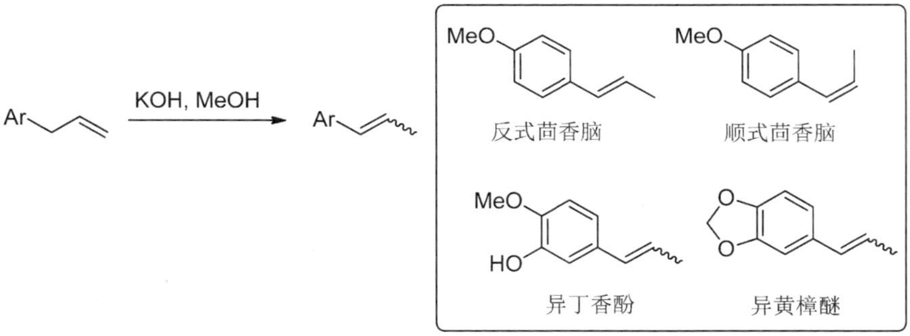

图解 6.62 丙烯基芳烃的双键异构体

或者,1-芳基-1-丙烯可通过包含 Friedel-Crafts 酰化、酮基团的氢化和最终的脱水反应的三步序列选择性得到,如图解 6.63 中制备茴香脑所示[166]。在两种方法中,都形成 E/Z-异构体。

2. 烯丙基芳烃、丙烯基芳烃和同系物的氢甲酰化

许多著名的特别是能产生铃兰香调的气味都基于 3-芳基-2-甲基丙醛。以仙客来醛(Cyclamen aldehyde®)闻名的 3-(4-异丙基苯基)-2-甲基丙醛带有强
567 烈的花香和草绿香型香调(图 6.9)。这一气味剂主要在肥皂中被用于许多花香、草绿香型的、清新的和海洋香调。对映异构体有着不同的气味特性。3-(4-叔-丁

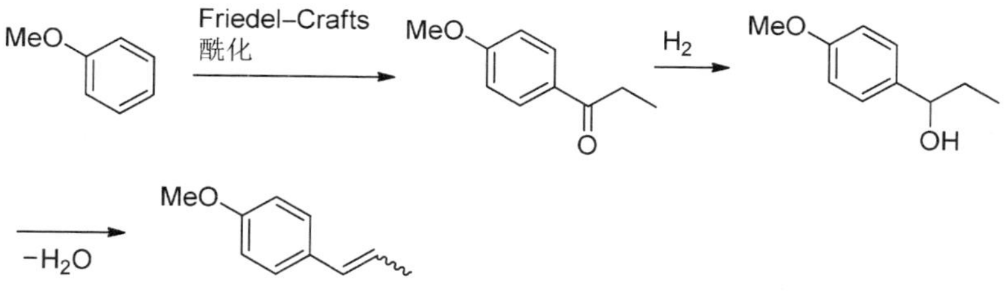

图解 6.63 茴香脑的制备

基苯基)-2-甲基丙醛("Lilial®"①铃兰醛)由于带有叔丁基,比仙客来醛[6]有着更为明显的铃兰气味,其为奇华顿 SA 的注册商标[167]。② 它被用于男用香味剂馥奇香型的"Paco Rabanne"(Rabanne,1973)和女用香味剂"Calyx"(Prescriptives,1987)[17]。(*R*)-对映异构体带有稍微更强的气味[58]。外消旋的 Lilial® 可以通过 4-叔丁基苯甲醛与丙醛的羟醛缩合反应,及产生的肉桂醛衍生物在兰尼镍催化剂上后续的氢化得到[168]。现今的产量为超过 2 500 t/a[122]。它是大多数带有花香香调的香水的基本组成部分。Canthoxal®(IFF)带有欧亚甘草、罗勒、茴香和八角香调。它可以与邻氨基苯甲酸甲酯缩合生成亚胺,能增强食物或者口香糖中的香气或者味道[169]。Helional®(Tropional®)是另一种珍贵的带有花香和草绿香型的气味物质。它是香水"L'Eau d'Issey masc"(三宅一生,1994)和"Allure"(香奈儿,1996)的成分。气味评估显示出对映异构体间的显著不同。人们认为交易规模为 300～500 t 外消旋物的气味表达来自(*S*)-对映异构体[170]。通常,大规模合成 3-芳基-2-甲基丙醛的竞争方法是相关 α,β-不饱和醛的氢化[171]。 568

R = *i*-Pr: Cyclamen aldehyde®
R = *t*-Bu: Lilial®
R = MeO: Canthoxal®
R = 2-甲基-丙基: Sylvial®

Helional® (Tropional®)

图 6.9 著名的基于 3-芳基-甲基丙醛的气味

关于氢甲酰化,除了一个例外,通常都使用分离的烯烃。Hoechst 提出了从月桂树的树皮和树干中通过蒸馏提取出的黄樟油的直接氢甲酰化[172]。在此方法中,使用了 Rh(PPh_3)催化剂,4-(3,4-亚甲基二氧苯基)丁醛和 2-甲基-3-(3,4-亚

---

① 它也由 BASF 以商品名 Lysmeral® 出售。
② 其对应的带有邻氨基苯甲酸甲酯结构的亚胺(铃兰素)呈现橘子和菩提花的香味,被用作固定剂。见文献[26]。

甲基二氧苯基)丙醛为主要产物。

一般来说,2-芳基-1-丙烯主要在端位置发生氢甲酰化。典型的例子是丁香酚使用单齿亚磷酸三酯或者芳基膦修饰的铑催化剂的氢甲酰化(图解6.64)[173,174]。但是,当后者被更具碱性的例如 $P(n-Bu)_3$ 置换时,直链醛的生成可以被更好地抑制[174]。使用二齿配体 dppp 最终得到 69%的生成更为珍贵的支链醛的选择性。

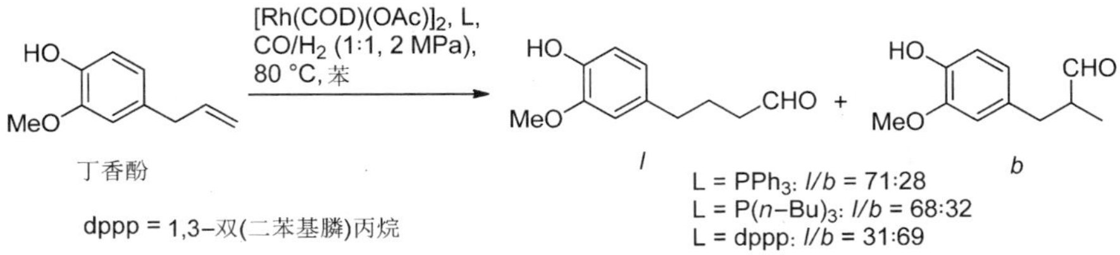

图解 6.64 使用不同膦配体的丁香酚的氢甲酰化

与之形成对比的是,在异构的1-芳基-1-丙烯的氢甲酰化中,甲酰基团通常与电子密度减少最多的碳原子连接,即邻近芳环的碳原子。这与人们使用苯乙烯观测到的趋势相同。异丁香酚与异黄樟醚在 Rh(NAPHOS)催化剂存在的条件下反应,除了微量的氢化产物外,几乎完全得到 α,α-支链醛(Ⅱ,图解 6.65)[174]。相反地,当使用 dppp 作为配体时,更为珍贵的2-醛(Ⅰ)的形成倾向增强了[174]。在反式茴香脑的氢甲酰化中这一比例可以通过使用手性双亚磷酸三酯配体来改进[175]。

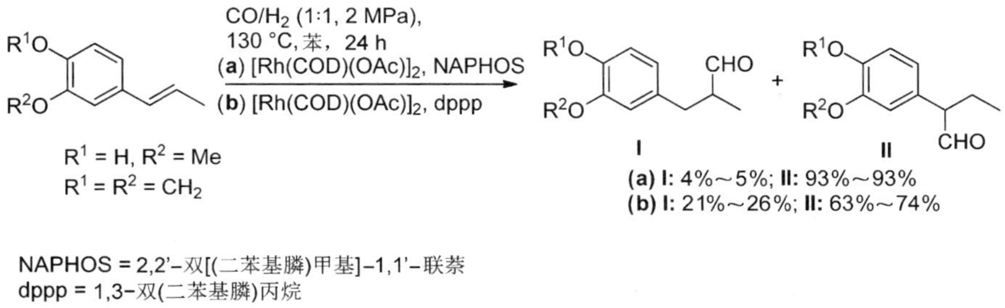

图解 6.65 1-芳基-1-丙烯的氢甲酰化

569 底物导向的区域化学性质可以通过调节温度来改变。在丁香酚[176]和异丁香酚[177]的氢甲酰化中,分别使用未修饰的铑催化剂和增高温度,也形成两种"不常见"的醛(表 6.2)。这一结果可以通过在加热时双键会先发生异构化来解释。

一系列包括丁香酚、黄樟脑和草蒿脑的芳基取代的苯丙化合物的氢甲酰化,在单亚磷酸三酯铑催化剂存在时,300 psi(约 21 bar)下以 78%~84%的产率得到正醛(表 6.3)[178]。芳环上的取代基的作用很微弱。

表 6.2 丁香酚和异丁香酚的氢甲酰化后 CHO 基团位置与温度的关系

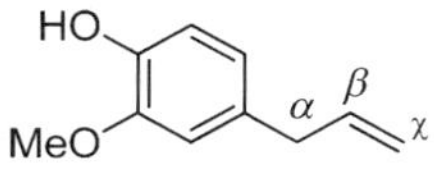

丁香酚

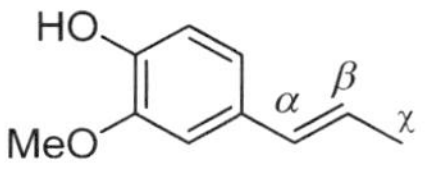

异丁香酚

T/℃	丁香酚			异丁香酚		
	α/%	β/%	χ/%	α/%	β/%	χ/%
70	0	48	52	95	5	0
80	3	45	52	90	10	0
100	11	37	52	50	45	5
130	41	24	35	40	50	10

反应条件：$CO/H_2=1:1$，600 bar，$[RhCl(COD)]_2$。

表 6.3 不同的 1-芳基-1-丙烯的氢甲酰化

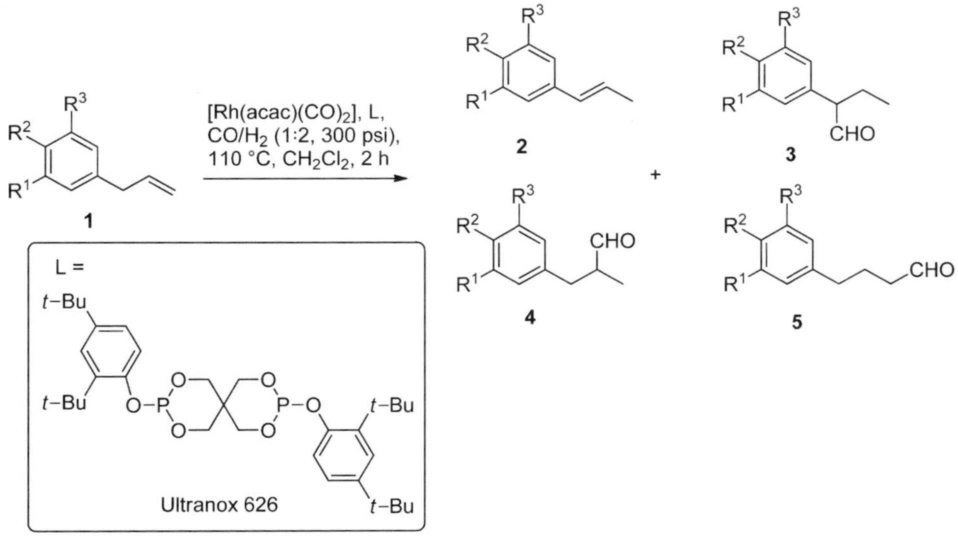

底物			异构体	醛			
R^1	R^2	R^3	2/%	总计/%	3/%	4/%	5/%
H	OH	OMe	3	96	0	19	81
H	—CH_2O—		4	95	0	21	79
H	H	OMe	6	92	0	17	83
H	OMe	OMe	10	87	0	16	84
H	H	H	6	93	1	19	80
OMe	OMe	OH	3	95	0	22	78

当同样条件下的反应在 MeOH 溶剂中进行时，除了生成少量醛以外，也以68%～82%的产率形成对应的二甲基缩醛的产率形成(图解 6.66)[178]。在一些情况中，还能检测到不饱和甲酯。

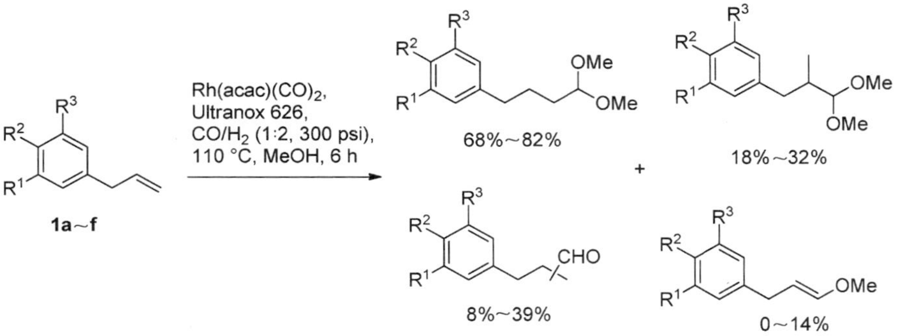

图解 6.66 不同 1-芳基-1-丙烯在甲醇中的氢甲酰化(R^1～R^3 与表 6.3 比较)

571 2015 年，人们在使用单齿和双齿磺化配体(例如 TPPTS、BISBIS)的铑的双相系统中研究了同样的底物[179]。加入阳离子表面活性剂 CTAB(cetyltrimethylammonium bromide，溴化十六烷基三甲铵)增加反应速率，但是高表面活性剂浓度会影响区域选择性。在所有的情况中，都主要形成端醛。在离子液中也有类似的异构体的分布[180]。

为了解决复杂的区域选择性问题，人们提出了对应的烯醇醚的氢甲酰化(图解 6.67)[181]。这一底物可以通过相关的苯丙酮衍生物的缩醛化和后续消去 1 当量的乙醇得到。使用铑簇的氢甲酰化反应以 100 g 规模进行。烯醇醚在 β-位置发生反应。第二个消去步骤得到 α,β-不饱和醛，其被 H_2 还原选择性地得到预期的 2-甲酰化合物。

人们使用反式-1-苯基-1-丙烯作为底物研究了铑催化的不对称氢甲酰化反

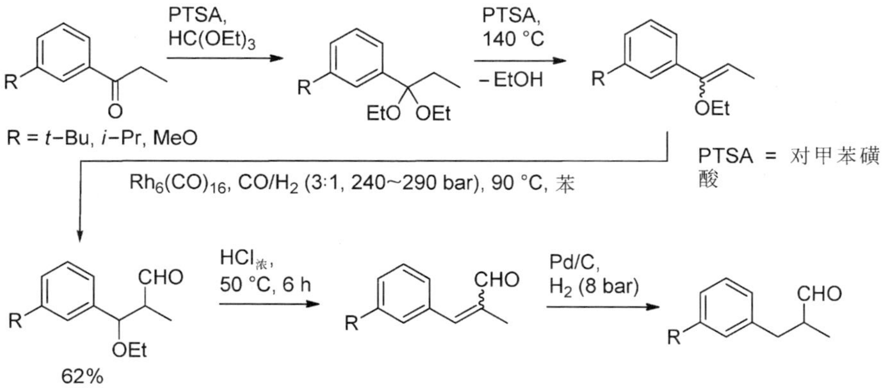

图解 6.67 1-芳基-烯醇醚的制备和氢甲酰化

应(图解 6.68)[182]。使用了锥角范围在 240～270°的单齿手性亚磷酸三酯。在最佳情况下，TOFs 约为 200/h。主要形成 1-甲酰化合物，但是对映异构过量值很差。最近，在 ChiroTech 小组的 Cobley 和 Clarke 取得了进展[183]。在 Rh(bobphos)催化剂存在、十分温和的条件下，过量形成支链醛，且两种底物都达到了约 90%ee(图解 6.69)。 572

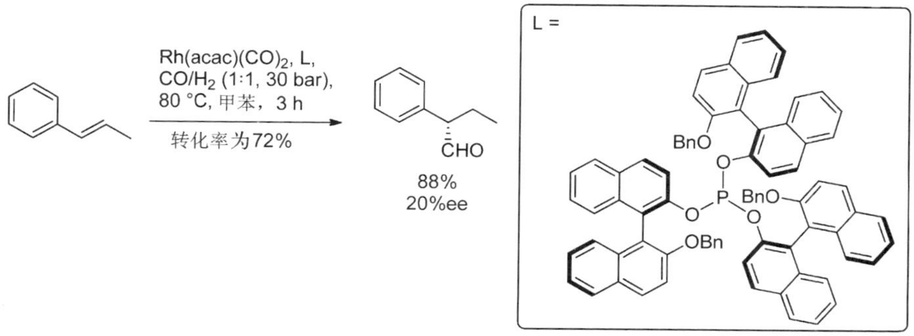

图解 6.68 1-苯基-1-丙烯的不对称氢甲酰化

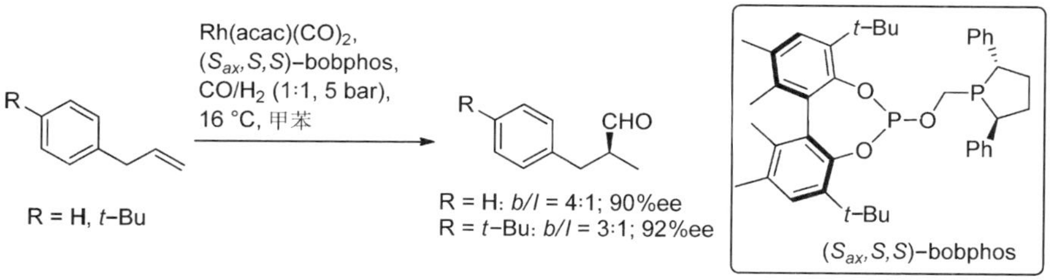

图解 6.69 芳基丙烯的不对称氢甲酰化

支链的芳基取代醛可以通过相关烯烃使用未修饰的铑催化剂的氢甲酰化制备(图解 6.70)[164]。甲酰基被引入双键中立体位阻较小的碳原子。

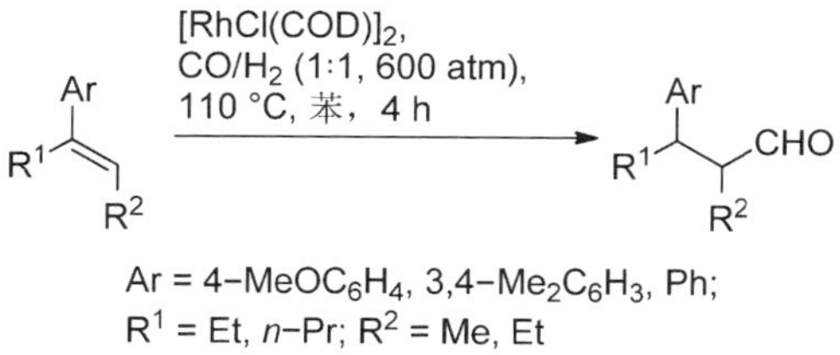

图解 6.70 α-支链芳基烯烃的氢甲酰化

BASF 提出了链长主要为五个碳原子的芳基烯烃的氢甲酰化(图解 6.71)[184]。未修饰的铑催化剂$[RhCl(COD)]_2$ 在苯中作为催化剂。例如，1-邻甲苯基-3-甲酰-戊烷和 1-邻甲苯基-4-甲酰-戊烷的混合物分别被转化为对应的异构的醇和乙酰酯。两种混合物都带有花香。 573

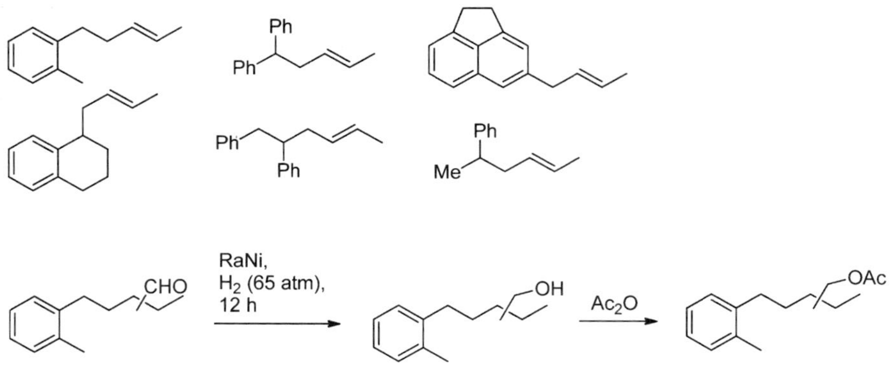

图解 6.71　不同烯烃的底物和氢甲酰化

6.1.3.6　乙烯醚

BASF 为从乙烯基芳基醚的区域选择氢甲酰化生成的、具有成为芳香化合物潜在价值的醛申请了专利(图解 6.72)[185]。许多烯烃以 250～1 690 g 的规模被用于未修饰的铑催化剂催化的反应。反应主要生成 α -醛,其可以通过蒸馏从 β -异构体和氢化产物中分离。

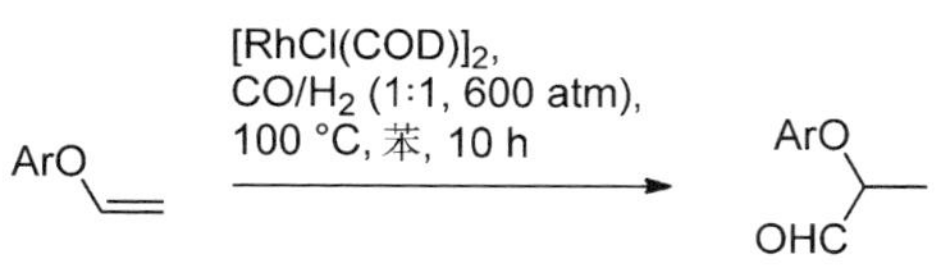

图解 6.72　乙烯基-芳基醚的氢甲酰化

6.1.3.7　烯丙醚及其同系物

IFF 申请了带有异丙苯基、异冰片基、2 -甲基- 2 -戊醇和松油基的烯丙醚氢甲酰化的专利(表 6.4)[186]。在所有情况中,都能形成直链和支链醛。蒸馏后,对直链化合物的气味进行了评估。来自异冰片基的醛被还原生成对应的带有典型广藿香芳香的羟基丁醚。

表 6.4　烯丙醚的氢甲酰化和香味特性

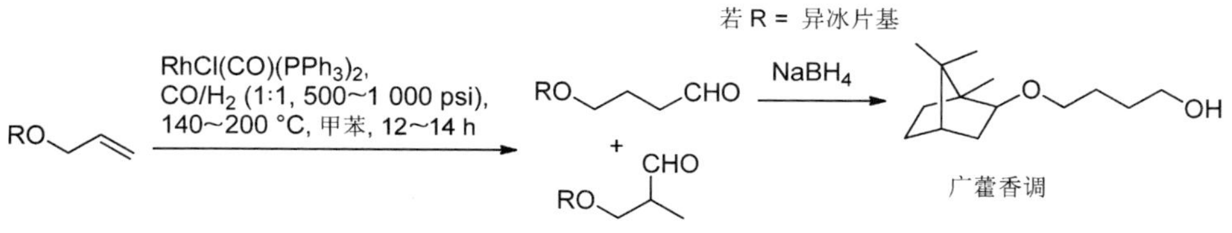

R	直链醛的香味特性
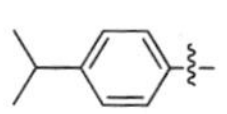	易扩散，锯屑味

续　表

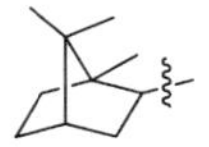	天然松木味、丝柏木和加拿大香脂味
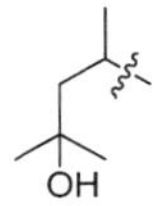	辛香调（肉桂）、花香调（康乃馨）、带丁子香烯前调的草本和果香调
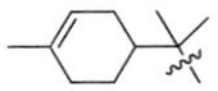	柑橘调（葡萄柚）类香味

以同样的方法，相关的支链烯丙醚也适用于类似的反应条件（表 6.5）[186,187]。

表 6.5　支链烯丙醚的氢甲酰化和香味特性

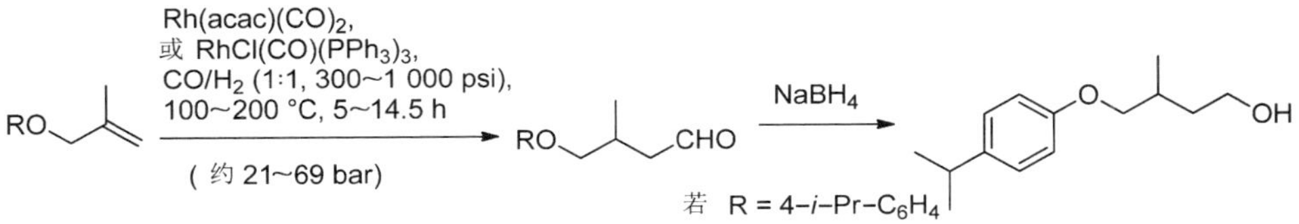

R	醛的香味特性
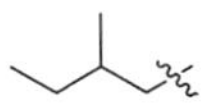	柑橘调、花香调、香茅醛味和草绿香调
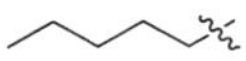	灰尘味、金属味和醛味
	醛味、橘子醛味、柑橘皮味、果香调、花香调和草绿香调
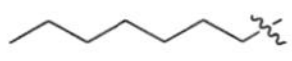	醛味、柑橘调、橙子调、强烈的、多汁的、浓郁的
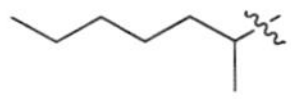	醛味、柑橘调、内酯味、草绿香调、奶油香甜味
	醛味、油脂味、柑橘调
	醛味、油脂味、柑橘调
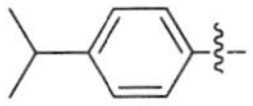	草绿辛香、像菖蒲的味道
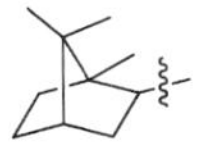	广藿香、带巧克力前调的香菜木质调、干杉木味，和广藿香后调
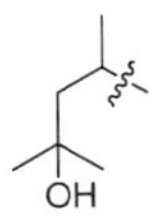	草本的、强烈的绿叶香味，有胡椒和辛辣味道，并伴随草本胡椒味乳香和易扩散的琥珀香后调

续 表

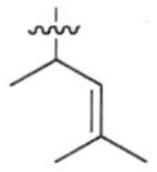	草本的、强烈的绿叶香味，有胡椒和辛辣味道，并伴随草本胡椒味乳香和易扩散的琥珀香后调
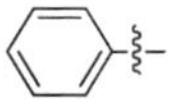	草本的甜果香、甘菊似的香味，并伴随焦糖后调

使用其中一些带有特殊的气味的底物时，只生成端 4-氧取代的 3-甲基丁醛。来自枯基的醛通过使用 $NaBH_4$ 转化为伯醇[186]。此醇带有坚果的木质的水生香调、清新空气棉布和草绿橙子芳香。

4,7-二氢-1,3-二噁庚英可以很容易地由不饱和 1,4-二醇与醛或者酮在酸性介质中的缩醛化反应制备，如图解 6.73 所示使用 2,2-二甲基丙醛和 2-丁烯-1,4-二醇[188]。

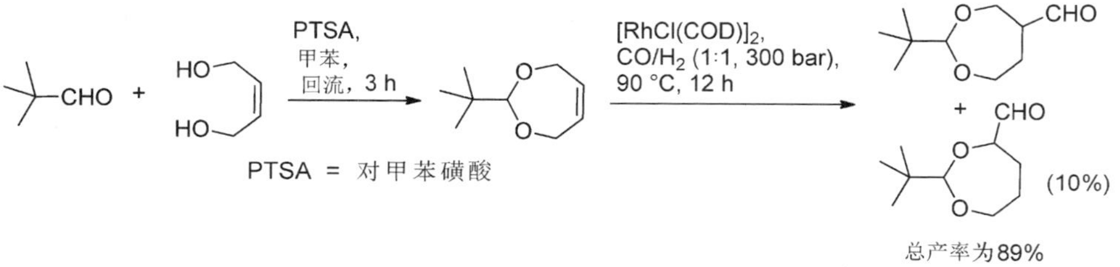

图解 6.73　4,7-二氢-1,3-二噁庚英的制备和后续的氢甲酰化

例如以 430 g 规模进行的氢甲酰化能产生带有令人联想起海风和铃兰气味的对应的 5-甲酰-1,3-二氧杂环庚。作为副产物，4-甲酰-1,3-二氧杂环庚以约 10%的产率形成。它可以较容易地通过蒸馏被移除。基于这一流程，许多其
574 他的酮和醛分别与 1,4-丁烯二醇衍生物反应，后续与未修饰的或者 PPh_3 修饰的铑催化剂发生氢甲酰化，生成气味性质十分不同但都十分有应用价值的产物。有趣的是，相关的 4-甲酰或者 7-甲酰取代的同型物并不能作为芳香化合物使用[189]。

当“橙花醚”使用未修饰的铑催化剂在约 69 bar 下反应时，选择性地形成 8-甲氧基甲醛，其可用于带有草绿型花香(紫丁香)香气的香水(图解 6.74)[186]。

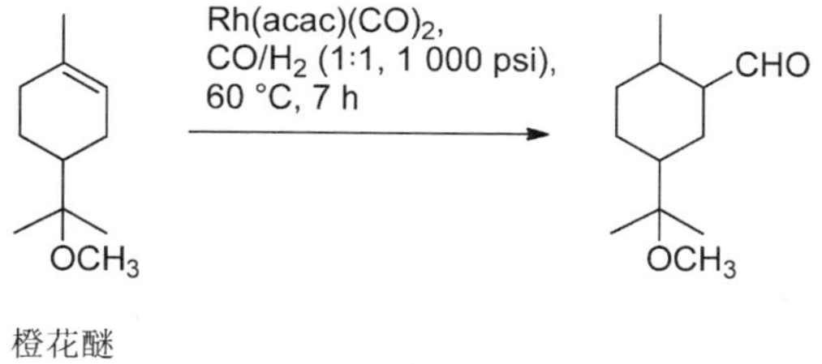

橙花醚

图解 6.74　橙花醚的氢甲酰化

6.1.3.8 通过氢甲酰化直接制备醇

醛和醇在气味特征上有时会很相似。但是,在一些例子中(例如 C_6 -烯醛与它们对应的醇)醇的气味强度要低 100～1 000 倍,这对于达到特定的气味表达非常重要[190]。

醇可以从醛的氢化得到,或者在修饰的氢甲酰化中直接从烯烃底物得到预期的醇(见第 5.2 节)。通常得到的直链和支链的长链醇可以通过在液态烃(丁烷、异戊烷、正戊烷)或者甲基叔丁醚(MTBE)中溶解及降温至 −52℃ ～ −20℃ 来分离[191]。从这些液体中,主要是直链醇重结晶。

正己醇通过 1 -戊烯与修饰的钴催化剂的还原氢甲酰化合成[192]。预期得到的醇的产率取决于 P/Co 的比例以及所使用的膦配体的种类。低 P/Co 比例倾向于形成支链产物,这可以归功于未修饰的催化剂 $HCo(CO)_4$ 的催化作用。使用 PPh_3 时,主要只形成醛;而使用 PBu_3 时得到端醇。增加 CO 分压会略微降低正区域选择性。较低的温度(150～180℃)会增加直链产物。 576

使用例如 PEt_3 的强碱性膦作为附加配体的铑催化剂的 1 -己烯的氢甲酰化会得到正庚醇[193]。在甲苯或者 THF 中,得到异构的醛和醇的混合物。只有使用乙醇作为溶剂时才能以约 2∶1 的 l/b 比例只形成预期的醇。

在富电子二齿配体的协助下,直接制备 1 -十一醇的正癸烯的氢甲酰化-氢化同釜反应成为可能[194]。在此反应中,所选择的 H_2 分压几乎是 CO 分压的两倍。预期得到的醇的形成可以通过在醇的水溶液中进行反应并且使用 Xantphos 或者 $P(n-Bu)_3$ 作为配体来进一步改善[195]。

(+)-柠烯在两性离子铑配合物存在的条件下以 $NaBH_4$ 作为氢气来源,于约 34 bar 的 CO 压力下反应,只生成醇(图解 6.75)[196]。

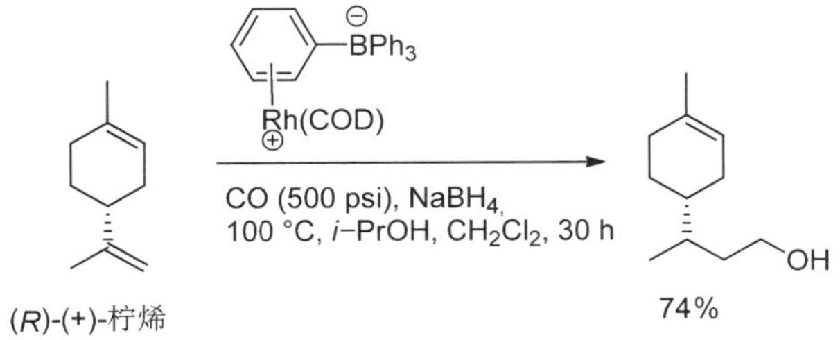

图解 6.75 (+)-柠烯的还原氢甲酰化

4,8 -二甲基-二环[3.3.1]壬- 7 -烯- 2 -醇可以通过柠烯的氢甲酰化(见上文)和后续酸催化的醛分子内环化反应得到(图解 6.76)[197]。这种带有强烈类薄荷气味的醇可以通过合成气与柠烯在均相 Pt/Sn 催化剂下的一步反应来替代制备[75,198]。在这些条件下,两种非对映异构体几乎等量(47∶53)形成。作为替代,反应还可以使用铑配合物在对甲苯磺酸吡啶盐(PPTS)存在的情况下进行[199]。 577

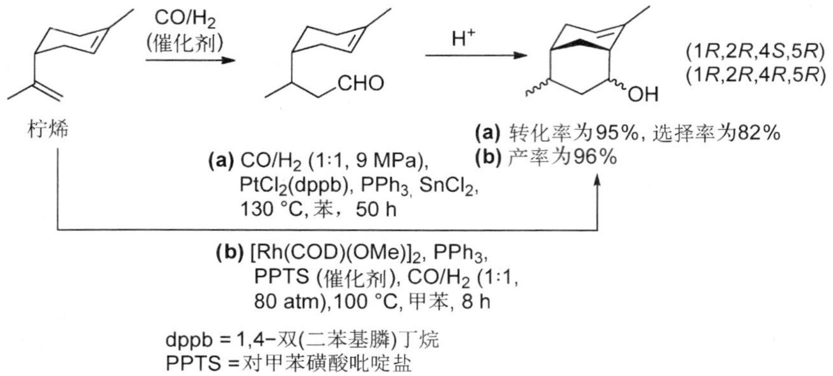

图解 6.76 (+)-柠烯的氢甲酰化-环化反应

6.1.3.9 *新方法*

2014 年，Beller 和其同事[200]报告了烯烃与合成气和酮的氢甲酰化-羟醛缩合-氢化反应（图解 6.77）。特别是使用酮的反应开辟了得到不同的甲基酮的新途径[201]，例如通常从芳樟醇或者十一醇制备的香叶基丙酮。这种化合物带有清新草绿香型、略刺鼻的、类玫瑰气味，且被用于香水的玫瑰成分中。茄酮和法呢基丙酮是烟草中决定味道的成分。或者，甲基酮也可以作为合成其他香味剂的中间产物。如 6-甲基-5-庚烯-2-酮就是得到不同的萜类化合物的重要中间产物[202]。近千年来被用于香水和制药，且早期是从麝中提取的麝香酮也可以从十六烷-2,15-二酮中得到[203]。

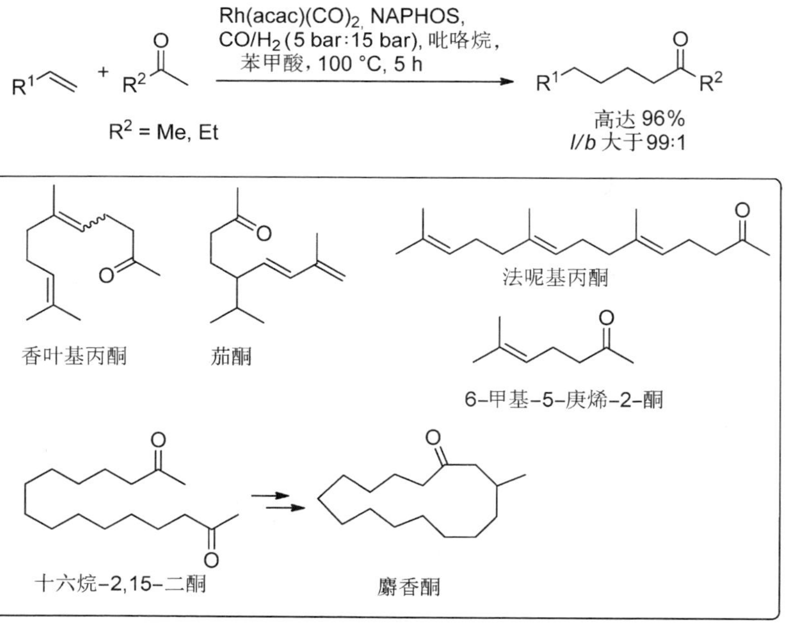

图解 6.77 氢甲酰化-羟醛缩合-氢化串联反应和可能的目标化学品

最近，人们发现了钯催化的炔的氢甲酰化（图解 6.78）[204]。这一流程可以得到芳香化工中十分常见的结构类型 α，β-不饱和醛，其一般通过羟醛缩合来制备[205]。这一结构可以在例如 α-甜橙醛或者 β-甜橙醛的最终产物的中间物中发现[207]。这些倍半萜烯有着甜橙芳香且在自然界中的柠檬油中存在。通过这一方法可以得到的另一种香味剂是 2-（苯基亚甲基）庚醛（戊烷基肉桂醛、戊基肉桂醛），前提条件是能轻易得到所需要的炔烃底物，且反应能生成预期的区域异构产物。此香味剂带有草绿香型气味且特征十分稳定，这对在表面活性剂和清洁剂中的应用十分重要[208]。 578 579

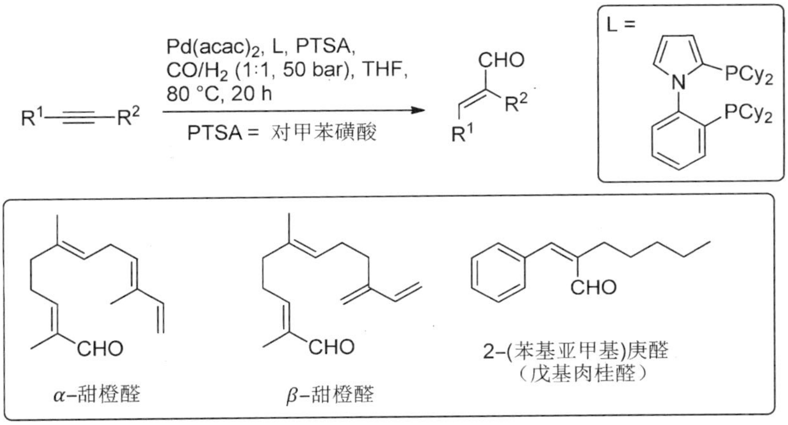

图解 6.78 钯催化的炔烃的氢甲酰化和潜在的目标化学品

6.1.4 结论和展望

虽然氢甲酰化在香味剂和香料制造的综述里只有零星的记载，但在原始文献，主要是专利文献中有许多的例子显示这一方法在合成中的潜力巨大。特别是通常在芳香化合物（烯烃、醛、酮、缩醛、酯）中出现的底物和产物的亚化学结构使得氢甲酰化在这一领域具有特别的吸引力。现在，一些基于钴、铑或者铂/锡的催化系统能够以优秀的活性和中等到优秀的区域选择性制备一些预期得到的醛。尽管如此，为了使氢甲酰化达到香料和香味剂制造的特殊要求从而更具吸引力，我们仍然需要选择性更高的催化剂。

同时，人们还研发了使用合成气替代品例如甲醛、仲甲醛或者 CO_2（见第 3 节）的方法[209]。一般来说，这些方法在小规模使用时易于操作，因为可以避免使用具有毒性的 CO 所需要的特殊安全保障。另外，人们还提出了也可用于制备香味剂的替代金属[210]。

一个完全没有解决的问题是叔烯烃的异构选择的氢甲酰化。我们知道 2-甲基-茚满基-2-甲醛和其对应的醇可具有特殊的气味表达。后续所示的支链醇是铃兰（lily-of-the valley）类花香香味剂的新成员（图解 6.79）[5]。这种化合物可以被看作 Haarmann & Reimer（现在的 Symrise）和 Wacker 注册的、现在 Shanghai

Richem 也生产的 Majantol® 的构象限制的同型物。

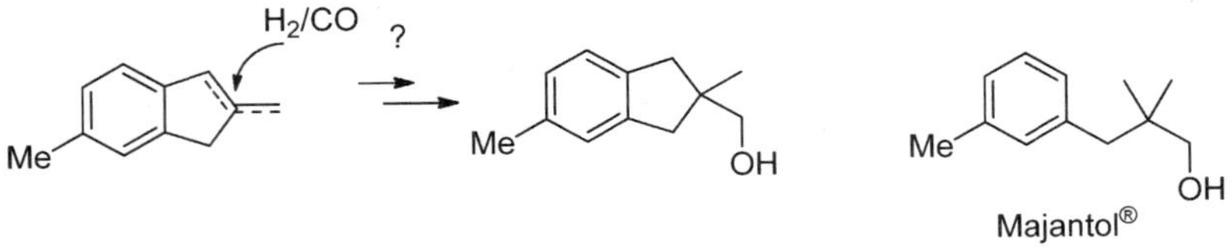

图解 6.79 氢甲酰化未来面临的挑战

另一个重要的问题是非对称转化中能否达到高对映异构选择性。

580 由于香味剂和气味的产业一直快速变化并受到时尚潮流的影响[211]，氢甲酰化方法的优势在于可以及时地适应变化，从而对领域内的新潮流做出快速反应。特别是未来若最终能寻找到与每个人的基因相关的"个性香水"[212]，那氢甲酰化方法在应用领域将潜力巨大。

参考文献

1. This is an updated version published as: Gusevskaya, E. V., Jiménez-Pinto, J., and Börner, A. (2014) *ChemCatChem*, **6**, 382–411.
2. Probably receptors do not respond to the shape of the molecules but to their vibrations, which could be proven by IR spectroscopy: Turin, L. (1996) *Chem. Senses*, **21**, 773–791.
3. Turin, L. and Yoshii, F. (2001) in *Handbook of Olfaction and Gustation* (ed. R. Doty), Marcel Dekker, New York, pp. 1–35.
4. For a deeper insight into the mechanism of human olfactory perception, compare: Gelperin, A. (2010) in *The Chemistry and Biology of Volatiles* (ed A. Herrmann), John Wiley & Sons, Ltd., Chichester, pp. 251–289.
5. Ohloff, G. (2004) *Düfte – Signale der Gefühlswelt*, Verlag Helvetica Chimica Acta, Wiley-VCH Verlag GmbH, Zürich, pp. 27–62.
6. Sell, C. (ed) (2006) *The Chemistry of Fragrances: From Perfumer to Consumer*, Royal Society of Chemistry, pp. 266–268.
7. (a) Schnuch, A., Geier, J., Uter, W., and Frosch, P.J. (2007) *Contact Dermatitis*, **57**, 48–50; (b) Walther, C., Huber, B., Neumann, L., and Raddatz, H. (2015) *Nachr. Chem.*, **63**, 533–538.
8. Legrum, W. (2011) *Riechstoffe, zwischen Gestank und Duft*, Vieweg + Teubner Verlag, Wiesbaden, p. 128.
9. Lamboley, S., Morel, C., de Saint Laumer, J.-Y., Boschung, A.F., Richards, N.G.J., and Winter, B.M. (2004) *Helv. Chim. Acta*, **87**, 1767–1792.
10. http://www.panjora.com/books/perf_and_flav_synth/perf_and_flav_synth_pgs_019–025.htm (accessed 14 September 2015).
11. (a) James, A.G., Cox, D., and Worrall, K. (2013) *Flavour Fragrance J.*, **28**, 231–237; (b) Hammer, T.R., Berner-Dannemann, N., and Hoefer, D. (2013) *Flavour Fragrance J.*, **28**, 238–244.
12. Takeuchi, K., Yabuki, M., and Hasegawa, Y. (2013) *Flavour Fragrance J.*, **28**, 223–230.
13. Hammond, C.J. (2013) *Flavour Fragrance J.*, **28**, 251–261.
14. Herrmann, A. (2010) in *The Chemistry and Biology of Volatiles* (ed A. Herrmann), John Wiley & Sons, Ltd., Chichester, pp. 333–362.

15. Diebolt, O., Cruzeuil, C., Müller, C., and Vogt, D. (2012) *Adv. Synth. Catal.*, **354**, 670-677.
16. Mimoun, H. (1996) *Chimia*, **50**, 620-625.
17. (a) Frater, G., Bajgrowicz, J.A., and Kraft, P. (1998) *Tetrahedron*, **54**, 7633-7703; (b) Kraft, P., Bajgrowicz, J.A., Denis, C., and Frater, G. (2000) *Angew. Chem. Int. Ed.*, **39**, 2980-3010.
18. Sell, C. (2003) *A Fragrant Introduction to Terpenoid Chemistry*, Royal Society of Chemistry, Cambridge, pp. 342-343.
19. Rowe, D.J. (2005) in *Chemistry and Technology of Flavors and Fragrances* (ed D.J. Rowe), Blackwell, Boca Raton, FL, pp. 56-84.
20. (a) van Leeuwen, P.W.N.M. and Claver, C. (eds) (2000) *Rhodium Catalyzed Hydroformylation*, Kluwer Academic Publishers, Dordrecht; (b) Franke, R., Selent, D., and Börner, A. (2012) *Chem. Rev.*, **112**, 5675-5732.
21. Siegel, H. and Himmele, W. (1980) *Angew. Chem. Int. Ed. Engl.*, **19**, 178-183.
22. (a) Chalk, A.J. (1986) in *Flavors and Fragrances: A World Perspective*. Proceedings of the 10th International Congress of Essential Oils, Fragrances and Flavors, Washington, DC (eds W.M. Lawrence, B.D. Mookherjee, and B.J. Willis), pp. 867-882; (b) J. Chalk, In *Catalysis of Organic Reactions*, P. N. Rylander, H. Greenfield, R. L. Augustine (eds) vol. **22**, Marcel Dekker, New York, 1988, pp. 43-63.
23. Chapuis, C. and Jacoby, D. (2001) *Appl. Catal., A*, **221**, 93-117.
24. (a) Swift, K.A.D. (2004) *Top. Catal.*, **27**, 143-155; (b) Monteiro, J.L.F. and Veloso, C.O. (2004) *Top. Catal.*, **27**, 169-180.
25. (a) Behr, A. and Vorholt, A.J. (2012) *Top. Organomet. Chem.*, **39**, 103-127; (b) Whiteker, G.T. and Cobley, C.J. (2012) *Top. Organomet. Chem.*, **42**, 35-46.
26. C. Sell, (2006) In *The Chemistry of Fragrances*, 2nd edn; C. Sell (ed.), The Royal Society of Chemistry, p. 53.
27. Leffingwell & Associates http://www.leffingwell.com/top_10.htm (accessed 14 September 2015).
28. Brenna, E., Fuganti, C., and Serra, S. (2003) *Tetrahedron: Asymmetry*, **14**, 1-42.
29. Rautenstrauch, V., Lindström M., Bourdin, B., Currie, J., and Oliveros, E. (1993) *Helv. Chim. Acta*, **76**, 607-615.
30. (a) Frohning, C.D. and Kohlpaintner, C.W. (1996) in *Applied Homogeneous Catalysis with Organometallic Compounds*, vol. 1 (eds B. Cornils and W.A. Herrmann), Wiley-VCH Verlag GmbH, Weinheim, pp. 29-31; (b) Hebrard, F. and Kalck, P. (2009) *Chem. Rev.*, **109**, 4272-4282.
31. Haumann, M., Meijboom, R., Moss, J. R., and Roodt, A. (2004) *Dalton Trans.*, 1679-1686.
32. Hanson, J.R. (1991) in *Comprehensive Organic Synthesis* (eds B.M. Trost, I. 581
Fleming, and G. Pattenden), Pergamon Press, Oxford, pp. 705-719.
33. van Leeuwen, P.W.N.M. and Freixa, Z. (2008) in *Modern Carbonylation Methods* (ed L. Kollàr), Wiley-VCH Verlag GmbH, Weinheim, pp. 8-9 and Ref. cited therein.
34. Srivastava, V.K., Shukla, R.S., Bajaj, H.C., and Jasra, R.V. (2005) *Appl. Catal., A*, **282**, 31-38.
35. Keulemans, A.I.M., Kwantes, A., and van Bavel, T. (1948) *Recl. Trav. Chim. Pays-Bas*, **67**, 298-308.
36. Chalchat, J.C., Garry, R.P., Lecomte, E., and Michet, A. (1991) *Flavour Fragrance J.*, **6**, 179-182.
37. Hagen, J. and Bruns, K. (to Henkel KGaA) (1980) Patent DE 2849720; US 4,270,007 (1981).
38. Smith, S.E., Rosendahl, T., and Hofmann, P. (2011) *Organometallics*, **30**, 3643-3651.
39. Kummer, R. (to BASF AG) (1976) Patent DE 2414253.
40. Ohgomori, Y., Suzuki, N., and

Sumitami, N. (1998) *J. Mol. Catal.*, **133**, 289 - 291.

41. Melo, D.S., Pereira-Júnior, S.S., and dos Santos, E.N. (2012) *Appl. Catal.*, *A*, **411 - 412**, 70 - 76.
42. Unless otherwise noted olfactory properties for olefinic substrates and commercialized products are derived from: (a) Surburg, H. and Panten, J. (2006) *Common Fragrance and Flavor Materials*, 5th edn, Wiley-VCH Verlag GmbH, Weinheim, p. 14; (b) Leffingwell & Associates http://www.leffingwell.com/ald.htm (accessed 14 September 2015).
43. Vogt, D. (2004) in *Aqueous Phase Organometallic Catalysis - Concepts and Applications*, 2nd edn (eds B. Cornils and W.A. Herrmann), Wiley-VCH Verlag GmbH, Weinheim, pp. 639 - 645.
44. van Leeuwen, P.W.N.M., Clément, N. D., and Tschan, M.J.-L. (2011) *Coord. Chem. Rev.*, **255**, 1499 - 1517.
45. Suzuki, Y., Kinoshita, S., Shibahara, A., Ishii, S., Kawamura, K., Inoue, Y., and Fujita, T. (2010) *Organometallics*, **29**, 2394 - 2396 and Ref. cited therein.
46. Bollmann, A., Blann, K., Dixon, J.T., Hess, F.M., Killian, E., Maumela, H., McGuinness, D.S., Morgan, D.H.,
582 Neveling, A., Otto, S., Overett, M., Slawin, A.M.Z., Wasserscheid, P., and Kuhlmann, S. (2004) *J. Am. Chem. Soc.*, **126**, 14712 - 14713 and Ref. cited therein.
47. Lutz, E.F. (to Shell Internationale Research Maatschappij B. V.) (1997) Patent WO 97/34854.
48. (a) Billig, E., Abatjoglou, A.G., and Bryant, D.R. (to Union Carbide Corporation) (1987) Patent EP 213639; EP 214622 (1987); US 4769498 (1988); (b) Cuny, G.D. and Buchwald, S.L. (1993) *J. Am. Chem. Soc.*, **115**, 2066 - 2068.
49. Vogl, C., Paetzold, E., Fischer, C., and Kragl, U. (2005) *J. Mol. Catal. A: Chem.*, **232**, 41 - 44.
50. Chang, B.H. (to Ashland Oil, Inc.) (1985) Patent US 4506101.
51. Bogdanovic, S., Bahrmann, H., Frohning, C.-D., and Wiebus, E. (to Hoechst AG) (1998) Patent WO 9830527.
52. (a) Schwager, I. and Knifton, J.F. (to Texaco Development Corp.) (1973) Patent DE 2322751; (b) Knifton, J.F. and Moss, P.H. (to Texaco Development Corp.) (1978) Patent DE 2811403.
53. Selent, D., Hess, D., Wiese, K.-D., Röttger, D., Kunze, C., and Börner, A. (2001) *Angew. Chem. Int. Ed.*, **40**, 1696 - 1698.
54. Bogdanovic, S. (to Hoechst A.-G.) (1999) Patent DE 19740672.
55. Dupont, J., Silva, S.M., and de Souza, R.F. (2001) *Catal. Lett.*, **77**, 131 - 133.
56. Blumenthal, M.J.H. (to International Flavors & Fragrances Inc.) (1968) Patent FR 1508854.
57. Bahrmann, H., Cornils, B., Diekhaus, G., and Kasche, W. (to Ruhrchemie Aktiengesellschaft) (1979) Patent EP 7609.
58. Enders, D. and Dyker, H. (1990) *Liebigs Ann. Chem.*, 1107 - 1110.
59. Flachsmann, F. (to Givaudan SA) (2007) Patent EP 2032516.
60. Yoneda, T. and Kameda, N. (2001) *Nippon Kagaku Kaishi*, **8**, 451.
61. Behr, A., Brunsch, Y., and Lux, A. (2012) *Tetrahedron Lett.*, **53**, 2680 - 2683.
62. Peng, Q., Yang, Y., Wang, C., Liao, X., and Yuan, Y. (2003) *Catal. Lett.*, **88**, 219 - 225.
63. Yuan, M., Chen, H., Li, R., Li, Y., and Li, X. (2004) *Catal. Lett.*, **94**, 15 - 16.
64. Luska, K.L., Demmans, K.Z., Stratton, S.A., and Moores, A. (2012) *Dalton Trans.*, **41**, 13533 - 13540.
65. Yuan, M., Fu, H., Li, R., Chen, H., and Li, X. (2010) *Chin. J. Catal.*, **31**, 1093 - 1097.
66. (a) Gierer, J. (1985) *Wood Sci. Technol.*, **19**, 289 - 312; (b) Mäki-Arvela, P., Hombom, B., Salmi, T., and Murzin, D.Y. (2007) *Catal. Rev. Sci. Eng.*, **49**, 197 - 340.

67. Usai, M., Foddai, M., Sechi, B., Juliano, C., and Marchetti, M. (2010) *Nat. Prod. Commun.*, **5**, 1985-1989.
68. Himmele, W. and Siegel, H. (1976) *Tetrahedron Lett.*, **12**, 907-910.
69. de Freitas, M.C., Vieira, C.G., dos Santos, E.N., and Gusevskaya, E.V. (2013) *ChemCatChem*, **5**, 1884-1890.
70. (a) Pfohl, S., Paust, J., Siegel, H., Himmele, W., Hoffmann, W., and Fraunberg, K.V. (to BASF AG) (1975) Patent DE 2404305; (b) Hoffmann, W., Himmele, W., Paust, J., Fraunberg, K.V., Siegel, H., and Pfohl, S. (to BASF AG) (1976) Patent DE 2453283.
71. dos Santos, E.N., Pittman, C.U. Jr., and Toghiani, H. (1993) *J. Mol. Catal.*, **83**, 51-65.
72. (a) da Silva, J.G., Barros, H.J.V., Balanta, A., Bolaños, A., Novoa, M.L., Reyes, M., Contreras, R., Bayón, J.C., Gusevskaya, E.V., and dos Santos, E.N. (2007) *Appl. Catal., A*, **326**, 219-226; (b) Compare also: Breit, B., Winde, R., Mackewitz, T., Paciello, R., and Harms, K. (2001) *Chem. Eur. J.*, **7** (14), 3106-3121.
73. Mookherjee, B.D., Trenkle, R.W., Wolff, R.K., Boden, R.M., and Yoshida, T. (to Flavors & Fragrances Inc.) (1984) Patent US 4,424,378.
74. Himmele, W. and Siegel, H. (to BASF AG) (1976) Patent DE 2452804.
75. Gusevskaya, E.V., dos Santos, E.N., Augusti, R., Dias, A.d.O., and Foca, C.M. (2000) *J. Mol. Catal. A: Chem.*, **152**, 15-24.
76. Azzaroni, F., Biscarini, P., Bordoni, S., Longoni, G., and Venturini, E. (1996) *J. Organomet. Chem.*, **508**, 59-67.
77. Hagen, J., Lehmann, R., and Bansemir, K. (to Henkel KGaA) (1980) Patent DE 2914090; EP 0018504 (1980).
78. Hagen, J. and Bruns, K. (to Henkel KGaA) (1980) Patent DE 2849742.
79. Barros, H.J.V., Ospina, M.L., Arguello, E., Rocha, W.R., Gusevskaya, E.V., and dos Santos, E.N. (2003) *J. Organomet. Chem.*, **671**, 150-157.
80. Soulantica, K., Sirol, S., Koïnis, S., Pneumatikakis, G., and Kalck, P. (1995) *J. Organomet. Chem.*, **498**, C10-C13.
81. Findik, S. and Gündüz, G. (1997) *J. Am. Oil Chem. Soc.*, **74**, 1145-1151 and Ref. cited therein.
82. LoCicero, J.C. and Johnson, R.T. (1952) *J. Am. Chem. Soc.*, **74**, 2094-2097.
83. Foca, C.M., dos Santos, E.N., and Gusevskaya, E.V. (2002) *J. Mol. Catal. A: Chem.*, **185**, 17-23.
84. Barros, H.J.V., Hanson, B.E., Gusevskaya, E.V., and dos Santos, E.N. (2004) *Appl. Catal., A*, **278**, 57-63.
85. Giraudi, E. and Urech, P. (to Roure Bertrand Dupont Société) (1987) Patent EP 0266648.
86. Kollár, L. and Bódi, G. (1995) *Chirality*, **7**, 121-127.
87. Vesley, J.A. and Massie, S.N. (to Universal Products Company) (1976) Patent US 3,985,769.
88. Brunke, E.-J., Kappey, C.-H., Hölscher, B., and Struwe, H. (to Dragoco Geberding & Co. GmbH) (1992) Patent EP 92/18451.
89. Markert, T. (to Cognis Deutschland GmbH) (2003) Patent US 6,537,963.
90. Stapp, P.R. and Kleinschmidt, R.F. (1965) *J. Org. Chem.*, **30**, 3006-3009.
91. Amorelli, B., Arruda, E.M., Belko, R.P., Cai, T., Closson, A.P., Giffin, N.L., Mertz, J., and Monteleone, M.G. (to International Flavors & Fragrances Inc.) (2015) Patent US 2015/0057207. 583
92. Stolle, A., Ondruschka, B., Bonrath, W., Netscher, T., Findeisen, M., and Hoffmann, M.M. (2008) *Chem. Eur. J.*, **14**, 6805-6814.
93. Vieira, C.G., dos Santos, E.N., and Gusevskaya, E.V. (2013) *Appl. Catal., A*, **466**, 208-215.
94. Vieira, C.G., de Freitas, M.C., de Oliveira, K.C.B., de Carmargo Faria, A., dos Santos, E.N., and Gusevskaya, E.V. (2015) *Catal. Sci. Technol.*, **5**, 960-966.

95. Jaunky, P., Mane, J., and Schroeder, M. (2009) Patent US 7,501,536.
96. Aquila, W., Himmele, W., and Hoffmann, W. (to Badische Anilin- & Soda-Fabrik AG) (1972) Patent DE 2050677.
97. Schäfer, B. (2007) *Naturstoffe der chemischen Industrie*, Elsevier, Spektrum Akademischer Verlag, München, pp. 98-104.
98. Jäkel, C. and Paciello, R. (to BASF Aktiengesellschaft) (2009) Patent US 7,534,921.
99. de Jong, A.J. (to Shell Internationale Research Maatschappij B. V.) (1977) Patent DE 2719735.
100. de Jong, A.J., van Helden, R., and Downing, R.S. (to Shell Internationale Research Maatschappij B. V.) (1977) Patent DE 2724484.
101. (a) Bedoukian, P.Z. (1967) *Perfumery and Flavoring Synthetics*, 2nd edn, Elsevier Publishing Co., New York; (b) Vishwanadham, B., Rao, H.S., Sadasivudu, D., and Khan, A.A. (1995) *Indian J. Chem. Technol.*, **2**, 119-128.
102. Spencer, A. (1977) *J. Organomet. Chem.*, **124**, 85-91.
103. Markert, T., Porrmann, V., and Ten Pierik, T. (to Henkel KGaA) (1999) Patent DE 19814913; US 6,555,517 (2003).
104. Markert, T. (to Cognis Deutschland) (1998) Patent WO 99/54430; DE 19817043 (1999); US 6,541,446 (2003).
105. (a) Hönicke, D., Födisch, R., Claus, P., and Olson, M. (2005) *Ullmann's Encyclopedia of Industrial Chemistry: Electronic Release*, 7th edn, Wiley and Sons, pp. 1-14; (b) Morgan, M. (1999) *Chem. Ind. (London)*, Wiley and Sons, 645-648; (c) Meyer, W. (1976) *Hydrocarbon Process., Int. Ed.*, **194**, 235-238.
106. Markert, T. (to Henkel KGaA) (1999) Patent DE 19817044.
107. The hydroformylation in aqueous solution with a water-soluble Rh catalyst gave a mixture of 8- and 9- formyltricyclo [5,2,1,02.6] decenes-8. No comments to the aroma properties have been detailed: Cornils, B., Konkol, W., Bach, H., Gick, W., Wiebus, E., Bahmann, H., and Reichelt, K.-H. (to Ruhrchemie Aktiengesellschaft) (1985) Patent EP 0186075.
108. van Leeuwen, P.W.N.M. and Roobeek, C.F. (1981) *Tetrahedron*, **37**, 1973-1983.
109. Kollár, L., Bakos, J., Heil, B., Sándor, P., and Szalontai, G. (1990) *J. Organomet. Chem.*, **385**, 147-152.
110. Clement, W.H. and Orchin, M. (1965) *Ind. Eng. Chem. Prod. Res. Dev.*, **4**, 283-286.
111. (a) Bahmann, H., Cornils, B., Frohning, C.D., and Weber, J. (to Ruhrchemie Aktiengesellschaft) (1980) Patent EP 0008459; (b) Bahrmann, H., Konkol, W., Weber, J., Bach, H., and Bexten, L. (to Ruhrchemie Aktiengesellschaft) (1986) Patent EP 0216315; (c) Ciprés, I., Kalck, P., Park, D.-C., and Serein-Spirau, F. (1991) *J. Mol. Catal.*, **66**, 399-407.
112. Barros, H.J.V., Guimãraes, C.C., dos Santos, E.N., and Gusevskaya, E.V. (2007) *Catal. Commun.*, **8**, 747-750.
113. Marchetti, M., Pagenelli, S., and Viel, E. (2004) *J. Mol. Catal. A: Chem.*, **222**, 143-151.
114. van Leeuwen, P.W.N.M. and Roobeek, C.F. (1983) *J. Organomet. Chem.*, **258**, 343-350.
115. Vieira, C.G., da Silva, J.G., Penna, C.A.A., dos Santos, E.N., and Gusevskaya, E.V. (2010) *Appl. Catal., A*, **380**, 125-132.
116. Franke, R., Fridag, D., Hess, D., and Klasovsky, F. (to Evonik Industries) (2014) Patent WO 2014/135413.
117. Johnson, W.E. Jr., (to SCM Corporation) (1985) Patent US 4551570.
118. Schmid, K. and Hoff, D. (to Celanese Chemicals Europe GmbH) (2003) Patent DE 10205835.
119. da Silva, J.G., Vieira, C.G., dos Santos, E.N., and Gusevskaya, E.V. (2009) *Appl. Catal., A*, **365**, 231-

584

236.
120. Hölscher, B. (to Symrise GmbH & Co. KG) (2007) Patent WO 2007/085631.
121. van Leeuwen, P. W. N. M. and Roobeek, C. F. (1985) *J. Mol. Catal.*, **31**, 345–353.
122. Bertozzi, S., Campigli, N., Vitulli, G., Lazzaroni, R., and Salvadori, P. (1995) *J. Organomet. Chem.*, **487**, 41–45.
123. Barros, H. J. V., Guimãraes, C. C., dos Santos, E. N., and Gusevskaya, E. V. (2007) *Organometallics*, **26**, 2211–2218.
124. Bartschat, D. and Mosandl, A. (1998) *Z. Lebensm.-Unters.-Forsch.*, **206**, 4.
125. Behr, A. and Johnen, L. (2009) *ChemSusChem*, **2**, 1072–1095.
126. Stolle, A. and Ondruschka, B. (2008) *J. Anal. Appl. Pyrolysis*, **81**, 136–138.
127. Foca, C. M., Barros, H. J. V., dos Santos, E. N., Gusevskaya, E. V., and Bayon, J. C. (2003) *New J. Chem.*, **27**, 533–539.
128. Barros, H. J. V., da Silva, J. G., Guimarães, C. C., dos Santos, E. N., and Gusevskaya, E. V. (2008) *Organometallics*, **27**, 4523–4531.
129. Scheibel, J. J. and Shumate, R. E. (to The Procter & Gamble Company) (2010) Patent WO 2010/033976.
130. Hagen, J. and Bruns, K. (to Henkel KGaA) (1980) Patent DE 2849642; US 4,283,561 (1981).
131. Dos Santos, E. N., Vieira, C. G., Da Siva, J. G., and Gusevskaya, E. V. E. V. (to Universidade Federal de Minas Gerais, Brazil) (2011) Patent BR 2009005520.
132. Fujioka, F., Boden, R. M., and Schreiber, J. (to International Flavors & Fragrances) (1985) Patent US 4,491,537.
133. Himmele, W., Hoffmann, W., Pasedach, H., and Aquila, W. (to Badische Anilin- & Soda-Fabrik) (1969) Patent DE 1964962.
134. (a) Meuly, W. C. (to E. I. du Pont de Nemours & Company) (1941) Patent US 2,235,840; (b) Fox, A. L. (to Colgate Palmolive Company) (1954) Patent US 2,812,355; (c) Ishino, R. and Kumanotani, J. (1973) *J. Org. Chem.*, **39**, 108–111.
135. Somogyi, L. P. (1996) *Chem. Ind.*, **4**, 170–173.
136. de Jong, A. J. (to Shell Internationale Research Maatschappij B. V.) (1977) Patent DE 2707108.
137. Müller, E., Aquila, W., and Siegel, H. (to Badische Anilin- & Soda-Fabrik AG) (1972) Patent DE 2226212; DE 2227400 (1974).
138. Strickler, H., Ohloff, G., and Kováts, E. sZ. (1967) *Helv. Chim. Acta*, **50**, 759–797. 585
139. (a) Jung, E. and Schmitt-Nilson, G. (to Shell Internationale Research Mattschappij B. V.) (1978) Patent DE 2753644; (b) Gray, R. T. and De Jong, A. J. (to Shell Oil Company) (1979) Patent US 4,168,281.
140. Giersch, W. (to Firmenich SA) (1998) Patent EP 0916650; US 6,180,814 (2001).
141. Yuasa, Y. and Yuasa, Y. (2006) *Org. Process Res. Dev.*, **10**, 1231–1232.
142. (a) Román-Aguirre, M., De la Torre-Sáenz, L., Antúnez Flores, W., Robau-Sánchez, A., and Aguilar Elguézabal, A. (2005) *Catal. Today*, **107–108**, 310–314; (b) Wijayati, N., Dwi Pranowo, H., and Triyono, J. (2011) *Indones. J. Chem.*, **11**, 234–237.
143. Sirol, S. and Kalck, P. (1997) *New J. Chem.*, **21**, 1129–1137.
144. Schäfer, B. (2007) *Naturstoffe der Chemischen Industrie*, Elsevier Spektrum Akademischer Verlag, München, Germany, p. 68.
145. da Silva, J. G., Barros, H. J. V., dos Santos, E. N., and Gusevskaya, E. V. (2006) *Appl. Catal., A*, **309**, 169–176.
146. da Silva, K. A., Robles-Dutenhefner, P. A., Sousa, E. M. B., Kozhevnikova, E. F., Kozhevnikov, I. V., and Gusevskaya, E. V. (2004) *Catal. Commun.*, **5**, 425–429.

147. Bhatia, S.P., McGinty, D., Letizia, C. S., and Api, A.M. (2008) *Food Chem. Toxicol.*, **46**, S97 - S99.
148. de Freitas, M.C., de Oliveira, K.C.B., de Carmago Faria, A., dos Santos, E. N., and Gusevskaya, E.V. (2014) *Catal. Sci. Technol.*, **4**, 1954 - 1959.
149. No inventor available (to Mitsubishi Petrochemical Co.) (1981) Patent JP 56016482; *Chem. Abstr.*, **95** (1981) 81276.
150. Hoffmann, W. and Siegel, H. (1975) *Tetrahedron Lett.*, **8**, 533 - 536.
151. (a) Eite-Schulte, K.H., Snowden, R. L., and Muller, B.C. (to Firmenich S. A.) (1983) Patent DE 3233175; (b) Langguth, E., Röper, M., and Zeller, E. (to BASF Aktiengesellschaft) (1997) Patent EP 0792864.
152. Walczuk, E.B., Kamer, P.C.J., and van Leeuwen, P.W.N.M. (2003) *Angew. Chem. Int. Ed.*, **42**, 4665 - 4669.
153. Leffingwell, J. and Leffingwell, D. (2011) Chiral chemistry in flavours &
586 fragrances. Speciality Chemicals Magazine (Mar.), pp. 30 - 33.
154. Klein, G., Arlt, D., and Braden, R. (to Bayer Aktiengesellschaft) (1983) Patent DE 3135948; US 4505860 (1985).
155. See e.g.: (a) Shuklov, I., Dubrovina, N.V., Jiao, H., Spannenberg, A., and Börner, A. (2010) *Eur. J. Org. Chem.*, **2010**, 1669 - 1680; (b) Kaisare, A.A., Owens, S.B. Jr., Valente, E. J., and Gray, G.M. (2010) *J. Organomet. Chem.*, **695**, 1472 - 1479; (c) Owens, S.B. Jr., and Gray, G.M. (2008) *Organometallics*, **27**, 4282 - 4287 and Ref. cited therein.
156. Yu, S., Chie, Y.-M., Guan, Z.-H., Li, W., and Zhang, X. (2009) *Org. Lett.*, **11**, 241 - 244.
157. Zhao, B.-H., Chen, J.-G., Liu, X., Liu, Z.-W., Hao, Z., Xiao, J., and Liu, Z.-T. (2012) *Ind. Eng. Chem. Res.*, **51**, 11112 - 11121 and Ref. cited therein.
158. Himmele, W. and Aquila, W. (to Badische Anilin- & Soda-Fabrik) (1972) Patent DE 2053736.
159. Winter, B. and Gallo-Flückiger, S. (2005) *Helv. Chim. Acta*, **88**, 3118 - 3127.
160. Chalk, A.J. (to Givaudan & Cie) (1989) Patent EP 0368156; US 4910346 (1990).
161. Paganelli, S., Ciappa, A., Marchetti, M., Scrivanti, A., and Matteoli, U. (2006) *J. Mol. Catal. A: Chem.*, **247**, 138 - 144.
162. Bovo, S., Scrivanti, A., Bertoldini, M., Beghetto, V., and Matteoli, U. (2008) *Synthesis*, 2547 - 2550.
163. Abate, A., Brenna, E., Dei Negri, C., Fuganti, C., and Serra, S. (2001) *Tetrahedron: Asymmetry*, **13**, 899 - 904.
164. Aquila, W., Hoffmann, W., Himmele, W., and Siegel, H. (to BASF AG) (1975) Patent DE 2340812.
165. von Perger, H. (1999) Über Riechstoffe. Vortrag, January 11, 1999, www.biologiezentrum.at (accessed 15 September 2015).
166. Svadkovskaya, G.E., Kheifits, L.A., Platova, A.I., and Ya, V. (1968) Deniskenkova (to All-Union Scientific Research Institute of Synthetic and Natural Perfumes) Patent SU 261380.
167. Legrum, W. (2011) *Riechstoffe, zwischen Gestank und Duft*, Vieweg + Teubner Verlag, Wiesbaden, p. 130.
168. Carpenter, M.S., Easter, N., Easter, W.M. Jr.,, and Heights, H. (to Givaudan Corp.) (1959) Patent US 2875131.
169. Mookherjee, B.D., Trenkle, R.W., Calderone, N., Sands, K.P., and Hagedorn, M.L. (to International Flavors & Fragrances Inc.) (1989) Patent US 4,840,801.
170. Enders, D. and Backes, M. (2004) *Tetrahedron: Asymmetry*, **15**, 1813 - 1817.
171. Kuwata, T., Yasukawa, T.T., Abe, Z.-S., and Abe, S. (to Soda Koryo Kabushiki Kaisha) (1968) Patent US 3,415,884.
172. Bruns, K., Gerke, T., Bahrmann, H., Heymanns, P., and Weber, J. (to Hoechst Aktiengesellschaft)

(1991) Patent EP 0477747.
173. Alhaffar, M., Suleiman, R., Hussain, S.M.S., and El Ali, B. (2011) *React. Kinet. Catal. Lett.*, **104**, 323-336.
174. da Silva, A.C., de Oliveira, K.C.B., Gusevskaya, E.V., and dos Santos, E.N. (2002) *J. Mol. Catal. A: Chem.*, **179**, 133-141.
175. Axet, M.R., Castillon, S., and Claver, C. (2006) *Inorg. Chim. Acta*, **359**, 2973-2979.
176. Himmele, W. and Siegel, H. (to BASF AG) (1974) Patent DE 2235466.
177. Himmele, W. and Siegel, H. (to BASF AG) (1973) Patent DE 2219168.
178. Alhaffar, M., Suleiman, R., and El Ali, B. (2010) *Catal. Commun.*, **11**, 778-782.
179. Baricelli, P.J., Rodriguez, M., Melean, L.G., Modroño Alonso, M., Borusiak, M., Rosales, M., Gonzales, B., de Oliveira, K.C.B., Gusevskaya, E.V., and dos Santos, E.N. (2015) *Appl. Catal., A*, **490**, 163-169.
180. Baricelli, P.J., Melean, L.G., Rodriguez, M., dos Santos, M., Rosales, M., and Escalante, E. (2013) *J. Chem. Chem. Eng.*, **7**, 299-305.
181. Crameri, I., Ochsner, P.A., and Schudel, P. (to L. Givaudan & Cie) (1981) Patent EP 0052775.
182. Carrilho, R.M.B., Neves, A.C.B., Lourenço, M.A.O., Abreu, A.R., Rosado, M.T.S., Abreu, P.E., Eusébio, M.E.S., Kollár, L., Bayón, J.C., and Pereira, M.M. (2012) *J. Organomet. Chem.*, **698**, 28-34.
183. Noonan, G.M., Fuentes, J.A., Cobley, C.J., and Clarke, M.L. (2012) *Angew. Chem. Int. Ed.*, **51**, 2477-2480.
184. Himmele, W. and Aquila, W. (to Badische Anilin- & Soda-Fabrik AG) (1972) Patent DE 2051319.
185. Himmele, W. and Aquila, W. (BASF AG) (1974) Patent DE 2301940.
186. Boden, R.M., Schreiber, W.L., and Fujioka, F. (to International Flavors & Fragrances Inc.) (1984) Patent EP 0155973.
187. Smith, C.M. and Boden, R.M. (International Flavors & Fragrances Inc.) (2008) Patent US 2008/0319088.
188. Gramlich, W., Siegel, H., and Jahn, D. (to BASF AG) (1987) Patent DE 3539468.
189. With the assistance of chiral ligands good enantioselectivities have been achieved in this transformation: (a) Hoiuchi, T., Ota, T., Shirakawa, E., Nozaki, K., and Takaya, H. (1997) *J. Org. Chem.*, **62**, 4285-4292; (b) Mazuela, J., Coll, M., Pàmies, O., and Diéguez, M. (2009) *J. Org. Chem.*, **74**, 5440-5445.
190. Hatanaka, A., Kajiwara, T., Horino, H., and Inokuchi, K. (1992) *Z. Naturforsch. C*, **47**, 183-189.
191. Romano, U., Sasselli, G., and Raisa, L. (to Chimica Augusta, S.p.A.) (1987) Patent US 4,670,606.
192. Rupilius, W., McCoy, J.J., and Orchin, M. (1971) *Ind. Eng. Chem. Prod. Res. Dev.*, **10**, 142-145.
193. MacDougall, J.K. and Cole-Hamilton, D.J. (1990) *J. Chem. Soc., Chem. Commun.*, 165-167.
194. Ichihara, T., Nakano, K., Katayama, M., and Nozaki, K. (2008) *Chem. Asian J.*, **3**, 1722-1728.
195. (a) Diebolt, O., Müller, C., and Vogt, D. (2012) *Catal. Sci. Technol.*, **2**, 773-777; For related studies, compare: (b) Takahashi, K., Yamashita, M., Ichihara, T., Nakano, K., and Nozaki, K. (2010) *Angew. Chem. Int. Ed.*, **49**, 4488-4490; (c) Fuchs, D., Rousseau, G., Diab, L., Gellrich, U., and Breit, B. (2012) *Angew. Chem. Int. Ed.*, **51**, 2178-2182. 587
196. Zhou, J.-Q. and Alper, H. (1991) *J. Chem. Soc., Chem. Commun.*, 233-234.
197. Makato, T., Hiroshi, I., Akira, Y., and Teruo, M. (to Mitsubishi Petrochem Co Ltd) (1982) Patent JP 59112933; (to Mitsubishi Petrochem Co Ltd and Mitsubishi Yuka Fine Chem. Co Ltd) (1985) Patent JP 60100532.
198. Dias, A.d.O., Augusti, R., dos Santos, E.N., and Gusevskaya, E.V. (1997)

Tetrahedron Lett., **38**, 41 - 44.
199. Vieira, C.G., de Freitas, M.C., dos Santos, E.N., and Gusevskaya, E.V. (2012) *ChemCatChem*, **4**, 795 - 801.
200. Fang, X., Jackstell, R., Börner, A., and Beller, M. (2014) *Chem. Eur. J.*, **20**, 15692 - 15696.
201. Saucy, G. and Marbet, R. (1967) *Helv. Chim. Acta*, **50**, 2091 - 2095.
202. (a) Zhuzbaev, B.T., Veselovskii, V. V., and Moiseenkov, A.M. (1991) *Izv. Akad. Nauk SSSR, Ser. Khim.*, **7**, 1569 - 1574; (b) Hanzawa, Y., Hashimoto, K., Kasashima, Y., Takahashi, Y., Mino, T., Sakamoto, M., and Fujita, T. (2012) *J. Oleo Sci.*, **61**, 631 - 640; (c) Bonrath, W., Kuenzi, R., and Aquino, F. (to DSM IP Assets B.V.) (2010) Patent WO 2010/046199.
203. Munro, D. and Palmer, K. (to Quest International) (2000) Patent WO 00/01648.
204. Fang, X., Zhang, M., Jackstell, R., and Beller, M. (2013) *Angew. Chem. Int. Ed.*, **52**, 4645 - 4649.
205. Up to now, several α,β-unsaturated aldehydes are still being made by reaction of short chain aldehydes with vinyl ethers in the presence of boron trifluoride and subsequent hydrolysis. Hoaglin, R.I. and Hirsh, D.H. (to Union Carbide and Carbon Corporation) (1950) Patent US 2,628,257.
206. See e.g. this motif in an intermediate for the total synthesis of (-)-β-santanol: Fehr, C., Magpantay, I., Arpagaus, J., Marquet, X., and Vuagnoux, M. (2009) *Angew. Chem. Int. Ed.*, **121**, 7357 - 7359.
207. Bertele, E. and Schudel, P. (1967) *Helv. Chim. Acta*, **50**, 2445 - 2456.
208. Legrum, W. (2011) *Riechstoffe, zwischen Gestank und Duft*, Vieweg + Teubner Verlag, Wiesbaden, p. 143.
209. (a) Morimoto, T. and Kakiuchi, K. (2004) *Angew. Chem. Int. Ed.*, **43**, 5580 - 5588; (b) Uhlemann, M., Doerfelt, S., and Börner, A. (2013) *Tetrahedron Lett.*, **54**, 2209 - 2211.
210. Pospech, J., Fleischer, I., Franke, R., Buchholz, S., and Beller, M. (2013) *Angew. Chem. Int. Ed.*, **52**, 2852 - 2872.
211. Ziegler, H. (2007) *Flavourings: Production, Composition, Applications, Regulations*, Wiley-VCH Verlag GmbH, Weinheim.
212. (a) Milinski, M. and Wedekind, C. (2001) *Behav. Ecol.*, **12**, 140 - 149; (b) Havlicek, J. and Roberts, S.C. (2009) *Psychoneuroendocrinology*, **34**, 497 - 512.

6.2 脂的氢甲酰化

6.2.1 概述

有关不饱和脂肪酸的氢甲酰化的首次研究是在 20 世纪 60 年代末至 20 世纪 588 70 年代初[1]。后来,学术研究和工业研究都对从石油化学来源得到的烯烃的氢甲酰化更感兴趣。直到 1990 年 Fell 又重新发现了脂类作为氢甲酰化起始原料的重要性[2]。同时,这一底物的复兴被认为为可持续化学做出了贡献。Behr 和 Vorholt[3,4] 近几十年来一直特别为这一相关领域的重要趋势总结和综述。

来自可再生资源的脂肪和油脂的全球市场规模约为 130 t,其中最为重要的是大豆、棕榈、油菜籽、花生、亚麻籽和葵花籽油[5]。最近海藻油也作为不会影响人类营养的原料进入了人们的视线[6,7]。使用来自这些原料的不饱和脂肪酸给使用来自矿物油的烯烃提供了有趣且对环境友好的替代方法[8]。然而,来自石油化工的烯烃主要是不带取代基的短链和有时带支链的烃类，不饱和脂肪酸化合物是直链的且主要链长在 C_{15}～C_{18} 甚至更长。在氢甲酰化条件下，形成了有可能会阻止极性催化剂和疏水生物来源底物有效接触的多相系统。另外，脂肪酸化合物在不同的 E/Z 几何结构中含有一个羧酸或者酯基团（甘油或者甲醇的三酰酯＝“生物柴油”）和通常多于一个双键（例如 ω^3 -脂肪酸和 ω^6 -脂肪酸）。粗品油是化合物成分复杂的混合物。例如，大豆油甚至在忽略位置异构体的情况下有约 35 种不同的三酰甘油酯的组合[9]。平均来说，每个典型的三甘油酯有 4.5 个双键，但是三甘油酯个体可能的双键分布理论上可以从 0 到 9。另外，还可能存在一些杂质，例如水、脂肪醇、蜡酯碳氢化合物、生育酚、酚、色素、膦酯和三萜酸[10]。在储藏过程中，成分可能因氧化而改变。这些工业原料中的成分会使敏感的氢甲酰化催化剂中毒，特别是当后者以极小量存在时。因此，我们之前积累的有关未官能化的石油化学品氢甲酰化的实验知识不能简单地转移到脂肪酸化合物的转化上。

氢甲酰化产生的脂肪醛可以用作许多应用里的中间物[11]。一个常见的应用是酯和（或）甲酰基团的氢化，生成多羟基伯醇。特别是 Petrović 的小组展示了这些原料的一些新的应用，例如在聚氨基甲酸乙酯弹性体中[12]和在超支化多元醇中[13]。另一个有前途的应用是它们作为能被生物降解的润滑剂[14]。或者，醛可以氧化生成羧酸衍生物。在这种情况下，氢甲酰化可以使用对应的脂肪酸单酯或者以对应的三甘油酯作为起始产物进行。在 Exxon 所提出的前一种情况下，生成的酸最终与甘油酯化[15]。Dow 为三甘油酯的直接氢甲酰化申请了专利[16]。产物可以用于 PVC（聚氯乙烯）的增塑剂。

6.2.2 实际使用的和潜在的底物 589

迄今为止，在氢甲酰化中测试的模型底物大多是纯化合物，例如油酸甲酯和其 E -异构体反油酸甲酯，但在少数情况中也研究了亚麻籽油酸酯、亚麻酸酯和蓖麻油酸酯（图 6.10）。油酸可以从“新向日葵”中得到，亚油酸从大豆中得到亚麻酸从亚麻籽中得到，以及蓖麻油酸从蓖麻油中得到。长链单不饱和脂肪酸芥酸（C_{22}）可以从“老”菜籽油中提取。

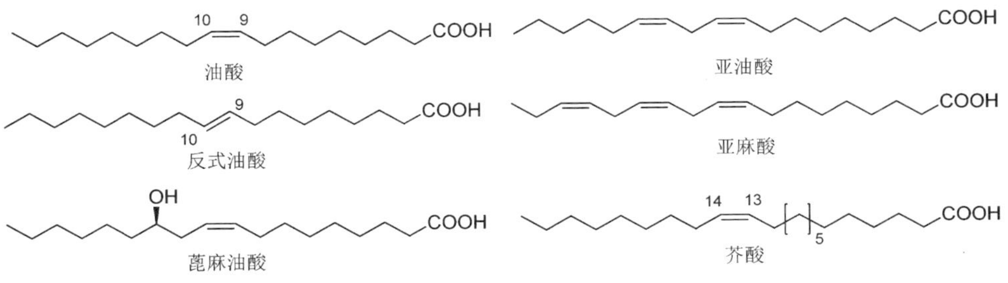

图 6.10 在氢甲酰化中测试的典型的底物

人们至今没有考虑基于 C_{18} 的异构的不饱和脂肪酸的氢甲酰化，尽管其中的一些因为它们的大量存在也可归类为可再生原料（图 6.11）[5]。例如油酸的异构体，可以从芫荽中提取的岩芹酸和白芒花油的成分(5*Z*)-二十碳烯酸。石榴酸是石榴(Punica granatum)籽油中的主要脂肪酸。金盏花籽含有高达 60%的金盏酸。α-桐油酸可以从桐油(Vernicia fordii)中得到。较短的 ω-不饱和酸可通过单不饱和脂肪酸与烯烃的交叉复分解得到。

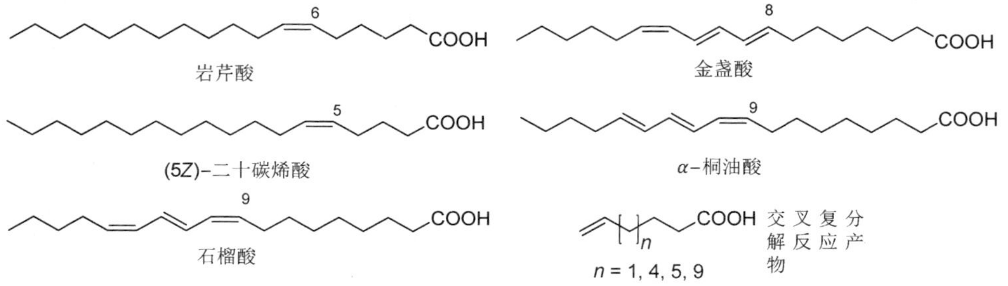

图 6.11 氢甲酰化的潜在底物

其他在过去完全被忽略，但却很有价值的氢甲酰化的目标有可能是附加官能
590 化的长链脂肪酸，例如从檀香木(Santalum spec.)中得到的带有炔基的白檀子油酸，或者斑鸠菊酸。后者带有在斑鸠菊油(Vernonia galmensis)中含量高达 73%～80%的环氧基。

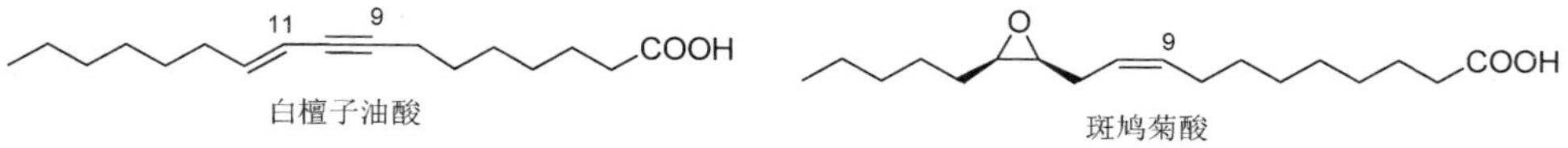

同时，酚取代的脂也是可持续发展化学框架中催化转化的焦点。典型的例子是槚如酸、强心酚、2-甲基强心酚和工业上最为重要的化合物腰果酚(图 6.12)。这些酚大多带有含不同数量双键的 C_{15} 支链[17]。这些化合物从腰果油(腰果壳液或者 CNSL)中制备。目前估计产量约为每年 450 000 t，此数据仍在持续增加。

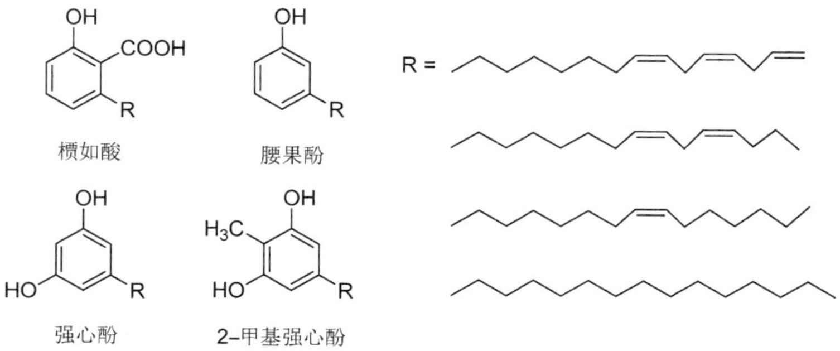

图 6.12 酚取代的脂作为氢甲酰化的潜在底物

被归类于漆酚的儿茶酚可以从漆树类中提取，例如毒漆树、毒常春藤或者毒肤杨[18]。它们现在被用于制造传统亚洲漆器。

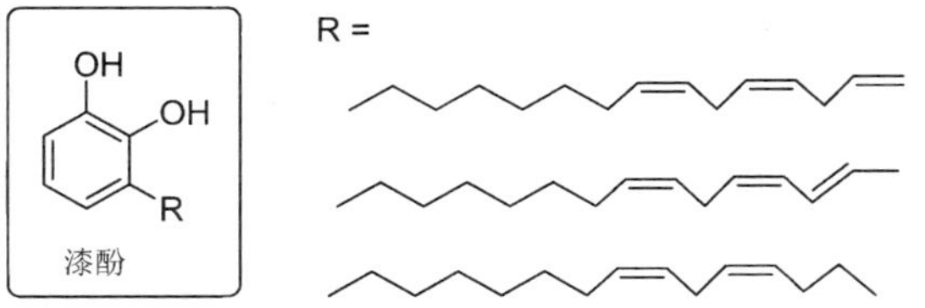

漆树酸衍生物(特别是腰果酚)和漆酚在一些典型的金属催化的转化(环氧化、氢化和复分解)中反应[19]。但是,迄今为止还没有研究氢甲酰化,尽管已经证明了其作为 PVC 增塑剂的潜力[20]。

6.2.3 氢甲酰化 591

6.2.3.1 机理

脂肪酸化合物通常包含单个或者多个不同 E/Z 几何结构的双键。在氢甲酰化条件下,它们在氢甲酰化之前会先发生氢化[21]。特别需要解决的问题是 Z/E 异构化或者双键的迁移,因为多数氢甲酰化催化剂也是具有活性的异构化催化剂。异构化可能发生于与合成气的反应之前、之中或者之后(多个双键)。

反应产物的分析可能非常乏味,特别是当蔬菜油混合物被用于氢甲酰化时。通常人们会综合应用 NMR、GC/MS 和 ICP-MS。

6.2.3.1.1 油酸酯的氢甲酰化

油酸酯的非异构氢甲酰化可以通过使用基于单齿磷配体的铑催化剂达到,最简单的例子是 PPh_3[22]。双键迁移的程度与有机配体的浓度成反比。Van Leeuwen 和其同事[23]展示了使用基于三(2-叔丁基-4-甲基苯基)亚磷酸三酯的均相铑催化剂可以在合成气压为 20～80 bar、温度为 80～100℃时以 85%～90%的产率转化油酸甲酯(图解 6.80)。

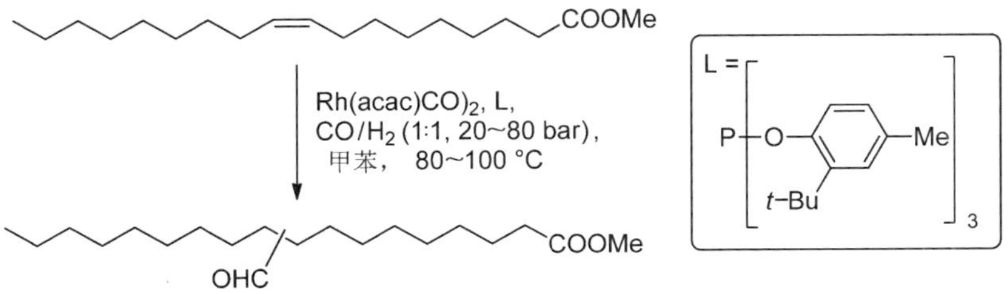

图解 6.80 使用铑亚磷酸三酯催化剂的油酸甲酯的氢甲酰化

当底物/铑比例为 910 时可以观测到最高的转换数 400～500/h。主要生成 9-和 10-甲酰十八酸甲基酯。深入研究显示顺式双键迅速异构为反式结构的烯烃。后者只能够缓慢地发生氢甲酰化。低于 50℃不发生异构化。微波辐射可以加速这些底物的氢甲酰化[24]。

最近 Lühr 和 Börner[25] 为同样的转化研发了一种新类型的亚磷酰胺(图解 6.81,上半部分)。使用基于四元内酰胺环的配体可以达到更优秀的区域选择性和化学选择性。主要形成 9-和 10-甲酰硬脂酸酯。有趣的是,带有五元和六元内酰 592

胺的配体主要形成 Z/E 异构体（多于 50%）且表现为较差的氢甲酰化催化剂。

在含有有空间需求的双亚磷酸三酯配体的铑催化剂作用下，油酸甲酯的双键可迁移至端位，如图解 6.81 中下半部分所示 Behr 等[26]使用 BIPHEPHOS。后续的氢甲酰化可达到 65%的底物转化且在 17 h 内以 26%的产率生成 19-氧合十九酸甲酯。同时可观测到约 12%的烯烃氢化产物。

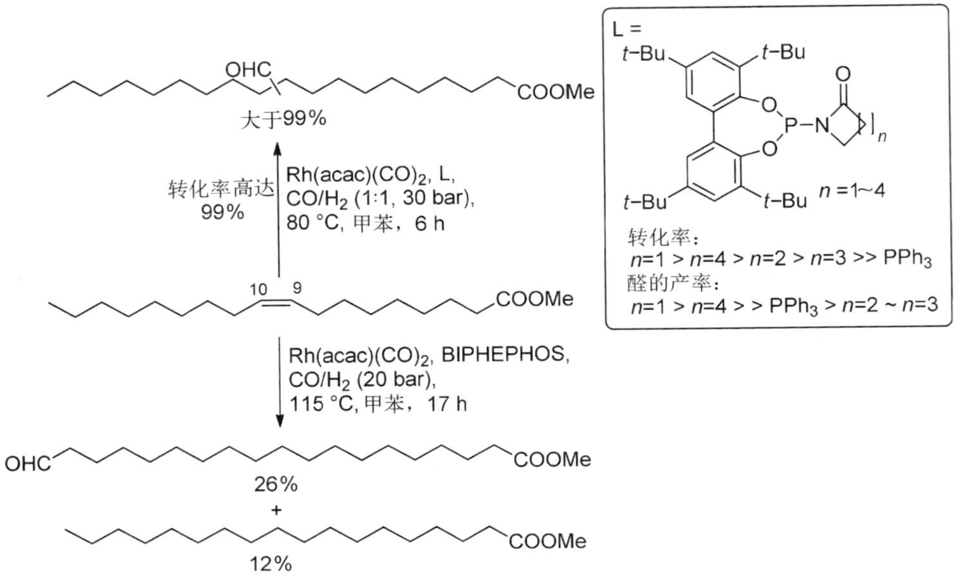

图解 6.81 油酸甲酯的非异构和异构氢甲酰化

为了解释模型方法中的硬脂酸甲酯的形成，人们在相同的条件下使用巴豆酸乙酯作用（图解 6.82）[26]。使用这一底物时，只形成了少量的醛。主要产物是丁酸乙酯（44%）。

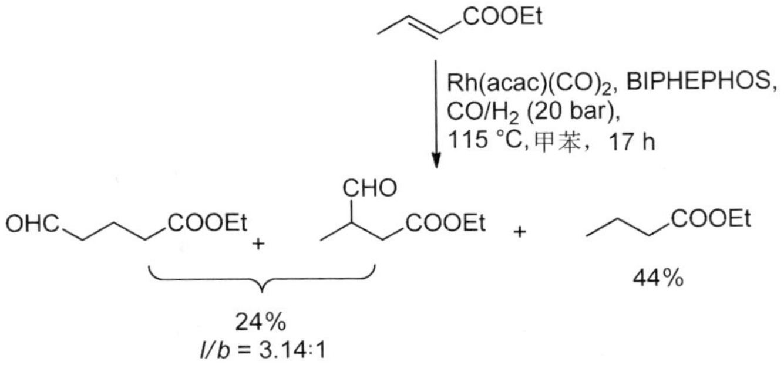

图解 6.82 巴豆酸乙酯的氢甲酰化的尝试

6.2.3.1.2 亚油酸、亚麻酸和蓖麻油酸的酯的氢甲酰化

与油酸甲酯相比，亚麻籽油酸乙酯的氢甲酰化中观测到的单甲酰产物的产率

略高(图解 6.83)[26]。在同样的条件下,除了异构的醛外,生成了油酸乙酯以及硬脂酸酯。较高的合成气压会降低氢化程度。

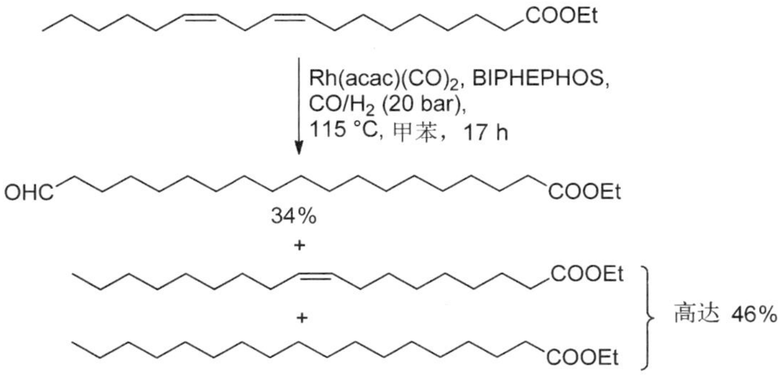

图解 6.83 亚麻籽油酸乙酯的异构氢甲酰化

在这些条件下,没有检测到二醛。人们认为氢甲酰化和异构化生成了对应的 α,β-不饱和醛[27],其只会发生氢化反应。使用山梨酸乙酯的模型反应中也能观测到类似的作用,氢化产物全部或只部分形成(图解 6.84)。 593

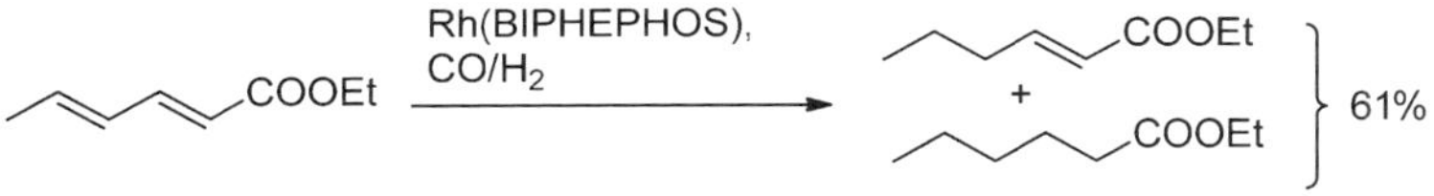

图解 6.84 山梨酸乙酯的氢甲酰化尝试

Larock 等[28]研究了亚麻籽油酸甲酯在膦修饰的 Rh(Ⅰ)催化剂和路易斯酸($SnCl_2 \cdot 2H_2O$)存在的条件下在纯乙醇中 60℃下(24 h)双键的异构化(图解 6.85)。证据表明作为中间产物形成的氢化铑物质可以将两个分离的双键快速共

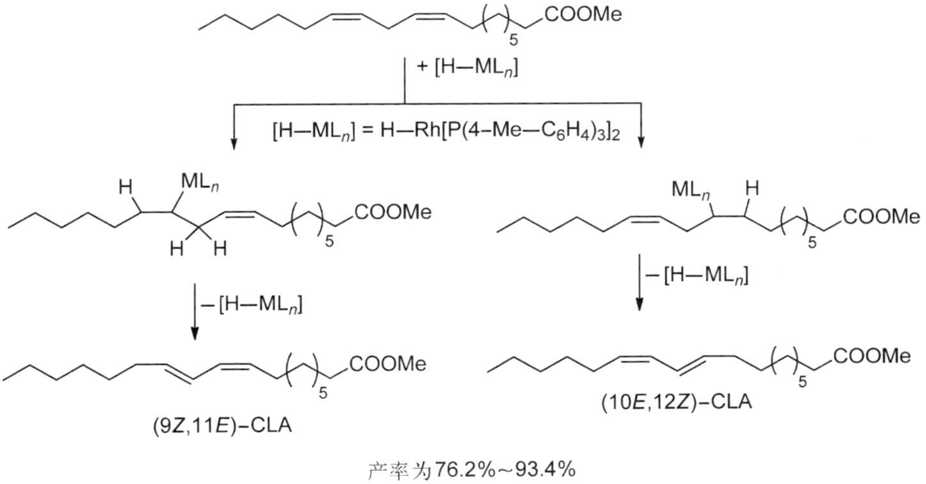

图解 6.85 铑/锡催化的亚麻籽油酸甲酯的异构化

轭化。使用天然亚麻籽油酸的酯，可形成共轭的亚油酸酯(CLAs)。在所有可能的产物异构体中，(9*Z*，11*E*)- CLA 和(10*E*，12*Z*)- CLA 是主要产物，所占范围为 76.2%～93.4%。

594 通过在 2.5 当量 $SnCl_2 \cdot 2H_2O$ 存在的情况下筛查典型的氢甲酰化催化剂[6%(摩尔分数)]，可得到以下对于亚麻籽油酸甲酯共轭结合的活性顺序[29]：

$RhCl(PPh_3)_3 > Rh(acac)(COD) \gg RhCl(CO)(PPh_3)_2 > Rh(CO)(PPh_3)_2 > Rh(acac)(CO)_2 > IrCl_3 \cdot nH_2O$

$Co(OAc)_2 \cdot 6H_2O$，$Fe(acac)_2$，$IrCl(PPh_3)_3$，$Pd(acac)_2$ 或者 $PtCl_2(PPh_3)_2$ 被证明完全没有活性。

铑催化的共轭反应在离子液[30]下或者在使用水溶性 Rh(TPPMS)(TPPMS＝三苯基膦单硫酸盐)催化剂和表面活性剂十二烷基硫酸钠(SDS)的双水相溶液中也可很好地进行[31]。以这种方法，向日葵、花生、芝麻、大豆、亚麻籽和菜籽油的二烯和三烯成分可以转化为 82%～100%的共轭产物。完全没有非共轭的异构体剩余。

当铑的单亚磷酸三酯催化剂被用于含有 14%的 9，12 -二烯毒剂的工业原料的氢甲酰化时，与使用纯底物的情况相比，转化率和产率都降低[23]。这一效应可以解释为形成了稳定的铑- π -烯丙基中间物[32]，它需要更为严苛的条件来达到同样程度的 TOF(转换率)。

这一发现在一定程度上与 Kandanarachchi 和其同事的研究结果相反[33]，他们使用带有油酸和亚油酸官能团的三甘油酯作为大豆油的模型进行了氢甲酰化的动力学研究。在用 PPh_3 和 $P(OPh)_3$ 修饰的均相铑催化剂存在时，使用两种配体均
595 可观测到可观的初始速率和 TOFs。与单独的脂肪酸酯相比，可以观测到同样的速率。显然，人们推测的由邻近有机支链的双键和铑形成的 π -烯丙基配合物的生成并没有影响反应的结果。最大的 TOFs 是在配体/铑比例为 4∶1～5∶1 时达到的。

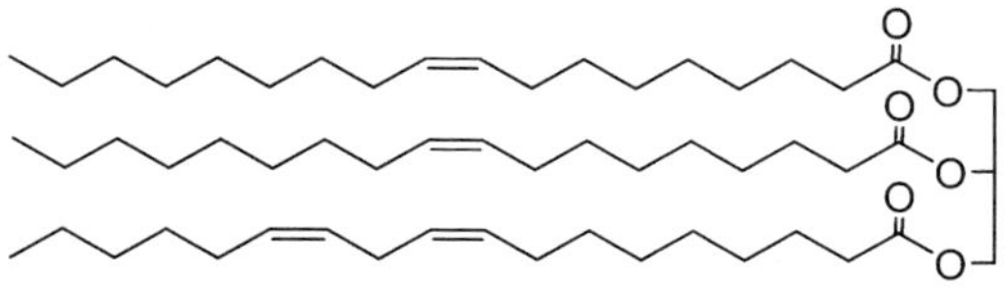

用 PPh_3 修饰的 Rh/C 催化剂在约 140 bar 合成气压和 110℃下，作用于带有一个或者多个双键的脂肪酸甲酯的复杂混合底物，除了形成单甲酰硬脂酸酯，还发现了一些二甲酰产物[34]。另外，不饱和的单甲酰酯也与来自亚麻酸甲酯的三甲酰酯一起被检测到。在亚麻籽油酸甲酯的氢甲酰化中，1，4 -二甲酰酯的形成超过 1，3 -二甲酰异构体，这可以解释为暂态的铑—酰基配合物 **A** 的热力学稳定性超过环尺寸较小的螯合物 **B**。

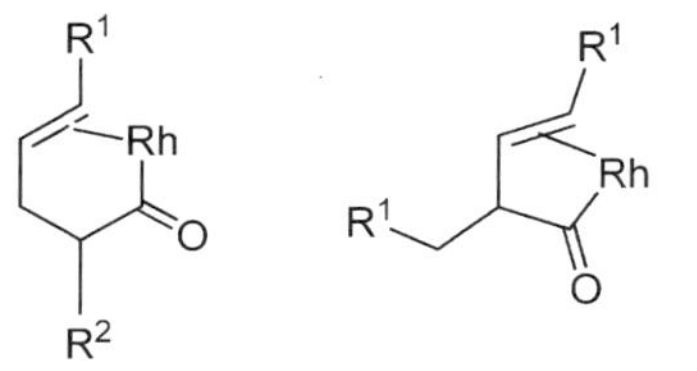

A　　　　B

另外，人们发现在这些条件下，除了一些1,4-二甲酰产物，共轭的亚麻籽油酸酯主要形成单甲酰酯，而带有独立双键的对应的二烯则形成预期的二甲酰酯。

1,4-二甲酰化的化合物倾向发生羟醛缩合（图解6.86）。这可以通过在过量的醇中进行反应来避免，醇可以将醛限制为缩醛[35]。

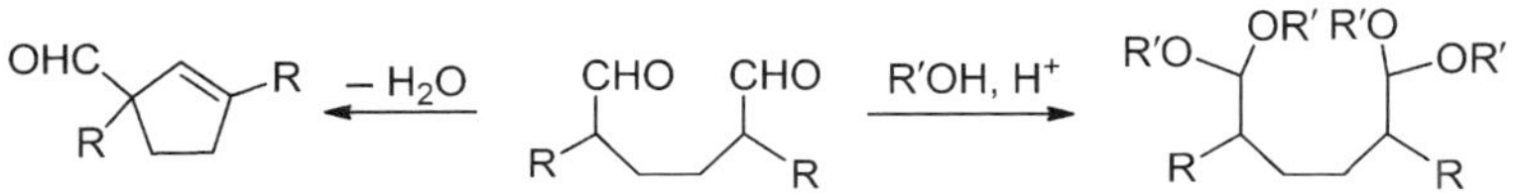

图解6.86　1,4-二甲酰化合物的羟醛缩合反应

蓖麻油酸在手性碳原子上带有一个羟基。这样额外的官能团可能会与过渡金属相互作用产生指向性或者导致它们失活。在蓖麻油酸乙酯的氢甲酰化中，形成的醛通过缩醛化和后续的脱水立即转化为环状醚（图解6.87）[36]。

环状产物的产率达到61%，而只剩下26%的醛。使用蓖麻油（含有约90%的 596

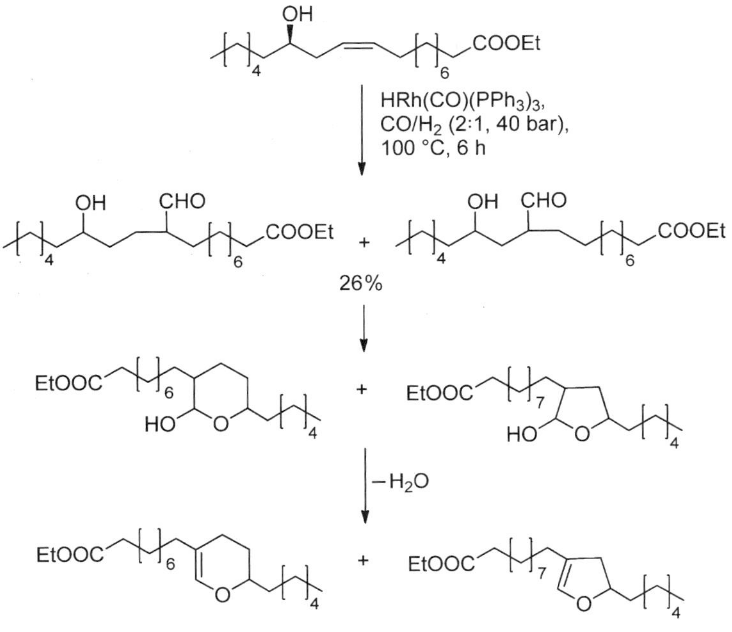

图解6.87　蓖麻油酸乙酯的氢甲酰化和后续反应

蓖麻油酸酯），转化略微下降，但是环状产物的产率升高至 74%。羟基的作用可以通过甲硅烷化来抑制。在这个例子中，异构的醛是主要产物。还观测到一些在铑催化剂不存在时也能发生的羟基去质子化带来的环化反应。

6.2.3.1.3 副反应

除了烯烃底物的异构化之外，还有一些其他的副反应可能使得脂肪酸的氢甲酰化更为复杂化。这样的副反应是减少一个碳原子形成饱和或者不饱和的化合物，即脱羧基化和脱羰基化（也见第 8 章）（图解 6.88）[37]。例如，在高温和长时间反应时，形成的醛会发生脱氢羰基化[(**a**)]。后续的氢化形成了饱和的脂肪酸[25,38]。这一反应序列可能会导致起始烯烃发生了氢化的错误结论。同样的产物还会发生脱羰基作用[(**b**)]。另一方面，甲酰羧酸的脱羧基化形成醛[(**c**)]。

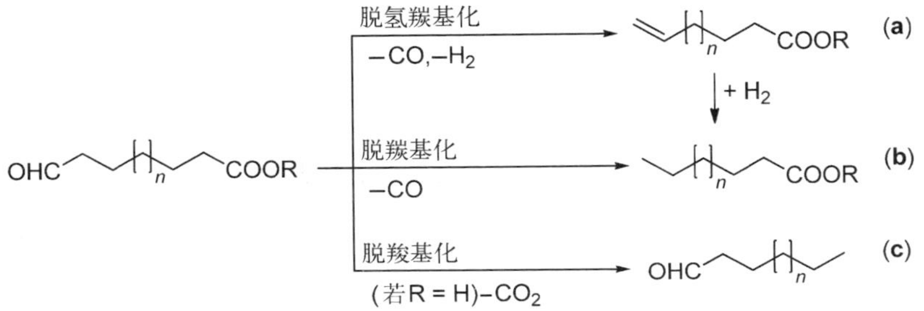

图解 6.88 在氢甲酰化条件下脂肪酸和对应的酯丢失一个 C_1-基团

另一个使用脂肪酸时偶尔会观测到的副反应是脱羰基化-脱水反应，其会产生
597 烯烃（图解 6.89）。反应在高温下使用 PPh_3 或者富电子膦修饰的铑催化剂时发生[39]。在第一步中，一种酐从 2 当量的脂肪酸中形成。铑催化的酐的裂解和随后

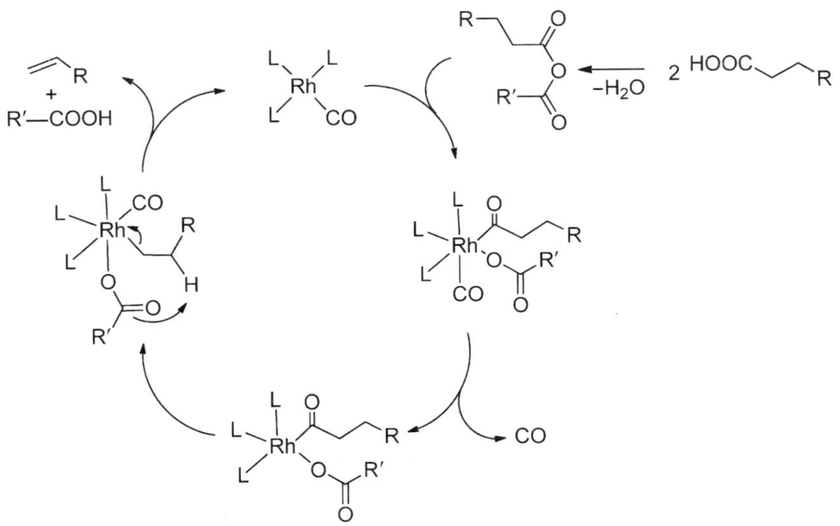

图解 6.89 硬脂酸与 $RhCl(PPh_3)_3$ 的脱羰基化-脱水反应的机理

酰基部分的脱羰基化最终生成了烯烃和 1 当量起始的羧酸。以这样的方法，硬脂酸可以使用威尔金森(Wilkinson)催化剂和 10 倍过量的 PPh_3 在 280℃时完全转化为异构的十七碳烯。类似有效的是 $RhCl(CO)(PPh_3)_2$ 和$[RhCl(CC)_2]_2$。

6.2.3.2 应用的氢甲酰化、底物和串联反应

对于工业规模的脂肪化合物的氢甲酰化的先驱尝试开始于 50 年前，使用了钴催化剂(图解 6.90)[40]。通常使用这些催化剂，形成的醛会立即还原成对应的醇。更为深入的研究显示，使用 $Co_2(CO)_8$ 在 180℃时至少形成了 8 种异构的醇，其中主要为一种 C_{11} 的羟甲基衍生物[22]。有趣的是，Wilkinson 配合物也形成氢化的产物。相反地，在 110℃使用加载于例如 $CaCO_3$、Al_2O_3 或者碳等不同异相表面的且用 PPh_3 修饰的铑可形成醛。在 Rh/PPh_3 比例为 1∶4.4 时，只以几乎完全的产率分别形成 C_9 -甲醛和 C_{10} -甲醛。在这些条件下，甚至当用纯氢气取代合成气时都没有实现还原。 598

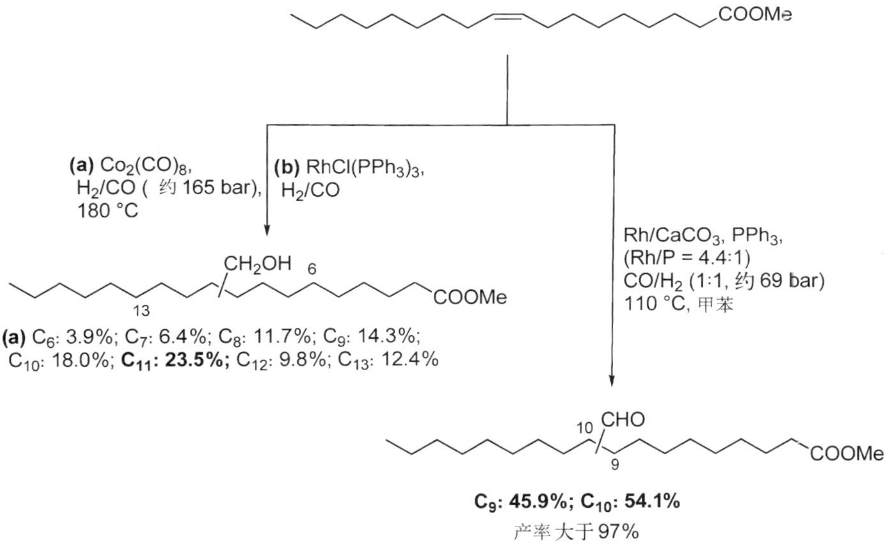

图解 6.90 不同条件下的油酸甲酯的氢甲酰化

在较低的温度(120℃)下，钴催化剂也有产生醛的化学选择性(图解 6.91)[41]。随后用氢气代替合成气使得醛在使用同样的催化剂的条件下发生还原。或者，反应用甲醇作为溶剂，将醛限制为二甲基缩醛。

一种活化铑催化剂(ARC)[42]是将铑加载于 5%的氧化铝并使用 PPh_3 修饰，它被用在模拟假想的 10^9 t 规模产量的装置[43,44]。氢甲酰化在一个小型反应装置中以分批过程进行(图 6.13)。铑催化剂在旋转炉中被高温回收。

油酸也同样在用 PPh_3 修饰的 ARC 催化剂下以约 1 kg 的规模于 900 psi(约 41 bar)下氢甲酰化(图解 6.92)[46]。后续的合成序列包括酸催化的酯化、缩醛化和热裂解，最终形成 9(10)-甲氧基亚甲基硬脂酸甲酯。

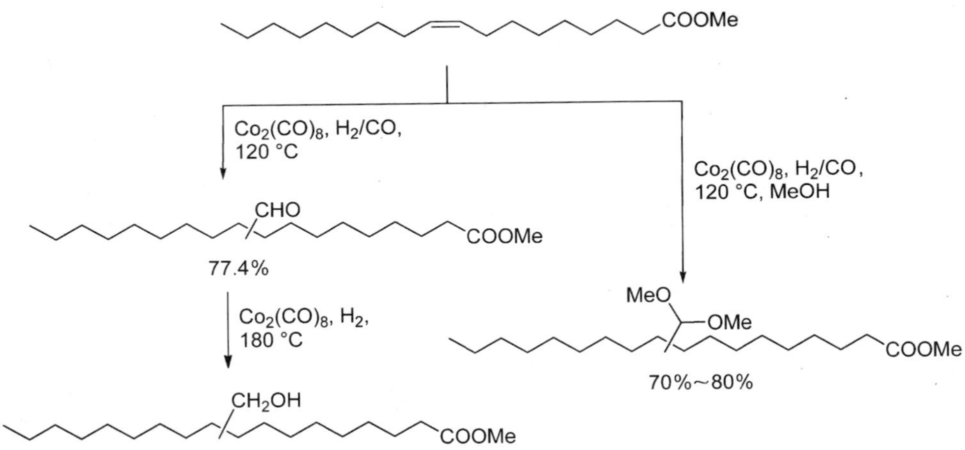

图解 6.91 使用钴催化剂的油酸甲酯的氢甲酰化和后续的氢化或者将醛限制为缩醛

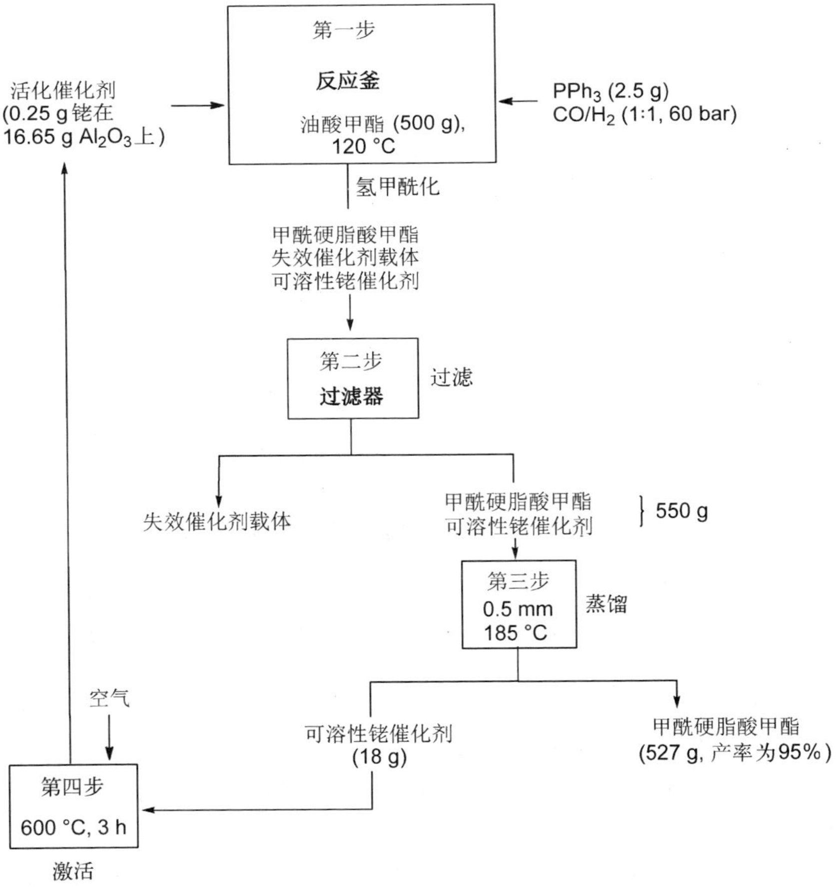

图 6.13 使用活化铑催化剂(ARC)的油酸甲酯的氢甲酰化的分批过程和将醛限制为缩醛[45]

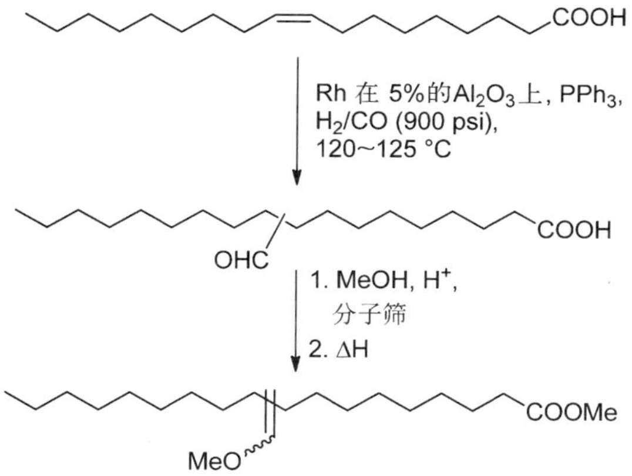

图解 6.92　包括氢甲酰化、缩醛化和消去反应的油酸的连续反应

油酸甲酯和工业用亚麻籽油的双水相系统氢甲酰化通过将 Rh(TPPTS)催化剂锚定于硅胶[2]或者活性炭(Nuchar® WV - B)上来进行[47]。特别是后者被证明作为质量传递促进剂十分有效。 600

甲醇被选作在 $Rh[Rh_2P-(CH_2)_2SO_3Li]$催化剂存在时工业用亚麻酸甲酯的氢甲酰化的溶剂(图解 6.93)[35]。

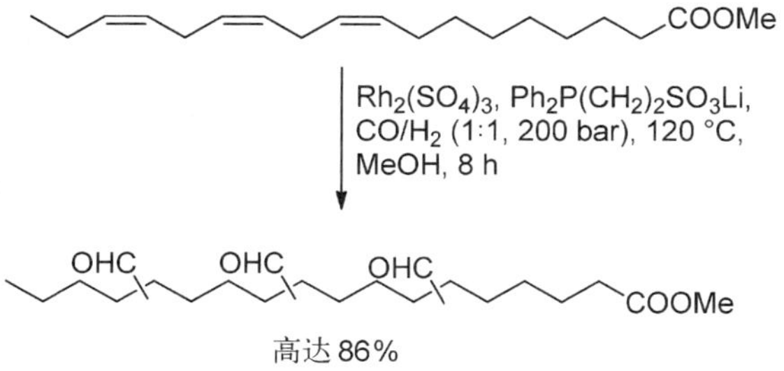

图解 6.93　使用铑-膦催化剂的亚麻酸甲酯的氢甲酰化

最佳情况下,在相对严苛的条件下得到接近 90%的三甲酰化产物。通过形成缩醛,甲醇阻止了 1,4 -甲酰基团之间的羟醛缩合产物的形成。在移除溶剂后,用水提取催化剂再蒸发掉水,可观测到几乎没有铑的损失。回收的催化剂可以被反复利用数次。

天然的含有油酸酯、亚麻酸酯和亚麻籽油酸酯混合物的油和脂肪,在负载于 SiO_2 的钴催化剂下,以大于 160℃的典型高反应温度氢甲酰化,主要生成单甲酰化的产物(89%～99%)[2]。其显著的特征是高比例的烷基链末端的甲酰基团,这是由众所周知的钴的高异构化活性造成的。 601

如 Monflier 和其同事[48]所示,在水压下的铑催化的三甘油酯的氢甲酰化可以得益于随机甲基化的 β -环糊精(RAME - β - CDs)。合成气压(20～80 bar)、温度(50～80℃)、磺化膦配体的种类和 RAME - β - CDs 的量都对催化结果有显著影响。

人们尝试了一些将 PPh_3 修饰的 ARCs 从产物中分离出来的方法[49]。一种非常实用的方法是基于氢甲酰化粗产物的真空蒸馏，然后烧掉反应釜底部剩余的，和负载在氧化铝上已失效的铑催化剂一起的已分解的可溶催化剂[44]。铑因此重新负载于氧化铝上得到回收。

从大豆油中得到的单一脂肪酸酯和脂肪酸酯的混合物使用水溶性的 Rh(TPPTS)催化剂在离子液中进行氢甲酰化（图解 6.94）[50]。通过使用 AMMOENG™102 可以得到更优越的结果。催化剂可以回收 9 次，但是观测到的最高活性已是循环 4 次之后。在最佳轮次中观测到的转化为 96%，产率高达 89%。

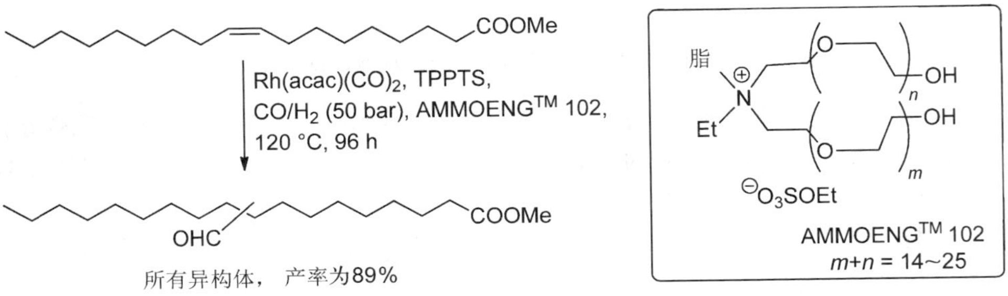

图解 6.94 使用离子液的油酸甲酯的氢甲酰化

Vorholt 和其同事研究了使用 L-脯氨酸的油酸甲酯的氢氨甲基化-酯化反应（图解 6.95）[51]。双膦配体（BISBI、BIPHEPHOS、dppb）辅助了暂态的亚胺的氢化，却降低了最后一步中脯氨酸部分酯化的速率。得到的二酯通过温控溶剂系统（TMS）技术与催化剂分离，使铑向产品相的浸析达到最小（最小为 9 mg/kg 铑）。

602

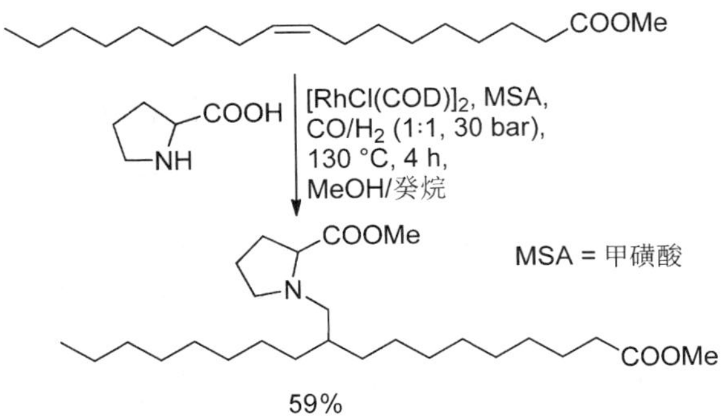

图解 6.95 使用脯氨酸的油酸甲酯的氢氨甲基化-酯化反应

6.2.3.3 相关底物的氢甲酰化

除了酸和酯以外，对应的不饱和长链醇也被用来与合成气反应[52]。例如，Ruhrchemie 在一专利文献中描述了油醇的氢甲酰化，它的底物可以在无溶剂条件下由磺化三苯基膦配体催化油酸酯的异相氢化[53]来制备（图解 6.96）[54]。

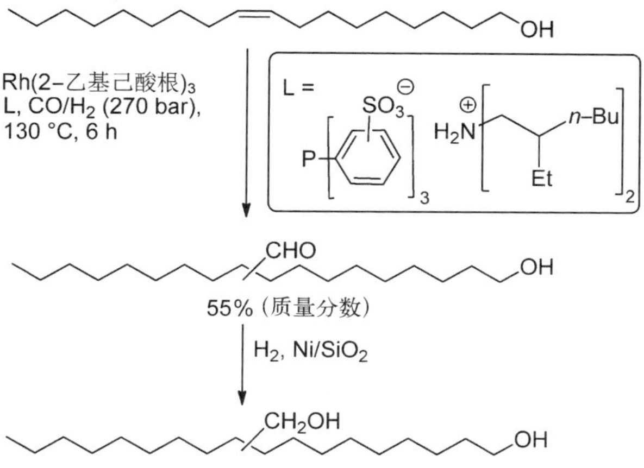

图解 6.96　使用可回收催化剂的油醇的氢甲酰化

反应完成之后，从产物中使用 NaOH 水溶液萃取催化剂。形成的三(磺酰基苯基)膦钠(TPPTS)经过酸化和随后与双(2-乙基己基)胺的中和使得催化剂可以再利用。甲酰醇随后通过在异相镍催化剂上的氢化转化为对应的十九烷二醇。如图 6.14 所示的是典型的小规模试验设备中使用 330 g 烯烃的反应。 603

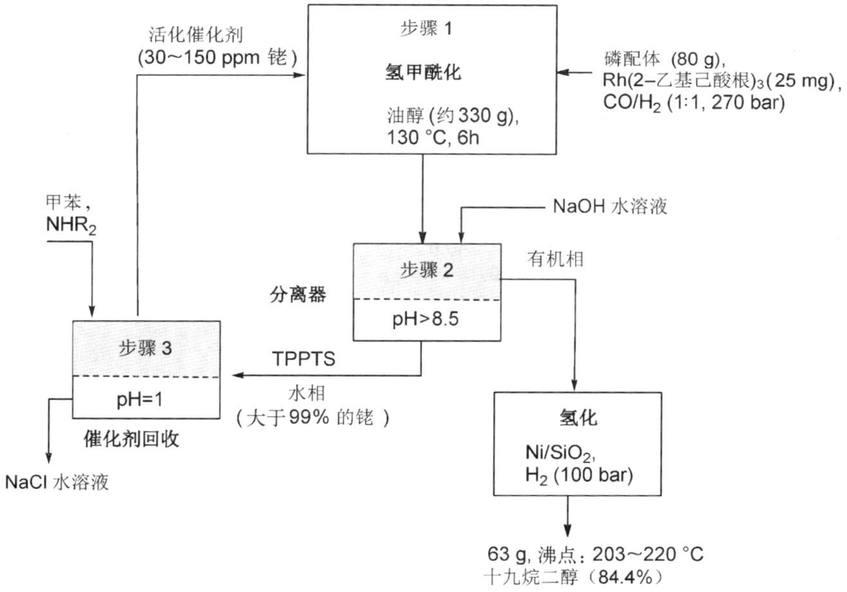

图 6.14　使用可回收催化剂的油醇的氢甲酰化的工业装置

在另一个方法中，聚醚三酰基膦的氧化物 $Ph_2P(O)[p-C_6H_4(OC_2H_4)_{25}OH]$ 被选择作为铑的配体(CO/H_2＝5 MPa，140℃，6 h)[55]。在双水相系统条件下形成了胶束。以 76.4%的产率得到甲酰十八烷酰醇，其中 18-甲酰十八碳烯醇的产率为 19%。在同样的条件下，TPPTS 作为配体完全失败了。

例如肉豆蔻酸、棕榈酸和硬脂酸的饱和脂肪酸被用作乙烯酯的羧酸组分[56]。在使用异相 Rh/C 催化剂的氢甲酰化中，主要观测到支链醛，其随后会转化为对应的醇(图解 6.97)。

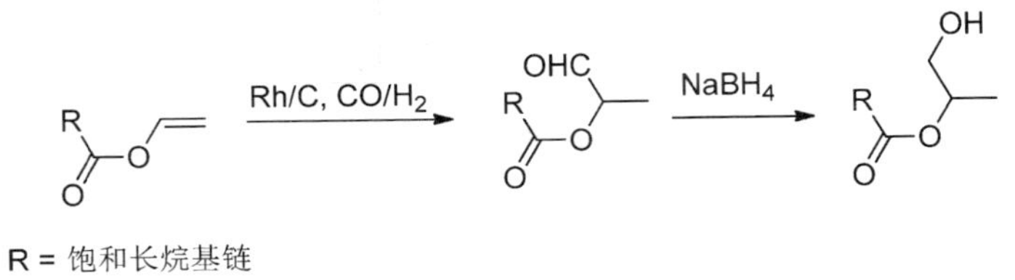

图解 6.97　来自油醇的乙烯酯的氢甲酰化

Carpentier 和其同事通过脂肪酸腈的氢甲酰化，和后续的醛基的自然氧化以
604 及最终腈的氢化制备了 ω-氨基酸(图解 6.98)[57]。氢甲酰化在 S/Rh＝20 000～100 000 以及使用 BIPHEPHOS 作为铑的附加配体的情况下进行。人们发现在氢甲酰化之前发生了显著的异构化。但是，与 Xantphos 相反，BIPHIPHOS 最终带来端醛的高产率。在反应完成后，产物通过 180℃ 和 1 mbar 下的蒸馏被分离。剩余的均相催化剂可以重复使用至 4 次，根据铑计算的 TONs 高达 230 000。一些附加的配体仅在两轮中加入。12-氨基十二烷酸是制备聚酰胺-12(尼龙 12)的珍贵单体。其在工业上通常使用环十二烷酮与羟基胺反应及最终 Beck 重排形成十二内酰胺来制备[58]。

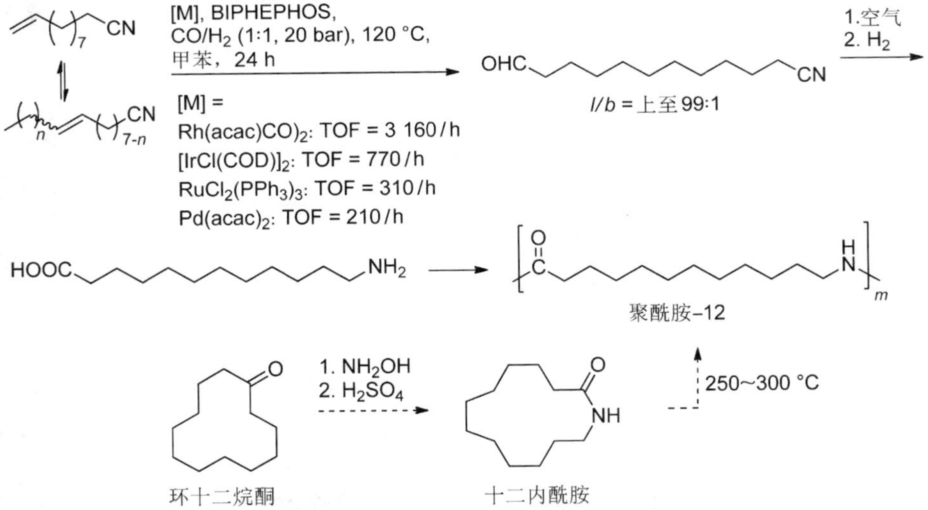

图解 6.98　1-十一碳烯腈的氢甲酰化和后续步骤得到聚酰胺-12

在 2015 年的后续研究中，人们研究了使用 BIPHEPHOS 作为配体在相同的转化中不同金属的作用[59]。令人意外的是，在未优化的氢甲酰化条件下，相关的铱催化剂比铑系统的活性只低约 5 倍。但是后者在内烯烃分布的控制上略占优

势。钌和钯催化剂表现得明显较差。

6.2.4　氢甲酰化产物的进一步转化

在工业规模中，形成的醛通常不是最终的产物。来自红花油和亚麻籽油的氢甲酰化的单、双和三甲酰化的硬脂酸甲酯被转化为对应的五元和六元乙酰氧基甘油缩醛（图解 6.99）[60,61]。将它们的性质与例如二（2-乙基己基）邻苯二甲酸酯和二（2-乙基己基）癸二酸酯的商用 PVC 增塑剂的性质做了比较。在某些主要方面（抗张强度、持久性和稳定性），脂肪酸衍生物表现更佳。 605

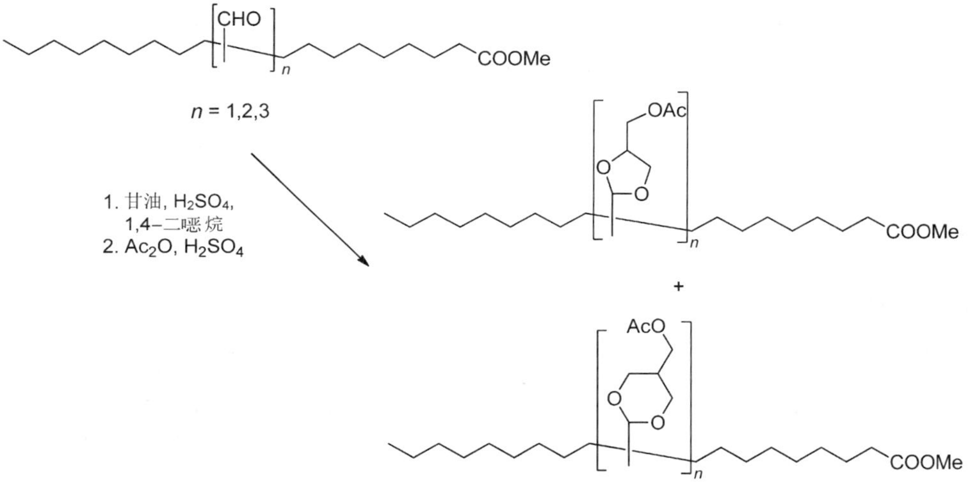

图解 6.99　醛转化为聚缩醛

脂肪酸衍生物氢甲酰化、随后的氢化和与例如甲苯二异氰酸酯（TDI）、亚甲基二苯基-4,4-二异氰酸酯（MDI）和 1,6-六亚甲基二异氰酸酯（HDI）等异氰酸酯反应，得到的聚尿烷的性质可能与氢甲酰化使用的金属强烈相关[12a,62]。在使用铑催化剂的高转化速率情况下，形成刚性的聚尿烷 A，而在钴催化和低转化的情况下，形成较低机械强度的硬橡胶或者刚性塑料（聚尿烷 B）（图解 6.100）。

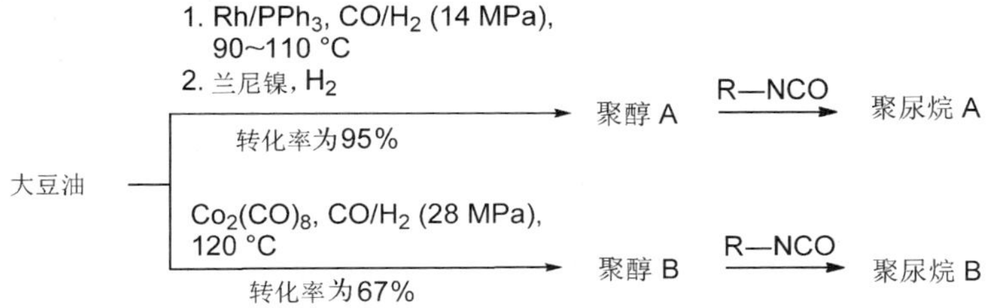

图解 6.100　聚尿烷的性质与氢甲酰化所使用的催化剂的关系

来自氢甲酰化/还原反应的多元醇的多样性对橡胶聚尿烷的机械特性有负效应[9]。例如，在链中间未反应的双键对聚尿烷的弹性有负面影响[63]。这些也叫作 606

悬垂链的部分是网络结构中的缺陷。

6.2.5 结论与展望

在来自可再生资源的脂肪酸化合物的氢甲酰化被长时间忽视之后，它又回归成为了研究的焦点。与先驱研究时相比，现在的反应条件要更为温和。例如钌催化脂肪酸酯的烷氧羰基化的相关方法也开始更加受到人们的重视[64]。这种方法主要生成 α,β-二酯，迄今为止其还不能通过氢甲酰化以较好的产率制备。

主要的问题是原料的多样性，因此人们为能使用例如大豆生物柴油等复杂的脂肪酸酯混合物做出了许多尝试[65]。但是，化学工业对精制原料更加感兴趣。遗憾的是，从粗油中分离单一脂肪酸酯十分昂贵。因此，对于在工业级纯底物的反应中也能存活的更为耐用的催化剂的研究将会是未来研究的焦点。另一个解决方法可能是以倾向或者抑制某种生物过程为目的的通过诱变或者繁殖对植物进行特殊的修饰[66]。在最佳情况下，最终只形成一种脂肪酸。最近的一个有趣的例子是通过育种技术得到高油酸葵花籽油（HOSO 或者 HOSFO）[67]。它含有大于 90%的油酸和小于 1.5%的硬脂酸。

参考文献

1. For reviews, see: (a) Pryde, E.H., Frankel, E.N., and Cowan, J.C. (1972) *J. Am. Oil Chem. Soc.*, **49**, 451-456; (b) Frankel, E.N. (1973) *Ann. N.Y. Acad. Sci.*, **214**, 79-93; (c) Coenen, J.W.E. (1975) *Fette, Seifen, Anstrichmittel*, **77**, 461-467; (d) Frankel, E.N. and Pryde, E.H. (1977) *J. Am. Oil Chem. Soc.*, **54**, 873A-881A.
2. Xia, Z., Klöckner, U., and Fell, B.
607 (1996) *Fett-Lipid*, **98**, 313-321.
3. (a) Behr, A. (1990) *Fat Sci. Technol.*, **92**, 375-388; (b) Behr, A. and Westfechtel, A. (2007) *Chem. Ing. Tech.*, **79**, 621-636; (c) Behr, A., Westfechtel, A., and Pérez Gomes, J. (2008) *Chem. Eng. Technol.*, **31**, 700-714; (d) Behr, A. and Vorholt, A.J. (2012) *Top. Organometal. Chem.*, **39**, 103-127; (e) Behr, A. and Vorholt, A.J. (2014) *Chem. Ing. Tech.*, **86**, 2089-2104.
4. For tandem reactions of renewables including fatty acids and derivatives, compare: (a) Behr, A., Fiene, M., Buß, C., and Eilbracht, P. (2000) *Eur. J. Lipid Sci. Technol.*, **102**, 467-471; (b) Behr, A., Vorholt, A.J., Ostrowski, K.A., and Seidensticker, T. (2014) *Green Chem.*, **16**, 982-1006.
5. Metzger, J.O. (2009) *Eur. J. Lipid Sci. Technol.*, **111**, 865-876.
6. Petrović, Z.S., Wan, X., Bilić, O., Zlatanić, A., Hong, J., Javni, I., Ionescu, M., Milić, M., and Degruson, D. (2013) *J. Am. Oil Chem. Soc.*, **90**, 1073-1078.
7. In general, the use of renewable resources for the production of chemicals does not significantly affect the overall consumption of agriculture land in comparison to the usage of bio-based fuels: Ißbrücker, C. and von Pogrell, H. (2013) *Nachr. Chem.*, **61** (10), 1037-1038.
8. Metzger, J.O. and Bornscheuer, U. (2006) *Appl. Microbiol. Biotechnol.*, **71**, 13-22.
9. Petrović, Z.S., Guao, A., Javni, I., Cvetković, I., and Hong, D.P. (2008) *Polym. Int.*, **57**, 275-281.
10. Cert, A., Moreda, W., and Pérez-Camino, M.C. (2000) *J. Chromatogr. A*, **881**, 131-148.

11. Vanbesien, T., Hapiot, F., and Monflier, E. (2013) *Lipid Technol.*, **25**, 175-178.
12. (a) Guo, A., Demydov, D., Zhang, W., and Petrovic, Z.S. (2002) *J. Polym. Environ.*, **10**, 49-52; (b) Lligadas, G., Ronda, J.C., Galià, M., and Cádiz, V. (2010) *Polymers*, **2**, 440-453; (c) Petrović, Z.S., Cvetković, I., Hong, D., Wan, X., Zhang, W., Abraham, T.W., and Malsam, J. (2010) *Eur. J. Lipid Sci. Technol.*, **112**, 97-102; (d) Luo, N. and Newbold, T. (to BioBases Technologies, LLC) (2012) Patent US 8,079,739; (e) Desroches, M., Escouvois, M., Auvergne, R., Caillol, S., and Boutevin, B. (2012) *Polym. Rev.*, **52**, 38-79.
13. Petrović, Z.S., Cvetković, I., Milić, J., Hong, D., and Javni, I. (2012) *J. Appl. Polym. Sci.*, **125**, 2920-2928.
14. Wagner, H., Luther, R., and Mang, T. (2001) *Appl. Catal., A*, **221**, 429-442.
15. See e.g.: (a) Dakka, J.M., Mozeleski, E.J., and Baugh, L.S. (ExxonMobil Research and Engineering Company) (2010) Patent US 20100249299; (b) Dakka, J.M., Baugh, L.S., and Mozeleski, E.J. (ExxonMobil Research and Engineering Company) (2010) Patent WO 2010110911; (c) Dakka, J.M., Mozeleski, E.J., Baugh, L.S., and Berluche, E. (ExxonMobil Research and Engineering Company) (2010) Patent US 20100159177; (d) Colle, K.S., Godwin, A.D., and Stanat, J.E. (ExxonMobil Chemical Patents Inc.) (2011) Patent WO 2010027640; (e) Dakka, J.M. and Mozeleski, E.J. (to ExxonMobil Research and Engineering Company) (2011) Patent US 2011/0151162.
16. Peng, W.-J. (Dow Global Technologies Inc.) (2008) Patent WO 2008156993.
17. Attanasi, O.A., Mele, G., Filippone, P., Mazzetto, S.E., and Vasapollo, G. (2009) ARKIVOC (viii), pp. 69-84.
18. Kamiya, Y. and Miyakoshi, T. (2001) *J. Oleo Sci.*, **50**, 865-874.
19. (a) Mazzetto, S.E., Lomonaco, D., and Mele, G. (2009) *Quim. Nova*, **32**, 732-741; (b) Perdriau, S., Harder, S., Heeres, H.J., and de Vries, J.G. (2012) *ChemSusChem*, **5**, 2427-2434.
20. Greco, A., Brunetti, D., Renna, G., Mele, G., and Maffezzoli, A. (2010) *Polym. Degrad. Stab.*, **95**, 2169-2174.
21. Pryde, E.H. (1984) *J. Am. Oil Chem. Soc.*, **61**, 419-425.
22. Frankel, E.N. (1971) *J. Am. Oil Chem. Soc.*, **48**, 248-253.
23. Muilwijk, K.F., Kamer, P.C.J., and van Leeuwen, P.W.N.M. (1997) *J. Am. Oil Chem. Soc.*, **74**, 223-228.
24. Damas, L., Costa, G.N., Ruas, J.C., Carrilho, R.M.B., Abreu, A.R., Aquino, G., Calvete, M.J.F., Pineiro, M., and Pereira, M.M. (2015) *Curr. Microwave Chem.*, **2**, 53-60.
25. (a) Benetskiy, E., Lühr, S., Vilches-Herrera, M., Selent, D., Jiao, H., Domke, L., Dyballa, K., Franke, R., and Börner, A. (2014) *ACS Catal.*, **4**, 2130-2136; (b) Dyballa, K.M., Franke, R., Boerner, A., Luehr, S., and Vilches, M. (to Evonik Industries AG) (2015) Patent EP 2829546.
26. Behr, A., Obst, D., and Westfechtel, A. (2005) *Eur. J. Lipid Sci. Technol.*, **107**, 213-219.
27. (a) Adkins, H. and Williams, J.L.R. (1952) *J. Org. Chem.*, **17**, 980-987; (b) Falbe, J. and Huppes, N. (1966) *Brennst.-Chem.*, **47**, 314-315.
28. Andjelkovic, D.D., Min, B., Ahn, D., and Larock, R.C. (2006) *J. Agric. Food Chem.*, **54**, 9535-9543.
29. Behr, A., Witte, H., and Bayrak, Z. (2013) *Eur. J. Lipid Sci. Technol.*, **115**, 721-728.
30. Consorti, C.S., Aydos, G.L.P., Ebeling, G., and Dupont, J. (2009) *Appl. Catal., A*, **371**, 114-120.
31. Quirino, R.L. and Larock, R.C. (2012) *J. Am. Oil Chem. Soc.*, **89**, 1113-1124.
32. Fell, B., Boll, W., and Hagen, J. (1975) *Chem. Ztg.*, **99**, 485-492. 608
33. (a) Kandanarachchi, P., Guo, A., and Petrovic, Z. (2002) *J. Mol. Catal. A: Chem.*, **184**, 65-71;

(b) Kandanarachchi, P., Guo, A., Demydov, D., and Petrovic, Z. (2002) *J. Am. Oil Chem. Soc.*, **79**, 1221-1225.
34. (a) Frankel, E.N., Thomas, F.L., and Rohwedder, W.K. (1973) *Ind. Eng. Chem. Prod. Res. Dev.*, **12**, 47-53; (b) Frankel, E.N. (to United States of America) (1974) Patent US 3,787,459.
35. Xia, Z., Schobben, C., and Fell, B. (1996) *Fett-Lipid*, **98**, 393-398.
36. Néry Furlan Mendes, A., Gomes da Rosa, R., and Ribeiro Gregório, J. (2005) *Catal. Commun.*, **6**, 379-384.
37. Santillan-Jimenez, E. and Crocker, M. (2012) *J. Chem. Technol. Biotechnol.*, **87**, 1041-1050.
38. Naeumann, F., Hölderich, W., and Merger, F. (to BASF Aktiengesellschaft) (1989) Patent US 4,879,405.
39. Foglia, T.A. and Barr, P.A. (1976) *J. Am. Oil Chem. Soc.*, **53**, 737-741.
40. (a) Lai, R., Naudet, M., and Ucciani, E. (1966) *Rev. Fr. Corps Gras*, **13**, 737-745; (b) Lai, R., Naudet, M., and Ucciani, E. (1968) *Rev. Fr. Corps Gras*, **15**, 5-21; (c) Lai, R., Ucciani, E., and Naudet, M. (1969) *Bull. Soc. Chim. Fr.*, 793-797.
41. Frankel, E.N. (1976) *J. Am. Oil Chem. Soc.*, **53**, 138-141.
42. Friedrich, J.P. (1978) *Ind. Eng. Chem. Prod. Res. Dev.*, **17**, 205-207.
43. Frankel, E.N. and Thomas, F.L. (1972) *J. Am. Oil Chem. Soc.*, **49**, 10-14.
44. (a) Friedrich, J.P., List, G.R., and Sohns, V.E. (1973) *J. Am. Oil Chem. Soc.*, **50**, 455-458; (b) Friedrich, J.P. (to United States Dept. of Agriculture) (1974) Patent US 3,899,442.
45. Taken from: Franke, R., Selent, D., and Börner, A. (2012) *Chem. Rev.*, **112**, 5675-5732.
46. Awl, R.A., Frankel, E.N., and Pryde, E.H. (1976) *J. Am. Oil Chem. Soc.*, **53**, 190-195.
47. Boulanger, J., Ponchel, A., Bricout, H., and Monflier, E. (2012) *Eur. J. Lipid Sci. Technol.*, **114**, 1439-1446.
48. Hapiot, F., Monflier, E., and Vanbesien, T. (to Centre National de La Recherche Scientifique (CNRS)) (2015) Patent FR 3013045.
49. Dufek, E.J. and List, G.R. (1977) *J. Am. Oil Chem. Soc.*, **54**, 276-278.
50. Vogl, C. (2009) Hydroformylierung von ungesättigten Pflanzenölen - Neue Verfahren zur Umsetzung nachwachsender Rohstoffe. PhD thesis. Rostock, Germany, pp. 49-51.
51. Behr, A., Seidensticker, T., and Vorholt, A.J. (2014) *Eur. J. Lipid Sci. Technol.*, **116**, 477-485.
52. (a) Hagen, J. (to Henkel KGaA) (1980) Patent DE 2914189; (b) Kong, F.Z., Wang, K.Y., and Yin, Z.L. (2002) *Chin. Chem. Lett.*, **13**, 497-499; (c) Kong, F.Z., Zheng, X., and Jin, Z.L. (2003) *Chin. Chem. Lett.*, **14**, 917-919.
53. See e.g: Crucean, A.C. and Teodorut, N. (to SC Chimigaz Srl, Rom) (2015) Patent WO 2015072871.
54. Bahrmann, H., Cornils, B., Konkol, W., Weber, J., Bexten, L., and Bach, H. (to Ruhrchemie Aktiengesellschaft) (1986) Patent EP 0216314; DE 3534317 (1987).
55. Liu, X.Z., Kong, F., Zheng, X., and Jin, Z. (2003) *Catal. Commun.*, **4**, 129-133.
56. Bonfand, A., Ucciani, E., Luciani, A., and Sambuc, E. (1990) *Rev. Fr. Corps Gras*, **37**, 281-287.
57. (a) Dubois, J.-L., Couturier, J.-L., Carpentier, J.-F., and Ternel, J. (to Arkema France and Centre National de la Recherche Scientific and Université de Rennes) (2013) Patent WO 2013/079888; (b) Ternel, J., Couturier, J.-L., Dubois, J.-L., and Carpentier, J.-F. (2013) *Adv. Synth. Catal.*, **355**, 3191-3204.
58. Schiffer, T. and Oenbrink, G. (2009) Cyclododecanol, cyclododecanone, and laurolactam, in *Ullmann's Encyclopedia of Industrial Chemistry*, Wiley-VCH Verlag GmbH, Weinheim. doi: 10.1002/14356007.a08_201
59. Ternel, J., Couturier, J.-L., Dubois, J.-

L., and Carpentier, J.-F. (2015) *ChemCatChem*, **7**, 513-520.
60. (a) Neff, W.E., Frankel, E.N., and Pryde, E.H. (1976) *J. Am. Oil Chem. Soc.*, **53**, 152-156; (b) Awl, R.A. and Pryde, E.H. (to United States Dept. of Agriculture) (1976) Patent US 485060.
61. For the reaction of the aldehydes with pentaerythrol to the corresponding acetals compare: Khoe, T., Gast, L., Frankel, E.N., and Cowan, J.C. (1972) *J. Am. Oil Chem. Soc.*, **49**, 134-136.
62. Lyon, C.K., Garrett, V.H., and Frankel, E.N. (1974) *J. Am. Oil Chem. Soc.*, **51**, 331-334.
63. Raquez, J.-M., Deléglise, M., Lacrampe, M.-F., and Krawczak, P. (2010) *Prog. Polym. Sci.*, **35**, 487-509.
64. (a) Khoe, T.H. and Frankel, E.N. (1976) *J. Am. Oil Chem. Soc.*, **53**, 17-19; (b) Jiménez-Rodriguez, C., Eastham, G.R., and Cole-Hamilton, D.J. (2005) *Inorg. Chem. Commun.*, **8**, 878-881.
65. Ramalho, H.F., di Ferreira, K.M.C., Machado, P.M.A., Oliveira, R.S., Silva, L.P., Prauchner, M.J., and Suarez, P.A.Z. (2014) *Ind. Crops Prod.*, **52**, 211-218. 609
66. Biermann, U., Friedt, W., Lang, S., Lühs, W., Machmüller, G., Metzger, J.O., Rüsch gen. Klaas, M., Schäfer, H.J., and Schneider, M.P. (2000) *Angew. Chem. Int. Ed.*, **39**, 2206-2224.
67. Srivastava, A. and Sahai, P. (2013) *Afr. J. Biotechnol.*, **12**, 880-891.

6.3 环氧化物的氢甲酰化

6.3.1 概述

一些与基于钴、铑、铂、钯或者铱的氢甲酰化相关的均相金属催化剂可以打开环氧化物(环氧乙烷)[1]。在20世纪80年代，Milstein和Bergman[2]可以截取从这一反应中形成的一些金属烷基烯醇化物。这样的配合物会发生CO插入生成金属—酰基配合物。通过最终的氢解作用得到β-羟基醛。

Eisenmann等在1961年首次尝试使用等化学计量的$Co_2(CO)_8$与CO和MeOH打开环氧丙烷(图解6.101)[3]。以上至40%的产率得到3-羟基丁酸甲酯。

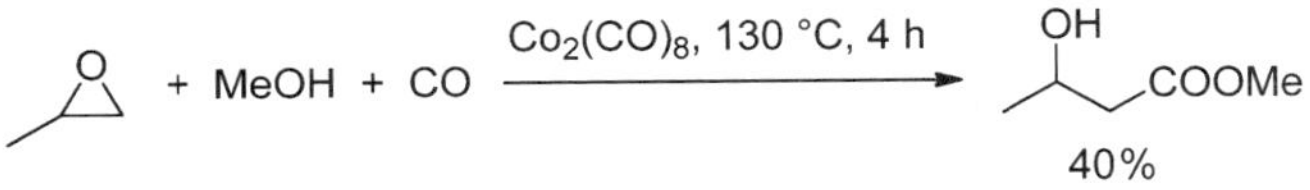

图解6.101 在CO存在的条件下环氧化物开环的首次研究

1963年，Heck[4]等研究了环氧化物与$HCo(CO)_4$的等化学计量反应。通过逐步加入金属配合物、CO和最终的PPh_3，可制备和表征可能的催化循环中间物(图解6.102)。

Watanabe和其同事在1964年首次报告了环氧化物的催化氢甲酰化[5]。它们将环氧丙烷与水煤气在80～100℃下$Co_2(CO)_8$存在时作用，得到的主要产物为β-羟基丁醛(图解6.103)。显然，$HCo(CO)_4$是活性催化剂。副产物是丙酮、丁-2-烯醛、2-甲基丙烯醛和2-甲基丙醛。

在同样的条件下，环氧乙烷首先发生氢甲酰化和聚合反应，其可以通过使用膦修饰的钴催化剂来阻止(见下文)。使用非对称环氧化物的情况下，必须考虑到区 610

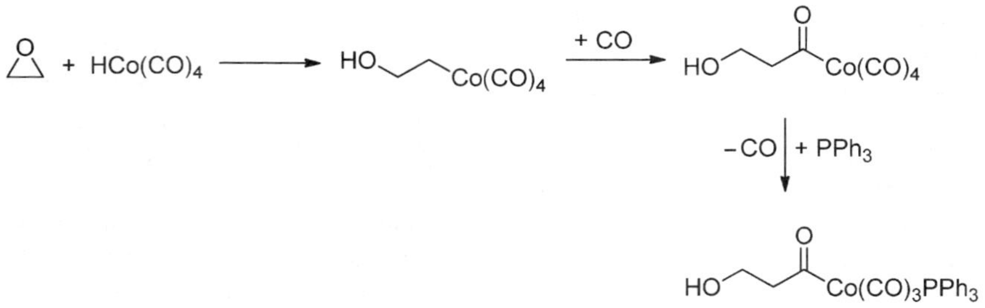

图解 6.102　环氧乙烷与 $HCo(CO)_4$ 和 CO 的等化学计量甲酰化反应

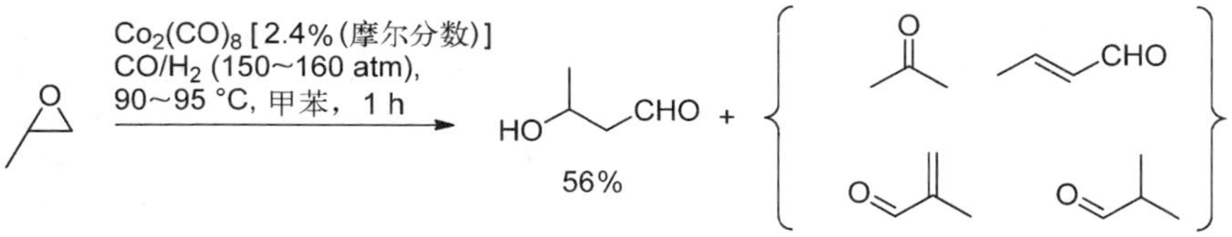

图解 6.103　环氧丙烷与 $Co_2(CO)_8/HCo(CO)_4$ 的首次催化氢甲酰化

域异构的开环反应，其可能生成端醛或者支链醛，或者两者兼有。特别是环氧化物异构化为对应的酮或者醛是主要的副反应，如图解 6.104 中使用未修饰的钴催化剂的情况所示[7]。在不存在合成气的情况下，钴-羟烷基配合物可能在烯醇消去情况下分解，其快速发生异构互变作用生成稳定的酮或者醛(R=H)。

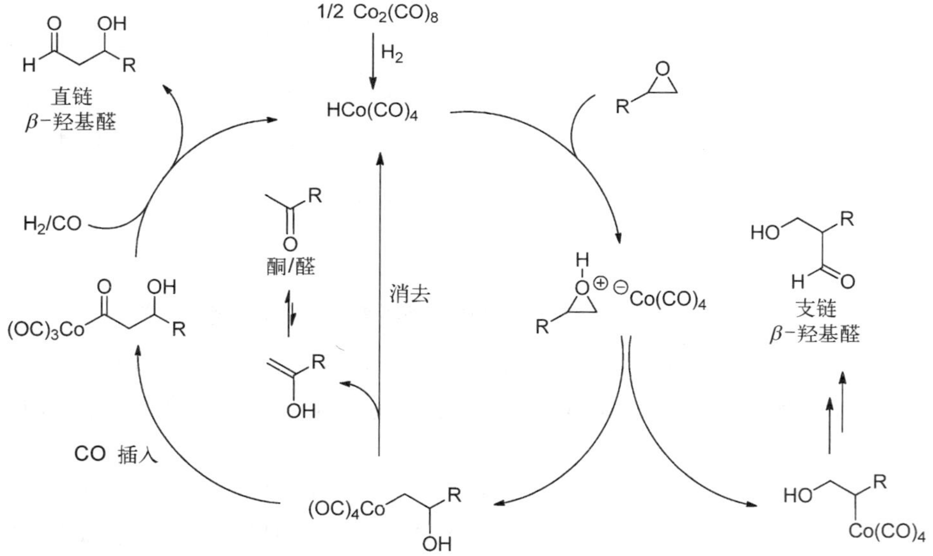

图解 6.104　钴催化的环氧化物氢甲酰化的机理和作为典型副反应的异构化[6]

通过加入少量的例如醇(乙醇、丁醇)的路易斯碱可以使得不同环氧化物与 $HCo(CO)_4$ 的开环反应明显加速[8]。以这样的方法，环氧丙烷的氢甲酰化可以加速约 100 倍。在丙酮、二乙基醚或者 THF(四氢呋喃)存在的情况下还观测到了转化的改善。低反应温度同样激发了羟基醛的选择性形成。使用苯乙烯时，由于钴催化剂的高还原能力，主要得到异构的二醇。表氯醇反应主要得到 γ-氯-β-羟基丙酸乙酯。烯烃氧化物对这些氢甲酰化条件的相关反应性如图 6.15 所示。

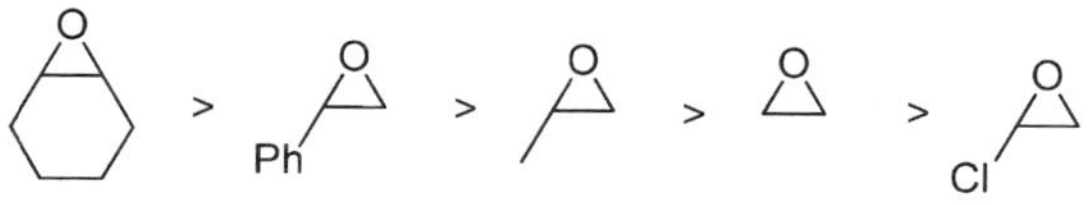

图 6.15　钴催化的环氧化物开环的反应性顺序

Shell 的研究人员发现，酸(对甲苯磺酸吡啶盐、正辛酸、膦酸)或者金属盐，例如 $Ca(OAc)_2$ 或者 $Eu(OAc)_3$ 可以改善速率和选择性[9]。另外，他们使用双齿膦作为配体，其可以使得反应性较低的环氧乙烷发生转化(图解 6.105)。烯烃的工业氢甲酰化中常用的环三烷基膦的混合物也被作为配体使用。将产物从钴催化剂于溶液或者水中萃取以及后续使用兰尼镍将 3-羟基丙醛(HPA)在约 69 bar H_2 分压下还原后，得到 1,3-丙二醇(PDO)[10,11]。最近，人们还提出了胺(例如 N,N-二甲基十二胺)和 $Fe(CO)_5$ 或者 Fe(Ⅱ)盐作为钴催化反应的添加物[12]。三星电子提出了为了制造聚对苯二甲酸丙二醇酯的氢甲酰化方法[13]。 611

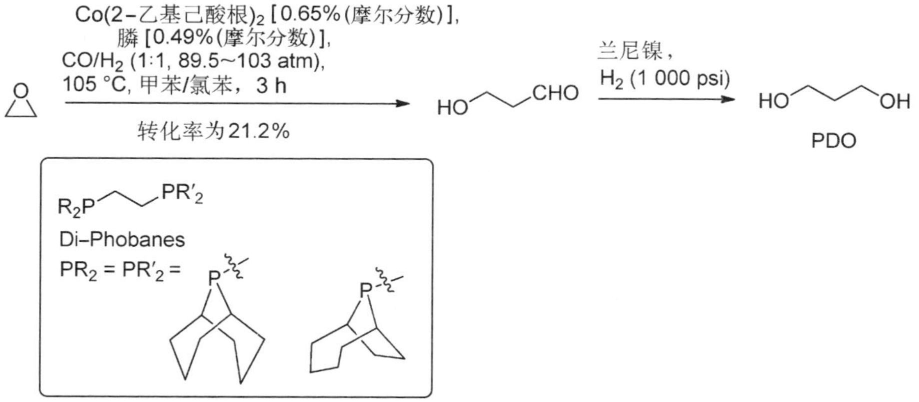

图解 6.105　使用膦修饰的钴催化剂的环氧乙烷的氢甲酰化

在一种类似的转化中，1,2-环氧己烯和 1,2-环氧己烷被用作底物[14]。可观量的催化剂可以被回收。或者，人们测试钴、钌或者锰卟啉促进的钴催化剂也取得了一定的成功[15]。

Möthrath 和其同事[16]筛查了带有一个氧化膦基团作为半稳定配位基团的膦配体。单齿或者双齿膦带来低转化。只有部分氧化的双膦能得到中等产率和倾向生成 3-羟基丙醛的高选择性。使用 $Ph_2P—CH_2—P(O)Ph_2$ ($CO/H_2=100$ bar, 100℃, 3 h)得到最佳结果。有了这样的流程，不仅仅是环氧乙烷，环氧丙烷、反式-2,3-环氧丁烷和环氧环己烷也可以被成功转化。值得注意的是，苯基环氧乙烷得 612

到的产率较差。

Union Carbide 和 Shell 提出了一些用于环氧化物氢甲酰化的铑催化剂(图解 6.106)[17]。使用亚磷酸三酯(例如 Alkanox® 240、BIPHEPHOS)或者膦修饰的铑催化剂的情况中,选择性增强且反应温度可以降低。值得注意的是,偶尔在约 90 bar 的总合成气混合物气压下会使用较高的 H_2 分压。

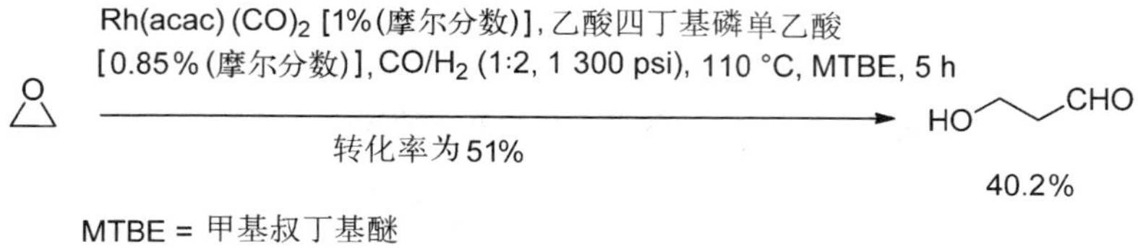

图解 6.106 使用未修饰的铑催化剂的环氧乙烷的氢甲酰化

6.3.2 应用

Drent 提出了在环氧乙烷的氢甲酰化中($CO/H_2=2:1$,54 bar),以 3∶1∶8 的比例同时使用 $Rh(acac)(CO)_2$(acac = acetylacetonate,乙酰丙酮化物)、$Co_2(CO)_8$ 和三烷基膦[18]。3-羟基丙醛以 90%的产率与少量乙醛一起形成。

当钴催化剂在约 103 bar 总合成气压下与双膦修饰的钌氢化催化剂联合使用时,可以实现直接以 71%的产率生成 1,4-PDO 的串联反应(图解 6.107)[19]。①
613 反应不仅能使用 MTBE(甲基叔丁基醚),还可以在其他溶剂中进行[20]。

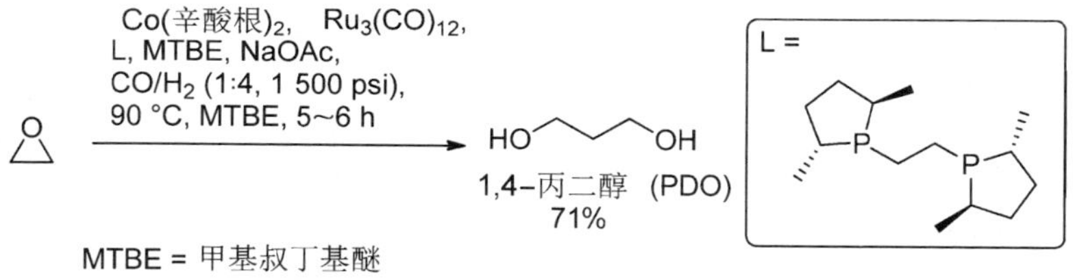

图解 6.107 环氧乙烷的氢甲酰化-氢化串联反应

PDO 的市场规模大于 45 000 t/a,被广泛用来制造生产纤维和薄膜的聚酯,且仍有上升趋势[21]。应用的弱势是与来自发酵(Bio-PDO)的方法相比,多数氢甲酰化方法会给 PDO 带来约为 10 倍的杂质[22]。

形成 α,β-羟基醛的二聚化反应可能会成为环氧化物在酸性金属催化剂下的氢甲酰化中严重的问题。Orchin 的小组在环氧环己烷与 CO 和 $HCo(CO)_4$ 的等化学计量开环反应中主要观测到自缩醛化产物(图解 6.108)[23]。

缩醛可以通过乙酰化反应和(或)与 $LiAlH_4$ 的氢化反应裂解,在每种情况中均得到反式构型的 1,3-二醇。使用乙二醇将暂态的醛限制住的尝试失败了。显然,这种二醇也可以作为钴的配体,所以金属催化剂的氢甲酰化活性受到了不利的

① 专利中未给出为何使用了手性双膦的解释。

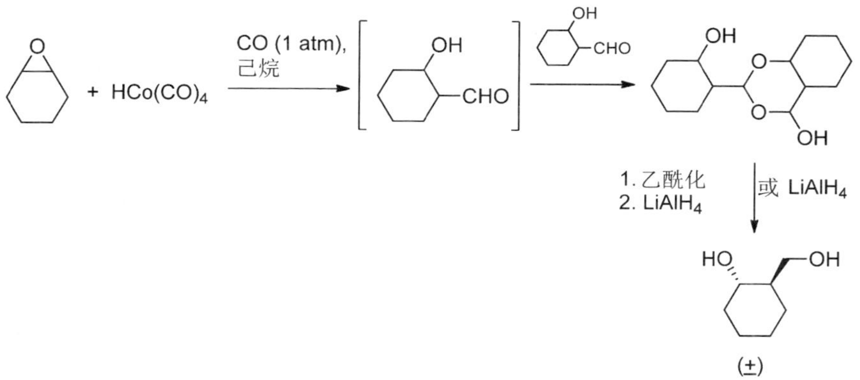

图解 6.108 在环氧环己烷的等化学计量氢甲酰化中二聚化产物的形成

影响。

Nozaki 和其同事[24]发现了一种以原甲酸甲酯作为溶剂进行催化开环反应的替代方法(图解 6.109)。暂态的羟基醛在此处被限制为甲酰酯缩醛。膦作为钴的配体。通过用甲醇处理粗反应混合物,可以以高产率得到外消旋的羟基缩醛。 614

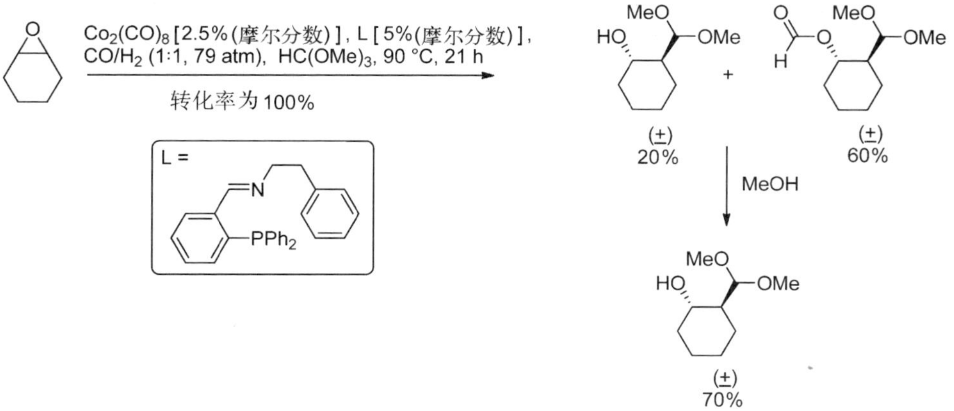

图解 6.109 环氧环己烷的氢甲酰化-缩醛化串联反应

开环反应以保持手性中心的绝对构型进行。(*R*)-1-苄氧基-2,3-环氧丙烷转化为(*R*)-1-苄氧基-4,4-二甲氧-2-丁醇,它是3-羟基-3-甲基戊二酸单酰-辅酶 A(HMG-CoA)还原酶抑制剂阿托伐他汀或者罗苏伐他汀的有用的中间产物(图解 6.110)[25]。在环氧环己烷和环氧环戊烷的反应中只生成反式异构体的产物,证明了亲核开环反应是依据 S_N2 机理进行的。 615

化合物中的内羟基基团也可以与新形成的醛基反应生成半缩醛。Rosenthal 和 Kan[26]打开了一种基于端 D-葡萄糖的环氧化物且以优秀的产率将对应的五元环作为最终产物分离出来(图解 6.111)。

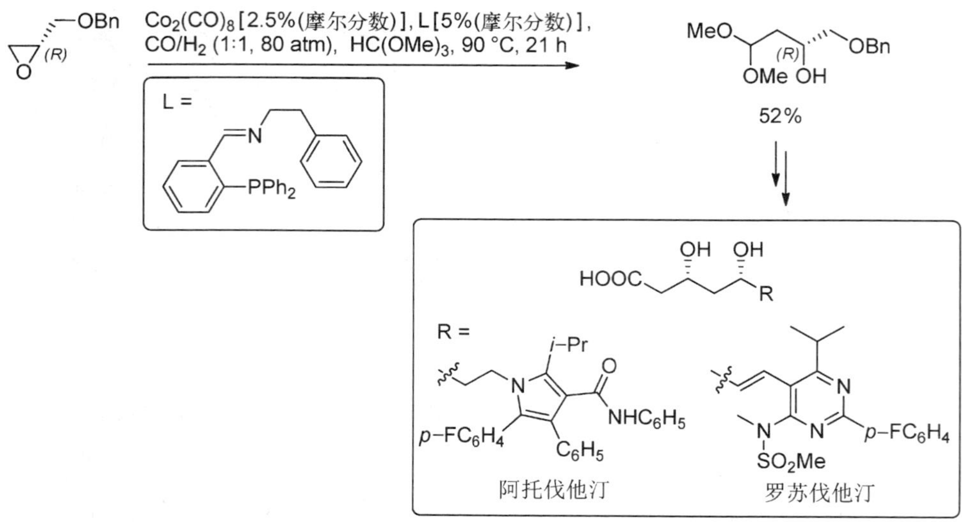

图解 6.110 对映纯环氧化物的氢甲酰化-缩醛化串联反应和制药相关的目标

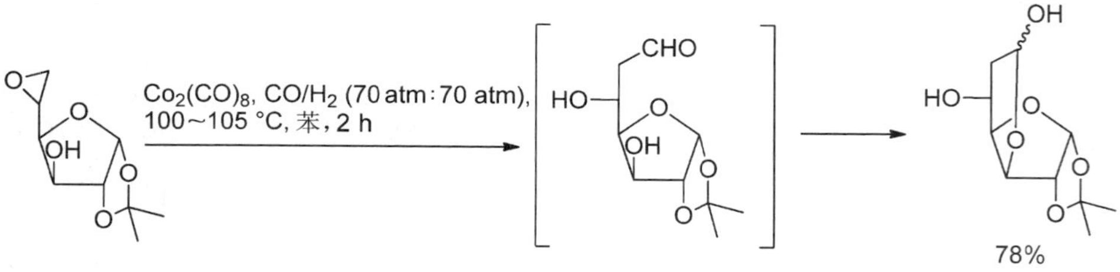

图解 6.111 基于糖的环氧化物的氢甲酰化-半缩醛化串联反应

6.3.3 结论

关于环氧化物的开环氢甲酰化反应只有少量的研究被公开发表。这一领域主要使用均相钴催化剂。这或许可以用它们到 20 世纪 90 年代为止很高的吸引力来解释，因为同一时期氢甲酰化主要使用的也都是钴催化剂。考虑到在氢甲酰化的其他领域铑催化剂的压倒性成功，这一反应的潜力似乎迄今为止还没有完全被人们了解。特别地，手性环氧化物的羰基化是很有前途的领域。现在制备对映纯的环氧乙烷有很多可用的方法[例如夏普莱斯(Sharpless)环氧化、雅各布森(Jacobsen)环氧化]，它们都以高立体选择的方式进行。这一方法结束于环氧化物的开环甲硅烷基甲酰化[27]。考虑到环氧化物可以与 $RhCl(PAr_3)_3$ 通过 C—C 键裂解得到的膦反应(Wittig 类型反应)，进一步增强转化的有效性也值得关注。另外，环氧化物被提出可以作为对酸的牺牲试剂来稳定烯烃氢甲酰化中使用的氟亚磷酸三酯配体，这也为不同的研究开辟了人们感兴趣的领域[29]。

参考文献

1. Humbert, N., Vyas, D.J., Besnard, C., and Mazet, C. (2014) *Chem. Commun.*,

50, 10592 - 10595 and Ref. cited therein.
2. (a) Milstein, D. (1982) *J. Am. Chem. Soc.*, **104**, 5227 - 5228; (b) Milstein, D. and Calabrese, J.C. (1982) *J. Am. Chem. Soc.*, **104**, 3773 - 3774; (c) Wu, J. and Bergman, R.G. (1989) *J. Am. Chem. Soc.*, **111**, 7628 - 7630.
3. Eisenmann, J.L., Yamartino, R.L., and Howard, J.F. Jr., (1961) *J. Org. Chem.*, **26**, 2102 - 2104.
4. Heck, R. (1963) *J. Am. Chem. Soc.*, **85**, 1460 - 1463.
5. Yokokawa, C., Watanabe, Y., and Takegami, Y. (1964) *Bull. Chem. Soc. Jpn.*, **37**, 677 - 679; *Chem. Abstr.*, **61** (1964) 25243.
6. Adapted from: Takahashi, K. and Nozaki, K. (2014) in *Science of Synthesis: C-1 Building Blocks in Organic Synthesis*, vol. 2 (ed. P.W.N.M. van Leeuwen), Georg Thieme, Stuttgart, pp. 207 - 217.
7. Takegami, Y., Yokokawa, C., Watanabe, Y., and Okuda, Y. (1964) *Bull. Chem. Soc. Jpn.*, **37**, 181 - 185; *Chem. Abstr.*, **60** (1964) 61039.
8. Takegami, Y., Yokokawa, C., and Watanabe, Y. (1964) *Bull. Chem. Soc. Jpn.*, **37**, 935 - 940; *Chem. Abstr.*, **62** (1965) 8664.
9. Slaugh, L.H., Weider, P.R., Arhancet, J.P., and Lin, J.-J. (to Shell Internationale Research Maatschappij B. V.) (1994) Patent WO 9418149.
10. (a) Lam, K., Powell, J.B., and Weider, P. (to Shell Internationale Research Maatschappij B.V.) (1997) Patent WO 97/16250; (b) Lange, J.-P. (to Shell Internationale Research Maatschappij B. V.) (2001) Patent WO 01/70658.
11. Han, Y.-Z. (to Arco Chemical Technology L.P.) (2002) Patent WO 02/102752.
12. Knifton, J.F., James, T.G., Slaugh, L. H., Weider, P.R., Allen, K.D., and Powell, J.B. (to Shell Oil Company) (2009) Patent US 7,538,061.
13. Byun, Y.H. and Lee, B.N. (to Samsung Electronics Co., Ltd.) (2001) Patent KR 2001064462; *Chem. Abstr.*, **142** (2004) 93388.
14. (a) Eubanks, D.C., Forschner, T.C., Powell, J.B., Semple, T.C., Slaugh, L. H., Thomason, T.B., and Weider, P.R. (to Shell Internationale Research Maatschappij B.V.) (1996) Patent WO 96/10551; (b) Arhancet, J.P., Forschner, T.C., Powell, J.B., Semple, T.C., Slaugh, L.H., Thomason, T.B., Weider, P.R., Allen, K.D., Fong, H. L.-H., Johnson, D.W., Lin, J.J., and Muffin, S.B. (to Shell Internationale Research Maatschappij B.V.) (1996) Patent WO 96/10552. 616
15. Arhancet, J.P., Matzakos, A.N., Pledger, W.R., Powell, J.B., Weider, P.R., and Slaugh, L.H. (to Shell Internationale Research Maatschappij B. V.) (1997) Patent WO 97/45390.
16. Weber, R., Englert, U., Ganter, B., Keim, W., and Möthrath, K. (2000) *Chem. Commun.*, 1419 - 1420.
17. (a) Briggs, J.R., Maher, J.M., and Harrison, A.M. (to Union Carbide Chemicals and Plastics Company Inc.) (1991) Patent EP 0455261; (b) Slaugh, L.H., Weider, P.R., and Powell, J.B. (to Shell Oil Company) (2001) Patent US 6,180,838.
18. (a) Drent, E. (to Shell Canada Limited) (1992) Patent CA 2,026,595; (b) Drent, E. (to Shell Internationale Research Maatschappij B.V.) (1992) Patent EP 0478850.
19. Allen, K.D., Knifton, J.F., Powell, J. B., and Slaugh, L.H. (to Shell Internationale Research Maatschappij B. V.) (2002) Patent WO 02/098887.
20. Powell, J.B. and Weider, P.R. (2007) Ethylene oxide hydroformylation in expanded solvent. AIChE Spring National Meeting, Conference Proceedings, Houston, TX, April 22 - 27, 2007, pp. 80131/1 - 80131/5; cited in Kraus, G.A. (2008) *Clean*, **36**, 648 - 651 as note 1.
21. Kraus, G.A. (2008) *Clean*, **36**, 648 - 651.
22. Kurian, J.V. (2005) *J. Polym. Environ.*, **13**, 159 - 167.
23. Roos, L., Goetz, R.W., and Orchin,

M. (1965) *J. Org. Chem.*, **30**, 3023-3027.
24. (a) Tamao, K. (to Jpn. Kokai Tokkyo Koho) (2004) Patent JP 2004256446; *Chem. Abstr.*, **141** (2004) 260288; (b) Nakano, K., Katayama, M., Ishihara, S., Hiyama, T., and Nozaki, K. (2004) *Synlett*, **8**, 1367-1370; (c) Nozaki, K. (2005) *Asahi Garasu Zaidan Josei Kenkyu Seika Hokoku*, 01.02/71-01.02/77; *Chem. Abstr.*, **145** (2006) 248826.
25. (a) Tararov, V.I., Andrushko, N., Andrushko, V., König, G., Spannenberg, A., and Börner, A. (2006) *Eur. J. Org. Chem.*, **2006**, 5543-5550;
617 (b) Korostylev, A., Andrushko, V., Andrushko, N., Tararov, V.I., König, G., and Börner, A. (2008) *Eur. J. Org. Chem.*, **2008**, 840-846; (c) Andrushko, N., Andrushko, V., König, G., Spannenberg, A., and Börner, A. (2008) *Eur. J. Org. Chem.*, **2008**, 847-853.
26. Rosenthal, A. and Kan, G. (1967) *Tetrahedron Lett.*, **8** (5), 477-479.
27. (a) Murai, T., Kato, S., Murai, S., Toki, T., Suzuki, S., and Sonoda, N. (1984) *J. Am. Chem. Soc.*, **106**, 6093-6095; (b) Fukumoto, Y., Chatani, N., and Murai, S. (1993) *J. Org. Chem.*, **58**, 4187-4188.
28. Milstein, D., Buchanan, O., and Blum, J. (1977) *J. Org. Chem.*, **42**, 2299-2308.
29. Puckette, T.A., Devon, T.J., and Stavinoha, J. Jr., (to Eastmann Chemical Company) (2002) Patent WO 02/098825.

6.4 得到乙二醇醛和乙二醇的基于合成气的方法

6.4.1 概述

从形式上乙二醇可以被认为是两当量合成气的反应和随后中间产物乙二醇醛氢化的产物。乙二醇主要用于生产聚酯(例如聚对苯二甲酸乙二醇酯 PET),也用于制造防冻剂、增塑剂或者表面活性剂。另外,在烟草、纺织和化妆品工业中其也有应用。在世界范围内乙二醇消耗量最大的中国,在 2010 年,就消耗了约 910 万吨。估计年平均增长为 7.2%[1]。

1980 年,Frohning 发表了第一篇关于 CO 的氢化的综述,旨在展示用这一创新工艺制造乙二醇的一些可能的方法[2]。直到最近,Chen 和其同事[1]总结了这一
618 化学平台上最新的制造方法(图解 6.112)。到现在为止,只有传统的银催化的乙

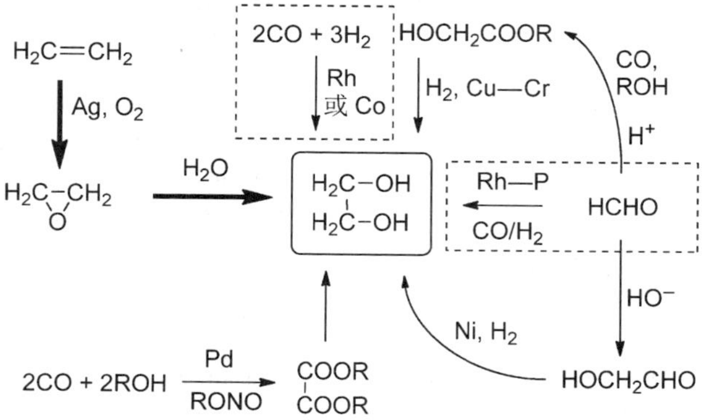

图解 6.112 乙二醇的制造方法(虚线框中的反应将在本章中讨论)

烯氧化和随后的环氧乙烷的开环，在工业规模中起重要作用。但是其他基于羰基化反应的方法在过去的60年中始终是工业和学术研究关注的焦点。这些方法可以区分为从合成气开始的直接过程和通过甲醛或者其他 C_2-化合物的间接过程。在这里，将只详细讨论直接从合成气或者从甲醛的氢甲酰化开始的制备方法。使用异相酸性催化剂的甲醛羰基化和随后的酯化生成羟基乙酸酯，通过草酸二烷酯的 Pd/RONO-催化的 CO 偶联方法，或者在碱性条件下的甲醛的偶联将不在本书的框架中讨论[1]。

从1940年起，在杜邦开始运行一种将合成气转化为乙二醇的多阶段过程。醋酸钴（240～280℃，140～300 MPa）或者异相三金属系统 Mn-Zn-Cr（400℃，200～300 MPa）被用作催化剂[3]。人们认为转化包括甲醇、甲醛、羟基乙酸和羟基乙酸甲酯的合成等步骤（图解6.113）。为了避免这些化合物成为最终产物，反应必须在高压下进行。

$$
\begin{aligned}
2\,H_2 + CO &\rightleftharpoons CH_3OH \\
CH_3OH + \tfrac{1}{2}\,O_2 &\rightleftharpoons HCHO + H_2O \\
HCHO + CO + H_2O &\rightleftharpoons HOCH_2COOH \\
HOCH_2COOH + CH_3OH &\rightleftharpoons HOCH_2COOCH_3 + H_2O \\
HOCH_2COOCH_3 + H_2 &\rightleftharpoons HOCH_2CH_2OH + CH_3OH \\
\hline
4\,H_2 + 2\,CO + \tfrac{1}{2}\,O_2 &\rightleftharpoons HOCH_2CH_2OH + H_2O
\end{aligned}
$$

图解6.113 钴催化的一氧化碳的氢化反应中人们最初推测所发生的反应以及中间产物

1968年，因为基于乙烯的竞争方法得到了成功，这一反应装置被关闭。尽管如此，在学术研究中仍然关注着合成气直接转化为甲醛或者乙二醇的方法。

6.4.2 从合成气中直接制造乙二醇

由于其完美的原子经济性，直接将合成气转化为乙二醇是一个具有挑战性的过程。基于物理化学研究，Chen 和 Fan 总结，此反应在热力学上倾向温度低于81.5℃（图解6.114）[4]。因此它需要十分具有活性的催化剂。应用高压可将平衡向倾向生成乙二醇的方向移动，但是却给工业过程进一步增加了成本。

$$2CO + 3H_2 \xrightleftharpoons{\text{催化剂}} H_2C(OH)-CH_2(OH) \qquad \Delta G_{500K} = +66\ \text{kJ/mol}$$ 619

图解6.114 基于合成气的乙二醇的制备

如前文所述，杜邦[5]首次推出了有关此领域的过程。CO 和 H_2 之间的反应在非常高的温度和约300 MPa的气压下在醋酸钴和醋酸存在时进行，此反应得到多元醇的混合物。后来，Union Carbide 用一种从 THF（四氢呋喃）中 Rh(acac)$(CO)_2$（acac=acetylacetonate，乙酰丙酮化物）制备的铑催化剂代替了钴[6]。在合成气压约为 344 MPa 和上至 230℃温度下，除了丙二醇、甘油和甲醇以外还形成了乙二醇。其他基于钯、铂、钌或者铱的金属羰基配合物在这些条件上不具有活性。日本研究人员发现使用三烷基膦作为铑的配体对于生成乙二醇的活性和选择性都有显著的改善[7]。另外，气压可以降低至约 50 MPa。CO 和 H_2 等量使用。Keim 等[8]指出，溶剂的极性对于反应的成功起着重要的作用。特别是在芳香溶剂例如甲苯中可以观测到高活性。根据 BASF 的专利，使用例如己醇的醇作为溶剂在使用由 $Rh(acac)(CO)_2$ 和 $Co_2(CO)_8$ 制备的（Rh/Co＝20∶1～60∶1；CO/H_2＝1∶1，150 MPa；*N*-甲基吗啉，1，5-二甲基吡咯烷酮，230℃，5 h）双催化剂的反应中有利[9,10]。在这些条件下，乙二醇的产率约是在其他溶剂中的比较反应得到的两倍。

Matsuda 和其同事[11]研究了压力对反应的化学选择性的作用。与不影响反应化学选择性的 CO 分压形成鲜明对比，H_2 分压起了非常重要的作用。当其增加时，倾向形成乙二醇的选择性大幅增加，而甲醇的形成减少。另外甲酸甲酯的选择性几乎与 p_{H_2} 无关。

1987 年，Murata 的小组[12]展示了修饰的钌催化剂的潜力。$Ru_3(CO)_{12}$ 与 1-甲基-3-乙基-苯并咪唑溴和 NEt_3 混合，在 150℃和 10 MPa 合成气压下以高达 70％的产率得到乙二醇。

人们基于这些实验提出了无论使用何种金属（M＝Co，Rh），形成例如甲醛、甲酸甲酯、甲醇和预期产物乙二醇的典型反应产物的分步机理（图解 6.115）[11]。这一机理中由金属甲酰中间产物氢解产生的甲醛起了关键作用。它在之后通过甲氧基配合物反应得到甲酸甲酯，或者形成一种暂态的羟甲基配合物，其在下一步转化中成为起点。当 CO 不存在时，主要释出甲醇。只有通过与等量 CO 进一步偶联才能构建 C_2-基团。通过水解，释出乙二醇。

620

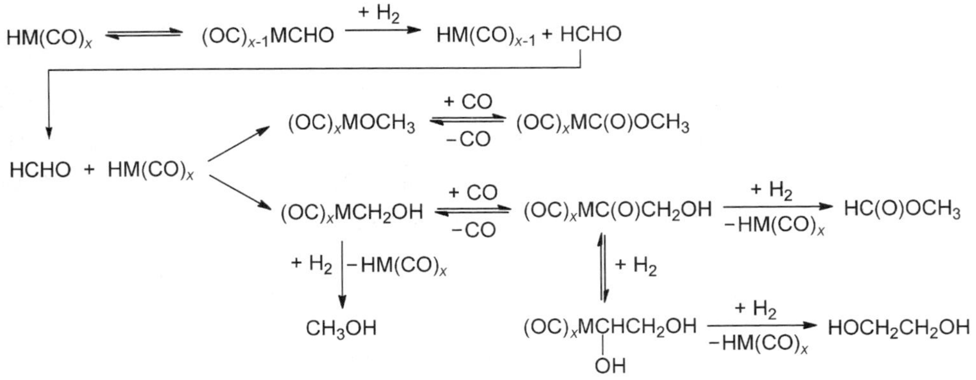

图解 6.115 得到乙二醇的方法和副产物

6.4.3 甲醛的氢甲酰化

甲醛的氢甲酰化可以认为是 CO 和 H_2 之间直接反应的延续。很可能在两种反应类型中会出现共同的中间产物。一般来说，CO 和 H_2 的直接反应需要更为严苛的条件。通常，甲醛的氢甲酰化在第一步中生成乙醇醛，其氢化得到乙二醇（图解 6. 116）。

$$HCHO + CO + H_2 \longrightarrow HOCH_2CHO \xrightarrow{+H_2} HOCH_2CH_2OH$$

图解 6. 116　甲醛的氢甲酰化

文献中一直都在讨论，此反应究竟是和烯烃的氢甲酰化类似地使用中性金属羰基化合物作为活性催化剂，还是特殊的带电配合物起决定作用。也许，根据不同的反应条件，两种方法都可以得到预期的最终产物。

Roth 和 Orchin[13] 是最早研究 $HCo(CO)_4$ 与甲醛在 CO 存在时等化学计量反应的科学家之一（图解 6. 117）。在这些条件下，甲醇或者甲酸甲酯都没有形成。唯一的产物是乙醇醛。

$$HCo(CO)_4 + HCHO \xrightarrow[0\ ^\circ C,\ CH_2Cl_2]{CO\ (约\ 0.1\ MPa),} \underset{60\%-90\%}{HOCH_2CHO}$$

图解 6. 117　甲醛的等化学计量氢甲酰化

最初的催化尝试是使用 $Co_2(CO)_8$ 和甲醛在合成气压约为 20 MPa（CO/H_2＝ 621
1∶2）和 110℃下进行，但是只观测到低产率的乙醇醛[14]。值得注意的是，由于 $HCo(CO)_4$ 的强酸性，乙醇醛可能会与甲醛或者与其自身发生羟醛缩合反应。这些高沸点化合物的形成可能会严重影响到乙醇醛的产率（图解 6. 118）。

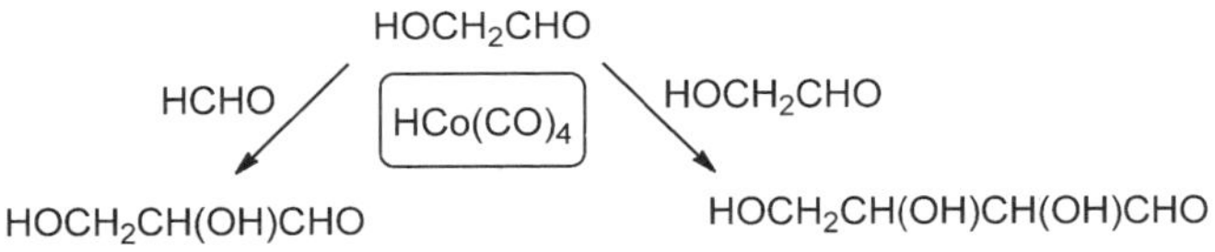

图解 6. 118　在 $HCo(CO)_4$ 存在的情况下不期望得到的乙醇醛的羟醛缩合反应

在未修饰的铑催化剂存在时，可以改善仲甲醛或者甲缩醛（二甲醚）与合成气在约 30 MPa 和 150℃下 *N* -甲基吡咯烷酮（NMP）中的反应结果[15]。在这些条件下，除了甲醇，只得到乙二醇。需要强调的是，暂态的乙醇醛有利于形成环状半缩醛或者缩醛。这一副反应可能会影响最终氢化步骤的产率，但是会增加化学选择性（见下文）。

Chan 的小组研究了铑-膦配合物[16]。这种催化剂通过过量的游离膦配体来稳定，但是这一情况在没有促进剂的情况下会显著降低活性。少量使用一种胺甚至在膦配体过量的情况下可以显著增加催化剂活性。

人们建立了一种机理，来深入理解碱的作用（图解 6. 119）[17]。这一循环的一
些中间产物可以通过分离铑和铱配合物或者用 IR 光谱检测的方法来确认[18]。关 622
键步骤是位于催化循环开始的暂态配合物 $HRh(CO)_2(PPh_3)_2$ 的去质子化。由于

这种化合物比 $HCo(CO)_4$ 的酸性弱，就需要一种碱来立即形成阴离子物质。后者可以与甲醛反应。CO 插入羟甲基—铑键中得到 C_1 延伸。最终氢解作用得到有机产物且铑催化剂再生。

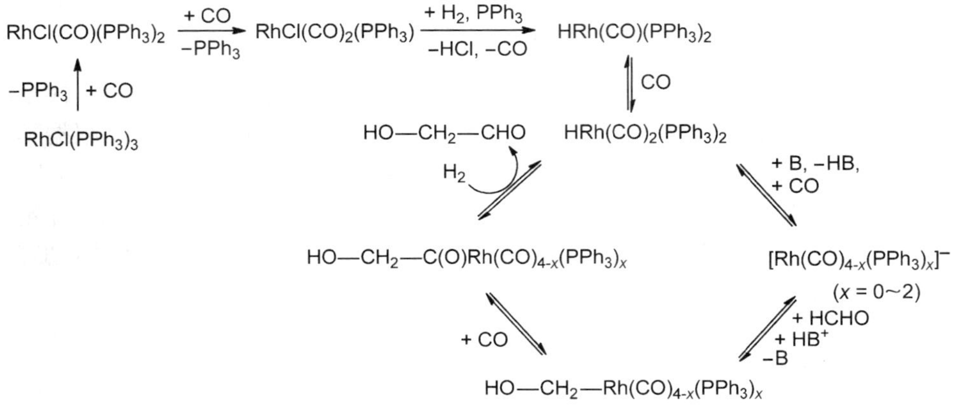

图解 6.119 在碱存在的情况下铑催化的甲醛氢甲酰化的机理

既然已知碱对催化反应过程有着有利的作用，Spencer 建议用酰胺作为溶剂[19]。事实上，只有在 N,N -二烷基化的酰胺存在时才观测到 C—C 偶联。在例如 THF、乙酸乙酯或者丙酮的其他溶剂中，主要形成甲醇。基于这些发现，Ezhova 和其同事[20]在以 1,3,5 -三甲基苯/DMAA（DMAA＝N,N -二甲基乙酰胺）为溶剂时进行了详细的动力学研究。他们发现甲醛的氢甲酰化的初始速率与一般结构为$[Rh(CO)_2(PPh_3)_x(DMAA)_y]^-$的阴离子配合物的浓度有关。它可以从 Wilkinson 配合物或者其他图解 6.119 中所示的催化前体在合成气环境下形成[21]。在质子化的碱的作用下，甲醛可以加成到这一阴离子配合物上形成羟甲基-铑配合物，催化反应得以进行。这一反应是动力学一级反应。在中性条件下，可观测到二聚的铑配合物。

基于这些结果，人们得到了使用铑-膦催化剂的仲甲醛或者甲醛的氢甲酰化的优化条件（图解 6.120）[22]。

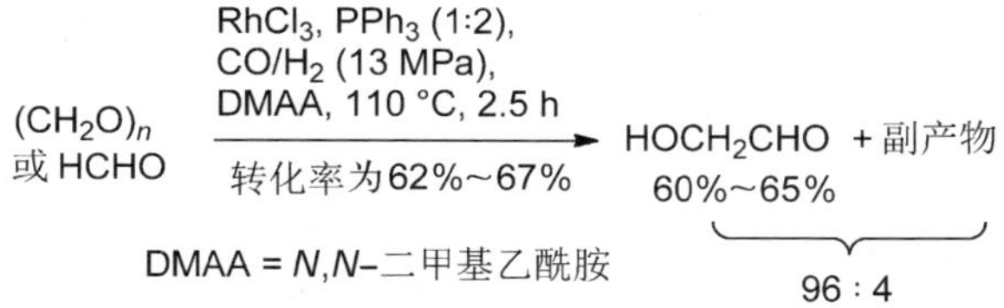

图解 6.120 使用铑-膦催化剂的仲甲醛或者甲醛的氢甲酰化的优化条件

吡啶或者取代的吡啶，例如 γ -皮考啉（4 -甲基吡啶），也可以增强未修饰的或者膦修饰的铑催化剂的催化活性[23]。在 70℃下 4 h 内，$HOCH_2CHO$ 的产率可以达到大于 90%。高于 100℃时，反应被直链多元醇的形成复杂化。有趣的是，加入质子酸增加了反应速率，且几乎达到完美的化学选择性（只有 1.9%的甲醇）。

向使用 Wilkinson 配合物催化的反应中加入氧化膦也可以改进氢甲酰化的速率[24]。当催化剂通过 $Rh(acac)(CO)_2$ 与亲脂类的配体 *N*-甲基-*N*-十八基-3- 623
二苯基膦丙酰胺反应构建时，其也可以被回收[25]。在进行过程中，催化剂停留在有机相，而挥发物可以通过蒸馏移除。乙醇醛和甲醛的残留沉淀在单独的油层中。

不同的条件可能导致：通过坎尼扎罗-季申柯（Cannizarro-Tishchenko）反应生成甲醇和甲酸（**a**）；通过甲醛的氢化生成甲醇（**b**）；通过乙醇醛与甲醛的缩合生成 $C_3 \sim C_{16}$ 聚氧醛（**c**）。有趣的是，环状缩醛的形成（**d**）阻止了这些副反应（图解 6.121）[22]。

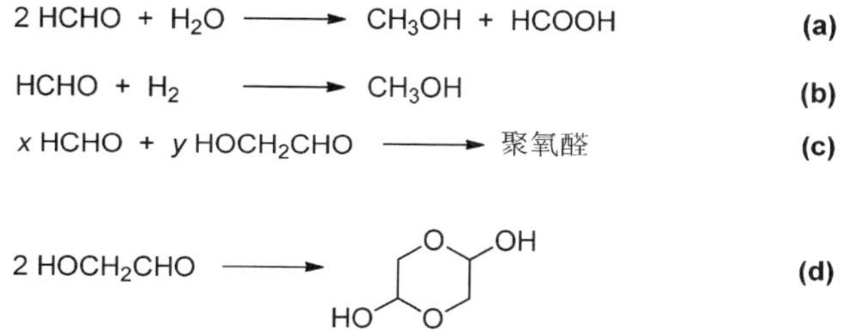

图解 6.121　甲醛的氢甲酰化中典型的副反应

2007 年，Eastman 的 Puckette[26] 展示了通过用其单齿氟亚磷酸三酯配体（Ethanox 398™）取代 PPh_3，在合成气压约为 138 bar 时转化率和化学选择性可以大幅增强（图解 6.122）。

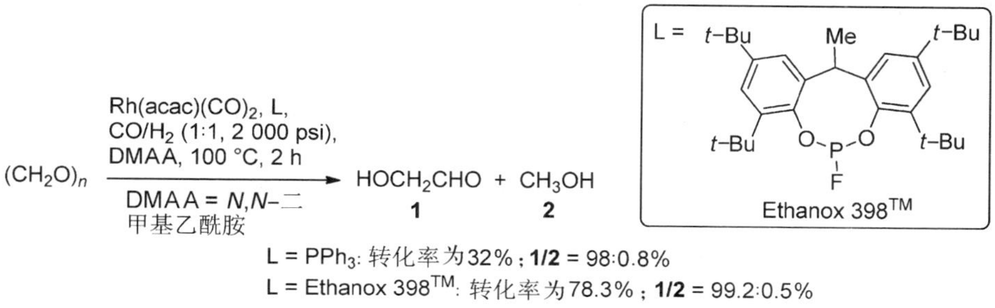

图解 6.122　使用铑-亚磷酸三酯催化剂的仲甲醛的氢甲酰化

Marchionna 和 Longoni[27] 研究了使用丙酮中的福尔马林与 $Rh_4(CO)_{12}$ 簇在 90～140℃和 10.1～14.2 MPa 下的仲甲醛的氢甲酰化。在卤化物存在时，可观测到倾向生成乙醇醛的高转化和选择性顺序为 $Cl^- > I^- > Br^- > F^-$。在没有卤化物的情况下，主要形成甲醇。卤化物的有利作用可以通过阴离子铑簇的形成来解释（图解 6.123）。由于个别配合物带来很差的活性和选择性，作者认为当 X=Cl 时两种含有不同氧化态金属的簇，$[Rh(CO)_2Cl_2]^-$ 与 $[Rh_5(CO)_{15}]^-$ 以协作的形式 624

$$3\,Rh_4(CO)_{12} + 4\,X^- \rightleftharpoons 2\,[Rh(CO)_2X_2]^- + 2\,[Rh_5(CO)_{15}]^- + 2\,CO$$

$$[Rh_5(CO)_{15}]^- + X^- \rightleftharpoons [Rh_5(CO)_{14}X]^{2-} + CO$$

图解 6.123　在阴离子铑簇的形成中卤化物的作用

进行反应[28]。优化反应条件后，最佳情况下乙醇醛以 TOF(转化率)＝0.7～1.5/h 形成。

相关的铑羰基簇是基于 PPh_3 作为附加配体的。值得注意的是，这样的催化剂显示出活性减弱，使反应时间增长。同时检测到苯和苯甲醛表明了在 μ－PPh_n 桥联簇形成的情况下的降解过程(见第 2.1.6 节)。

Costa 提出了以中性氢化金属羰基化物起始的甲醛氢甲酰化的非离子机理(图解 6.124)[29]。在最后一步中，羟基乙醛基团发生氢化，最终得到乙二醇。

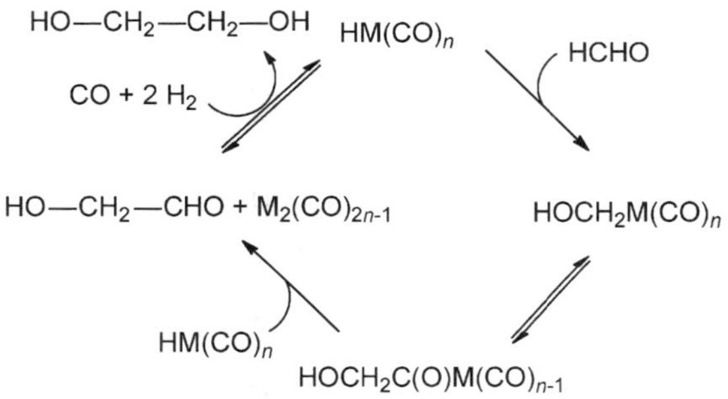

图解 6.124　甲醛的非离子氢甲酰化机理

或者，乙醇醛立即氢化为乙二醇可以通过在三乙基硅烷激发的未修饰的钴催化剂下进行仲甲醛的氢甲酰化达到(图解 6.125)[30]。

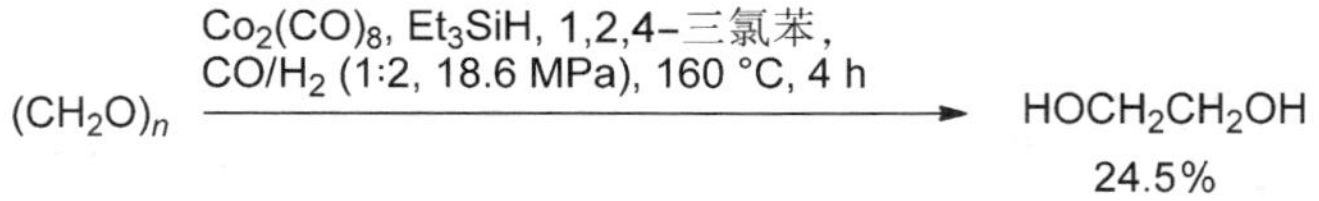

图解 6.125　钴催化仲甲醛的氢甲酰化-氢化连锁反应

副产物是乙二醇单甲醚、丙二醇、二甘醇、甲醇、乙醇和水。

625
6.4.4　结论

使用合成气、甲醛和仲甲醛是合成乙二醇或者其前体乙醇醛的有趣方法。人们已经建立了一些很有前途的流程。似乎在第一次工艺上的突破(杜邦)后，这些尝试就局限于学术研究中。合成气的还原偶联需要相对严苛的条件但是能直接得到乙二醇。相反地，甲醛或者仲甲醛的氢甲酰化在较不严苛的条件下进行，且主要生成乙醇醛。为了有实用价值，必须要解决严苛的反应条件和化学选择性的问题。然而，尤其是低价获取合成气或者甲醛应该是这些过程能够与已经成熟的乙烯的氧化竞争的前提条件。

参考文献

1. Song, H., Jin, R., Kang, M., and Chen, J. (2013) *Chin. J. Chem.*, **34**, 1035-1050.
2. Frohning, C.D. (1980) in *New Syntheses with Carbon Monoxide* (ed. J. Falbe), Springer-Verlag, Berlin, pp. 320-326.
3. Gresham, W.F. (to E. I. du Pont de Nemours and Company) (1951) Patent GB 655237; US 2,570,792 (1951); US 2,636,046 (1953).
4. Chen, H.P. and Fan, L.H. (2010) *Nat. Gas Chem. Ind.*, **35**, 59; cited in Ref. 1.
5. Gresham, W.F. (to E. I. du Pont de Nemours & Company) (1953) Patent US 2,636,046.
6. Pruett, R.L. and Walker, W.E. (to Union Carbide Cooperation) (1974) Patent US 3,833,634; US 3,957,857 (1976).
7. Wada, H., Watanabe, H., Hara, Y., Watanabe, Y., and Okago, Y. (to Agency of Industrial Sciences and Technology, Japan) (1986) Patent JP 61044832; *Chem. Abstr.*, **105** (1986) 81182.
8. Keim, W., Berger, M., and Schlupp, J. (1980) *J. Catal.*, **61**, 359-365.
9. Bertleff, W., Müller, F.-J., Kummer, R., and Harder, W. (to BASF AG) (1986) Patent DE 3427138.
10. Maerkl, R., Harder, W., and Kummer, R. (to BASF AG) (1987) Patent DE 3532877.
11. Masuda, T., Murata, K., and Matsuda, A. (1986) *Bull. Chem. Soc. Jpn.*, **59**, 1287-1289.
12. Murata, K., Matsuda, A., Masuda, T., Kiso, Y., and Saeki, K. (1987) *J. Mol. Catal.*, **42**, 389-393.
13. Roth, J.A. and Orchin, M. (1979) *J. Organomet. Chem.*, **172**, C27-C28.
14. Yukawa, T. and Wakamatsu, H. (to Ajinomoto Co. Inc.) (1975) Patent US 3,920,753.
15. Goetz, R.W. (to National Distillers and Chemical Corp.) (1978) Patent DE 2741589.
16. Chan, A.S.C., Carroll, W.E., and Willis, D.E. (1983) *J. Mol. Catal.*, **19**, 377-391.
17. Chan, A.S.C. (1993) *Inorg. Chim. Acta*, **210**, 5-6.
18. (a) Chan, A.S.C. (1993) *Comments Inorg. Chem.*, **15**, 49-65; (b) Chan, A.S.C. and Shieh, H.-s. (1994) *Inorg. Chim. Acta*, **218**, 89-95.
19. (a) Spencer, A. (to Monsanto Company) (1978) Patent EP 2908; (b) Spencer, A. (1980) *J. Organomet. Chem.*, **194**, 113-123.
20. Ezhova, N.N., Korneeva, G.A., Slivinsky, E.V., and Aronovich, R. (1995) *Russ. Chem. Bull.*, **44**, 69-73.
21. Ezhova, N.N., Korneeva, G.A., Kurkin, V.E., Vilatova, M.P., and Slivinsky, E.V. (1995) *Russ. Chem. Bull.*, **44**, 836-839.
22. Ezhova, N.N., Korneeva, G.A., Kurkin, V.I., and Slivinsky, E.V. (1995) *Russ. Chem. Bull.*, **55**, 1027-1030.
23. (a) Okano, T., Makino, M., Konishi, H., and Kiji, J. (1985) *Chem. Lett.*, 1793-1796; (b) Baricelli, P.J., Lujano, R.E., Medina, L., Longo, C., Pardey, A.J., Pastene, R., and Moya, S.A. (2000) *Bol. Soc. Chil. Quim.*, **45**, 385-389. 626
24. Goetz, R.W. (to National Distillers and Chemical Corporation) (1983) Patent US 4,405,821.
25. Jacobsen, S.E. and Chueh, C.F. (The Halcon SD group, Inc.) (1985) Patent US 4,496,781.
26. Puckette, T.A. (to Eastman Chemical Company) (2007) Patent US 7,301,054.
27. Marchionna, M. and Longoni, G. (1987) *J. Chem. Soc., Chem. Commun.*, 1097-1098.
28. Marchionna, M. and Longoni, G. (1987) *Organometallics*, **6**, 606-610.
29. Costa, L.C. (1983) *Catal. Rev. Sci. Eng.*, **25**, 325-363.
30. Knifton, J.F. and Duranleau, R.G. (to Texaco Inc.) (1986) Patent US 4,565,896.

627

7 非传统媒介中的氢甲酰化

7.1 概述

除了学术研究实验室规模的有机合成之外，从反应产物中分离催化剂是工业规模的催化过程成功的先决条件。低沸点的醛（$\leqslant C_5$）可以通过蒸馏简单地移除。这一方法只能在催化剂和产物能保持稳定的温度下进行。大多数的铑催化剂在温度大于100℃时发生分解。另外，随着热应力增加，开始出现有机缩合反应，其会降低预期产物的产率。在后续的过程中，这样的高沸点物慢慢累积，随着时间的推移改变反应介质。这一情形对产率和选择性有强烈的影响。为了避免这些干扰，必须要找到蒸馏的替代方法。高相对分子质量的醛可以在催化剂和产物有足够不同溶解性的前提条件下进行萃取。在这里，催化剂和产物的分离可以在氢甲酰化过程之后实现。更新一些的方法，例如在可压缩气体或者温控溶剂中进行反应，可以简单地通过在反应后改变温度或者降压来分离催化剂和产物。另一种方法是催化剂和底物不同相。在这种情况下，必须确保催化剂和底物之间有足够有效的接触。双相反应可以通过将均相催化剂锚定在异相表面或者通过在两种不能混合的溶剂中进行反应来达到。对氢甲酰化而言，其可区分为下列主要工艺：

(1) 均相催化剂与不溶载体连接

(2) 可溶载体上的催化剂

(3) 双相系统

a. 水双相系统

b. 氟双相系统

c. 超临界流体（$scCO_2$）

d. 离子液

e. 超临界-离子液双相系统

628 有许多优秀的专业文献和综述对不同的催化工艺给出了总结[1]。一般还给出了氢甲酰化工艺的一些成就。遗憾的是，所研究的底物范围十分狭窄。在大多数情况中，研究的是带有中等或者较长碳链的端烯烃（1-己烯、1-辛烯、1-癸烯、1-十二烷）的转化。在接下来的章节中，我们将展示一些与有机合成相关的基本内容和发现。在最后将给出一张表格，来比较1-辛烯在不同的反应媒介中氢甲酰化达到的结果。

7.2 方法

7.2.1 与非溶性有机载体连接的均相催化剂

均相配体或者金属配合物与异相表面的连接可以基于共价键或者离子相互作用[2]。二氧化硅是常用的无机载体，如来自 Xantphos 配体 **1** 所示(图 7.1)[3]。有机聚合物，例如化合物 **2** 所示的膦基团通过醚间隔所修饰的 Merrifield 树脂，也可以作为异相配体[4]。在另一种方法中，聚(丙烯酸)与芳基膦通过酰胺键连接得到化合物 **3**[5]。相反的方法的代表是带有膦基团的单体聚合得到例如 4 的聚膦[6](也见第 2.1 节)。

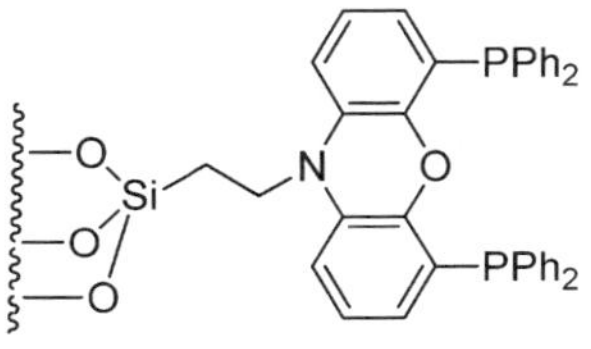

1

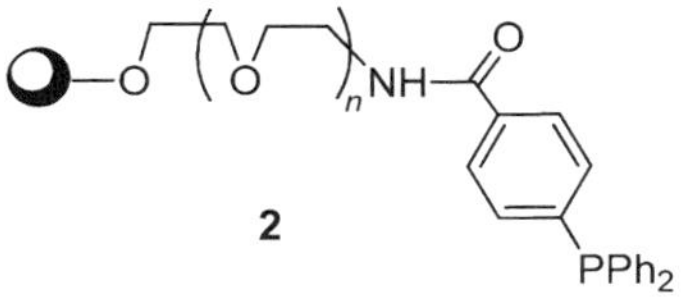

2

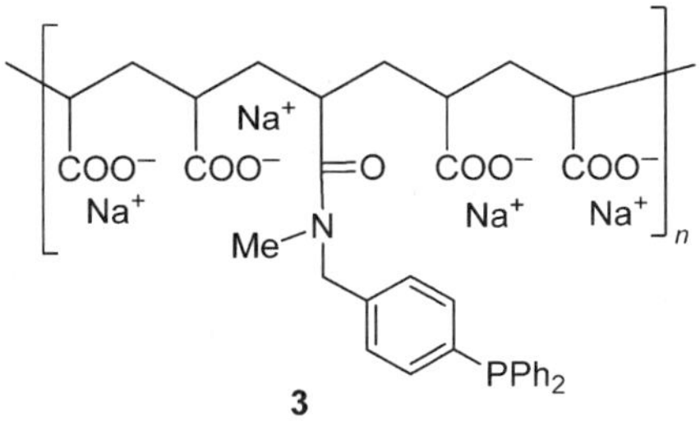

3

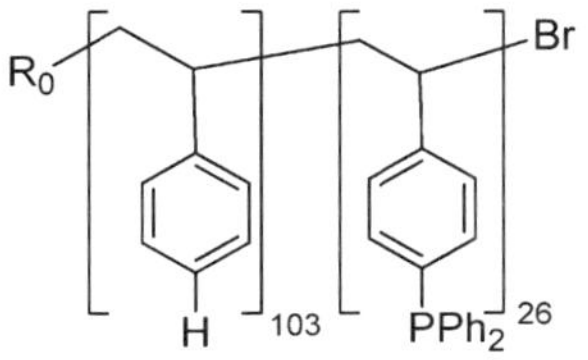

4

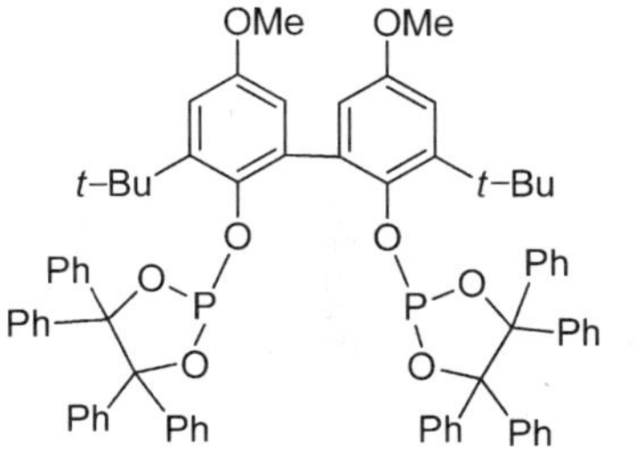

5

图 7.1 与聚合物载体连接的磷配体

另外，传统的低相对分子质量催化剂可以不建立化学键而是被包覆在异相材料的管道或者孔洞中[4,7]。在这一情况中，孔洞效应可以阻止均相催化剂逃逸。最近，与赢创合作，Laurin 和 Haumann[8]将基于 Sulfoxantphos 或者来自苯芳樟醇双亚磷酸三酯的铑催化剂 **5** 埋入多孔的二氧化硅。值得注意的是，人们发现原本被物理吸附的催化剂能溶解在乙烯或者丁烯氢甲酰化产生的高沸点羟醛副产物中，且因此建立了一种液相环境，其通过毛细作用将催化剂固定在载体上。

无论是何种异相化，催化剂和载体的连接在氢甲酰化反应条件下必须足够坚固而得以保持。否则反应将会在均相进行且不能区分异相催化和同相催化。更不利的是催化剂会浸析到有机相且因此在后续轮次中损失。这一方法最主要的劣势可能是由于烯烃底物的活性位置越来越不易接近。在许多例子中，均相
629 氢甲酰化中使用的配体或者催化剂不能简单地连接到表面，且必须要对原有结构做相当的改变。这给配体的制备进一步增加了步骤或者甚至可能需要全新的合成方法。

7.2.2 可溶有机载体上的均相催化剂

在一定条件下，中等相对分子质量的有机载体可能可溶于反应媒介。典型的例子是通过从磺化的膦与聚胺部分阳离子交换而制备的可溶聚合物，如 Schwab 和 Mecking 所提出的(图解 7.1)[9]。

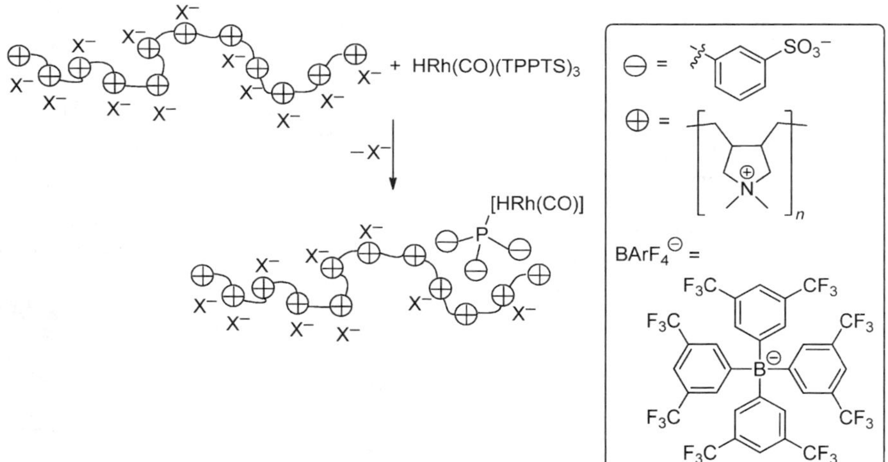

图解 7.1 通过离子交换合成聚合的可溶氢甲酰化催化剂

与未固定的催化剂相比，1-己烯的氢甲酰化的反应速率类似。通过在不对称聚醚砜薄膜上的超过滤作用，催化剂可以以 2%～7%的铑损失率重复循环使用。

典型大小为 2～4 nm 的基于树状聚物的铑催化剂可溶于一些有机溶剂中，且
630 可以在氢甲酰化后通过超过滤作用分离。典型的例子如下图所示(更多例子和不同的合成途径请与第 2.1 节比较)[10]。值得注意的是，根据树状聚物的结构，氢甲酰化可能会发生相当程度的减速。

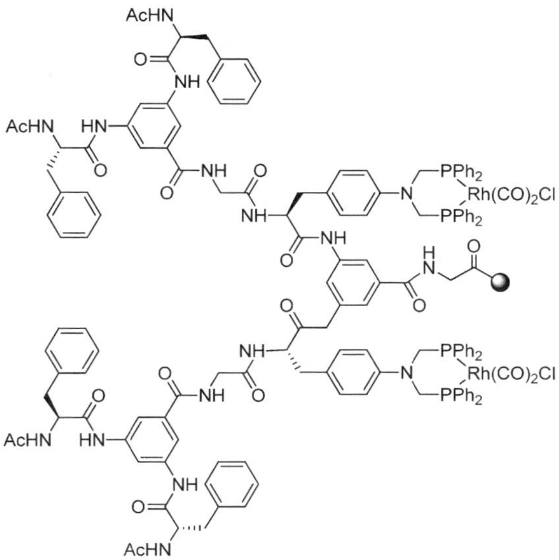

7.2.3 水作为溶剂

631

Ruhrchemie/Rhône - Poulenc(RCH/RP)过程(1984 年投入生产)是丙烯或者丁烯与水溶性的铑-膦催化剂[Rh(TPPTS)][TPPTS＝3,3′,3″-次膦基三(苯磺酸)的三钠盐]发生氧合,由于此过程给学术研究和工业研究带来的巨大影响,双水相氢甲酰化是这一领域最具有吸引力的化学转化之一[11]。其中一相由烯烃与产物醛组成,另一相是水。低烯烃($<C_6$)的水溶性足够使反应在 RCH/RP 条件下(30～80 bar 合成气压,125℃)没有相转移极限地以可接受的速率进行。但是,随着烯烃的链长增加,它们在水中的溶解度减少。例如,1 -辛烯在 25℃时的溶解度仅约为 0.000 1%(摩尔分数)[1a]。因此,空间-时间产率受到了极大影响。增加温度改善氢甲酰化的速率可以同时激发反应活性较小的内烯烃的异构化并形成异构的醛。这两种效应都是不想要得到的结果。因此,人们提出了能使强疏水性的烯烃在较不严苛的条件下在水中发生区域选择氢甲酰化的替代方法[12]。一般来说,可以区分为在双水相系统中的方法和催化剂在均相反应后通过转移至水相移除的方法(一种经验方法)。2015 年,Sharma 和 Jasra 发表了最近的一篇有关水相氢甲酰化的综述[13]。

7.2.3.1 双水相氢甲酰化

氢甲酰化催化剂的水溶性可以通过在配体中引入极性基团达到。典型代表是带有不同数量强亲水官能团的膦,例如磺酸盐、磷酸盐、羟基或者羧化物基团(也见第 2.1 节)。到现在为止研究最多的配体是 TPPTS、BISBIS、BINAS 或者 Sulfoxantphos(图 7.2)。改变反离子可以带来额外的作用。

要与催化剂反应,烯烃在水中需要达到最小的溶解度值。因此,不同链长烯烃

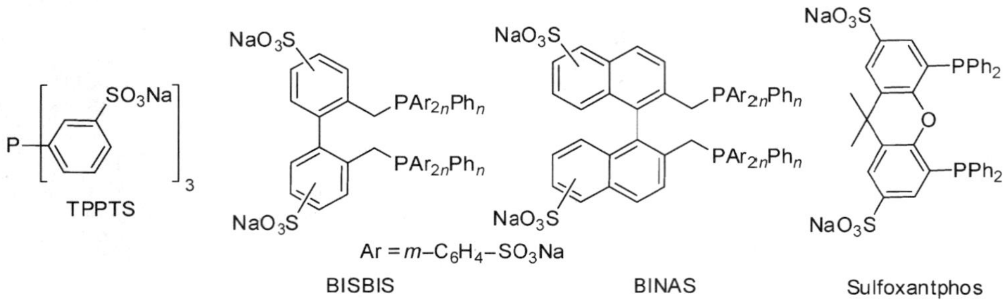

图 7.2 常用的磺化膦配体

的氢甲酰化反应的不同速率可以通过它们不同的溶解度来简单解释[14]。因为羰基的高极性，在水中醛比它们对应的烯烃前体能更好地溶解(图 7.3)。一般来说，当直链烯烃的碳原子数量增加时，其在水中的溶解度降低。

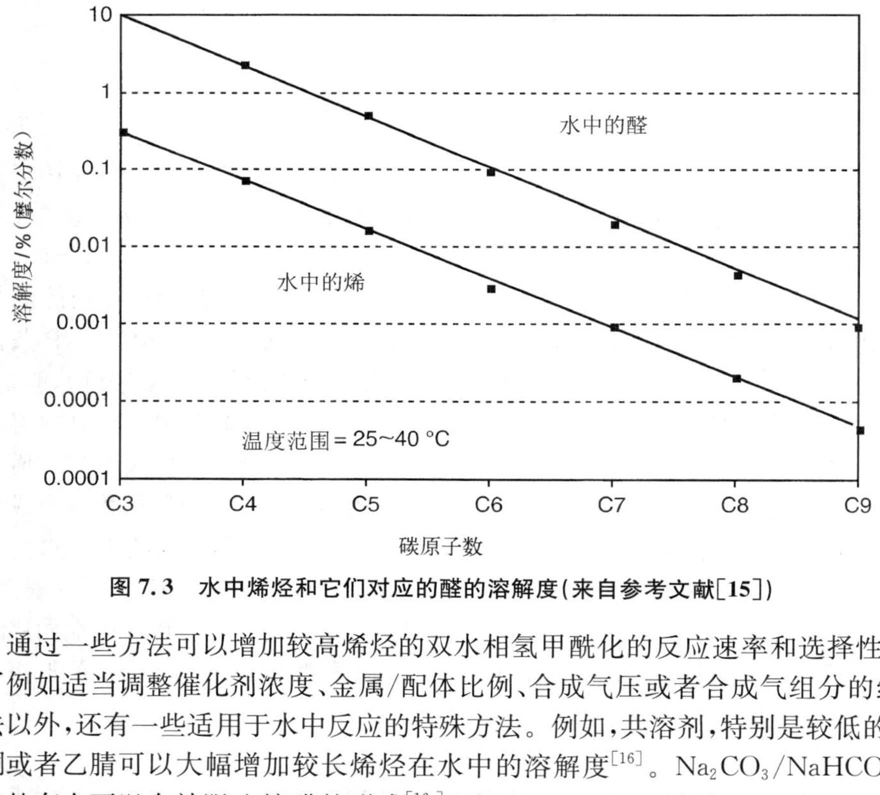

图 7.3 水中烯烃和它们对应的醛的溶解度(来自参考文献[15])

通过一些方法可以增加较高烯烃的双水相氢甲酰化的反应速率和选择性[14]。
632
除了例如适当调整催化剂浓度、金属/配体比例、合成气压或者合成气组分的经典方法以外，还有一些适用于水中反应的特殊方法。例如，共溶剂，特别是较低的醇、丙酮或者乙腈可以大幅增加较长烯烃在水中的溶解度[16]。$Na_2CO_3/NaHCO_3$ 缓冲液的存在可以有效阻止缩醛的形成[16a]。调整 pH 可以对例如 POPpy、POPam 或者 Xantham 等带有含胺基团膦配体的催化剂的水溶性进行额外调整(图 7.4)[17]。

相转移的提升也可以通过将亲脂的底物包裹在由例如十二烷基硫酸钠(SDS)或者溴化十六烷基三甲铵(CTAB)的阳离子表面活性剂形成的微胞中来达到[18]。

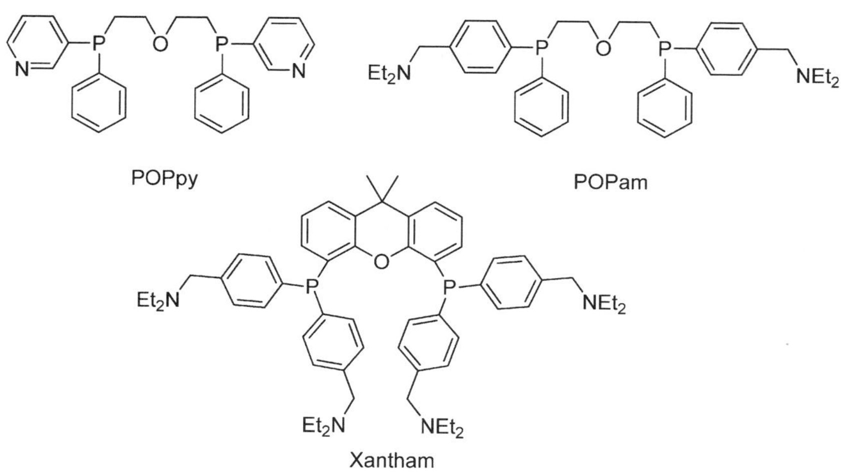

图 7.4 溶解度与 pH 相关的膦配体

除了能加速反应以外，在这样的表面活性剂存在的情况下还偶尔能观测到氢甲酰化的区域选择性的改变。

长链烯烃向水相的转移可以通过带有不同数量 D-葡萄糖基团加成物的甲基修饰的环糊精（RAME＝randomly methylated cyclodextrines，随机甲基化环糊精）来协助，如 Tilloy 和 Monflier[19]在一些很全面的研究中所示（图 7.5）。最近，这些系统与活性炭相结合，在钴-BiphTS（见第 2 章的章节“磺化膦”）催化的 1-辛烯的氢甲酰化中进行了测试[20]。或者，人们提出了聚合相转移催化剂（苯乙烯点阵）[21]。以类似的方法，膦修饰的磺化杯芳烃能为例如 1-辛烯或者 1-庚烯等较高烯烃的氢甲酰化带来活性铑催化剂[22]。 633

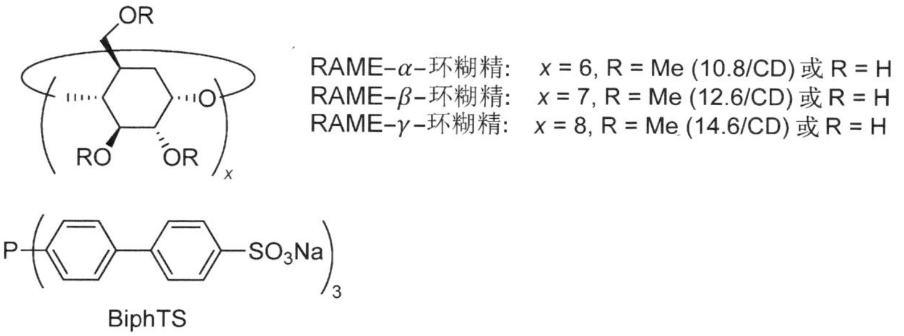

图 7.5 随机甲基化的环糊精与三磺化联苯基膦配体共同使用来改进质量转移

弱表面活性化合物，例如带有大于等于 C8 烷基尾部的咪唑、吡啶或者三乙铵盐，或许可以增加有机相和水相的边界层数，如 Cole-Hamilton 和其同事所证明的[23]。吸引人的例子是向双水相氢甲酰化中加入溴化 1-辛基-3-甲基咪唑盐（[OctMIM]Br＝[OMIM]Br），可以观测到不同烯烃的反应速率得到显著增加（图 7.6）[24]。 634

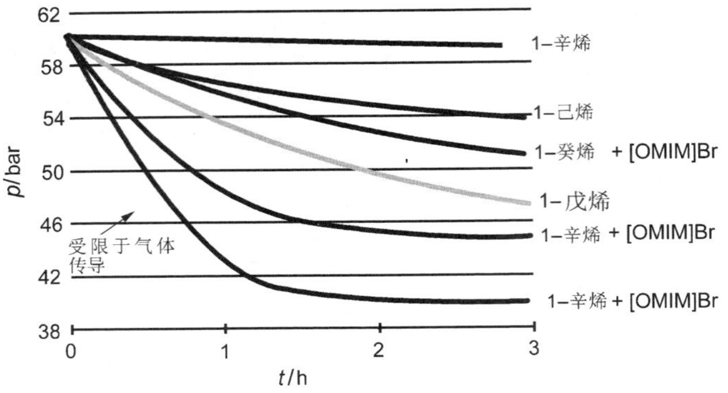

图 7.6 加入[OMIM]Br(0.5 mol/L)对使用铑 TPPTS 催化剂的 1-烯烃氢甲酰化速率(表示为合成气压的减少)的影响(来自参考文献[24])

7.2.3.2 负载水相催化剂(SAPC)

另一种方法叫作负载水相催化剂(SAPC)催化,它由 Arhancet 和 Davis 在 1989 年引入氢甲酰化[25]。在这一方法中,水溶性的催化剂溶解在平铺于高表面积亲水性载体上的水薄膜中。载体应该对化学、热学和理学压力有足够的惰性。金属中心朝向有机相。催化反应发生在水相-有机相界面处。SAP 催化剂常常是基于传统磺化膦作为配体的。对铑,也包括钴、铂和铂/锡系统也在这一方面进行了测试[26,27]。典型的亲水载体是带有不同大小孔洞的二氧化硅、玻璃床、合成磷酸盐或者氧化铝。通常,SAP 催化剂在氢甲酰化之前制备。此方法的特点是反应条件温和且只有少量催化剂向有机相的损失。一般来说,可以达到中等的生产效率(TOF < 100/h)。催化剂的重复利用能力和在较长反应时间里保持理想水含量可能会成为问题。因此,它可能对于使用分批反应工艺的精细化学品制造特别有用。

7.2.3.3 产物和催化剂的经验分离法

作为这些方法的替代,有一些在氢甲酰化之后将产物和催化剂在水的帮助下分离的方法。氢甲酰化本身是在均相条件下进行的。

635 例如,Union Carbide 提出了向 N-甲基吡咯烷酮(NMP)中的最终反应混合物中加入水[28]。在这些条件下,发生了相的分离且 Rh(TPPMS)(TPPMS=三苯基膦单硫酸盐)催化剂完全转移至水相。

在中等压力下的 CO_2 也可被看作是有机化合物相转移的促进剂。这里带有碱性胺基配体的催化剂特别具有价值[29]。Cole-Hamilton 小组[30]使用这样的"智能"系统在反应后将带有含胺基团的单齿膦配体(Tris-SwitchPhos)的催化剂从甲苯调换至水中(图解 7.2)。CO_2 起泡十分钟足以生成水溶性的脒盐,其可以完全提取至水相。用 N_2 作用,源催化剂恢复,其重新迁移至更新的含有进一步底物的有机相。1-辛烯或者烯丙醇的氢甲酰化中的初始转化约为 1×10^4/h。另外,可以没有活性或者选择性损失地循环四次。每一次循环铑的损失不超过

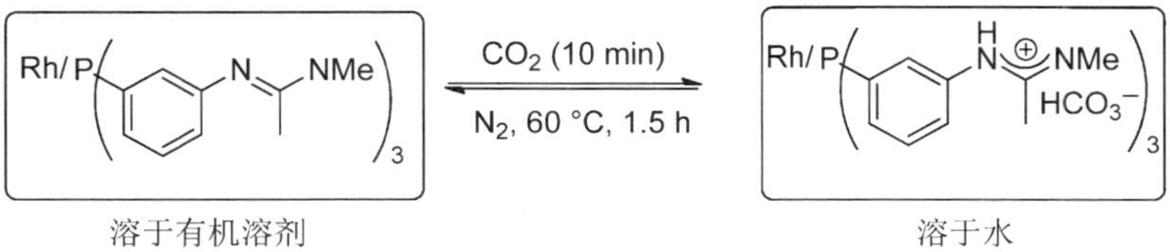

图解 7.2 基于 Tris-SwitchPhos 配体的可调节催化系统

0.5 mg/kg。这一方法的特别之处是不形成盐副产物。

主张使用有机-水相可调溶剂(OATSs)——例如水-四氢呋喃(THF)混合物的 Eckert 和 Liotta 建立了相关的原理[31]。CO_2 作用下,水-THF 相分裂为相对不能混合的相且因此分离了催化剂和醛[32]。

7.2.3.4 催化剂和水之间的化学反应

水可能不仅能溶解催化剂,还能作为一种调节剂(例如通过增强氢键作用而带来更大更合适的极化效应)[33]。另外,配体的降解可以是有利的,如人们观测到的铑的配位层中磺化芳基膦氧化为氧化膦(图解 7.3;也见第 2.1.6 节)。

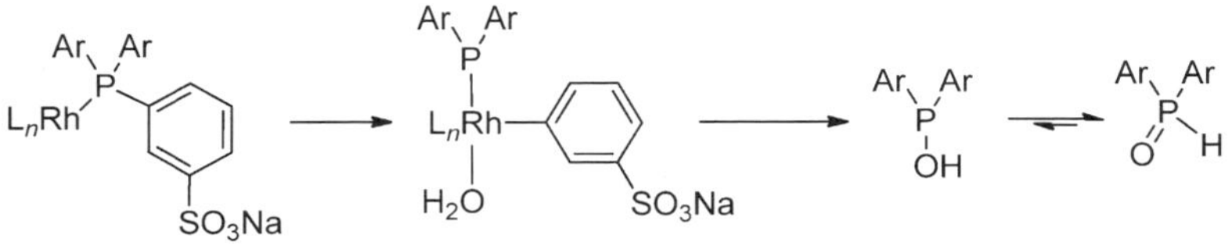

图解 7.3 三芳基膦在水介质中的降解

在长期过程中,催化剂的活性只能通过不断补充膦配体来保持,如人们在 RCH/RP 过程中所执行的那样(图 7.7)。

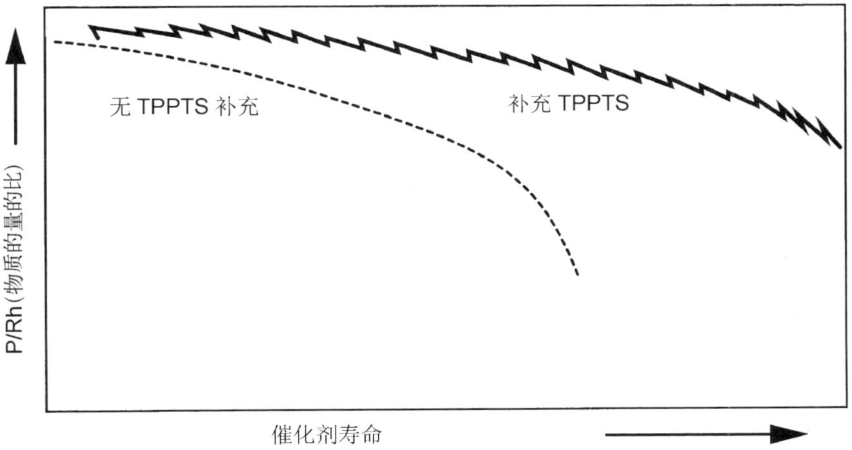

图 7.7 在鲁尔化学/罗纳普朗克(Ruhrchemie/Rhône-Poulenc)过程中配体浓度与反应时间的关系(来自参考文献[34])

酸性的氢甲酰化催化剂，例如 $HCo(CO)_4$，可以在水中去质子化形成对应的阴离子，从而降低活性催化剂的浓度(图解 7.4)。

$$HCo(CO)_4 + H_2O \longrightarrow [Co(CO)_4]^- + H_3O^+$$

图解 7.4 酸性氢甲酰化催化剂与水的反应

636 7.2.3.5 在有机合成中的一些应用

当氢甲酰化反应从有机溶剂转入双水相系统时，必须考虑到转化的减速。这一设想已经存在多年，特别是对未官能化的长链 α 烯烃而言。相反地，Chaudhary 和 Deshpande[35] 首次展示了 1-辛烯的氢甲酰化可能受益于双相媒介中的反应(图解 7.5)。铑配合物作为催化剂，其可以通过 $HRh(CO)(TPPTS)_3$ 与 PPh_3 制备，从而最终带有两种不同的膦配体。与使用 $HRh(CO)(TPPTS)_3$ 的催化反应相比，可达到 10～50 倍的速率增加。额外激发配体(在这里为 PPh_3)的作用可解释为增加了铑在界面处的浓度。烯丙醇作为底物使用以 TPPTS 作为激发配体的基于 PPh_3 的催化剂也有类似的效果。浸析入有机相的铑少于 5 mg/kg。

637

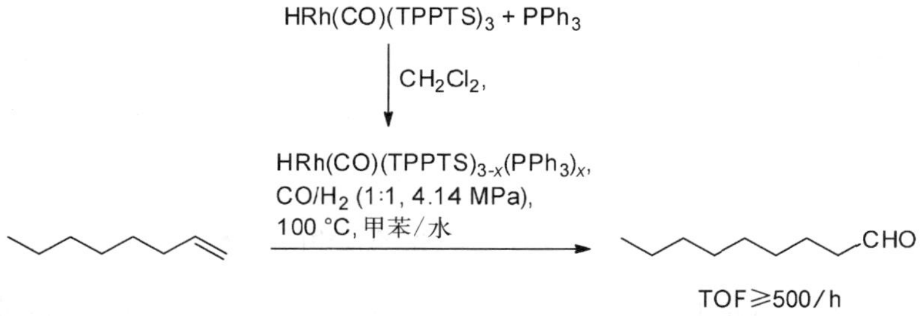

图解 7.5 使用水溶性铑催化剂和额外激发配体的双水相氢甲酰化反应

Mortreux 和其同事[36] 发现丙烯酸甲酯的氢甲酰化在双水相系统中的反应速率与在纯甲苯中的反应相比也有显著增加(图解 7.6)。

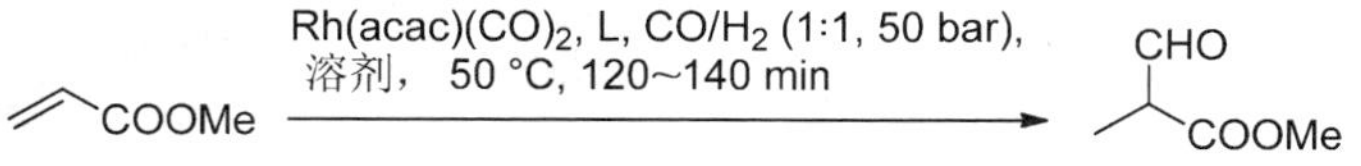

溶剂：甲苯; L = PPh_3: 产率为95.4%; $l/b \geq 200$; TOF = 225/h
溶剂：甲苯/水(40:30); L = TPPTS: 产率为96.4%; l/b = 128; TOF = 583/h

图解 7.6 铑催化的丙烯酸甲酯的氢甲酰化在有机相和双水相系统中的比较

当反应在 SAPC 条件下进行时，这种丙烯酸酯的转化速率与酯基团的种类密切相关(图解 7.7)[37]。一般来说，与均相条件下或者双相条件下的情况相比，有较高的反应速率。另外，乙基和 2-乙氧基乙基丙烯酸酯转化的起始和平均活性比对应的甲基或者丁基酯要高 3～4 倍。

这种加速影响可以解释为水和铑-酰基配合物中的酯基之间建立了氢键[38]。
638 这阻止了稳定的螯合物的形成，其结果为催化反应继续进行。水的含量、表面积和

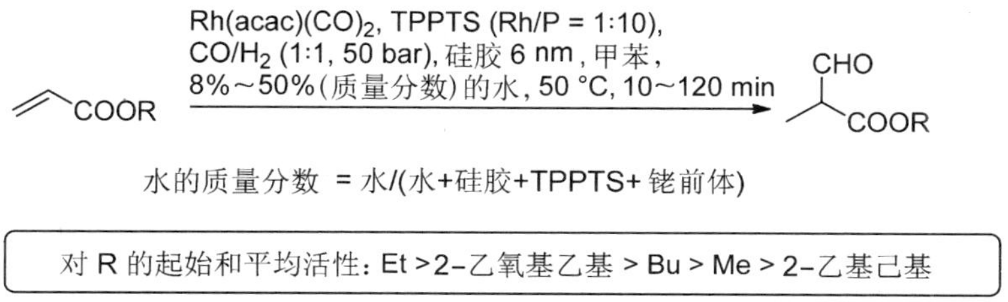

图解 7.7 丙烯酸酯在 SAPC 条件下的氢甲酰化

固体的化学性质对活性起重要作用，而孔洞的大小带来的效果不明显。

Tilloy 和 Monflier[39]通过使用市售的 RAME 在双相介质中进行了较高烯烃（1-癸烯、1-十四烯、1-十六烯）的氢甲酰化（图 7.5，图解 7.8）。例如，1-癸烯使用一种铑-TPPTS 催化剂在水中 RAME-β-环糊精存在的情况下以高产率和中等区域选择性被转化。值得注意的是，几乎没有观测到铑浸析到有机相。

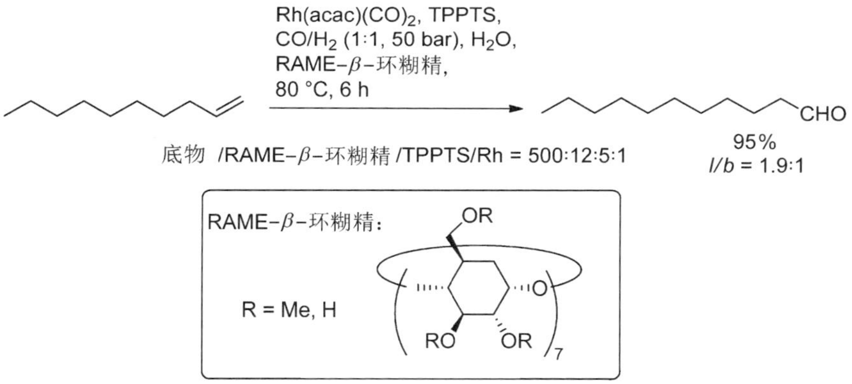

图解 7.8 1-癸烯在水中甲基化环糊精存在的情况下的氢甲酰化

Monflier 和其同事[40]在活性炭（Nuchar® WV-B 介孔活性炭，孔洞平均尺寸为 3.1 nm）作为质量转移激发剂的协助下进行了纯的或者工业级的油酸甲酯的氢甲酰化（图解 7.9）。值得注意的是，与使用铑-亚磷酸三酯催化剂在甲苯中的氢甲酰化相比[41]，工业级原料的杂质不能明显扰乱反应。在类似的条件下，其他基于

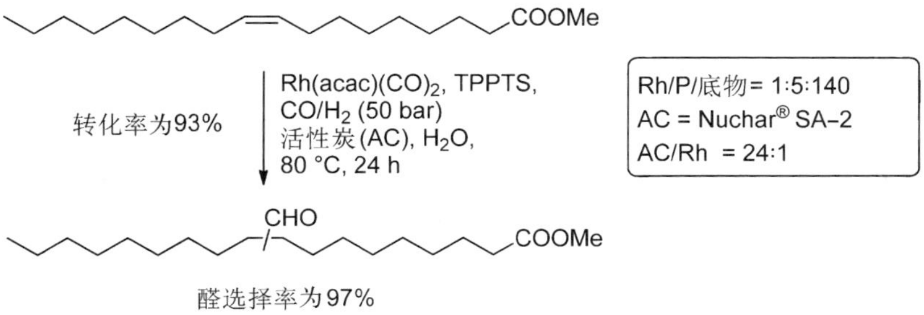

图解 7.9 活性炭存在下工业级油酸甲酯在水中的氢甲酰化

639 天然物质的底物例如亚麻籽油酸甲酯和亚麻酸甲酯可以以高化学选择性转化为对应的醛。

7.2.4 氟双相系统(FBS)

Exxon 的 Horváth 在 1994 年引入了重烯烃的氟双相氢甲酰化的概念[42,43]。基于氟碳化合物的溶剂,特别是全氟化的烷类和醚类,是价格适合、化学惰性和非极性的,且体现出低分子间作用力的溶剂。其中多数不能溶于水,因此可以用作非水相。另外,它们在室温下在甲苯、THF 或者醇中的溶解性很低。只有提高温度时才会发生溶解。这一特点可以使得氢甲酰化在温和条件下、60～120℃、在均相系统中进行[44]。降温后,发生相分离。催化剂最终通过简单倾析法恢复。Mathison 和 Cole－Hamilton 在 2006 年给出了其中一篇有关这一领域最近的总结[45]。

7.2.4.1 溶剂、配体和反应

典型的氟化溶剂是全氟二甲基环己烷、三氟甲基环己烷、全氟萘烷、全氟溴辛烷(潘氟隆,Imagent)、1*H*－全氟辛烷和 Hostinert 216(图 7.8)。

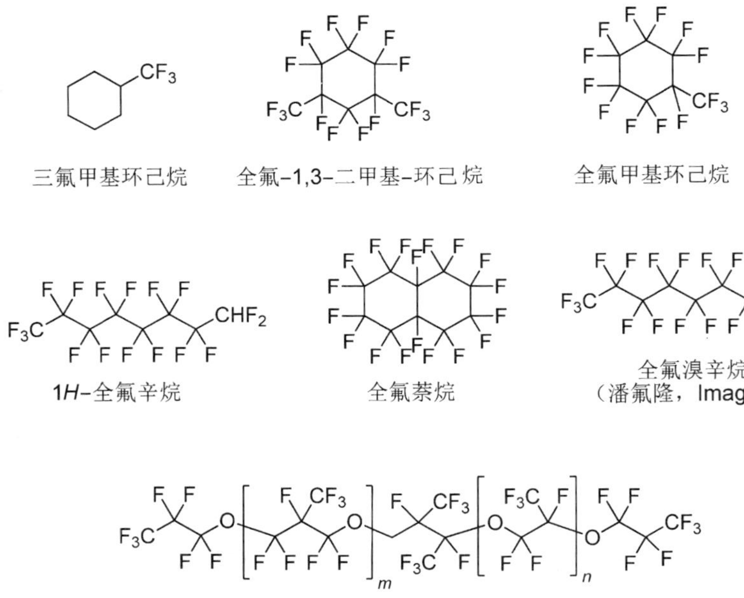

图 7.8 氟化溶剂

640 烯烃和其对应的醛在氟化溶剂中有不同的溶解度(图 7.9)[46]。这些溶解度上的不同可能有利于氢甲酰化过程中反应平衡向产物方向移动。催化剂、烯烃和醛的溶解度取决于温度,也因此可以进行“热调节”。

由于多数惯常使用的磷配体不溶于氟溶剂,就需要向配体的芳基或者烷基引入氟(氟化马尾)。比配体中的氟含量更为重要的是氟取代基的位置,其必须能将有机核适当地包封[47]。图 7.10 中所示的是典型的配体[48]。膦 **1～3** 在铑催化的

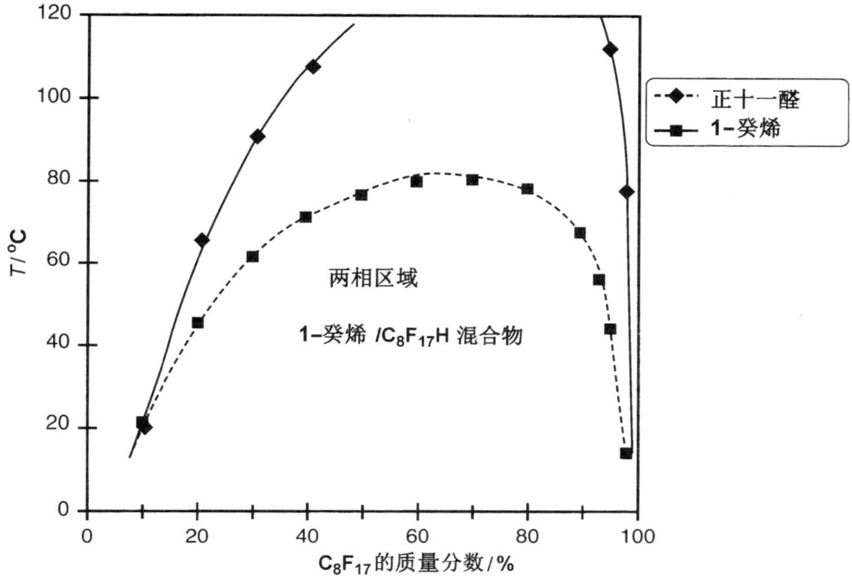

图 7.9 1-癸烯/1*H*-全氟辛烷和正十一醛/1*H*-全氟辛烷的溶解度图(节选自参考文献[46])

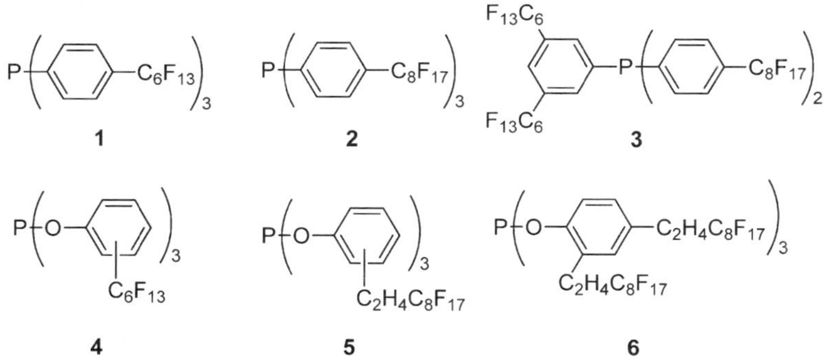

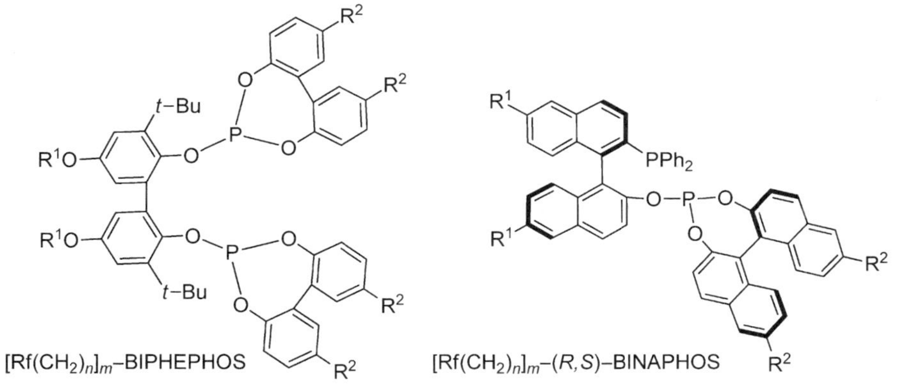

$R^1 = R^2 = H$ 或 $[Rf(CH_2)_n]_m$; $Rf = C_4F_9, C_6F_{13}, C_8F_{17}$

图 7.10 氟双相氢甲酰化中铑催化剂使用的三价磷配体

1-辛烯的氢甲酰化中($CO:H_2=1:1$, 20 bar)得到类似的催化结果(转化、选择性)。值得注意的是,使用配体 **1** 和 **3** 时铑的损失约是使用配体 **2** 的反应的 10 倍(大于 7 200 mg/kg)。例如 **4** 和 **5** 的氟化亚膦酸三酯也在发表的研究或者是专利中使用[48-51]。铑催化的 1-辛烯或者 1-癸烯氢甲酰化的活性能上至 29 800/h[52]。所有制备对应的氟化 BIPHEPHOS 配体的尝试均宣告失败[53]。相反地,人们成功合成了手性的带有氟化烷基链的(*R*,*S*)- BINAPHOS。在苯乙烯的不对称氢甲酰化中,全氟甲苯(PFT)或者 PFT 和全氟甲基环己烷的混合物中可以达到 *b*/*l* 比例为 91∶9 和上至 90%ee。对映选择性比苯作为溶剂时要稍微低一些。

641 7.2.4.2 降解反应

使用铑-亚磷酸三酯催化剂时在 80℃反应温度下铑或者磷的高度浸析可能来源于酸催化的有机磷配体与醛的降解反应,生成的极性膦酸酯在氟相中有更大的分配系数(图解 7.10)[46,49]。

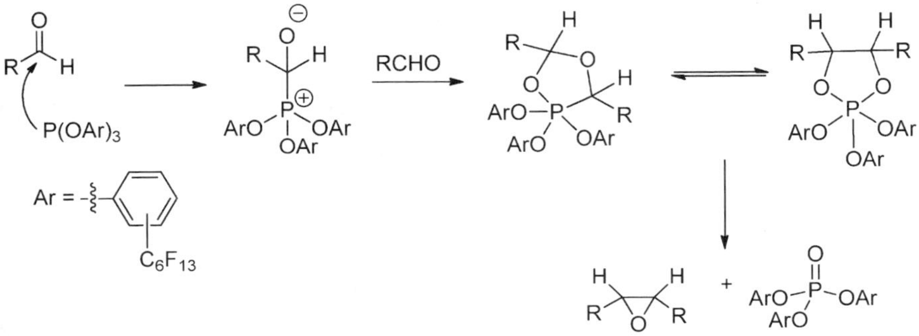

图解 7.10 醛存在时氟化三芳基亚磷酸三酯的分解

7.2.4.3 结论

氟相系统的氢甲酰化是一种可以使得反应在均相条件下进行,且不存在严重质量转移问题的很好的方法。在反应过后,催化剂可以回收。然而,早在 1997 年,Cornils 注意到特殊设计的配体需要相对较高的价格,因此他对以工业规模广泛应用这一方法并不抱希望[54]。另外,他提出了氟化材料(配体和溶剂)对臭氧层的损

642 耗或者造成潜在温室效应的环境问题。这也是为什么最近这些年相关研究论文活跃度减少的原因。

7.2.5 以二氧化碳($scCO_2$)为例的超临界流体中的反应

7.2.5.1 概述

二氧化碳是一种广泛存在且对环境友好的化合物。人们尝试将其用作氢甲酰化的媒介或者单独步骤的载体。CO_2 在溶液中的酸性可以有利于从中性有机反应混合物中移除带有碱性的均相催化剂(见章节"产物和催化剂的经验性分离")。BASF 提出了使用超临界二氧化碳($scCO_2$)从低沸点氢甲酰化产物和铑催化剂中提取所谓的"重质馏分"[55]。近些年,压缩超临界条件或者近临界条件二氧化碳中

的反应装置也受到特别的关注[56]。第一篇有关超临界流体(SFCs)在均相催化中的应用的综述是由 Jessop、Ikariya 和 Noyori 在 1999 年所著[57]。后来，Leitner 和 Abraham[58,59] 以压缩二氧化碳为特别焦点提供了一些更新。

CO_2 的临界点特征是临界温度 $T_c = 31.0$℃，临界压力 $p_c = 73.75$ bar，以及对应的临界密度 $d_c = 0.4666$ g/mL(图 7.11)。超过这一临界点，就不能清晰区分液相或者气相。新形成的超临界相带有液相和气相特性。

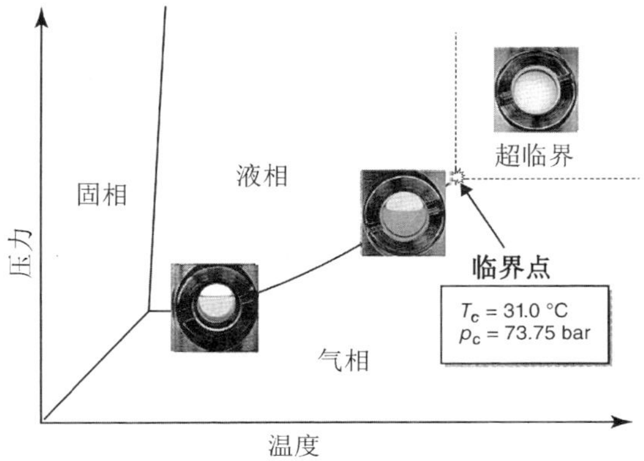

图 7.11　CO_2 的相图，附从液相/气相区域到超临界区域的快照(图中浅灰色表示溶于 CO_2 的铑配合物)(来自参考文献[58])

压缩 CO_2 且在其中进行催化反应的优势可以归纳如下：(i) 不易燃、不易爆且对反应条件有惰性；(ii) 使用无毒和无害气体，在意外污染环境的情况下对环境没有威胁；(iii) 能稀释加压气体(CO、H_2)；(iv) 与典型的液体相比 $scCO_2$ 的黏度较低；(v) 由于不存在气体-液体相界限，质量转移得到改善；(vi) 在转化结束后可以通过改变压力和温度简单分离催化剂和反应产物。另外，由于质量转移并没有起显著的作用，动力学研究变得更方便[60]。值得注意的是，小分子(H_2、CO)向 CO_2 的扩散性在其临界点是其向有机液体的典型值的 1～2 倍。偶尔在 CO_2 的临界点的高 CO 浓度可能会对铑催化的氢甲酰化的速率起减速作用[61]。一种化合物在压缩 CO_2 中的溶解度取决于它的“亲 CO_2 性”，表现为挥发性和极性的结合[62]。一般来说，溶解的程度取决于 CO_2 的密度。 643

对于实际应用装置，人们建议在反应中监控 CO 和 H_2 压力以及温度，因为当 CO 和 H_2 的摩尔分数增加时相的表现会改变[63]。另外，底物的转化和产物醛浓度的增加也影响着临界点。人们建议对于间歇式反应器，应该比连续反应器使用更高的压力，以在整个氢甲酰化过程中保持单相系统[64]。

7.2.5.2　金属、配体和催化系统

只有非常少量的文献是研究使用锰[例如 $HMn(CO)_5$][65] 和钌[例如 $Ru_3(CO)_{12}$][66] 催化剂的。多数的研究是使用钴以及后来使用铑催化剂进行的。

Rathke 和 Klingler[67] 发表了关于使用未修饰的钴配合物、丙烯(图解 7.11)或者环己烯作为底物、$scCO_2$ 作为溶剂的氢甲酰化的首次研究。反应进行得比在甲基环己烷或者庚烷情况下稍缓慢。原位 NMR 谱研究证明了与通常在传统有机溶剂中观测到的同样的催化中间产物 $Co_2(CO)_8$、$HCo(CO)_4$ 和 $RCOCo(CO)_4$ 的形成[68]。产物产率或者区域选择性没有发生巨大的改变。细微的不同可以通过 644

CO_2 作为配体与金属中心的配位来解释，其与配位的 CO 相比体积不同[69]。一般来说，计算所得的活化能与有机溶剂中的反应相同[70]。

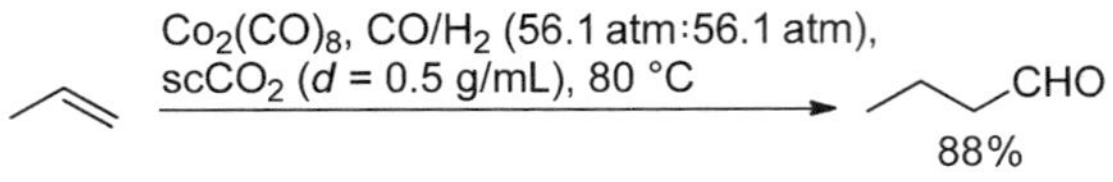

图解 7.11 钴催化的丙烯在 $scCO_2$ 中的氢甲酰化

由于最常用的铑催化剂在 $scCO_2$ 中的溶解性很差，必须要考虑改良配体或者催化剂或者反应媒介[71]。例如，有人推荐使用共溶剂(脂肪醇、氟化醇)[72]。

Koch 和 Leitner[73]为 $scCO_2$ 中铑催化的氢甲酰化反应测试了一些烯烃(图解 7.12)。最值得注意的是，在使用反应活性较弱的烯烃反-3-己烯和未修饰的铑催化剂的反应中，与甲苯溶剂相比，压缩 CO_2 体现出了明显的优势。即使通过最佳的搅动，在有机溶剂中的转化还是远远不及在超临界条件下的情况。

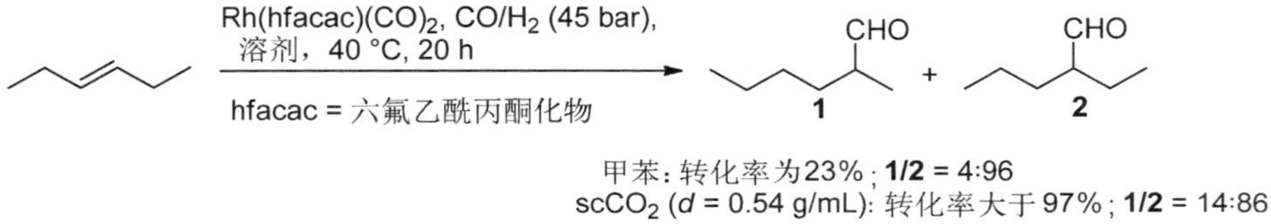

图解 7.12 在甲苯或者 $scCO_2$ 中铑催化的反-2-己烯的氢甲酰化

遗憾的是，三芳基膦在 $scCO_2$ 中表现出很差的溶解度。这一情况的一个值得注意的例外以三烷基膦为代表。Bach 和 Cole-Hamilton[74]使用三乙基膦作为铑催化的 1-己烯的氢甲酰化的配体(图解 7.13)。与在甲苯和 $scCO_2$ 中得到的结果类似。值得注意的是，在 $scCO_2$ 中通常观测到的使用铑-三烷基膦催化剂造成的对应的醇的形成(见第 5.2 节)非常少，且与乙醇和 $C_6F_{13}CH_2CH_2OH$ 是否存在无关。庚醛向庚醇的氢化只在较长的反应时间(22 h)后开始。

645

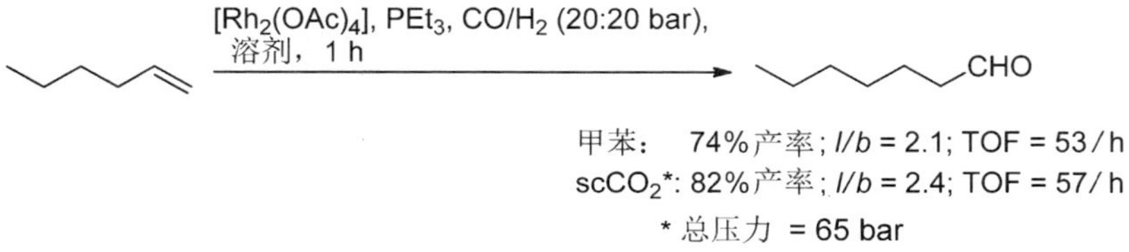

图解 7.13 在甲苯或者 $scCO_2$ 中的 $Rh(PEt_3)$ 催化的 1-己烯的氢甲酰化

部分或者全部氟化的三苯基膦，或者向简单三芳基膦或者三芳基亚磷酸三酯配体连接全氟烷基马尾可以增加催化剂在 $scCO_2$ 中的溶解度(图 7.12)[61,73]。它们与磷原子的相对位置可能会显著影响对应铑催化剂的活性[75]。我们需要记住
646 吸电子的含氟芳基也会影响膦配体的碱性和其配位表现[76]。为了清晰区分电子作用和溶解作用，人们建议使用距离磷原子较远的氟取代基[75,76]。醚桥也切断了

氟烷基和磷原子之间的电子交流[77]。氟化的膦可以用于将对应的铑催化剂锚定于异相表面[78]。或者在铑催化剂前体中，使用六氟乙酰丙酮化物代替乙酰丙酮化物[79]。与乙酰丙酮化物相比，六氟同类物的酸性要高得多。这一性质将 **A** 和 **B** 之间的互变异构平衡向烯醇形态的 **B** 移动。另一种增加 $scCO_2$ 中溶解度的方法是在离子铑催化剂的反离子中引入氟取代基，如使用大体积阴离子 $BArF_4$［四(3,5-三氟甲基硼酸苯)］所实现的[80]。

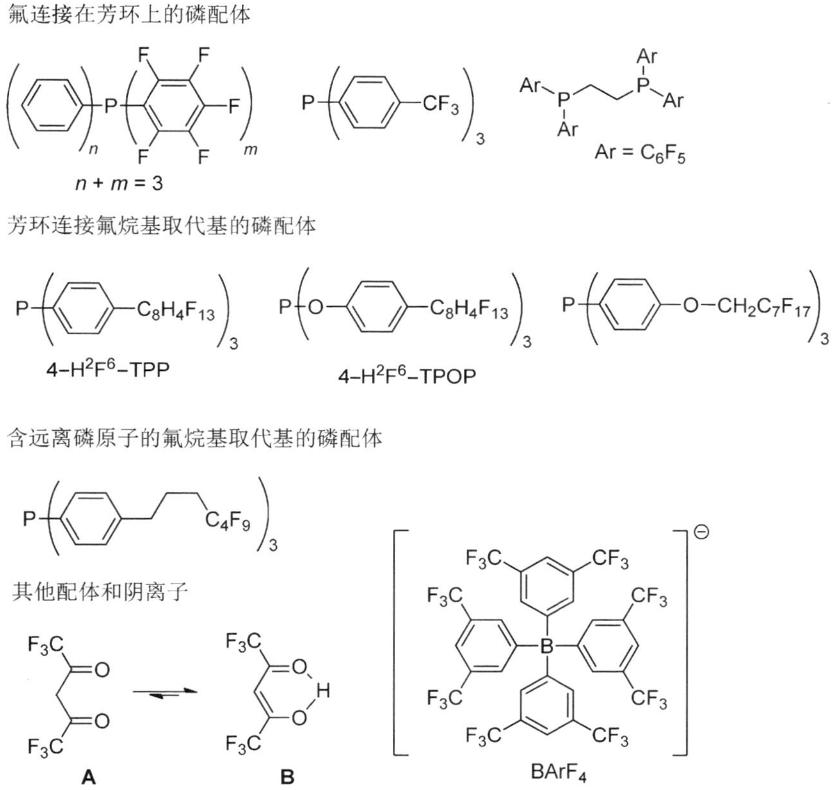

图 7.12 为超临界二氧化碳中铑催化的氢甲酰化反应所特别设计的磷或氟化乙酰丙酮配体以及阳离子铑配合物的阴离子

值得注意的是，芳基膦中的叔丁基也增加了在 $scCO_2$ 中的溶解度，但是它们可能同时对反应速率产生不利影响[81]。$scCO_2$ 中氢甲酰化的速率和区域选择性取决于 CO_2 的压力[80]。偶尔，对映选择性的程度也受到影响。在使用未修饰的(*R*,*S*)-BINAPHOS 铑催化剂的苯乙烯的不对称氢甲酰化中，对映异构过量值在高 CO_2 密度时下降[82]。

7.2.5.3 有机合成中的选择应用

Franciò 和 Leitner[83,84]在铑催化苯乙烯的氢甲酰化中使用了一种特殊设计的用聚氟烷基马尾修饰膦核的(*R*,*S*)-BINAPHOS 配体(图解 7.14)。支链醛以

93.6%ee 生成。计算得到平均 TOF=23/h。第一轮之后，反应混合物冷却至室温且
647 部分排除 CO_2。再次加热得到两相系统，其中之一含有可以没有任何活性和选择性损失地重新利用数次的催化剂。产物中铑的含量在 0.36～1.94 mg/kg 范围内。

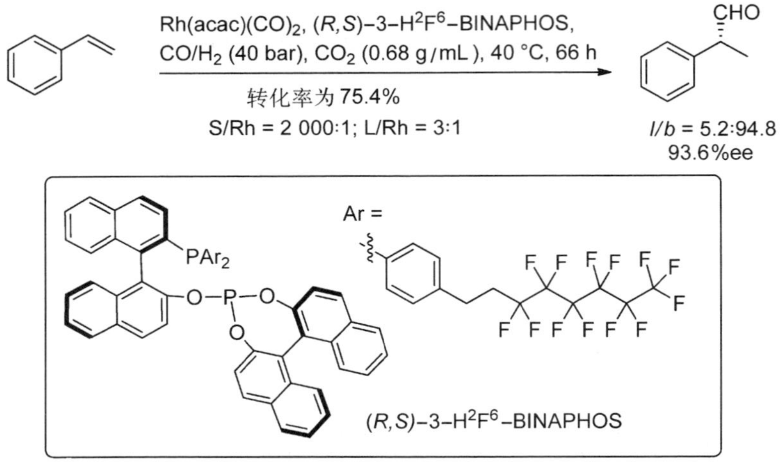

图解 7.14 使用特殊设计的(*R*,*S*)-BINAPHOS 的 $scCO_2$ 中苯乙烯的不对称氢甲酰化

手性醛在 $scCO_2$ 中的溶解度可能比直链(非手性)醛的更好，其使得对映异构过量值不足的化合物通过不对称氢甲酰化之后的相分离达到对映体富集[84,85]。

化合物在 $scCO_2$ 中溶解度的区分可以通过不同 CO_2 压力来调整(超临界流体萃取 SFE)。Leitner[86]使用这一原理在含有 1-辛烯和 1-十八碳烯的烯烃混合物中对 1-辛烯进行了选择性氢甲酰化。$HRh(CO)(TPPTS)_3$ 作为催化剂被固定在阴离子交换树脂上。此催化剂在连续四轮中稳定。由图 7.13 清晰可见，在低 CO_2

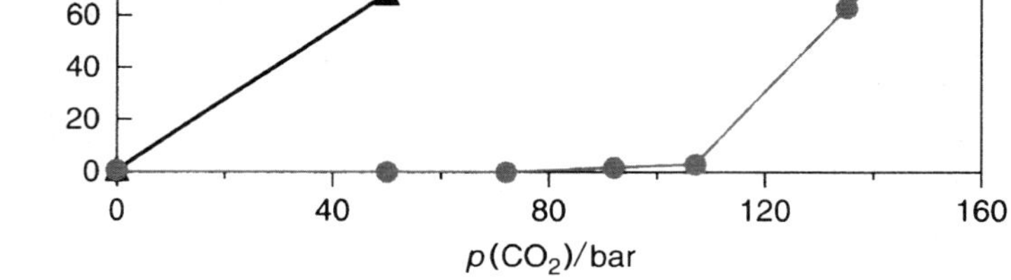

图 7.13 得益于不同 CO_2 压力下不同的溶解度来进行来自 1-辛烯和 1-十八碳烯混合物(1∶1)的 1-辛烯选择性氢甲酰化[$HRh(CO)(TPPTS)_3$，CO/H_2(20 bar)，80℃，20 h](节选自参考文献[86])

压力下只有 1-辛烯发生反应。直到压力为 110 bar 1-十八碳烯保持几乎不受影响。

7.2.5.4 结论和展望

$scCO_2$ 中的氢甲酰化是反应过后通过简单改变介质密度分离产物和催化剂的有趣方法。为了达到高反应速率，催化剂（配体、反离子）的化学结构需要适应于 $scCO_2$ 的溶解特性。同时，人们还研发了使用 $scCO_2$ 的多相版本反应[87]。即在液体/$scCO_2$ 多相催化中，水、聚乙二醇或者离子液[88]被用于含有催化剂的第二相[59]。在固体/$scCO_2$ 多相系统中，催化剂被固定于异相无机或者有机聚合物载体上[78,89]。单相系统向双相系统的转换增加了氢甲酰化的复杂度且常常需要进一步的修饰。人们还需要观察这样高度复杂的装置是否可以在工业规模中的稳定条件下运行。但是，Thomas Swan & Co. Ltd 使用 $scCO_2$ 的异相催化装置的落成，已经证明了其工业可行性[90]。 648

7.2.6 离子液(ILs)

7.2.6.1 概述

离子液这一术语(ILs)描述的是在室温下或者至少在反应温度下为液体的盐[91]。离子液的特征是特别低的蒸气压。与双水相系统相反，一些离子液具有能溶解有机化合物（例如较高烯烃）的潜力。作为极性但是弱配位的溶剂，它们可以溶解离子催化剂而不明显改变它们的催化表现。

Haumann 和 Riisager 在 2008 年著有一篇关于离子液在氢甲酰化中的使用的综述[92]。第一次关于氢甲酰化的尝试可以追溯到 Chauvin 等在 1996 年的文献[93]。他们使用 PPh_3 修饰的铑催化剂在[BMIM][PF_6]中将 1-戊烯转化为己醛（图解 7.15）。用磺化的膦配体（TPPMS 或者 TPPTS）置换 PPh_3 会降低催化剂的活性但是可以使得催化剂在反应后更加完全地被回收。一般来说，得到低正区域选择性。

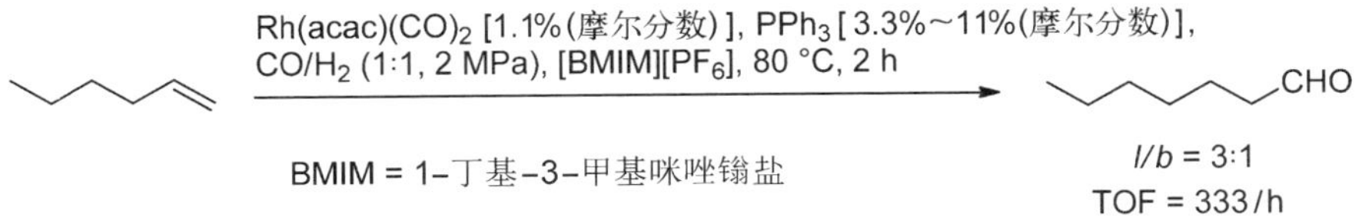

图解 7.15 离子液中的第一次氢甲酰化尝试

7.2.6.2 离子液、配体和金属

离子液可以根据阳离子种类 1,3-二烷基咪唑鎓盐、1,2,3-三烷基咪唑鎓盐和 1,3-二烷基吡咯烷盐，以及阴离子种类例如 BF_4^-、PF_6^-、$CF_3SO_2^-$（$=OTf^-$）和 $N(CF_3SO_2)_2^-$（$=NTf_2$）来区分。图 7.14 中是一些在氢甲酰化中筛查的典型的阳离子和阴离子，其中最常用的是 1-丁基-3-甲基咪唑鎓盐(BMIM)。人们发现 1-己烯的溶解度随着阳离子烷基链的增长而增加，而阴离子的种类只能带来微小的效果。对基于 BMIM 的离子液，1-己烯的溶解度的增加顺序如图 7.14 所示[94]。

计算出的 1-辛烯氢甲酰化反应的所有成分（CO、H_2、1-辛烯、Rh/TPPTS）在[BMIM][PF_6]中的溶解度与水相比都要高出四倍[95]。

649

[BMIM]作阳离子时 1-己烯的溶解度：$BF_4^- < PF_6^- < TfO^- < CF_3SO_2^- < Tf_2N^-$

图 7.14 离子液典型的阳离子和盐以及在[BMIM][X]中根据不同阴离子 X 的 1-辛烯的溶解度顺序

Wasserscheid 等[96]提出了使用烷基磺酸阴离子作为反离子。例如，使用[BMIM][$n-C_8H_{17}OSO_3$]或者高熔点的对甲苯磺酸磷盐（**1**）作为溶剂（图 7.15）[97]。在使用 Sulfoxantphos 的 1-辛烯的氢甲酰化中，与使用[BMIM][PF_6]相比活性相同甚至更高[98]。值得注意的是，发现了略高的异构化和氢化趋势。在类似的联系中，测试了基于己内酰胺盐 **2** 的离子液晶体（ILCs）[99]。这些离子液似乎在未来具有置换含有卤素系统的潜力，其特别是在大规模应用时可能导致工艺和环境问题。

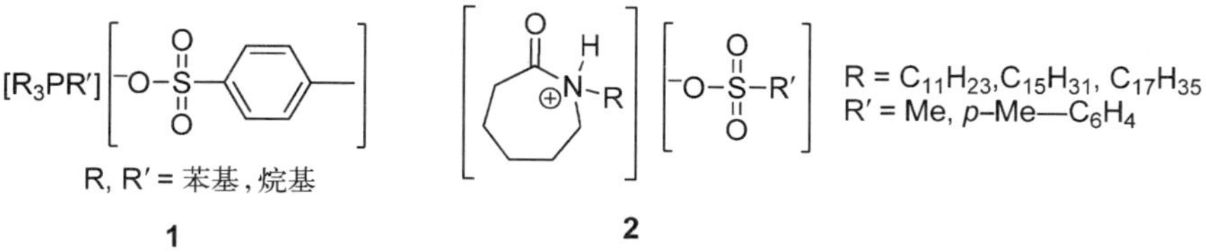

图 7.15 来自磺酸盐的不含卤素的离子液

Olivier-Bourbigou 和其同事[94]测定了 1-己烯氢甲酰化的转换频率（TOF）与烯烃溶解度的关系（图 7.16）。两个参数呈线性相关。值得注意的是，使用带有 NTf_2^- 的离子液作为反离子，观测到的 TOF 较低。这一作用可以解释为这一阴离子与其他例如 PF_6^- 的离子相比具有更强的配位能力。

在使用离子液的液-液双相氢甲酰化中人们筛查了一些配体。其中一些是通过修饰已知的结构而为这些溶剂中的反应特别构建的。其他的来自双水相氢甲酰化系统（TPPTS，TPPMS，Sulfoxantphos）[100]。一般磷配体（例如 PPh_3）可能会
650 引起明显的铑催化剂向产物相的浸析。Steinrück 和其同事[101]展示了只有铑配合物和带电有机配体的结合才可以使得催化剂在离子液的上相达到最高浓度。如图

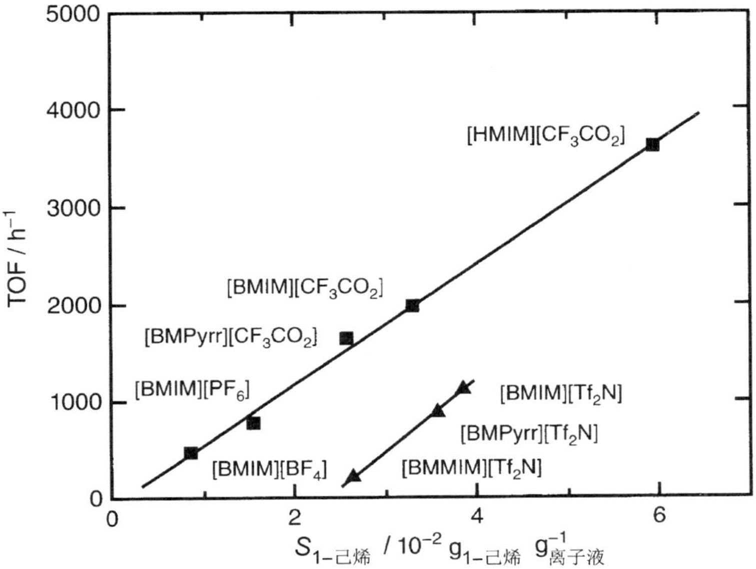

图 7.16　离子液中的 1-己烯溶解度的转换频率[反应条件：Rh(acac)(CO)$_2$(0.075 mmol)，1-己烯/Rh=800，TPPMS/Rh=4，CO/H$_2$=2 MPa，80℃；TOF 在 1-己烯的转化率为 25%时测定(来自参考文献[92][94])]

7.17 所示的是一些选择出的配体。在铑催化的 1-辛烯氢甲酰化中使用阳离子二茂钴双膦配体 **1**(CO/H$_2$=1∶1，10 bar；100℃，[BMIM][PF$_6$])，以 94%的产率、TOF=810/h 以及 l/b 比例为 16.2 生成直链醛[102]。带有胍基团的单或者双膦，例如 **2a** 或者 **2b**，被用于六氟磷酸盐离子液中的氢甲酰化[103]。离子催化剂溶液可

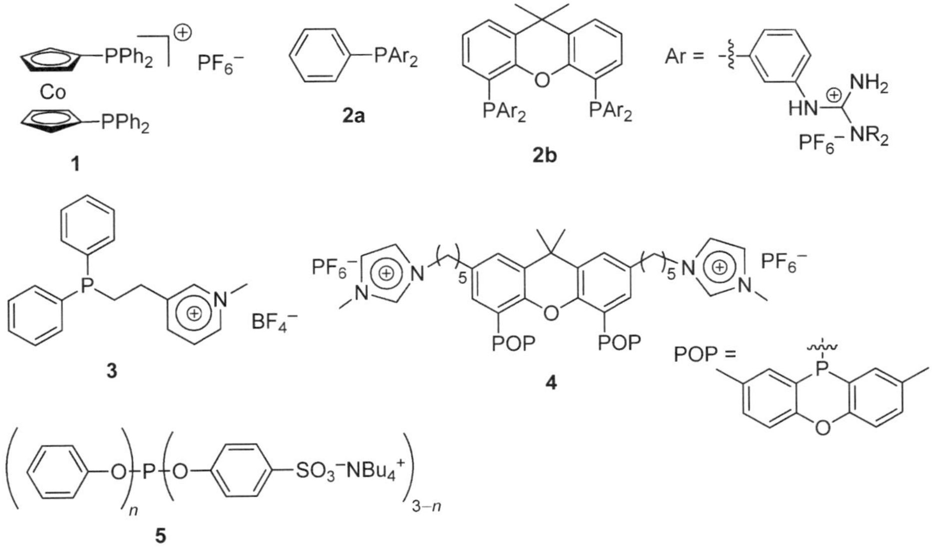

图 7.17　为离子液中的双相反应特殊设计的配体

以重复使用10次而没有明显的活性损失。吡啶盐或者咪唑鎓盐修饰的膦配体，例如**3**[94]或者**4**[104]，也被制备和测试。来自Xantphos的配体**4**可以使1-辛烯在[BMIM][PF_6]中重复氢甲酰化。倾向于直链醛的区域选择性为大于38∶1。在最后一轮中，TOFs约达到300/h。在七轮反应中没有检测到磷（小于100 μg/kg）或者铑（小于5 μg/kg）的浸析。催化剂甚至在大气压下可以保持稳定超过14天。一个罕见的用于离子液中氢甲酰化的亚磷酸三酯的例子是**5**[94]。

多数的研究是使用铑催化剂。Rieger和其同事报道了一个值得注意的例外[105]。他们在1-己烯的氢甲酰化中测试了四种含有钴的离子液（CO/H_2 = 30 bar，120℃，12 h）（图解7.16）。甲基胍盐**1**显示出的活性比$Co_2(CO)_8$要更高。使用1-甲基-1*H*-1,2,4-三-2-唑（**2**）作为反离子，只有较低的转化。意料之中
651 的，**3**和**4**根本没有任何转化，如我们已知的Na[$Co(CO)_4$]。这些发现可以解释为假设在氢甲酰化之前没有[$Co(CO)_4$]$^-$的质子化发生。只有例如**1**的强酸可以将质子化平衡向活性催化剂$HCo(CO)_4$方向移动。

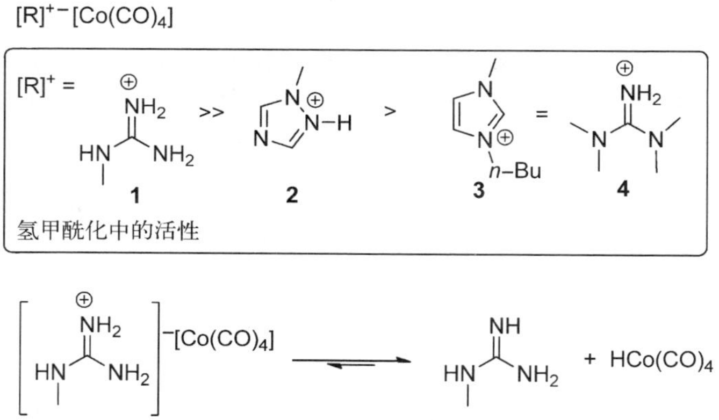

图解7.16 含钴的离子液和其催化前体阴离子的激活模型

7.2.6.3 配体的分解

在SCF-离子液混合物中使用铑亚磷酸三酯催化剂的连续流动氢甲酰化装置
652 中，观察到了两至三轮后活性和区域选择性的降低[106]。通过^{31}P NMR谱，发现形成了氟化的亚磷酸三酯，其通过阴离子PF_6^-与配体反应得到（图解7.17）。

$$P(OPh)_3 + PF_6^- \longrightarrow O_2PF_2^- + P(OPh)_nF_{3n} \quad (n = 1\sim2)$$

图解7.17 亚磷酸三酯配体与氟化阴离子的反应

7.2.6.4 负载离子液相（SILP）氢甲酰化

为了减少珍贵的离子液的用量以及解决它们会引起H_2和CO低扩散率的高黏度问题，将带有催化剂的离子液固定在固体材料上引起了人们的兴趣[107]。可以将离子液片段通过物理吸附、系链或者共价键锚定在孔状材料上来达到固定。在

理想情况下，会形成一层含有催化剂和离子液的薄膜。

7.2.6.5 固体负载的离子液相氢甲酰化

Exxon的一个小组将离子液相（[BMIM][PF_6]）固定于改性的硅胶上（图7.18）[108]。离子液相带有催化剂 HRh(CO)(tppti)$_3$[tppti＝三（*m*-磺酰基）三苯基膦三（1-丁基-3-甲基-咪唑镓）盐]和过量的非配位的配体。在1-辛烯的氢甲酰化中，与简单负载的IL系统相比，双相系统的活性较低。这可以通过活性铑物质在界面的浓度较高以及固体负载的界面表面积通常较大来解释。但是，双相系统的产物分离较容易。值得注意的是，有机配体不存在时，铑从离子层浸析入有机相。 653

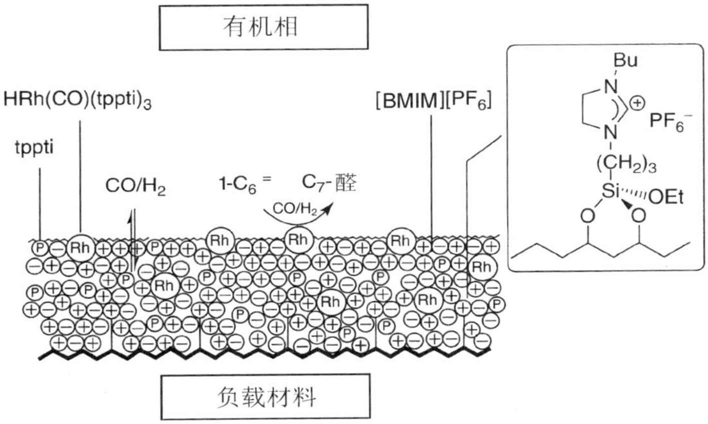

图7.18 应用于1-己烯氢甲酰化的负载离子液催化[tppti＝三（*m*-磺酰基）三苯基膦三（1-丁基-3-甲基-咪唑镓）盐]（来自参考文献[108]）

2005年，Riisager和Wasserscheid[109]通过[BMIM][*n*-$C_8H_{17}OSO_3$]在部分去羟基化的硅载体上连接了Rh(Sulfoxantphos)配合物。在丙烯的氢甲酰化中，发现了载体的种类，特别是P/Rh的比例有很大的决定作用。配体少量过量时会发生快速失活。负载离子液相(SILP)催化剂的稳定性直接关系到催化活性配合物的降解。离子液的选择并不是很重要。一些年以后，Haumann等[110]通过使用一种Rh(BIHEPHOS)催化剂在高度稀释的工业用C_4原料的连续气相氢甲酰化中运用了SILP技术。通过将SILP催化剂在反应装置中的停留时间固定在155 s，他们将81%的异构丁烯转化为了正戊醛。产物中带来的区域选择性大于92%。这一过程运行超过500 h没有明显的亚磷酸三酯配体的损失。

7.2.6.6 超临界流体-离子液双相系统(SCF-SILP)

Blanchard和Brennecke[111]展示了$scCO_2$在[BMIM][PF_6]中高度可溶[60%～80%（摩尔分数）]。相反地，离子液不会污染$scCO_2$[少于0.001%（摩尔分数）]。因为$scCO_2$是气体、烯烃和醛的出色的溶剂，它可以协助将CO和H_2运输至离子液中，且可能同时作为流动系统的运输媒介。

Cole-Hamilton的小组使用这些性质构建了为了转化1-己烯和1-辛烯的连

续流动氢甲酰化系统(图 7.19)[88a,106,112]。

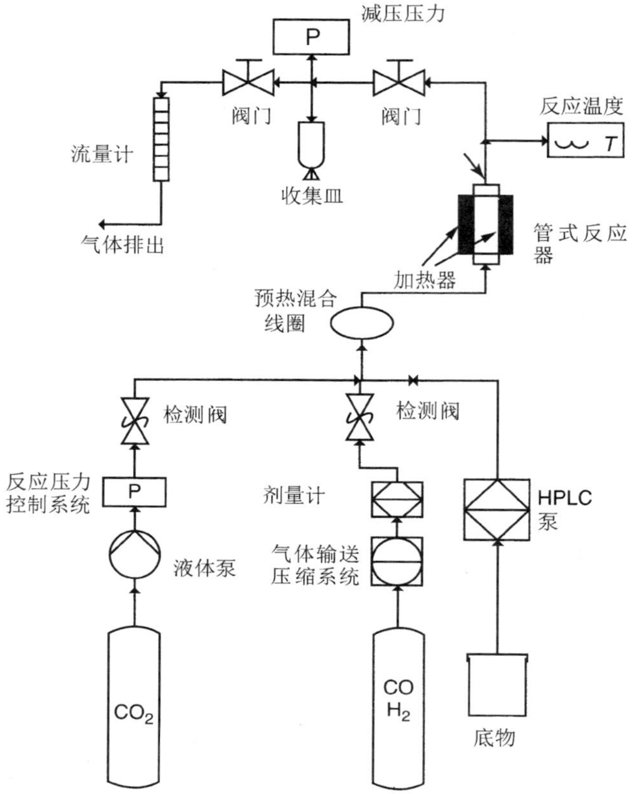

图 7.19 使用连续流动 SILP 反应的反应装置系统示意图

与 1-己烯在纯[BMIM][PF_6]中的反应形成对比，在[BMIM][PF_6]/scCO_2中醛的选择性要高得多。只有在九个循环之后才能观测到醛产率的逐渐降低以及烯烃的异构化和铑的浸析。1-辛烯的转换中使用的是[OctMIM][Tf_2N]。有趣的是，人们发现薄膜的厚度或者合成气/底物的比例都不会严重影响反应的速率。决定性的参数之一被证明是移动相的相特性。在低 CO_2 分压下，或者当使用 N_2 取代 CO_2 时，速率由于气体扩散差而较低。当 CO_2 分压增加时，速率得到改善。同时，液相扩大造成离子液和铑的浸析。在优化条件下，催化剂以稳定状态的 TOF=500/h 保持至少 40 h。铑的浸析范围在 0.2 mg/kg。

有趣的是，同时用于 SILP 系统的不仅仅是长链烯烃。Bell 和其同事[113]研究了使用[BMIM][$OctSO_4$]和 Rh(Sulfoxantphos)催化剂的丙烯的氢甲酰化。基于铑的 SILP 催化剂的活性和稳定性对其自身结构十分敏感。载体在 750℃脱水或
654 者移除硅醇基团能将氢甲酰化的活性降低约 5 倍。最高的活性和稳定性是在 Sulfoxantphos/Rh 比例为 10 时。^{31}P MAS NMR 光谱研究证明了磺化配体与二氧化硅的硅醇基团以不同的方式作用(图 7.20)，这解释了配体/铑比例与催化反应

结果的相关性。只有适当数量的硅醇基团才能保证所有的配体受载体约束。较低数量的硅醇基团导致 Sulfoxantphos 的释出以及无催化活性的二聚铑配合物的形成。

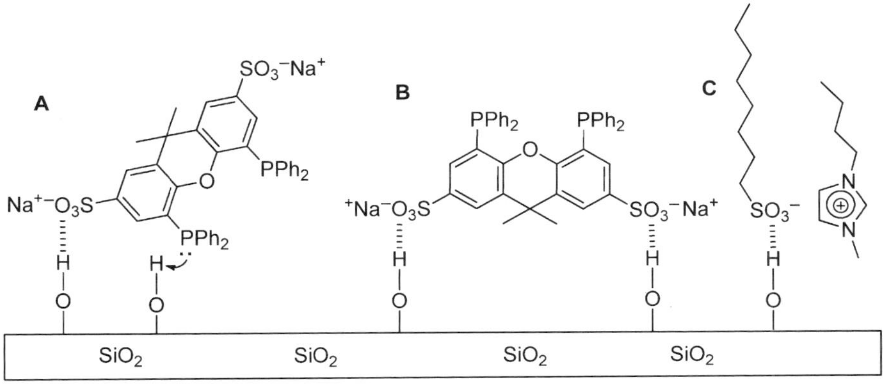

图 7.20 Sulfoxantphos(A 和 B)与[BMIM][OctSO$_4$]离子液(C)在二氧化硅载体上可能的相互作用

7.2.7 取决于温度或者温控溶剂的系统

温度相关的多组分溶剂系统(TMS)的一般原理是：提高温度，使氢甲酰化在均相没有质量转移的情况下进行，然后反应结束后降低温度使相分离，通过倾析法使催化剂得到有效回收(图 7.21)[114]。 655

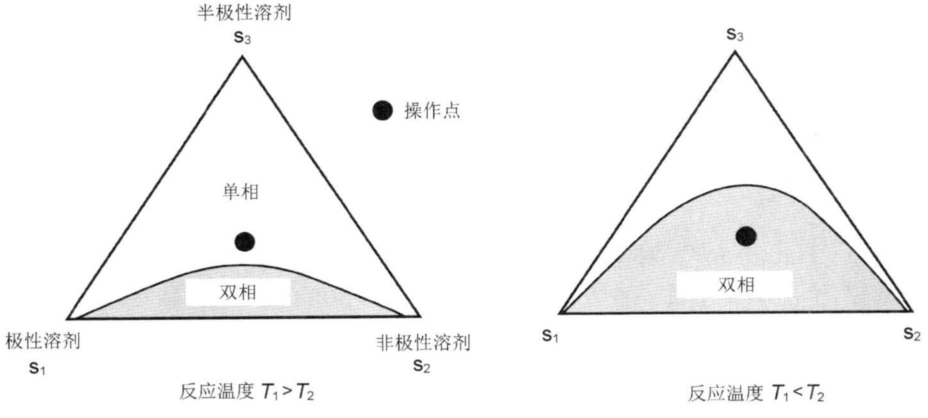

图 7.21 温度相关的多组分溶剂系统的原理(来自参考文献[114])

前提条件是溶剂 s_1 是极性的且几乎与非极性溶剂 s_2 不互溶。溶剂 s_3 的特征是半极性且用作萃取剂。混溶的间断取决于参与溶剂的性质和温度。通常，溶剂 s_1 溶解催化剂，溶剂 s_2 萃取产物。典型的溶剂混合物是 N,N-二甲基甲酰胺(DMF)/N,N'-二甲基丙烯尿素/正癸烷、DMF/NMP/正癸烷和碳酸丙烯酯/正十二烷/乳酸乙酯。

656 同时，人们分析了主要反应网络，并通过实验验证建立了模型以提出优化的反应条件[115]。通常使用的是带有亚磷酸三酯作为配体的铑催化剂。最近，铑纳米微粒也被成功应用于这一反应[116]。

Behr 小组先驱性地应用了 TMS 方法[114,117]，他们研究了一系列溶剂系统并展示了它们的优势和特性。在典型的方法中，1-十二烯使用 Rh(BIPHEPHOS)催化剂在 DMF 和癸烷的混合物中氢甲酰化(图解 7.18)[118]。人们发现，烯烃底物能用作温和增溶剂，当烯烃的浓度增加时，DMF 和癸烷的混溶性增加。对产物醛的溶解效应有更多的描述[119]。可以容许不同比例的 DMF 和癸烷。当 DMF/癸烷比例在 50∶50 时可以达到最佳的产物与催化剂相的分离。在几个实验循环后仍可以达到高醛产率和 l/b 比例。最近，基于这些发现的小型反应装置也被构建了起来[120]。

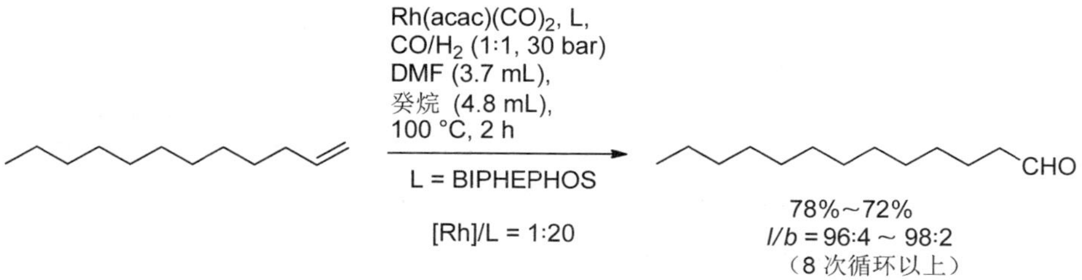

图解 7.18 TMS 系统中的氢甲酰化

显然，结果取决于所使用的催化剂。Yang 等[121]报告了相同的底物在聚乙烯甘油 400/1,4-二噁烷/正庚烷溶剂系统中，使用基于单齿配体的铑配合物 $P[OCH_2(CH_2O)_nCH_3]_3(n=8)$，得到的 l/b 比例为 1∶1。但是人们发现这一系统十分耐用。甚至在 23 次循环后，都没有发现太大的催化剂活性损失。醛的产率达到 96%。另外，平均铑损失为 0.65%。

7.3 一些方法的比较

Cole-Hamilton[125]对铑催化的不同催化系统的 1-辛烯和 1-己烯氢甲酰化做了比较，给出了关于每一种方法的有效性的直观说明(表 7.1)。

表 7.1 1-己烯或 1-辛烯在不同非传统反应媒介中的氢甲酰化的比较

系　统	文献	配体	p/bar	T/℃	TOF/h^{-1}	速率/(mol/L·h)	l/b	直链醛/%	铑损失/[mg/mol 产品]	问题
均相*	122	PPh_3	15	95	770	2.0	8.8	90	—	—
负载的	122	**1**	50	80	287	0.19	40	96	<0.1	—
负载的/$scCO_2$	89b	**1**	170	90	160	n/a	33	94	<1.2	R，P

续　表

系　统	文献	配体	p/bar	T/℃	TOF/ h^{-1}	速率/ (mol/ L・h)	l/b	直链醛/ %	铑损失/ [mg/mol 产品]	问题
可溶聚合物*	9	**2**	30	80	160	0.03	nr	nr	0.3	R，S?，L
树枝状大分子	123	**3**	10	120	1 792	7.1	13.9	86	nr	U
氟双相	44a	**4**	10	100	837	0.1	4.5	75	0.12	S，L，E
氟双相	51	**5**	20	70	4 400	8.8	6.3	81	16	E
$scCO_2$	73	**5**	200	65	430	14.2	5.5	79	<0.17	P
IL	104a	**6**	46	100	318	1.2	49	85	<0.005	E
负载 IL*	108	**7**	100	100	3 600	n/a	2.4	71	0.004	S，E?
$scCO_2$/IL	106	**7**	200	100	8	0.12	3.1	76	<2	P，S，E
温控双水相	124	**8**	50	100	182	0.3	nr	nr	nr	R，S?

*1-己烯作底物；nr：未记录；n/a=不适用；R=低速率；P=高压；S=低直链醛选择率；L=高催化剂浸出；U=尝试了超滤；E=昂贵的配体和(或)溶剂

表 7.1 中配体的结构：

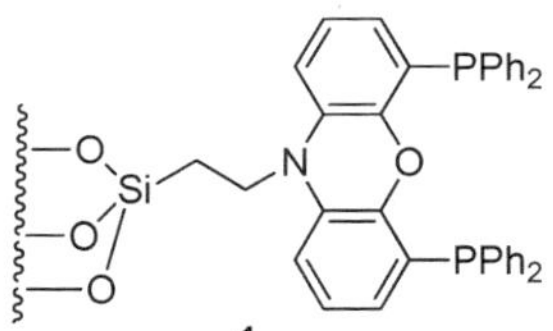

1

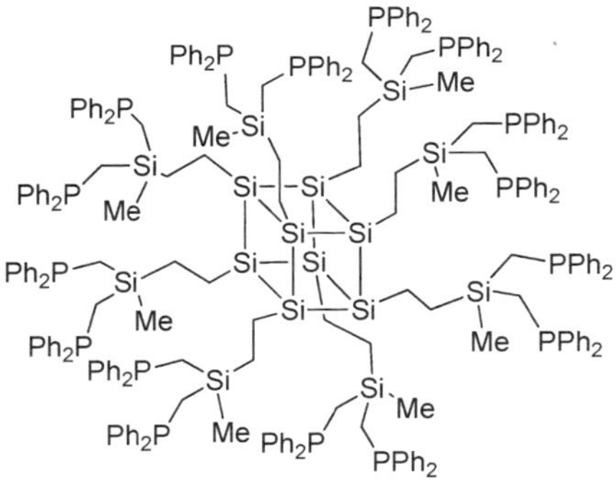

3

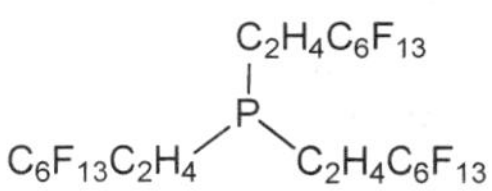

4

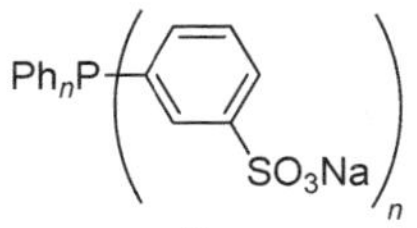

2

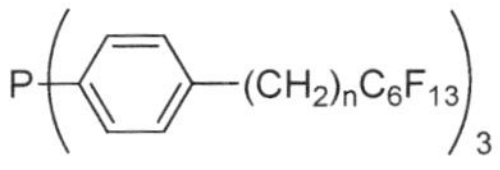

5

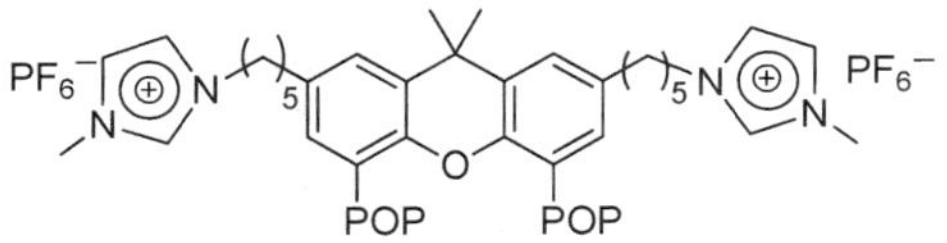

6

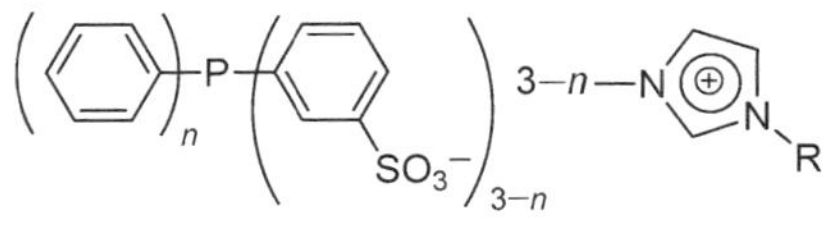

7

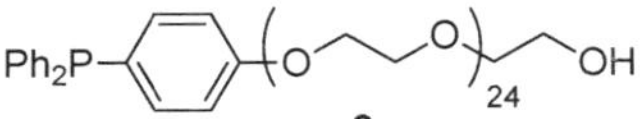

8

参考文献

659

1. (a) Cornils, B. and Herrmann, W. A. (eds) (1998) *Aqueous-Phase Organometallic Catalysis*, Wiley-VCH Verlag GmbH, Weinheim;

(b) Wasserscheid, P. and Welton, T. (eds) (2003) *Ionic Liquids in Synthesis*, Wiley-VCH Verlag GmbH, Weinheim; (c) Cornils, B., Herrmann, W.A., Horvath, I.T., Leitner, W., Mecking, S., Olivier-Bourbigou, H., and Vogt, D. (eds) (2005) *Multiphase Homogeneous Catalysis*, vol. 1 and 2, Wiley-VCH Verlag GmbH, Weinheim; (d) Cole-Hamilton, D.J. and Tooze, R.P. (eds) (2006) *Catalyst Separation, Recovery and Recycling*, Springer, Dordrecht; (e) Dixneuf, P. and Cadierno, V. (eds) (2013) *Metal-Catalyzed Reactions in Water*, Wiley-VCH Verlag GmbH, Weinheim; (f) Fehrmann, R., Riisager, A., and Haumann, M. (eds) (2014) *Supported Ionic Liquids: Fundamentals and Applications*, Wiley-VCH Verlag GmbH, Weinheim.
2. Leadbeater, N.E. and Marco, M. (2002) *Chem. Rev.*, **102**, 3217-3274.
3. Sandee, A.J., van der Veen, L.A., Reek, J.N.H., Kamer, P.C.J., Lutz, M., Spek, A.L., and van Leeuwen, P.W.N.M. (1999) *Angew. Chem. Int. Ed.*, **38**, 3231-3235.
4. Bailey, D.C. and Langer, S.H. (1981) *Chem. Rev.*, **81**, 109-148.
5. (a) Malmström, T., Weig, H., and Andersson, C. (1995) *Organometallics*, **14**, 2593-2596; (b) Malmström, T., Andersson, C., and Hjortkjaer, J. (1999) *J. Mol. Catal. A: Chem.*, **139**, 139-147.
6. (a) Cardozo, A.F., Manoury, E., Julcour, C., Blanco, J.-F., Delmas, H., Gayet, F., and Poli, R. (2013) *ChemCatChem*, **5**, 1161-1169; (b) Cardozo, A.F., Manoury, E., Julcour, C., Blanco, J.-F., Delmas, H., Gayet, F., and Poli, R. (2013) *Dalton Trans.*, **42**, 9148-9156.
7. (a) Challa, G., Reedijk, J., and van Leeuwen, P.W.N.M. (1996) *Polym. Adv. Technol.*, **7**, 625-633; (b) Zhang, Y., Zhang, H.-B., Lin, G.-D., Chen, P., Yuan, Y.-Z., and Tsai, K.R. (1999) *Appl. Catal. A: Gen.*, **187**, 213-224; (c) McNamara, C.A., Dixon, M.J., and Bradley, M. (2002) *Chem. Rev.*, **102**, 3275-3299.
8. (a) Schönweiz, A., Debuschewitz, J., Walter, S., Wölfel, R., Hahn, H., Dyballa, K.M., Franke, R., Haumann, M., and Wasserscheid, P. (2013) *ChemCatChem*, **5**, 2955-2963; (b) Kaftan, A., Schönweiz, A., Nikiforidis, J., Hieringer, W., Dyballa, K.M., Franke, R., Görling, A., Libuda, J., Wasserscheid, P., Laurin, M., and Haumann, M. (2015) *J. Catal.*, **321**, 32-38.
9. Schwab, E. and Mecking, S. (2001) *Organometallics*, **20**, 5504-5506.
10. Arya, P., Panda, G., Rao, N.V., Alper, H., Bourque, S.C., and Manzer, L.E. (2001) *J. Am. Chem. Soc.*, **123**, 2889-2890.
11. (a) Cornils, B. and Kuntz, E.G. (1998) in *Aqueous-Phase Organometallic Catalysis* (eds B. Cornils and W.A. Herrmann), Wiley-VCH Verlag GmbH, Weinheim, pp. 272-306; (b) Wiebus, E. and Cornils, B. (2006) in *Catalyst Separation, Recovery and Recycling* (eds D.J. Cole-Hamilton and R.P. Tooze), Springer, Dordrecht, pp. 105-143.
12. (a) De, C., Saha, R., Ghosh, S.K., Ghosh, A., Mukherjee, K., Bhattacharyya, S.S., and Saha, B. (2013) *Res. Chem. Intermed.*, **39**, 3463-3474; (b) Olbrecht, L., Kamer, P.C.J., and Laan, W. (2013) *Catal. Sci. Technol.*, **3**, 541-551.
13. Sharma, S.K. and Jasra, R.V. (2015) *Catal. Today*, **247**, 70-81.
14. Bahrmann, H. and Bogdanovic, S. (1998) in *Aqueous-Phase Organometallic Catalysis* (eds B. Cornils and W.A. Herrmann), Wiley-VCH Verlag GmbH, Weinheim, pp. 306-321.
15. Derived from Cornils, B. and Herrmann, W.A. (1998) in *Aqueous-Phase Organometallic Catalysis* (eds B. Cornils and W.A. Herrmann), Wiley-VCH Verlag GmbH, Weinheim, p.12.
16. (a) Purwanto, P. and Delmas, H. (1995) *Catal. Today*, **24**, 135-140; (b) Ding, H., Hanson, B.E., Bartik, T., and

Bartik, B. (1994) *Organometallics*, **13**, 3761 - 3763.
17. Buhling, A., Kamer, P.C.J., van Leeuwen, P.W.N.M., Elgersma, J.W., Goubitz, K., and Fraanje, J. (1997) *Organometallics*, **16**, 3027 - 3037.
18. (a) Chen, H., Li, Y., Chen, J., Cheng, P., He, Y., and Li, X. (1999) *J. Mol. Catal A: Chem.*, **149**, 1 - 6; (b) Zhang, Y., Mao, Z.-S., and Chen, J. (2002) *Catal. Today*, **74**, 23 - 35.
19. (a) Legrand, F.-X., Sauthier, M., Flahaut, C., Hachani, J., Elfakir, C., Fourmentin, S., Tilloy, S., and Monflier, E. (2009) *J. Mol. Catal. A: Chem.*, **303**, 72 - 77; (b) Hapiot, F., Bricout, H., Tilloy, S., and Monflier, E. (2013) in *Hydroformylation for Organic Synthesis*, Topics in Current Chemistry, vol. 342 (eds M. Taddei and A. Mann), Springer, pp. 49 - 78.
20. Dabbawala, A.A., Bajaj, H.C., Bricout, H., and Monflier, E. (2012) *Appl. Catal. A: Gen.*, **413** - **414**, 273 - 279.
21. (a) Kunna, K., Müller, C., Loos, J., and Vogt, D. (2006) *Angew. Chem. Int. Ed.*, **45**, 7289 - 7292; (b) Simões, J.B., da Silva, D.L., de Fátima, A., and Fernandes, S.A. (2012) *Curr. Org. Chem.*, **16**, 949 - 971.
22. Shimizu, S., Shirikawa, S., Sasaki, Y., and Hirai, C. (2000) *Angew. Chem. Int. Ed.*, **39**, 1256 - 1259.
23. (a) Desset, S.L. and Cole-Hamilton, D.J. (2007) *Chem. Commun.*, 1933 - 1935; (b) Desset, S.L., Reader, S.W., and Cole-Hamilton, D.J. (2009) *Green Chem.*, **11**, 630 - 637.
24. Desset, S.L., Hintermair, U., Gong, Z., Santini, C.C., and Cole-Hamilton, D.J. (2010) *Top. Catal.*, **53**, 963 - 968.
25. (a) Arhancet, J.P., Davis, M.E., Merola, S.S., and Hanson, B.E. (1989) *Nature*, **339**, 454 - 455; (b) Delmas, H., Jáuregui-Haza, U., and Wilhelm, A.-M. (2005) in *Multiphase Homogeneous Catalysis*, vol. 1 (eds B. Cornils, W.A. Herrmann, I.T. Horvath, W. Leitner, S. Mecking, H. Olivier-Bourbigou, and D. Vogt), Wiley-VCH Verlag GmbH, Weinheim, pp. 297 - 304.
26. (a) Guo, I., Hanson, B.E., Tóth, I., 660
and Davies, M.E. (1991) *J. Organomet. Chem.*, **403**, 221 - 227; (b) Bartik, T., Bartik, B., Guo, I., and Hanson, B.E. (1994) *J. Organomet. Chem.*, **480**, 15 - 21.
27. Tóth, I., Guo, I., and Hanson, B.E. (1997) *J. Mol. Catal.*, **116**, 217 - 229.
28. Abatjoglou, A.G. and Bryant, D.R. (to Union Carbide Corporation) (1988) Patent US 4,731,486.
29. Liu, Y., Jessop, P.G., Cunningham, M., Eckert, C.A., and Liotta, C.L. (2006) *Science*, **313**, 958 - 960.
30. Desset, S.L. and Cole-Hamilton, D.J. (2009) *Angew. Chem. Int. Ed.*, **48**, 1472 - 1474.
31. (a) Pollet, P., Hart, R.J., Eckert, C.A., and Liotta, C.L. (2010) *Acc. Chem. Res.*, **43**, 1237 - 1245; (b) Blasucci, V.M., Husain, Z.A., Fadhel, A.Z., Donaldson, M.E., Vyhmeister, E., Pollet, P., Liotta, C.L., and Eckert, C.A. (2010) *J. Phys. Chem. A*, **114**, 3932 - 3938; (c) Fadhel, A.Z., Medina-Ramos, W., Wu, A., Ford, J., Llopis-Mestre, V., Jha, R., Pollet, P., Liotta, C.L., and Eckert, C.A. (2011) *J. Chem. Eng. Data*, **56**, 1311 - 1315.
32. (a) This concept is also known as catalysis in CO_2-expanded liquids (CXLs), see e.g.: Jessop, P.G. and Subramaniam, B. (2007) *Chem. Rev.*, **207**, 2666 - 2694; (b) Subramaniam, B. (2010) *Coord. Chem. Rev.*, **254**, 1843 - 1853.
33. Severance, D.L. and Jorgensen, W.L. (1992) *J. Am. Chem. Soc.*, **114**, 10966 - 10968.
34. Derived from Frohning, C.D. and Kohlpaintner, C.W. (1998) in *Aqueous-Phase Organometallic Catalysis* (eds B. Cornils and W.A. Herrmann), Wiley-VCH Verlag GmbH, Weinheim, p. 304.
35. Chaudhary, R.V., Bhanage, B.M., Deshpande, R.M., and Delmas, H. (1995) *Nature*, **373**, 501 - 503.
36. Fremy, G., Monflier, E., Carpentier, J.-F., Castanet, Y., and Mortreux, A.

(1995) *Angew. Chem. Int. Ed. Engl.*, **34**, 1474-1476.
37. Fremy, G., Monflier, E., Carpentier, J.-F., Castanet, Y., and Mortreux, A. (1996) *J. Catal.*, **162**, 339-348.
38. Fremy, G., Monflier, E., Carpentier, J.-F., Castanet, Y., and Mortreux, A. (1998) *J. Mol. Catal. A: Chem.*, **129**, 35-40.
39. (a) Mathivet, T., Méliet, C., Castanet, Y., Mortreux, A., Caron, L., Tilloy, S., and Monflier, E. (2001) *J. Mol. Catal. A: Chem.*, **176**, 105-116; (b)
661 Ferrreira, M., Legrand, F.-X., Machut, C., Bricout, H., Tilloy, S., and Monflier, E. (2012) *Dalton Trans.*, **41**, 8643-8647.
40. Boulanger, J., Ponchel, A., Bricout, H., Hapiot, F., and Monflier, E. (2012) *Eur. J. Lipid Sci. Technol.*, **114**, 1439-1446.
41. Muilwijk, K.F., Kamer, P.C.J., and van Leeuwen, P.W.N.M. (1997) *J. Am. Oil Chem. Soc.*, **74**, 223-228.
42. (a) Horváth, I.T. and Rábai, J. (1994) *Science*, **266**, 72-75; (b) Gladysz, J.A. (1994) *Science*, **266**, 55-56; (c) Horvath, I.T. (1998) *Acc. Chem. Res.*, **31**, 641-650.
43. The application in catalysis was first suggested in an unpublished Ph.D. Thesis: Vogt, M. (1991) Rheinisch Westfälische. PhD dissertation. Technische Hochschule Aachen, Germany.
44. (a) Horváth, I.T., Kiss, G., Cook, R. A., Bond, J.E., Stevens, P.A., Rábai, J., and Mozeleski, E.J. (1998) *J. Am. Chem. Soc.*, **120**, 3133-3143; (b) Horváth, T.T. and Rábal, J. (to Exxon Research. and Engineering Co.) (1999) Patent US 5,981,422.
45. Mathison, C.R. and Cole-Hamilton, D.J. (2006) in *Catalyst Separation, Recovery and Recycling* (eds D.J. Cole-Hamilton and R.P. Tooze), Springer, Dordrecht, pp. 145-181.
46. Mathivet, T., Monflier, E., Castanet, Y., Mortreux, A., and Couturier, J.-L. (2002) *Tetrahedron*, **58**, 3877-3888.
47. Adams, D.J., Cole-Hamilton, D.J., Hope, E.G., Pogorzelec, P.J., and Stuart, A.M. (2004) *J. Organomet. Chem.*, **689**, 1413-1417.
48. Cole-Hamilton, D.J., Foster, D., Gudmunsen, D., Hope, E.G., and Stuart, A.M. (to The University Court of the University of St. Andrews) (2000) Patent WO 00/33956.
49. (a) Hope, E.G. and Stuart, A.M. (1999) *J. Fluorine Chem.*, **100**, 75-83; (b) Bhattacharyya, P., Croxtall, B., Fawcett, J., Fawcett, J., Gudmunsen, D., Hope, E.G., Kemmitt, R.D.W., Paige, D.R., Russell, D.R., Stuart, A. M., and Wood, D.R.W. (2000) *J. Fluorine Chem.*, **101**, 247-255.
50. (a) Couturier, J.-L., Mathivet, T., Monflier, E., Castanet, Y., and Mortreux, A. (to Elf Atochem S. A.) (2000) Patent WO 00/47590; (b) Mathivet, T., Monflier, E. Castanet, Y., Mortreux, A., and Couturier, J.-L. (2002) *C. R. Chim.*, **5**, 417-424.
51. Foster, D.F., Gudmunsen, D., Adams, D.J., Stuart, A.M., Hope, E.G., Cole-Hamilton, D.J., Schwarz, G.P., and Pogorzelec, P. (2002) *Tetrahedron*, **58**, 3901-3910.
52. (a) Cole-Hamilton, D.J., Forster, D., Gudmunsen, D., Hope, E., and Stuart, A.M. (to The University Court of the University of St. Andrews) (2000) Patent WO 00/33956; (b) Forster, D.F., Adams, D.J., Gudmunsen, D., Stuart, A.M., Hope, E.G., and Cole-Hamilton, D.J. (2002) *Chem. Commun.*, 722-723.
53. Bonafoux, D., Hua, Z., Wang, B., and Ojima, I. (2001) *J. Fluorine Chem.*, **112**, 101-108.
54. Cornils, B. (1997) *Angew. Chem. Int. Ed. Engl.*, **36**, 2057-2059.
55. Schwirten, K., Kummer, R., and Richter, W. (to BASF Aktiengesellschaft) (1986) Patent US 4,568,653.
56. For the hydroformylation in nearcritical conditions, compare: Poliakoff, M., Meehan, N.J., Ross, S.K., and Wieland, S. (to Degussa-Hüls AG) (2000) Patent WO 00/01651.

57. Jessop, P.G., Ikariya, T., and Noyori, R. (1999) *Chem. Rev.*, **99**, 475-493.
58. Leitner, W. (2002) *Acc. Chem. Res.*, **35**, 746-756.
59. Bektesevic, S., Kleman, A.M., Marteel-Parrish, A.E., and Abraham, M.A. (2006) *J. Supercrit. Fluids*, **38**, 232-241.
60. Koeken, A.C.J., van den Broeke, L.J. P., Benes, N.E., and Keurentjes, J.T. F. (2011) *J. Mol. Catal. A: Chem.*, **346**, 94-101.
61. Fujita, S.-I., Fujisawa, S., Bhanage, B. M., Ikushima, Y., and Arai, M. (2002) *New J. Chem.*, **26**, 1479-1484.
62. Forster, N.R., Lucien, F.P., and Mammucari, R. (2010) in *Handbook of Green Chemistry*, Supercritical Solvents, vol. 4 (eds W. Leitner and P. Jessop), Wiley-VCH Verlag GmbH, Weinheim, pp. 77-100.
63. Jiang, T., Hou, Z.S., Han, B.X., Gao, L., Liu, Z.M., He, J., and Yang, G.Y. (2004) *Fluid Phase Equilib.*, **215**, 85-89.
64. Ke, J., Han, B., George, M.W., Yan, H., and Poliakoff, M. (2001) *J. Am. Chem. Soc.*, **123**, 3661-3670.
65. Jessop, P.G., Ikariya, T., and Noyori, R. (1995) *Organometallics*, **14**, 1510-1513.
66. Erkey, C., Lozano, E., Süss-Fink, G., and Dong, X. (2002) *Catal. Commun.*, **3**, 213-219.
67. (a) Rathke, J.W., Klingler, R.J., and Krause, T.R. (1991) *Organometallics*, **10**, 1350-1355; (b) Rathke, J.W. and Klingler, J. (to United States of America) (1993) Patent US 5,198,589.
68. Klingler, R.J. and Rathke, J.W. (1994) *J. Am. Chem. Soc.*, **116**, 4772-4785.
69. Parshall, G.W. and Ittel, S.D. (1992) *Homogenous Catalysis*, 2nd edn, John Wiley & Sons, Inc., New York; cited in Jessop, P.G., Ikariya, T., and Noyori, R. (1999) *Chem. Rev.* **99**, 475-493, Ref. 142.
70. Guo, Y. and Akgerman, A. (1997) *Ind. Eng. Chem. Res.*, **36**, 4581-4585.
71. Typical catalysts used in hydroformylation in conventional solvents may give inferior results in $scCO_2$, see e.g.: Bronger, R.P. J., Bermon, J.P., Reek, J.N.H., Kamer, P.C.J., van Leeuwen, P.W.N. M., Carter, D.N., Licence, P., and Poliakoff, M. (2004) *J. Mol. Catal. A: Chem.*, **224**, 145-152.
72. Xiao, J., Nefkens, S.C.A., Jessop, P. G., Ikariya, T., and Noyori, R. (1996) *Tetrahedron Lett.*, **37**, 2813-2816.
73. Koch, D. and Leitner, W. (1998) *J. Am. Chem. Soc.*, **120**, 13398-13404.
74. Bach, I. and Cole-Hamiton, D.J. (1998) *Chem. Commun.*, 1463-1464.
75. Banet Osuna, A.M., Chen, W., Hope, E.G., Kemmitt, R.D.W., Paige, D. R., Stuart, A.M., Xiao, J., and Xu, L. (2000) *J. Chem. Soc., Dalton Trans.*, 4052-4055.
76. Palo, D.R. and Erkey, C. (2000) *Organometallics*, **19**, 81-86.
77. (a) Aghmiz, A., Claver, C., Masdeu-Bultó, A.M., Maillard, D., and Sinou, D. (2004) *J. Mol. Catal. A: Chem.*, **208**, 97-101; (b) Giménez Pedrós, M., Masdeu-Bultó, A.M., Bayardon, J., and Sinou, D. (2006) *Catal. Lett.*, **107**, 205-208. 662
78. Lopez-Castillo, Z.K., Flores, R., Kani, I., Fackler, J.P. Jr., and Akgerman, A. (2003) *Ind. Eng. Chem. Res.*, **42**, 3893-3899.
79. Smart, N.G., Carleson, T., Kast, T., Clifford, A.A., Burford, M.D., and Wai, C.M. (1997) *Talanta*, **44**, 137-150.
80. Lin, B. and Akgerman, A. (2001) *Ind. Eng. Chem. Res.*, **40**, 1113-1118.
81. Galia, A., Cipollina, A., Filardo, G., Scialdone, O., Ferreira, M., and Monflier, E. (2008) *J. Supercrit. Fluids*, **46**, 63-70.
82. Kainz, S. and Leitner, W. (1998) *Catal. Lett.*, **55**, 223-225.
83. Franciò, G. and Leitner, W. (1999) *Chem. Commun.*, 1663-1664.
84. Franciò, G., Wittmann, K., and Leitner, W. (2001) *J. Organomet. Chem.*, **621**, 130-142.
85. (a) Lucien, F.P. and Foster, N.R.

(1999) in *Chemical Synthesis Using Supercritical Fluids* (eds P.G. Jessop and W. Leitner), Wiley-VCH Verlag GmbH, Weinheim, pp. 37 - 53; (b) Dange, D. K., Heller, J.P., and Wilson, K.V. (1985) *Ind. Eng. Chem. Prod. Res. Dev.*, **24**, 162 - 166.

86. Koch, T.J., Desset, S.L., and Leitner, W. (2010) *Green Chem.*, **12**, 1719 - 1721.
87. See also: Gordon, C.M. and Leitner, W. (2006) in *Catalyst Separation and Recycling* (eds D.J. Cole-Hamilton and R.P. Tooze), Springer, Dordrecht, pp. 215 - 236.
88. For some recent papers, compare (a): Hintermair, U., Gong, Z., Serbanovic, A., Muldoon, M.J., Santini, C.C., and Cole-Hamilton, D.J. (2010) *Dalton Trans.*, **39**, 8501 - 8510; (b) Frisch, A.C., Webb, P.B., Zhao, G., Muldoon, M.J., Pogorzelec, P.J., and Cole-Hamilton, D.J. (2007) *Dalton Trans.*, 5531 - 5538; (c) Webb, P.B., Kunene, T.E., and Cole-Hamilton, D.J. (2005) *Green Chem.*, **7**, 373 - 379; (d) Webb, P.B., Sellin, M.F., Kunene, T.E., Williamson, S., Slawin, A.M.Z., and Cole-Hamilton, D.J. (2003) *J. Am. Chem. Soc.*, **125**, 15577 - 15588.
89. See e.g.: use of polystyrene based (*R*,*S*)-BINAPHOS Rh catalyst in the asymmetric hydroformylation of several olefins: (a) Shibahara, F., Nozaki, K., and Hiyama, T. (2003) *J. Am. Chem. Soc.*, **125**,
663 8555 - 8560; (b) a silica linked Xantphos (Siloxantphos) in the hydroformylation of 1-octene: Meehan, N.J., Sandee, A.J., Reek, J.N.H., Kamer, P.C.J., van Leeuwen, P.W.N.M., and Poliakoff, M. (2000) *Chem. Commun.*, 1497 - 1498.
90. Licence, P., Ke, J., Sokolova, M., Ross, S.K., and Poliakoff, M. (2003) *Green Chem.*, **5**, 99 - 104.
91. For some general monographs, compare: (a) Wasserscheid, P. and Welton, T. (eds) (2002) *Ionic Liquids in Synthesis*, Wiley-VCH Verlag GmbH, Weinheim; (b) Kirchner, B. (ed.) (2009) *Ionic Liquids (Topics in Current Chemistry)*, Springer, Berlin.
92. Haumann, M. and Riisager, A. (2008) *Chem. Rev.*, **108**, 1474 - 1497.
93. Chauvin, Y., Mussmann, L., and Olivier, H. (1996) *Angew. Chem. Int. Ed. Engl.*, **34**, 2698 - 2700.
94. Favre, F., Olivier-Bourbigou, H., Commereuc, D., and Saussine, L. (2001) *Chem. Commun.*, 1360 - 1361.
95. Sharma, A., Lebigue, C.J., Deshpande, R.M., Kelkar, A.A., and Delmas, H. (2010) *Ind. Eng. Chem. Res.*, **49**, 10698 - 10706.
96. Wasserscheid, P., van Hal, R., and Bömann, A. (2002) *Green Chem.*, **4**, 400 - 404.
97. Karodia, N., Guise, S., Newlands, C., and Andersen, J.-A. (1998) *Chem. Commun.*, 2341 - 2342.
98. Wasserscheid, P. and van Hal, R. (2003) in *Ionic Liquids as Green Solvents*, ACS Symposium Series, vol. 856 (eds R.D. Rogers and K.R. Seddon), American Chemical Society, pp. 57 - 70.
99. Yang, J., Li, F.-F., Zhang, J., Li, J., and Wang, W.-X. (2010) *Helv. Chim. Acta*, **93**, 1653 - 1660.
100. Dupont, J., Silva, S.M., and de Souza, R.F. (2001) *Catal. Lett.*, **77**, 131 - 133.
101. Kohlbeck, C., Paape, N., Cremer, T., Schulz, P.S., Maier, F., Steinrück, H.-P., and Wasserscheid, P. (2010) *Chem. Eur. J.*, **16**, 12083 - 12087.
102. Brasse, C.C., Englert, U., Salzer, A., Waffenschmidt, H., and Wasserscheid, P. (2000) *Organometallics*, **19**, 3818 - 3823.
103. Wasserscheid, P., Waffenschmidt, H., Machnitzki, P., Kottsieper, K.W., and Stelzer, O. (2001) *Chem. Commun.*, 451 - 452.
104. (a) Bronger, R.P.J., Silva, S.M., Kamer, P.C.J., and van Leeuwen, P.W.N.M. (2002) *Chem. Commun.*, 3044 - 3045; (b) Bronger, R.P.J., Silva, S.M., Kamer, P.C.J., and van Leeuwen, P.W.N.M. (2004) *Dalton Trans.*, 1590 - 1596.

105. Dengler, J.E., Doroodian, A., and Rieger, B. (2011) *J. Organomet. Chem.*, **696**, 3831 - 3835.
106. Sellin, M.F., Webb, P.B., and Cole-Hamilton, D.J. (2001) *Chem. Commun.*, 781 - 782.
107. van Doorslaer, C., Wahlen, J., Mertens, P., Binnemans, K., and de Vos, D. (2010) *Dalton Trans.*, **39**, 8377 - 8390.
108. Mehnert, C.P., Cook, R.A., Dispenziere, N.C., and Afeworki, M. (2002) *J. Am. Chem. Soc.*, **124**, 12932 - 12933.
109. Riisager, A., Fehrmann, R., Flicker, S., van Hal, R., Haumann, M., and Wasserscheid, P. (2005) *Angew. Chem. Int. Ed.*, **44**, 815 - 819.
110. Haumann, M., Jakuttis, M., Franke, R., Schönweiz, A., and Wasserscheid, P. (2011) *ChemCatChem*, **3**, 1822 - 1827.
111. Blanchard, L.A., Hancu, D., Beckman, E.J., and Brennecke, J.F. (1999) *Nature*, **399**, 28 - 29.
112. Hintermair, U., Zhao, G., Santini, C. C., Muldoon, M.J., and Cole-Hamilton, D.J. (2007) *Chem. Commun.*, 1462 - 1464.
113. Shylesh, S., Hanna, D., Werner, S., and Bell, A.T. (2012) *ACS Catal.*, **2**, 487 - 493.
114. Behr, A., Henze, G., Johnen, L., and Awungacha, C. (2008) *J. Mol. Catal. A: Chem.*, **285**, 20 - 28.
115. (a) Markert, J., Brunsch, Y., Munkelt, K., Kiedorf, G., Behr, A., Hamel, C., and Seidel-Morgenstern, A. (2013) *Appl. Catal. A: Gen.*, **462 - 463**, 287 - 295; (b) Hentschel, B., Kiedorf, G., Gerlach, M., Hamel, C., Seidel-Morgenstern, A., Freund, H., and Sundmacher, K. (2015) *Ind. Eng. Chem. Res.*, **54**, 1755 - 1765.
116. Behr, A., Brunsch, Y., and Lux, A. (2012) *Tetrahedron Lett.*, **53**, 2680 - 2683.
117. Behr, A. (2005) in *Multiphase Homogeneous Catalysis* (ed. B. Cornils), Wiley-VCH Verlag GmbH, Weinheim, pp. 327 - 329. 664
118. Schäfer, E., Brunsch, Y., Sadoski, G., and Behr, A. (2012) *Ind. Eng. Chem. Res.*, **51**, 10296 - 10306.
119. Behr, A. and Obst, D. (2005) *J. Mol. Catal. A: Chem.*, **226**, 215 - 219.
120. (a) Zagajewski, M., Dreimann, J., and Behr, A. (2014) *Chem. Ing. Tech.*, **86**, 449 - 457; (b) Zagajewski, M., Behr, A., Sasse, P., and Wittmann, J. (2014) *Chem. Eng. Sci.*, **115**, 88 - 94.
121. Yang, Y.C., Jiang, J.Y., Wang, Y. H., Liu, C., and Jin, Z.L. (2007) *J. Mol. Catal. A: Chem.*, **261**, 288 - 292.
122. Frohning, C.D. and Kohlpaintner, C. W. (1996) in *Applied Homogeneous Catalysis with Organometallic Compounds*, vol. 1 (eds B. Cornils and W.A. Herrmann), VCH Verlag, Weinheim, pp. 27 - 104.
123. Ropartz, L., Haxton, K.J., Foster, D. F., Morris, R.E., Slawin, A.M.Z., and Cole-Hamilton, D.J. (2002) *J. Chem. Soc., Dalton Trans.*, 4323 - 4334.
124. Zheng, X.L., Jiang, J.Y., Liu, X.Z., and Jin, Z.L. (1998) *Catal. Today*, **44**, 175 - 182.
125. Cole-Hamilton, D.J. (2003) *Science*, **299**, 1702 - 1706.

665

8　醛的脱羰化和脱氢羰化

8.1　概述

1985 年，Orchin 和其同事[1]提出一个问题，“氢甲酰化反应可逆吗?”确实，一些研究清晰地证明了醛可以在氢甲酰化条件下或者至少通过典型的基于铑、钴、钯、钌、铱或者锇的氢甲酰化活性配合物的作用降解[2,3]。脱羰化的结果是形成了烷(图解 8.1)。2015 年，人们发现了在温和条件下产生烯烃的清晰的脱氢甲酰化的流程[4]。

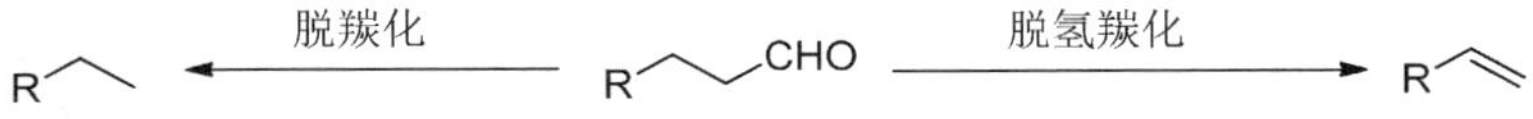

图解 8.1　脱羰化和脱氢羰化

这两种反应都值得受到重视，因为其可以解释氢甲酰化反应中观测到的非预期副产物，但是它们在精细化工和复杂天然化合物的实验室合成中也具有巨大的合成潜力。一个特殊的例子是在第 3.2 节单独提及的甲醛脱羰为 CO 和 H_2。

8.1.1　脱羰化

8.1.1.1　*历史和机理介绍*

醛脱羰化的首次尝试是使用等化学计量或者接近化学计量的过渡金属配合物进行的反应。后来，人们还确定了活性催化剂和较温和反应条件的流程。反应使用亲电子醛和亲核金属中心进行最佳[5]。

Tsuji 和 Ohno 在 1965 年发表了其中一篇最早关于 α,β-不饱和醛通过 Wilkinson 配合物方法脱羰化的相关报告(图解 8.2)[6]。早在这些研究中就已经说明了多数需应用高温。我们需要记住，烯醛是 1,3-丁二烯的氢甲酰化中出现的典型产物。另外，使用饱和醛的这一反应生成烷。

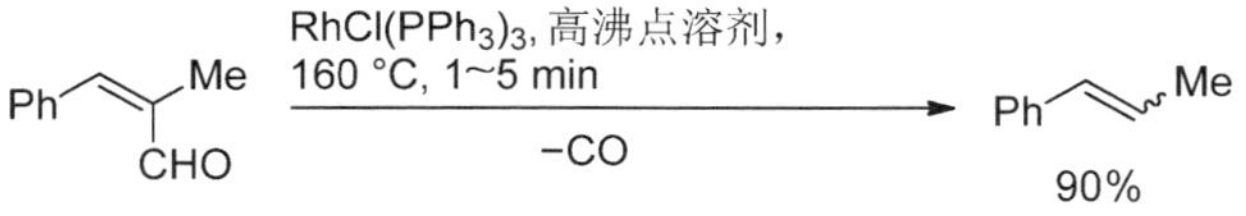

图解 8.2　铑催化的 α,β-不饱和醛的脱羰反应

666 在 CO 作用下，对应的铑羰基配合物从 $RhCl(PPh_3)_3$ 形成，其甚至可以在室温下分解例如正庚醛的饱和醛(图解 8.3)[7]。在这一反应中，主要观测到正己烷和少量的 1-己烯。端醛比支链醛的脱羰要快。后者的反应需要较高的温度。

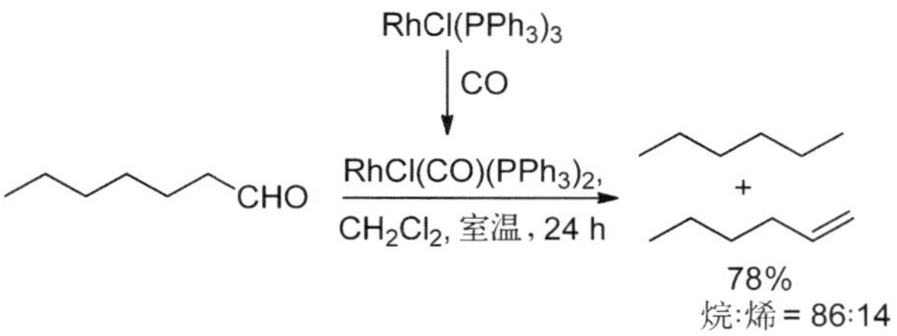

图解 8.3 铑催化的正庚醛的脱羰反应

过量的 PPh_3 可能会阻止脱羰化（请参见下文）[5]。这一作用可以用两种带有两个或者三个膦配体的铑配合物之间的假设的平衡来解释。只有带有 $16e^-$ 的前者才是活性的脱羰催化剂。

Pignolet 和其同事[8]发现，与 $RhCl(CO)(PPh_3)_2$ 相比，螯合的双膦作为铑的配体可以将脱羰基反应加速两倍且在此氢甲酰化反应典型温度下达到更为清晰的反应（图解 8.4）。使用 $[Rh(dppp)_2]BF_4$，温度为 115℃时，计算出的最大 TOF（转化速率）在转化率为 50%时为 225/h。催化剂能保持几天的稳定。

Madsen 和其同事[9]筛查了许多其他的双膦［例如 Xantphos、BINAP、dppf、dppb（dppb＝1,4-双（二苯膦）丁烷）］，确认了在脱羰化中天然咬入角为 91°的 dppp［1,3-双（二苯膦）丙烷］作为配体的优越性。相关的催化剂通过混合 $RhCl_3 \cdot 3H_2O$ 和两倍的双膦制备。达到高转化率需要上至 10%（摩尔分数）的催化剂给料、16 h 的反应时间，以及反应温度为 162℃。

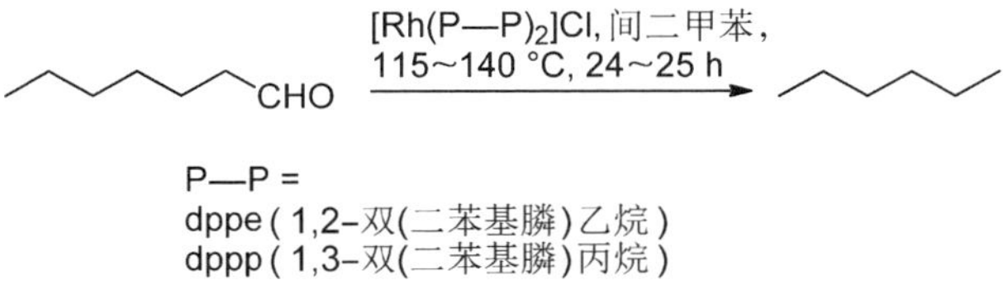 667

图解 8.4 使用带有螯合双膦配体的铑催化的庚醛脱羰化

手性醛可以在构型全部保留的情况下脱羰化，但是偶尔会发生部分消旋[10]。一般来说，使用等化学计量的铑-芳基膦配合物的脱羰化反应可以在室温下达到，但是通常催化反应需要更为严苛的条件。Goldman 等[11]发现了三烷基膦会形成明显更有活性的催化剂，如其使用的双核配合物 $[Rh(PMe_3)(CO)Cl]_2$ 所示。此配合物甚至可以在室温下作用。铱-膦催化剂也有类似的效应[12]。

Crabtree 和 Rheingold[13,14]发现，从 $[RhCl(NBD)]_2$（NBD＝降冰片二烯）和 triphos 在 CO 或者甲醛存在的情况下得到的阳离子催化剂可以使伯醛脱羰（图解 8.5）。并使用氢化酰基配合物作为关键组分建立了机理。

除了对应的烷或者烯的形成以外，通过尝试性的脱羰化流程还可以得到其他的产物。一个令人印象深刻的例子是戊-4-烯醛与 Wilkinson 配合物的反应，其以 43%的产率在初步试验中得到环戊酮[15]。当加入乙烯时，环酮的产率增加至 78%

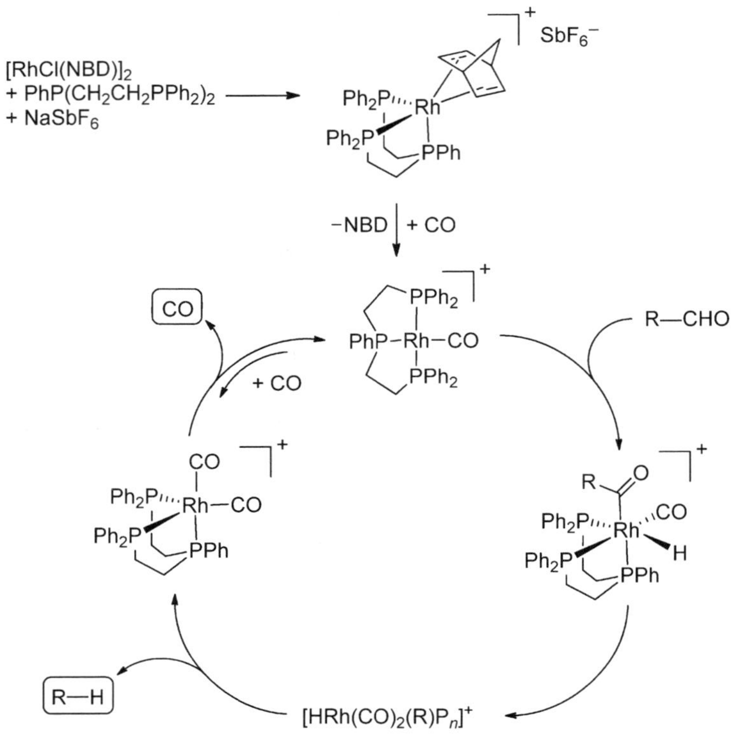

图解 8.5　铑 triphos 催化剂的合成和醛的催化脱羰机理

(图解 8.6)。使用现有对应的铑(双乙烯)催化剂则观测到完全不同的产物类型。除了起始化合物的双键的异构化之外,还观测到了乙基酮的形成。所有酮的形成可以用暂态氢化-铑(Ⅲ)-酰基配合物阶段的分子内或者分子间的 C—C 偶联来解释[15,16]。Kampmeier 小组捕捉并确认了一些暂态酰基配合物[17]。

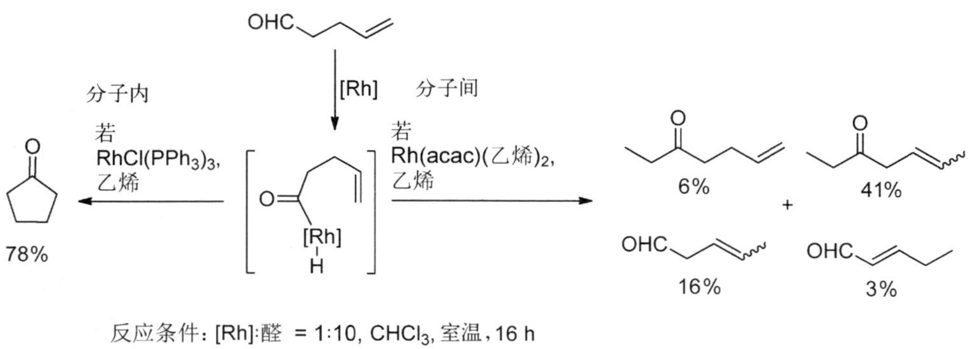

图解 8.6　乙烯存在下铑催化的戊-4-烯醛脱羰反应中的副产物

醇也可以在使用铑催化剂的脱羰化中作为底物,在反应前先发生 Oppenhauer 氧化(图解 8.7)[9]。图解 8.7 所示的是使用基于铱的 Oppenhauer 催化剂的串联

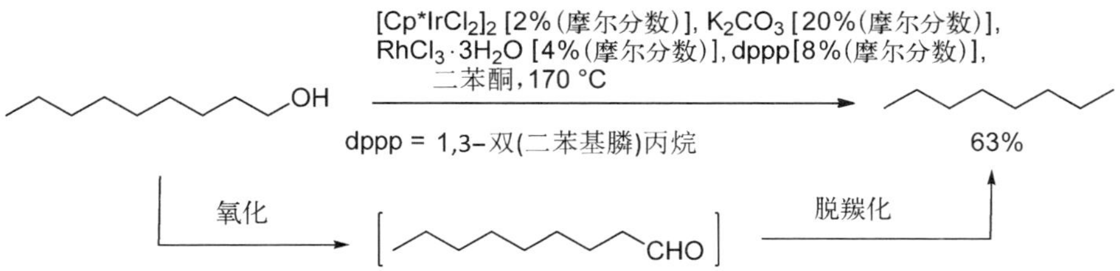

图解 8.7 通过串联(Oppenhauer 氧化)-脱羰反应序列进行的 1-壬醇的脱羰化

反应,反应使用 1-壬醇在二苯酮溶剂中进行,以 63%的产率得到正辛烷。

Prince 和 Raspin[18]报告指出,醛和钌配合物的脱羰化与使用铑的情况相比要慢得多。另外,主要产物是烯烃而不是烷。反应释放的氢气可以根据所使用的底物不同而还原起始的醛。例如,使用双核 PPh_3 修饰的钌配合物的正丁醛的脱羰反应以 80%的产率得到丙烯。与之形成强烈对比的是,当使用过量的丁醛时,过量形成丁醇。

8.1.1.2 一些合成应用 669

醛的脱羰化通常用于有机合成[19]。不只是芳香醛和烯醛,包括饱和醛也可以通过此转化减少一个碳原子。在多数情况中,铑配合物被用于等化学计量反应,但是也有对催化转化反应的描述[20]。人们发现用 dppp 修饰的 $RhCl_3 \cdot 3H_2O$ 要比用 dppp 或者 Wilkinson 配合物修饰的[Rh(COD)Cl_2](COD=1,5-环辛二烯)对空气的敏感程度低,因此对于实验室规模的实验更为适合[21]。使用 Wilkinson 配合物时,严苛的无氧环境对于反应是否成功至关重要。除了均相铑催化剂外,人们最近还提出了负载配合物[22]。在离子液中的反应为回收珍贵的铑配合物提供了可能[23]。

使用 Wilkinson 配合物的 3-甲基-3-苯基丁醛的脱羰反应只生成叔丁苯(图解 8.8)[24]。没有观测到产物的重排。

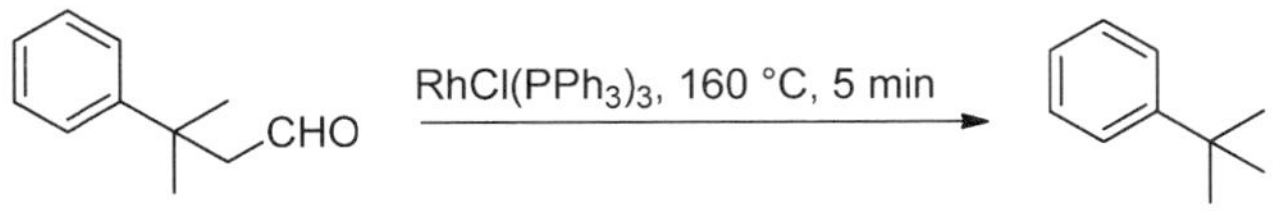

图解 8.8 铑催化的 3-甲基-3-苯基丁醛的脱羰反应

Van Tamelen 和其同事[25]通过多步骤合成制备了羊毛甾醇类似物(图解 8.9)。在最后一步中,通过使用 Wilkinson 催化剂移除一个甲酰基缩短了支链。

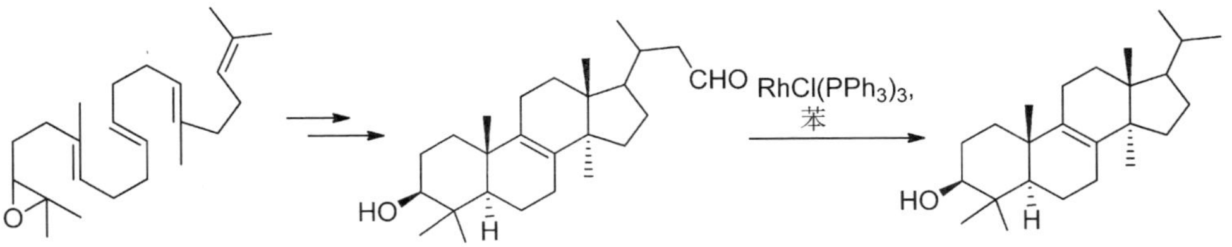

图解 8.9 在一种类固醇的全合成中铑催化的甲酰基的移除

670 同样的流程被用于一种神经甾体类似物前体的脱羰化(图解 8.10)[26]。Wilkinson 配合物(0.08 mmol)与底物(0.05 mmol)相比以超化学计量使用。后者以 77 mg 规模转化。

图解 8.10 神经甾体类似物的全合成中甲酰基的移除

正十二烷醛和香茅醛在回流的二甘醇二甲醚中通过使用铑(triphos)催化剂以接近全产率转化为对应的烷(图解 8.11)[13]。计算得到 TOF 为 0.4～20/h。值得注意的是,由 2-甲酰乙基苯可得到乙苯和苯乙烯的混合物。

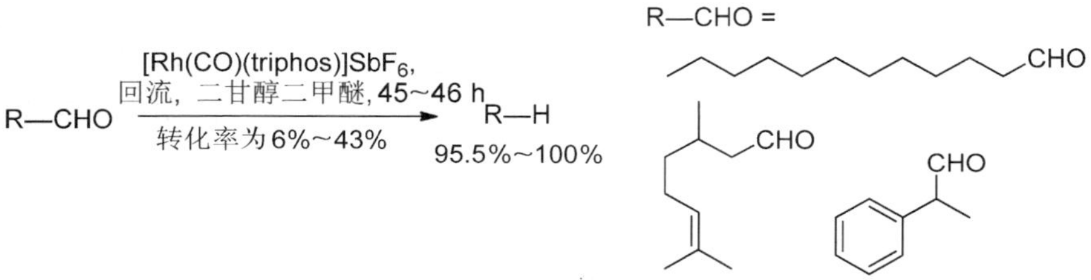

图解 8.11 铑(triphos)催化的醛的脱羰反应

Tsuji 的小组在沸腾的二噁烷中的饱和醛脱羰化中使用了铱催化剂(图解 8.12)[12]。同样的催化系统对于例如柠檬醛等自然界中存在的烯醛的脱羰反应也十分有效。

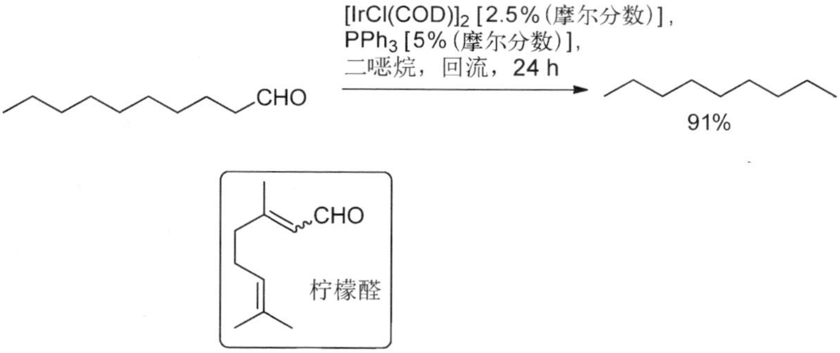

图解 8.12 铱催化的醛的脱羰反应

671 由 Diels-Alder 反应制备的双环醛的脱羰化使用了 Madsen 催化剂(图解 8.13)[9]。

脱羰反应的效率可以通过在 25 mL 标准线圈式微型反应装置中使用连续流动

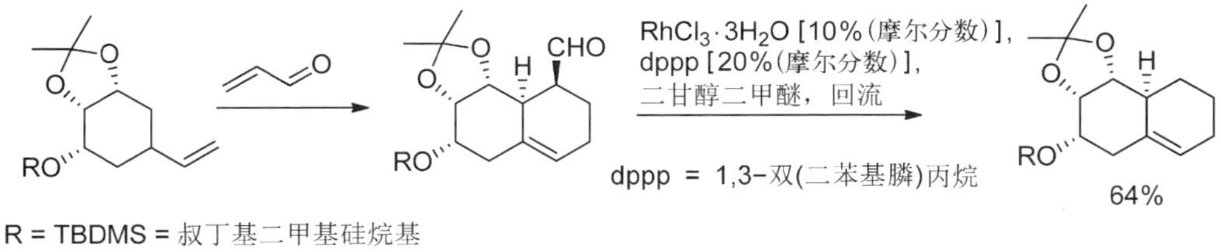

图解 8.13 铑催化的来自 Diels-Alder 反应的醛的脱羰化

反应来增强(图 8.1)[27]。反应使用一种由 $Rh(OAc)_2$ 和 dppp 在甲苯中制备的催化剂进行，温度为 200℃。为了避免催化剂的 CO 中毒，催化剂通过流速为 0.5 mL/min 的 N_2(上至 12.5 bar)从混合物中移除。在多数情况中，可以实现全转化和高产率。

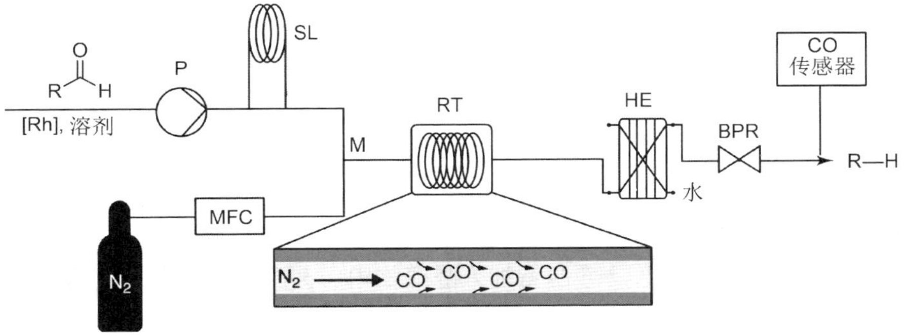

图 8.1 使用 N_2 作为移除气体的醛的气体-液体连续流动脱羰反应(P=HPLC 泵;SL=sample loop,样本线圈;M=mixture,混合物;RT=residence tube,停留管;HE=heat exchanger,热交换器;BPR=backpressure regulator,反压力调节器)(来自参考文献[27])

8.2 脱氢羰化

我们有时会在文献中注意到，醛的脱羰反应可能会产生烯烃作为副产物。在这一方面，脱氢羰化可以被认为是逆氢甲酰化或者去氢甲酰化反应[28a,b]。早期的尝试已经证明醛可以在 Ru、Rh、Pd 或者 Fe 催化剂存在时降解为烯烃[29]。但是， 672
所建议的条件十分严苛(160～300℃)且大多以等化学计量使用金属。另外，会遇到例如环氧化作用的主要的副反应。

人们建议用脱氢羰化-氢甲酰化的反应机理来解释非预期的醛异构体比例。Brookhart 和 Lenges[30] 在 NMR 研究中观测到了当正丁烯在 Cp*-铑催化剂下加热时甲酰基的迁移(图解 8.14)。8 h 之内，可观测到两种异构体 1∶1 的混合物。使用正庚醛作为底物，在这些情况下可以得到所有的区域异构体。

在典型的氢甲酰化条件下，醇也可以部分恢复为烯烃前体(图解 8.15)[1]。在这里，3,3-二苯基-1-丙醇或者 3-苯基-1-丙醇与 $Co_2(CO)_8$ 在约 207 bar 合成

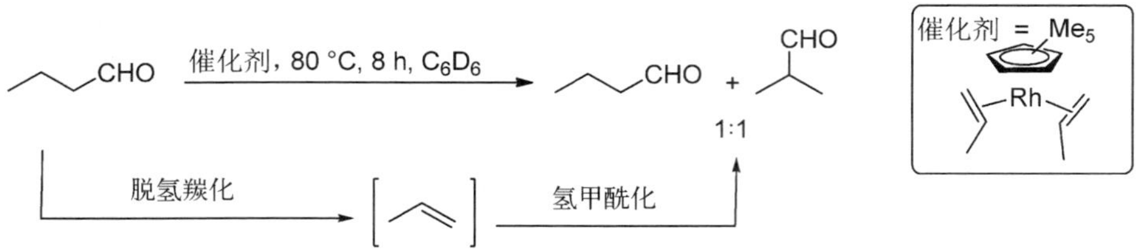

图解 8.14　铑催化的脱氢羰化-氢甲酰化反应

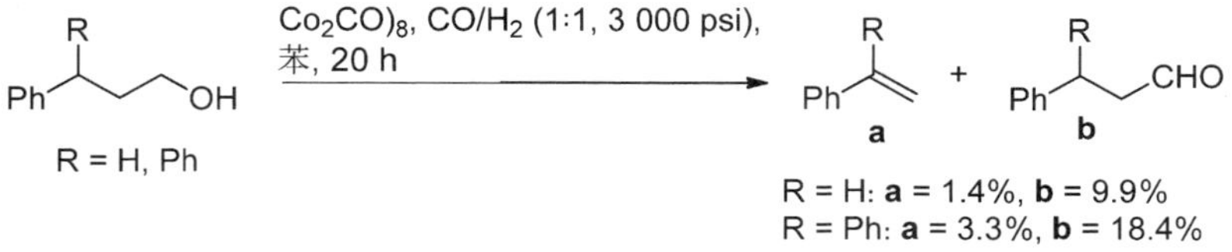

图解 8.15　钴催化芳基取代的 1-丙醇的脱羰反应

气压下作用得到少量的苯乙烯和对应的醛。

但是这些流程并不适用于合成。因此 2015 年 Dong 和其同事[4]发现的烯烃存在下铑催化的醛的去氢甲酰化反应成为了这一领域的一大突破,其相当于一个总的转移氢甲酰化反应。新的方法在室温反应条件下进行,以低浓度使用了 Rh(Xantphos)催化剂(图解 8.16)。作为甲酰基受体,NBD、降冰片烯和苯并降冰片二烯被筛查,它们被以 1～6 当量加入醛底物中。甚至在室温时苯并降冰片二烯也有足够有效的活性。一系列的醛可以转化为烯烃,其中包括带有或者不带有官能团的环状和非环状化合物。

673

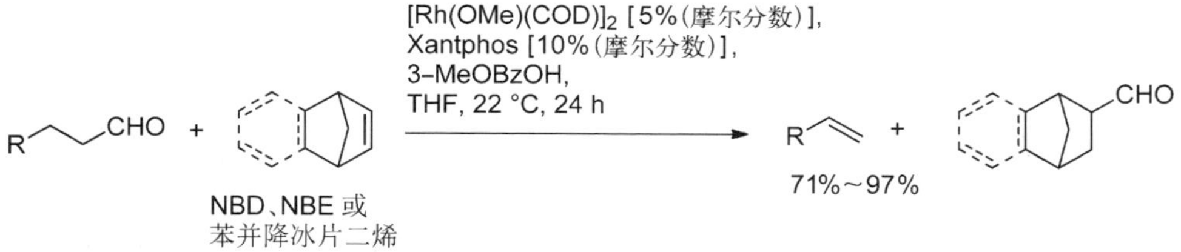

图解 8.16　醛的去氢甲酰化

人们基于重氢标记研究和通过隔离出的一些中间产物提出了一种机理(图解 8.17)[4]。在第一阶段,催化剂 **1** 加载至底物醛。在苯甲酸作用下,氢化-铑-酰基配合物 **2** 形成。在酰基的脱羰反应之后,得到对应的铑-烷基配合物 **4**,其立刻转化为 π-烯烃配合物 **5**。通过甲酰受体烯烃(这里是 NBD)的烯交换和随后后者的氢甲酰化实现了甲酰基团从一个醛到另一个的净转移。

674　新的流程应用在了不使用任何保护基团从(+)-育亨宾合成(+)-育亨酮,以及例如(+)-香紫苏内酯——一种脱氧胆酸衍生物Ⅰ,或者从抗菌的螺旋霉素Ⅰ得到的大分子内酯Ⅱ等的天然产物的合成中(图解 8.18)。

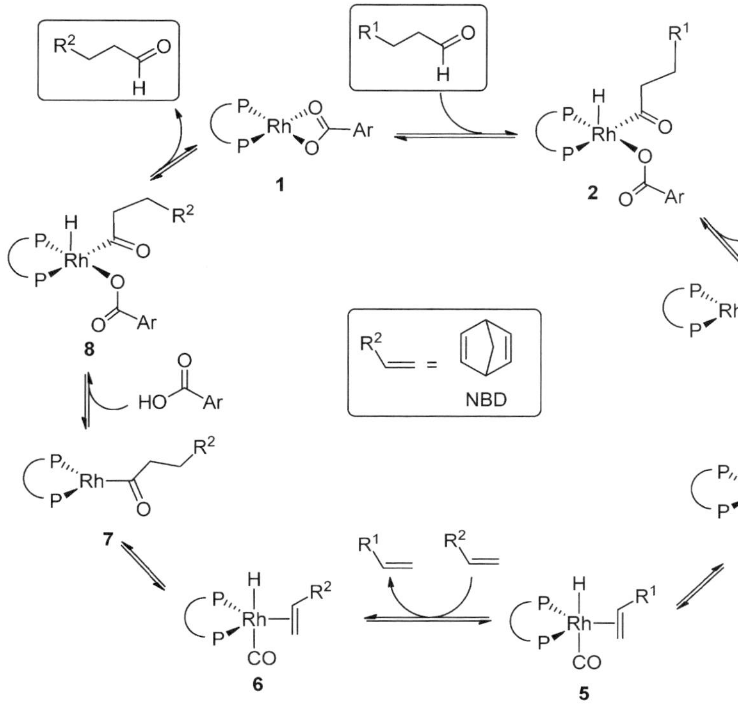

图解 8.17 去氢甲酰化的机理

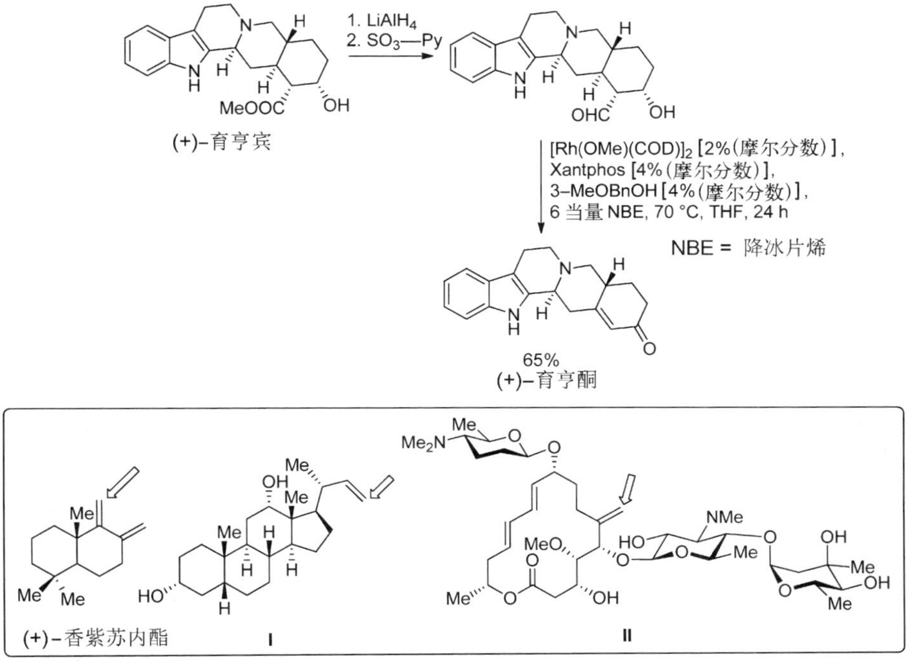

图解 8.18 通过去氢甲酰化合成(+)-育亨酮和其他产物

这一领域最近的进展是 Nozaki 小组发表了铱催化版本的逆向氢甲酰化反应[28b]。

8.3 结论

醛的脱羰化是氢甲酰化框架中值得注意的反应。这一反应由通常用于氢甲酰化反应的金属来调节催化。在多数情况中，为了从所有类型的醛中移除甲酰基团需要非常严苛的条件。这一反应可能是氢甲酰化中出现一些独特结果的原因，例如醛的后异构化。值得注意的是，脱羰反应已经从等化学计量有机金属化学中的奇怪发现发展成了有机合成中一个完善的方法。最近，人们又发现了脱氢羰化（去氢甲酰化）的温和流程。这可能对不使用保护基团化学方法合成复杂天然化合物产生巨大影响。

675 **参考文献**

1. Kim, C., Matsui, Y., and Orchin, M. (1985) *J. Organomet. Chem.*, **279**, 159-164.
2. See e.g. (a) Walborsky, H.M. and Allen, L.E. (1970) *Tetrahedron Lett.*, **11**, 823-824; (b) Prince, R.H. and Raspin, A. (1966) *Chem. Commun.*, 156-157; (c) Geilen, F.M.A., vom Stein, T., Engendahl, B., Winterle, S., Liauw, M.A., Klankermayer, J., and Leitner, W. (2011) *Angew. Chem. Int. Ed.*, **50**, 6831-6834.
3. Also other metal catalysts, which have not been used in hydroformylation, like Raney-Ni, $Pd/BaSO_4$, Pd/C or $Pd(OAc)_2$ display decarbonylation activity, see e.g.: (a) Badin, E.J. (1943) *J. Am. Chem. Soc.*, **65**, 1809-1813; (b) Hoffmann, N.E., Kanakkanatt, A.T., and Schneider, R.F. (1962) *J. Org. Chem.*, **27**, 2687-2689; (c) Hawthorn, J.A. and Wilt, M.H. (1960) *J. Org. Chem.*, **25**, 2215-2216; (d) Modak, A., Deb, A., Patra, T., Rana, S., Maity, S., and Maiti, D. (2012) *Chem. Commun.*, **48**, 4253-4255.
4. (a) Murphy, S.K., Park, J.-W., Cruz, F.A., and Dong, V.M. (2015) *Science*, **347**, 56-60; (b) Landis, C.R. (2015) *Science*, **347**, 29-30.
5. Baird, B.C., Nyman, C.J., and Wilkinson, G. (1968) *J. Chem. Soc. A*, 348-351.
6. (a) Tsuji, J. and Ohno, K. (1965) *Tetrahedron Lett.*, **6**, 3969-3971; (b) Tsuji, J. and Ohno, K. (1967) *Tetrahedron Lett.*, **8**, 2173-2176.
7. Ohno, K. and Tsuji, J. (1968) *J. Am. Chem. Soc.*, **90**, 99-107.
8. (a) Doughty, D.H. and Pignolet, L.H. (1978) *J. Am. Chem. Soc.*, **100**, 7083-7085; (b) Doughty, D.H., McGuiggan, M.F., Wang, H., and Pignolet, L.H. (1979) *Fundamental Research in Homogeneous Catalysis*, Plenum, pp. 909-919; (c) Doughty, D.H. and Pignolet, L.H. (1983) in *Homogeneous Catalysis with Metal Phosphine Complexes* (ed. L. H. Pignolet), Plenum, New York, pp. 343-375; (d) Doughty, D.H., Anderson, M.P., Casalnuovo, A.L., McGuiggan, M.F., Tso, C.C., Wang, H.H., and Pignolet, L.H. (1982) in *Catalytic Aspects of Metal Phosphine Complexes* (eds E.C. Alyea and D.W. Meek), American Chemical Society, Washington, DC, pp. 65-83.
9. Kreis, M., Palmelund, A., Bunch, L., and Madsen, R. (2006) *Adv. Synth. Catal.*, **348**, 2148-2154.
10. Walborsky, H.M. and Allen, L.E. (1971) *J. Am. Chem. Soc.*, **93**, 5465-

5468.
11. Abu-Hasanayn, F., Goldman, M.E., and Goldman, A.S. (1992) *J. Am. Chem. Soc.*, **114**, 2520-2524.
12. Iwai, T., Fujihara, T., and Tsuji, T. (2008) *Chem. Commun.*, 6215-6217.
13. Beck, C.M., Rathmill, S.E., Park, Y. J., Chen, J., Crabtree, R.H., Liable-Sands, L.M., and Rheingold, A.L. (1999) *Organometallics*, **18**, 5311-5317.
14. A combined experimental and theoretical study of the rhodium catalyzed decarbonylation of aldehydes was published by: Fristrup, P., Kreis, M., Palmelund, A., Norrby, P.-O., and Madsen, R. (2008) *J. Am. Chem. Soc.*, **130**, 5206-5215.
15. Lochow, C.F. and Miller, R.G. (1976) *J. Am. Chem. Soc.*, **98**, 1281-1283.
16. Suggs, J.W. (1978) *J. Am. Chem. Soc.*, **100**, 640-641.
17. (a) Kampmeier, J.A., Harris, S.H., and Wedegaertner, D.K. (1980) *J. Org. Chem.*, **45**, 315-318; (b) Kampmeier, J.A., Harris, S.H., and Mergelsberg, I. (1984) *J. Org. Chem.*, **49**, 621-625.
18. Prince, R.H. and Raspin, K.A. (1969) *J. Chem. Soc. A*, 612-618.
19. Tsuji, J. and Ohno, K. (1969) *Synthesis*, 157-169.
20. For some recent examples, compare: (a) Kato, T., Hoshikawa, M., Yaguchi, Y., Izumi, K., Uotsu, Y., and Sakai, K. (2000) *Tetrahedron*, **58**, 9213-9222; (b) Malerich, J.P., Maimone, T.J., Eliott, G.I., and Trauner, D. (2005) *J. Am. Chem. Soc.*, **127**, 6276-6283; (c) Harmata, M. and Wacharasindhu, S. (2005) *Org. Lett.*, **7**, 2563-2565; (d) Zhang, H. and Padwa, A. (2007) *Tetrahedron Lett.*, **47**, 3905-3908.
21. Morgan, B.J., Mulrooney, C.A., and Kozlowski, M.C. (2010) *J. Org. Chem.*, **75**, 44-56.
22. Malcho, P., Garcia-Suarez, E.J., Mentzel, U.V., Engelbrekt, C., and Riisager, A. (2014) *Dalton Trans.*, **43**, 17230-17235.
23. Malcho, P., Garcia-Suárez, E.J., and Riisager, A. (2014) *RSC Adv.*, **4**, 58151-58155.
24. Stille, J.K., Fox, D.B., Hines, L.F., Fries, R.W., and Hughes, R.D. (1969) *Symposium on Homogeneous Catalytic Reactions Involving Palladium*, American Chemical Society, p. 149; cited as reference 19 in Tsuji, J. and Ohno, K. (1969) *Synthesis*, 157-169.
25. Anderson, R.J., Hanzlik, R.P., Sharpless, K.B., and van Tamelen, E.E. (1969) *Chem. Commun.*, 53-54.
26. Zeng, C.-m., Han, M., and Covey, D. F. (2000) *J. Org. Chem.*, **65**, 2264-2266.
27. Gutmann, B., Elsner, P., Glasnov, T., Roberge, D.M., and Kappe, C.O. (2014) *Angew. Chem. Int. Ed.*, **53**, 11557-11561.
28. (a) Loeffler, C.J., Stautzenberger, L. and Unruh, J.D. (1977) in *Encyclopedia of Chemical Processing and Design*, Vol. 5, (ed. J. McKetta Jr.), Marcel Dekker, New York, p. 365; (b) Kusumoto, S., Tatsuki, T., and Nozaki, K. (2015) *Angew. Chem. Int. Ed.*, **54**, 8458-8461.
29. (a) Prince, R.H. and Raspin, K.A. (1966) *J. Chem. Soc., Chem. Commun.*, 156-157; (b). McCombs, C. A. and Foster, C.H. (to Eastman Kodak Company) (1980) Patent US 4,272,444; (c) Wertz, D.L., Sisemore, M.F., Selke, M., Driscoll, J., and Valentine, J.S. (1998) *J. Am. Chem. Soc.*, **120**, 5331-5332; (d) Goto, Y., Wada, S., Morishima, I., and Watanabe, Y. (1998) *J. Inorg. Biochem.*, **69**, 241-247.
30. Lenges, C.P. and Brookhart, M. (1999) *Angew. Chem. Int. Ed.*, **38**, 3533-3537. 676

677 # 9　生产过程选讲

9.1　概述

如之前章节中所提及(特别是第1章、第4章和第5章),氢甲酰化的主要作用是含氧醇的原子有效性生产,这对于有机化工至关重要。它们的容量可以大于1×10^{13} t/a。就容量来说,正丁醇和2-乙基己醇(2-EH)这两种醇是最为重要的产物。除了从丙烯中得到的这两种醇之外,还产出了一些其他的重要的醇。从市场角度来看,其中最重要的是异壬醇(INA)、2-丙基庚醇(2-PH)、异癸醇(IDA)和戊醇。最新的关于通过氢甲酰化生产醇的综述是Börner等的综述文章[1]。商用生产中所使用的过程大致可分为两类:钴催化的和铑催化的。钴催化的过程包括两个小类:使用未修饰的钴催化剂和使用配体修饰的钴催化剂。铑催化的过程可以根据如何使用催化系统分为四个小类:未修饰的铑、三苯基膦(TPP)修饰的铑、3,3′,3″-次膦基(苯磺酸)的三钠盐(TPPTS)修饰的铑和亚磷酸三酯修饰的铑。过程变量的不同与催化系统的性质相关,例如所使用的压力级别或者溶剂,从而对后续过程也至关重要(例如当使用TPPTS时)。我们根据使用的是未修饰的钴催化剂还是配体修饰的催化剂来区分两个类别的钴催化过程。第一种类别可以根据钴催化剂如何作用进一步细分。在这一情况下,有两种小类别:其中一种中钴催化剂的氧化态没有改变,而另一种中分离是通过$HCo(CO)_4$催化剂的氧化来进行的。在参考文献[2,3]中可以找到关于过程变化的细节描述。前面章节数次提及的钴催化过程逐渐被铑催化的方法取代的趋势似乎已经结束,或者至少明显减少
678 了。现在短链烯烃只使用基于铑的过程,基于钴的过程几乎不起作用,但这对支链烯烃不适用,特别是链长很长的支链烯烃。接下来,我们将选择一些在相关文献中较少说明的过程仔细讨论。

9.2　庄信万丰(Johnson Matthey)氧合醇过程™

Johnson Matthey(JM)过程(也称为ICI高压氧合过程)可以使得一系列直链和支链烯烃,特别是长链的,转化为醛和对应的醇(图9.1)。这是基于ICI的Billingham工厂超过三十年的经验。这一过程的特征是在氢甲酰化过程中使用未修饰的铑。由于对于长链醛来说蒸馏意味着反应会输出高热应力,为了避免簇的形成和后续的金属态铑的形成而损失珍贵的金属,使用铑时需要特殊的分离工艺。

南亚塑胶工业使用这一过程以辛烯的异构体为起始原料,以容量大于1×10^{11}

t/a 生产醇、INA。在 2-EH 之后，INA 是最重要的增塑剂醇，它是直链和支链 C_9 醇的复杂混合物。从其中制备的最重要的增塑剂是邻苯二甲酸二异壬酯(DINP)。原材料可以是例如 C_4 聚合气流体催化裂解(FCC)萃取物的 C_8 片段，使用 octol 或者 dimersol 过程将 raffinate-2 片段中的丁烯二聚化的产物，从 raffinate-1 里异丁烯的二聚化中得到的二异丁烯。

9.2.1 氢甲酰化

烯烃原料与等物质的量的一氧化碳和氢气的混合物在未修饰的铑催化剂存在的情况下反应。两种气体都需要高分压。这一过程在 245 bar、温度范围为 95～180℃时进行。反应发生在一系列类似大小的反应釜中。反应釜拥有内部冷却结构来确保温度恒定[5]。铑与钴相比有着一些优势。因为铑氢化的趋势较低，可以达到从产物计算的高投入因子(小于 0.90 t/t)。另外，与使用钴的过程相比产生的较重的副产物量较低。也就是说产率较高。催化剂浓度要低得多。例如，需要 4 mg/kg 铑的浓度对应着 400 mg/kg 使用钴的过程。 679

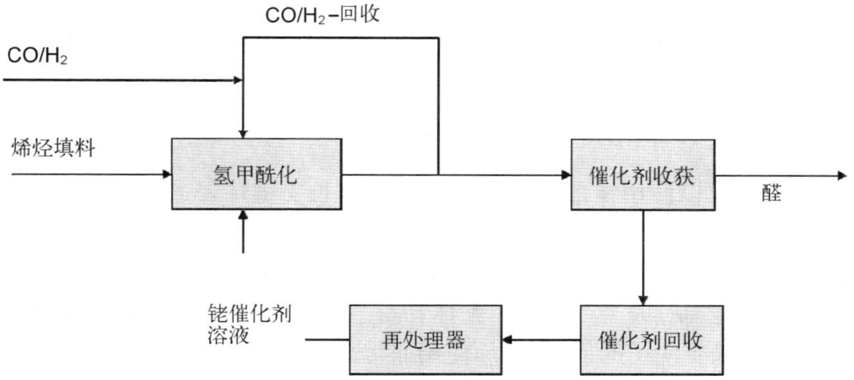

图 9.1　基于参考文献[4]的 JM 过程的原理

9.2.2 铑的分离

催化剂需经三步分离[6]。第一步包括了将输出产物给料至碱性离子交换树脂(催化剂收获)。在这里，多数的铑保持与树脂结合。在一定的操作周期之后，离子交换树脂被焚化。灰烬中含有金属态或者氧化态的铑。灰烬被处理且部分的铑被回收(催化剂回收)。其能够可选择性地被转化为能在氢甲酰化步骤中重新使用的形式(再加工)。若产物输出中铑的浓度小于其在反应料中浓度的 10%，一个树脂可以满足几天内的回收要求。这一过程能发生的最大压力为 4 bar。这一压力抑制了气体从溶液中排除，从而避免树脂床上产生不期望得到的通道。吸收过程在较高温度下加速。但是因为含铑物质在高温和低压下不稳定，必须要寻找折中方法。最佳的温度范围在 70～80℃。分离发生在与反应阵列相连接的离子交换柱中。这些离子交换柱可以被提供单独的产品输入。有一种设计包含了三个可以连续运转的柱。本质上来说，在开始时，第一个柱中的树脂含有较多的铑，而下游的柱中的树脂含有较少的铑。当铑在柱的底部出现时，它将与流程断开且产物只流向第二个柱和第三个柱。树脂从第一个柱中移出并处理。通过控制相应的产品输入，可以连续进行铑的分离过程。使用的是 JM 开发的特殊树脂[7]。

除了这一特殊的商用应用之外，在学术研究和工业应用中还有许多其他的与使用交换树脂来固定和回收催化剂相关的研究。Barbaro 和 Liguori[8] 对截至 2009 年的文献进行了总结综述。

680 **9.2.3 转化为 INA 和其操作**

当铑被分离之后，含有直链和支链醛的复杂混合物的醛流通过在超过 150℃ 的温度和在 20～400 bar 范围的压力下的氢化被转化为目标产物 INA。催化剂含有氧化态的铜和锌，典型的铜/锌比例为 2∶1～3∶1。例如，JM 的催化剂是 PRICAT™ CZ 29/2 或者 PRICAT™ CZ 40/18[9]。使用了一个三个蒸馏柱的序列来精炼醇的粗产物。在第一步中，未转化的烯烃和石蜡于柱的顶端作为轻馏分被分离。分离于第二个柱顶端的包含未转化的醛的馏分被回收至氢化阶段。最后一个柱底部含有副产物（醚、酯等）的流可以随后被处理，并例如以溶剂的形式出售。产物醇（来自柱的顶端）可以直接送往存储罐或者向最终氢化反应釜给料。在最终氢化釜中，醇流中的羰基化合物和微量的未转化的烯烃可以在氢气下通过 HTC 400 Ni 催化剂在液相中移除（约 100℃，10～30 bar g）。

9.2.4 结论

JM 过程是可以使用铑催化氢甲酰化来处理长支链烯烃的商用过程的罕见例子。它基于特殊的铑分离过程。这使得许多铑可以被回收利用，而这也是任何基于这一金属的经济可行的氢甲酰化过程的基本条件。处理需要严苛的条件。这是这一过程的基本限制，因为可以使用配体，而在基于铑的过程中使用配体起了相当大的作用，而如果要使用的话，又必须使用非常昂贵的配体。

9.3 生产高度支链化的长链醇的埃克森美孚过程

长链且高度支链化的烯烃的基于钴的氢甲酰化过程的一个例子是埃克森开发的为了从壬烯的异构体混合物中生产 IDA 的过程。最近发表的一些专利文章描述了这一过程的进展，表明了传统钴工艺的持续发展使其在一些较难的氢甲酰化过程中仍能保持竞争力，例如，高度支链化的较长链的烯烃。

C_{10} 醇异癸醇是支链异构体的混合物（主要是 3,5-二甲基辛醇和三甲基庚醇）
681 且回收于三聚的丙烯。它主要被用作增塑剂邻苯二甲酸二异癸酯（DIDP）的起始原料。但是，它还在一些应用中作为中间物，例如在农业化学品、药品和化妆品的制造中。

9.3.1 氢甲酰化

虽然基于钴的制造 IDA 的氢甲酰化工艺可以至少追溯到 20 世纪 50 年代，且从那时起就一直被埃克森美孚在 Baton Rouge，Louisiana（USA）的工厂使用，从专利文献中可以看到这一过程仍在被不断地改进。最近又有关于改进的生产醛的过程的专利文献发表[10]。壬烯从聚合汽油中得到。这是带有大量双键异构体的支链烯烃。图 9.2 展示了进程之间的相互联系原理。

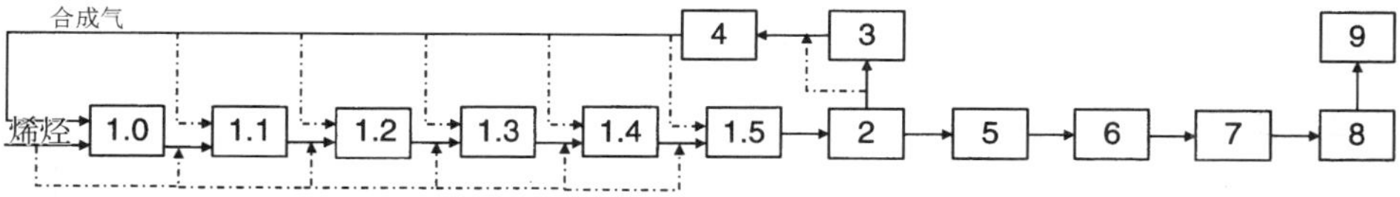

图 9.2 过程的简化方块流程图

注解：1.1～1.5：氢甲酰化反应釜；2：冷却装置和液体/气体分离装置；3：气体回收；4：合成气压缩；5：冷却交换；6：分离装置；7：氢化；8：分离装置；9：下游过程

氢甲酰化在一系列反应釜(1.1～1.5)中进行。这些反应釜可以按需要供给新鲜合成气。可以使用最佳配比 H_2/CO＝1.3∶1(物质的量的比)的新鲜合成气流和回收的气流。可以控制烯烃,例如使其中的一部分绕开第一个反应釜直接进入第二个反应釜。系列中反应釜的数量根据不同的需要在 2～5 变化。氢甲酰化的粗产物给料至冷却装置和分离装置(2)且分离为气相的未转化的反应物和液相。后者的成分十分复杂。除了目标产物、醛和未转化的烯烃之外,它还含有许多其他成分,例如像石蜡和甲酸酯这样的副产物以及重氧合产物这样的复杂组分。它们包含了二聚体和例如缩醛、半缩醛、醚醛、醚醇等的较高缩合的产物。其还含有氢气和一氧化碳。气体流经过回收、压缩,重新给料入反应釜中。包含产物的液相被冷却(5)且通过高压、中间压和低压分离装置(6)分三阶段降压并且用于氢化(7)。最终,氢化产物降压(8)并处理(9)。氢甲酰化在温度为 120～190℃ 和 270～310 bar 气压范围下进行。人们提出了许多不同的反应装置,虽然在参考
文献[10a,b]中环形反应装置受到青睐。这些装置在例如参考文献[11]中有所 682
描述。

工艺设计的基本问题是保证气态反应物的局部浓度。比方说,在钴催化的氢甲酰化反应中,非常重要的是,根据不同的反应温度,必须保证一氧化碳有一定的最小分压,否则会导致钴的析出且造成钴羰基催化剂的富集[10b]。另外,反应速率与氢气和一氧化碳的比例成正比[10b]。然而,在有许多反应阶段的连续氢甲酰化反应中,溶解在反应物中的气体会被副反应以复杂的方式消耗(见图解 9.1 的选择示例)。

烯 + H_2 ⟶ 石蜡
烯 + CO + H_2O ⟶ 酸
醛 + H_2 ⟶ 醇
醛 + CO + H_2 ⟶ 甲酸酯
不饱和醚 + H_2 ⟶ 二烷基醚
不饱和醚 + CO + H_2 ⟶ 醚醛

图解 9.1 消耗反应气体的副反应

在不理想的情况中,这会导致氢甲酰化合成气不足。这一潜在的转化极限可以通过使用不同的气体来源来消除,如参考文献[10]中所示的改进的进程系统。与使用多个各自可以设置不同反应条件的反应釜的可能性相结合,与使用单一标准的过程相比,可以使得产率得到可观的改进。由于调节反应参数的许多不同的

可能性以及参考文献中对细节提及较少，我们很难对此进行定量评估。当不使用三个反应装置而是使用四个反应装置时，根据参考文献[10a,b]的报告，有关烯烃的转化增加了5%。保守估计，第一个反应装置中可能的转化率大于55%，第二个反应装置大于75%，第三个大于85%，最后一个大于90%（R. Franke，2013，尚未发表）。

9.3.2 催化剂回收

在催化剂回收中，埃克森美孚发表的专利中只描述了对原有技术的微小改进。这里将简要介绍这一使用钴的商业氢甲酰化中颇为复杂的部分。已经包含在给料烯烃中的，或者新鲜补充入反应釜的催化剂，例如以 $Co_2(CO)_8$ 或者钴盐，或者许
683 多其他化合物的形式，必须在反应后从反应物中移除。一种所使用的工艺是向"去钴处理单元"——向最终氢甲酰化反应釜的流出物中加入苛性钠和（或）碳酸钠的稀释溶液。在这里，很大一部分含钴物质被转化为可溶于水的 $Na[Co(CO)_4]$。用水冲洗后，可以得到几乎不含钴的有机相。如果在合成气压下向水相中加入 H_2SO_4，可以得到具有催化活性的 $HCo(CO)_4$，其可以用烯烃流提取（图解 9.2）。

$$2\,HCo(CO)_4 + Na_2CO_3 \longrightarrow 2\,Na[Co(CO)_4] + H_2O + CO_2$$

$$2\,Na[Co(CO)_4] + H_2SO_4 \longrightarrow Na_2SO_4 + 2\,HCo(CO)_4$$

图解 9.2 埃克森美孚过程中的去钴基本反应

这就需要为对应压力而设计一系列装置，意味着大量投资。一种替代方法是在酸溶液中将催化活性钴类氧化，转换为水溶性的 Co^{2+} 盐。这里不再给出更多的细节，例如参考文献[2b]中对这一过程有详尽的描述。基本上，我们认为从反应物中分离钴物质是非常复杂的，原因是所需要的反应装置，根据所使用的特殊变量，需要大量的基础建设投资，且因此增加了流程的复杂程度。

9.3.3 结论和展望

当钴作为催化剂使用时，与铑相比并不更受青睐，特别表现在其活性和选择性方面。尽管如此，在氢甲酰化包含内双键的高度支链化的烯烃异构体混合物时，基于钴的过程仍然保持了竞争力。除了移除催化剂的问题之外，另一个原因是钴在异构化上具有杰出的能力（也见第4章和第5章中的章节"较高烯烃"和"钴催化剂"）。这一能力对于醛的氢化产物的性质有正面作用。此产物为醇的异构体的混合物，在某些情况下，未修饰的铑可能会生成较不期望得到的产物范围。铑系统可以通过非常广泛的配体选择方法来优化，但是这一优势会被从长链底物的反应物中分离催化剂和产品时产生的问题抵消。只有当这些问题被解决之后，基于铑的方法才能在应用中代替例如上述的基于钴的方法。如何解决这些问题的一个明显的例子可能为使用液-液多相系统以发挥其移除催化剂的优势，或者研发出基于薄膜的催化剂分离技术。最近一些年，有越来越多的关于第一种方法的文献出现（见

第 7 章)。薄膜分离的例子在 Vogt 等[12]的一篇文章中有所描述,其中作者演示了 684 氢甲酰化 1-辛烯的微型反应装置可以在连续运转后保持稳定。研究中的微型反应装置包括一个带有薄膜分离单元的特殊的喷射环反应釜;铑配合物通过陶瓷薄膜分离且重新给料回反应装置。所使用的配体是高相对分子质量 TPP 衍生物,多面体低聚倍半硅氧烷(POSS)增大的三苯基膦——一种与 TPP 有着本质相同催化特性的化合物。Tunge 和 Subramaniam 等提出了一种类似的方法。他们小组的研究是基于相对分子质量增大的配体(例如载于聚苯乙烯的 BIPHEPHOS)[13,14]。他们以实验室级别展示了 1-辛烯可以氢甲酰化且催化剂随后使用由高度交联的不对称聚酰亚胺制成的纳米/超过滤薄膜移除[14]。参考文献[15]中描述了用于大规模氢甲酰化过程的均相催化剂分离的工程细节。

9.4 堪萨斯大学为氢甲酰化辛烯设计的过程

Xie 和 Subramaniam 研究了辛烯基于铑的过程的理论基础。它们的目标是得到一个与基于钴的过程相比在反应工艺和催化循环上更有效的过程[16]。另一个设计过程的需求是要比传统的基于钴的过程投资低。

9.4.1 CXL 过程

这一过程的设计是基于上文所描述的 Subramaniam 等关于催化剂的薄膜分离系统和同一个研究小组使用 CO_2 的氢甲酰化方法(详见第 7.2.5 节关于 CO_2 溶剂的部分)的。这使得利用特殊的合成气和 CO_2 分压产生我们已知的 CO_2-膨胀液体(CXL)成为可能。这些液体随后又可以增加液相中的 H_2/CO 的比例达到特定的合成气成分。在这些条件下,具有高度活性和选择性的氢甲酰化可以在相对低的总压力下进行[17]。

所提出的过程(图 9.3)包括了通过使用载入聚合物的双亚磷酸三酯配体的辛烯的氢甲酰化。这一反应发生在带有搅拌槽反应釜特征的薄膜反应釜中(此处没有更多的相关细节描述),并在温度为 50℃,总压力为 38 bar 的条件下进行。所使用的溶剂是甲苯。通过此薄膜,人们希望达到留存铑配合物、保持反应容器输出流的铑损失在 0.2%(质量分数)/h 的目的。由于其没有进一步处理,所给出的图示 685 (图 9.3)表示了有效的铑损失。反应容器输出流被减压,大部分的 CO_2 可以在分离装置中从液相移除。其接下来与未转化的辛烯和甲苯一起被压缩并填料回反应装置。

在 CO_2 被移除后反应粗产物被处理。相对高比例的 72%(质量分数)的溶剂对应使用大相对分子质量配体的实验室氢甲酰化的条件。能将配体保持在溶液中 686 的甲苯的最小质量分数是 33%(质量分数)。表 9.1 显示了假设 72%(质量分数)的溶剂和不含溶剂的 CXL 过程的投入经费。传统的过程对应的是钴的高压过程(见第 9.3.1 节)。接下来的讨论是关于容量为 1.5×10^{11} t/a 的 C_9 醛的生产装置的经济性。所有的数据是基于单纯的过程模拟的。

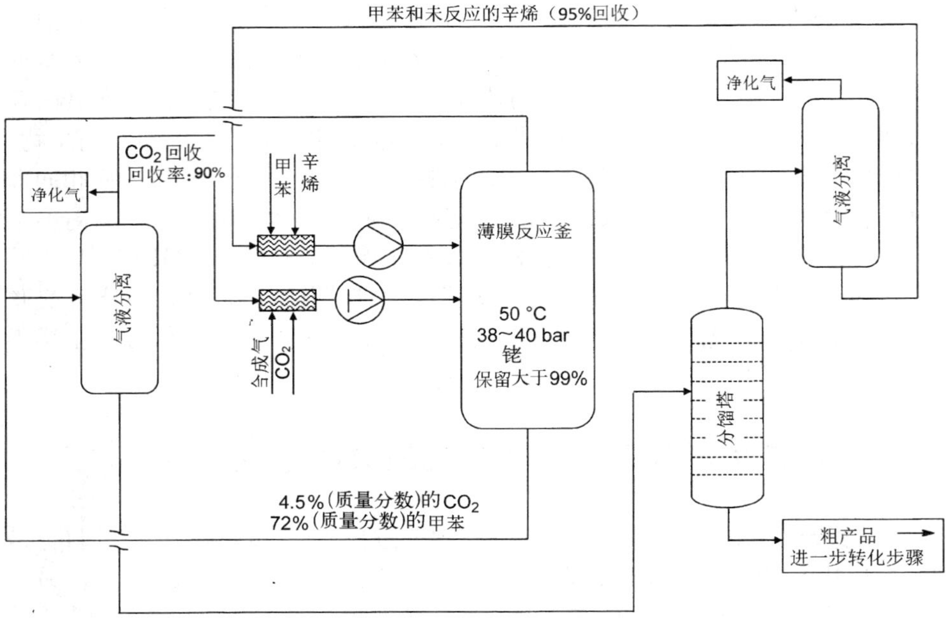

图 9.3 依据参考文献[16]的 CXL 过程的装置

表 9.1 依据参考文献[16]的特殊的投资 单位：百万美元

设 备	基于钴的过程	CXL[72%(质量分数)的甲苯]	CXL(无溶剂)
反应釜	11.3	4.2	2.6
热交换器	7.6	2.7	2.1
分馏塔	8.2	5.4	3.2
分离釜	3.5	0.8	0.4
泵	0.9	0.8	0.6
压缩机	0.6	6.3	6.1
过滤器	0	0.1	0.1
总计	32.0	20.3	15.1

基于钴的过程的投资经费主要是反应釜、热交换器和分馏塔的投资。如果要特别比较反应装置的费用，我们会发现，需要三个高压反应釜的传统过程具有相当的劣势，因为 CXL 过程只需要一个在 38 bar 下的薄膜反应装置。然而，我们必须指出有关经费预算，薄膜反应装置有一定程度的不确定性，其在技术上的工艺还并没有完善。传统的基于钴的过程需要的高运转温度使其需要的热交换器的经费较高。回收钴催化剂也需要更高的分离装置和蒸馏单元的费用。在 CXL 过程中，耗费较高的是压缩机，因为需要运输和回收 CO_2。图 9.4 显示了模拟计算评估的每年的生产费用。基本上，我们可以看到原材料要占总花费的 70%。这在商业用氢甲酰化中很典型。

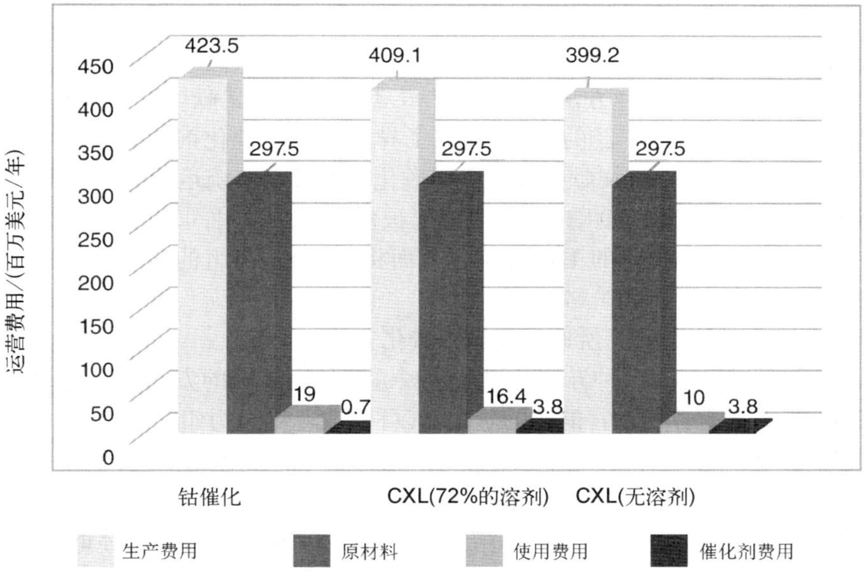

图 9.4 根据参考文献[16]计算的不同过程的年费用

由于催化剂回收和更为激烈的反应条件，更复杂的基于钴的过程要比使用温和条件的 CXL 过程需要更高的使用费用。当不使用任何溶剂时，后者的费用明显减少。由于催化剂的费用，我们必须考虑到长链烯烃基于铑的过程的经济问题。在这里所提及的研究中，预估铑的补偿率为 0.2%，对应的价格为 \$20 800 lb^{-1}①。 687

对补偿率做灵敏度分析显示，使用 72%(质量分数)的甲苯溶剂且补偿率为 0.5%的 CXL 过程发生的生产费用为 \$$4.16\times10^9$，补偿率为 1%的生产费用为 \$$4.25\times10^9$，这比传统的基于钴的过程要高(所有的数值都是基于生产容量为 1.5×10^{11} t/a 的)。有了这些分析，我们必须说，最近一段时间铑的价格要比在这里假设的高得多。因此，从经济角度考虑，将铑的损失降到最低十分重要。

9.4.2 结论

Subramaniam 小组研发的较长链烯烃的氢甲酰化过程是现有过程的一种替代。它通过联合使用 CXL 和大相对分子质量配体，以及基于聚合物薄膜分离铑配合物的方法，使得其投资费用和其他可变费用比传统的过程都要低。但是，只有当这些过程变量在连续运行的微型装置中经过长时间的工业运营后才能得到最后的结论。

9.5 有关异相氢甲酰化的评论

从氢甲酰化的工业重要性和过程的工艺角度来看，异相催化剂的优势在于可以使分离简单化，现有许多异相化这一反应的尝试。最常用的方法是将均相氢甲

① 1 lb=0.453 6 kg

酰化中使用的催化剂配合物固定在固体携带物上。这些携带物可以是无机携带物，例如 SiO_2、Al_2O_3 和分子筛，或者通常是聚合物形式的有机携带物。负载离子液相(SILP)技术是另一种方法(见第 7.2.6.4 节和参考文献[18])。Li 和 Liu 最近发表了关于此领域的广泛的选集，涵盖了异相和均相催化剂最新研究成果的简介[19]。但是，我们所知的文献中没有氢甲酰化中的异相系统运行超过 8 000 h 的描述，而这是异相催化剂在商用过程中所需要被使用的最少时间。因此，我们至今并
688 不知道任何异相氢甲酰化的工业过程。下面将以 Ding 小组的研究作为例子来说明这种方法的过程设计和策略。

9.5.1 大连化学物理研究所的异相氢甲酰化方法

Ding 的小组描述了一种异相氢甲酰化短链和长链烯烃的方法[20]。它基于一种异相催化剂，其含有乙烯基官能化的基团，其可以被转化为例如膦，且在接下来的步骤中通过溶剂热聚合反应成为可以结合例如铑的催化活性金属的大分子形态。

9.5.1.1 多孔有机配体(POLs)

Meng、Ding 和 Xiao 的小组描述了一类带有孔洞层次的大分子配体的合成，这些配体带有大量的孔洞和高表面积。起始原料可以是例如乙烯基官能化的 TPP 或者 2,2′-双吡啶。当它们在溶剂热条件下聚合时，形成一种我们已知为多孔有机配体(POL)的新材料。例如，POL - TPP 通过在 10 mL 四氢呋喃(THF)中溶解 1 g 的三乙烯基官能化的三苯基膦(TPP)形成，随后加入 25 mg 偶氮二异丁腈(AIBN)，且在 100℃的蒸压器中反应 24 h，接下来通过真空蒸馏移除 THF[21]。孔洞的尺寸分布为最大值约为 0.7 nm 和 1.5 nm 以及 3～70 nm 的间隔，与扫描电子显微镜(SEM)和透射电子显微镜(TEM)研究相结合显示这是一种层级多孔材料。运用 Brunauer - Emmett - Teller(BET)理论测定 BET 面积为 1 086 m^2/g，孔洞体积为 1.7 cm^3/g。热重分析法(TG)研究表明此材料有很好的热稳定性，降解温度起始于 440℃(图解 9.3)。

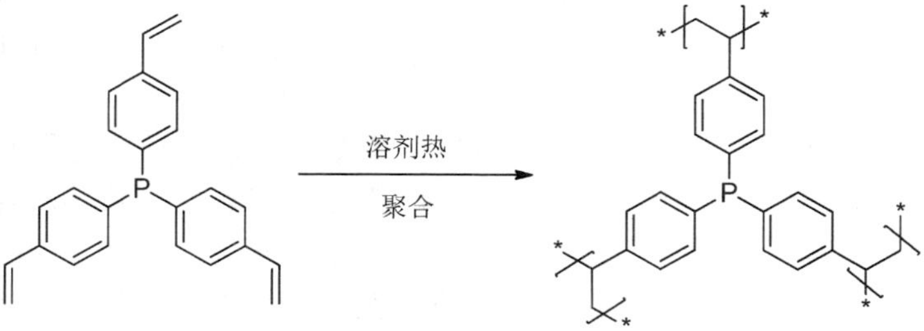

图解 9.3 POL - TPP 的合成

689 9.5.1.2 Rh/POLs 催化剂系统和氢甲酰化

通过使用例如 $Rh(CO)_2(acac)$(acac＝acetylacetonate，乙酰丙酮化物)铑前体的反应可以制备氢甲酰化的催化剂。Rh/POL - TPP 的标准运行流程(SOP)提供了示例[21]。POL - TPP(1 g)在甲苯溶液中膨胀 30 min，然后加入 0.052 g $Rh(CO)_2(acac)$，接下来在室温氮气环境下搅拌 24 h，最终过滤、在甲苯溶剂中洗

涤以及在50℃真空中干燥后得到产物为$Rh(CO)_2(acac)/POL-PPh_3$。这一材料的BET表面为1 032 m^2/g且孔洞体积为1.7 cm^3/g。表9.2显示了使用POLs和传统催化系统的氢甲酰化实验的结果。这一实验很容易完成。例如，1-辛烯的氢甲酰化可以按如下进行：3 g 1-辛烯和6 g甲苯与可变选择量的基于POLs的催化系统在蒸压器中结合。用合成气($CO/H_2=1:1$)密封和净化后，蒸压器被加热至90℃，反应在搅拌中进行4 h，过程中可以根据需要加入合成气以保持气压恒定在20 bar。

表9.2 依据参考文献[21]的1-辛烯的氢甲酰化数据

序号	催化剂	TPP种类	转化率/%	重复使用的循环数	石蜡/%	异烯烃/%	醛/%	n/i (mol)
1	$RhH(CO)(PPh_3)_3$	TPP	99.4	0	0.7	0.9	98.4	2.01
2	$RhH(CO)(PPh_3)_3$	POL-TPP	99.4	0	1.5	6.4	92.1	0.87
3	$RhH(CO)(PPh_3)_3$	POL-TPP	99.4	1	1.3	6.1	92.6	0.82
4	$RhH(CO)(PPh_3)_3$	POL-TPP	99.4	6	1.7	8.1	90.2	0.87

表9.2的数据显示基于POL-TPP的催化剂与TPP系统的催化表现基本相同。(在参考文献[21]中，也有基于POL的催化剂表现得更好的催化系统的记载)特别重要的是当催化剂被回收时这些性质的稳固性。参考文献[21]中的结果认为催化剂可以保持催化表现被回收数次。但是，仍然没有关于连续运行的微型反应装置的长期测试的结果发表。

9.5.1.3 使用基于POL的异相催化系统的氢甲酰化过程

Ding和其同事[20]提出了基于使用POLs的催化系统的工艺过程的简单图解。图9.5是根据参考文献[20b]重建的对应的流程图。 690

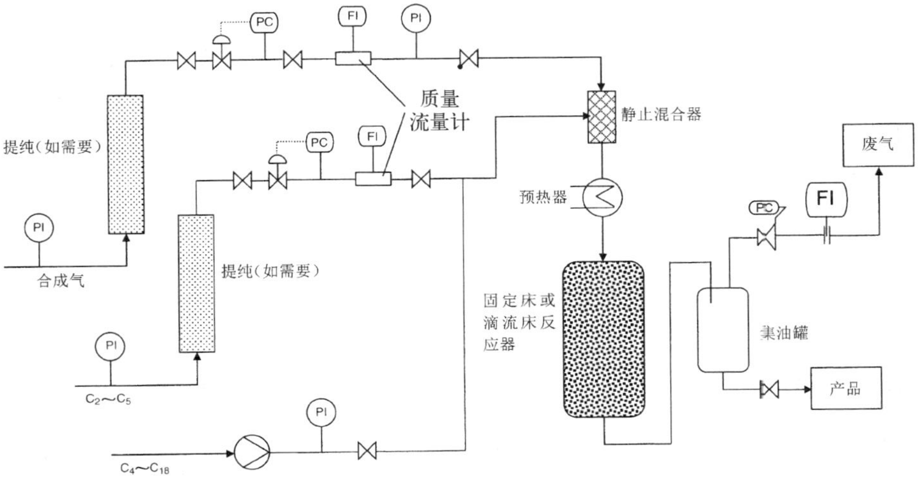

图9.5 依据参考文献[20b]的基于多孔有机配体的异相催化系统的短链和长链烯烃氢甲酰化过程的装置[压力控制器(PC)，流量指示器(FI)和压力指示器(PI)]

氢甲酰化可以在含有异相催化剂系统的固定床反应器或者滴流床反应器中进行。在 C_2 和 C_3 烯烃情况中,原料是气态的。较长链的烯烃,液体原料是泵入的。已发表的氢甲酰化的条件是温度为 80～300℃且压力范围是 5～100 bar。连续得到的产物混合物被收集于集油罐中。目前还不知道对应测试系统的长期试验结果的细节。

9.5.1.4 总结

就发表的数据判断,Ding 和其同事研发的异相氢甲酰化流程是一种可以达到工业规模应用稳定性要求的有趣方法。呈现上升趋势的专利活跃程度表明研发者坚信其商业应用的可能性。

9.6 展望

如果我们假设氧合醇的平均年增长高于 3%,很明显未来就需要新建生产装
691 置。假设未来氢甲酰化成为生产这些醇的首选反应,这意味着基于氢甲酰化的商用过程将成为工艺发展的焦点。降低生产费用和投资金额的压力将促使人们尝试强化这一过程。此外,基本的过程设计理念必须被重新考虑,且需要特别的过程分析,例如反应和处理以非传统方式相连接。这可以通过模拟来实现,特别在一个全面的包含所有物质种类的数据库模型存在的情况下尤佳。McBride 和 Sundmacher[22]对氢甲酰化中温控溶剂系统的研究是这种过程的范例。另一个例子是 Schembecker 等[23]关于喷射反应容器与基于薄膜的分离催化剂单元结合使用的研究。他们在过程模拟中展示了例如比传统系统费用明显更低的加强氢甲酰化。过程的模块设计由于其模块特性在适应不同生产能力方面具有一定优势。我们认为在未来新配体的研发仍将是基于铑的氢甲酰化研究的焦点,现有的以及为新配体性质特别设计的生产装置都能从研究进展中获益。"替代"金属,例如铱、钌、铂或者钯将有可能在未来工业中起相当的作用,或许是与新配体和非传统反应条件相结合。关于异相氢甲酰化的课题仍然非常重要,在这一领域将会有进一步的研究。对于这一方面很难评估和预估,因为尽管有这么多年的深入研究,关于其是否能在工业中实现仍然没有进展。

参考文献

1. Torres, G.M., Frauenlob, R., Franke, R., and Börner, A. (2015) *Catal. Sci. Technol.*, **5**, 34-54.
2. (a) Falbe, J. (1967) *Synthesen mit Kohlenmoxid*, Springer-Verlag, Berlin; (b) Cornils, B. (1980) in *New Syntheses with Carbon Monoxide*, Reactivity and Structure, Concepts in Organic Chemistry, vol. 11 (ed. J. Falbe), Springer-Verlag, Berlin, pp. 38-45.
3. Beller, M., Cornils, B., Frohning, C. D., and Kohlpaintner, C.W. (1995) *J. Mol. Catal. A*, **104**, 17-85.
4. Nexant Inc. (2007) Oxo Alcohols. PERP 06/07-8, July 2007, Nexant Inc., pp. 35-39.
5. Nexant Inc. (2012) Oxo Alcohols - Report Abstract. PERP 2011-2, May

2012, Nexant Inc.
6. Brown, A.C.R., Pearce, R., Reynolds, G., Burnham, D.R., and Pickard, D.J. (to Synetix) (2002) Patent WO 0220451.
7. Johnson Matthey PLC (2013) Scavenging Technologies, Smopex® Metal Scavenger User Guide, http://www.scavengingtechnologies.com/page-view.php?pagename=Smopex (accessed 14 October 2013).
8. Barbaro, P. and Liguori, F. (2009) *Chem. Rev.*, **109**, 515-529.
9. Johnson Matthey Group (2013) Chemical Catalyst: Product List, http://www.jmcatalysts.com/chemicalcatalysts/pdfs/Chemical%20Catalysts%20-%20Product%20List%20c2013.pdf (accessed 14 October 2013).
10. (a) Beadle, S.W., Garton, R.D., Beckers, H.J., Caers, R.F., Van Vliet, A., Houben, J.J. (to ExxonMobil Chemical Company) (2007) Patent US0282132; (b) Beadle, S.W., Garton, R.D., Beckers, H.J., Caers, R.F., Van Vliet, A., and Houben, J.J. (to ExxonMobil Chemical Company) (2008) Patent US7405329; (c) Van Driessche, E. T.A. (2011) Patent US 0160490.
11. Papp, R. and Mongenet, F. (1982) Patent US4312837.
12. Janssen, M., Wilting, J., Müller, C., and Vogt, D. (2010) *Angew. Chem. Int. Ed.*, **122**, 7904-7907.
13. Jana, R. and Tunge, J.A. (2009) *Org. Lett.*, **11**, 971-974.
14. Fang, J., Jana, R., Tunge, J.A., and Subramaniam, B. (2011) *Appl. Catal., A: Gen.*, **393**, 294-301.
15. Priske, M., Hamers, B., Fridag, D., Franke, R., Rudek, M., and Lüken, H.-G. (to Evonik Industries AG) (2014) Patent DE102013208759.
16. Xie, Z. and Subramaniam, B. (2014) *ACS Sustainable Chem. Eng.*, **2**, 2748-2757.
17. Xie, Z., Fang, J., Subramaniam, B., Maiti, S.K., Snavely, W., and Tunge, J.A. (2013) *AlChE J.*, **59**, 4287-4296.
18. Fehrmann, R., Riisager, A., and Haumann, M. (eds) (2014) *Supported Ionic Liquids: Fundamentals and Applications*, Wiley-VCH Verlag GmbH, Weinheim.
19. Li, C. and Liu, Y. (eds) (2014) *Bridging Heterogeneous and Homogeneous Catalysis: Concepts, Strategies, and Applications*, Wiley-VCH Verlag GmbH, Weinheim. 692
20. (a) Ding, Y., Jiang, M., Yan, L., and Lin, R. (Dalian Institute of Chemical Physics) (2015) Patent WO 2015085506; (b) Ding, Y., Jiang, M., Yan, L., and Lin, R. (Dalian Institute of Chemical Physics) (2015) Patent WO 2015085503; (c) Ding, Y., Jiang, M., Yan, L., and Lin, R. (Dalian Institute of Chemical Physics) (2015) Patent WO 2015085504.
21. Sun, Q., Jiang, M., Shen, Z., Jin, Y., Pan, S., Wang, L., Meng, X., Chen, W., Ding, Y., Li, J., and Xiao, F.-S. (2014) *Chem. Commun.*, **50**, 11844-11847.
22. McBride, K. and Sundmacher, K. (2015) *Ind. Eng. Chem. Res.*, **54**, 6761-6771.
23. Seifert, T., Fakner, P., Sievers, S., Stenger, F., Hamers, B., Priske, M., Becker, M., Franke, R., Schembecker, G., and Bramsiepe, C. (2014) *Chem. Eng. Process.*, **85**, 1-9.

索　　引

a

acetylene hydroformylation 乙炔的氢甲酰化 299

acidic hydroformylation catalyst 酸性氢甲酰化催化剂 636

acylphosphites 酰基亚磷酸酯 145

alanine 丙氨酸 306

alcohols, click chemistry 醇,点击化学 139

aldol condensation 羟醛缩合 595

Alkanox® 240 137

Alkanox® P-24 175

alkylformyl subunit 烷基甲酰亚基团 379

alkynes hydroformylation 炔烃的氢甲酰化

— palladium catalyst 钯催化剂 299

— rhodium catalyst 铑催化剂 298,299

allyl ethers 烯丙醚 574

(+)-ambruticin (+)-安布鲁星 331

β^3-amino acid β^3-氨基酸 343

amprenavir 安泼那韦 353

anethole 茴香脑 566,567

anionic rhodium clusters 阴离子铑簇 624

aqueous two phase hydroformylation 双水相氢甲酰化 631

1-aryl-enolethers 1-芳基-烯醇醚 571

1-aryl-prop-1-enes 1-芳基-1-丙烯 569,570

asymmetric hydroformylation (AHF) 不对称氢甲酰化 211,326

— acryl amides 丙烯酰胺 348

— allyl amides 烯丙基酰胺 346

— allylthioethers 烯丙基硫醚 345

— α-alkylacrylates α-烷基丙烯酸酯 349

— α-allyl cyanide α-烯丙基腈 349

— aryl propenes 芳基丙烯 572

— β^3-amino acid β^3-氨基酸 343

— butenoic acid derivatives 丁烯酸衍生物 350

— but-3-en-1-ylbenzene 丁-3-烯-1-基苯 350

— chiral profens 手性普鲁芬 335

— cinnamyl alcohol 桂醇 344

— 1,3-diens 1,3-二烯 357

— 1,1-disubstituted allyl amide 1,1-二取代烯丙基酰胺 347

— enol ester and enamide 烯醇酯和烯酰胺 342

— (*E*,*Z*)-penta-1,3-dienes (*E*,*Z*)戊-1,3-二烯 359

— herbicides 除草剂 339

— 1-hexene 1-己烯 351

— isomeric dihydrofurans 异构二氢呋喃 352

— L-Dopa precursor L-多巴前体 343

— 7-membered ring acetals 七元环缩醛 354

— methyl acrylate 丙烯酸甲酯 348

— naproxen precursor 萘普生前体 337

— *N*-Boc allyl amide *N*-Boc 烯丙基酰胺 346

— *N*-protected 2- or 3-pyrrolines *N* 保护的 2-或 3-吡咯啉 352

— para-substituted styrenes 对位取代的苯乙烯 336

— phenylpropanoids 苯丙素 344

— 1-phenyl-prop-1-ene 1-苯基-1-丙烯 571

— Roche aldehyde Roche 醛 345

— styrene 苯乙烯 336,646

— styrenyl enamides 苯乙烯基烯酰胺 342
— 3,3′ substituents influence 3,3′取代基的影响 220
— 3,3,3 - trifluorpropene 3,3,3 -三氟丙烯 350
— vinyl acetates 乙酸乙烯酯 339,340
— vinyl amides 乙烯基酰胺 341
— vinyl sulfides 二乙烯基硫 341
— vinylfurans 乙烯基呋喃 338
— *Z* -/*E* - enamides *Z* -/*E* -烯酰胺 342
asymmetric hydroformylation - crotylation one pot reaction 不对称氢甲酰化-丁烯基化同釜反应 505
asymmetric hydroformylation Garner's aldehyde Garner醛的不对称氢甲酰化 353
asymmetric hydroformylation - (Wittig olefination) reaction 不对称氢甲酰化-Wittig烯化反应 502
asymmetric hydrogenation 不对称氢化
— *N* -[(*Z*)- 1 - hexen - 1 - yl]benzamide *N* -[(*Z*)- 1 -己- 1 -烯基]苯酰胺 223,224
atropisomeric tetraphosphines 阻转异构的四膦 95
atropisomeric triphos ligands 阻转异构的三膦配体 93
azamacroheterocyles 氮杂大分子杂环 489

b

benzofused nitrogen heterocycles 苯并氮杂环 319
benzopinacol 苯频哪醇 147
benzyl - bridged tetraphenols 苄基桥联四酚 144
benzyldialkylphosphines 苯甲基二烃基膦 79
biarylphosphites 二芳基亚磷酸三酯 164
biaryl tetraphosphines 二芳基四膦 95
bicyclic acetals 双环缩醛 459
bicyclic phosphines 二环膦 81
bicyclo[3. 3. 0]- oct - 2 - ene 二环[3. 3. 0]- 2 -辛烯 543
bicyclo[4. 3. 0]nona - 3,7 - diene 二环[4. 3. 0]壬- 3,7 -二烯 551
bidentate diphosphites 二齿双亚磷酸三酯 168
bidentate NHC 双齿 NHC 246,248
bidentate phosphite - phosphoramidite ligands 双齿亚磷酸三酯-亚磷酰胺配体 196
bimetallic catalysts 双金属催化剂 9
bimetallic Pt/Sn precatalyst 双金属 Pt/Sn 催化前体 53
(*R*,*S*)- BINAPHOS 212,213
(*S*) - BIPHEN[=(S_{ax}, *S*, *S*) - bobphos] 215,216
biphenols 双酚 139
2,3′- biphenols 2,3′-二酚 142
biphenyl triarylphosphines 二苯基三芳基膦 92
BIPHEPHOS 154
bis(eugenol) 二(丁香酚) 141
BISBI 88
(*S*,*S*,*S*)- Bisdiazophos 222 - 225
bishomoallyl alcohols 双高烯丙醇 371
Bourgeonal® 4 -(1,1 -二甲基乙基)苯丙醛 564
α - branched aryl olefins *α* -支链芳基烯烃 572
brenzcatechol 邻苯二酚 177
1,3 - butadiene 1,3 -丁二烯 446
1,3 - butadiene hydroformylation 1,3 -丁二烯的氢甲酰化 293 - 295

c

cage phoshines 笼状膦 84
calix[4]arene phosphites 杯[4]芳烃亚磷酸三酯 165
calix[4]arenes 杯[4]芳烃 143,144
camphene 莰烯 59,539
carbenes 卡宾 233
carbonyl groups 羰基 2
carvone 香芹酮 562

(—)-β-caryophyllene (—)-β-石竹烯 551
caryophyllene oxide 氧化石竹烯 551
C—C bond formations C—C键的形成 494
C—C-coupling reactions C—C偶联反应 2
β-cedrene β-柏木烯 59,542
(+)-8(15)-cedren-9-ol (+)-8(15)-柏木烯-9-醇 559,560
chemical equation 化学方程式 1
chiral acylphosphites 手性酰基亚磷酸三酯 167
chiral C5 synthons 手性C5合成子 317,318
chiral diphosphites 手性双亚磷酸三酯 162
chiral indolizidines 手性吲哚里西啶 317,318
chiral NHC-rhodium complex 手性NHC-铑配合物 251
chiral *P*, *N*-ligand 手性*P*,*N*-配体 226,227
(*S*,*S*)-Chiraphite 216,218
Chirotech technology Chirotech技术 321
cis,trans-spiro[4.4]nonane-1,6-diol 顺,反-螺[4.4]壬烷-1,6-二醇 148
β-citronellene β-香茅烯 544
cobalt catalyzed Aldox process 钴催化的羰醇过程 498
cobalt catalyzed decarbonylation 钴催化的脱羰化 672
cobalt catalyzed hydroformylation 钴催化的氢甲酰化 22
— epoxides 环氧化物 611
— propene 丙烯 644
— activity and *n*-regioselectivity 活性和正区域选择性 19
— alcohols and formate esters 醇和甲酸酯 18
— bicyclic phosphines 双环膦 19
bicyclic trialkylphosphine ligands 双环三烷基膦配体 388
— carbon oxide 一氧化碳 618
— dihydrooxazines 二氢噁嗪 22
— dihydropyrane 二氢吡喃 21
— equilibrium shift 平衡移动 18
— ionic liquids 离子液 20
— isomerization vs. hydroformylation 异构化vs.氢甲酰化 6,7
— mechanism 机理 17
— one-pot synthesis reaction 同釜合成反应 21
— patent 专利 16
— phosphine ligands 膦配体 10,12
— phosphite based complexes 基于亚磷酸三酯的配合物 20
cobalt catalyzed tandem hydroformylation-hydrogenation reaction, paraformaldehyde 钴催化的氢甲酰化-氢化连锁反应,仲甲醛 624
cobalt containing ionic liquids 含钴的离子液 651
cobalt NHC complexes 钴NHC配合物 260
co-catalysts 共催化剂 73
CO_2-expanded liquids (CXLs) CO_2膨胀液体(CXLs) 687
cryptands 穴状配体 489
CXL process CXL过程 684-687
cyclic phosphites 环状亚磷酸三酯 153,174
cyclic terpenes 环萜烯 453
1,5-cyclooctadiene 1,5-环辛二烯 547
cyclooctene 环辛烯 542
cyclopentadienyl ruthenium complexes 环戊二烯基钌配合物 41
(*E*)-1-cyclopentylethyl but-2-enoate 2-丁烯酸-(*E*)-1-环戊乙酯 543

d

decarbonylation 脱羰化 666
decarbonylation-dehydration, stearic acid 脱羰-脱水化,硬脂酸 597
decarboxylative hydroformylation, α,β-unsaturated acids 脱羧基氢甲酰化,α,β-不饱和酸 519
1-decene 1-癸烯 638

dehydrocarbonylation 脱氢羰化 673
dendrimers 树状聚物 105,106
dendriphos ligands dendriphos 配体 102
dialkenyl carbinols 二链烯基甲醇 368
dialkyl phosphates, hydrolysis 二烷基磷酸酯,水解 171
diastereoselective hydroformylation 非对映异构选择性氢甲酰化
— (—)- α - pinene (—)- α -蒎烯 329
— (—)- β - pinene (—)- β -蒎烯 329
— bicyclic lactam 双环内酰胺 333,334
— cyclopentene tetrol derivative 环戊烯呋喃衍生物 331
— Δ^4 - steroids Δ^4 -类固醇 330
— 2,5 - dicyclohexadienyl - 1 - carbinols 2,5 -二环己二烯基- 1 -甲醇 370
— homoallyl alcohols 高烯丙醇 371,372
— 4 - methylene 1,3 - dioxanes 4 -亚甲基- 1,3 -二噁烷 328
— (+)- phyllanthocin 363,364
— oxygen versus methylene bridge 氧桥和亚甲基桥的对比 327
— vinyl - β - lactam precursor 乙烯基- β -内酰胺前体 332
dibenzophospholmethylether group 二苯磷甲基醚基团 367,368
dictyostatin 366,367
2,5 - dicyclohexadienyl - 1 - carbinols 2,5 -二环己二烯基- 1 -甲醇 370
dicyclopentadiene 二聚环戊二烯 548
diene hydroformylation 二烯的氢甲酰化 293 - 295
1,4 - diformyl compounds 1,4 -二甲酰化合物 595
4,7 - dihydro - 1,3 - dioxepines 4,7 -二氢- 1,3 -二噁庚英 576
dihydrocarvone 二氢香芹酮 562
dihydroxy spiroketals 二氢基螺缩酮 145,146
2,6 - dimethyl - 1,5 - cyclooctadiene 2,6 -二甲基- 1,5 -环辛二烯 547
2,6 - dimethylhepta - 1,5 - diene 2,6 -二甲基 - 1,5 -庚二烯 545
2,6 - dimethylocta - 1,5 - diene 2,6 -二甲基- 1,5 -辛二烯 545
5,7 - dimethylocta - 1,6 - diene 5,7 -二甲基- 1,6 -辛二烯 545
3,7 - dimethylocten - 1 - en - 7 - ol 3,7 -二甲基- 1 -辛烯- 7 -醇 555
diphosphines 二膦 86
α, ω - diphosphines α, ω -二膦 87
diphosphites 双亚磷酸三酯 154,155,161
— undesired transesterification 不期望得到的酯交换反应 156
domino hydroformylation -(aldol condensation)- hydrogenation reaction 氢甲酰化-羟醛缩合-氢化连锁反应 500
domino hydroformylation - cross aldol addition 氢甲酰化-交叉羟醛加成连锁反应
— condensation catalyst 缩合反应催化剂 500
— acyclic olefins 无环烯烃 499
— cyclic olefins 环状烯烃 499
domino hydroformylation - double cyclization 氢甲酰化-双环化连锁反应 319
DPEphos 89

e

enantiomerically pure diols 对映异构纯的二醇 148
epoxides, cobalt catalyzed hydroformylation 环氧化物,钴催化的氢甲酰化 611
(S,S)- ESPHOS 221,222
ethane - 1,2 - dibutanoate bridged tetraphenols 乙烷- 1,2 -二丁酸酯桥联四酚 144
ethyl 3 - butenoate 3 -戊烯酸甲酯 58
2 - ethyl - 2 - butyl - 1,3 - propanediol 2 -乙基- 2 -丁基- 1,3 -丙二醇 147
ethylene glycol 乙二醇
— pathways to 制备方法 617,620

— syngas based production 基于合成气的生产 618,619
ethylene oxide, hydroformylation - hydrogenation tandem reaction 环氧乙烷,氢甲酰化-氢化串联反应 613
ethyl ethylenephosphite 乙基亚乙基亚磷酸酯 175
ethyl methallylic amine 乙基甲基烯丙基胺 476
ethyl oleate, hydroaminomethylation 油酸乙酯,氢氨甲基化 478
eugenol 丁香酚 141,391,482,484,568
ExxonMobil process 埃克森美孚过程 680
— catalyst recycling 催化剂回收 682
— hydroformylation 氢甲酰化 681,682

f

(E, E)- α - farnesene (E, E)- α -金合欢烯 552,553
fatty acids/lipids hydroformylation 脂肪酸/油脂的氢甲酰化 588
— ethyl crotonate 巴豆酸乙酯 592,593
— ethyl linoleate 亚油酸乙酯 592,593
— ethyl ricinoleate 蓖麻酸乙酯 595,596
— ethyl sorbate 山梨酸乙酯 593
— methyl linoleate 亚油酸甲酯 593,594
— methyl linolenate, rhodium phosphine catalyst 亚麻酸甲酯,铑膦催化剂 600
— methyl oleate 油酸甲酯 598
— activated Rh catalyst (ARC) 活化铑催化剂(ARC) 599
— Co catalyst 钴催化剂 598,599
— ionic liquid 离子液 601
— non-isomerizing and isomerizing hydroformylation 非异构和异构氢甲酰化 592
— proline 脯氨酸 602
— Rh phosphite catalyst 铑亚磷酸三酯催化剂 591
— oleic acid 油酸 600
— oleic alcohol 油醇 602,603
— polyurethanes 聚氨酯 605
— substrates 底物 589,590
— 1 - undecenenitrile 1 -十一碳烯腈 604
— vinyl esters 乙烯酯 603
fatty aldehydes 脂肪醛 588
Florhydral® 564,565
fluorinated triaryl phosphites 氟化三芳基亚磷酸三酯 642
fluorous biphase systems (FBS) 氟双相系统 639
formaldehyde 甲醛
— hydroformylation 氢甲酰化 623
— nonionic hydroformylation 非离子氢甲酰化 624
— rhodium catalyzed hydroformylation 铑催化的氢甲酰化 621
— hydroformylation 氢甲酰化 620,621
formyl groups 甲酰基团 2
3 - formyl - pinanes 3 -甲酰蒎烷 538
3 - formylpyrrol 3 -甲酰吡咯 321
β - formyl sulfonamides β -甲酰磺酰胺 373
fuel additives 燃料添加剂 291
fused azepine 融合的氮杂 486

g

Garner's aldehyde Garner 醛 353
glycals 烯糖 454,455
glycerol acetals 甘油缩醛 454,455
glycol aldehyde 乙醇醛 621
guaiazulene 愈创蓝油烃 561

h

halogen - free ionic liquids 非卤素离子液 649
Hammett plot 哈米特图 336
HASPOs 179 *see* heteroatom substituted phosphine oxides (HASPOs) 杂原子取代氧化膦 179,201
helicene based alcohol 基于螺烯的醇 146

hemiaminals 半缩醛胺 459
heterobimetallic RhFe catalyst cluster 杂双金属 RhFe 催化剂簇 69
heteroditopic NHC - ligands 异双配位 NHC 配体 241
heterogenized biphenols 异相化双酚 140
hexane - 1 己烷- 1 255
— 6 - diol 6 -二醇 452,453
α - hexyl cinnamaldehyde α -己基桂醛 533
hexyl salicylate 水杨酸己酯 532
homoallyl alcohols 高烯丙醇 371,372
$HRh(CO)_3L$ complexes $HRh(CO)_3L$ 配合物 234
hydrido metal carbonyl complexes 氢化金属羰基配合物
— catalytic cycle 催化循环 5,6
— equilibrium reaction 平衡反应 7
— isomerization and hydroformylation 异构化和氢甲酰化 6,7
hydroamidomethylation 氢氨甲基化 474
hydroamidomethylation - dehydration - hydrogenation 氢氨甲基化-脱水化-氢化 474
hydroaminomethylation (HAM) 氢氨甲基化 (HAM)
— allyl amine derivative 烯丙胺衍生物 485
— allyl amines 烯丙胺 485,486
— allyl ethers 烯丙醚 486,488
— amines effects 胺效应 468
— androstene derivative 雄甾烯衍生物 478,479
— cyclopentadiene 环戊二烯 479
— 1,1 - diarylethenes 1,1 -二芳基乙烯 481
— 1,4 - diens 1,4 -二烯 482,483
— divinylsilanes 二乙烯基硅烷 482,483
— enamines 烯胺 482,483
— *N* - ethyl - *N* - methylallylic amine *N* -乙基- *N* -甲基烯丙胺 476,485
— ethyl oleate 油酸乙酯 478
— eugenol 丁香酚 482,484
— hydrogenation catalyst 氢化催化剂 469,470
— internal amino group 内氨基 482
— internal formyl group 内甲酰基 482
— isoprene 异戊二烯 479,480
— Kalck group ligands Kalck 小组配体 473
— 2 - methyl allyl chloride 2 -甲基丙烯酰氯 485,487
— methyl oleate 油酸甲酯 478
— multi - phase ligands 多相配体 472,473
— *N* - ethyl - *N* - methallylic amine *N* -乙基- *N* -甲基烯丙胺 486
— 1 - phenyl - 1 - propene 1 -苯基- 1 -丙烯 480
— pregnane derivative 孕烷衍生物 478,479
— quinazolinone - substituted allyl amines 喹唑啉酮取代的烯丙胺 485,487
— syngas 合成气 466,467
— tandem reaction steps 串联反应步骤 465
— trivalent phosphorus ligands 三价磷配体 470,471
— terminal olefins 端烯烃 477
— vinyl arenes 乙烯基芳烃 480
— Xantphos - derived phosphorus ligands 源于 Xanthos 的磷配体 472
hydroformylation 氢甲酰化
— cyclohexene oxide 环氧环己烷 613
— ethylene oxide 环氧乙烷 612
hydroformylation - acetalization 氢甲酰化-缩醛化
— acetals 缩醛 451
— alkaloids 生物碱 459,460
— bicyclic acetals 双环缩醛 459
— 1,3 - butadiene 1,3 -丁二烯 446
— cyclic terpenes 环萜烯 453
— glycals 烯糖 454,455
— glycerol acetals 甘油缩醛 454,455
— hemiacetals and hemiaminals 半缩醛和半缩醛胺 444,445
— mono -, bicyclic and open - chain terpenes

单环、双环和开链萜烯 454
— 1 - octene 1 -辛烯 447,448
— oxazolopiperidines 噁唑并哌啶 460
— phenylphropanoids 苯丙素 452
— piperidines 哌啶 459
— principle 原理 443,444
— pyrrolidinoindolines 吡咯烷吲哚啉 461
— reaction types 反应类型 444
— side reaction 副反应 443,444
— spirocyclic γ - lactones 螺环 γ -内酯 457
— tetrahydrofuranoindolines 四氢呋喃吲哚啉 461
Hydroformylation -(aldol condensation)- hydrogenation 氢甲酰化-羟醛缩合-氢化 500
hydroformylation -(aldol condensation)- hydrogenation tandem reaction 氢甲酰化-羟醛缩合-氢化串联反应 578
hydroformylation - allylboration - hydroformylation 氢甲酰化-烯丙硼烷化-氢甲酰化 457,458
hydroformylation -(β - elimination) reaction 氢甲酰化-(β -消去)反应 520,521
hydroformylation -(Biginelli reaction) tandem reaction 氢甲酰化- Biginelli 反应串联反应 516,517
hydroformylation - cyclization 氢甲酰化-环化
— 1 -(2 - methylallyl)- 1*H* - imidazole 1 -(2 -甲基烯丙基)- 1*H* -咪唑 497
— (*R*)-(+)- limonene (*R*)-(+)-柠烯 495
Hydroformylation - cyclization - dehydration 氢甲酰化-环化-脱水化 496
hydroformylation -(decarboxylative Knoevenagel) reaction 氢甲酰化-脱羧 Knoevenagel 反应
— reaction products 反应产物 507
— product distribution 产物的分布 508
hydroformylation -(Knoevenagel reaction)- hydrogenation 氢甲酰化- Knoevenagel 反应-氢化 506
hydroformylation -(Mannich reaction) tandem reaction 氢甲酰化- Mannich 串联反应 508
Hydroformylation -(Mukayama - aldolization) reaction 氢甲酰化- Mukayama 羟醛化反应 496
hydroformylation -(Strecker synthesis) tandem reaction 氢甲酰化- Strecker 合成串联反应 509
hydroformylation -(Wittig olefination)- hydrogenation 氢甲酰化- Wittig 烯化-氢化 501
hydroformylation -(Wittig olefination) reaction 氢甲酰化- Wittig 烯化反应
— β - proline derivatives β -脯氨酸衍生物 504
— 4 - hydroxyvalerate 4 -羟基戊酸酯 503
— homoallyic alcohols 高烯丙醇 503
hydroformylation - lactolization 氢甲酰化-内酯化
— linalool 芳樟醇 455,456
hydroformylation - lactolization protocol 氢甲酰化-内酯化流程 458
hydroformylation - *N*, *O* - acetal formation 氢甲酰化- *N*,*O* -缩醛形成 460
hydrosulphonamidomethylation 氢磺酰胺甲基化 475
β - hydroxy acids β -羟基酸 372
hydroxycitronellal 羟基香茅醛 555
α - hydroxyphosphine oxides α -羟基膦氧化物 124

i

imidazolium salts 咪唑盐 238
immobilized NHC - rhodium complex 被固定的 NHC -铑配合物 249,250
indanyl - 2 - carbaldehydes 茚满基- 2 -甲醛 564
indene 茚 564
indoles, fluorescence spectra of ionic liquids 吲哚,离子液的荧光光谱 515,649

ionic liquids (ILs) 离子液(ILs) 648
IPHOS 91
iridium catalyzed decarbonylation 铱催化的脱羰化 670
iridium catalyzed hydroformylation 铱催化的氢甲酰化
— chemoselectivity 化学选择性 65
— intermediates 中间体 63
— kinetic investigations 动力学研究 63
— phosphine ligands 膦配体 63
— phosphine ligands 膦配体 13
— phosphorus ligands 磷配体 64
— *vs* rhodium catalyzed hydroformylation 与铑催化的氢甲酰化的比较 65,66
iron catalyzed hydroformylation, 1 - octene 铁催化的氢甲酰化,1 -辛烯 407
iron - rhodium cluster catalyst 铁-铑簇催化剂 69,70
isomeric - 2 - octenes 异构的 2 -辛烯 376,377
isomerization - hydroformylation 异构化-氢甲酰化 381
— α - pinene α -蒎烯 390
— aqueous two - phase system 双水相系统 395
— β - isophorone acetal β -异佛乐酮缩醛 391
— CO partial pressure CO 分压 392
— CO - pressure CO 压力 388
— dihydrofurans 二氢呋喃 395
— 2,3 - dimethyl - 2 - butene 2,3 -二甲基-2 -丁烯 393
— eugenol 丁香酚 391
— glutaraldehyde monoethylene acetal 戊二醛单乙烯缩醛 399
— large bite - angle diphosphines 大咬入角双膦 393
— large bite - angle diphosphites 大咬入角双亚磷酸三酯 396
— mechanisms 机理 383
— methyl oleate 油酸甲酯 399,400
— *n* - octene mixtures 正辛烯混合物 397
— 2 - octene 2 -辛烯 401
— methyl 3 - pentenoate 3 -戊烯酸甲酯 398,399
— 2 - pentenes 2 -戊烯 389
— phosphites 亚磷酸三酯 397
— phosphonites 次磷酸二酯 397
— 1,2 - sigmatropic alkyl shift 烷基 1,2 - σ 迁移 390
— tetraphoshines 四膦 394
β - isophorone β -异佛乐酮 561,562
isoprene 异戊二烯 552
isopulegol 异蒲勒醇 559
iso-regioselective hydroformylation, propene 异构区域选择氢甲酰化、丙烯 288,289
iso-selective hydroformylation, isoprene Synthesis 异构选择性氢甲酰化、异戊二烯的合成 290

j

Johnson Matthey Oxo Alcohols Process™ Johnson Matthey 氧合醇过程™
— hydroformylation 氢甲酰化 678
— INA 680
— rhodium separation 铑的分离 679
— principle 原理 678,679

k

(S, S)- Kelliphite 218,219
Knochel's method Knochel 方法 79

l

lactam - based phosphoramidites 基于内酰胺的亚磷酰胺 207,208
lactic acid 乳酸 306
lactols 乳醇 456
large bite angle diphosphines 大咬入角二膦 91
Ley - Griffith oxidation Ley - Griffith 氧化

457
ligand - free systems 无配体系统 73
LIM ligands LIM 配体 83
limonene 柠烯 60,548
(+)- limonene (+)-柠烯 577
(*R*)-(+)- limonene (*R*)-(+)-柠烯 549
linalool 芳樟醇 455,456,559
linear aliphatic monoolefins 直链脂肪族单烯 532
long - chain hydroxy diolefins 长链羟基二烯 556
low - pressure - oxo processes'(LPOs) 低压羰基合成反应(LPOs) 25
lycopladine H 488

m

melatonin 褪黑素 317
Merrifield resin Merrifield 树脂 250
metal catalyzed olefin isomerization 金属催化的烯烃异构化 382
metal - phosphide complexes 金属-磷化物配合物 124
metals 金属
— cobalt, *see* cobalt catalyzed hydroformylation 钴,见钴催化的氢甲酰化 5
— hydrido carbonyl complexes, *see* hydrido metal carbonyl complexes 氢化羰基配合物,见氢化金属羰基配合物 5
— iridium, *see* iridium catalyzed hydroformylation 铱,见铱催化的氢甲酰化 5
— iron, *see* iron catalyzed hydroformylation 铁,见铁催化的氢甲酰化 5
— palladium, *see* palladium catalyzed hydroformylation 钯,见钯催化的氢甲酰化 5
— platinum, *see* platinum catalyzed hydroformylation 铂,见铂催化的氢甲酰化 5
— rhodium, *see* rhodium catalyzed hydroformylation 铑,见铑催化的氢甲酰化 5
— ruthenium, *see* ruthenium catalyzed hydroformylation 钌,见钌催化的氢甲酰化 5
methacrolein 异丁烯醛 286,287
2 - methyl allyl chloride 2 -甲基烯丙酰氯 487
3 - methylbut - 3 - en - 1 - ol. 6, 6′-[(3, 3′-Di - tert - butyl - 5, 5′- dimethoxy - 1, 1′-biphenyl - 2, 2′- diyl)bis(oxy)]bis(dibenzo[d,f] [1,3,2] (BIPHEPHOS) 3 -甲基丁-3 -烯- 1 -醇,6,6′-[(3,3′-二叔丁基- 5,5′-二甲氧- 1,1′-二苯- 2,2′-二基)二(氧)]二(苯并[d,f] [1,3,2] (BIPHEPHOS) 137
2 - methyldodec - 11 - en - 2 - ol 2 -甲基- 11 -十二烯- 2 -醇 554
methylene - bridged diphenols 亚甲基桥联二酚 142
methylene - bridged triphenols 亚甲基桥联三酚 143
α, α, α - methylene - bridged triphenols α, α, α -亚甲基桥联三酚 143
2 - methyl glycerol 2 -甲基甘油 147
methylnonylacetaldehyde (MNA) 甲基壬乙醛 (MNA) 535
3 - methylocta - 2,6 - diene 3 -甲基- 2,6 -辛二烯 545
methyl oleate, hydroaminomethylation 油酸甲酯,氢氨甲基化 478
2 - methyl - undecanal 2 -甲基-十一醛 292,293
miscibility diagrams 溶解度图 640
modern synthetic chemistry 现代合成化学 2
monodentate phosphines 单齿膦 78,158,159
— cyclic phosphine 环膦 79
— guanidine group 胍基团 80
— technical scale preparation 工业制备 78
monodentate phosphoramidite ligands 单齿亚磷酰胺配体 197
monodentate phosphorus ligands 单齿磷配体

211
monodentate pyridinone - phosphine 单齿吡啶酮膦 79
monometallic iron catalysts 单金属铁催化剂 67,68
monophosphine ligands 单膦配体 103
monophosphites 单亚磷酸三酯 154,155
Mukayama - aldol reaction Mukayama 羟醛反应 495
mushroom alcohol 蘑菇醇 533
myrcene 月桂烯 553
(—)- myrthenol (—)-桃金娘烯醇 558,559

n

N - heterocyclic carbenes *N* -杂环卡宾 233
n - regioselective hydroformylation 正区域选择氢甲酰化
— 2 - propyl - heptanol synthesis 2 -丙基庚醇的合成 289
— styrene 苯乙烯 563
— propylene 丙烯 287,288
— Raffinate Ⅱ 290
n - regioselective rhodium catalyzed hydroaminomethylation 铑催化的正区域选择氢氨甲基化 408
n - regioselective rhodium catalyzed isomerization - hydroformylation 铑催化的正区域选择异构化-氢甲酰化 396
NAPHOS 90
naphthol - coupling 萘酚的偶联 142
nerolidol 橙花叔醇 560
neutral and cationic NHC - rhodium complexes 中性和阳离子 NHC -铑配合物 244
1 - nonanol 1 -壬醇 669
non - asymmetric hydroformylation 非不对称氢甲酰化 211
non - NHC ligand 非 NHC 配体 252
norbornenyl isopropanol 降冰片烯基异丙醇 557,558

o

1, 2 - *O* - isopropylidene - α - D - hexofuranoses 1,2 - *O* -异亚丙基-α - D -己呋喃糖 150
1, 2 - *O* - isopropylidene - α - D - xylofuranoses 1,2 - *O* -异亚丙基-α - D -呋喃木糖 149
o - Ph_2P - benzoate (*o* - DPPB) 邻(二苯基膦)苯甲酸酯(*o* - DPPB) 356 - 357
olfactorius relevant natural compounds 气味相关的天然产物 530
one pot hydroformylation - crotylation reactions 同釜氢甲酰化-丁烯基化反应
— dictyostatin 506
— (+)- Prelog - Djerassi lactone (+)-普雷洛格-杰拉西内酯 505
orange flower ether 橙花醚 576
organic ligands 有机配体 10,11,13,14
— donor - acceptor properties 给体-受体特性 76
— historical development 历史发展 74
oxazolopiperidines 噁唑并哌啶 460
oxo alcohols 氧合醇 677
oxo process reaction 氧合过程反应 1

p

p -(isopropenyl) phenyl dimethylcarbinol 对(异丙基)苯基二甲基甲醇 566
palladium catalyzed hydroformylation 钯催化的氢甲酰化
— alkenes 烯 51
— alkynes 炔 50,51,299
— applications 应用 50,51
— dialkylphosphines 二烷基膦 50
— diphosphine ligands 双膦配体 406
— 1 - octene 1 -辛烯 406
— reaction mechanism 反应机理 48,49
— steps of 步骤 405
palladium catalyzed hydroformylation - amination -(Diels - Alder) reaction 钯催化

的氢甲酰化-胺化-(Diels - Alder 反应) 517,518
paraformaldehyde 仲甲醛 623
— cobalt catalyzed tandem hydroformylation - hydrogenation reaction 钴催化的氢甲酰化-氢化串联反应 624
patents and publications 专利和出版物 2
(+)- patulolide (+)-展青霉酯 341
(+)- patulolide C (+)-展青霉酯 C 504
Pd(Ⅱ) catalyzed acetalization Pd(Ⅱ)催化的缩醛化 449,450
Pd catalyzed hydroformylation, alkynes Pd 催化的氢甲酰化,炔烃 578
pentaerythrol 季戊四醇 148
(S)-(—)- perillyl alcohol (S)-(—)-紫苏子醇 557,558
periphery functionalized dendrimeric phosphines 外缘官能化的树状聚物膦 107
phenols, tert - butyl groups 酚、叔丁基 138
phenylpropanoids 苯丙素 452
1 - phenyl - prop - 1 - ene 1 -苯基- 1 -丙烯 571
Phobane - H 81
phosphabarrelenes 磷杂桶烯 85
phosphabenzenes 磷杂苯 84,86
phosphates 磷酸酯
— acid - assisted decomposition 酸协助的分解 178
— autocatalytic cascade degradation process 自催化连锁降解过程 181
— autocatalytic hydrolysis 自催化水解 178
— base - assisted transesterification 碱协助的酯交换反应 177
— chiral 1,3 - diols 手性 1,3 -二醇 148
— HALS 180
— hydrolysis stability 水解稳定性 172
— intramolecular transesterification 分子内酯交换反应 176
— one - step condensation 一步缩合 154
— orthometallation process 邻位金属取代过程 176
— phenolic backbones 酚碳架 139
— radical mediated decomposition 自由基协助的分解 169
— stepwise hydrolysis 逐步水解 174
— tetrazol mediated transesterificatin 四唑调节下的酯交换反应 151
— water decomposition 水分解 170
phosphine 膦 74
phosphine ligands, pH - dependent solubility 膦配体,根据 pH 变化的溶解度 633
phosphinines 磷杂苯 85
phosphite ligand 亚磷酸三酯配体 652
phosphite modified Rh precatalysts 亚磷酸三酯修饰的铑催化剂前体 167
phosphites 亚磷酸三酯
— *vs.* phoshoramidites 与亚磷酰胺的对比 189,190
— silyl groups 甲硅烷基 157
phosphonated trialkylphoshine 带有磷酸基团的三烷基膦 101
phosphoramidite 亚磷酰胺
— π - acceptor and σ - donor properties π -受体和 σ -给体特性 190,191
— alcoholysis 醇解 204,205
— basic additives 碱性添加剂 205
— decompostion of 的分解 206
— examples 例子 190
— HASPOs 202,203
— modes of reaction 反应模式 201
— nucleophilic subsitution reactions 亲核取代反应 200,201,203
protonation modes 质子化模式 201,202
— *vs.* phosphites 与亚磷酸三酯的对比 189,190
Rh catalyzed hydroformylation Rh 催化的氢甲酰化
— allyl cyanide 烯丙基腈 198
— BINAPHOS 197
— cyclopentanone 环戊酮 195

— methyl 3 - pentenoate 甲基- 3 -戊烯酸酯 191,192
— pentenenitrile 戊烯腈 192
— styrene 苯乙烯 199
— Yanphos 197
— spiro - ketal based 基于螺缩酮的 195
phosphorfluoridites 氟膦 160
phosphorus ligands, polymeric supports 磷配体,聚合物载体 629
o - Ph_2P - benzoate (*o* - DPPB) 邻-二苯基膦-苯甲酸酯(*o* - DPPB) 365
(+)- phyllanthocin 363,364
pimelaldehyde 庚二醛 298
(—)- *β* - pinene (—)- *β* -蒎烯 58,538,539
piperidines 哌啶 459
platinum catalyzed hydorformylation 铂催化的氢甲酰化 52
— *β* - cedrene *β* -柏木烯 59
— *β* - pinene *β* -蒎烯 58
— camphene 莰烯 59
— ethyl 3 - butenoate 3 -戊烯酸甲酯 58
— limonene 柠烯 60
— phosphines 膦 55,56
— phosphorus ligand 磷配体 57,58
— tin(Ⅱ) halide free systems 不含卤化锡(Ⅱ)的系统 53,54
— 2 - tosyloxystyrene 2 -甲苯氧基苯乙烯 59
platinum/tin catalyzed *n* - regioselective hydroformylation 铂/锡催化的正区域选择氢甲酰化 402
plinol 鸢醇 556
^{31}P NMR spectroscopy ^{31}P NMR 光谱分析 75
polyacetals 聚缩醛 605
polyene hydroformylation 多烯烃的氢甲酰化
— 1,3 - butadiene 1,3 -丁二烯 295,296
— cyclopentadiene 环戊二烯 296,297
— dicyclopentadiene 双环戊二烯 296,297
— 1,5 - hexadiene 1,5 -己二烯 297,298
— isoprene 异戊二烯 295,296
— 1,3 - pentadiene 1,3 -戊二烯 295,296
— piperylene 间戊二烯 295
polyether - based dendrimeric polyphosphine 基于聚醚的树状聚物膦 113
polyfunctionalized phenols 含多个官能团的酚 141
polymer - based Rh(NHC) complexes 基于聚合物的 Rh(NHC)配合物 256
polymer - bound (*R*, *S*)- BINAPHOS 结合聚合物的(*R*,*S*)- BINAPHOS 214,215
polymeric soluble hydroformylation catalyst 聚合的可溶氢甲酰化催化剂 630
polyolefin - iron complex 多烯烃-铁配合物 68
polyphosphites 多亚磷酸三酯 162
porous organic ligands (POLs) 多孔有机配体(POLs) 688,689
(+)- Prelog - Djerassi lactone (+)-普雷洛格-杰拉西内酯 505
propenylarenes 丙烯基芳烃
— double bond isomers 双键异构体 566,567
— naturally occurring 天然产物 566
pseudoconhydrine 伪羟基毒芹碱 487,489
pseudomonic acid A 假单胞菌酸 A 457
Pt/Sn catalyzed hydroformylation, camphene Pt/Sn 催化的氢甲酰化,莰烯 540
Pt/Sn catalyzed isomerization - hydroformylation Pt/Sn 催化的异构化-氢甲酰化
— 4 - octene 4 -辛烯 403
— methyl 3 - pentenoate 3 -戊烯酸甲酯 403,404
pyrrole - based tetraphosphoramidites 基于吡咯的四亚磷酰胺 398
pyrrolidinoindolines 吡咯烷吲哚啉 461
pyrrolyldiamidites 吡咯基二酰胺 193,194
pyrrolylphosphines 吡咯膦 193
— stabilization 稳定化 205,206

pyrrolyl phosphoramidites 吡咯亚磷酰胺 194

q

QuinoxP* 226

r

regioselective hydroformylation 区域选择性氢甲酰化
— α - functionalized olefins α -官能化烯烃
— acrylamide 丙烯酰胺 312,313
— acrylic acid esters 丙烯酸酯 311,312
— branched rhodium alkyl intermediates, stabilization of 支链烷基铑中间体,稳定化 305
— cyclic vinyl ethers 环乙烯醚 307,308
— 3 - formylpyrrol synthesis 3 -甲酰吡咯的合成 321
— methacrylates 甲基丙烯酸酯 312
— Rh(diphosphine) catalyst 双膦铑催化剂 305
— vinyl fluoride 乙烯基氟化物 305,306
— vinyl acetate 乙酸乙烯酯 308,309
— vinyl chloride 乙烯基氯化物 306
— vinyl ethers 乙烯醚 306,307
— vinyl sufones 乙烯砜 311
— β - formyl sulfonamides β -甲酰磺酰胺 373
— β - functionalized olefins β -官能化烯烃
— β - hydroxy acids β -羟基酸 372
— acrylaldehyde acetal 丙烯醛缩醛 320
— allyl alcohols 烯丙醇 313,314
— allyl amides 烯丙基酰胺 316,317
— allyl cyanide synthesis 烯丙基腈的合成 320
— allyl ethers 烯丙基醚 315
— crotononitrile synthesis 丁烯腈的合成 320
— cyclic allyl ethers 环状的烯丙基醚 315
— homoallyl alcohols 高烯丙基醇 314
— lactams 内酰胺 316,318
— melatonin synthesis 褪黑素的合成 316, 317
— regioselectivity order 区域选择性顺序 313
— vitamin A synthesis 维生素 A 的合成 316
— homoallyl alcohols 高烯丙基醇 371,372
— internal phosphine group 内膦基团 363, 364
— internal phosphite group 内亚磷酸三酯基团 364
— isomeric 2 - octenes 异构的 2 -辛烯 376, 377
— olefins 烯烃 362
— (+)- phyllanthocin 363,364
— 2 - propyl - heptanol synthesis 2 -丙基庚醇的合成 288
— propylene 丙烯 288
— pyrrolins 吡咯啉 310
— at quarternary carbon center 季碳中心上 373
— Raffinate Ⅱ 289
— soft ligating phosphorus groups 软配位磷基团 363
— substrate directed catalysis 底物导向的催化 363
— trans - 2 - octene 反- 2 -辛烯 375,376
reversed water - gas shift (RWGS) reaction 反向水煤气变换(RWGS)反应 43,274, 275,477
reversibly bound directing group 可逆连接的导向基团 370
reversibly bounded directing group 可逆连接的导向基团 369,370
$Rh(acac)(CO)_2$ 27
Rh(TPPTS) catalyst Rh(TPPTS)催化剂 122
rhodium catalyzed Aldox process 铑催化的羰醇过程 498
rhodium catalyzed cyclohydrocarbonylation 铑催化的环氢化 319

rhodium catalyzed decarbonylation 铑催化的脱羰化 666,671
— 3 - methyl - 3 - phenylbutanal 3 -甲基- 3 -苯基丁醛 669
— heptanal 庚醛 667
— *n* - heptanal 正庚醛 666
— pent - 4 - enal 戊- 4 -烯醛 668
rhodium catalyzed dehydrocarbonylation - hydroformylation reaction 铑催化的脱氢羰化-氢甲酰化反应 672
rhodium catalyzed hydroformylation 铑催化的氢甲酰化
— advantages 优点 25
— alkynes 炔烃 298,299
— catalyst precursors 催化剂母体 26,27
— fluorinated acetylacetone ligands 氟化乙酰丙酮配体 645
— formaldehyde 甲醛 622
— 1 - hexene 1 -己烯 645
— *vs*. iridium catalyzed hydroformylation 与铱催化的氢甲酰化的对比 65,66
— LPO process LPO 过程 25
— ortho - metalation reaction 邻位金属化反应 31
— phosphabenzenes 磷杂苯 86
— phosphine ligands 膦配体 13
— phosphine modified complexes 膦修饰的配合物 29 - 31
— *vs*. ruthenium catalyzed hydroformylation 与钌催化的氢甲酰化的对比 36
— trans - 2 - hexene 反- 2 -己烯 644
rhodium catalyzed isomerization, aldehydes 铑催化的异构化,醛 385
rhodium triphos catalyst 铑 triphos 催化剂 668
rhodium(Ⅰ) catalyzed hydroformylation - acetalization 铑(Ⅰ)催化的氢甲酰化-缩醛化 447,448
rhodium - NHC precatalyst 铑- NHC 前催化剂 259
ring closing hydroaminomethylation 闭环氢氨甲基化
— allyl amines 烯丙胺 485,486
— internal amino group 内氨基 482
— internal formyl group 内甲酰基 482
Ru catalyzed hydroformylation - acetalization reaction 钌催化的氢甲酰化-缩醛化反应 46
$Ru(CO)_3(PPh_3)_2$ catalyzed hydroformylation $Ru(CO)_3(PPh_3)_2$ 催化的氢甲酰化 42
Ruhrchemie/Rhône - Poulenc Process Ruhrchemie/Rhône - Poulenc 过程 635
ruthenium catalyzed hydroformylation 钌催化的氢甲酰化
— catalyst precursors 催化剂前体 37,38
— domino reaction 连锁反应 44
— *N* - ligands *N* -配体 38
— phosphine ligands 膦配体 39,40
— phosphine ligands 膦配体 13,14
— phosphine modified 膦修饰的 36
— RWGS reaction RWGS 反应 43
— *vs*. rhodium catalyzed hydroformylation 与铑催化的氢甲酰化的对比 36
ruthenium catalyzed hydroformylation - acetalization 钌催化的氢甲酰化-缩醛化 449
ruthenium catalyzed isomerization - hydroaminomethylation, 2 - octene 钌催化的异构化-氢氨甲基化,2 -辛烯 409

S

scaffolding ligand 结构导向的配体
— asymmetric hydroformylation 不对称氢甲酰化 374
— proximal control versus distal control 邻近控制和远端控制 374
selective hydroformylation 选择性氢甲酰化
— 1 - octene 1 -辛烯 647
Sn - free Pt catalyzed isomerization - hydroformylation 不含锡的铂催化的异构

化-氢甲酰化
— 2 - heptene 2 -庚烯 404,405
— *E* - 3 - pentenenitrile *E* - 3 -戊烯腈 404,405
— methyl 3 - pentenoate 3 -戊烯酸甲酯 404
solid supported ionic liquid - phase hydroformylation 固体负载的离子液相氢甲酰化 652
Spirambrene® 541
spirocyclic γ - lactones 螺环 γ -内酯 457
spiro - ketal based phosphoramidites 基于螺缩酮的亚磷酰胺 195
stereoselective hydroformylation, α - amino acids 立体选择性氢甲酰化,α -氨基酸 310
steam reforming of methane (SMR) 甲烷蒸气重整 267
stereodirecting auxiliary 立体导向辅助物 371,372
stereoselective hydroformylation, *see also* asymmetric hydroformylation 326, *see also* diastereoselective hydroformylation, 326 立体选择性氢甲酰化,也见不对称氢甲酰化 326,也见非对映选择性氢甲酰化, 326
— 3,3 - disubstituted cyclopropene 3,3 -二取代的环丙烯 356
— general approaches 通用方法 326
— isomeric 2 - octenes 异构的 2 -辛烯 376,377
sterically demanding bis - phenoxaphosphine 空间需求的双-吩噁膦 92
4 - styryldiphenylphosphine 4 -苯乙烯基苯基膦 118
α - substituted styrenes α -取代的苯乙烯 565
substrate - directed diastereoselective hydroformylation 底物导向的非对映选择性氢甲酰化 469
sugar based diphosphites 基于糖的双亚磷酸三酯 220
sulfonated phosphine ligands 磺化膦配体 632
sulfonated trialkylphosphine 磺化三烷基膦 99
sulphur - bridged polynuclear rhodium clusters 硫桥联的多核铑簇 28
supercritical fluid - ionic liquid biphasic system (SCF - SILP) 超临界流体-离子液双相系统(SCF - SILP) 653,654
supported aqueous phase catalysis (SAPC) 负载水相催化剂(SAPC) 634
supported ionic liquid - phase (SILP) hydroformylation 负载离子液相(SILP)氢甲酰化 652
supramolecular hydroformylation, Zn - porphyrine ligands 超分子氢甲酰化,Zn -卟啉配体 375
switchable catalyst system 可调节催化系统 635
syngas generation 合成气的产生
— CO_2, 274 - 277
— formaldehyde 甲醛 269 - 273
— formalin 福尔马林 271,272
— formic acid 甲酸 278,279
— methanol 甲醇 277,278
— methyl formate 甲酸甲酯 278,279
— paraformaldehyde 多聚甲醛 270,271,273
— polyols 多元醇 280,281
— sources 源 268
syngas - uptake curves 合成气的消耗曲线 228
synthesis gas, see syngas generation 合成气,见合成气的产生 267
synthon concept 合成(结构)单元/合成子的概念 379

t

tandem hydroformylation - acetalization 氢甲酰化-缩醛化串联反应
— cyclohexene oxide 环氧环己烷 614

— sugar based epoxides 基于糖的环氧化物 615
— epoxides 环氧化物 614
tandem hydroformylation -(Fischer indolization) reaction 氢甲酰化- Fischer 吲哚化串联反应 510,512
tandem hydroformylation -(Fischer indolization) -(Wagner Meerwein type rearrangement) reaction 氢甲酰化- Fischer 吲哚化- Wagner Meerwein 重排串联反应 513
— cyclic olefins 环烯烃 514
— regiochemistry determination 区域化学的确定 514
tandem hydroformylation -(Pictet - Spengler cyclocondensation) reaction 氢甲酰化-(Pictet - Spengler 环化缩合)串联反应 516
tandem hydroformylation -(S_N1 alkylation) reaction 氢甲酰化- S_N1 烷基化串联反应 515,517
tandem hydroformylation - acyloin reaction 氢甲酰化-酮醇反应 501
tandem hydroformylation - borylation reaction 氢甲酰化-硼化串联反应 516
tandem hydroformylation - decarboxylation - hydrogenation reaction 氢甲酰化-脱羰化-氢化串联反应 520
tandem hydroformylation - deformylation reaction 氢甲酰化-去甲酰化串联反应 521
tandem hydroformylation - hydrogenation - cyclization reaction 氢甲酰化-氢化-环化串联反应 511,513
tandem reactions 串联反应 379
tashiromine 319
terminal monoolefins 端单烯烃 531
α - terpinene *α* -萜品烯 553,554
γ - terpinene *γ* -萜品烯 550
α - terpineol *α* -萜品醇 557
terpinolene aldehyde 萜品油烯醛 550
tertiary phobanes 叔 phobanes 82
tertiary phosphines 叔膦
— cobalt(Ⅱ) supported oxidation 钴(Ⅱ)协助的氧化 123
— rhodium(Ⅰ) supported oxidation 铑(Ⅰ)协助的氧化 122
α, *α*, *α′*, *α′*- tetraaryl - 1, 3 - dioxolan - 4, 5 - dimethanol (TADDOL) *α*, *α*, *α′*, *α′*-四芳基- 1,3 -二草脲胺- 4,5 -二甲醇(TADDOL) 145,147
tetrahydrofuran - 2 - carbaldehyde 四氢呋喃- 2 -甲醛 307
tetrahydrofuranoindolines 四氢呋喃吲哚啉 461
5,6,7,8 - tetrahydroindolizines 5,6,7,8 -四氢吲哚嗪 497
1,2,3,4 - tetrahydroquinolines 1,2,3,4 -四氢喹啉 481
tetraphosphine 四膦 94
tetraphosphines 四膦 93
— isomerization - hydroformylation 异构化-氢甲酰化 394
thermomophic solvent system (TMS) 温控溶剂系统(TMS) 654 - 656
thixantphos 88
(*S*)- tiaprofenic acid (*S*)-噻洛芬酸 338
(*R*, *R*, *R*)- α - tocopherol (*R*, *R*, *R*)- α -生育酚 366,367
2 - tosyloxystyrene 2 -甲苯氧基苯乙烯 59
TPPMS 127
(*R*, *R*)- trans - isolimonene (*R*,*R*)-反式异柠烯 549
trans - 2 - octene 反- 2 -辛烯 375,376
trialkylphoshines 三烷基膦 109
triarylphoshine 三芳基膦 78,636
tricyclohexylhoshines 三环己基膦 100
tricyclic phoshines 三环膦 81
triphosphine ligand 三膦配体 92
tris(2,4 - di - tert - butylphenyl) phosphite 三(2,4 -二叔丁基苯基)亚磷酸酯 136

Tris - SwitchPhos ligand Tris - SwitchPhos 配体 635
trivalent P - ligands 三价 P 配体 74
trivalent phosphorus ligands 三价磷配体 76,77,641

u
1 - undecene 1 -十一烯 292
10 - undecen - 1 - ol 10 -十一烯- 1 -醇 546
α,β - unsaturated aldehydes α,β -不饱和醛 367
α,β - unsaturated esters α,β -不饱和酯
— deconjugation of 去共轭化 383
unsaturated fatty acid compounds 不饱和脂肪酸化合物 588

v
VCH ligands VCH 配体 84
vertral 542
vinyl - aryl ethers 乙烯基-芳基醚 573
vitamin A 维生素 A 316

w
Wagner - Meerwein rearrangement Wagner - Meerwein 重排 21
water - gas shift reaction 水煤气变换反应 477

x
xanthene - based hybrid phosphine - phosphonite ligand 基于咕吨的混合膦-次磷酸二酯配体 225
xanthene diol 咕吨二醇 145
Xantphos 87,88
Xantphos - based dihosphine 基于 Xantphos 的二膦 104
Xantphos - based dihosphine ligands 基于 Xantphos 的双膦配体 96
Xantphos modified (Cp*)Ru hydride complex Xantphos 修饰的氢化(Cp*)Ru 配合物 41
Xantphos - type diphosphine Xantphos 型二膦 104

y
(+)- yohimbenone (+)-育亨酮 674

z
zwitterionic Rh complexes 两性离子铑配合物 29